Mathematik

Gymnasiale Oberstufe

Thüringen

Qualifikationsphase

12

Herausgegeben von

Dr. Anton Bigalke Dr. Norbert Köhler

Erarbeitet von

Dr. Anton Bigalke
Dr. Norbert Köhler
Dr. Horst Kuschnerow
Dr. Gabriele Ledworuski
Dr. Wilfried Zappe

unter Mitarbeit der Verlagsredaktion
und Beratung von

Wolfgang Häfner
Dr. Hubert Langlotz

Cornelsen

Redaktion: Felix Arndt, Dr. Jürgen Wolff
Layoutkonzept: Wolf-Dieter Stark
Layout: Klein und Halm Grafikdesign, Berlin
Bildrecherche: Dieter Ruhmke

Grafik: Dr. Anton Bigalke, Waldmichelbach
Illustration: Detlev Schüler †, Berlin; Gudrun Lenz, Berlin
Umschlaggestaltung: Klein und Halm Grafikdesign, Hans Herschelmann, Berlin
Technische Umsetzung: CMS – Cross Media Solutions GmbH, Würzburg

www.cornelsen.de

1. Auflage, 3. Druck 2016

Alle Drucke dieser Auflage sind inhaltlich unverändert
und können im Unterricht nebeneinander verwendet werden.

Druck: Beltz Bad Langensalza GmbH

ISBN 978-3-06-005934-8

PEFC
PEFC/04-31-2257

PEFC zertifiziert
Dieses Produkt stammt aus nachhaltig bewirtschafteten Wäldern und kontrollierten Quellen.

www.pefc.de

Inhalt

- ☐ Wiederholung
- ■ Basis
- ◩ Basis/Erweiterung
- □ Vertiefung

VII. Vertiefungsthema 1: Ebenen

VIII. Vertiefungsthema 2: Stochastik

IX. Aufgaben zur Abiturvorbereitung

Vorwort

Rahmenplan

In diesem Buch wird der Thüringer Lehrplan von 2013 für den Erwerb der allgemeinen Hochschulreife im Fach Mathematik konsequent umgesetzt und eine intensive Vorbereitung der Schüler auf das Abitur frühzeitig in Gang gesetzt. Der modulare Aufbau des Buches und der einzelnen Kapitel ermöglichen dem Lehrer individuelle Schwerpunktsetzungen. Die Schüler können sich aufgrund des beispielbezogenen und selbsterklärenden Konzeptes problemlos orientieren und zielgerichtet vorbereiten. Der Lehrplan stellt die Themen 1 „Ebenen" und 2 „Hypothesentests; Normalverteilung" zur vertiefenden Bearbeitung zur Verfügung. Diese werden durch die Kapitel VII und VIII des Buches abgebildet.

Druckformat

Das Buch besitzt ein weitgehend zweispaltiges Druckformat, was die Übersichtlichkeit deutlich erhöht und die Lesbarkeit erleichtert.
Lehrtexte und Lösungsstrukturen sind auf der linken Seitenhälfte angeordnet, während Beweisdetails, Rechnungen und Skizzen in der Regel rechts platziert sind.

Beispiele

Wichtige Methoden und Begriffe werden auf der Basis anwendungsnaher, vollständig durchgerechneter Beispiele eingeführt, die das Verständnis des klar strukturierten Lehrtextes instruktiv unterstützen. Diese Beispiele können auf vielfältige Weise als Grundlage des Unterrichtsgesprächs eingesetzt werden und entlasten auf diese Weise den Lehrer bei der Unterrichtsvorbereitung erheblich. Im Folgenden werden einige Möglichkeiten skizziert:

- Die Aufgabenstellung eines Beispiels wird problemorientiert vorgetragen. Die Lösung wird im Unterrichtsgespräch oder in Stillarbeit entwickelt, wobei die Schülerbücher geschlossen bleiben. Im Anschluss kann die erarbeitete Lösung mit der im Buch dargestellten Lösung verglichen werden.
- Die Schüler lesen ein Beispiel und die zugehörige Musterlösung. Anschließend bearbeiten sie eine an das Beispiel anschließende Übung in Einzel- oder Partnerarbeit. Diese Vorgehensweise ist auch für Hausaufgaben gut geeignet.
- Ein Schüler wird beauftragt, ein Beispiel zu Hause durchzuarbeiten und als Kurzreferat zur Einführung eines neuen Begriffs oder Rechenverfahrens im Unterricht vorzutragen.

Übungen

Im Anschluss an die durchgerechneten Beispiele werden exakt passende Übungen angeboten.

- Diese Übungsaufgaben können mit Vorrang in Stillarbeitsphasen eingesetzt werden. Dabei können die Schüler sich am vorangegangenen Unterrichtsgespräch orientieren.
- Eine weitere Möglichkeit: Die Schüler erhalten den Auftrag, eine Übung zu lösen, wobei sie mit dem Lehrbuch arbeiten sollen, indem sie sich am Lehrtext oder an den Musterlösungen der Beispiele orientieren, die vor der Übung angeordnet sind.
- Weitere Übungsaufgaben auf zusammenfassenden Übungsseiten finden sich am Ende der meisten Abschnitte. Sie sind besonders für Hausaufgaben, Wiederholungen und Vertiefungen geeignet. Rot markierte Übungen haben einen erhöhten Schwierigkeitsgrad.
- In erheblichem Umfang sind die Formate der gymnasialen Oberstufe berücksichtigt, vor allem auch solche mit einfachen Anwendungsbezügen und mit Modellierungen.

Überblick, Test, mathematische Streifzüge

An jedem Kapitelende sind in einem Überblick die wichtigsten mathematischen Regeln, Formeln und Verfahren des Kapitels in knapper Form zusammengefasst.
Auf der letzten Kapitelseite findet man einen Test, der Aufgaben zum Standardstoff des Kapitels beinhaltet. So kann der Lernerfolg überprüft oder vertieft werden. Der Test kann auch zur Selbstkontrolle verwendet werden. Die Lösungen findet man im Buch auf den Seiten 357–364.
Eingestreut findet man gelegentlich Seiten mit mathematischen Streifzügen zur Vertiefung.

Neue Technologien

CAS

Neue Technologien wie Tabellenkalkulation, dynamische Geometriesoftware, Funktionsplotter und insbesondere **Computer-Algebra-Systeme (CAS)** bereichern heute die Palette der Hilfsmittel für den Mathematikunterricht. Seit dem Schuljahr 2011/2012 werden CAS-Rechner ab Doppelklassenstufe 9/10 eingesetzt. Damit kommen CAS ab 2014 in den Abiturprüfungen zum Einsatz. Diese neuen Anforderungen werden im vorliegenden Buch berücksichtigt durch die Aufnahme spezieller Abschnitte zur **CAS-Anwendung** in die einzelnen Kapitel. Dort wird exemplarisch der Einsatz des CAS-Rechners dargestellt. Bei dieser Konzeption kann von Fall zu Fall entschieden werden, ab wann das CAS genutzt werden soll. Dies kann bereits bei der Einführung der mathematischen Begriffsbildungen günstig sein, oder auch erst im Anschluss an eine hinreichende Einübung und Festigung von mathematischen Verfahren ohne Hilfsmittel.
Im Buch sind einzelne Aufgaben und Themen mit dem Symbol CAS gekennzeichnet. Dort bietet es sich besonders an, den CAS-Rechner verstärkt zu verwenden. Darüber hinaus sollten natürlich alle Aufgabentypen mit CAS bearbeitet werden, um den Rechner sicher zu beherrschen, aber auch die Kompetenz zur Auswahl geeigneter Werkzeuge zu entwickeln. Aufgaben, die ohne Hilfsmittel bearbeitet werden sollen, sind gekennzeichnet durch das Symbol CAS.

Im Folgenden werden Hinweise für die einzelnen Kapitel gegeben.

Kapitel I: Trigonometrische Funktionen

Der 1. Abschnitt über die Ableitung und Integration trigonometrischer Funktionen knüpft an die graphische Gewinnung der Ableitungsregeln von Sinus und Kosinus an. Die Regeln werden dann zunächst auf einfache Differentiations- und Integrationsaufgaben angewandt. In einem Exkurs wird die graphische Gewinnung der Ableitung der Sinusfunktion rechnerisch untermauert. In einem weiteren Exkurs finden im 2. Abschnitt Kurvendiskussionen mit zusammengesetzten trigonometrischen Funktionen statt. In Abschnitt 3 werden Extremalprobleme, die auf die Untersuchung von trigonometrischen Funktionen führen, und die Rekonstruktion von Termen trigonometrischer Funktionen aus vorgegebenen Eigenschaften behandelt.
CAS-Anwendung: Untersuchung einer trigonometrischen Funktion Bearbeitung eines Extremalproblems und eines Rekonstruktionsproblems trigonometrischer Funktionen.

Kapitel II. Fortsetzung der Integralrechnung

Die Abschnitte 1, 2 und 4 dieses Kapitels tragen fakultativen Charakter. In den Abschnitten 1 und 2 werden die Produktintegration (partielle Integration) und die Substitution angeboten. In Abschnitt 3 werden Volumenberechnungen von Körpern, die durch Rotation von Funktionsgraphen um die x-Achse entstanden sind, behandelt. In Abschnitt 4 über uneigentliche Integrale werden Flächen untersucht, die unbegrenzt sind und sich ins Unendliche erstrecken. Auf die Berechnung der Flächeninhalte nicht vollständig begrenzter Flächen sollte keinesfalls verzichtet werden. Bei allen komplizierteren Integrationsaufgaben dieses Kapitels und auch der folgenden bietet sich die Berechnung bzw. Kontrolle mit CAS an.
CAS-Anwendung: Rotationskörper, uneigentliche Integrale, numerische Integration

Kapitel III: Exponentialfunktionen

Dieses Kapitel ist besonders abiturrelevant und sollte intensiv behandelt werden. Nachdem in Abschnitt 1 einige Grundlagen wiederholt werden, wird in Abschnitt 2 die Euler'sche Zahl e und damit die natürliche Exponentialfunktion eingeführt. Es folgen elementare Funktionsuntersuchungen in Abschnitt 3. Der Abschnitt 4 zur Differentiation und Integration von Exponentialfunktionen bereitet die zahlreichen Anwendungen der folgenden Abschnitte systematisch vor.
CAS-Anwendung: Modellierung, Kurvenschar, logistisches Wachstum, Flächenberechnung.

Kapitel IV: Logarithmusfunktionen

Die Ableitung der Logarithmusfunktion wird mithilfe der Umkehrformel entwickelt, die daher im 1. Abschnitt kurz hergeleitet wird. Der 2. Abschnitt über die natürliche Logarithmusfunktion ist nur als Wiederholung und zum Nachschlagen gedacht. Im 3. Abschnitt, der ausführlich behandelt werden sollte, werden nun die Ableitung von $\ln x$ und die logarithmische Integration entwickelt. Aus dem 4. Abschnitt über elementare Funktionsuntersuchungen und aus dem 5. Abschnitt über komplexe Kurvendiskussionen ist eine sinnvolle Auswahl in Hinblick auf die Abiturprüfung zu treffen.
CAS-Anwendung: Umkehrfunktionen, Schar von Logarithmusfunktionen.

Kapitel V: Geraden und Koordinatenebenen

In Abschnitt 1 über Geraden im Raum werden die vektoriellen Parametergleichungen von Geraden, Strecken und Koordinatenebenen und damit eines der wichtigsten Grundkonstrukte des Kurses eingeführt. Das Verständnis für die Bedeutung des Stützvektors, des Richtungsvektors und vor allem des Parameters sollte möglichst anschaulich gefördert werden.
In Abschnitt 2 ist die Lagebeziehung von Punkt und Gerade und ihre Überprüfung mit der Punktprobe grundlegend. Bei der Lagebeziehung Punkt und Strecke wird die Bedeutung des Parameters besonders deutlich. Die Lagebeziehung zweier Raumgeraden erfordert das sichere Lösen einfacher Gleichungssysteme (3 Gleichungen, 2 Unbekannte) und führt auf erste beispielhafte, anwendungsnahe, abiturrelevante Aufgaben (Flugbahnen, Tunnel). Hier ist gründliches Einüben erforderlich.
In Abschnitt 3 werden zunächst Winkelberechnungen zwischen zwei Geraden und zwischen einer Geraden und einer Koordinatenebene systematisiert und in Anwendungen eingebunden. Dann werden Methoden zur Abstandsbestimmung von Punkt und Gerade mithilfe der Analysis und des CAS vorgestellt. Basierend darauf wird abschließend auch ein Verfahren zur Berechnung des Abstandes paralleler Geraden demonstriert.
Im Abschnitt 4 werden auch Geradenscharen angesprochen.
CAS-Anwendungen: Geradengleichung, Lagebeziehung von Punkt und Gerade sowie von zwei Geraden, Spurpunkte einer Geraden, Exkurs zur Lösung linearer Gleichungssysteme.

Kapitel VI: Die Normalverteilung

In diesem Kapitel wird das Konzept der stetigen Zufallsgrößen vorgestellt und am Beispiel der Normalverteilung vertieft und angewendet. Dazu werden in Abschnitt 1 stetige Zufallsgrößen eingeführt und es wird demonstriert, wie diese mithilfe des CAS graphisch dargestellt und Intervallwahrscheinlichkeiten berechnet werden können. Diese Methoden werden im Abschnitt 2 auf die Normalverteilung angewendet und anhand zahlreicher Übungen vertieft.
CAS-Anwendungen: Dichtefunktionen, Intervallwahrscheinlichkeiten und Grenzen, Simulation und Histogramme, Prüfung von Daten auf Normalverteilung.

Kapitel VII: Vertiefungsthema 1: Ebenen

Der Lehrplan sieht das Thema „Ebenen" als eines von zwei möglichen Vertiefungsthemen vor. Dieses Kapitel kann zur vertiefenden Bearbeitung gewählt werden.
In Abschnitt 1 werden alle wichtigen Ebenendarstellungen behandelt, die vektorielle Parametergleichung, die Normalengleichung und die Koordinatengleichung. Auch die Umrechnung einer Art in die jeweils anderen wird behandelt. Dennoch sollte man hier zügig vorgehen, da in den späteren zusammengesetzten Aufgaben der Zwang zur permanenten Übung ohnehin vorhanden ist. Ganz besonders wichtig ist es jedoch, das Verständnis des Normalenvektors zu sichern sowie seine schnelle und sichere Bestimmung.
In Abschnitt 2 geht es um die Lagebeziehungen von Punkten, Geraden und Ebenen. Dies kann isoliert geschehen, aber auch in geometrischen Figuren und in Anwendungszusammenhängen. Oft ist es günstig, Ebenen in Normalen- oder Koordinatenform zu bringen. Die Verwendung der Koordinatenform erleichtert Rechnungen und spart Zeit. Auch kann sie gut zur zeichnerischen Erfassung verwendet werden, da sie die einfache Bestimmung der Achsenabschnitte der Ebene gestattet. Als Anwendungen sind Flugbahnen, Sichtlinien und Schattenwürfe vorgesehen. In Abschnitt 3 werden alle Winkelberechnungen systematisiert und in zahlreiche Anwendungen eingebunden. In Abschnitt 4 werden – basierend auf der grundlegenden Abstandsbestimmung von Punkt und Ebene – mit einem Lotfußpunktverfahren sowie der Hesse'schen Normalenform alle Abstandsprobleme mit Anwendungen angeboten, wobei in der Regel mit Lotfußpunktverfahren gearbeitet wird, da diese das Verständnis besser fördern als Formeln und daher auch besser behalten werden.

Kapitel VIII: Vertiefungsthema 2: Stochastik

Dieses Kapitel kann ebenfalls zur vertiefenden Bearbeitung gewählt werden und beinhaltet die Themen Normalverteilung und Hypothesentests.
In Abschnitt 1 wird der Standardisierungsprozess behandelt, der zur lokalen und globalen Näherungsformel von Laplace und De Moivre führt. In Abschnitt 2 werden die Sigmaregeln für binomial- und normalverteilte Zufallsregeln vorgestellt und in Beispielen und Übungen angewendet. In einem Exkurs wird erklärt, wie die Normalverteilungsparameter μ und σ statistisch bestimmt werden können. Der Abschnitt 3 beinhaltet das Testen von Hypothesen. Zunächst werden Alternativtests eingeführt und anhand dieser alle grundlegenden Begriffe der statistischen Entscheidungstheorie wiederholt. Daraufhin werden links- und rechtsseitige Signifikanztests an verschiedenen Beispielen durchgeführt und in einem Exkurs deren Operationscharakteristika behandelt. Im Abschnitt 4 wird zunächst der Erwartungswert und die Varianz einer linear verschobenen Zufallsgröße exemplarisch bestimmt. Abschließend wird das Testen des Erwartungswertes bei normalverteilten Zufallsgrößen anhand der Sigmaregeln behandelt.
CAS-Anwendungen: Näherungsformel, Konvidenzintervall, Alternativtest, Signifikanztest.

Kapitel IX: Aufgaben zur Abiturvorbereitung

Die komplexen Aufgaben zur Analysis, zur Geometrie und zur Stochastik dienen der Orientierung, der abschließenden Übung und der Abiturvorbereitung. Es wurde Wert gelegt auf die Erfassung der zentralen Fertigkeiten unter Verzicht allzu exotischer Anteile.
Ausgewählte komplexe Aufgaben sollten bereits während der Behandlung der entsprechenden Gebiete zur langfristigen Abiturvorbereitung herangezogen werden.

I. Trigonometrische Funktionen

In diesem Kapitel werden die Ableitungs- und die Integrationsregeln für die Sinus- und die Kosinusfunktion bewiesen und bei der Untersuchung zusammengesetzter Funktionen verwendet.

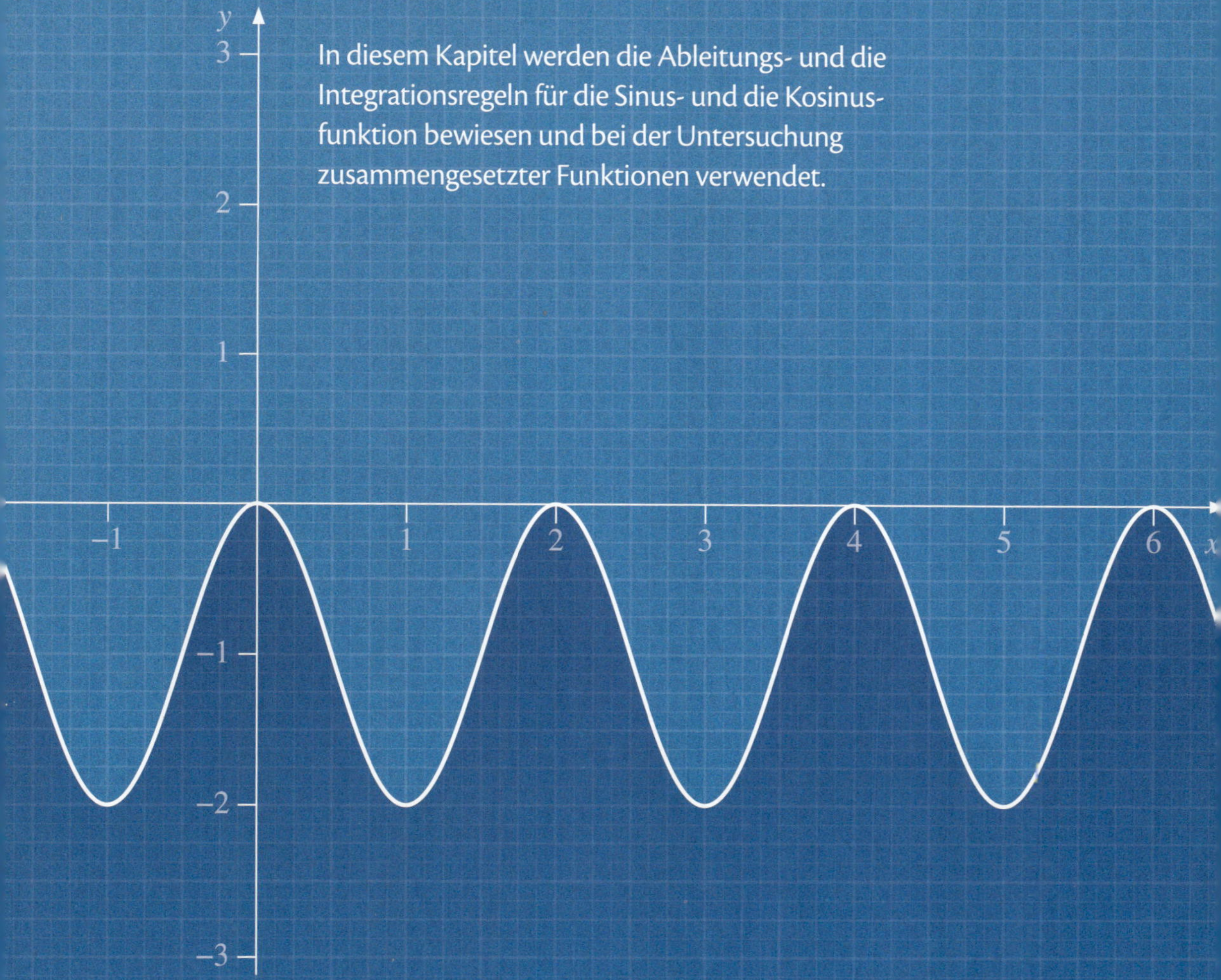

Überlagerungsverfahren und Amplitudenmodulation

Schwingungen wie z. B. in der Akustik können mithilfe von Sinusfunktionen beschrieben werden. Dabei werden die Tonhöhe durch die Frequenz (Kehrwert der Periode) und die Lautstärke durch die Amplitude erfasst. In der Musik handelt es sich nur selten um eine Folge von Einzeltönen; fast immer werden mehrere Töne gleichzeitig erzeugt, sodass sich Schwingungen unterschiedlicher Frequenz und Amplitude zu einem Gesamtklang überlagern.

Ein Experiment zur Überlagerung von Schwingungen

Die Schwingungen zweier Stimmgabeln unterschiedlicher Frequenz werden mithilfe eines Oszillographen zunächst einzeln dargestellt. Anschließend werden beide Stimmgabeln gleichzeitig zum Klingen gebracht. Der Oszillograph zeigt nun das in der nebenstehenden Graphik veranschaulichte Schwingungsbild.

Der Klang ergibt sich durch Überlagerung (Superposition) der Schwingungen der beiden Stimmgabeln. Der Graph der Überlagerung lässt sich durch graphische Ordinatenaddition konstruieren, deren Vorgehensweise im folgenden Beispiel näher beschrieben wird.

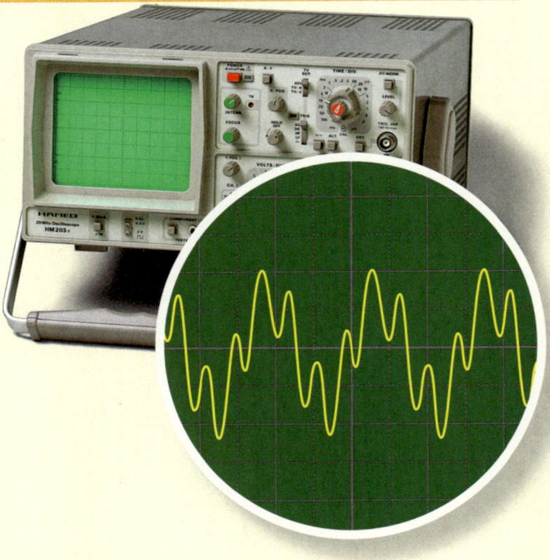

Graphischen Ordinatenaddition

Ausgehend von den beiden Funktionen $g(x) = \sin x$ und $h(x) = 2\cos x$ soll der Überlagerungsgraph $f(x) = 2\cos x + \sin x$ durch graphische Ordinatenaddition gezeichnet werden.

Dazu zeichnet man zunächst den Graphen von $g(x) = \sin x$ in ein Koordinatensystem. Einige Funktionswerte werden markiert.

In ein zweites, gleichmaßstäbiges Koordinatensystem trägt man nochmals den Graphen von $h(x) = 2\cos x$ ein. Anschließend überträgt man die markierten Funktionswerte von g in dieses Koordinatensystem, indem man sie unter Beachtung ihres „Vorzeichens" auf den Graphen von h setzt. Auf diese Weise gewinnt man eine Anzahl von Punkten des Graphen der Summenfunktion $f = h + g$, den man dann skizzieren kann.

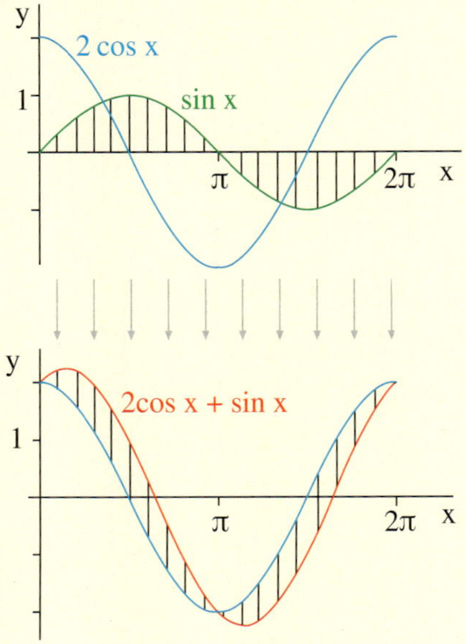

Amplitudenmodulation

Das nebenstehend dargestellte Schwingungsbild kommt durch eine sogenannte Amplitudenmodulation zustande. Die Amplitude einer als Trägerschwingung dienenden hochfrequenten Schwingung wird durch Multiplikation mit einem von x abhängigen Faktor moduliert.

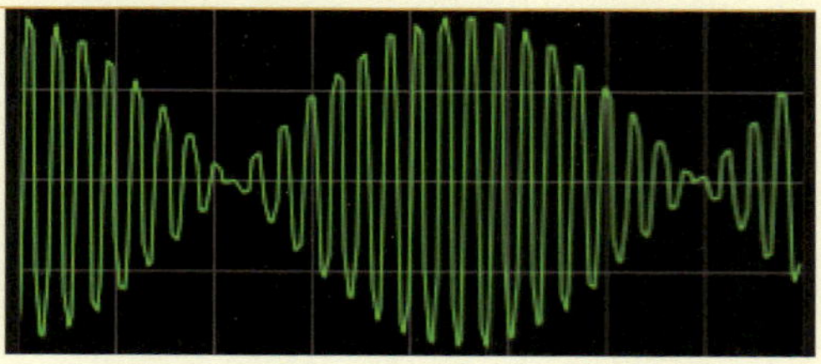

Beispiel:
Die „hochfrequente" Schwingung h mit $h(x) = \sin(6x)$ wird durch den Faktor $g(x) = (3 + \cos x)$ moduliert. Die amplitudenmodulierte Schwingung wird dann durch $f(x) = (3 + \cos x) \cdot \sin(6x)$ beschrieben. Wo liegen die Nullstellen, wo die Extremstellen von f?
Wegen $-1 \leq \sin(6x) \leq 1$ gilt die Einschachtelung $-3 - \cos x \leq f(x) \leq 3 + \cos x$.
Der Graph von f verläuft also zwischen dem Graphen des Amplitudenmodulationsfaktors $3 + \cos x$ und dessen Spiegelung an der x-Achse.

$f(x) = (3 + \cos x) \sin(6x)$

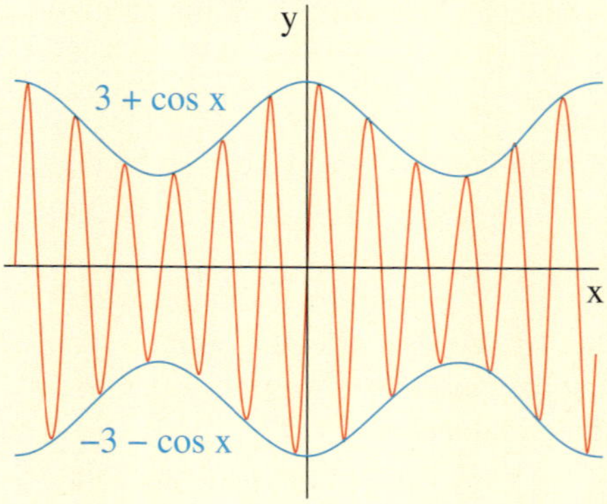

Die Funktion f hat dieselben Nullstellen wie die Funktion h, also an den Stellen $x = k \cdot \frac{\pi}{6}$ $(k \in \mathbb{Z})$. Der Graph von f berührt die Kurven zu $x + \cos x$ und $-x - \cos x$ an den Stellen, an welchen $\sin(6x) = \pm 1$ ist, d. h., an den Stellen $x = \frac{\pi}{12} + k \cdot \frac{\pi}{6}$ $(k \in \mathbb{Z})$. Die Extrempunkte von f liegen knapp neben diesen Berührpunkten.

Übungen

Übung 1
Fertigen Sie mithilfe einer Amplitudenmodulationsbetrachtung eine Skizze des Graphen von $f(x) = x \cdot \sin x$ an und beschreiben Sie den Verlauf des Graphen. Bestimmen Sie die Lage der Nullstellen von f.

Übung 2
Fertigen Sie mittels Amplitudenmodulation eine Skizze des Graphen von f an.
a) $f(x) = (1 + \sin(0{,}5x)) \cdot \cos(4x)$
b) $f(x) = \sqrt{x} \cdot \cos(2\pi x)$

Übung 3
Gegeben ist $f(x) = 2 \cdot \sin(8x) + 2 \cdot \sin(6x)$.
a) Es gilt $f(x) = 4 \cdot \cos x \cdot \sin(7x)$. Weisen Sie dies nach.
b) Skizzieren Sie den Graphen von f.

1. Ableitung und Integration

A. Wiederholung: Die Ableitung von Sinus und Kosinus

Viele periodische Vorgänge können mithilfe trigonometrischer Funktionen modelliert werden. Im Folgenden untersuchen wir auf graphischem Weg, welche Ableitungen die Funktionen $f(x) = \sin x$ und $g(x) = \cos x$ besitzen.

Beispiel: Zeichnen Sie den Graphen von $f(x) = \sin x$ für $0 \le x \le 2\pi$. Tragen Sie einige Tangenten ein und ermitteln Sie deren Anstieg aus der Graphik. Skizzieren Sie mit den so gewonnenen Daten die Ableitungsfunktion f'. Welche Vermutung ergibt sich?

Lösung:
An den Stellen $x = \frac{1}{2}\pi$ und $x = \frac{3}{2}\pi$ beträgt der Anstieg der Sinusfunktion 0, da dort Extremalpunkte liegen.
Die Stellen $x = 0$ und $x = 2\pi$ durchläuft die Sinusfunktion mit einem Winkel von 45°, sodass dort der Anstieg 1 ist. Bei $x = \pi$ beträgt sie –1.
Bei $x = \frac{1}{4}\pi$ sowie $x = \frac{7}{4}\pi$ können wir näherungsweise einen Anstieg von ca. 0,7 ablesen. Bei $x = \frac{3}{4}\pi$ sowie $x = \frac{5}{4}\pi$ beträgt der Anstieg ca. –0,7.
Tragen wir diese Anstiege über den entsprechenden x-Werten in einem zweiten Koordinatensystem auf, so ergibt sich grob der Graph der Ableitungsfunktion f' der Sinusfunktion.
Wir erkennen, dass es sich um den Graphen der Kosinusfunktion handelt.

Die Funktion $f(x) = \sin x$:

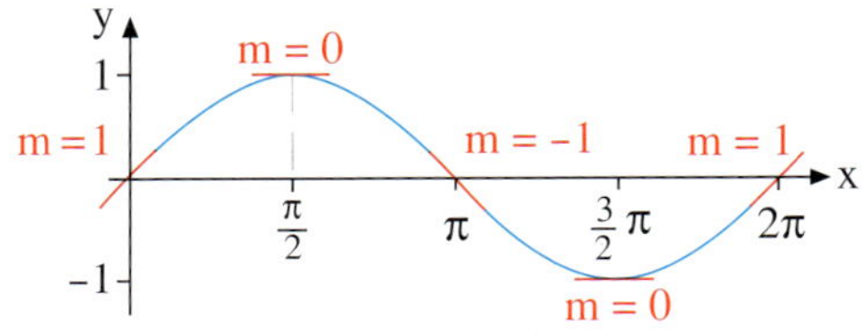

Die Ableitung von $f(x) = \sin x$

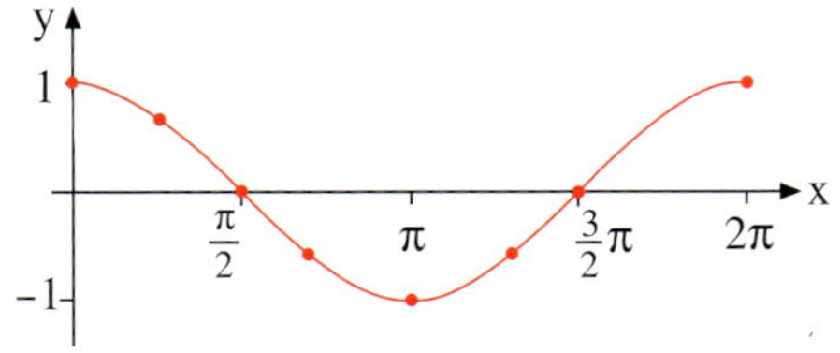

Diese Vermutung kann man auch rechnerisch herleiten, allerdings verzichten wir zunächst auf den nicht ganz leichten Beweis.

Satz I.1: Sinusregel und Kosinusregel

Die Ableitung der Sinusfunktion ist die Kosinusfunktion.	Die Ableitung der Kosinusfunktion ist die negierte Sinusfunktion.
$(\sin x)' = \cos x$	$(\cos x)' = -\sin x$

Übung 1

Zeichnen Sie $f(x) = \cos x$ $(0 \le x \le 2\pi)$ und konstruieren Sie die Ableitung f' zeichnerisch.

Die beiden Ableitungsregeln für Sinus und Kosinus gestatten im Verein mit der Kettenregel und der Produktregel die Differentiation zahlreicher trigonometrischer Funktionen.
Wir führen zur Vertiefung des Arbeitens mit diesen Regeln einige Ableitungsübungen durch.

Beispiel: Gesucht sind die Ableitungen von $h(x) = \sin 5x$ und $h(x) = x^2 \cdot \cos x$.

Lösung:
$h(x) = \sin 5x$ differenzieren wir nach der Kettenregel.
Die äußere Ableitung ist $\cos 5x$, die innere Ableitung ist 5.
Also ergibt sich $h'(x) = 5 \cdot \cos 5x$

$h(x) = x^2 \cdot \cos x = u \cdot v$ differenzieren wir nach der Produktregel.
Wir erhalten:

$$\begin{aligned} h'(x) &= u' \cdot v + v' \cdot u \\ &= 2x \cdot \cos x + (-\sin x) \cdot x^2 \end{aligned}$$

Übungen

2. Differenzieren Sie die Funktionen, deren Terme unten gegeben sind.
Wenden Sie Kettenregel und Produktregel an.

a) $\cos 4x$
b) $\sin(x^2)$
c) $\sin^2 x$, d. h. $(\sin x)^2$
d) $\sin(ax + b)$
e) $\sin x \cdot \cos x$
f) $\sin^2 x \cdot \cos x$
g) $\cos(x + x^2)$
h) $\sin 5x \cdot \cos 2x$
i) $x \cdot \cos x$
j) $x^2 \cdot \sin x$
k) $\sin(\cos x)$
l) $4 \cdot \cos(5x - 1)$
m) $4 \cdot \sin(2x + 3)$
n) $\frac{1}{\sin x}$
o) $\sqrt{\sin x}$

3. Diese Aufgaben sind etwas schwieriger: Sie müssen – um den Term zu differenzieren – Produktregel oder Kettenregel mehrfach bzw. geschachtelt anwenden. CAS

a) $x \cdot \sin x \cdot \cos x$
b) $\sin(\sin(x^2))$
c) $\sin x \cdot \sin 2x \cdot \cos x$
d) $\sin(ax + b) \cdot \cos(ax)$
e) $\sin(\cos(\sin x))$
f) $(1 - \sin^2 x) \cdot \cos x$

4. ***Die Ableitung der Tangensfunktion:*** Gesucht ist die Ableitung von $f(x) = \tan x = \frac{\sin x}{\cos x}$. CAS
Bestimmen Sie zunächst die Ableitung von $g(x) = \frac{1}{\cos x}$ nach der Kettenregel.
Stellen Sie sodann den Tangens in der Form $f(x) = \sin x \cdot \frac{1}{\cos x}$ dar und wenden Sie die Produktregel an. Vereinfachen Sie das so erzielte Resultat weitestmöglich.

5. $f(x) = \sin 2x$ lässt sich auch in der Form $f(x) = 2 \cdot \sin x \cdot \cos x$ darstellen.
Berechnen Sie $f'(x)$ für beide Darstellungen. Weisen Sie mithilfe trigonometrischer Formeln nach, dass die Resultate trotz optischer Verschiedenheit übereinstimmen.

6. Das Additionstheorem für den Sinus lautet: $\sin(x + y) = \sin x \cdot \cos y + \cos x \cdot \sin y$. CAS
„Differenzieren" Sie das Theorem. Betrachten Sie dabei x als Variable und y als Konstante.
Was erhalten Sie als Resultat?

B. Die Integration von Sinus und Kosinus

Aus den beiden Ableitungsregeln für Sinus und Kosinus ergeben sich auch die Integrationsregeln für die beiden Funktionen. Der Nachweis erfolgt unmittelbar durch Differentiation.

$$\int \sin x \, dx = -\cos x + C \qquad \int \cos x \, dx = \sin x + C$$

Man kann diese Integrationsregeln noch etwas verallgemeinern, wenn man die lineare Substitutionsregel der Integration (Mathematik 11, Seite 192) anwendet.

Beispiel: Gesucht ist eine Stammfunktion von $f(x) = \sin 3x$.

Lösung:
Man könnte die Vermutung aufstellen, dass $F(x) = -\cos 3x + C$ die gesuchte Stammfunktion ist.
Aber Differenzieren des Terms F nach der Kettenregel ergibt das dreifach zu große Resultat $F'(x) = 3 \cdot \sin 3x$.
Daher korrigieren wir unsere Vermutung zu $F(x) = -\frac{1}{3}\cos 3x + C$.

$$\int \sin 3x \, dx = -\frac{1}{3}\cos 3x + C$$

Nachweis:

$$\left(-\frac{1}{3}\cos 3x + C\right)' = -\frac{1}{3}(\cos 3x)' + C' = -\frac{1}{3}(-3\sin 3x) + 0 = \sin 3x$$

Diese auf der Kettenregel beruhende lineare Substitutionsregel funktioniert allerdings nur dann, wenn das Argument des zu integrierenden Sinus oder Kosinus eine lineare Funktion der Integrationsvariablen ist.

$$\int \sin(ax+b)\, dx = -\frac{1}{a}\cos(ax+b) + C \qquad \int \cos(ax+b)\, dx = \frac{1}{a}\sin(ax+b) + C$$

Übung 7

Berechnen Sie die folgenden Integrale. Interpretieren Sie die bestimmten Integrale.

a) $\int \sin \pi x \, dx$ b) $\int (1 - \cos(-\pi x))\, dx$ c) $\int (\sin(2x+1) - \cos x + 1)\, dx$

d) $\int_0^{2\pi} \sin(0{,}5x)\, dx$ e) $\int_0^{2\pi} (x + \sin(x))\, dx$ f) $\int_0^{\pi} \cos(2x)\, dx$

C. Einfache Differentiations- und Integrationsaufgaben

Wir üben nun an einfachen, isolierten Problemen der Differential- und Integralrechnung der trigonometrischen Funktionen. Später werden ähnliche Aufgabenstellungen im Rahmen von umfassenderen Kurvenuntersuchungen als Teilaufgaben wieder vorkommen.
Außerdem konzentrieren wir uns hier auf die Grundfunktionen Sinus und Kosinus.

Beispiel: Unter welchem Winkel α schneidet der Graph von $f(x) = \sin x$ die x-Achse bei $x = \pi$?

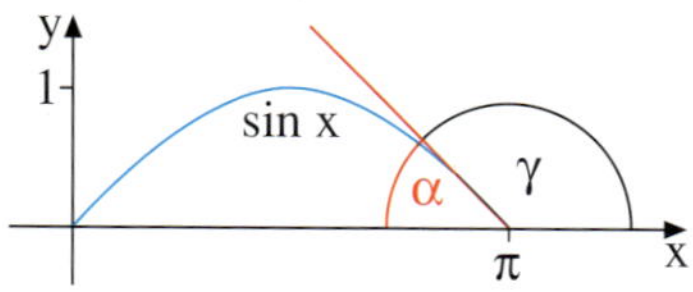

Lösung:
Der Anstieg bei $x = \pi$ beträgt –1.
Daher ist der Anstiegswinkel $\gamma = -45°$ bzw. $\gamma = 135°$. Der Schnittwinkel mit der x-Achse ist dann $\alpha = 45°$.

$f(x) = \sin x \quad f'(\pi) = \cos\pi = -1$
$f'(x) = \cos x \quad \tan\gamma = -1$
$\gamma = -45° = 135°$
$\alpha = 45°$

Beispiel: Wie groß ist der y-Achsenabschnitt der Tangente an den Graphen von $f(x) = \sin x$ bei $x = \frac{\pi}{4}$?

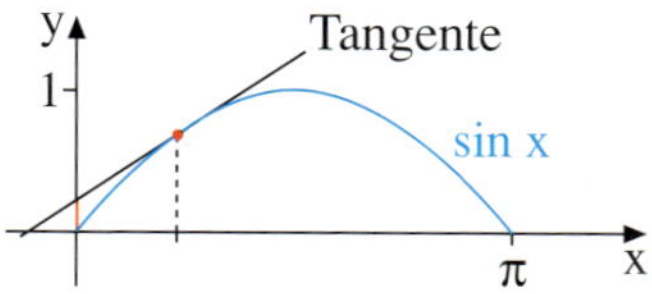

Lösung:
Wir wählen für die Tangentengleichung den Punktrichtungsansatz, d. h.:

$$y_T(x) = m(x - x_0) + y_0.$$

Hier müssen

$$x_0 = \tfrac{\pi}{4}, \quad y_0 = f(x_0) \quad \text{und} \quad m = f'(x_0)$$

gesetzt werden.
Dann ergibt sich als Resultat für den y-Achsenabschnitt der Tangente ca. 0,1517.

$$y_T(x) = m(x - x_0) + y_0$$
$$x_0 = \tfrac{\pi}{4}$$
$$y_0 = f(x_0) = \sin\left(\tfrac{\pi}{4}\right) \approx 0{,}7071$$
$$m = f'(x_0) = \cos\left(\tfrac{\pi}{4}\right) \approx 0{,}7071$$
$$y_T(x) \approx 0{,}7071\left(x - \tfrac{\pi}{4}\right) + 0{,}7071$$
$$y_T(x) \approx 0{,}7071x + 0{,}1517$$

Beispiel: Welchen Inhalt A hat die Fläche, die ein Bogen des Graphen von $y = \sin x$ mit der x-Achse einschließt.

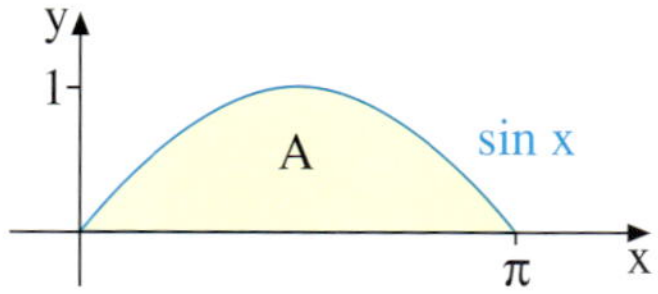

Lösung:
Die nebenstehende Rechnung liefert auf einfache Weise das überraschende Resultat $A = 2$.
Ein so rundes Ergebnis hätte man sicher nicht erwartet.

$$A = \int_0^\pi \sin x\,dx = [-\cos x]_0^\pi$$
$$= (-\cos\pi) - (-\cos 0)$$
$$= 1 - (-1) = 2$$

Beispiel: An welcher Stelle x und unter welchem Winkel γ schneiden sich die Graphen der Sinusfunktion und der Kosinusfunktion im Intervall $[0;\pi]$?

Lösung:
Die Schnittstelle x erhalten wir durch Gleichsetzen der Funktionsterme und Auflösen nach x, wobei wir rechnerisch über den Tangens gehen.
Ergebnis: $x = \frac{\pi}{4}$.
Die Anstiegswinkel α und β der beiden Kurven bei $x = \frac{\pi}{4}$ errechnen wir aus den Anstiegen der Kurven an dieser Stelle. Sie betragen 35,26° bzw. –35,26°. Damit ergibt sich der Schnittwinkel $\gamma \approx 70{,}52°$.

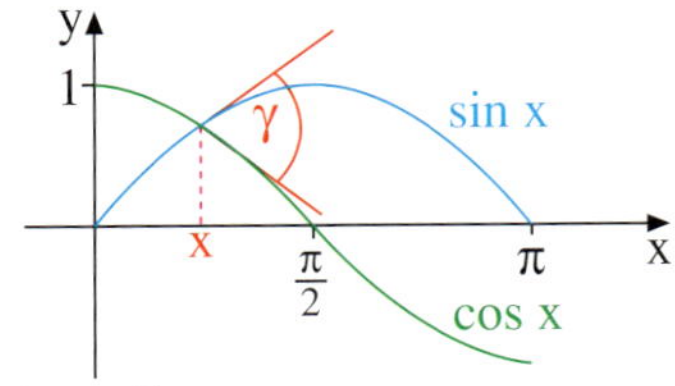

Schnittstelle:
$f(x) = g(x),\ \sin x = \cos x,\ \frac{\sin x}{\cos x} = 1$

$\tan x = 1,\ x = \arctan 1,\ x = \frac{\pi}{4}$

Schnittwinkel: $f'\left(\frac{\pi}{4}\right) = \cos\frac{\pi}{4} = 0{,}7071$

$\tan\alpha = 0{,}7071,\ \alpha = 35{,}26°$

$g'\left(\frac{\pi}{4}\right) = -\sin\frac{\pi}{4} = -0{,}7071$

$\tan\beta = -0{,}7071,\ \beta = -35{,}26°$

$\Rightarrow \gamma = |\alpha| + |\beta| \approx 70{,}52°$

Beispiel: Gesucht ist der Inhalt der abgebildeten Fläche zwischen den Graphen der Sinusfunktion, der Kosinusfunktion und der x-Achse.

Lösung:
Die Schnittstelle der beiden Kurven liegt bei $x = \frac{\pi}{4}$ (Rechnung im vorigen Beispiel).
Wir integrieren daher in zwei Schritten: zunächst $f(x) = \sin x$ über dem Intervall $\left[0;\frac{\pi}{4}\right]$ und dann $g(x) = \cos x$ über dem Intervall $\left[\frac{\pi}{4};\frac{\pi}{2}\right]$. Die Teilergebnisse werden addiert.
Resultat: $A \approx 0{,}59$

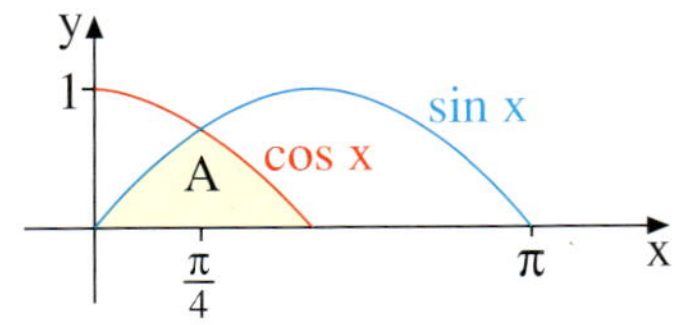

$$A = \int_0^{\frac{\pi}{4}} \sin x\,dx + \int_{\frac{\pi}{4}}^{\frac{\pi}{2}} \cos x\,dx$$

$$= [-\cos x]_0^{\frac{\pi}{4}} + [\sin x]_{\frac{\pi}{4}}^{\frac{\pi}{2}}$$

$$= 0{,}2929 + 0{,}2929$$

$$\approx 0{,}59$$

Beispiel: Gesucht ist der Inhalt der Fläche A, die vom Graphen der Sinusfunktion und der Geraden $y = 0{,}5$ vollständig begrenzt wird.

Lösung:
Wir errechnen zunächst die Schnittstellen durch Gleichsetzen der Funktionsterme und integrieren sodann die Differenzfunktion $d(x) = \sin x - \frac{1}{2}$ in den berechneten Grenzen.
Resultat: $A \approx 0{,}68$

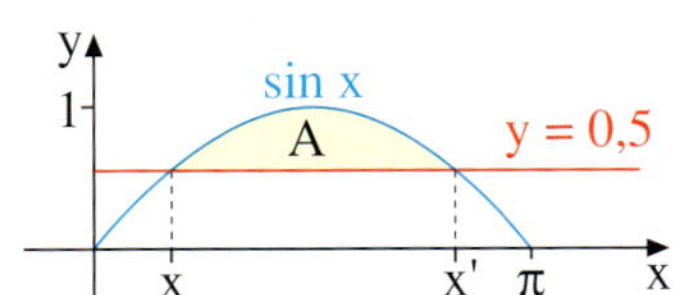

Schnittstellen:

$\sin x = \frac{1}{2},\ x = 0{,}5236,\ x' = 2{,}6180$

$$A = \int_{0{,}5236}^{2{,}6180} \left(\sin x - \tfrac{1}{2}\right) dx$$

$$= \left[-\cos x - \tfrac{1}{2}x\right]_{0{,}5236}^{2{,}6180} \approx 0{,}68$$

Übungen

CAS

8. Welchen Anstiegswinkel besitzt der Graph von $f(x) = \sin\left(\frac{\pi}{4}x\right)$ bei $x = 0$?

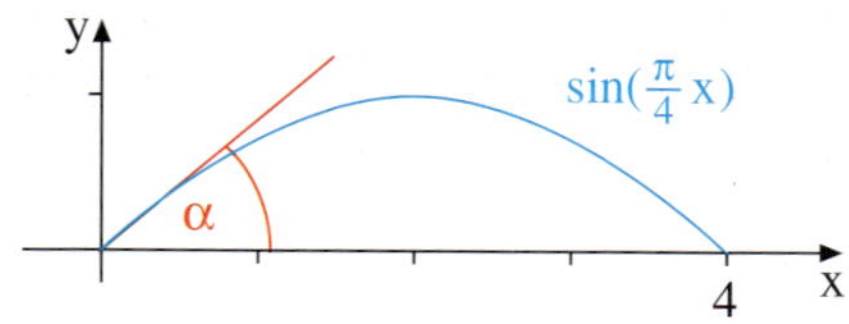

9. An welcher Stelle des Intervalls $\left[0\,;\,\frac{\pi}{2}\right]$ besitzt die Kosinusfunktion eine Normale mit dem Anstieg 2?

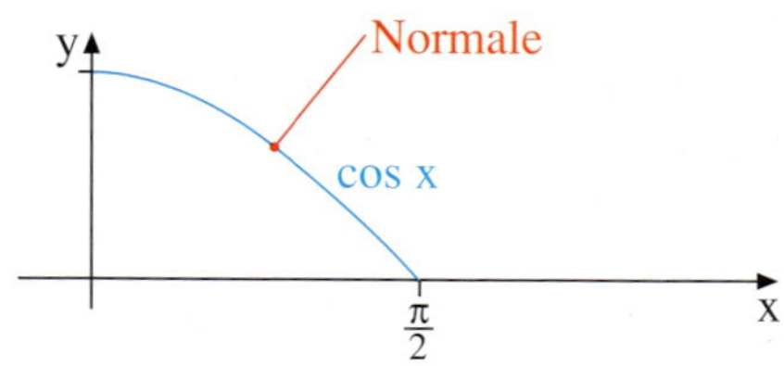

10. Die Funktionen $f(x) = \sin x$ und $g(x) = \sin 2x$ schließen die abgebildete Fläche A ein.
Berechnen Sie zunächst den rechten Schnittpunkt der Kurven und sodann den Inhalt der Fläche A.

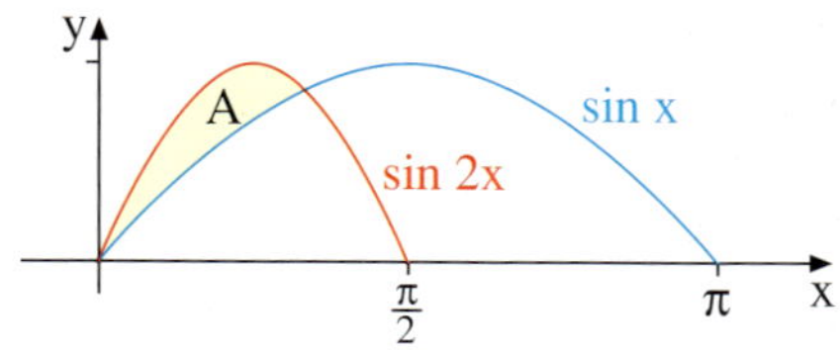

11. Gesucht ist die ungefähr bei $x = 1$ liegende Stelle, an welcher die Differenz der Funktionswerte von

$f(x) = \sin x$ und $g(x) = \sin\frac{x}{2}$

ein lokales Maximum annimmt.

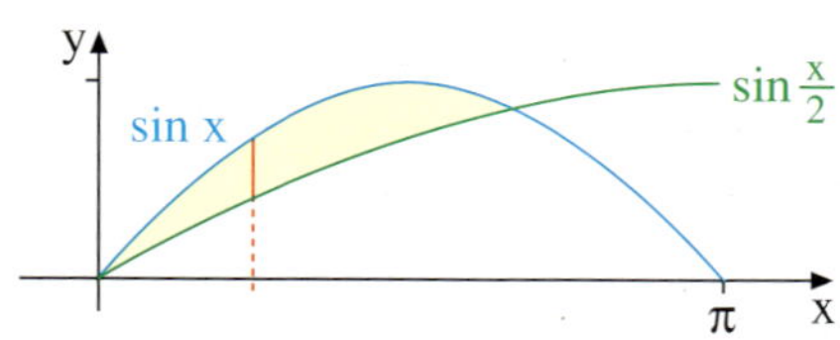

12. Berechnen Sie den Inhalt der abgebildeten Fläche A zwischen dem Graphen der Kosinusfunktion, dem Graphen von $g(x) = x - x^2$ und der x-Achse.

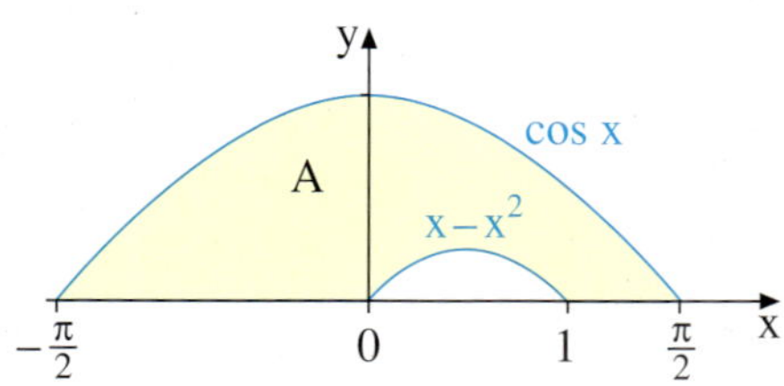

13. Wie groß ist der Inhalt der abgebildeten Fläche A?
A wird von den Graphen der drei Funktionen $f(x) = \sin x$, $g(x) = 2\sin x$, $h(x) = 4x - x^2$ sowie von der x-Achse begrenzt.

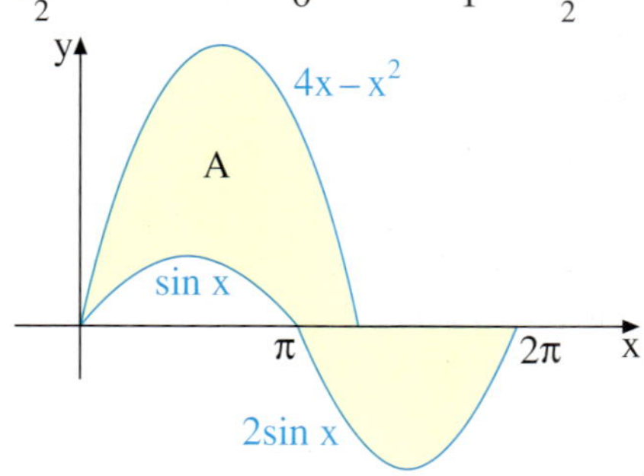

14. Eine zur y-Achse achsensymmetrische Parabel läuft durch den ersten Hochpunkt der Sinusfunktion rechts des Ursprungs. Sie umschließt mit dieser eine Fläche A.
Welchen Inhalt besitzt A?

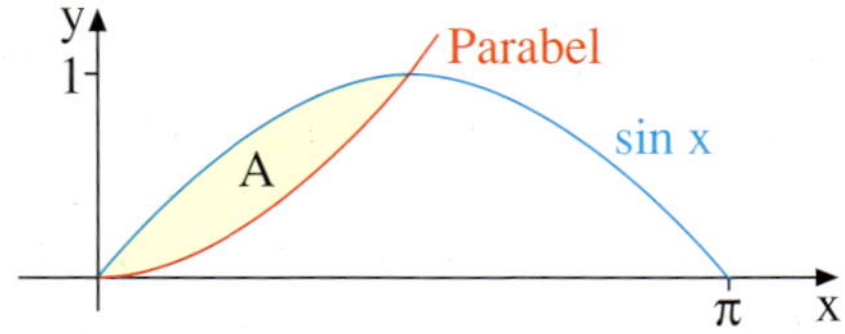

CAS

D. Exkurs: Beweis der Ableitungsregeln für Sinus und Kosinus

Auf Seite 12 wurden die Ableitungen von Sinus und Kosinus auf graphischem Wege gefunden. Im folgenden Abschnitt werden wir den rechnerischen Nachweis der Ableitungsregeln nachtragen. Dazu benötigen wir zunächst zwei Grenzwerte.

Beispiel: Der Term $\frac{\sin x}{x}$ ist für $x = 0$ nicht definiert. Untersuchen Sie, wie sich der Term $\frac{\sin x}{x}$ für $x \to 0$ verhält, indem Sie für x die Teststellen $1, \frac{1}{2}, \frac{1}{4}, \frac{1}{8}, \frac{1}{16}, \ldots$ einsetzen.

Lösung:
Mit dem CAS wird der Wert des Terms an den Teststellen ermittelt.
Die nebenstehende Tabelle legt die Vermutung nahe, dass der Term $\frac{\sin x}{x}$ gegen den Grenzwert 1 strebt, wenn wir x gegen 0 streben lassen.
Ähnlich ergibt sich die Vermutung, dass der Term $\frac{\cos x - 1}{x}$ für x gegen 0 dem Grenzwert 0 zustrebt.

x	$\frac{\sin x}{x}$
1	0,8414
0,5	0,9589
0,25	0,9896
0,125	0,9974
0,0625	0,9993
↓	↓
0	1

$$\lim_{x \to 0} \frac{\sin x}{x} = 1 \qquad \lim_{x \to 0} \frac{\cos x - 1}{x} = 0.$$

Wir führen den Beweis der ersten Grenzwertaussage am Einheitskreis für den Fall $x \geq 0$. Der Fall $x \leq 0$ verläuft analog.

Wir betrachten die nebenstehende Figur. Der Inhalt des Dreiecks OAP ist offensichtlich höchstens so groß wie der Inhalt des Kreissektors OAP, der wiederum höchstens so groß ist wie der Inhalt des Dreiecks OAQ, wie abgebildet.
Der Inhalt des Dreiecks OAP (Grundlinie 1, Höhe sin x) beträgt $\frac{1}{2} \cdot 1 \cdot \sin x$.
Der Inhalt des Dreiecks OAQ beträgt $\frac{1}{2} \cdot 1 \cdot \tan x$.

Der Kreissektor OAP mit der Bogenlänge x hat den Inhalt $\frac{1}{2}x$, so dass sich die Ungleichungskette (1) ergibt.

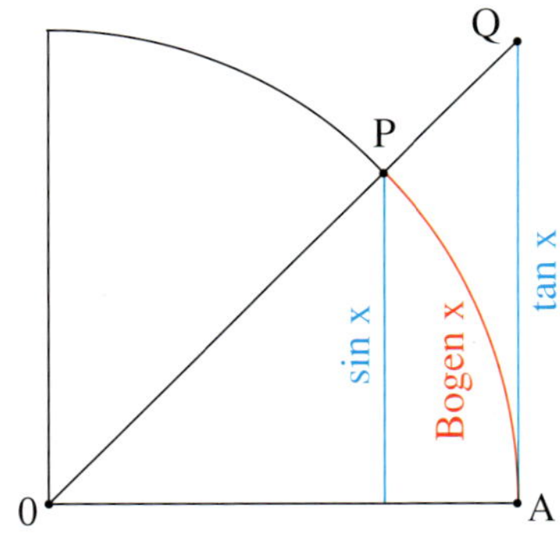

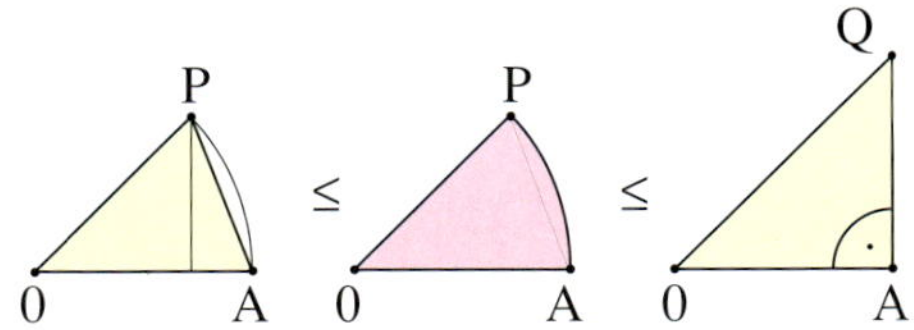

(1) $\frac{1}{2}\sin x \leq \frac{x}{2} \leq \frac{1}{2}\tan x = \frac{1}{2} \cdot \frac{\sin x}{\cos x}$

Dividieren wir nun alle drei Terme durch $\frac{1}{2}\sin x$ und bilden anschließend die Kehrwerte, was die Umkehrung der Relationszeichen zur Folge hat, so erhalten wir eine Einschachtelung (2) für den zu untersuchenden Term $\frac{\sin x}{x}$.
Da die beiden außen stehenden Terme 1 und cos x für x gegen 0 beide gegen den Grenzwert 1 streben, bleibt dem eingeschlossenen Term $\frac{\sin x}{x}$ keine andere Wahl, als auch gegen 1 zu streben.

Division aller Terme durch $\frac{1}{2}\sin x$:

$$1 \le \frac{x}{\sin x} \le \frac{1}{\cos x}$$

Kehrwertbildung aller Terme:

$$(2)\quad 1 \ge \frac{\sin x}{x} \ge \cos x \quad | \, x \to 0$$

$$\begin{matrix} \downarrow & & \downarrow \\ 1 & & 1 \end{matrix}$$

Folgerung: $\lim\limits_{x \to 0} \frac{\sin x}{x} = 1$

Übung 15

a) Bestätigen Sie die Grenzwertvermutung $\lim\limits_{x \to 0} \frac{\cos x - 1}{x} = 0$ mittels CAS.

CAS

b) Beweisen Sie diese Grenzwertaussage.
Anleitung: Erweitern Sie den Bruchterm zunächst mit dem Term $(\cos x + 1)$. Wenden Sie dann den trigonometrischen Pythagoras $\sin^2 x + \cos^2 x = 1$ an. Verwenden Sie schließlich das obige Ergebnis $\lim\limits_{x \to 0} \frac{\sin x}{x} = 1$ sowie die Grenzwertsätze für Funktionsgrenzwerte.

Unter Verwendung der beiden Grenzwerte von Seite 18 können wir weitere trigonometrische Grenzwerte bestimmen. Dabei können trigonometrische Formeln wie z. B. die Additionstheoreme nützlich sein, wie das folgende Beispiel zeigt.

Beispiel: Bestimmen Sie den Grenzwert $\lim\limits_{x \to 0} \frac{\sin 2x}{x}$.

Lösung:
Der Taschenrechner liefert uns durch Testeinsetzungen die Vermutung, dass die Zahl 2 der gesuchte Grenzwert ist.
Zum exakten Nachweis wenden wir das Additionstheorem $\sin 2x = 2 \cdot \sin x \cdot \cos x$, die Grenzwertsätze sowie die trigonometrischen Grenzwerte von Seite 18 an.

$$\begin{aligned} \lim_{x \to 0} \frac{\sin 2x}{x} &= \lim_{x \to 0} \frac{2 \cdot \sin x \cdot \cos x}{x} \\ &= 2 \cdot \lim_{x \to 0} \frac{\sin x}{x} \cdot \lim_{x \to 0} \cos x \\ &= 2 \cdot 1 \cdot 1 \\ &= 2 \end{aligned}$$

Übung 16

Gesucht sind die folgenden trigonometrischen Grenzwerte. Berechnen Sie diese zunächst mit dem CAS. Beweisen Sie sodann diese Vermutung unter Verwendung von Additionstheoremen, binomischen Formeln, der Grenzwertsätze für Funktionen sowie der trigonometrischen Grenzwerte von Seite 18.

CAS

a) $\lim\limits_{x \to 0} \frac{1-(\cos x)^2}{1-\cos x}$ b) $\lim\limits_{x \to 0} \frac{(\sin x)^2}{x}$ c) $\lim\limits_{x \to 0} \frac{\sin 3x}{\sin 2x}$ d) $\lim\limits_{x \to 0} \frac{1-\sin x}{\cos x}$

Die Richtigkeit der auf Seite 12 anschaulich gewonnenen Vermutungen für die Ableitungen der Sinusfunktion und Kosinusfunktion sollen im Folgenden bewiesen werden.
Wir zeigen also: Sinusfunktion und Kosinusfunktion sind für alle $x \in \mathbb{R}$ differenzierbar und es gelten die Regeln $(\sin x)' = \cos x$ und $(\cos x)' = -\sin x$.

Beweis der Ableitungsregel $(\sin x)' = \cos x$:

Sei $f(x) = \sin x$. Dann gilt folgende Rechnung:

$f'(x) = \lim\limits_{h \to 0} \frac{f(x+h) - f(x)}{h} = \lim\limits_{h \to 0} \frac{\sin(x+h) - \sin(x)}{h}$	Definition der Ableitung $f'(x)$
$= \lim\limits_{h \to 0} \frac{\sin x \cdot \cos h + \cos x \cdot \sin h - \sin x}{h}$	Additionstheorem für Sinus
$= \lim\limits_{h \to 0} \left[\sin x \cdot \frac{\cos h - 1}{h} + \cos x \cdot \frac{\sin h}{h}\right]$	Umformung
$= \sin x \cdot \lim\limits_{h \to 0} \frac{\cos h - 1}{h} + \cos x \cdot \lim\limits_{h \to 0} \frac{\sin h}{h}$	Grenzwertsätze für Funktionen
$= \sin x \cdot 0 + \cos x \cdot 1 = \cos x$	Grenzwerte Seite 16

Bemerkung: Die Kosinusregel kann auch graphisch aufgrund folgender Überlegung begründet werden: Verschiebt man die Graphen in den Bildern auf Seite 12 um $\frac{\pi}{2}$ nach links, so entsteht im ersten Bild die Funktion $f(x) = \cos x$ und im zweiten Bild die Funktion $f(x) = -\sin x$.

Übung 17
Beweisen Sie die Regel $(\cos x)' = -\sin x$.
Gehen Sie analog zum oben auf dieser Seite dargestellten Beweis der Regel $(\sin x)' = \cos x$ vor, d. h. verwenden Sie den Differenzenquotienten.

Übung 18
a) Wie lautet die dritte Ableitung der Sinusfunktion?
b) Wie lautet die 1999-te Ableitung der Kosinusfunktion?
c) Bestimmen Sie die n-te Ableitung der Sinusfunktion.
d) Wie lautet die 20-te Ableitung von $f(x) = 2\sin x - 3\cos x$?

Knobelaufgabe

Zwei zweistellige natürliche Zahlen wurden multipliziert.
Alle Ziffern des Produkts sind Fünfen.
Wie heißen die beiden Zahlen?
Zeigen Sie, dass es nur eine Lösung gibt.

2. Exkurs: Kurvendiskussionen

CAS

Die Skizzierung des Graphen einer trigonometrischen Funktion gelingt in den meisten Fällen, wenn man dem Funktionsterm entnehmen kann, durch welche x- bzw. y-Verschiebung und durch welche Streckung in y-Richtung bzw. durch welche Periodenänderung er aus dem Term der reinen Sinus- bzw. Kosinusfunktion hervorgegangen ist. Die Differentialrechnung sollte man dann einsetzen, wenn die exakte Bestimmung der Lage von Extrem- und Wendepunkten gefragt ist oder wenn es sich um die Summe trigonometrischer Funktionen handelt, insbesondere solche mit unterschiedlicher Periodenlänge. Im Folgenden werden hierzu einige typische Beispiele leichten bis mittleren Schwierigkeitsgrades betrachtet.

Beispiel: Gegeben ist die Funktion $f(x) = 3\sin(2x - 2) + 1$ im Intervall $I = [1\,;\,\pi + 1]$. Skizzieren Sie den Graphen und bestimmen Sie die Lage der Extrempunkte rechnerisch.

1. Graph

Nach Umformung des Funktionsterms von $f(x) = 3\sin(2 \cdot (x - 1)) + 1$ können wir ablesen, dass f aus dem Graphen der Sinusfunktion folgendermaßen entsteht: Verschiebung um 1 in x-Richtung und um 1 in y-Richtung, Periodenhalbierung auf π, Amplitudenverdreifachung.
Das reicht für eine grobe Skizze aus.

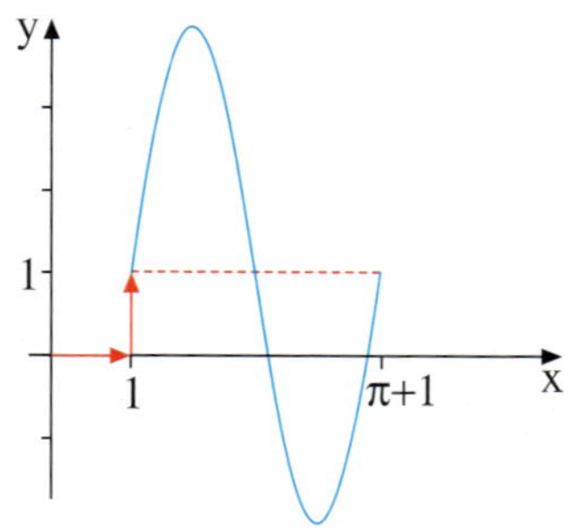

2. Ableitungen

Wir benötigen die Ableitungen bis zur zweiten Ordnung, die mithilfe der Kettenregel bestimmt werden können.

Ableitungen:

$f(x) = 3\sin(2x - 2) + 1$
$f'(x) = 6\cos(2x - 2)$
$f''(x) = -12\sin(2x - 2)$

3. Extrema

Zunächst werden die Stellen mit waagerechten Tangenten durch Berechnung der Nullstellen von f' ermittelt. Die Bestimmungsgleichung $6\cos(2x - 2) = 0$ ist im gegebenen Intervall nur für $x = \frac{\pi}{4} + 1$ und $x' = \frac{3}{4}\pi + 1$ erfüllt.

Nullstellen von f'(x) in I:

$6\cos(2x - 2) = 0$
$\cos(2x - 2) = 0$

$2x - 2 = \frac{\pi}{2} + 2k\pi$	$2x' - 2 = -\frac{\pi}{2} + 2k\pi$
$x = \frac{\pi}{4} + 1 + k\pi$	$x' = -\frac{\pi}{4} + 1 + k\pi$
$x = \frac{\pi}{4} + 1\ (k = 0)$	$x' = \frac{3}{4}\pi + 1\ (k = 1)$

Mithilfe der 2. Ableitung wird nun überprüft, ob tatsächlich Extrema vorliegen.

Resultat: $H\left(\frac{\pi}{4} + 1; 4\right)$, $T\left(\frac{3}{4}\pi + 1; -2\right)$

Überprüfung mittels f'':

$f''\left(\frac{\pi}{4} + 1\right) = -12 < 0 \Rightarrow$ Maximum
$f''\left(\frac{3}{4}\pi + 1\right) = 12 > 0 \Rightarrow$ Minimum

Übung 1

Gegeben ist die Funktion $f(x) = 3\sin(2x - 2) + 1$ für $1 < x < \pi + 1$ aus obigem Beispiel. Bestimmen Sie die Lage des Wendepunktes von f im betrachteten Intervall rechnerisch.

Wir führen nun das letzte Beispiel mit einer zusätzlichen Integrationsaufgabe fort.

Beispiel: Gegeben ist die Funktion $f(x) = 3\sin(2x - 2) + 1$ im Intervall $I = [0\,;2\pi]$. Wie groß ist der Inhalt der Fläche A, die vom ersten oberhalb der x-Achse liegenden Kurvenbogen und der x-Achse begrenzt wird?

Lösung:
Eine erste Schätzung aufgrund der Skizze ergibt für die Fläche A einen Inhalt von ca. 4 Flächeneinheiten, vielleicht sogar etwas mehr.
Aber nun die Rechnung:

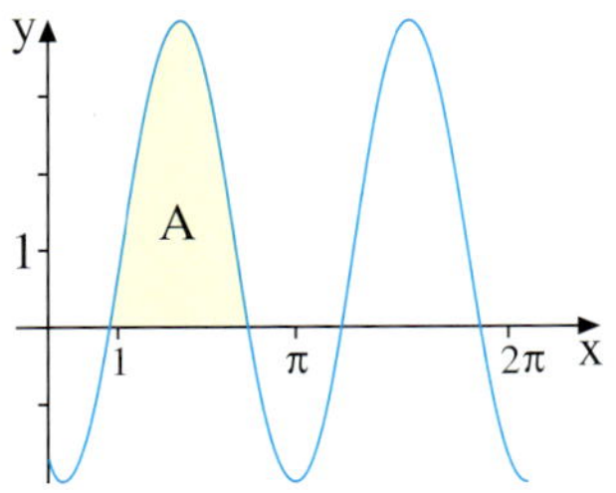

1. Integrationsgrenzen
Die Integrationsgrenzen sind die ersten beiden im Intervall I liegenden Nullstellen a und b von f.
Aus der Skizze des Graphen ist ersichtlich, dass diese knapp unter x = 1 und knapp unter $x = \pi$ liegen.
Die rechnerische Bestimmung liefert die Werte $a \approx 0{,}83$ und $b \approx 2{,}74$.

2. Stammfunktion
Mithilfe der linearen Substitutionsregel erhalten wir $F(x) = -\frac{3}{2}\cos(2x + 2) + x$ als eine Stammfunktion von f.

3. Flächeninhalt
Die Berechnung des bestimmten Integrals ergibt $A \approx 4{,}73$. Dieser Wert liegt in Übereinstimmung mit unserer Schätzung.

Integrationsgrenzen:
$f(x) = 0$:

$3\sin(2x - 2) + 1 = 0,$	$\sin(2x - 2) = -\frac{1}{3}$
$2x - 2 \approx -0{,}34 + 2k\pi,$	$2x' - 2 \approx 3{,}48 + 2k\pi$
$x \approx 0{,}83 + k\pi,$	$x' \approx 2{,}74 + k\pi$
$a \approx 0{,}83$	$b \approx 2{,}74$

Bestimmtes Integral:

$$\int_{0{,}83}^{2{,}74} (3\sin(2x - 2) + 1)\,dx$$

$$= \left[-\tfrac{3}{2}\cos(2x - 2) + x\right]_{0{,}83}^{2{,}74}$$

$$\approx (4{,}15) - (-0{,}58)$$

$$= 4{,}73$$

Übung 2

Gegeben ist die Funktion f durch die Skizze ihres Graphen (Abb. rechts). Es ist eine modifizierte Kosinusfunktion.

a) Wie könnte die Funktionsgleichung lauten?
b) Wo liegt die erste Nullstelle rechts des Ursprungs?
c) Welchen Inhalt hat die gelbe Fläche?
d) Wo liegt der erste Wendepunkt?
e) Wie lautet die Gleichung der eingezeichneten Wendenormalen?

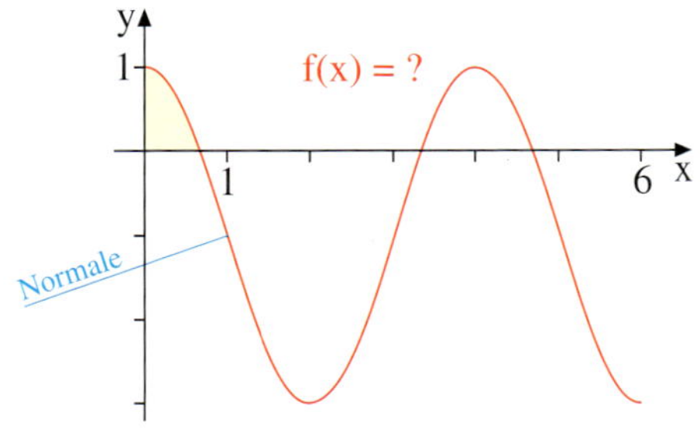

Das folgende Beispiel ist etwas schwieriger, weil die Funktionsgleichung nun zwei trigonometrische Terme enthält.

Beispiel: Gegeben ist die Funktion $f(x) = 2\sin x + \cos x$ im Intervall $I = [0\,;\,2\pi]$. Skizzieren Sie den Graphen von f, und bestimmen Sie anschließend die genaue Lage der beiden Extremalstellen.

Lösung:
Wir skizzieren die Graphen der Summanden $g(x) = 2\sin x$ sowie $h(x) = \cos x$ in einem gemeinsamen Koordinatensystem. Hiervon ausgehend, gewinnen wir den Graphen von f durch Ordinatenaddition, indem wir die Ordinaten des Kosinusterms auf die Ordinaten des Sinusterms aufaddieren.
Natürlich überlegen wir uns vorher, welche Graphenpunkte von f wir besonders leicht gewinnen können. Das sind z. B. die Punkte von g, die über den Nullstellen von h liegen, und umgekehrt. Auch die Nullstellen der Funktion f können wir ungefähr eintragen, denn die liegen dort, wo g und h betragsgleiche Funktionswerte mit unterschiedlichem Vorzeichen haben.
Nun erst setzen wir die Differentialrechnung ein, um die genaue Lage der Extremalpunkte von f zu bestimmen.
Wir erhalten Extremalstellen bei $x \approx 1{,}11$ und $x \approx 4{,}25$.
Eine Überprüfung mithilfe der zweiten Ableitung ist nicht erforderlich, da schon aus der Skizze klar ist, dass der erste Wert eine Maximalstelle und der zweite Wert eine Minimalstelle darstellt.

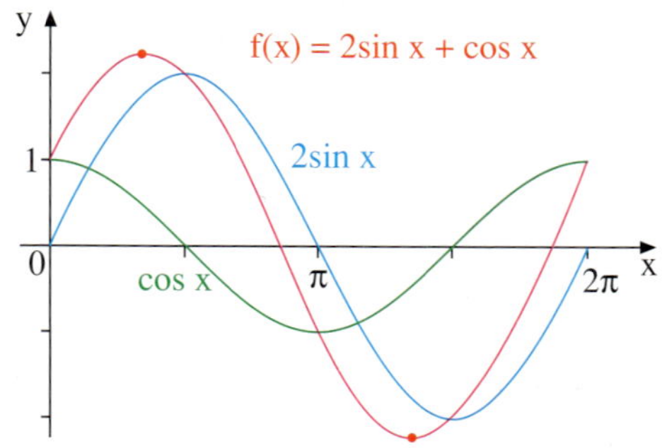

Berechnung der Extremalstellen:

$f(x) = 2\sin x + \cos x$
$f'(x) = 2\cos x - \sin x$

$f'(x) = 0$
$2\cos x - \sin x = 0$
$\frac{\sin x}{\cos x} = 2$
$\tan x = 2$
$x = \arctan 2 + k\pi$
$x \approx 1{,}11 + k\pi$
$k = 0: \quad x \approx 1{,}11$
$k = 1: \quad x \approx 1{,}11 + 3{,}14 \approx 4{,}25$

Bei $x \approx 1{,}11$ liegt ein Maximum.
Bei $x \approx 4{,}25$ liegt ein Minimum.

Übung 3

CAS

Gegeben sei die im obigen Beispiel betrachtete Funktion $f(x) = 2\sin x + \cos x$.

a) Gesucht sind die Lage des Wendepunktes sowie die Gleichung der Wendetangente von f.
b) Nun wird es schwieriger:
Der Inhalt A der gelb hinterlegten Fläche ist gesucht.

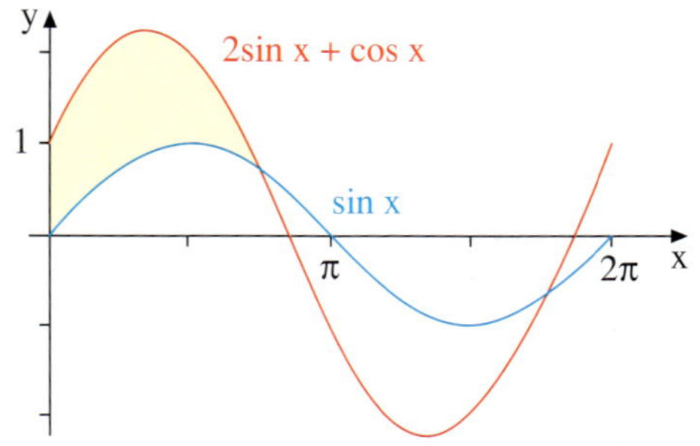

Beispiel: Gegeben sei die Funktion $f(x) = \cos x - \sin x$ über dem Intervall $I = [0\,;\,2\pi]$.
a) Skizzieren Sie den Graphen von f durch Ordinatensubtraktion.
b) Berechnen Sie die genaue Lage der Nullstellen und der Extrema.

Lösung: a) Graph
Wir skizzieren die Graphen der Einzelterme $\cos x$ und $\sin x$.
Der Funktionsterm von f ist die Differenz hiervon. Daher können wir den Graphen von f durch Ordinatensubtraktion gewinnen.
Wir erhalten als Ergebnis den rot dargestellten Graphen.

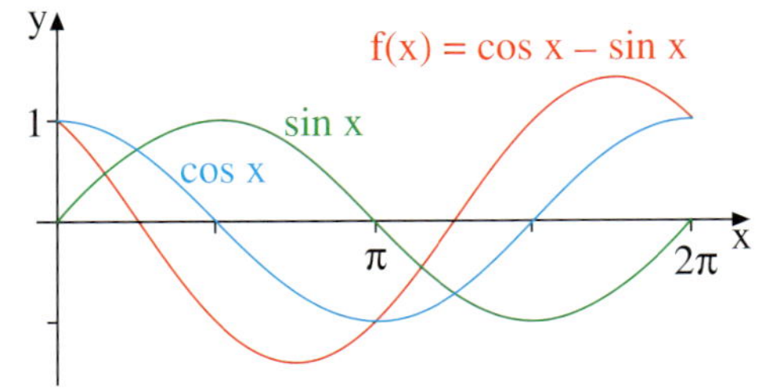

Lösung: b1) Nullstellen
Die Bestimmungsgleichung für die beiden Nullstellen lautet $\cos x - \sin x = 0$. Sie enthält zwei trigonometrische Terme, was einer Auflösung abträglich ist. Daher dividieren wir nach der Umformung zu $\cos x = \sin x$ beide Seiten durch den Term $\cos x$.
Dann entsteht die Gleichung $\tan x = 1$, die wir mithilfe des Arcustangens auflösen können.
Das Resultat lautet
$x = \frac{\pi}{4} \approx 0{,}79$ sowie $x = \frac{5\pi}{4} \approx 3{,}93$.

Lösung: b2) Extrema
Die Bestimmungsgleichung für die Extrema lautet $f'(x) = -\sin x - \cos x = 0$.

Sie führt auf $\tan x = -1$ mit den Lösungen
$x = \frac{3\pi}{4} \approx 2{,}36$ sowie $x = \frac{7\pi}{4} \approx 5{,}50$.
Die zugehörigen Ordinaten sind
$y \approx -1{,}41$ sowie $y \approx 1{,}41$.

Es handelt sich um ein Minimum und um ein Maximum, wie schon die Skizze zeigt, sodass die Überprüfung mit f'' wiederum entfallen kann.

Wir setzen nun die Untersuchung der Funktion aus dem obigen Beispiel mit einer schwierigeren Fragestellung fort.

Beispiel: Gegeben sei die Funktion $f(x) = \cos x - \sin x$ über dem Intervall $I = [0\,;\,2\pi]$. Gesucht ist der Inhalt der Fläche A, die zwischen dem Graphen der Funktion f und dem Graphen der horizontalen Geraden $y(x) = 1$ liegt, und zwar oberhalb der Geraden.

Lösung:
Zeichnen wir den Graphen von f, der im obigen Beispiel entwickelt wurde, und den Graphen der horizontalen Geraden $y(x) = 1$ in ein gemeinsames Koordinatensystem ein, so erhalten wir nebenstehendes Bild, mit dessen Hilfe wir uns im Folgenden orientieren.

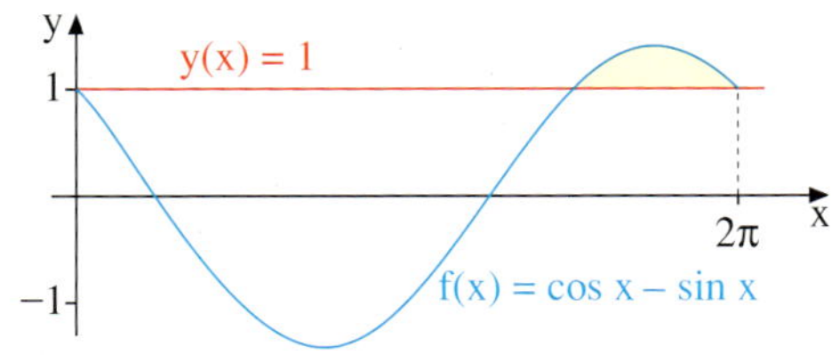

Zunächst müssen wir die Integrationsgrenzen als Schnittstelle der Graphen von f und y bestimmen.
Diese Schnittstellen liegen laut Graph bei $x \approx 4{,}5$ und bei $x = 2\pi$, wobei der erste Wert eine grobe Schätzung darstellt.
Diese Schnittstelle bestimmen wir daher rechnerisch genauer.
Die Rechnung rechts führt uns auf die Gleichung $\sin x = 0$, die am betrachteten Intervall $[0\,;2\pi]$ die drei Lösungen $x = 0$, $x = \pi$ und $x = 2\pi$ besitzt.
Die erste Lösung interessiert uns nicht, die zweite ist eine Scheinlösung, die beim Quadrieren entstanden ist, und die dritte kannten wir bereits.
Die Rechnung führt aber auch auf die Gleichung $\sin x = -1$, von deren Lösungen nur $x = 1{,}5\pi$ im Intervall $[0\,;2\pi]$ liegt.

Damit ist die Berechnung des Flächeninhaltes mit nebenstehender Integration möglich. Resultat: $A = 2 - 0{,}5\pi \approx 0{,}43$.

Schnittstellenberechnung:

Ansatz: $f(x) = y(x)$

$$\cos x - \sin x = 1$$
$$\sqrt{1-\sin^2 x} - \sin x = 1$$
$$\sqrt{1-\sin^2 x} = 1 + \sin x$$
$$1 - \sin^2 x = (1+\sin x)^2$$
$$1 - \sin^2 x = 1 + 2\sin x + \sin^2 x$$
$$2\sin^2 x + 2\sin x = 0$$
$$\sin x \cdot (\sin x + 1) = 0$$
$$\sin x = 0 \quad \text{oder} \quad \sin x = -1$$
$$x = 0$$
$$x = \pi$$
$$x = 2\pi \qquad\qquad x = 1{,}5\pi$$

Flächenberechnung:

$$\int_{1,5\pi}^{2\pi} (\cos x - \sin x - 1)\,dx$$
$$= [\sin x + \cos x - x]_{1,5\pi}^{2\pi} = 2 - 0{,}5\pi \approx 0{,}43$$

Übung 4

Gegeben ist die Funktion $f(x) = \sin x + \sin 2x$, $0 \le x \le 2\pi$.

a) Entwickeln Sie eine Skizze des Graphen von f. Skizzieren Sie hierzu zunächst die Graphen der beiden Summanden $\sin x$ und $\sin 2x$ in einem gemeinsamen Koordinatensystem und arbeiten Sie mit Ordinatenaddition.
b) Bestimmen Sie die genaue Lage der Nullstellen von f.
c) Untersuchen Sie f auf Extrema.
d) Der Graph von f und die x-Achse begrenzen vier Flächenstücke. Bestimmen Sie den Gesamtinhalt dieser Flächen.

Übung 5

Gegeben ist die Funktion $f(x) = \sin x + \sin\left(x - \frac{\pi}{3}\right)$, $0 \le x \le 2\pi$.

a) Skizzieren Sie den Graphen von f mittels Ordinatenaddition auf der Grundlage von Skizzen der beiden Summandengraphen.
b) Berechnen Sie die Nullstellen von f. Hinweis: Wenden Sie zunächst das Additionstheorem für den Sinus an.
c) Wo liegt der Hochpunkt von f?
d) Der Graph von f und die x-Achse umschließen ein Flächenstück A. Welchen Inhalt hat A?
e) Gesucht ist der Schnittpunkt der beiden Wendetangenten von f.

CAS

Übungen

6. Gegeben ist die Funktion $f(x) = 2 \cdot \sin\left(x - \frac{\pi}{3}\right) - 1$ für $0 \leq x \leq 2\pi$.
a) Skizzieren Sie den Graphen von f.
b) Berechnen Sie die Lage der Nullstellen, Extrema und Wendepunkte von f.
c) Gesucht ist der Inhalt der im 1. Quadranten zwischen dem Graphen von f und der x-Achse liegenden Fläche A.
d) In welchem Winkel trifft der Graph von f auf die y-Achse?

7. Diskutieren sie die Funktion f (Periode, Nullstellen, Extrema, Wendepunkte, Graph).
a) $f(x) = 3 \cdot \cos\left(2x - \frac{\pi}{2}\right) - 1$ b) $f(x) = -\cos(\pi - 2x)$ c) $f(x) = 3 \cdot \sin(\pi x) - 1$

8. Die abgebildeten Kurven sind Graphen von modifizierten Sinus- oder Kosinusfunktionen.
a) Wie lautet die Funktionsgleichung von f bzw. von g?
b) Wie groß ist der Inhalt A der gelben Fläche?

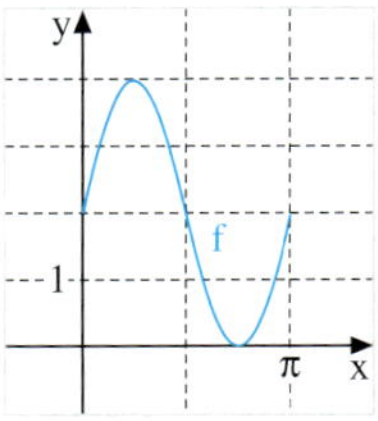

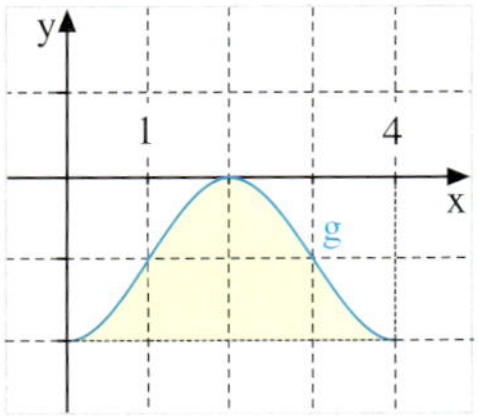

9. Untersuchen Sie die Funktion $f(x) = \sin x + 2 \cdot \cos x$, $0 \leq x \leq 2\pi$.
a) Graph, Nullstellen, Extrema, Wendepunkte
b) Inhalt der Fläche zwischen Graph und der x-Achse, unterhalb der x-Achse liegend.
c) Fläche zwischen dem Graphen von f, dem Graphen von $g(x) = \sin x$ und der y-Achse.

10. Diskutieren Sie die Funktion $f(x) = 2 \cdot \sin x - \cos x$, $0 \leq x \leq 2\pi$.
(Nullstellen, Extrema, Wendepunkte, Graph)

11. Diskutieren Sie die Funktion $f(x) = 3 \cdot \sin(x + \pi) + \cos x$, $0 \leq x \leq 2\pi$.
a) Skizzieren Sie den Graphen mittels Ordinatenaddition.
b) Berechnen Sie Nullstellen, Extrema und Wendepunkte.
c) Berechnen Sie den Inhalt der Fläche zwischen dem Graphen von f und den beiden Koordinatenachsen.
d) Unter welchem Winkel trifft der Graph von f auf die y-Achse?
Hinweis: Vereinfachen Sie zunächst den Term $\sin(x + \pi)$.

3. Extremalprobleme und Rekonstruktionen

A. Trigonometrische Extremalprobleme

Beispiel: Sektschale

Die Seitenkanten einer Sektschale sind 1 dm lang. Wie muss der Öffnungswinkel α gewählt werden, damit der Inhalt der Schale möglichst groß wird?

Lösung:

Das Glas hat Kegelform. Die Volumenformel des Kegels enthält die beiden Variablen r und h, die wir durch den Sinus und den Kosinus des halben Öffnungswinkels β ausdrücken können. So erhalten wir eine nur von β abhängige Zielfunktion V für das Volumen ($0 < \beta < \frac{\pi}{2}$ im Bogenmaß).

Die Extremalberechnung mithilfe der ersten Ableitung von V führt auf ein Extremum für $\beta = 0{,}9553$ bzw. $\beta = 54{,}74°$, so dass der optimale Öffnungswinkel 109,5° beträgt.

Es handelt sich also um eine relativ flache Sektschale.

Eine Alternativlösung erhält man ohne trigonometrische Funktionen, wenn man die Nebenbedingung $r^2 + h^2 = 1$ und die Zielfunktion $V(h) = \frac{\pi}{3}(h - h^3)$ verwendet.

Hauptbedingung:

$$V = \frac{\pi}{3} r^2 \cdot h$$

Nebenbedingung:

$$r = 1 \cdot \sin\beta$$
$$h = 1 \cdot \cos\beta$$

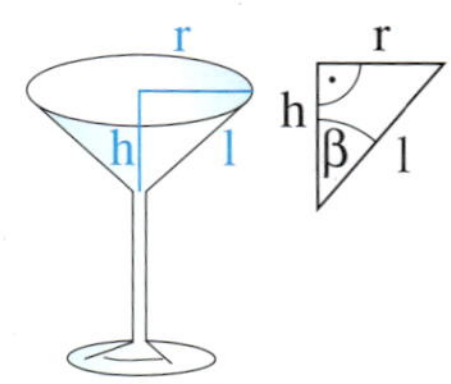

Zielfunktion:

$$V(\beta) = \frac{\pi}{3} \cdot \sin^2\beta \cdot \cos\beta = \frac{\pi}{3}(1 - \cos^2\beta) \cdot \cos\beta = \frac{\pi}{3}(\cos\beta - \cos^3\beta)$$

Extremalberechnung:

$$V'(\beta) = \frac{\pi}{3}(-\sin\beta + 3\cos^2\beta \cdot \sin\beta) \stackrel{!}{=} 0$$

$$\sin\beta \cdot \underbrace{(3\cos^2\beta - 1)}_{\cos^2\beta = \frac{1}{3}} = 0$$

$$\cos\beta = \frac{1}{\sqrt{3}}, \quad \beta = 0{,}9553 \mathrel{\widehat{=}} 54{,}74°$$

Hinweis: Zur Überprüfung der Extrema kann ein CAS verwendet werden. CAS

Übung 1

Wie muss die Stelle x gewählt werden, wenn der Umfang des eingezeichneten Rechtecks maximal werden soll?

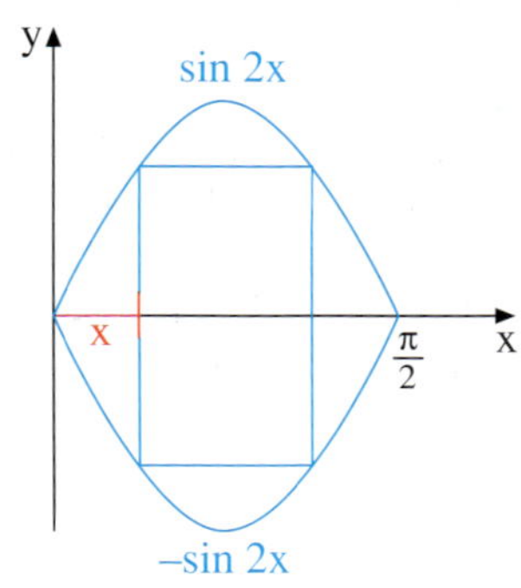

In den folgenden Beispielen werden die auftretenden Zielfunktionen etwas komplizierter.

Beispiel: Aus Marmorplatten von jeweils 10 m Länge und 2 m Breite soll eine Rinne mit trapezförmigem Querschnitt angefertigt werden.
Für welche Größe des Winkels α wird das Fassungsvermögen der Rinne maximal?

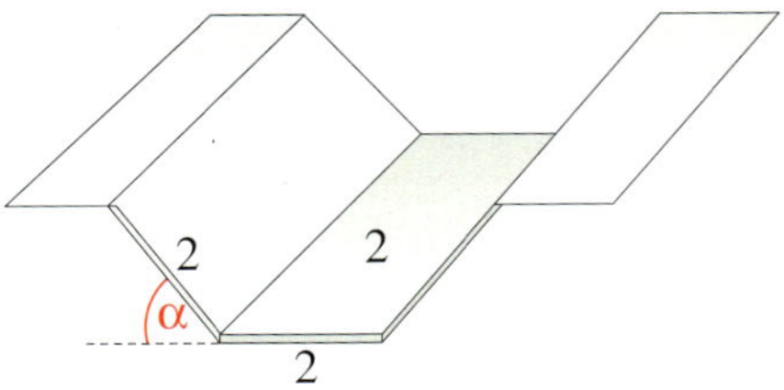

Lösung:
Die Länge der Rinne spielt keine Rolle. Es genügt, die Querschnittsfläche zu maximieren.

Wir stellen diese als Funktion des Winkels α (im Bogenmaß) für $0 < \alpha < \frac{\pi}{2}$ dar:

$$A(\alpha) = 4 \cdot \sin\alpha \cdot (1 + \cos\alpha).$$

Durch Differentiation nach der Produktregel ergibt sich die Ableitungsfunktion:

$$A'(\alpha) = 4(\cos^2\alpha + \cos\alpha - \sin^2\alpha)$$

Nullsetzen führt auf eine quadratische Bestimmungsgleichung für α:

$$\cos^2\alpha + \tfrac{1}{2}\cos\alpha - \tfrac{1}{2} = 0.$$

Eine der beiden Lösungen dieser trigonometrischen Gleichung ist $\cos\alpha = 0{,}5$. Diese Lösung liefert das Resultat $\alpha = \frac{\pi}{3}$, also 60°.

Überprüfung mittels $A''\left(\frac{\pi}{3}\right) = -10{,}4 < 0$ bestätigt, dass hier tatsächlich ein Maximum vorliegt.

Hauptbedingung:
$A = (2 + x) \cdot h$

Nebenbedingung:
$x = 2 \cdot \cos\alpha$
$h = 2 \cdot \sin\alpha$

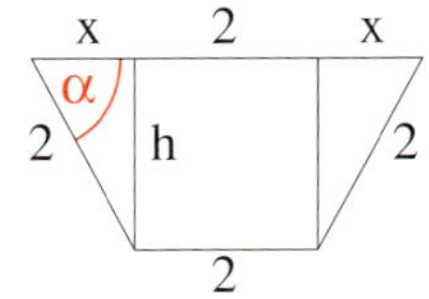

Zielfunktion:

$$A(\alpha) = (2 + 2 \cdot \cos\alpha) \cdot 2\sin\alpha$$
$$= 4 \cdot \sin\alpha \cdot (1 + \cos\alpha)$$
$$A'(\alpha) = 4(\cos^2\alpha + \cos\alpha - \sin^2\alpha)$$

Extremalberechnung:

$$\cos^2\alpha + \cos\alpha - \sin^2\alpha = 0$$
$$\cos^2\alpha + \cos\alpha - 1 + \cos^2\alpha = 0$$
$$\cos^2\alpha + \tfrac{1}{2}\cos\alpha - \tfrac{1}{2} = 0$$
$$\cos\alpha = -\tfrac{1}{4} \pm \sqrt{16 + \tfrac{1}{2}} = -\tfrac{1}{4} \pm \tfrac{3}{4}$$
$$\cos\alpha = \tfrac{1}{2} \qquad (\cos\alpha = -1)$$
$$\alpha = \tfrac{\pi}{3}$$

Übung 2

Gegeben sind die Graphen der beiden Funktionen $f(x) = \sin x$ und $g(x) = -\sin 2x$, $0 \le x \le \pi$. Wie muss x gewählt werden, wenn der Betrag der Ordinatendifferenz h der beiden Kurven maximal werden soll?

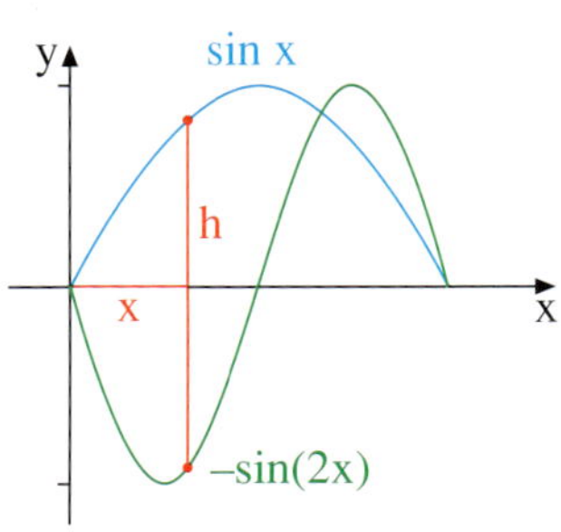

Im folgenden Beispiel spielt ein physikalischer Ansatz eine Rolle.

Beispiel: Ein 10 m breiter Wasserlauf soll von der Achterbahn besonders effektvoll, d. h. in möglichst kurzer Zeit, überbrückt werden. Wie muss der Winkel α der Achterbahn gegen die Horizontale gewählt werden?

Lösung:
Wird der Winkel α sehr groß, so dauert die Fahrt zu lange, weil der Fahrweg dann zu lang ist. Wird der Winkel zu klein, so dauert die Fahrt ebenfalls lange, weil die Fahrbeschleunigung zu gering ist.
Dazwischen muss ein Optimum liegen.
Wir stellen zunächst die physikalischen Grundlagen zusammen.
Grundlegend ist das Weg-Zeit-Gesetz der gleichmäßig beschleunigten Bewegung:

$$s = \frac{a}{2} \cdot t^2.$$

Die Erdbeschleunigung g wird durch die Zwangsbewegung auf der geneigten Fahrbahn in zwei Komponenten $g \cdot \sin\alpha$ in Fahrtrichtung und $g \cdot \cos\alpha$ senkrecht zur Bahn aufgeteilt.
Nur die erste Komponente wird hier beschleunigungswirksam, die zweite wird durch die Fahrbahn kompensiert.
Der Fahrweg ist durch den Term $s = \frac{10}{\cos\alpha}$ darstellbar.
Um die Zielfunktion aufzustellen, setzen wir in die Formel $t^2 = \frac{2s}{a}$ die für a und s gefundenen Terme ein und erhalten den Ausdruck $t^2 = \frac{40}{g} \cdot \frac{1}{\sin(2\alpha)}$, den wir als Zielfunktion verwenden. Dieses Vorgehen erleichtert den Lösungsweg, denn der Wert einer Wurzel wird extrem, wenn ihr Radikand extrem wird.
Die Extremalrechnung für die Zielfunktion t^2 liefert uns das Optimum für den Winkel $\alpha = \frac{\pi}{4}$, also 45°.
Die minimale Fahrzeit beträgt dann ca. 2 Sekunden bei einem Fahrweg von ca. 14,1 Metern.

Physikalische Grundlagen:

$s = \frac{a}{2} \cdot t^2$ s = *Fahrweg*

a = *gleichmäßige Beschleunigung*

$t^2 = \frac{2s}{a}$ t = *Fahrzeit*

Beschleunigung und Weg:

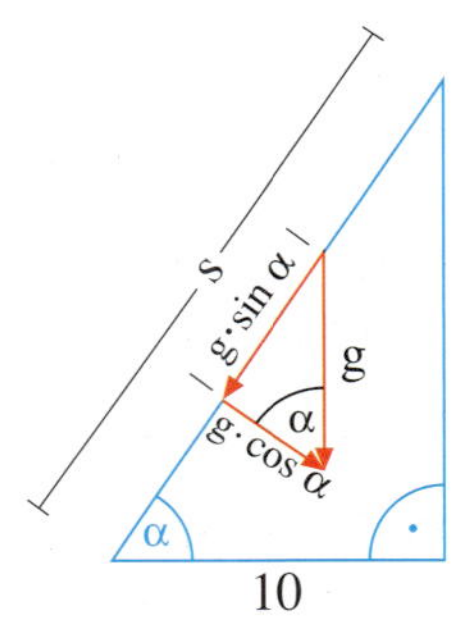

Fahrbeschleunigung:

$a = g \cdot \sin\alpha$

Fahrweg:

$\cos\alpha = \frac{10}{s}$

$s = \frac{10}{\cos\alpha}$

Zielfunktion:

$$t^2 = \frac{2 \cdot \frac{10}{\cos\alpha}}{g \cdot \sin\alpha} = \frac{20}{g} \cdot \frac{1}{\sin\alpha \cdot \cos\alpha},\ 0 < \alpha < \frac{\pi}{2}$$

$$t^2 = \frac{40}{g} \cdot \frac{1}{\sin(2\alpha)}$$

Extremalberechnung:

$$(t^2)' = -\frac{40}{g} \cdot \frac{2\cos(2\alpha)}{\sin^2(2\alpha)} \stackrel{!}{=} 0$$

$$\cos(2\alpha) = 0$$

$$2\alpha = \frac{\pi}{2}$$

$$\alpha = \frac{\pi}{4}$$

Übungen

3. Der Flächeninhalt eines gleichschenkligen Dreiecks soll maximal werden.
Wie groß muss der Winkel zwischen den beiden Schenkeln gewählt werden?

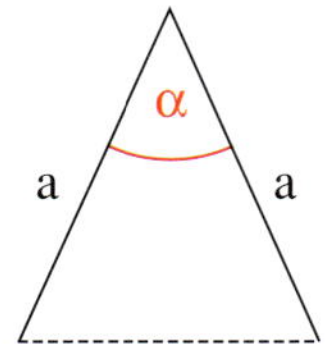

4. Wie muss x gewählt werden, wenn der Umfang des abgebildeten Rechtecks möglichst groß werden soll?

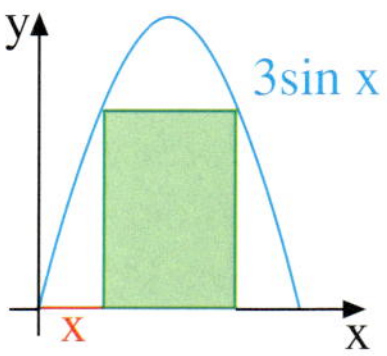

CAS

5. Ein Rundzelt hat die Form eines Zylinders mit aufgesetztem Kegel. Der Zylinder ist 5 m hoch. Die Mantellinie des Kegels ist 9 m lang.
Wie groß muss der Öffnungswinkel des Kegels gewählt werden, wenn das Luftvolumen des Zeltes maximal werden soll?
Wie groß ist das maximale Volumen?

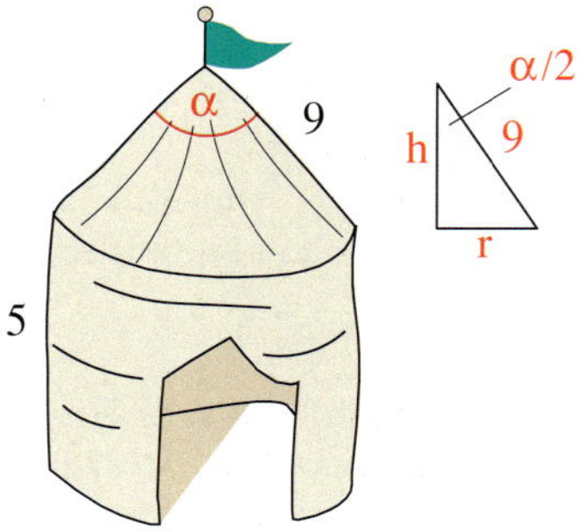

6. Wie muss x gewählt werden, wenn die Ordinatendifferenz h der beiden eingezeichneten Funktionen maximal werden soll?

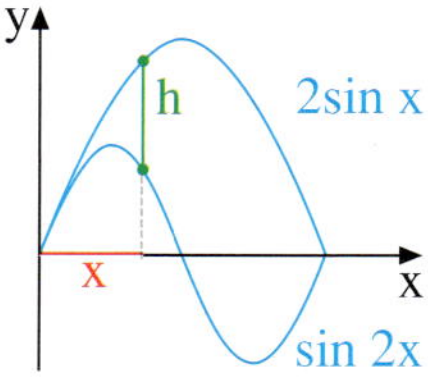

7. Die sechs Seitenkanten einer sechsseitigen Wabe haben die feste Länge 1.
Variable ist der Winkel α.
Wie muss α gewählt werden, wenn die Fläche A der Wabe einen maximalen Inhalt annehmen soll?
Welche Form besitzt die optimale Wabe?

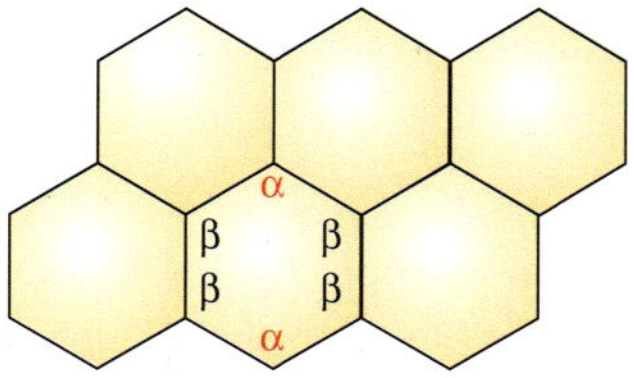

CAS

8. Ein Brett der Länge L soll durch die Ecke von einem Gang in den nächsten Gang getragen werden. Es wird stets horizontal gehalten.
Wie lang darf das Brett maximal sein?
Hinweis: Stellen Sie L als Funktion von α dar.

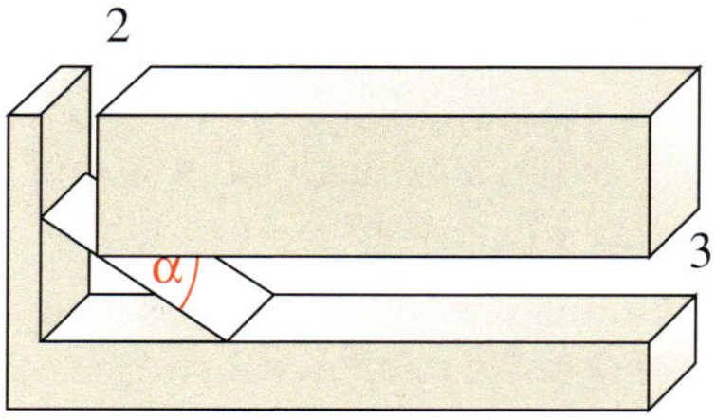

B. Rekonstruktionsaufgaben

Während bei einer Kurvendiskussion aus dem Funktionsterm wichtige Eigenschaften der Funktion wie Nullstellen, Extrema und Wendepunkte abgeleitet werden, liegt bei der Rekonstruktion/Konstruktion von Funktionen die umgekehrte Aufgabenstellung vor. Charakteristische Eigenschaften der Funktion – z. B. auch graphischer Art – sind gegeben. Ein passender Funktionsterm ist hieraus zu konstruieren.

Beispiel: Eine modifizierte Sinusfunktion vom Typ $f(x) = a \cdot \sin(bx)$ besitzt die der nicht maßstäblichen Skizze zu entnehmende Eigenschaft. Wie lautet der konkrete Funktionsterm von f?

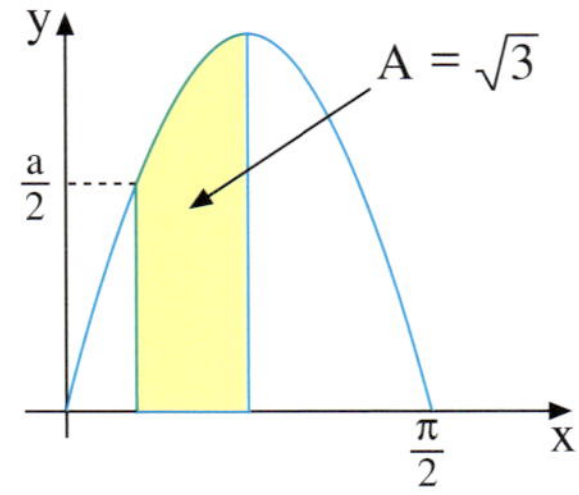

Lösung:
Der Skizze kann man entnehmen, dass die Periodenlänge der Funktion π beträgt. Daher muss der Faktor b im Ansatz $f(x) = a \cdot \sin(bx)$ den Wert 2 haben, so dass $f(x) = a \cdot \sin(2x)$ gilt.
Um a zu bestimmen, müssen wir die in der Skizze enthaltene Flächeninhaltsinformation $A = \sqrt{3}$ ausnutzen, was durch Integration geschieht.
Zunächst stellen wir die Integrationsgrenzen fest. Während die obere Grenze $x = \frac{\pi}{4}$ aus der Skizze direkt ablesbar ist, ist die untere Grenze x durch Angabe des zugehörigen Funktionswertes charakterisiert, der $f(x) = \frac{a}{2}$ beträgt. Die Bestimmungsgleichung $a \cdot \sin(2x) = \frac{a}{2}$ führt auf die untere Grenze $x = \frac{\pi}{12}$.
Nun können wir durch Integrationsrechnung wie dargestellt a berechnen. Wir erhalten $a = 4$.
Die gesuchte Funktion ist also

$$f(x) = 4 \cdot \sin(2x).$$

Ansatz:
Typ: $f(x) = a \cdot \sin(bx)$

Bestimmung von b:
Periodenlänge: $\pi \Rightarrow b = 2$

Bestimmung von a:
obere Integrationsgrenze: $x = \frac{\pi}{4}$
untere Integrationsgrenze:

$$f(x) = \frac{a}{2}$$
$$a \cdot \sin(2x) = \frac{a}{2}$$
$$\sin(2x) = \frac{1}{2}$$
$$2x = \frac{\pi}{6},\ x = \frac{\pi}{12}$$

Flächenberechnung:

$$A = \int_{\frac{\pi}{12}}^{\frac{\pi}{4}} a \cdot \sin(2x)\,dx$$
$$\sqrt{3} = \left[-\frac{a}{2}\cos(2x)\right]_{\frac{\pi}{12}}^{\frac{\pi}{4}}$$
$$\sqrt{3} = \frac{a}{2}\cos\frac{\pi}{6} = \frac{a}{2} \cdot \frac{\sqrt{3}}{2} = a \cdot \frac{\sqrt{3}}{4}$$
$$a = 4$$

Übung 9
Gesucht ist die modifizierte Kosinusfunktion $f(x) = a \cdot \cos(bx + c)$ mit den an der nicht maßstäblichen Skizze ablesbaren Eigenschaften.

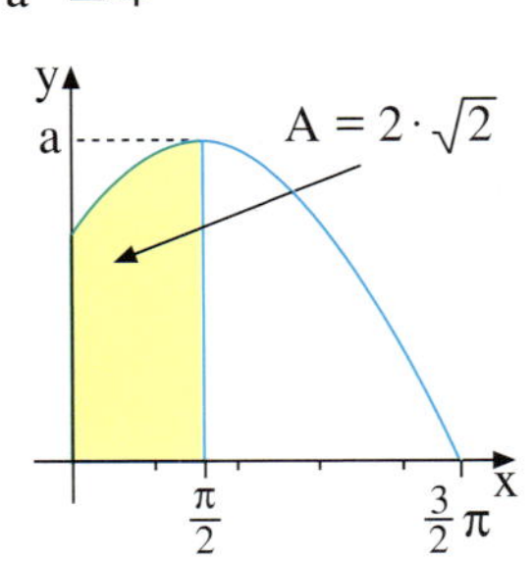

Wanted

Gesucht wird die flüchtige Isolde f. Sie gehört zum Clan der trigonometrischen Funktionen und soll sich in der Gestalt von $f(x) = a \cdot \sin(bx + c)$ tarnen.
Nach Zeugenaussagen sollen die beiden kleinsten positiven Nullstellen von Isolde f bei $x = \frac{\pi}{2}$ und $x = \frac{5\pi}{2}$ liegen.
Die Flüchtige befindet sich in Begleitung ihrer Kumpanen namens x-Achse und y-Achse. In Tatgemeinschaft mit diesen beiden Elementen soll sie Anna A als Geisel genommen haben.
Im Besitz der Anna A befinden sich $2 - \sqrt{2}$ Flächeneinheiten.
Für die Identifikation und Festsetzung der f wird eine hohe Belohnung ausgesetzt.

Lösung des Falles:
Die beiden kleinsten positiven Nullstellen der gesuchten Isolde f liegen bei $x = \frac{\pi}{2}$ und bei $x = \frac{5\pi}{2}$.
Daher muss ihr Argument $bx + c$ bei der Einsetzung dieser Zahlen die Werte 0 und π annehmen, die zu den kleinsten positiven Nullstellen des Sinus führen.

$$\left.\begin{aligned} b \cdot \tfrac{\pi}{2} + c &= 0 \\ b \cdot \tfrac{5\pi}{2} + c &= \pi \end{aligned}\right\} \Rightarrow b = \tfrac{1}{2}, \quad c = -\tfrac{\pi}{4}$$

$$\Rightarrow f(x) = a \cdot \sin\left(\tfrac{1}{2}x - \tfrac{\pi}{4}\right)$$

Hieraus kann scharfsinnig auf $b = \frac{1}{2}$ geschlossen werden, wobei ein Subtraktionsverfahren eingesetzt wurde.
Die vorläufige Gestalt der Flüchtigen ergab sich damit zu $f(x) = a \cdot \sin\left(\frac{1}{2}x - \frac{\pi}{4}\right)$, woraus das rechts ausgehängte Phantombild entstand.

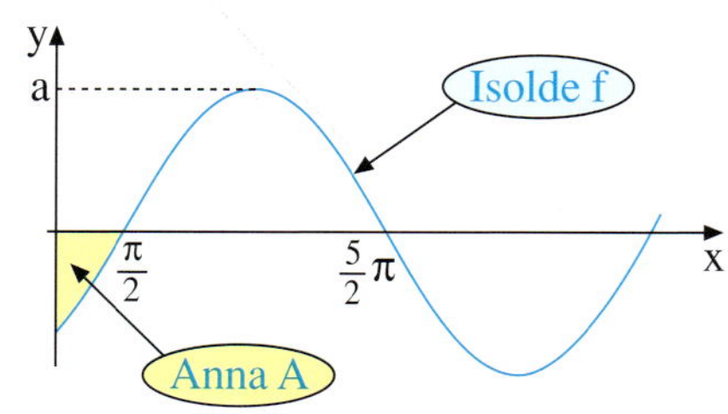

Mit dem großen Integrator konnte das noch fehlende Glied a zu $a = 1$ bestimmt werden.

$$\Rightarrow \int_0^{\frac{\pi}{2}} a \cdot \sin\left(\tfrac{1}{2}x - \tfrac{\pi}{4}\right) dx \stackrel{!}{=} -\left(2 - \sqrt{2}\right)$$

$$\left[-2a \cdot \cos\left(\tfrac{1}{2}x - \tfrac{\pi}{4}\right)\right]_0^{\frac{\pi}{2}} = -2 + \sqrt{2}$$

$$-2a + a \cdot \sqrt{2} = -2 + \sqrt{2}$$

$$a = 1$$

Isolde f war damit identifiziert und wurde festgesetzt: $f(x) = \sin\left(\frac{1}{2}x - \frac{\pi}{4}\right)$.

Übungen

10. Die Parabel $f(x) = ax^2$ und die Sinuskurve $g(x) = 2 \cdot \sin x$, $0 \leq x \leq \pi$, schneiden sich im Hochpunkt der Sinuskurve.
Wie groß ist die von beiden Kurven eingeschlossene Fläche A?

11. Die Parabel $f(x) = ax^2$ und die Sinuskurve $g(x) = b \cdot \sin x$, $0 \leq x \leq \pi$, schneiden sich im Hochpunkt der Sinuskurve.
Die von beiden Kurven umschlossene Fläche hat den Inhalt $6 - \pi$.
Wie lauten die Funktionsgleichungen der Kurven?

12. Die beiden kleinsten positiven Nullstellen der sinusartigen Funktion $f(x) = a \cdot \sin(b(x - c))$ liegen bei $x = \frac{\pi}{4}$ und $x = \frac{7}{4}\pi$.

Der Graph der Funktion und die Verbindungsstrecke dieser beiden Nullstellen umschließen eine Fläche A oberhalb der x-Achse, deren Inhalt 3 beträgt. Bestimmen Sie f(x).

13. Eine modifizierte Sinusfunktion des Typs $f(x) = a \cdot \sin(bx + c) + d$ ist symmetrisch zum Ursprung und schneidet dort die x-Achse unter einem Winkel von 60°. Die Periodenlänge der Funktion beträgt π. Wie heißt die Funktion?

14. Wie lautet die Gleichung der abgebildeten sinusartigen Kurve, bezogen auf das eingezeichnete Koordinatensystem?

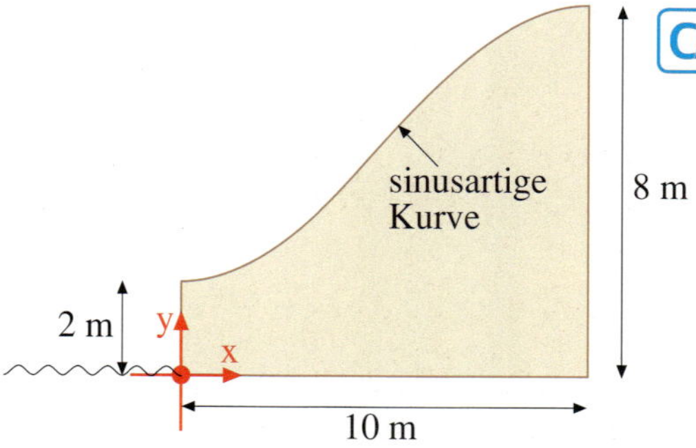

CAS

15. Wie lauten die Gleichungen der beiden abgebildeten Kurven, die nicht maßstäblich dargestellt sind?

$f(x) = a \cdot \cos(bx)$

$g(x) = a \cdot (x^2 - 1)$

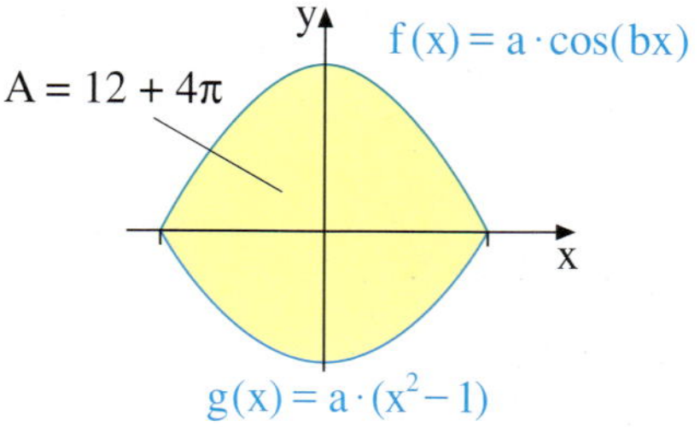

CAS

16. Gegeben ist die Funktion $f(x) = a \cdot \sin(bx) + c$.
Sie ist punktsymmetrisch zum Ursprung und besitzt die Periodenlänge 4.
Zwischen dem Graphen von f und der Geraden $y = x$ liegt über dem Intervall $[0; 1]$ die Fläche A mit dem Inhalt 1.
Wie lautet die Funktionsgleichung?

17. Gegeben sind die abgebildeten Graphen der modifizierten Kosinusfunktion $f(x) = a \cdot \cos(bx) + c$ und der Parabel $g(x) = ux^2 + vx + w$.

a) Gesucht sind die Funktionsgleichungen von f und g.

b) Wie groß ist der Inhalt der Fläche zwischen den beiden Graphen?

c) Unter welchem Winkel treffen sich die Graphen bei $x = 4$?

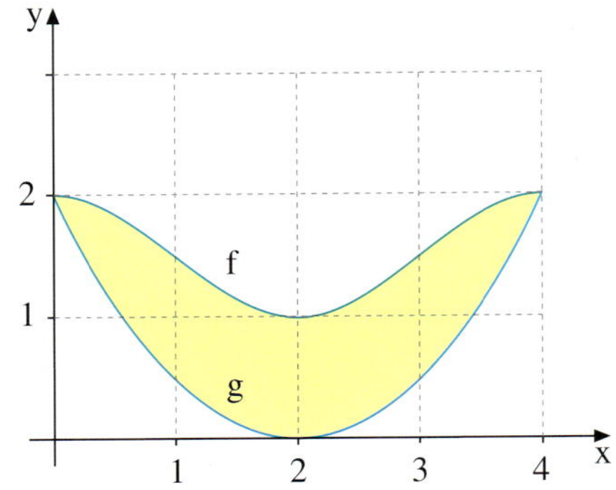

CAS

18. Wie lautet der Funktionsterm der abgebildeten Kurve? Die Skizze ist nicht maßstäblich.

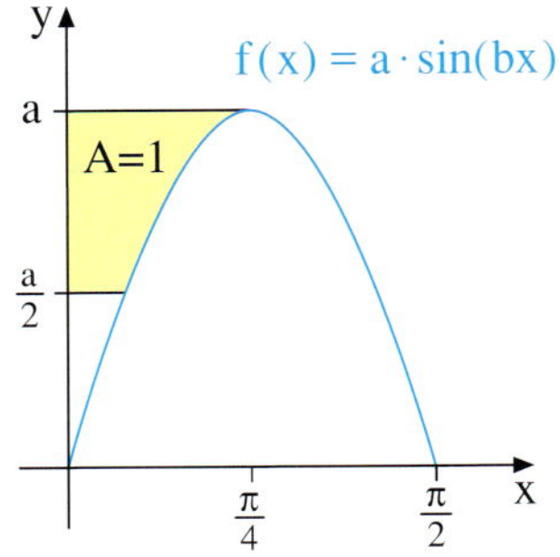

CAS

19. Wie lautet die Gleichung der Polynomfunktion g, deren Graph durch die drei markierten Punkte der Kosinusfunktion $f(x) = \cos x$ geht?
Wie groß ist der Inhalt der Fläche A zwischen den Graphen von f und g über dem Intervall $\left[-\frac{\pi}{2}; \frac{\pi}{2}\right]$?
Errechnen Sie näherungsweise auf zwei Nachkommastellen genau, an welcher Stelle $x > 0$ die Differenz der Funktionswerte von g und f maximal wird.

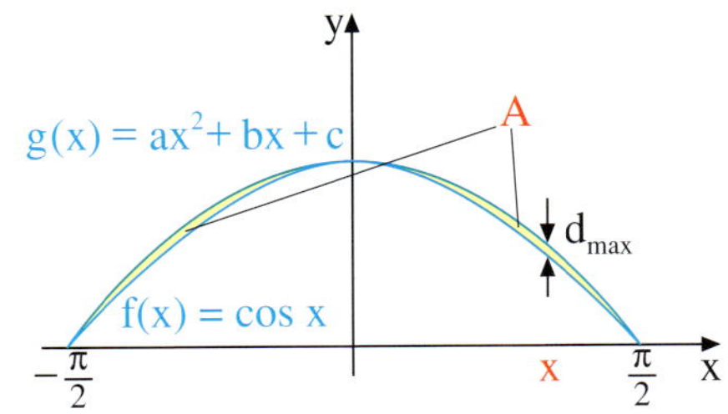

Überblick

Gradmaß und Bogenmaß

Winkel können im Gradmaß α ($0°$ bis $360°$) oder im Bogenmaß x (Bogenlänge am Einheitskreis 0 bis 2π) gemessen werden.

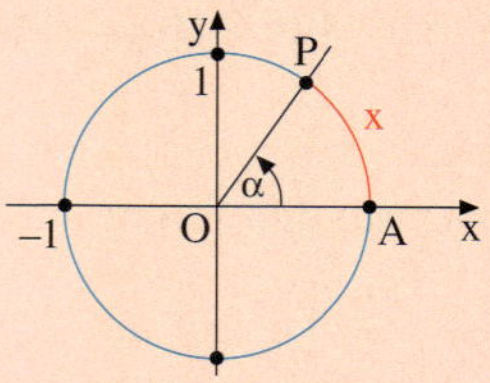

Trigonometrische Standardfunktionen

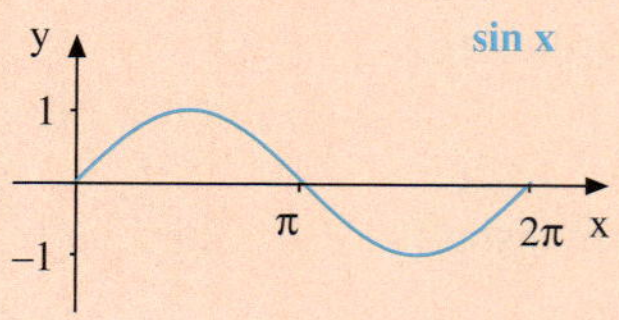

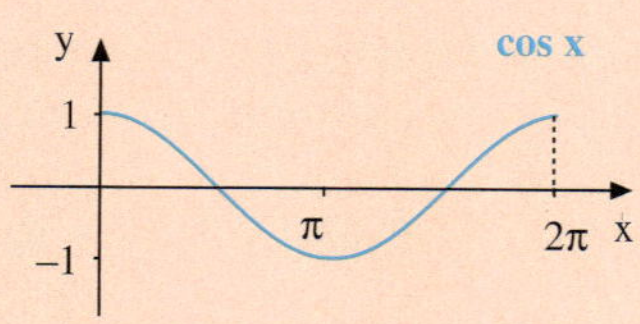

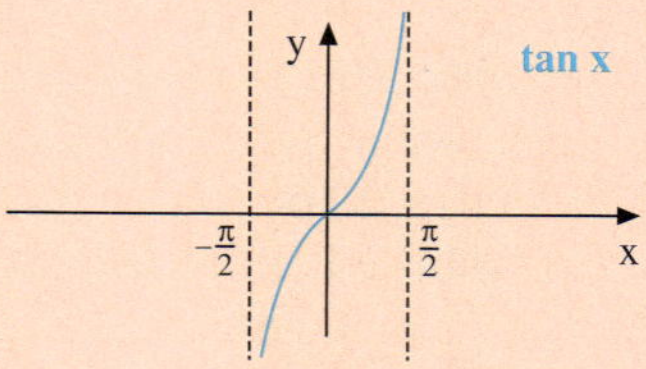

Definitionsmenge: $\mathbb{R}$	Definitionsmenge: $\mathbb{R}$	Def.menge: $\mathbb{R}\setminus\{\frac{\pi}{2}+k\pi : k\in\mathbb{Z}\}$
Wertemenge: $[-1;1]$	Wertemenge: $[-1;1]$	Wertemenge: $\mathbb{R}$
Periodenlänge: 2π	Periodenlänge: 2π	Periodenlänge: π
Punktsymmetrie zum Ursprung	Achsensymmetrie zur y-Achse	Punktsymmetrie zum Ursprung
Nullstellen: $x = k\pi,\ k\in\mathbb{Z}$	Nullstellen: $x = \frac{\pi}{2}+k\pi,\ k\in\mathbb{Z}$	Nullstellen: $x = k\pi,\ k\in\mathbb{Z}$

Modifikationen der Sinusfunktion

Durch Einfügen von Parametern kann der Graph der Sinusfunktion $f(x) = \sin x$ modifiziert werden. Die Wirkung der einzelnen Parameter ist folgendermaßen:

$f(x) = A\cdot\sin x$: Veränderung der Amplitude auf den Wert A.

$f(x) = \sin(B\cdot x)$: Veränderung der Periodenlänge auf den Wert $\frac{2\pi}{B}$

$f(x) = \sin(x - C)$: Verschiebung des Graphen um $+C$ in Richtung der positiven x-Achse

$f(x) = \sin x + D$: Verschiebung des Graphen um $+D$ in Richtung der positiven y-Achse

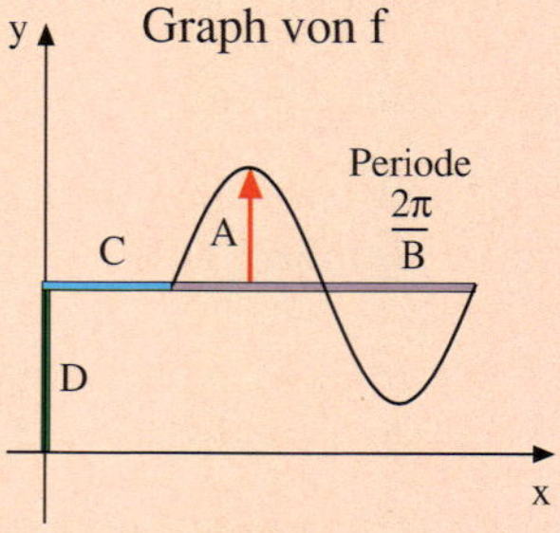

Ableitungsregeln

$(\sin x)' = \cos x$

$(\cos x)' = -\sin x$

Integrationsregeln

$\int \sin x\,dx = -\cos x + C$

$\int \cos x\,dx = \sin x + C$

$\int \sin(ax+b)\,dx = -\frac{1}{a}\cos(ax+b) + C$

$\int \cos(ax+b)\,dx = \frac{1}{a}\sin(ax+b) + C$

CAS-Anwendung

Untersuchung einer trigonometrischen Funktion

Die Untersuchung zusammengesetzter trigonometrischer Funktionen ist meist sehr arbeitsaufwändig und fehleranfällig. Bereits in einfachen Fällen ist die Anwendung eines CAS sinnvoll.

Vor der Durchführung von Berechnungen mit dem CAS, in denen trigonometrische Funktionen vorkommen, sollte man darauf achten, dass die Handheld-Einstellungen „Grad" bzw. „Bogenmaß" (Hauptmenü, Einstellungen, Dokumenteinstellungen, Winkel) geeignet gewählt sind.

Beispiel: Untersuchung einer Summe trigonometrischer Funktionen

Untersuchen Sie die Funktion $f(x) = \sin(x) + \sin(2x) + \sin(3x) + \cdots + \sin(nx)$ mit $n \in \mathbb{N}^*$ für einige Werte $n > 1$.

Die kleinste Periode von $f(x)$ ist 2π. Die Untersuchungen können deshalb auf das Intervall $I = [0; 2\pi]$ eingeschränkt werden.

Bearbeiten Sie die folgende Aufgabenstellungen:

a) Stellen Sie die Graphen von f für $n = 2, 3, 4, 5$ dar.
b) Bestimmen Sie die Nullstellen von $f(x)$ im Intervall I für $n = 5$.
c) Ermitteln Sie das absolute Maximum von $f(x)$ im Intervall I für $n = 5$.
d) Berechnen Sie das Integral von $f(x)$ im Intervall I und begründen Sie Ihr Ergebnis für $n = 5$.

Lösung:
Wir verwenden eine Notes-Seite.
Bevor darauf die Definition der Funktion $f(x)$ erfolgt, wird in der ersten Math-Box ein Wert für n bereitgestellt. Dieser kann damit später leicht variiert werden.

Die Definition von $f(x) = \sum_{k=1}^{n} \sin(k \cdot x)$ erfolgt entweder über die Taste ⊡ oder mit $f(x) := \text{sumSeq}(\sin(k \cdot x), k, 1, n)$.

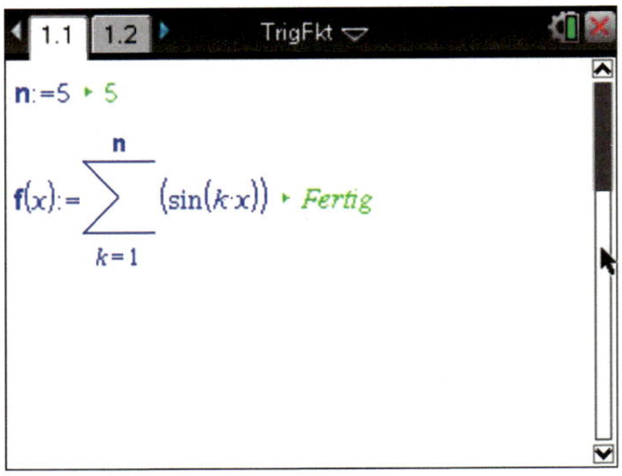

a) Die folgenden vier Bilder zeigen die Graphen von f für $n = 2, 3, 4, 5$.

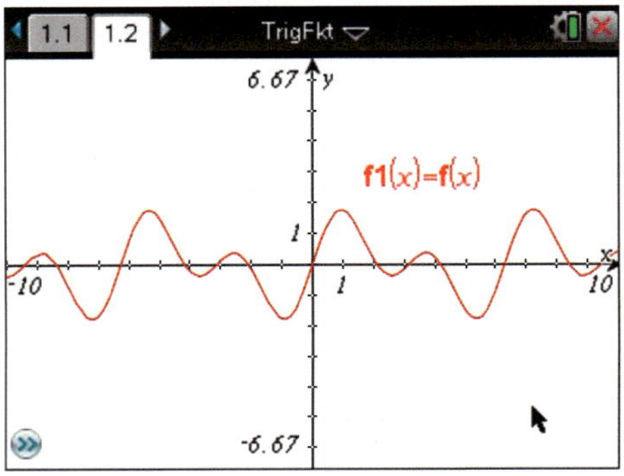

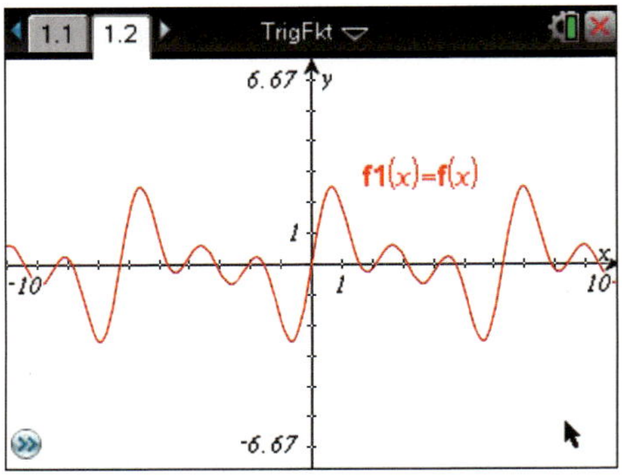

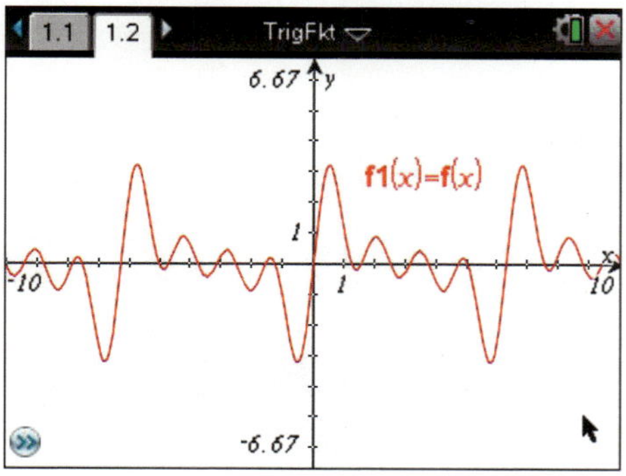

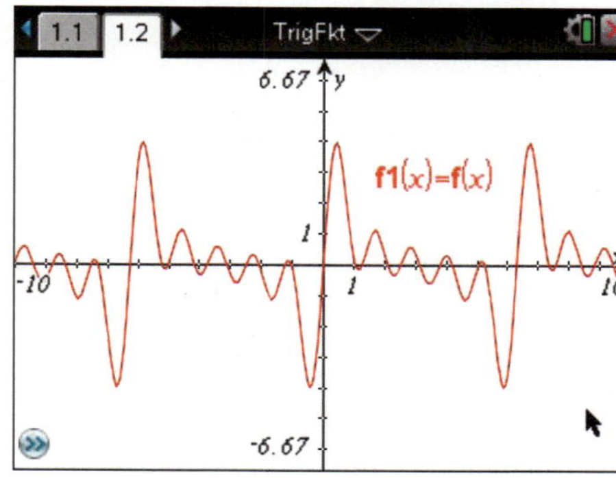

Es fällt auf, dass es jeweils n Maxima im Intervall $[0; 2\pi]$ gibt, wobei das erste immer das absolute Maximum von $f(x)$ ist.

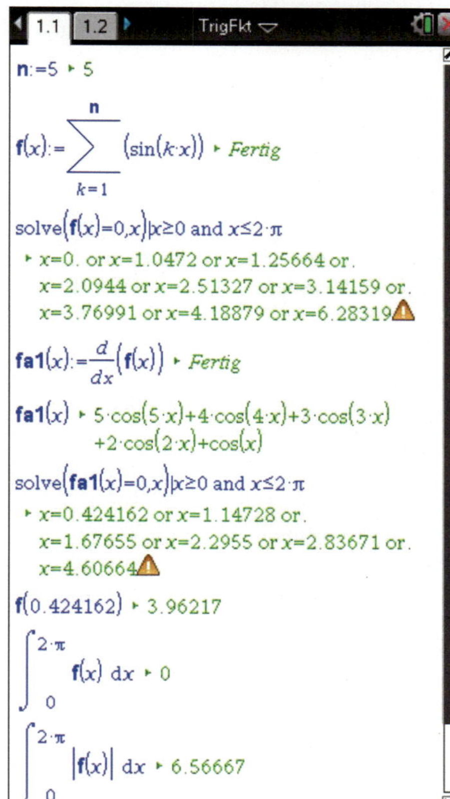

b) Die Nullstellen von $f(x)$ werden mit dem solve-Befehl bestimmt unter der Bedingung $0 \leq x \leq 2\pi$.

c) Zur Ermittlung der Extrema wird zunächst die Ableitungsfunktion berechnet. Anschließend werden mit dem solve-Befehl deren Nullstellen bestimmt. Für $n = 5$ wird im ersten Hochpunkt des Intervalls $I = [0; 2\pi]$ das absolute Maximum von $f(x)$ angenommen, dieser Hochpunkt hat etwa die Koordinaten $H(0{,}42; 3{,}96)$.

d) Für das bestimmte Integral von $f(x)$ über $I = [0; 2\pi]$ liefert das CAS den Wert 0. Dies war aus den obigen Bildern der Graphen vorauszusehen, da die Flächen ober- und unterhalb der x-Achse scheinbar gleich groß sind. Wird über die Betragsfunktion $|f(x)|$ integriert, so erhält man im Fall $n = 5$ für die Maßzahl des Flächeninhalts den Näherungswert 6,57.

Übung 1

Untersuchen Sie die Funktion $f(x) = \sin(x) + \sin\left(\frac{x}{2}\right) + \sin\left(\frac{x}{3}\right) + \dots + \sin\left(\frac{x}{n}\right)$ mit $n \in \mathbb{N}^*$ für einige Werte $n > 1$.

Übung 2

Führen Sie eine Funktionsdiskussion durch für die Funktion $f(x) = \frac{2\sqrt{3}\sin x}{2 + \cos x}$ im Intervall $I[-\pi; \pi]$ auf einer Notes- und einer Graphs-Seite (Symmetrie, Nullstellen, Extrema, Wendepunkte).

Extremalprobleme

Beispiel: Kleinster Abstand

Bestimmen Sie den Punkt des Graphen von $f(x) = 1 - 3\cos x$, der zum Koordinatenursprung den kleinsten Abstand hat.

Lösung:

Wir definieren zunächst die Funktion $f(x)$ auf einer Notes-Seite.

Der Abstand d eines Punktes $P(x; f(x))$ des Graphen von $f(x)$ vom Koordinatenursprung ist gleich der Länge der Hypotenuse in einem rechtwinkligen Dreieck mit den Kathetenlängen x und $f(x)$. Der Abstand wird definiert als Funktion $d(x)$.

Nun kann man sehr schnell für verschiedene x-Werte den Abstand des zugehörigen Graphenpunktes vom Ursprung berechnen und so „experimentell" den kleinsten Abstand abschätzen: $d \approx 1{,}157$.

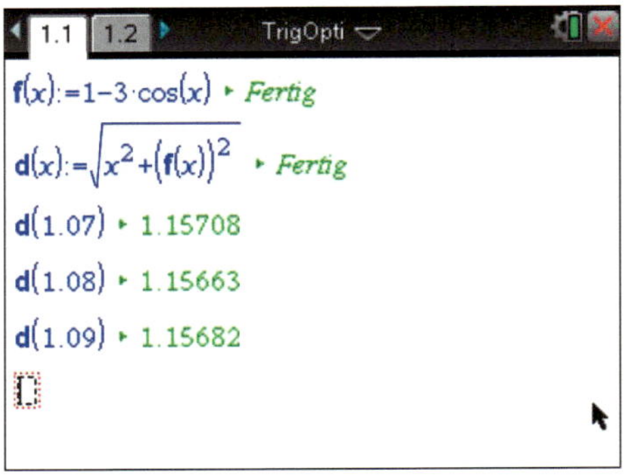

Auf einer Graphs-Seite wird die Funktion $f(x)$ dargestellt, hinzu kommt eine Strecke mit einem Endpunkt im Koordinatenursprung und dem zweiten Endpunkt (verschiebbar) auf dem Graphen, deren Länge mit der Einheit u (unit) mit dem CAS ausgegeben werden kann. Durch Verschieben des Graphenpunktes kann man den minimalen Abstand näherungsweise ermitteln. Offenbar gibt es zwei Graphenpunkte mit minimalem Abstand vom Ursprung.

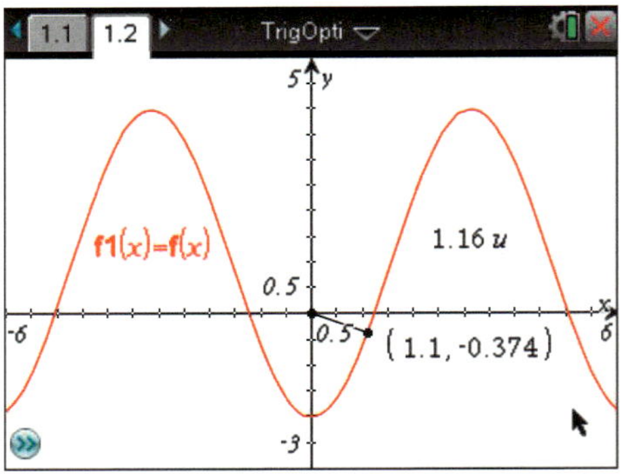

Mit den Mitteln der Differentialrechnung wird schließlich die Minimumaufgabe gelöst. Es ergeben sich zwei Stellen mit minimalem Punktabstand: $x \approx \pm 1{,}08207$.

Als kleinsten Abstand erhält man:

$d(1{,}08207) = d(-1{,}08207) \approx 1{,}15661$.

Es gibt also zwei Punkte des Graphen von $f(x)$, die minimalen Abstand vom Ursprung besitzen:

$P_1(1{,}08207; -0{,}408505)$ und

$P_2(-1{,}08207; -0{,}408505)$.

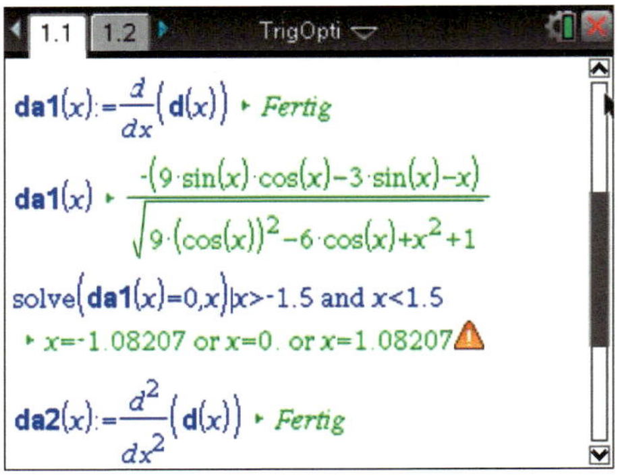

Übung 3 Weitsprung

Unter welchem Winkel α zur Horizontale sollte man abspringen, um einen möglichst weiten Sprung zu erzielen? (Bei Vernachlässigung des Luftwiderstandes ergibt sich eine Parabel.)

Rekonstruktionen

Beispiel: Parameterbestimmung

Das nebenstehende Bild zeigt den Graphen einer Funktion aus der Schar

$f_t(x) = \frac{t \cdot \sin(t \cdot x)}{x}, \quad t \in [0; 6].$

Bestimmen Sie den Wert des Parameters, bei dem der Anstiegswinkel in der betragsmäßig kleinsten negativen Nullstelle 45° beträgt.

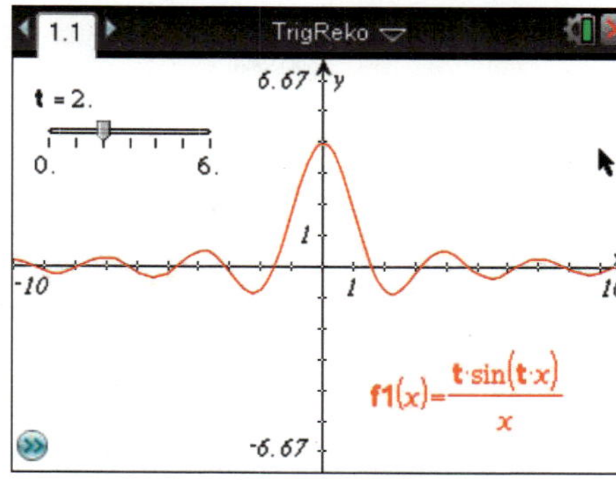

Zunächst wird der Funktionsterm eingegeben. Dabei haben wir für den Parameter die Bezeichnung a gewählt, da der Parameter t auf der Graphs-Seite bereits durch den Schieberegler fixiert ist.
Nun werden mit dem solve-Befehl die Nullstellen ermittelt. Offensichtlich ist $x_0 = -\frac{\pi}{a}$ die betragsmäßig kleinste negative Nullstelle.
Anschließend wird die mit fa1(x) bezeichnete erste Ableitung ermittelt.

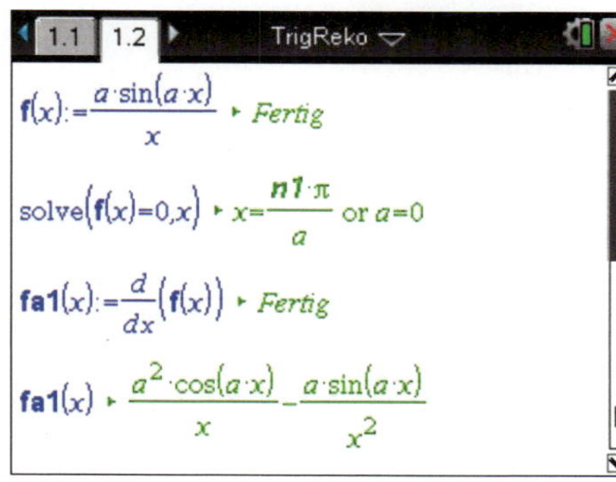

Im nächsten Schritt wird der Parameterwert a berechnet, für den der Wert der Ableitung in der Nullstelle $x_0 = -\frac{\pi}{a}$ gleich $\tan 45° = 1$ ist.
Man erhält: $a = \sqrt[3]{\pi} \approx 1{,}46459$.

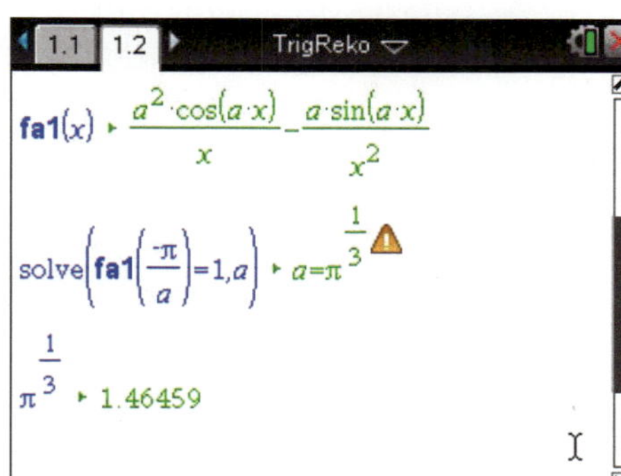

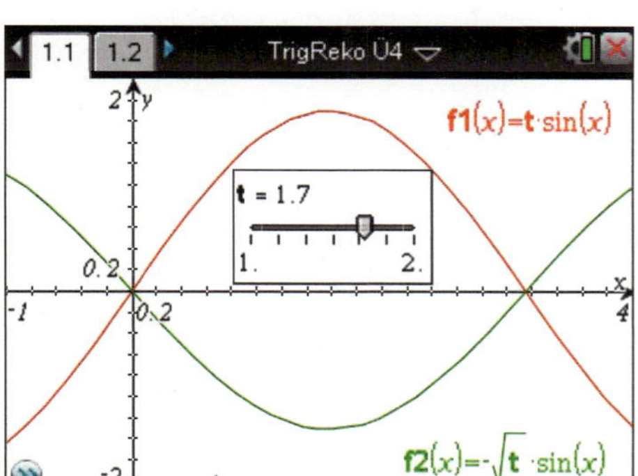

Übung 4

Die Funktionen $f_1(x) = t \cdot \sin(x)$ und $f_2(x) = -\sqrt{t} \cdot \sin(x)$ schließen auf dem Intervall $[0; \pi]$ ein Flächenstück ein (s. Bild links).
Bestimmen Sie den Parameter t so, dass das Flächenstück den Inhalt 5 FE besitzt.

Test

Trigonometrische Funktionen

CAS **1.** Gegeben ist die Funktion $f(x) = \cos\left(\frac{\pi}{2}x - \frac{\pi}{4}\right) + 1$ für $0 \leq x \leq 4$.

a) Die abgebildete Kurve ist der Graph von f. Begründen Sie dies.
b) Wie lautet die Gleichung der Wendetangente im eingezeichneten Wendepunkt W?
c) Der Graph von f umschließt mit den beiden Koordinatenachsen die markierte Fläche A. Wie groß ist deren Inhalt?

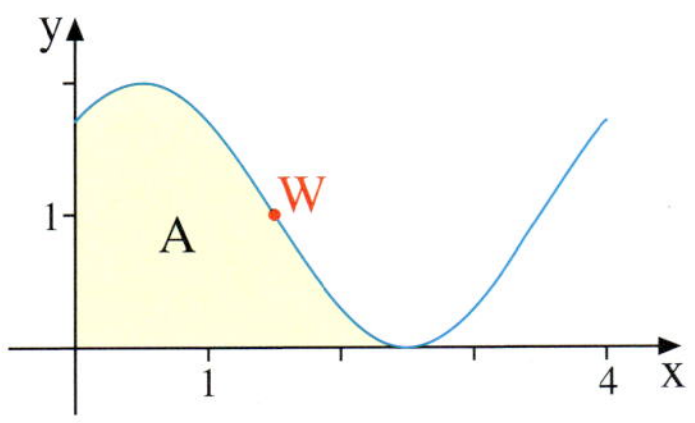

CAS **2.** Betrachten Sie die Funktionen $f(x) = \cos x$ und $g(x) = -\sin x$, $0 \leq x \leq 2\pi$.
a) Fertigen Sie in einem gemeinsamen Koordinatensystem eine Skizze der Graphen von f und g an.
b) Berechnen Sie die Lage der beiden Schnittpunkte von f und g.
c) Wie groß ist der Schnittwinkel der Graphen im linken Schnittpunkt?
d) Wie groß ist der Inhalt der Fläche A, die von den beiden Graphen umschlossen wird?

CAS **3.** Die abgebildeten Kurven sind die Graphen modifizierter Sinus- und Kosinusfunktionen der Gestalt $f(x) = a \cdot \sin(bx + c) + d$ bzw. $g(x) = a \cdot \cos(bx + c) + d$. Um welche Funktionen handelt es sich? Die Parameter a bis d sind jeweils zu bestimmen.

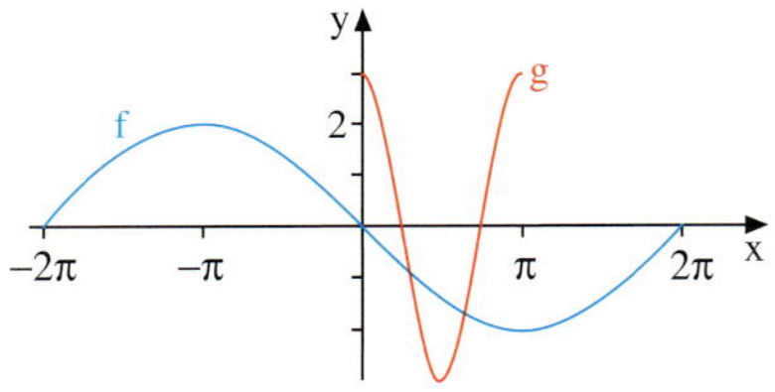

CAS **4.** Gegeben sind für $t > 0$ die Funktionen $f_t(x) = t \cdot \sin x$ und $g_t(x) = t \cdot \cos x$, $0 \leq x \leq \frac{\pi}{2}$.
a) An welcher Stelle schneiden sich f_t und g_t?
b) Wie groß ist der Inhalt der Fläche A, die von f_2, g_2 und der x-Achse umschlossen wird?
c) Wie groß muss t gewählt werden, wenn der Schnittwinkel γ der Kurven f_t und g_t 90° betragen soll?

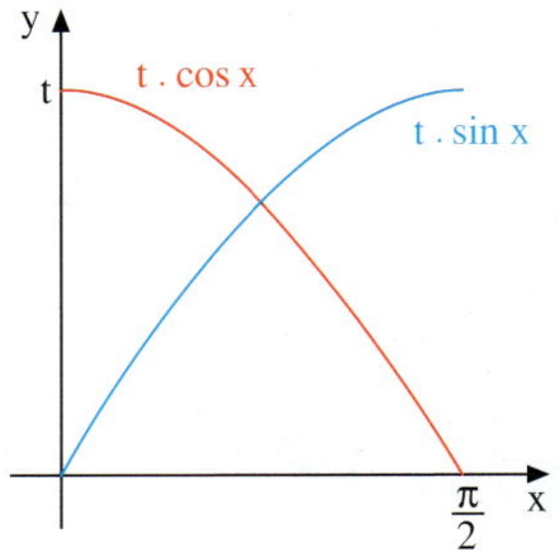

Lösungen: S. 357

II. Fortsetzung der Integralrechnung

Im Folgenden wird aus der Produktregel der Differentiation eine entsprechende Regel für die Produktintegration hergeleitet.
Aus der Kettenregel der Differentialrechnung entstehen Regeln zur Integration mittels Substitution.
Ebenso wie die Flächeninhaltsberechnung kann auch die Volumenberechnung von Körpern mithilfe der Integralrechnung erfolgen.
Ein besonders einfaches Verfahren ergibt sich für Rotationskörper.
Durch die Einführung sogenannter uneigentlicher Integrale kann auch für bestimmte unbegrenzte Flächen ein Inhalt definiert und berechnet werden.

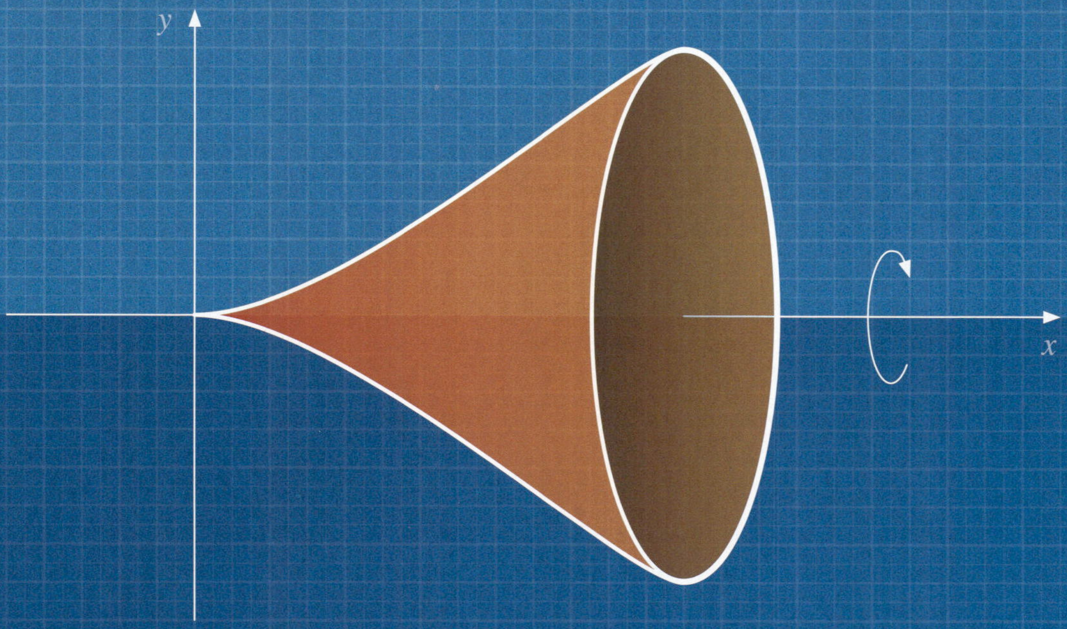

Numerische Integration mit dem Simpson-Verfahren

Im Gegensatz zu den vielfältigen Ableitungsregeln der Differentialrechnung stehen uns aus dem 11. Schuljahr bisher nur Integrationsregeln für Potenzfunktionen sowie deren Zusammensetzung zu ganzrationalen Funktionen zur Verfügung. Im vorstehenden Kapitel kamen Integrationsregeln für einfache trigonometrische Funktionen hinzu. Im weiteren Verlauf des Kapitels II werden zwar Integrationsregeln für zusammengesetzte Funktionen entwickelt. Trotzdem erfordern zahlreiche Anwendungen die Berechnung bestimmter Integrale, die man nur sehr schwer oder auch gar nicht auf analytischem Wege berechnen kann. Einen Ausweg bietet die **Streifenmethode des Archimedes**, die im Band Mathematik 11 ab der Seite 206 vorgestellt wird. Diese Methode sowie die **Trapezstreifenmethode** (Mathematik 11, Seite 209) sind einfache numerische Verfahren zur Berechnung bestimmter Integrale. Im Folgenden wird ein effektiveres numerisches Integrationsverfahren vorgestellt.

Vorstufe: Die Kepler'sche Fassregel

Der bekannte Mathematiker und weltberühmte Astronom Johannes Kepler (1571–1630) war ein Freund des Weines. Eines Tages überkam ihn der Verdacht, beim Weinkauf von den Händlern übervorteilt zu werden, da diese den Inhalt der Weinfässer mit Messstäben maßen, was Kepler suspekt war. Fortan beschäftigte er sich mit Verfahren zur Berechnung des Rauminhaltes von Fässern, und hierbei fand er auch ein Näherungsverfahren zur Berechnung bestimmter Integrale, die sogenannte ***Kepler'sche Fassregel***, die eine überraschende Genauigkeit besitzt.

Die Grundidee des Kepler'schen Verfahrens ist, die zu integrierende Funktion in einem Streifen durch eine quadratische Parabel zu approximieren in der Erwartung, dass diese sich der Kurve noch besser anpassen kann als eine Strecke wie bei der Trapezstreifenmethode.

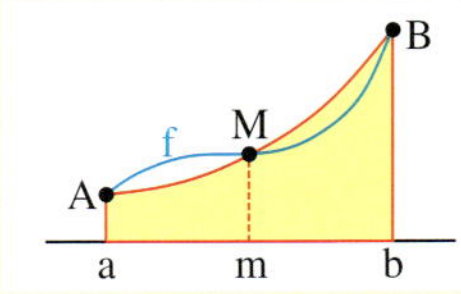

Keplers Idee

Kepler wählte diejenige Parabel, welche durch die drei Kurvenpunkte A und B an den Streifenenden und M in der Streifenmitte geht. Der Inhalt der Fläche unter dieser Parabel lässt sich nach Keplers Formel errechnen, die wir aber hier nicht beweisen:

Kepler'sche Fassregel: $$\int_a^b f(x)\,dx \approx \frac{b-a}{6}\left(f(a) + 4\cdot f(m) + f(b)\right) \text{ mit } m = \frac{a+b}{2}$$

Beispiel:
Gesucht ist der Inhalt der Fläche unter dem Graphen von $f(x) = \sin x$ über dem Intervall $[0; \pi]$. Verwenden Sie zur Approximation die Keppler'sche Fassregel.

Lösung:
Wir wenden die Keppler-Formel an mit $a = 0$, $b = \pi$ und $m = \frac{\pi}{2}$ an und erhalten:

$$\int_0^\pi \sin x\,dx \approx \frac{\pi - 0}{6}\left(\sin 0 + 4\cdot\sin\frac{\pi}{2} + \sin\pi\right) = \frac{\pi}{6}\cdot 4 = \frac{2}{3}\pi \approx 2{,}09.$$

Da der exakte Wert des Integrals tatsächlich 2 ist, beträgt der Fehler nur knapp 5 %.

Das Simpson-Verfahren

Der englische Mathematiker Thomas Simpson (1710–1761) entwickelte ein Näherungsverfahren, das auf der Mehrfachanwendung der Kepler'schen Fassregel beruhte.
Dieses Verfahren liefert schon mit geringen Streifenzahlen sehr gute Näherungswerte. Es wird als ***Simpson-Verfahren*** bezeichnet.

Beispiel:
Berechnen Sie das bestimmte Integral $\int_1^5 \frac{5}{x}\,dx$ mithilfe des Simpson-Verfahrens näherungsweise. Verwenden Sie als Streifenzahl n = 2.

Lösung:
Wir teilen die Fläche über dem Integrationsintervall [1; 5] in zwei Streifen ein, welche wir als ***Simpson-Streifen*** bezeichnen. In jedem der zwei Simpson-Streifen wird die Kepler'sche Fassregel angewandt. Der Integrand wird also streifenweise durch Parabelbögen approximiert.
Durch zweimalige Anwendung von Keplers Formel erhalten wir dann:

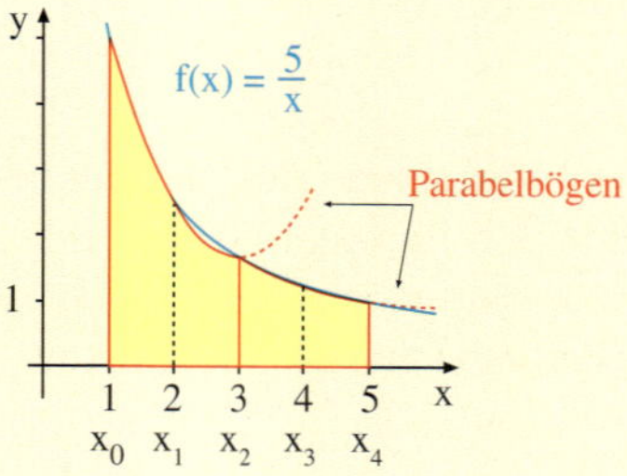

Inhalt des 1. Streifens: $\int_1^3 \frac{5}{x}dx \approx \frac{3-1}{6} \cdot (f(1) + 4 \cdot f(2) + f(3)) \approx 5{,}555$

Inhalt des 2. Streifens: $\int_3^5 \frac{5}{x}dx \approx \frac{5-3}{6} \cdot (f(3) + 4 \cdot f(4) + f(5)) \approx 2{,}555$

Inhalt der Gesamtfläche: $\int_1^5 \frac{5}{x}dx \approx \frac{2}{6} \cdot (f(1) + 4 \cdot f(2) + 2 \cdot f(3) + f(4) + f(5)) \approx 8{,}11$

Formel für das Simpsonverfahren

Anhand des Beispiels können wir problemlos die verallgemeinerte Formel für das Simpson-Verfahren aufstellen. Wir gehen von einer Unterteilung $a = x_0, x_2, x_4, \ldots, x_{2n} = b$ des Intervalls [a; b] in n Simpson-Streifen aus, deren Mittelpunkt bei $x_1, x_3, x_5, \ldots, x_{2n-1}$ liegen. Dann gilt:

Näherungsformel zum Simpson-Verfahren
f sei eine auf dem Intervall [a; b] stetige Funktion. Dann gilt die Näherungsformel

$$\int_a^b f(x)\,dx \approx \frac{b-a}{6n} \cdot (y_0 + 4y_1 + 2y_2 + 4y_3 + \ldots$$
$$\ldots + 2y_{2n-2} + 4y_{2n-1} + y_{2n})$$

mit $y_i = f(x_i) = f\left(a + i \cdot \frac{b-a}{2n}\right),\ 0 \le i \le 2n.$

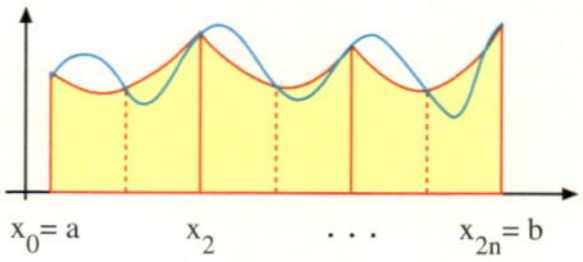

Übung

Errechnen Sie den Inhalt der Fläche unter dem Graphen von $f(x) = x^3 + 1$ über [–1; 1]. Verwenden Sie a) 2 Simpson-Streifen, b) 4 Simpson-Streifen.

1. Exkurs: Die Produktintegration

„Integriert" man die Produktregel der Differentialrechnung beidseitig, so erhält man im Endergebnis eine Gleichung, die zwei Integrale miteinander verbindet, deren Integrationsterme Produkte sind, sodass man auch von ***Produktintegration*** spricht.

Produktregel der Differentialrechnung:

$(u \cdot v)' = (u' \cdot v) + (u \cdot v')$

Integration beider Seiten:

$\int (u \cdot v)' \, dx = \int u' \cdot v \, dx + \int u \cdot v' \, dx$

Wenn man eines dieser Integrale ausrechnen kann, so kann man auch das andere möglicherweise schwierigere Integral bestimmen.

Ausrechnen der linken Seite:

$u \cdot v + C = \int u' \cdot v \, dx + \int u \cdot v' \, dx \quad \Rightarrow$

$\int u' \cdot v \, dx = u \cdot v - \int u \cdot v' \, dx \qquad *$

Das Verfahren der Produktintegration führt also im Idealfall eine schwere Integrationsaufgabe auf eine leichte Integrationsaufgabe zurück, mehr nicht.

Regel zur Produktintegration

$\int u' \cdot v \, dx = u \cdot v - \int u \cdot v' \, dx$

Die Regel zur Produktintegration gilt dann, wenn die beteiligten Faktoren u(x) und v(x) differenzierbar und ihre Ableitungen u′(x) und v′(x) stetig sind.

Oft wird die Produktintegration auch als ***partielle Integration*** bezeichnet. Die gegebene Integrationsaufgabe wird zunächst nur teilweise, d. h. partiell gelöst, denn das gesuchte Integral wird nicht direkt bestimmt, sondern nur auf ein weiteres, evtl. einfacheres Integral zurückgeführt. Wir behandeln nun zwei Integraltypen, welche mittels Produktintegration beherrschbar sind. Aus Gründen der Übersichtlichkeit lassen wir im Folgenden – auch wenn dies formal nicht ganz korrekt ist – in allen Zwischenrechnungen die Integrationskonstante weg und notieren diese erst wieder im Endergebnis.

Typ 1: Abräumen von Polynomen

Ist einer der Faktoren des Integranden ein Polynom und wird der andere Faktor beim Integrieren nicht komplizierter, so kann man das Polynom durch mehrfache Anwendung der Produktintegration „abräumen", da sich dessen Grad mit jedem Differentiationsvorgang verringert.

---

* Bei dieser Gleichung benötigt man keine Integrationskonstante mehr, da sowohl auf der rechten als auch auf der linken Gleichungsseite die Menge aller Stammfunktionen dargestellt ist.

Beispiel: Gesucht ist das unbestimmte Integral $\int \sin x \cdot x^2\,dx$.

Lösung:
Wir wenden auf das gegebene Integral zunächst die Produktintegration an, wobei wir $u'(x) = \sin x$ und $v(x) = x^2$ setzen. Wir erhalten

$$\int \underbrace{\sin x}_{u'} \cdot \underbrace{x^2}_{v}\,dx = \underbrace{(-\cos x)}_{u} \cdot \underbrace{x^2}_{v} - \int \underbrace{(-\cos x)}_{u} \cdot \underbrace{2x}_{v'}\,dx$$

$$= (-\cos x) \cdot x^2 + 2\int \cos x \cdot x\,dx\,.$$

Das rechtsseitige Integral ist ähnlich strukturiert wie das Ausgangsintegral, jedoch etwas einfacher, da der Grad des Polynomfaktors um 1 gesunken ist.
Wir wenden die Produktintegration nun noch einmal an, und zwar auf das rechtsseitige Integral. Dieses wird so auf ein einfaches Grundintegral zurückgeführt.

$$\int \underbrace{\text{cox}\,x}_{u'} \cdot \underbrace{x}_{v}\,dx = \underbrace{\sin x}_{u} \cdot \underbrace{x}_{v} - \int \underbrace{\sin x}_{u} \cdot \underbrace{1}_{v'}\,dx$$

$$= \sin x \cdot x + \cos x$$

Wir setzen das Ergebnis dieser letzten Produktintegration nun in die obige Gleichung ein und erhalten das gesuchte unbestimmte Integral.

Resultat:

$$\int \sin x \cdot x^2\,dx = (-\cos x) \cdot x^2 + 2\,(\sin x \cdot x + \cos x) + C$$

$$= 2x \cdot \sin x + \cos x \cdot (2 - x^2) + C$$

Typ 2: Wiederentstehung des Ausgangsintegrals

Wenn beide Faktoren beim Integrieren oder Differenzieren nach einer Anzahl von Schritten wieder auftreten, dann kann man so oft Produktintegrationen ausführen, bis das Ausgangsintegral selbst wieder auftritt. Die sodann entstandene Gleichung löst man nach dem Ausgangsintegral auf. Oftmals müssen zusätzlich jedoch kleine Tricks, wie z. B. einfache Termumformungen, angewendet werden.

Beispiel: Gesucht ist das unbestimmte Integral $\int \cos^2 x\,dx$.

Lösung:
Produktintegration des Ausgangsintegrals:

$$\int \cos^2 x\,dx = \int \underbrace{\cos x}_{u'} \cdot \underbrace{\cos x}_{v}\,dx = \underbrace{\sin x}_{u} \cdot \underbrace{\cos x}_{v} - \int \underbrace{\sin x}_{u} \cdot \underbrace{(-\sin x)}_{v'}\,dx = \sin x \cdot \cos x + \int \sin^2 x\,dx.$$

Man gewinnt den Eindruck, dass die Produktintegration nicht weiterführt. Das Integral auf der rechten Seite ist anscheinend genauso kompliziert wie das Ausgangsintegral. Wendet man allerdings den trigonometrischen Pythagoras an, so entsteht rechtsseitig das Ausgangsintegral wieder:

$$\int \cos^2 x\,dx = \sin x \cdot \cos x \cdot \int (1 - \cos^2 x)\,dx = \sin x \cdot \cos x + x - \int \cos^2 x\,dx.$$

Auflösen nach dem Ausgangsintegral liefert das Resultat:

$$2\int \cos^2 x\,dx = x + \sin x \cdot \cos x + C \qquad \text{und somit}$$

$$\int \cos^2 x\,dx = \tfrac{1}{2}(x + \sin x \cdot \cos x) + C.$$

Mithilfe der Produktintegration können Rekursionsformeln ermittelt werden.

Beispiel: Weisen Sie die folgende Rekursionsformel nach:

$$\int x^n \sin x\,dx = -x^n \cos x + n\int x^{n-1} \cos x\,dx \qquad (n \in \mathbb{N}).$$

Lösung:
Produktintegration des Ausgangsintegrals:

$$\int \underbrace{x^n}_{u} \underbrace{\sin x}_{v'}\,dx = -\underbrace{x^n}_{u} \underbrace{\cos x}_{v} + \int \underbrace{nx^{n-1}}_{u'} \underbrace{\cos x}_{v}\,dx$$

$$= -x^n \cos x + n\int x^{n-1} \cos x\,dx$$

Das Restintegral $\int x^{n-1} \cos x\,dx$ ist von demselben Typ wie das Ausgangsintegral, allerdings von niedrigerer Ordnung.

Übung 1

Weisen Sie die folgende Rekursionsformel nach:

$$\int x^n \cos x\,dx = x^n \sin x - n\int x^{n-1} \sin x\,dx \qquad (n \in \mathbb{N}).$$

Übungen

CAS

Produktintegration

2. Bestimmen Sie die folgenden Integrale durch partielle Integration vom Typ 1 „Abräumen“.

a) $\int x \cdot \cos x \, dx$ b) $\int x^2 \cdot \cos x \, dx$ c) $\int (ax+b) \cdot \sin x \, dx$

d) $\int (ax^2+bx+c) \cdot \cos x \, dx$ e) $\int x \cdot \cos ax \, dx \quad (a \in \mathbb{R})$ f) $\int x^4 \cdot \sin x \, dx$

3. Bestimmen Sie die folgenden Integrale durch partielle Integration vom Typ 2 „Wiederentstehung des Ausgangsintegrals“.

a) $\int \sin x \cdot \cos x \, dx$ b) $\int \sin^3 x \, dx$ c) $\int \sin 2x \cdot \cos \frac{1}{2} x \, dx$

4. Beweisen Sie, dass für eine differenzierbare Funktion u(x) gilt:

a) $\int u \cdot u' \, dx = \frac{1}{2} u^2 + C,$

b) $\int u^n \cdot u' \, dx = \frac{1}{n+1} u^{n+1} + C \quad (n \in \mathbb{N}).$

5. Weisen Sie die folgenden Rekursionsformeln nach.

a) $\int \cos^n x \, dx = \frac{1}{n} \cos^{n-1} x \cdot \sin x + \frac{n-1}{n} \int \cos^{n-2} x \, dx \qquad (n \in \mathbb{N})$

b) $\int \sin^n x \, dx = -\frac{1}{n} \sin^{n-1} x \cdot \cos x + \frac{n-1}{n} \int \sin^{n-2} x \, dx \qquad (n \in \mathbb{N})$

Knobelaufgabe

Tim und Tom sind gute Freunde. Nach dem (in vollen Lebensjahren angegebenen) Alter gefragt, antwortet Tim: „Ich bin jetzt doppelt so alt, wie Tom war, als ich so alt war, wie Tom jetzt ist. Wenn Tom so alt sein wird, wie ich jetzt bin, dann werden wir zusammen 63 Jahre alt sein.“

Wie alt ist Tim? Wie alt ist Tom? Überprüfen Sie Ihre Ergebnisse durch eine Probe.

2. Exkurs: Die Substitutionsmethode

Ein Hauptproblem der Integralrechnung ist das Auffinden von Stammfunktionen zu gegebenen Funktionen.

Die Errechnung einer Stammfunktion kann im Einzelfall auch für einen Mathematiker zu einem schwierigen Unterfangen werden. Daher gibt es umfangreiche Integraltafeln, in denen zu einer großen Zahl von Funktionen die zugehörigen Stammfunktionen verzeichnet sind, die im Laufe der Zeiten in mühevoller Arbeit gefunden wurden. Zudem kann ein CAS Stammfunktionen für sehr viele Funktionen ausgeben.

Einige dieser Integrale wurden mit der bereits behandelten **Produktintegration** (oder **partiellen Integration**) bestimmt.

Eine weitere Integrationsmethode, die auf der Kettenregel der Differentialrechnung beruht, wird als ***Substitutionsmethode*** bezeichnet.

Dieses Verfahren lässt sich besonders einfach durchführen, wenn man mit ***Differentialen*** arbeitet.

Anschaulich sind Differentiale die Kathetenlängen in Steigungsdreiecken einer Kurventangente.

dx ist der Tangentenzuwachs in x-Richtung und *dy* der Tangentenzuwachs in y-Richtung. Der Quotient $\frac{dy}{dx}$ dieser Differentiale ist gleich dem Anstieg der Kurve im entsprechenden Kurvenpunkt P: $\frac{dy}{dx} = y'$.

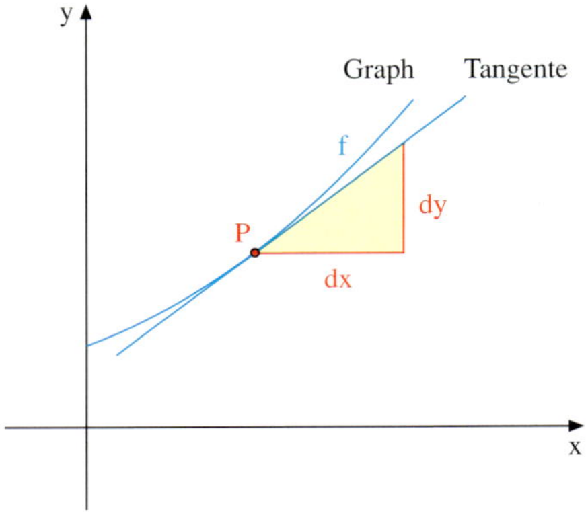

Typ 1: Substitution eines Teilterms des Integranden

Beispiel: Gesucht ist das unbestimmte Integral $\int (4x+1)^3\,dx$.

Lösung: Wir substituieren (ersetzen) einen Teilterm des Integranden durch eine neue Variable z. Hier ersetzen wir $4x+1$ durch z. Anschließend versuchen wir, die restlichen Teile des Integrals ebenfalls in Abhängigkeit von z darzustellen. Dabei verwenden wir die Differentialquotientengleichung $z' = \frac{dz}{dx} = 4$.

Wir erhalten ein Integral, dessen Integrand nur noch von z abhängt. Entscheidend ist, dass es leichter zu bestimmen ist als das Ausgangsintegral. Die errechnete Stammfunktion ist wieder eine Funktion von z.

(1) Substitution: $4x+1 = z$

$$\int (4x+1)^3\,dx = \int z^3\,dx$$

(2) Differentialquotient: $z' = \frac{dz}{dx} = 4$

$$dx = \frac{dz}{4}$$

(3) Einsetzen von (2) in (1):

$$\int (4x+1)^3\,dx = \int z^3\,\frac{dz}{4} = \int \frac{1}{4} z^3\,dz = \frac{1}{16} z^4 + C$$

Die Resubstitution $z = 4x + 1$ liefert nun eine Stammfunktion unseres Ausgangsintegranden, womit die Aufgabe gelöst ist.

(4) Resubstitution: $z = 4x + 1$

$$\int (4x+1)^3\,dx = \frac{1}{16}(4x+1)^4 + C$$

Es kommt also darauf an, einen geeigneten Teilterm des Integranden so geschickt zu substituieren, dass das Ausgangsintegral in ein einfacheres Integral umgewandelt wird.

Übung 1

Berechnen Sie das unbestimmte Integral mithilfe der Substitutionsmethode.

a) $\int (2x+1)^3\,dx$ b) $\int \cos(4x)\,dx$ c) $\int \frac{4}{(5-3x)^2}\,dx$ d) $\int \sin^5 x \cos x\,dx$

Typ 2: Substitution der Integrationsvariablen

Beispiel: Gesucht ist das unbestimmte Integral $\int \frac{1}{\sqrt{1-x^2}}\,dx$, $0 < x < 1$.

Lösung:
Hier könnte man zunächst die Substitutionen $z = x^2$, $z = 1 - x^2$ oder $z = \sqrt{1-x^2}$ versuchen. Keine führt zum Ziel.
Wenn man allerdings die Integrationsvariable x selbst durch den Term sin z substituiert und das Differential dx dementsprechend, so hat man Erfolg. Dann vereinfacht sich das Ausgangsintegral nach Anwendung des trigonometrischen Pythagoras in verblüffender Weise.
Abschließend müssen wir mithilfe der Umkehrfunktion des Sinus die Substitution rückgängig machen.
Wir erhalten als Resultat die nebenstehende wichtige Integrationsformel.

(1) Substitution: $x = \sin z,\ 0 < z < \frac{\pi}{2}$

(2) Differentiale: $x' = \frac{dx}{dz} = \cos z$

$dx = \cos z\,dz$

(3) Einsetzen von (1) und *(2):*

$$\int \frac{1}{\sqrt{1-x^2}}\,dx = \int \frac{1}{\sqrt{1-\sin^2 z}} \cdot \cos z\,dz$$

$$= \int \frac{1}{\sqrt{\cos^2 z}} \cdot \cos z\,dz = \int \frac{1}{\cos z} \cdot \cos z\,dz$$

$$= \int dz = z + C$$

(4) Resubstitution: $z = \arcsin x$

$$\int \frac{1}{\sqrt{1-x^2}}\,dx = \arcsin x + C$$

Übung 2

Berechnen Sie das unbestimmte Integral. Wenden Sie die Variante der Substitutionsmethode an, bei der die Integrationsvariable x selbst durch einen geeigneten Term substituiert wird.

a) $\int \frac{x}{\sqrt{1-x^4}}\,dx$ $(0 < x < 1)$ Substituieren Sie x so durch einen trigonometrischen Term, dass die Wurzel wegfällt.

b) $\int \frac{x}{\sqrt{1-x}}\,dx$ $(0 < x < 1)$ Substituieren Sie x so durch einen quadratischen Term, dass die Wurzel wegfällt.

Bemerkungen zur Substitutionsmethode

Die folgenden eher theoretischen Ausführungen kann der praktisch Interessierte ohne Bedenken übergehen. Wir raten ihm, sich die Zeit vielmehr mit dem Lösen von Übungsaufgaben zu vertreiben, denn nur so lernt man, Substitutionsintegrationen durchzuführen.

Begründung zur Typ-1-Substitution:
Eine Typ-1-Substitution kann versucht werden, wenn das Integral – abgesehen von konstanten Faktoren – die Gestalt $\int f(g(x)) \cdot g'(x)\,dx$ besitzt. Man substituiert dann $g(x) = z$ und erhält das Integral $\int f(z)\,dz$. Anschließend bestimmt man eine Stammfunktion F(z) von f(z) und resubstituiert z=g(x), sodass man im Ergebnis F(g(x)) als Stammfunktion des Ausgangsintegranden erhält.
Dass F(g(x)) tatsächlich eine Stammfunktion von $f(g(x)) \cdot g'(x)$ ist, weist man durch eine Differentiation mithilfe der Kettenregel nach: $[F(g(x))]' = F'(g(x)) \cdot g'(x) = f(g(x)) \cdot g'(x)$.

Bemerkung zur Typ-2-Substitution:
In der Regel liegt der Integrand nicht in reiner Typ-1-Form $f(g(x)) \cdot g'(x)$ vor. Dann kann man eine Typ-2-Substitution versuchen, bei welcher die Integrationsvariable x selbst durch einen Term t(z) substituiert wird, sodass das Integral $\int f(x)\,dx$ in das Integral $\int f(t(z)) \cdot t'(z)\,dz$ transformiert wird, das dann im günstigsten Fall einfacher zu lösen ist als das Ausgangsintegral. Diese Vorgehensweise hat den Vorteil, dass man nicht an eine bestimmte Form der Substitution gebunden ist, sondern mit beliebigen Substitutionstermen frei experimentieren kann. Allerdings wählt man den Substitutionsterm meistens so, dass ein besonders unangenehmer Teil des Integranden – wie z. B. ein Quadrat oder eine Wurzel – wegfällt. Beliebte Substitutionsterme sind $x = z^2$, $x = \frac{1}{z}$, $x = \sin z$.

Knobelaufgabe

Frau Klug hat drei Töchter. Als ihr Nachbar Herr Schlau sie nach dem Alter ihrer Töchter fragt, sagt sie:
„Das Produkt ihrer Alter ergibt 36. Die Summe ihrer Alter ist meine Hausnummer.“
Daraufhin antwortet Herr Schlau: „Diese Angaben genügen noch nicht. Die Antwort ist nicht eindeutig.“
Daraufhin sagt Frau Klug: „Meine älteste Tochter heißt Julia.“

Wie alt sind die drei Töchter?

Anwendung auf bestimmte Integrale

Die Substitutionsmethode lässt sich auch auf bestimmte Integrale anwenden. Hierfür sind zwei Wege möglich. Entweder bestimmt man wie oben eine Stammfunktion des Integranden und setzt anschließend die Grenzen ein oder man arbeitet sofort mit bestimmten Integralen wie unten in der 2. Lösung dargestellt.

Beispiel: Berechnen Sie das bestimmte Integral $\int_2^3 \frac{x}{\sqrt{1+x^2}}\,dx$ mittels Substitution.

1. Lösung:
Wir bestimmen zunächst eine Stammfunktion des Integranden und verwenden hierzu die Typ-1-Substitution $z = 1 + x^2$.

Wir gehen wie im obigen Beispiel vor.

Substitution: $z = 1 + x^2$

Differentiale: $z' = \frac{dz}{dx} = 2x \Rightarrow dx = \frac{dz}{2x}$

Stammfunktion:

$$\int \frac{x}{\sqrt{1+x^2}}\,dx = \int \frac{1}{2\sqrt{z}}\,dz = \sqrt{1+x^2} + C$$

Einsetzen der Integrationsgrenzen in eine Stammfunktion des Integranden liefert dann das Ergebnis des gesuchten bestimmten Integrals.

Einsetzen der Integrationsgrenzen:

$$\int_2^3 \frac{x}{\sqrt{1+x^2}}\,dx = \left[\sqrt{1+x^2}\right]_2^3 \approx 0{,}93$$

2. Lösung:
Arbeitet man von Anfang an mit dem bestimmten Integral, so muss beachtet werden, dass die Integrationsgrenzen bei der Substitution ebenfalls zu verändern sind. Läuft ursprünglich die Integrationsvariable x von 2 bis 3, so läuft die neue Integrationsvariable $z = 1 + x^2$ monoton von 5 bis 10. Wichtig ist hierbei die Monotonie des Substitutionsterms $1 + x^2$ im betrachteten Bereich, die ausschließt, dass die Integrationsvariable etwa zurückläuft.

Integrationsgrenzen:
x läuft von 2 bis 3
z läuft von 5 bis 10

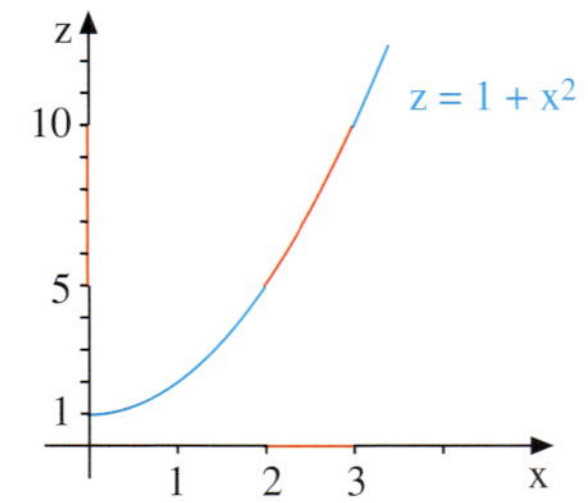

Man erhält selbstverständlich bei beiden Lösungswegen das gleiche Ergebnis für das gesuchte bestimmte Integral.

Rechnung:

$$\int_2^3 \frac{x}{\sqrt{1+x^2}}\,dx = \int_5^{10} \frac{1}{2\sqrt{z}}\,dz = [\sqrt{z}]_5^{10} \approx 0{,}93$$

Übung 3

Berechnen Sie das bestimmte Integral mittels Substitution auf zwei Arten.

a) $\int_0^{\sqrt{\frac{\pi}{2}}} x\cos(x^2)\,dx$ b) $\int_0^3 \frac{1}{(1+x)^2}\,dx$ c) $\int_{-1}^2 \frac{x}{\sqrt{x+2}}\,dx$

Bemerkung zur Substitution bei bestimmten Integralen:

Substituiert man bei bestimmten Integralen die Integrationsgrenzen mit, so ist darauf zu achten, dass der Substitutionsterm über dem Integrationsintervall monoton ist. Wir wollen an einem Gegenbeispiel demonstrieren, dass eine Nichtbeachtung der Monotonie zu einem falschen Ergebnis führt.

Hierzu bearbeiten wir das bestimmte Integral $\int_{-1}^{1} x^2\,dx$ mithilfe der Substitutionsmethode. Mit der Substitution $z = x^2$ erhält man die nebenstehende Rechnung. Ersetzt man nun die Integrationsgrenzen einfach durch die entsprechenden Randwerte, wie rechts dargestellt, so ergibt sich als Ergebnis 0.

Substitution: $z = x^2 \Rightarrow x = \sqrt{z}$

Differentiale: $z' = \frac{dz}{dx} = 2x \Rightarrow dx = \frac{dz}{2x}$

Integrationsgrezen: x läuft von -1 bis 1

z läuft von 1 bis 1

Rechnung:

$$\int_{-1}^{1} x^2\,dx = \int_{1}^{1} z\,\frac{dz}{2\sqrt{z}} = \frac{1}{2}\int_{1}^{1} \sqrt{z}\,dz = 0$$

Dies widerspricht aber der nebenstehenden Berechnung des bestimmten Integrals mithilfe der Potenzregel der Integration.

Lösung mithilfe der Potenzregel:

$$\int_{-1}^{1} x^2\,dx = \left[\frac{1}{3}x^3\right]_{-1}^{1} = \frac{1}{3} - \left(-\frac{1}{3}\right) = \frac{2}{3}$$

Bei der Lösung mithilfe der Substitutionsmethode wurde bei der Ersetzung der Integrationsgrenzen die Monotonie des Substitutionsterms im gegebenen Integrationsintervall nicht sichergestellt, sodass man ein falsches Ergebnis erhielt. Denn während x alle Werte von -1 bis 1 annimmt, durchläuft z alle Werte von 1 bis 0 und von 0 bis 1. Dieser Prozess muss bei der Substitution berücksichtigt werden. Man kann das Integrationsintervall in zwei Teilintervalle unterteilen, über denen jeweils die Monotonie des Substitutionsterms vorliegt. Beim vorliegenden Beispiel muss man also zunächst von 0 bis 1 integrieren und dann das Doppelte bilden.

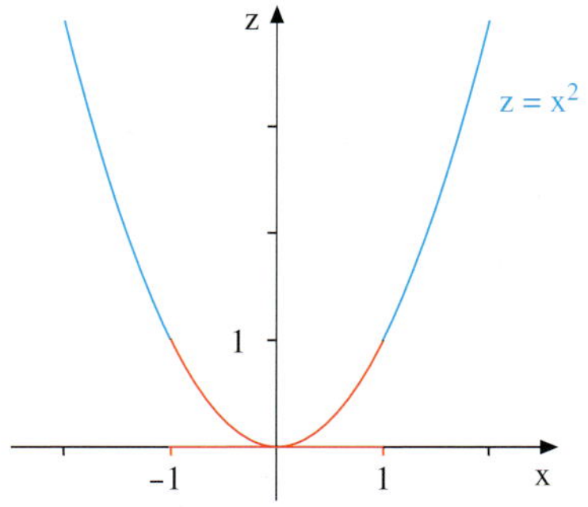

$$\int_{-1}^{1} x^2\,dx = \int_{0}^{1} \sqrt{z}\,dz = \left[\frac{2}{3}\sqrt{z^3}\right]_{0}^{1} = \frac{2}{3}$$

Bestimmt man jedoch zunächst wie im 1. Verfahren auf S. 51 eine Stammfunktion von x^2 und bildet erst nach der Resubstitution das bestimmte Integral, so ergibt sich, da die Stammfunktion von x abhängt, das richtige Ergebnis.

$$\int x^2\,dx = \frac{1}{2}\int \sqrt{z}\,dz = \frac{1}{3}\sqrt{z^3} + C = \frac{1}{3}x^3 + C$$

$$\int_{-1}^{1} x^2\,dx = \left[\frac{1}{3}x^3\right]_{-1}^{1} = \frac{1}{3} - \left(-\frac{1}{3}\right) = \frac{2}{3}$$

Kombination von Substitutionsmethode und Produktintegration

Wir behandeln nun exemplarisch eine Aufgabe, bei welcher das involvierte Integral nur noch durch den geballten Einsatz gleich mehrerer Integrationsmethoden gelöst werden kann.

Beispiel: Gesucht ist das unbestimmte Integral $\int \arcsin x \, dx$.

Lösung:
Wir kennen weder eine Stammfunktion von arcsin x, noch sind Ansatzpunkte für eine erfolgversprechende Substitution in Sicht. Jedoch ist uns aufgrund des Beispiels auf Seite 49 die Ableitung von arcsin x bekannt: $(\arcsin x)' = \frac{1}{\sqrt{1-x^2}}$. Ist eine Funktion zu integrieren, deren Ableitung relativ einfach ist, so kann man den Integranden gewissermaßen „künstlich" als Produkt mithilfe des Faktors 1 darstellen und dann eine Produktintegration vornehmen (**Typ 3 der Produktintegration: Faktor 1**). Wir zeigen dieses Verfahren im Folgenden:

$$\int \arcsin x \, dx = \int \underset{u'}{1} \cdot \underset{v}{\arcsin x} \, dx = \underset{u}{x} \cdot \underset{v}{\arcsin x} - \int \underset{u}{x} \cdot \underset{v'}{\frac{1}{\sqrt{1-x^2}}} \, dx$$

Im Restintegral zeichnet sich nun eine offensichtliche Substitutionsmöglichkeit ab:

Substitution: $z = 1 - x^2, \quad \frac{dz}{dx} = -2x, \quad dx = -\frac{dz}{2x}$

$$\int x \cdot \frac{1}{\sqrt{1-x^2}} \, dx = \int x \cdot \frac{1}{\sqrt{z}} \cdot \left(-\frac{dz}{2x}\right) = \int -\frac{1}{2\sqrt{z}} \, dz = -\sqrt{z} + C = -\sqrt{1-x^2} + C$$

Wir erhalten als eindrucksvolles Resultat: $\int \arcsin x \, dx = x \cdot \arcsin x + \sqrt{1-x^2} + C$.

Übung 4

Versuchen Sie, die folgenden Integrale zu „knacken".

a) $\int x \sin(3x) \, dx$

b) $\int \frac{x^2}{(1+x^2)^2} \, dx$

Hinweis: $(\arctan x)' = \frac{1}{1+x^2}$

Knobelaufgabe

1. *Wie lauten die beiden letzten Ziffern von* $7^{7^{7^7}} - 7^7$?
2. *Alle Zahlen der Form*
   1331
   1030301
   1003003001 usw. sind Kubikzahlen. Weisen Sie dies nach.

Der Flächeninhalt eines Kreises bzw. eines Kreissegments

Mithilfe der Integralrechnung können wir die aus der Sekundarstufe I bekannten Formeln für den Inhalt einer Kreisfläche und eines Kreissegments herleiten. Wir werden zunächst den Flächeninhalt des Einheitskreises bestimmen.

Beispiel: Bestimmen Sie den Flächeninhalt des Einheitskreises (Radius $r = 1$).

Lösung:
Aus Symmetriegründen kann zunächst der Flächeninhalt der oberen Hälfte des Einheitskreises berechnet werden.

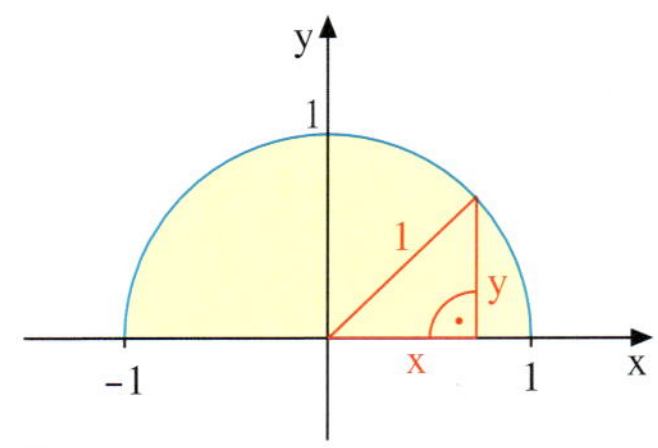

1. Aufstellen der Halbkreisfunktion:

Die Koordinaten x und y eines Punktes des oberen Halbkreises genügen der Gleichung $x^2 + y^2 = 1$.

$x^2 + y^2 = 1$ (Satz des Pythagoras)

Halbkreisfunktion:

$f(x) = \sqrt{1 = x^2}, -1 \leq x \leq 1$

2. Flächeninhalt des Halbkreises:

Wir berechnen zunächst den Flächeninhalt des Halbkreises. Da dieser durch die Funktion $f(x) = \sqrt{1 - x^2}$, $-1 \leq x \leq 1$, darstellbar ist, gilt für den Inhalt der Halbkreisfläche:

$$A_{\text{Halbkreis}} = \int_{-1}^{1} \sqrt{1 - x^2}\, dx.$$

Flächeninhalt des Halbkreises:

$$A_{\text{Halbkreis}} = \int_{-1}^{1} \sqrt{1 - x^2}\, dx$$

3. Berechnung des bestimmten Integrals:

Wir berechnen das bestimmte Integral mittels Substitution. Dabei verwenden wir die Typ-2-Substitution $x = \sin z$.

Durchläuft die ursprüngliche Integrationsvariable x Werte von -1 bis 1, so durchläuft die neue Integrationsvariable z monoton $-\frac{\pi}{2}$ bis $\frac{\pi}{2}$.

Wir erhalten schließlich ein Integral, das durch Produktintegration bestimmt werden kann.

Substitution: $x = \sin z$

Differentiale: $\frac{dx}{dz} = \cos z$, $dx = \cos z\, dz$

Integrationsgrenzen:

x läuft von -1 bis 1

z läuft von $-\frac{\pi}{2}$ bis $\frac{\pi}{2}$

$$\int_{-1}^{1} \sqrt{1 - x^2}\, dx = \int_{-\frac{\pi}{2}}^{\frac{\pi}{2}} \sqrt{1 - \sin^2 z}\, \cos z\, dz$$

$$= \int_{-\frac{\pi}{2}}^{\frac{\pi}{2}} \cos^2 z\, dz = \left[\tfrac{1}{2}(z + \sin z \cos z)\right]_{-\frac{\pi}{2}}^{\frac{\pi}{2}}$$

$$= \frac{\pi}{4} - \left(-\frac{\pi}{4}\right) = \frac{\pi}{2}$$

4. Flächeninhalt des Einheitskreises:

Für den Flächeninhalt des gesamten Einheitskreises gilt: $A_{\text{Kreis}} = 2 \cdot A_{\text{Halbkreis}}$.

Somit erhalten wir insgesamt $A_{\text{Kreis}} = \pi$.

$$A_{\text{Kreis}} = 2 \cdot A_{\text{Halbkreis}}$$
$$= 2 \cdot \frac{\pi}{2} = \pi$$

Wir wollen nun eine Formel zur Berechnung des Flächeninhalts eines Kreisabschnitts entwickeln. Hierzu beschränken wir uns erneut auf den Einheitskreis.

Beispiel: Bestimmen Sie den Flächeninhalt eines Kreissegments über dem Winkel α, dessen Bogenmaß b ist, im Einheitskreis.

Lösung:

1. Aufstellen des bestimmten Integrals:
Um den Flächeninhalt eines Kreissegments zu berechnen, können wir auch hier aus Symmetriegründen zunächst den Inhalt der halben Fläche A_1 berechnen, die die Halbkreisfunktion mit der x-Achse über dem Intervall $\left[\cos\frac{b}{2}, 1\right]$ einschließt. Diese lässt sich durch das folgende bestimmte Integral darstellen:

$$A_1 = \int_{\cos\frac{b}{2}}^{1} \sqrt{1-x^2}\,dx.$$

2. Berechnung des bestimmten Integrals:
Wir berechnen zunächst eine Stammfunktion des Integranden mithilfe der Substitution $x = \sin z$ analog zum vorigen Beispiel.

Durch Resubstitution von $z = \arcsin x$ erhalten wir unter Berücksichtigung der Eigenschaften einer Umkehrfunktion und des trigonometrischen Pythagoras die nebenstehende Stammfunktion des Integranden.

Das Einsetzen der Integrationsgrenzen liefert nun das bestimmte Integral in Abhängigkeit des Winkels im Bogenmaß b.

3. Flächeninhalt des Kreissegments:
Für den Flächeninhalt des gesamten Kreissegments erhalten wir somit

$A = \frac{1}{2}(b - \sin b)$.

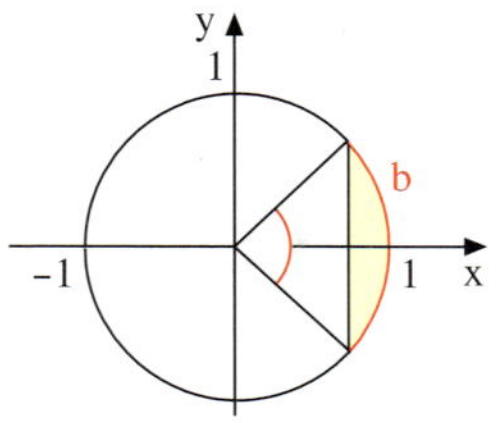

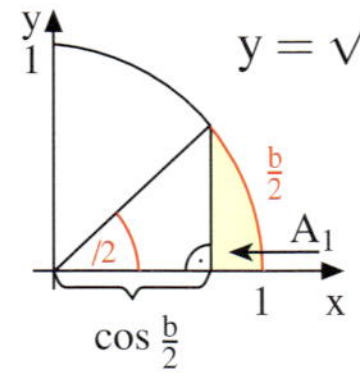

Flächeninhalt des Kreissegments:

$$A = 2 \cdot A_1$$

$$A_1 = \int_{\cos\frac{b}{2}}^{1} \sqrt{1-x^2}\,dx$$

Substitution: $x = \sin z, \quad z = \arcsin x$

$$\int \sqrt{1-x^2}\,dx = \int \sqrt{1-\sin^2 z}\cos z\,dz$$

$$= \int \cos^2 z\,dz = \frac{1}{2}(\sin z \cos z + z) + C$$

Resubstitution: $z = \arcsin x,\ \sin z = x$
$\sin(\arcsin)\,x = x$

$$\cos z = \sqrt{1-\sin^2(\arcsin x)} = \sqrt{1-x^2}$$

$$\int \sqrt{1-x^2}\,dx = \frac{1}{2}x\sqrt{1-x^2} + \frac{1}{2}\arcsin x + C$$

Einsetzen der Integrationsgrenzen:

$$A_1 = \left[\frac{1}{2}x\sqrt{1-x^2} + \frac{1}{2}\arcsin x\right]_{\cos\frac{b}{2}}^{1}$$

$$= \frac{\pi}{4} - \frac{1}{2}\cos\frac{b}{2}\sin\frac{b}{2} - \frac{1}{2}\arcsin\left(\sin\left(\frac{\pi}{2} - \frac{b}{2}\right)\right)$$

$$= \frac{\pi}{4} - \frac{1}{4}\sin b - \frac{1}{2}\left(\frac{\pi}{2} - \frac{b}{2}\right) = \frac{1}{4}(b - \sin b)$$

Flächeninhalt des Kreissegments:

$$A = 2 \cdot A_1 = \frac{1}{2}(b - \sin b)$$

CAS **Übungen**

5. Berechnen Sie die folgenden Integrale mittels Substitution (Typ 1).

a) $\int (3x+5)^4\,dx$ b) $\int \cos(2x+3)\,dx$ c) $\int (1-x)^2\,dx$

d) $\int \sin x \cos^2 x\,dx$ e) $\int \frac{x^3}{(1+x^4)^2}\,dx$ f) $\int \frac{\sin x}{\cos^4 x}\,dx$

6. Berechnen Sie die folgenden bestimmten Integrale.

a) $\int_0^1 \frac{1}{(1+x)^2}\,dx$ b) $\int_0^4 \sqrt{9-2x}\,dx$ c) $\int_0^{0{,}5} \frac{x^2}{\sqrt{1-x^3}}\,dx$

d) $\int_1^2 \frac{x}{\sqrt[3]{1+x^2}}\,dx$ e) $\int_1^5 x\sqrt{5-x}\,dx$ f) $\int_0^3 \frac{x}{\sqrt{5x+1}}\,dx$

7. Berechnen Sie die aufgeführten Integrale mit der angegebenen Substitution.

a) $\int \frac{1}{x\sqrt{x^2-1}}\,dx$ Substitution: $x=\frac{1}{z}$ b) $\int \frac{x}{\sqrt{a^2-x^2}}\,dx$ Substitution: $z=a^2-x^2$

c) $\int \frac{1}{\sin^2 x}\,dx$ Substitution: $z=\tan x$ d) $\int \sqrt{9-x^2}\,dx$ Substitution: $x=3\sin z$

8. Die folgenden Integrale sind nicht ganz einfach zu knacken. Versuchen Sie es.

a) $\int \frac{1}{\sqrt{\sqrt{x}+1}}\,dx$ b) $\int \sin^3 x \cos^3 x\,dx$ c) $\int \frac{x^2}{\sqrt{1-x^2}}\,dx$

9. Zeigen Sie, dass für den Flächeninhalt eines Kreises mit einem beliebigen Radius r ($r>0$) die bekannte Formel $A=\pi r^2$ gilt.
Gehen Sie dabei folgendermaßen vor:

a) Begründen Sie: $A = 2\int_{-r}^{r} \sqrt{r^2-x^2}\,dx$

b) Berechnen Sie das bestimmte Integral mit Hilfe der Substitution $x = r\sin z$.

10. Zeigen Sie, dass für den Flächeninhalt eines Kreissegments über dem Winkel α (im Bogenmaß b) in einem Kreis mit einem beliebigen Radius r die Formel $A=\frac{r^2}{2}(b-\sin b)$ gilt.

11. Zeigen Sie, dass für den Flächeninhalt einer Ellipse $A=\pi a b$ gilt.

Hinweis: Die Koordinaten x, y eines Punktes der Ellipse genügen der Gleichung $\frac{x^2}{a^2}+\frac{y^2}{b^2}=1$.

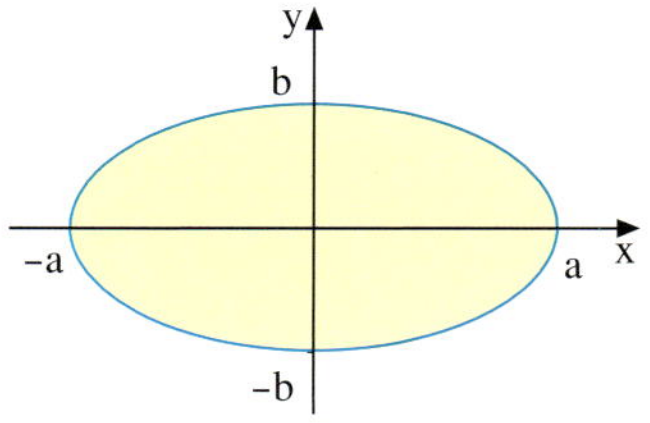

3. Das Volumen von Rotationskörpern

A. Die Rotationsformel

Flaschen, Vasen, Scheinwerfer und Kugeln sind häufig rotationssymmetrische Körper, deren Form durch Rotation einer Randkurve um eine Achse erzeugt werden kann.
Mit der Integralrechnung kann das Volumen solcher Körper rechnerisch bestimmt werden.

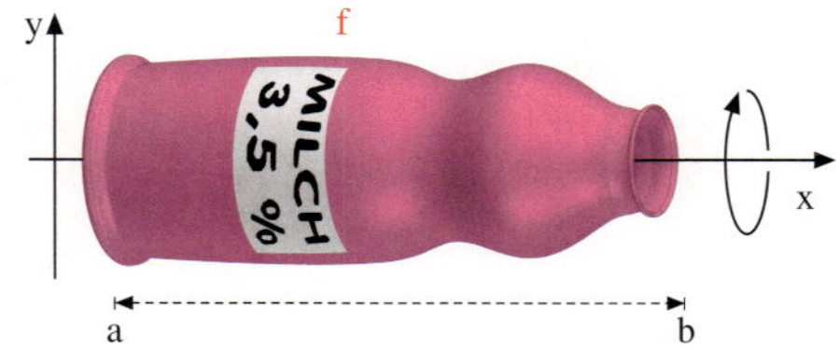

Die Grundidee stammt von Archimedes. Analog zur Einschachtelung von Flächen durch archimedische Rechteckstreifen kann ein Rotationsvolumen durch Zylinderscheiben eingeschachtelt werden. Die folgende Gegenüberstellung führt so zur Rotationsformel.

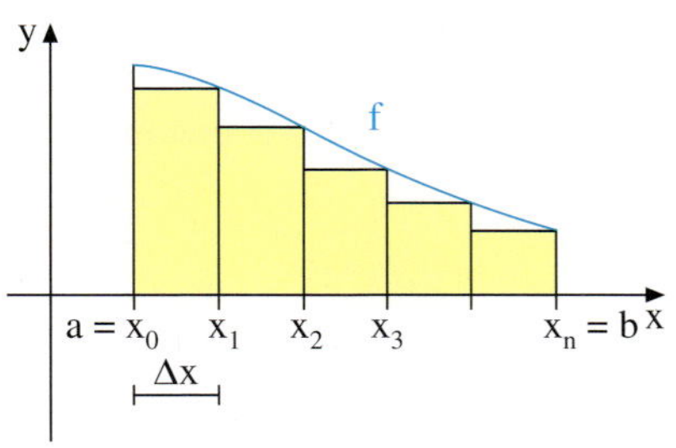

Die ***Fläche*** A unter dem Graphen von f über dem Intervall [a ; b] wird nach Archimedes durch eine ***Treppenfläche*** aus n rechteckigen Streifen approximiert.

Der Inhalt dieser Treppenfläche ist eine Produktsumme der Gestalt

$$\sum f(x_i) \cdot \Delta x,$$

denn das Rechteck Nr. i besitzt den Inhalt $f(x_i) \cdot \Delta x$.
Lässt man die Anzahl n der Rechteckstreifen gegen unendlich und ihre Breiten Δx gegen null streben, so strebt die Produktsumme gegen das bestimmte Integral von $f(x)$ in den Grenzen von a bis b.
Daher gilt für den Flächeninhalt A:

$$A = \int_a^b f(x)\,dx.$$

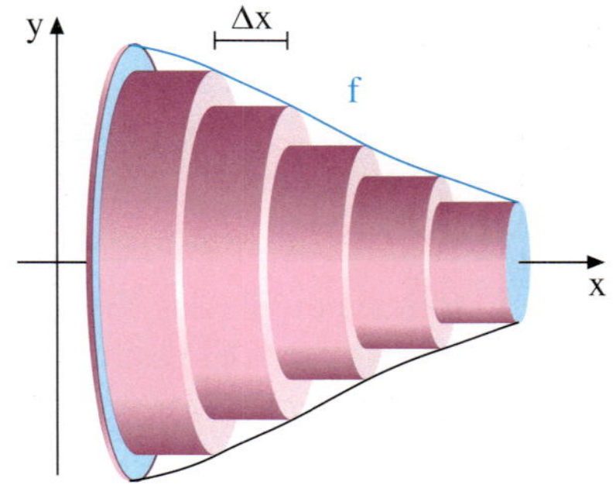

Das ***Volumen*** V des durch Rotation des Graphen von f um die x-Achse über dem Intervall [a ; b] entstehenden Körpers wird durch einen ***Treppenkörper*** aus n zylindrischen Scheiben approximiert.
Das Volumen dieses Treppenkörpers ist eine Produktsumme der Gestalt

$$\sum \pi \cdot f^2(x_i) \cdot \Delta x,$$

denn die Scheibe Nr. i besitzt das Volumen $\pi \cdot f^2(x_i) \cdot \Delta x$.
Lässt man die Anzahl n der Scheiben gegen unendlich und ihre Höhe Δx gegen null streben, so strebt die Produktsumme gegen das bestimmte Integral von $\pi \cdot f^2(x)$ in den Grenzen von a bis b.
Daher gilt für das Rotationsvolumen V:

$$V = \pi \cdot \int_a^b (f(x))^2\,dx.$$

Wir erhalten als Resultat folgende Formel zur Berechnung des Volumens von Rotationskörpern. Auf den Beweis verzichten wir.

Die Rotationsformel

f sei eine über dem Intervall [a ; b] differenzierbare Funktion. Rotiert der Graph von f über dem Intervall [a ; b] um die x-Achse, so entsteht ein Rotationskörper mit dem Volumen

$$V = \pi \cdot \int_a^b (f(x))^2 \, dx.$$

B. Grundlegende Beispiele

Mit dieser Formel kann man für konkrete Randfunktionen f Rotationsvolumina ebenso leicht wie ansonsten Flächeninhalte berechnen. Man kann darüber hinaus die uns schon bekannten Volumenformeln für Zylinder, Kegel und Kugel theoretisch herleiten. Wir rechnen im Folgenden einige Beispiele hierzu.

Beispiel: Berechnen Sie das Volumen V desjenigen Körpers, der durch Rotation des Graphen von $f(x) = \frac{1}{2}x^2$ über dem Intervall $I = [0 ; 1]$ um die x-Achse entsteht.

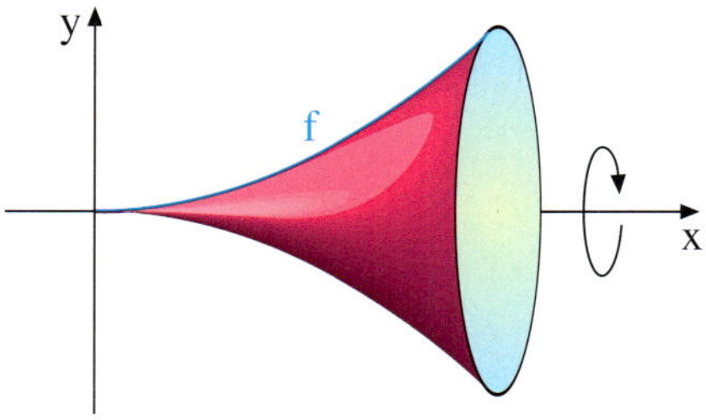

Lösung:
Es entsteht ein Rotationskörper, der die Gestalt eines Spitzhutes hat.

Sein Volumen beträgt nach nebenstehend aufgeführter Rechnung $V = \frac{\pi}{20} \approx 0{,}16$ Volumeneinheiten (VE).

$$V = \pi \cdot \int_a^b (f(x))^2 \, dx = \pi \cdot \int_0^1 \left(\tfrac{1}{2}x^2\right)^2 dx$$

$$= \pi \cdot \int_0^1 \tfrac{1}{4}x^4 \, dx = \pi \cdot \left[\tfrac{1}{20}x^5\right]_0^1$$

$$= \tfrac{\pi}{20} \approx 0{,}16 \text{ VE}$$

Übung 1

Ein Behälter zur Herstellung von Eis hat ein parabelförmiges Profil mit den angegebenen Maßen. Stellen Sie zunächst die Gleichung der Profilkurve auf. Verwenden Sie den Ansatz $f(x) = a \cdot \sqrt{x}$. Errechnen Sie sodann das Fassungsvermögen des Behälters.

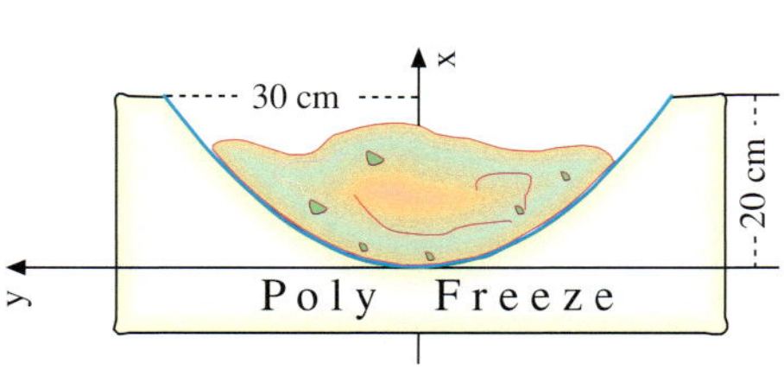

Beispiel: Ein Parabolscheinwerfer hat das Randkurvenprofil $f(x) = \frac{3}{2}\sqrt{x}$. Der Scheinwerfer ist 4 cm lang. Wie groß ist sein Luftvolumen?

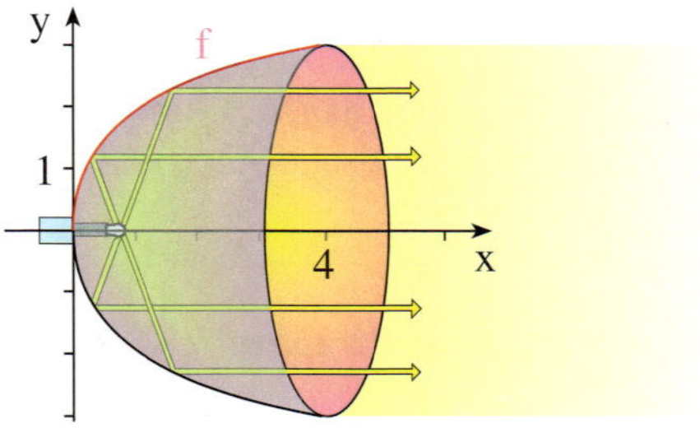

Lösung:
Das Rotationsvolumen berechnet sich folgendermaßen:

$$V = \pi \cdot \int_a^b (f(x))^2\,dx = \pi \cdot \int_0^4 \left(\tfrac{3}{2}\sqrt{x}\right)^2 dx = \pi \cdot \int_0^4 \tfrac{9}{4}x\,dx = \pi \cdot \left[\tfrac{9}{8}x^2\right]_0^4 = \pi \cdot 18 \approx 56{,}55\text{ cm}^3.$$

Auch allgemeingültige Volumenformeln lassen sich mit der Rotationsmethode einfach gewinnen, wie das folgende Beispiel des Kreiskegels zeigt.

Beispiel: Die Formel für das Volumen eines geraden Kreiskegels mit dem Radius r und der Höhe h soll durch Anwenden der Volumenformel für Rotationskörper hergeleitet werden.

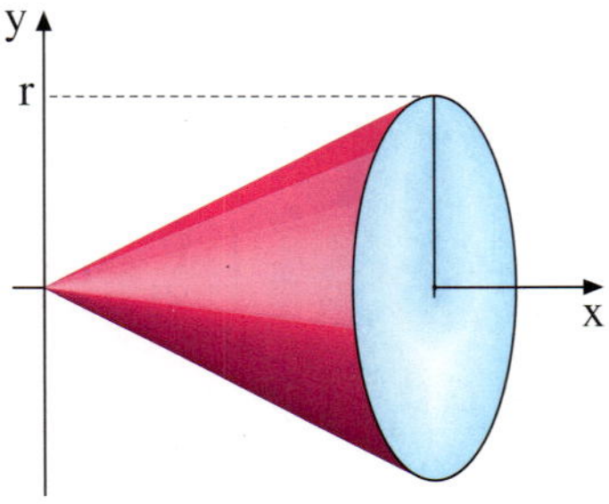

Lösung:
Wir legen einen Querschnitt des Kegels wie abgebildet in ein Koordinatensystem. Die Randkurve f ist dann eine Ursprungsgerade zu $f(x) = m \cdot x$, wobei für deren Anstieg gilt: $m = \frac{r}{h}$.

Also gilt: $f(x) = \frac{r}{h} \cdot x$.

Als zugehöriges Rotationsvolumen ergibt sich laut nebenstehender Rechnung die klassische Formel für das Kegelvolumen:

$V = \frac{\pi}{3} r^2 h.$

$$V = \pi \cdot \int_a^b (f(x))^2\,dx = \pi \cdot \int_0^h \left(\tfrac{r}{h}x\right)^2 dx$$

$$= \pi \cdot \int_0^h \tfrac{r^2}{h^2}x^2\,dx = \pi \cdot \left[\tfrac{r^2}{h^2} \cdot \tfrac{1}{3}x^3\right]_0^h$$

$$= \pi \cdot \tfrac{r^2}{h^2} \cdot \tfrac{1}{3}h^3 = \tfrac{\pi}{3}r^2 h$$

Übung 2
Gesucht ist das Volumen des Körpers, welcher durch Rotation der Randkurve $f(x) = x^2 + 1$ über dem Intervall [1 ; 2] entsteht.

Übung 3
Leiten Sie die klassische Formel für das Volumen des geraden Kreiszylinders mit dem Radius r und der Höhe h her.

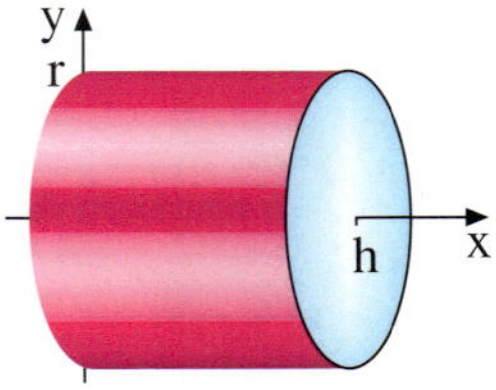

Beispiel: Welches Volumen hat das rechts dargestellte Glas? Die Randkurve ist eine quadratische Parabel vom Typ $f(x) = a x^2$.

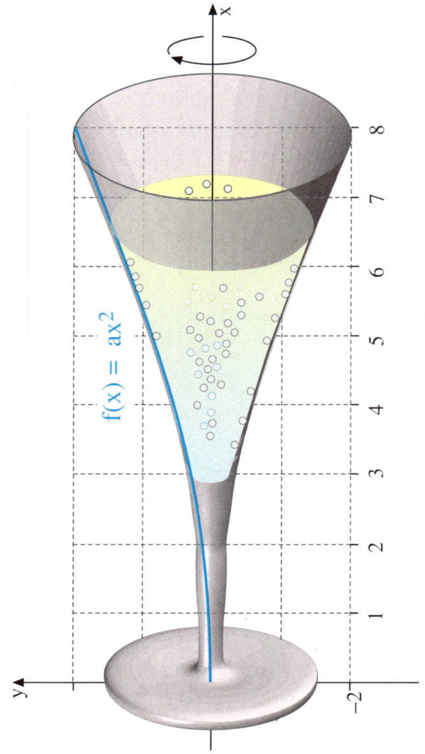

1. Bestimmung der Parabelgleichung

Aus der Zeichnung kann man ablesen, dass der Punkt $P(8; 2)$ auf der Parabel liegt. Daher gilt $f(8) = 2$, d. h. $64 \cdot a = 2$.
Hieraus folgt $a = \frac{1}{32}$.

Die Gleichung der Parabel lautet also $f(x) = \frac{1}{32} x^2$.

2. Berechnung des Rotationsvolumens

Das Flüssigkeitsvolumen reicht von $x = 3$ bis maximal $x = 8$.
Daher ergibt sich der Inhalt des Glases nach der Rotationsformel.

$$V = \pi \cdot \int_3^8 \left(\frac{1}{32} x^2\right)^2 dx = \pi \cdot \int_3^8 \frac{1}{1024} x^4 \, dx$$

$$= \pi \cdot \left[\frac{1}{5120} x^5\right]_3^8 \approx 19{,}96 \text{ cm}^3$$

Beispiel: Leiten Sie die Formel für das Volumen einer Kugel mit dem Radius r her.

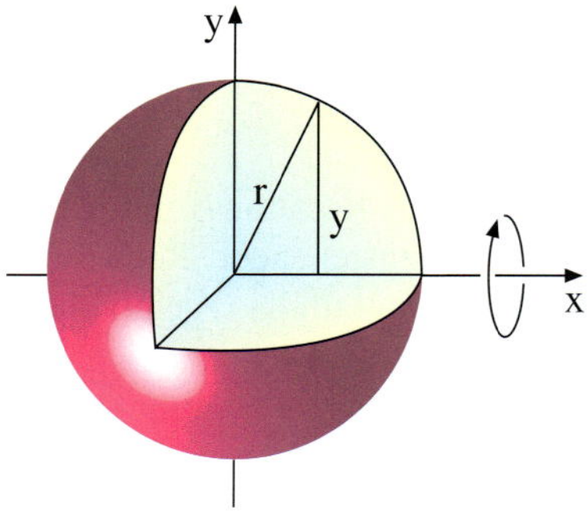

Lösung:
Die Kugel lässt sich durch Rotation eines Halbkreises mit dem Radius r um die x-Achse über dem Intervall $[-r; r]$ gewinnen. Der Halbkreis hat die Funktionsgleichung $f(x) = \sqrt{r^2 - x^2}$.
Daher erhalten wir:

$$V = \pi \cdot \int_{-r}^{r} \left(\sqrt{r^2 - x^2}\right)^2 dx = \pi \cdot \int_{-r}^{r} (r^2 - x^2) \, dx$$

$$= \pi \cdot \left[r^2 x - \frac{1}{3} x^3\right]_{-r}^{r} = \pi \cdot \left(\frac{2}{3} r^3 - \left(-\frac{2}{3} r^3\right)\right) = \frac{4}{3} \pi r^3.$$

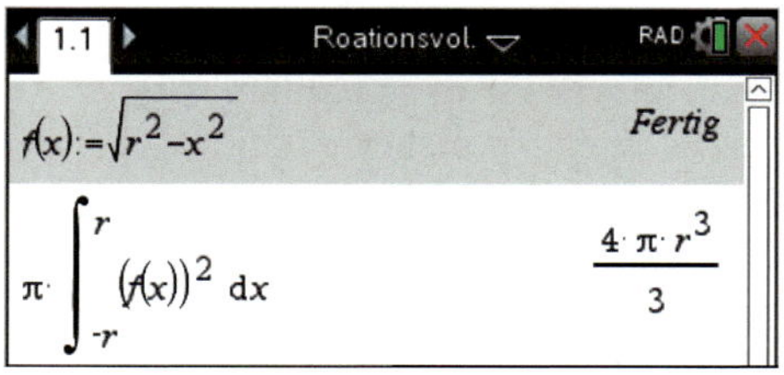

Übungen

CAS

4. Bestimmen Sie das Volumen des Körpers, der durch Rotation des Funktionsgraphen von f um die x-Achse über dem Intervall I entsteht. Fertigen Sie eine Skizze an.

a) $f(x) = \sqrt{x}$, $I = [1; 4]$
b) $f(x) = x^4 - x^2$, $I = [-1; 1]$
c) $f(x) = 0{,}5x + 2$, $I = [-2; 1]$
d) $f(x) = -(x-2)^2 + 4$, $I = [0; 4]$
e) $f(x) = \sqrt{1 - x^2}$, $I = [-1; 1]$
f) $f(x) = x(x-1)^2$, $I = [0; 2]$

5. Bestimmen Sie das Volumen des Körpers, der entsteht, wenn der Graph von f zwischen den angegebenen Grenzen um die y-Achse rotiert.

a) $f(x) = 3x - 2$, $y = 1$ bis $y = 4$
b) $f(x) = x^2 - 1$, $y = 0$ bis $y = 3$
c) $f(x) = x^2 + 1$, $y = 1$ bis $y = 2$
d) $f(x) = \frac{1}{x}$, $y = \frac{1}{2}$ bis $y = 2$

6. Gesucht ist das Volumen des abgebildeten Footballs, der durch Rotation einer Parabel um die x-Achse entsteht. Bestimmen Sie zunächst die Gleichung der Randparabel f.

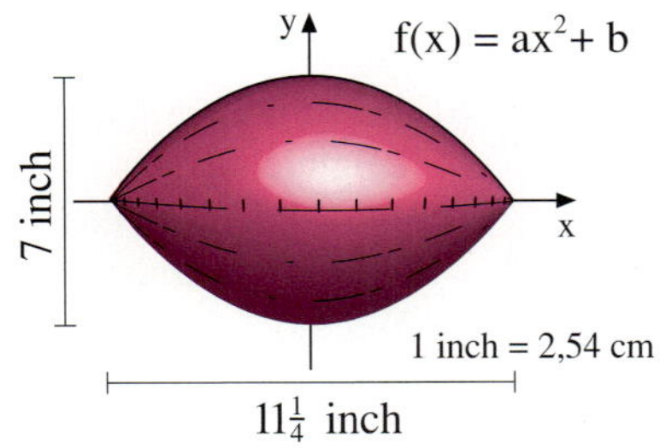

7. Kugelkappe
Bestimmen Sie das Volumen der Kugelkappe in Abhängigkeit vom Radius r der Kugel und der Höhe h der Kugelkappe.

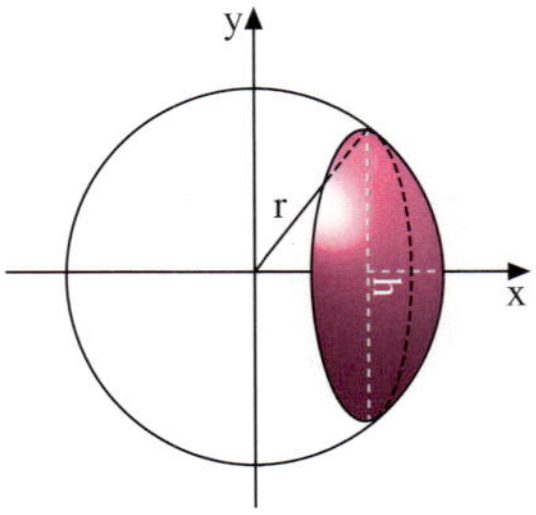

8. Kegelstumpf
Die Formel für das Volumen des Kegelstumpfs mit den Radien R und r und der Höhe h soll hergeleitet werden.

a) Das Kegelvolumen lässt sich als Rotationsvolumen darstellen. Begründen Sie dies anhand der Skizze.

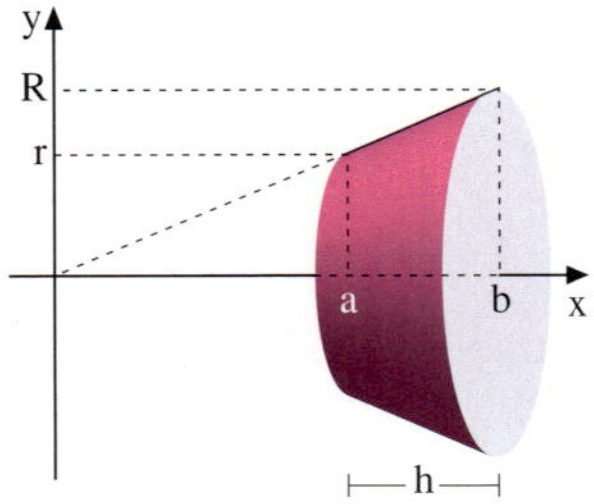

b) Zeigen Sie, dass die als Randkurve verwendete Ursprungsgerade die Steigung $m = \frac{R-r}{h}$ hat.

c) Weisen Sie nach, dass $a = \frac{r \cdot h}{R-r}$ und $b = \frac{R \cdot h}{R-r}$ die Integrationsgrenzen sind.

d) Berechnen Sie das Rotationsvolumen des Kegelstumpfes.

9. Eine Kugel mit dem Radius $R = 4$ wird durch eine ringartige Schale eingefasst, deren Volumen gesucht ist.

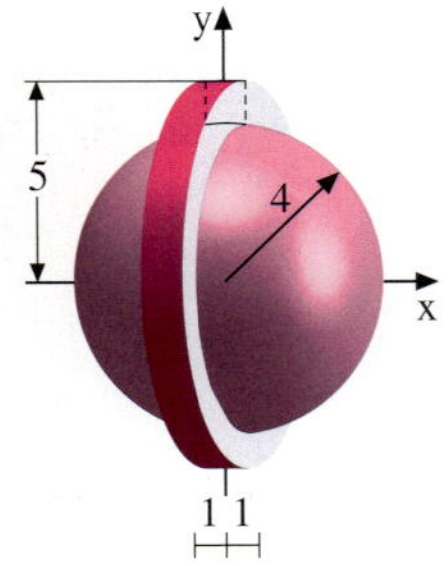

10. $f(x) = x^2 + 1$ rotiert über $[-1; 1]$ um die x-Achse. Ist die Maßzahl des Rotationsvolumens größer als 5?

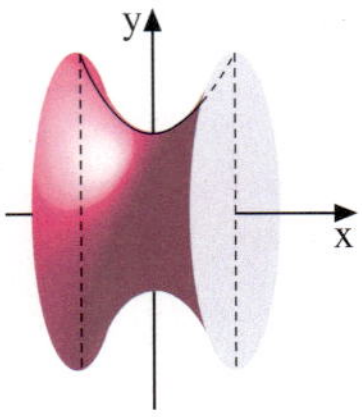

11. Der Haupttreibstofftank des Space-Shuttle hat die Form eines Zylinders mit zwei Aufsätzen. Der untere Aufsatz ist näherungsweise halbkugelförmig, der obere Aufsatz hat parabolische Form. Die Maße sind gerundet in der Skizze enthalten.

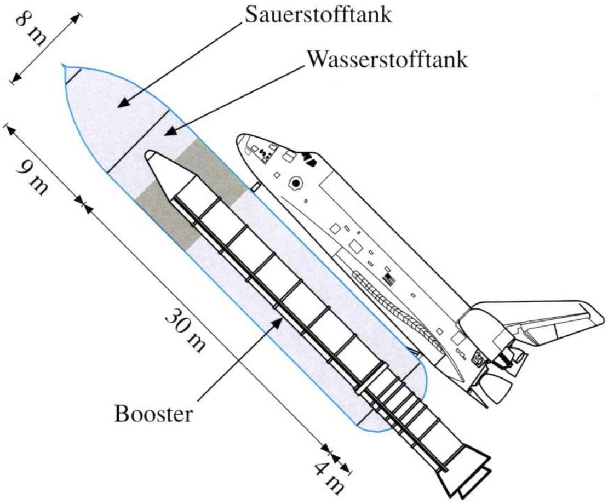

a) Bestimmen Sie zunächst die Gleichung des parabolischen Teils. Verwenden Sie den Ansatz $f(x) = a\sqrt{x}$.

b) Berechnen Sie das Volumen des parabolischen Teils mit der Rotationsformel. Wie groß ist das Gesamtvolumen des Tanks?

12. Ein Glas mit Flüssigkeit rotiert. Dabei nimmt die Flüssigkeitsoberfläche unter dem Einfluss von Schwerkraft und Fliehkraft ein parabelförmiges Profil an.

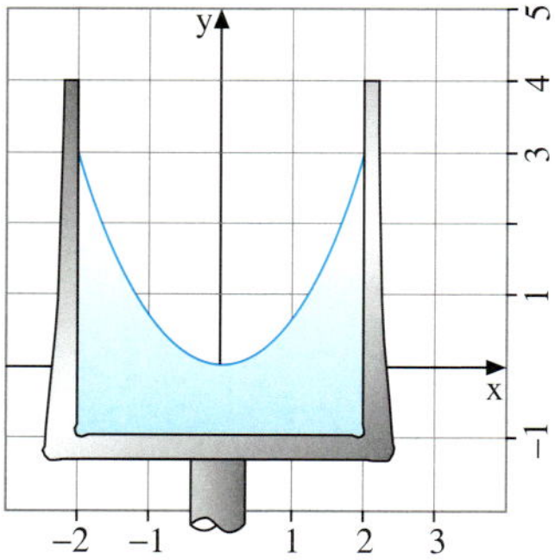

a) Bestimmen Sie die Parabelgleichung.
b) Berechnen Sie das Flüssigkeitsvolumen.
c) Wie hoch steht die Flüssigkeit im Glas, wenn dieses nicht rotiert?

13. Das abgebildete Fass hat ein parabelförmig gebogenes Daubenprofil.

a) Der Mathematiker und Astronom Johannes Kepler (1571–1630) gab die dargestellte Formel für das Volumen eines solchen Fasses an. Führen Sie den Nachweis.

b) Leiten Sie aus der Fassformel die Formel für das Zylindervolumen ab.

Kepler'sche Fassformel:

$$V = \frac{h}{15} \cdot \pi \cdot (8R^2 + 4Rr + 3r^2)$$

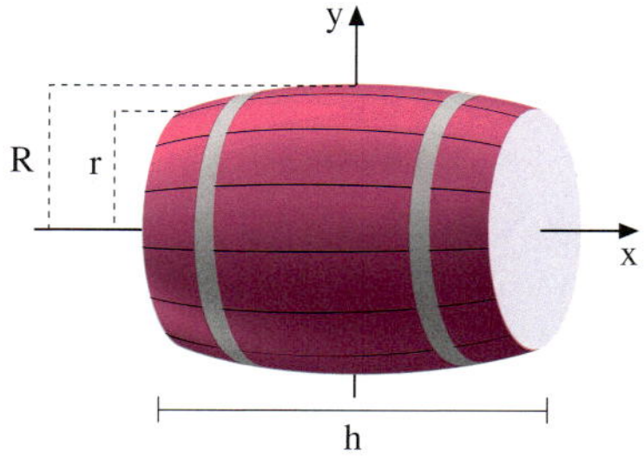

4. Exkurs: Uneigentliche Integrale

CAS

In diesem Abschnitt werden wir den Inhalt von Flächen untersuchen, die unbegrenzt sind und sich bis ins Unendliche ausdehnen.

Typ 1: Integral über einem unbeschränkten Intervall

Beispiel: Der Graph von $f(x) = \frac{1}{x^3}$, die Gerade $x = 1$, die x-Achse und die Gerade $x = k$ mit $k > 1$ schließen eine Fläche ein.

a) Berechnen Sie deren Inhalt $A(k)$ in Abhängigkeit von k.
b) Untersuchen Sie das Grenzwertverhalten des Flächeninhalts $A(k)$ für $k \to \infty$.

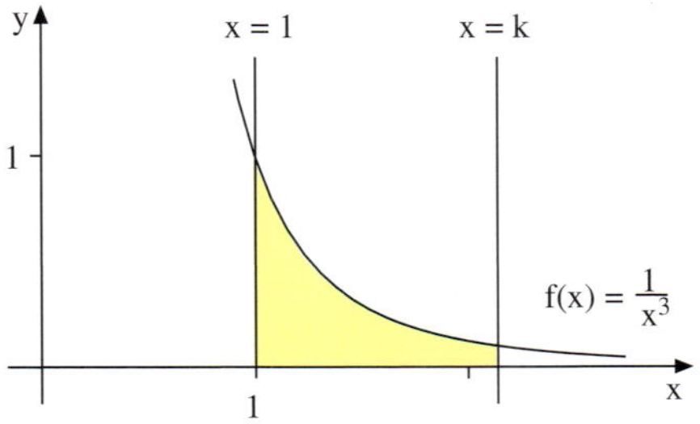

Lösung zu a:

1. Stammfunktion:

Wir bestimmen zunächst eine Stammfunktion von f.

$$f(x) = \frac{1}{x^3}$$
$$F(x) = -\frac{1}{2x^2}$$

2. Flächeninhaltsbestimmung:

Der gesuchte Flächeninhalt kann nun als bestimmtes Integral von f über dem Intervall $[1; k]$ $(k > 1)$ berechnet werden.

Resultat: $A(k) = \frac{1}{2} - \frac{1}{2k^2}$

$$A(k) = \int_1^k \frac{1}{x^3}\,dx = F(k) - F(1)$$
$$= -\frac{1}{2k^2} + \frac{1}{2 \cdot 1} = \frac{1}{2} - \frac{1}{2k^2}$$

zu b: ***Verhalten von A(k) für*** $k \to \infty$:

Mit zunehmendem k wandert die Gerade $x = k$ weiter nach rechts, und die Fläche $A(k)$ dehnt sich immer weiter aus.

Für $k \to \infty$ erstreckt sich die Fläche bis ins Unendliche. Man könnte vermuten, dass diese unendlich ausgedehnte Fläche einen unendlich großen Flächeninhalt hat. Dass dies nicht so ist, können wir durch Grenzwertbestimmung nachweisen. Der Inhalt der Fläche wächst nicht über alle Grenzen, sondern nähert sich überraschenderweise immer mehr der Zahl 0,5.

Grenzwertbestimmung:

$$\lim_{k\to\infty} A(k) = \lim_{k\to\infty} \int_1^k \frac{1}{x^3}\,dx$$
$$= \lim_{k\to\infty} \left(\frac{1}{2} - \frac{1}{2k^2}\right) = \frac{1}{2}$$

Unser Beispiel zeigt, dass auch Flächen, die nicht nach allen Seiten durch Randkurven begrenzt sind, sondern sich bis in alle Unendlichkeit erstrecken, unter bestimmten Umständen durchaus einen (endlichen) Flächeninhalt haben können.

Im obigen Beispiel haben wir die obere Grenze der Fläche A(k), also den Parameter k, weiter nach rechts wandern lassen und den Grenzwert bestimmt. Man bezeichnet diesen Grenzwert auch als ***uneigentliches Integral*** von f über $[1; \infty[$.

Uneigentliches Integral:

$$\int_1^{\infty} f(x)\,dx = \int_1^{\infty} \frac{1}{x^3}\,dx = \lim_{k\to\infty} \int_1^{k} \frac{1}{x^3}\,dx = \frac{1}{2}$$

Definition II.1: Ist die Funktion f auf einem Intervall $[a; \infty[$ stetig und existiert der Grenzwert $\lim\limits_{k\to\infty} \int_a^k f(x)\,dx$, dann definiert man diesen Grenzwert als **uneigentliches Integral** von f über $[a; \infty[$ und schreibt hierfür $\int_a^{\infty} f(x)\,dx$.

Existiert der Grenzwert nicht, so sagt man, dass das uneigentliche Integral nicht existiert.

Das uneigentliche Integral $\int_{-\infty}^{b} f(x)\,dx$ wird in analoger Weise definiert.

Wir erläutern nun die Vorgehensweise zur Bestimmung eines uneigentlichen Integrals.

Beispiel: Berechnen Sie, sofern es existiert, das uneigentliche Integral $\int_2^{\infty} \frac{4}{x^2}\,dx$.

Lösung:
Zunächst schreiben wir das uneigentliche Integral als Grenzwert eines bestimmten Integrals und berechnen dieses für eine beliebige obere Grenze k mit $k > 2$.
Anschließend lassen wir die obere Grenze k über alle Grenzen wachsen, d. h., wir bestimmen den Grenzwert des bestimmten Integrals für $k \to \infty$. Dieser Grenzwert ist, sofern er existiert, das gesuchte uneigentliche Integral.

$$\int_2^{\infty} \frac{4}{x^2}\,dx = \lim_{k\to\infty} \int_2^{k} \frac{4}{x^2}\,dx$$
$$= \lim_{k\to\infty} \left[-\frac{4}{x}\right]_2^k$$
$$= \lim_{k\to\infty} \left(-\frac{4}{k} + 2\right)$$
$$= 2$$

Übung 1

Berechnen Sie, sofern sie existieren, die folgenden uneigentlichen Integrale.

a) $\int_2^{\infty} 8x^{-5}\,dx$ b) $\int_1^{\infty} \frac{1}{\sqrt{x}}\,dx$ c) $\int_{-\infty}^{0} \frac{1}{(4-x)^3}\,dx$ d) $\int_{-\infty}^{-2} \frac{x+1}{x^4}\,dx$

Das folgende Beispiel zeigt die prinzipielle Vorgehensweise bei der Untersuchung des Inhalts von Flächen, die sich bis ins Unendliche ausdehnen.

Beispiel: Bestimmen Sie den Inhalt der Fläche A, die sich – begrenzt vom Graphen der Funktion $f(x) = x^2$, vom Graphen der Funktion $g(x) = \frac{1}{x^2}$ und von der x-Achse – längs der positiven x-Achse ins Unendliche erstreckt.

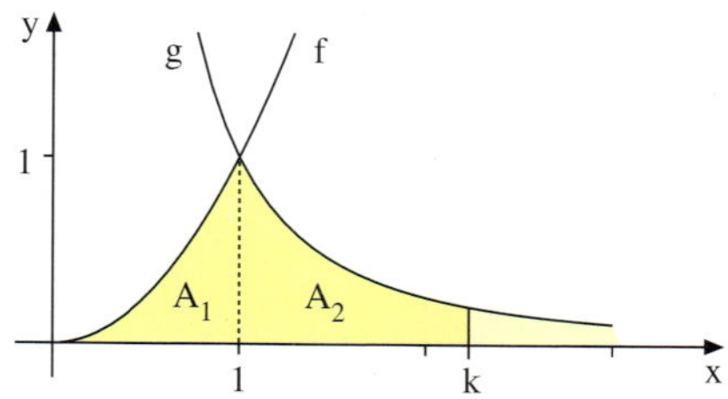

Lösung:

1. Schnittpunktbestimmung:
Wir bestimmen als erstes die Schnittstelle von f und g. Im 1. Quadranten finden wir die Schnittstelle bei $x = 1$. Wir zerlegen die gesuchte Fläche A in zwei Teilflächen A_1 und A_2.

$$\begin{aligned} f(x) &= g(x) \\ x^2 &= \tfrac{1}{x^2} \\ x^4 &= 1 \\ x = 1; &\quad x = -1 \end{aligned}$$

2. Der Inhalt der Fläche A_1:
A_1 ist die Fläche unter $f(x) = x^2$ über dem Intervall $[0\,;1]$, die wir in gewohnter Weise berechnen können.

$$A_1 = \int_0^1 x^2\,dx = \left[\tfrac{1}{3}x^3\right]_0^1 = \tfrac{1}{3}$$

3. Der Inhalt der Fläche $A_2(k)$:
Wir bestimmen nun den Inhalt der Fläche $A_2(k)$ unter dem Graphen von g über einem beliebigen Intervall $[1\,;k]$ $(k > 1)$.

$$A_2(k) = \int_1^k \tfrac{1}{x^2}\,dx = \left[-\tfrac{1}{x}\right]_1^k = 1 - \tfrac{1}{k}$$

4. Der Inhalt von $A_2(k)$ für $k \to \infty$:
Lassen wir die obere Grenze der Fläche $A_2(k)$, also den Parameter k, weiter nach rechts wandern, so dehnt sich die Fläche immer weiter aus.
Allerdings wächst der Inhalt nicht über alle Grenzen, sondern er nähert sich immer mehr der Zahl 1: $\lim\limits_{k\to\infty} A_2(k) = 1$.

$$\begin{aligned} \lim_{k\to\infty} A_2(k) &= \lim_{k\to\infty} \int_1^k \tfrac{1}{x^2}\,dx \\ &= \lim_{k\to\infty} \left(1 - \tfrac{1}{k}\right) = 1 \end{aligned}$$

5. Der Inhalt von A:
Der Inhalt von A ist die Summe der Inhalte von A_1 und A_2.

$$A = A_1 + \lim_{k\to\infty} A_2(k) = \tfrac{1}{3} + 1 = \tfrac{4}{3}$$

Resultat: $A = \frac{4}{3} < \infty$

Übung 2

Bestimmen Sie den Inhalt der Fläche A, die sich – begrenzt von den Graphen von $f(x) = \frac{1}{3}x$ und $g(x) = \frac{1}{(x-2)^2}$ und von der x-Achse – längs der positiven x-Achse ins Unendliche erstreckt.

Typ 2: Integral einer unbeschränkten Funktion

Bisher haben wir ins Unendliche ausgedehnte Flächen betrachtet, die als bestimmte Integrale über unbeschränkten Intervallen darstellbar waren. Das folgende Beispiel zeigt, dass ins Unendliche ausgedehnte Flächen bei bestimmten Funktionen auch in anderen Zusammenhängen auftreten können.

Beispiel: Berechnen Sie den Inhalt der Fläche A, die vom Graphen der Funktion $f(x) = \frac{1}{\sqrt{x}}$, von der Geraden $x = 2$ und der x-Achse im 1. Quadranten begrenzt wird.

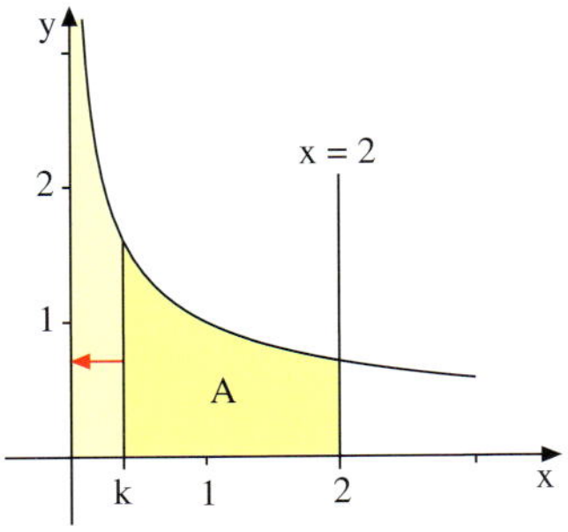

Lösung:
Die Funktion f ist für $x = 0$ nicht definiert.
Es gilt: $\lim\limits_{x \to 0} \frac{1}{\sqrt{x}} = \infty$.

Die Fläche A dehnt sich also „nach oben" bis ins Unendliche aus, da f in der Nähe von 0 unbeschränkt ist. Um deren Flächeninhalt zu untersuchen, gehen wir prinzipiell wie in den obigen Beispielen mittels Grenzwertbestimmung vor. Als erstes berechnen wir den Inhalt der Fläche A(k) unter dem Graphen von f über einem beliebigen Intervall $[k; 2]$ mit $0 < k < 2$.

1. Der Inhalt der Fläche A(k):

$$A(k) = \int_k^2 f(x)\,dx = \int_k^2 \frac{1}{\sqrt{x}}\,dx$$
$$= [2\sqrt{x}]_k^2 = 2\sqrt{2} - 2\sqrt{k}$$

Lassen wir nun die untere Grenze der Fläche A(k) „nach links wandern", so dehnt sich die Fläche immer weiter aus. Der Inhalt der Fläche A ergibt sich dann als Grenzwert des Flächeninhalts A(k) für $k \to 0$.

2. Der Inhalt der Fläche A(k) für $k \to 0$:

$$\lim_{k \to 0} A(k) = \lim_{k \to 0} \int_k^2 f(x)\,dx$$
$$= \lim_{k \to 0} (2\sqrt{2} - 2\sqrt{k}) = 2\sqrt{2}$$

Resultat: $A = 2\sqrt{2}$

Im obigen Beispiel konnten wir nicht direkt das Integral von 0 bis 2 bilden, da die Funktion f bei $x = 0$ nicht definiert, sondern dort *unbeschränkt* ist. Auch in diesem Fall kann man den errechneten Grenzwert als ***uneigentliches Integral*** bezeichnen und hierfür die nebenstehende Schreibweise verwenden.

Uneigentliches Integral:

$$A = \int_0^2 f(x)\,dx = \lim_{k \to 0} \int_k^2 f(x)\,dx$$
$$= \lim_{k \to 0} \int_k^2 \frac{1}{\sqrt{x}}\,dx = 2\sqrt{2}$$

Definition II.2: Ist die Funktion f an der Stelle a nicht definiert, aber auf dem Intervall $]a\,;b]$ stetig und existiert der Grenzwert $\lim\limits_{k\to a}\int\limits_k^b f(x)\,dx$, so definiert man diesen Grenzwert als uneigentliches Integral von f über $]a\,;b]$ und schreibt $\int\limits_a^b f(x)\,dx$.

Analog definiert man ein uneigentliches Integral, wenn die Funktion f an der oberen Integrationsgrenze nicht definiert ist.

Im folgenden Beispiel berechnen wir exemplarisch den Inhalt einer auf beiden Seiten unbegrenzten Fläche.

Beispiel: Berechnen Sie den Inhalt der Fläche A, die der Graph der Funktion $f(x)=\frac{1}{\sqrt{1-x^2}}$ mit der x-Achse über dem Intervall $[-1\,;1]$ einschließt.

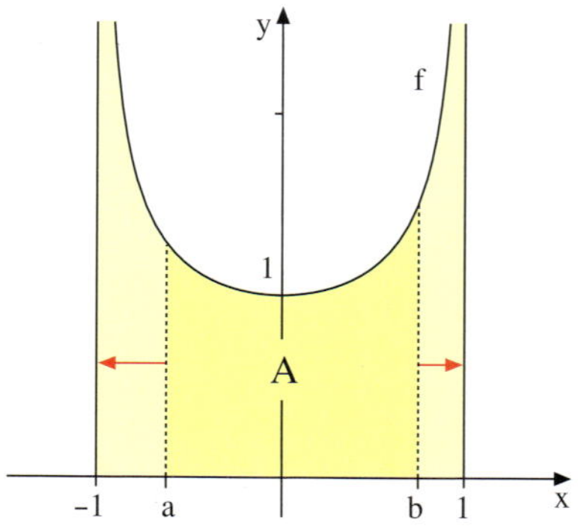

Lösung:
Die Funktion f ist sowohl für $x=-1$ als auch für $x=1$ nicht definiert. Es gilt:
$\lim\limits_{x\to-1} f(x)=\infty$ und $\lim\limits_{x\to 1} f(x)=\infty$.

Daher ist die Fläche A an beiden Rändern unbegrenzt. Mit Hilfe der bereits auf Seite 49 mit Substitution ermittelten Stammfunktion von f berechnen wir zunächst den Inhalt der Fläche unter f über dem Intervall $[a\,;b]$ mit $-1<a<b<1$.
Den Inhalt der gesuchten Fläche A erhalten wir dann als Grenzwert. Hierzu müssen wir zwei Grenzübergänge nacheinander durchführen, für $b\to 1$ und für $a\to -1$, wobei die Reihenfolge der Grenzwertbildung keine Rolle spielt.
Wir erhalten als Resultat für den gesuchten Flächeninhalt schließlich $A=\pi$.

1. Inhalt der Fläche A über [a; b]:

$$\int\limits_a^b f(x)\,dx=\int\limits_a^b \frac{1}{\sqrt{1-x^2}}\,dx=[\arcsin x]_a^b$$
$$=\arcsin b-\arcsin a$$

2. Grenzwertbestimmung:

$$\lim_{b\to 1}\int\limits_a^b f(x)\,dx=\lim_{b\to 1}(\arcsin b-\arcsin a)$$
$$=\tfrac{\pi}{2}-\arcsin a$$
$$\lim_{a\to-1}\left(\tfrac{\pi}{2}-\arcsin a\right)=\tfrac{\pi}{2}-\left(-\tfrac{\pi}{2}\right)=\pi$$

Übung 3

Berechnen Sie, sofern existent, die folgenden uneigentlichen Integrale.

a) $\int\limits_{-3}^{1}\frac{1}{\sqrt{x+3}}\,dx$ b) $\int\limits_{2}^{4}\frac{1}{(x-4)^2}\,dx$ c) $\int\limits_{0}^{\infty}\frac{1}{x^2}\,dx$

CAS

Übungen

4. Berechnen Sie, sofern sie existieren, die folgenden uneigentlichen Integrale.

a) $\int\limits_{2}^{\infty} 4x^{-6}\,dx$ b) $\int\limits_{1}^{\infty} \frac{2}{\sqrt[3]{x}}\,dx$ c) $\int\limits_{-\infty}^{-2} \frac{1}{(x+1)^2}\,dx$

d) $\int\limits_{-\infty}^{-1} \left(x^2 + \frac{1}{x^3}\right) dx$ e) $\int\limits_{-\infty}^{-1} \frac{2x^4-5}{x^4}\,dx$ f) $\int\limits_{-\infty}^{-1} \frac{x-3}{x^3}\,dx$

5. a) Bestimmen Sie den Inhalt der Fläche A, die sich – begrenzt vom Graphen der Funktion $f(x) = \frac{1}{8}x^2$, vom Graphen der Funktion $g(x) = \frac{2}{(x-3)^2}$ und von der x-Achse – längs der positiven x-Achse ins Unendliche erstreckt.

b) Bestimmen Sie den Inhalt der Fläche A, die sich – begrenzt vom Graphen der Funktion $f(x) = 1{,}5\,x^2$, vom Graphen der Funktion $g(x) = 0{,}5\,x^2 + 1$ und von der x-Achse – längs der positiven x-Achse ins Unendliche erstreckt.

c) Berechnen Sie den Inhalt der Fläche A, die rechts von $x = 2$ zwischen den Graphen der Funktionen $f(x) = \frac{1}{x^3}$ und $g(x) = \frac{1}{x^2}$ liegt. Fertigen Sie zunächst eine Skizze an.

6. Berechnen Sie, sofern sie existieren, die folgenden uneigentlichen Integrale.

a) $\int\limits_{0}^{1} \left(x + \frac{1}{\sqrt{x}}\right) dx$ b) $\int\limits_{0}^{\frac{\pi}{2}} \frac{1}{\cos^2 x}\,dx$ c) $\int\limits_{0}^{\frac{\pi}{2}} \frac{\sin 2x}{\cos x}\,dx$

7. Gegeben ist die Funktion $f(x) = \frac{\cos x}{x} - \frac{\sin x}{x^2}$.

a) Zeigen Sie, dass $F(x) = \frac{\sin x}{x}$ für $0 < x < \frac{\pi}{2}$ eine Stammfunktion von f ist.

b) Berechnen Sie das uneigentliche Integral $\int\limits_{0}^{\frac{\pi}{2}} f(x)\,dx$.

8. Überprüfen Sie, ob die folgende Rechnung richtig ist:

$$\int\limits_{-4}^{0} \frac{1}{(x+1)^2}\,dx = \left[-\frac{1}{x+1}\right]_{-4}^{0} = -1 - \frac{1}{3} = -\frac{4}{3}$$

9. Gegeben ist die Funktion $f(x) = \frac{1}{1+x^2}$.

a) Skizzieren Sie den Graphen von f mithilfe einer Wertetabelle für $-3 \leq x \leq 3$.
b) Bestimmen Sie mithilfe der Substitution $x = \tan z$ eine Stammfunktion von f.
c) Berechnen Sie das uneigentliche Integral $\int\limits_{-\infty}^{\infty} f(x)\,dx$.

Überblick

Regel zur Produktintegration

$$\int u' \cdot v\,dx = uv - \int u \cdot v'\,dx$$

Substitutionsmethode

Typ-I-Substitution
Besitzt das Integral die Gestalt $\int f(g(x)) \cdot g'(x)\,dx$, dann substituiert man $g(x) = z$ und erhält das Integral $\int f(z)\,dz$. Ist $F(z)$ Stammfunktion von $f(z)$, dann ergibt sich nach Rücksubstitution $z = g(x)$ im Ergebnis $F(g(x))$ als Stammfunktion des Ausgangsintegranden $f(g(x)) \cdot g'(x)$.

Typ-II-Substitution
Liegt der Integrand nicht in der Typ-I-Form $f(g(x)) \cdot g'(x)$ vor, dann kann man versuchen, mittels Substitution der Integrationsvariablen x durch einen Term $t(z)$ das Integral $\int f(x)\,dx$ in das Integral $\int f(t(z)) \cdot t'(z)\,dz$ zu transformieren, das im günstigsten Fall einfacher zu lösen ist als das Ausgangsintegral.

Rotationsvolumen

Die Funktion f sei über dem Intervall [a ; b] stetig. Rotiert der Graph von f über [a ; b] um die x-Achse, so entsteht ein Rotationskörper mit dem Volumen

$$V = \pi \cdot \int_a^b (f(x))^2\,dx.$$

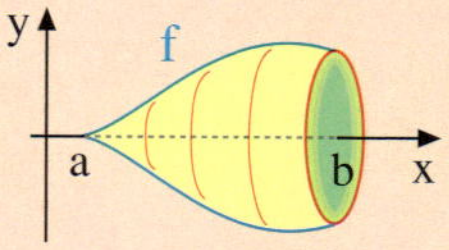

Uneigentliche Integrale

Integral über einem unbeschränkten Intervall:

$$\int_a^{\infty} f(x)\,dx = \lim_{k\to\infty} \int_a^k f(x)\,dx$$

Voraussetzung: f ist auf $[a; \infty[$ stetig und der Grenzwert $\lim\limits_{k\to\infty} \int_a^k f(x)\,dx$ existiert.

Integral einer unbeschränkten Funktion:

$$\int_a^b f(x)\,dx = \lim_{k\to a} \int_k^b f(x)\,dx$$

Voraussetzung: f ist auf $]a; b]$ stetig, $a \notin D_f$ und der Grenzwert $\lim\limits_{k\to a} \int_k^b f(x)\,dx$ existiert.

CAS-Anwendung

Integrationsmethoden

Das Kapitel zur Fortsetzung der Integralrechnung beinhaltet zunächst Integrationsmethoden, deren Behandlung und sichere Beherrschung im Fall der Nutzungsmöglichkeit eines CAS nicht mehr erforderlich zu sein scheint. So erledigt das CAS das Beispiel von Seite 45 und auch das erste Beispiel von Seite 46 problemlos.
Anders sieht es allerdings bei dem zweiten Beispiel von Seite 46 aus. Hier gibt das CAS den Term „unbearbeitet" zurück.

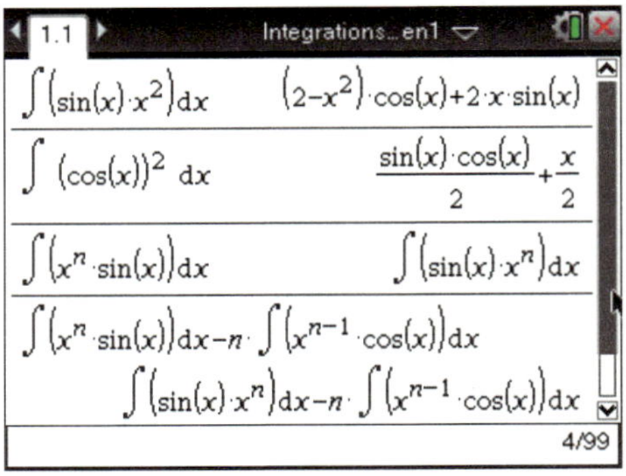

Beim letztgenannten Beispiel geht es um den Nachweis einer Rekursionsformel. Das CAS kann hier höchstens bei Zwischenrechnungen helfen. Aber auch die Zusammenfassung der beiden Integrale liefert nicht das erhoffte Ergebnis $x^n \cdot \cos(x)$ (s. letzte Zeile im ersten Bild). Wird – wie auf der Notes-Seite des nebenstehenden Bildes – ein (nicht zu großer) Wert für n vorgegeben, so erledigt das CAS die Integration problemlos. Aber das ist keine Lösung der Beweisaufgabe.

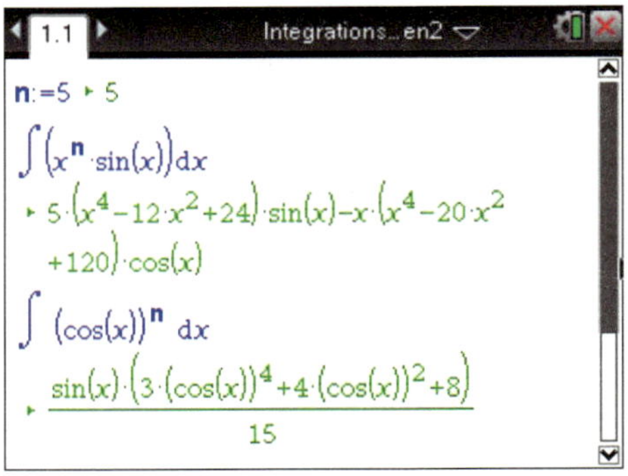

Nach den Beispielen zur Produktintegration sehen wir uns noch ausgewählte Beispiele an, die analytisch durch Substitution gelöst werden. Auch hier liefert das CAS problemlos sowohl eine Stammfunktion als auch das bestimmte Integral.

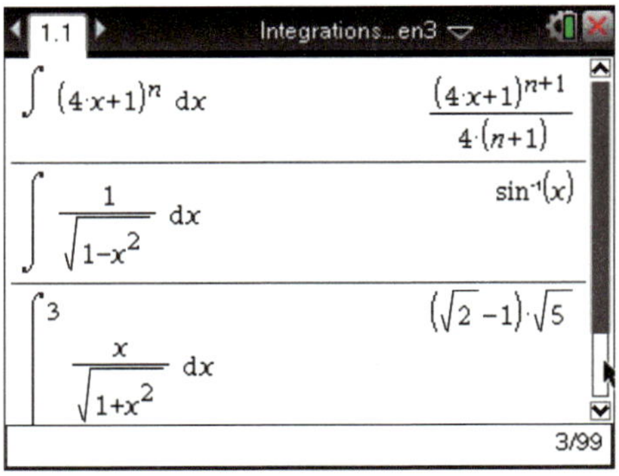

Übung 1
Berechnen Sie Integrale von den Übungsaufgaben der Seiten 47 und 56 mit geeigneten analytischen Methoden. Überprüfen Sie Ihre Ergebnisse mit dem CAS.

Volumen von Rotationskörpern

Beispiel: Exakte Lösung
Berechnen Sie das Volumen V desjenigen Körpers, der durch Rotation des Graphen von $f(x) = \sqrt[3]{x^2}$ über dem Intervall [0; 1] um die x-Achse entsteht.

Lösung:
Zunächst wird der Funktionsterm f(x) eingegeben. Dann wird das Rotationsvolumen als Funktion der Intervallgrenzen a und b definiert:
$v(a, b) := \text{integral}((f(x)^2, x, a, b)$.

Wird v(a, b) aufgerufen, so liefert das CAS im vorliegenden Fall das Ergebnis der Integration in allgemeiner Form.

Das gesuchte Volumen ergibt sich durch den Aufruf v(0, 1). Man erhält: $\frac{3 \cdot \pi}{7}$.

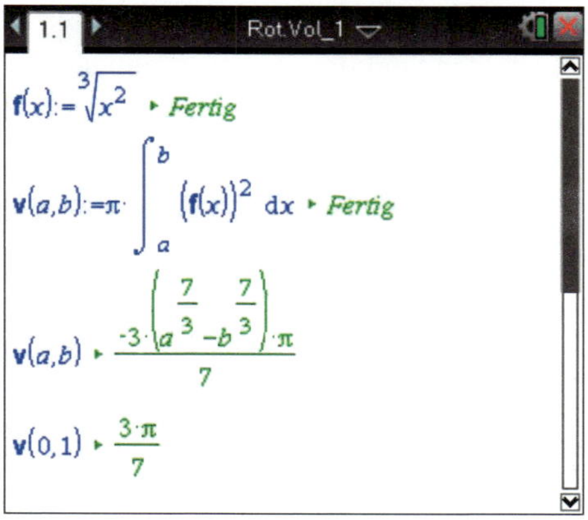

Beim obigen Beispiel konnte das CAS die Integration ausführen und damit eine exakte Lösung der Aufgabe liefern.
Falls die bekannten Integrationsverfahren versagen, ist man auf numerische Integrationsverfahren angewiesen (vgl. S. 42 f. und S. 73). Auch das CAS muss in einem solchen Fall ein Näherungsverfahren anwenden.

Beispiel: Näherungslösung
Berechnen Sie das Volumen V desjenigen Körpers, der durch Rotation des Graphen von $f(x) = \arctan(x)$ über dem Intervall [0; 1] um die x-Achse entsteht.

Lösung:
Wir verfahren wie im ersten Beispiel, ersetzen den Funktionsterm aber durch den neuen Term arctan(x).
Es fällt auf, das der Aufruf von v(a, b) kein Integrationsergebnis liefert. Das CAS kann offensichtlich das Integral nicht berechnen. Das ist nicht verwunderlich, denn hier versagen die bekannten Integrationsverfahren. Wir können also keine Stammfunktion angeben. Das CAS liefert – ohne Warnung – einen Näherungswert.

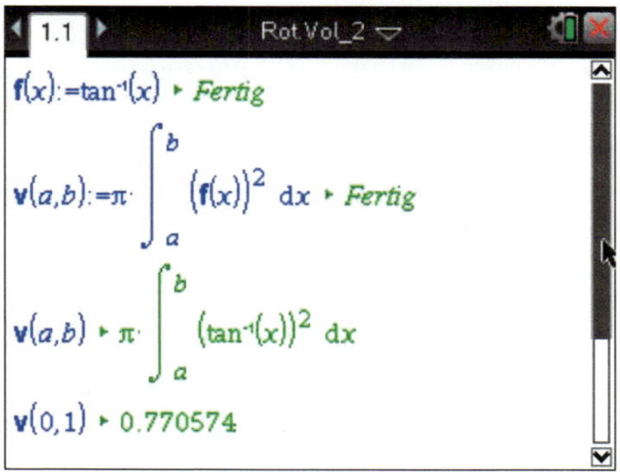

Übung 2
Entwickeln Sie eine Notes-Seite, auf der das Volumen eines Rotationskörpers bei Rotation um die y-Achse berechnet wird.

Uneigentliche Integrale

Beispiel: Integral über einem unbeschränkten Intervall

Bestimmen Sie den Inhalt A der Fläche zwischen den Funktionsgraphen von $f(x) = \frac{3}{(x+1)^2}$ und $g(x) = \frac{4}{(x+1)^3}$ für $x \geq 0$.

Lösung:
Die beiden Funktionsgraphen schließen eine Fläche ein, die sich längs der positiven x-Achse ins Unendliche erstreckt (Bild links).
Das rechte Bild zeigt die Berechnung des Flächeninhalts, er beträgt 5 FE.

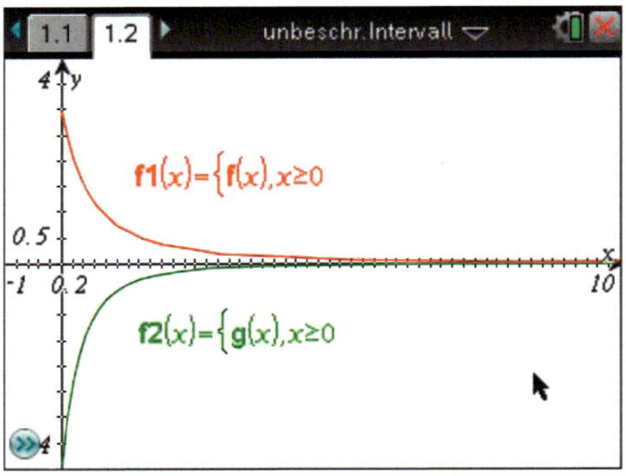

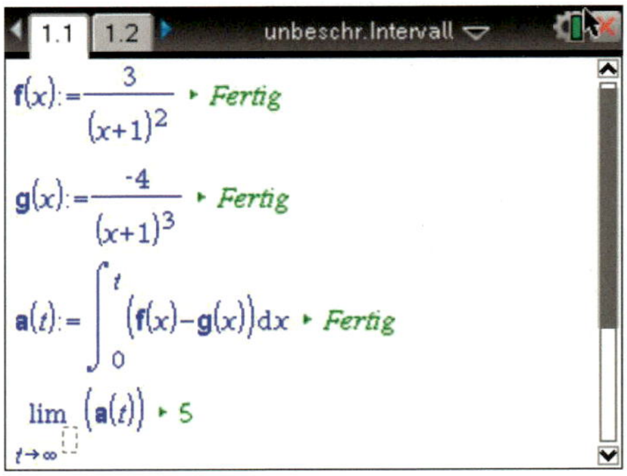

Beispiel: Integral einer unbeschränkten Funktion

Gegeben ist die Funktion $f(x) = \frac{1}{\sqrt[4]{x^3}}$ für $x > 0$. Existiert das Integral $\int_0^1 f(x)\,dx$?

Lösung:
Im Anschluss an die Eingabe des Terms f(x) wird durch
a(t): = integral(f(x), x, t, 1)
die Integralfunktion a(t) definiert.

Der rechtsseitige Grenzwert von a(t) an der Stelle 0 existiert. Damit existiert das Integral $\int_0^1 f(x)\,dx$, es gilt: $\int_0^1 f(x)\,dx = 4$.

Dieses Ergebnis liefert das CAS nach der Eingabe integral(f(x), x, 0, 1) auch direkt.

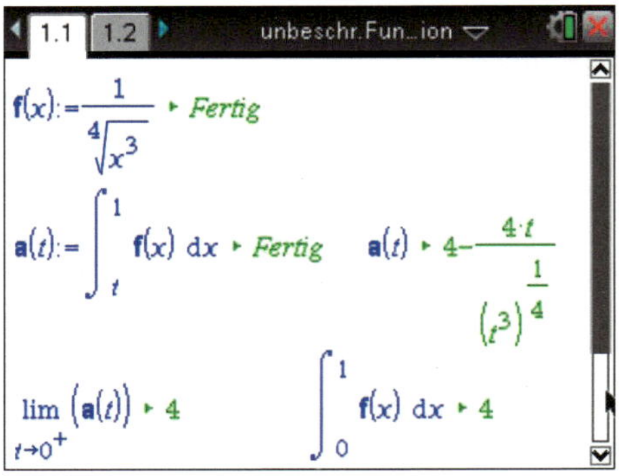

Übung 3

Sei $x \in [0; \infty)$. Vergleichen Sie die Maßzahl der Fläche zwischen den Funktionen $f(x) = \frac{1}{x+1}$ und $g(x) = -\frac{1}{x+1}$ mit der Maßzahl des Volumens desjenigen Körpers, der durch Rotation des Graphen von f(x) um die x-Achse entsteht.

Numerische Integration

Beispiel: Rechteck-, Trapez- und Simpson-Verfahren

Gegeben ist die Funktion $f(x) = \begin{cases} \frac{\sin x}{x} & \text{für } x \neq 0 \\ 1 & \text{für } x = 0 \end{cases}$ mit $D_f = \mathbb{R}$.

Gesucht ist das bestimmte Integral von f über $[-\pi; \pi]$, also $\int\limits_{-\pi}^{\pi} f(x)\,dx$.

Lösung:
Zunächst wird die stückweise gegebene Funktion f definiert.
Wegen $\lim\limits_{x \to 0} \frac{\sin x}{x} = 1$ ist f stetig. Damit existiert also eine Stammfunktion F von f.
Allerdings ist F mit elementaren Funktionen nicht darstellbar. Auch das CAS gibt auf den Befehl integral(sin(x)/x, x) keine befriedigende „Antwort". Wir sind also auf Verfahren der numerischen Integration angewiesen. Diese liefern aber sehr genaue Näherungswerte, wenn man nur hinreichend viele Teilintervalle wählt und alle Rechnungen mit hoher Genauigkeit ausführt.
Das CAS gestattet, Summen mit sehr vielen, allgemein darstellbaren Summanden zu berechnen. Das nutzen wir bei der Definition der Ausdrücke rechv(a,b,n) für das Rechteck-Verfahren, trapv(a,b,n) für das Trapez-Verfahren sowie simpv(a,b,n) für das Simpson-Verfahren aus.
Wir wählen $a = -\pi$ und $n = \pi$. Beim Rechteck- und Trapezverfahren wird das Intervall $[-\pi; \pi]$ in $n = 100$ gleichgroße Teilintervalle geteilt, beim Simpsonverfahren nehmen wir $n = 50$ Doppelintervalle.
Der Befehl integral(sin(x)/x, x, $-\pi$, π) ergibt dann doch ein CAS-Ergebnis, das aber auch nur mit irgendeinem numerischen Verfahren ermittelt worden ist.

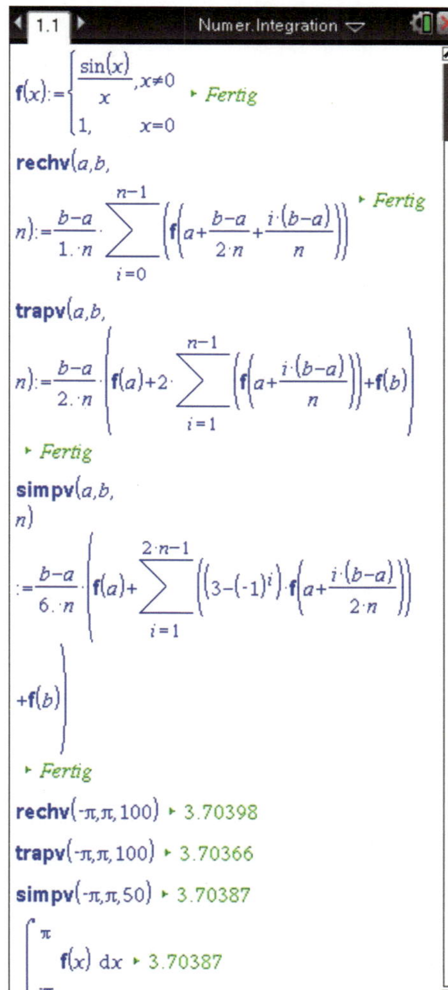

Übung 4

Erstellen Sie mit dem CAS eine Tabelle auf einer Lists&Spreadsheet-Seite für den Integralsinus $Si(x) = \int\limits_0^x \frac{\sin t}{t}\,dt$ für die Argumente x = 0, 0; 0,1; 0,2; …; 10,0 mithilfe des Simpson-Verfahrens.

Test

Exkurs: Fortsetzung der Integralrechnung

CAS **1.** Berechnen Sie die folgenden Integrale.

a) $\int\limits_0^{\sqrt{3}} \frac{x}{\sqrt{7-x^2}}\,dx$

b) $\int\limits_0^{\pi} x \cdot \sin x\,dx$

c) $\int\limits_0^{\frac{\pi}{4}} 4 \cdot \cos(2x+\pi)\,dx$

d) $\int 3x^2 \cdot \cos\left(x+\frac{\pi}{4}\right)dx$

e) $\int \sqrt{a-bx}\,dx \quad \left(x<\frac{a}{b},\ a, b>0\right)$

f) $\int \sin x \cdot \cos x\,dx$

g) $\int \sqrt{\sqrt{x}+1}\,dx$

h) $\int\limits_0^{0{,}5} \sqrt{1-x^2}\,dx$

CAS **2.** Gesucht ist das Volumen des abgebildeten Körpers, der durch Rotation der roten Flächen um die x-Achse entsteht.

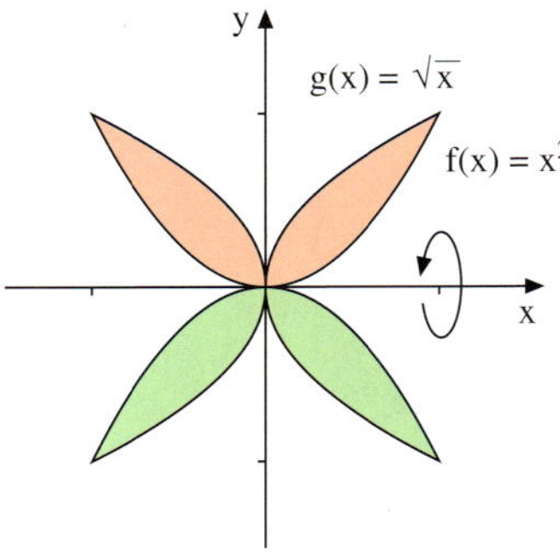

CAS **3.** Berechnen Sie, sofern sie existieren, die folgenden uneigentlichen Integrale.

a) $\int\limits_1^{\infty} \frac{1}{(x+1)^3}\,dx$

b) $\int\limits_0^{1} \left(\sqrt{x}+\frac{1}{\sqrt{x}}\right)dx$

CAS **4.** Berechnen Sie das Volumen des unendlich langen Körpers, der durch Rotation der Hyperbel zu $f(x)=\frac{1}{x}$ um die x-Achse über dem Intervall $I=[1;\infty[$ entsteht.

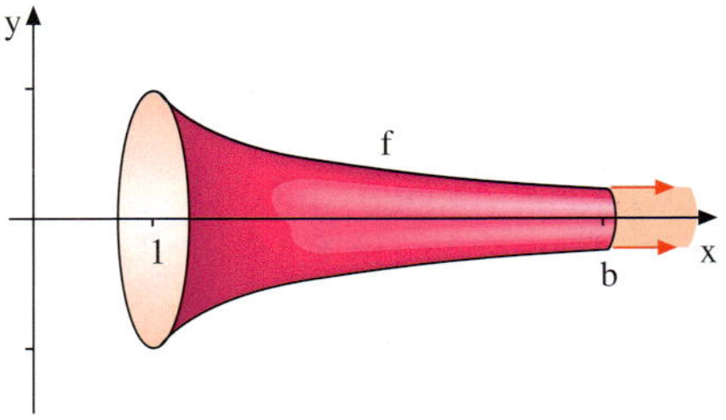

Lösungen: S. 358

III. Exponentialfunktionen

Natürliche Wachstumsprozesse bei Populationen von Pflanzen und Lebewesen verlaufen nicht linear oder quadratisch, sondern nach Gesetzen, bei denen die Wachstumsgeschwindigkeit proportional zum vorliegenden Bestand ist. Solche Vorgänge werden durch Exponentialfunktionen beschrieben.
Ebenso können der zeitliche Verlauf bestimmter physikalischer Größen durch Exponentialfunktionen modelliert werden, beispielsweise Abkühlungsprozesse und radioaktive Zerfallsvorgänge.
Das Kapitel behandelt insbesondere die natürliche Exponentialfunktion, bei der Funktion und Ableitungsfunktion identisch sind. Die Differentiation und die Integration werden in engem Zusammenhang betrachtet und angewendet.

1. Grundlagen

A. Wachstums- und Zerfallsprozesse

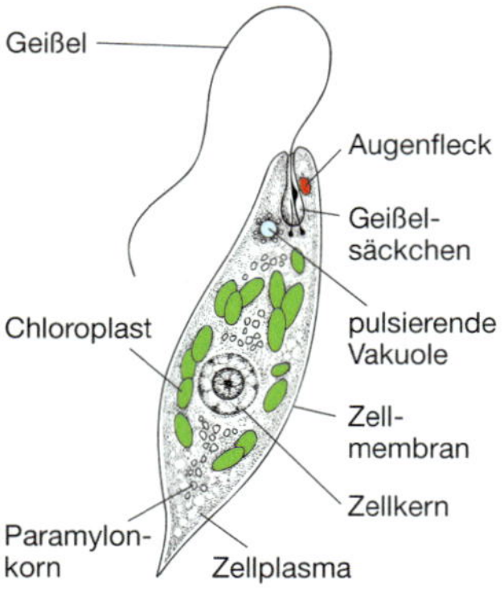

Euglena gracilis

In grün verfärbten Tümpeln lebt ein erstaunliches Wesen, nur 50 µm groß, halb Tier und halb Pflanze. Das sogenannte Augentierchen, lat. Euglena, ernährt sich von Bakterien, aber auch durch Fotosynthese. Mithilfe einer Geißel peitscht es sich nach dem Propellerprinzip voran, wobei es sich um seine Längsachse dreht. Obwohl es keinerlei Denkorgan besitzt, kann es fototaktisch reagieren. Es erkennt Lichteinfall mithilfe eines Fotorezeptors, der aus den lichtempfindlichen Zellen einer Geißelverdickung besteht, die im Geißelsäckchen liegt. Der rote Augenfleck – der der Mikrobe ihren Namen gab – verschattet den Fotorezeptor bei jeder Drehung, wodurch Euglena sich zum Licht hin orientieren kann.

Euglena ist ein Einzeller, der sich durch Teilung vermehrt. Wenn es eine gewisse Größe erreicht hat, schnüren Zellkern und Zelle sich ab. Zwei Tochterzellen entstehen auf diese Weise. Diese teilen sich nach etwa der gleichen Zeit wiederum, sodass ein starkes Populationswachstum entsteht, das erst endet, wenn Licht, Nahrung oder Raum ausgehen.

Beispiel: Das Wachstum einer Euglena-Kolonie

Im Labor wurde eine Euglena-Kolonie angelegt. Deren Populationswachstum wurde durch Auszählen unter dem Mikroskop über einen Zeitraum von 5 Tagen beobachtet und in einer Tabelle protokolliert. Modellieren Sie mit diesen Daten das Wachstum der Kolonie durch eine geeignete Funktion N. Skizzieren Sie den Graphen von N.

t:	Zeit seit Beobachtungsbeginn in Tagen	0	1	2	3	4	5
N:	Bestand der Augentierchen (Anzahl)	300	388	510	670	870	1125

Lösung:

Es liegt exponentielles Wachstum vor. Dies erkennt man durch ***Quotientenbildung***:

$\frac{N(1)}{N(0)} \approx 1{,}29 \quad \frac{N(2)}{N(1)} \approx 1{,}31 \quad \frac{N(3)}{N(2)} \approx 1{,}31$ usw.

Die Quotienten aufeinander folgender Funktionswerte bleiben relativ konstant gleich 1,3. Jeder Funktionswert entsteht daher aus dem Vorhergehenden durch Multiplikation mit dem Faktor 1,3.

Der Bestand N kann daher durch die Exponentialfunktion $N(t) = 300 \cdot 1{,}3^t$ erfasst werden.

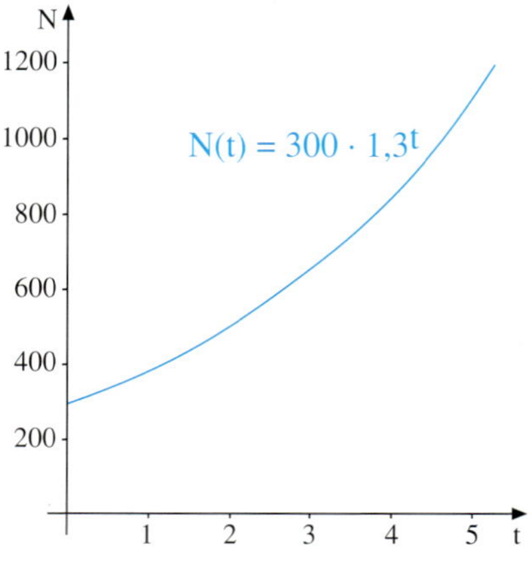

Viele Wachstumsprozesse und Zerfallsprozesse besitzen die Eigenschaft, dass die *Quotienten aufeinanderfolgender Bestände konstant* sind. Man spricht dann von ***exponentiellem Wachstum*** bzw. ***Zerfall*** und kann eine ***Exponentialfunktion*** zur Modellierung des Prozesses verwenden.

Definition III.1: Exponentialfunktion zur Basis a

c und a seien reelle Zahlen. Es gelte $a > 0$.
Dann bezeichnet man die reelle Funktion

$$f(x) = c \cdot a^x$$

als Exponentialfunktion zur Basis a.

Wachstum	Zerfall
$a > 1$	$a < 1$
$f(x) = 2^x$	$f(x) = 0{,}7^x$
$f(x) = 3 \cdot 2^x$	$f(x) = 4 \cdot 0{,}5^x$

Beispiel: Radioaktiver Zerfall

In einem Experiment zerfallen minütlich 30 % der noch vorhandenen Stoffmenge eines radioaktiven Elementes. Zu Beobachtungsbeginn sind 2 mg des Stoffes vorhanden. Stellen Sie die noch nicht zerfallene Stoffmenge N als Funktion der Zeit t in Minuten dar.

Lösung:
Hier liegt ein Zerfalls- oder Abnahmeprozess vor. Der Wachstumsfaktor ist in diesem Fall 0,7, d. h. kleiner als 1, denn 100 % Bestand minus 30 % Verlust ergibt 70 %. Die Bestandsfunktion N hat also die Gestalt $N(t) = 2 \cdot 0{,}7^t$.

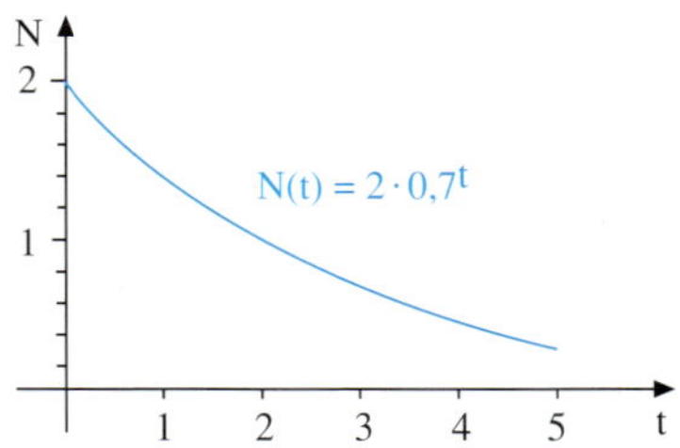

Bei Wachstumsprozessen ist die sogenannte Verdoppelungszeit, bei Zerfallsprozessen die sogenannte Halbwertszeit eine charakteristische Größe.

Ist T die Halbwertszeit bei einem Zerfallsprozess, so muss allgemein $N(T) = 0{,}5 \cdot N_0$ gelten.
Dieser Ansatz führt nach nebenstehender Rechnung auf die allgemeine Formel für die Halbwertszeit.

Herleitung der Formel zur

Halbwertszeit	Verdoppelungszeit
$N(T) = 0{,}5 \cdot N_0$	$N(T) = 2 \cdot N_0$
$c \cdot a^T = 0{,}5 \cdot c$	$c \cdot a^T = 2 \cdot c$
$a^T = 0{,}5$	$a^T = 2$
$T = \frac{\log 0{,}5}{\log a}$	$T = \frac{\log 2}{\log a}$

Die Halbwertszeit

Die Formel für die Halbwertszeit eines **Zerfallsprozesses** mit der Bestandsfunktion $N(t) = c \cdot a^t$, $a < 1$ lautet:

$$T = \frac{\log 0{,}5}{\log a}$$

Die Verdoppelungszeit

Die Formel für die Verdoppelungszeit eines **Wachstumsprozesses** mit der Bestandsfunktion $N(t) = c \cdot a^t$, $a > 1$ lautet:

$$T = \frac{\log 2}{\log a}$$

Übung 1

In jeder Stunde zerfallen 13 % des radioaktiven Stoffes Plutonium 243. Zu Beobachtungsbeginn sind 20 g Plutonium vorhanden. Stellen Sie die Zerfallsfunktion auf und berechnen Sie die Halbwertszeit.

B. Grundlegende Techniken

Der praktische Umgang mit exponentiellen Prozessen erfordert einige lösungstechnische Fähigkeiten. Häufig kann man mithilfe von Logarithmen rechnerische Lösungen erzielen. Aber auch zeichnerische Lösungen und Probierlösungen mit dem Taschenrechner kommen infrage.

Beispiel: Berechnung von Umkehrwerten

Zu Beobachtungsbeginn ($t = 0$) existieren 200 Mikroben, deren Wachstum durch die Wachstumsgleichung $N(t) = 200 \cdot 1{,}6^t$ beschrieben wird. Wie lange dauert es, bis dieser Anfangsbestand von 200 Mikroben auf ca. 1000 Tierchen angewachsen ist?

Lösen Sie die Aufgabe auf folgende Arten:

1. durch Probieren mithilfe des Taschenrechners,
2. durch zeichnerische Darstellung des Graphen,
3. rechnerisch mithilfe von Logarithmen.

Lösung:

1. Probieren mit dem Taschenrechner

Wir berechnen die Funktionswerte für $t = 2$ (zu klein), für $t = 3$ (zu klein) und für $t = 4$ (zu groß). Nun gehen wir etwas zurück und erhalten für $t = 3{,}5$ ein ganz gutes Resultat. Das exakte Ergebnis dürfte noch etwas kleiner sein. Die Methode geht schnell und reicht für praktische Zwecke aus.

$$200 \cdot 1{,}6^2 \approx 512$$
$$200 \cdot 1{,}6^3 \approx 819$$
$$200 \cdot 1{,}6^4 \approx 1311$$
$$200 \cdot 1{,}6^{3,5} \approx 1036$$

Nach etwas weniger als 3,5 Tagen sind ca. 1000 Mikroben vorhanden.

2. Graphische Lösung

Mithilfe einer Wertetabelle zeichnen wir den Graphen von f sowie die horizontale Gerade $y = 1000$ ein.

Diese schneidet den Graphen der Bestandsfunktion etwa bei $x = 3{,}5$. Nach 3,5 Tagen beträgt die Population ca. 1000 Tierchen. Die Methode ist zeitaufwendig, aber sehr anschaulich.

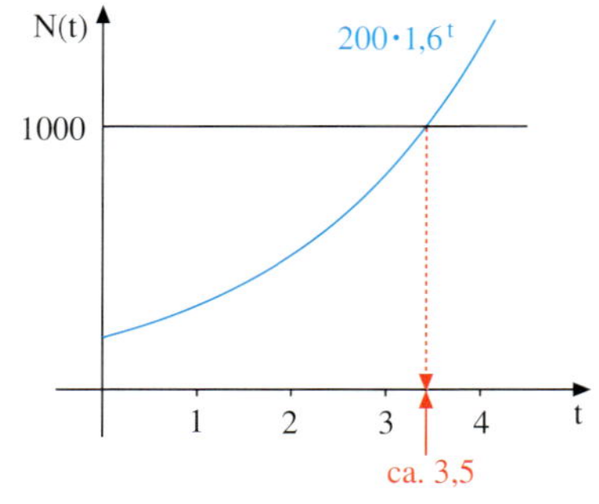

3. Rechnerische Lösung

Die rechnerische Lösung beruht auf dem Ansatz $N(t) = 200 \cdot 1{,}6^t = 1000$ und dem Rechengesetz für das Logarithmieren einer Potenz und ist rechts genau dargestellt.

Das exakte Ergebnis ist 3,42 Tage, d. h. also 3 Tage 10 Stunden.

Die rechnerische Methode ist sehr systematisch und theoretisch am genauesten.

Rechnung:

$$200 \cdot 1{,}6^t = 1000$$
$$1{,}6^t = 5$$
$$\log 1{,}6^t = \log 5$$
$$t \cdot \log 1{,}6 = \log 5$$
$$t = \frac{\log 5}{\log 1{,}6} \approx \frac{0{,}6990}{0{,}2041} = 3{,}42$$

Beispiel: Schnittpunkt von Exponentialfunktionen

In einem Teich werden zwei Algenkolonien ausgesetzt. Zu Beginn bedeckt Kolonie Alpha 300 cm^2 und Kolonie Beta 800 cm^2 der Wasseroberfläche. Alpha vermehrt sich Tag für Tag um 60 %. Beta wächst etwas langsamer, nämlich täglich um 20 %.

a) Nach welcher Zeit sind die Bestände gleich stark?

b) Wie lange dauert es näherungsweise, bis der 100 m^2 große Teich völlig bedeckt ist? Welchen Prozentanteil des Teiches bedeckt dann Kolonie Alpha?

Lösung zu a:
Die beiden Wachstumsfunktionen sind hier $N_1(t) = 300 \cdot 1{,}6^t$ und $N_2(t) = 800 \cdot 1{,}2^t$.
Der Bestand der Population Alpha ist zu Beginn niedriger als der von Beta, holt jedoch schnell auf.
Laut Zeichnung ist nach ca. t = 3,5 Tagen Gleichstand erreicht.

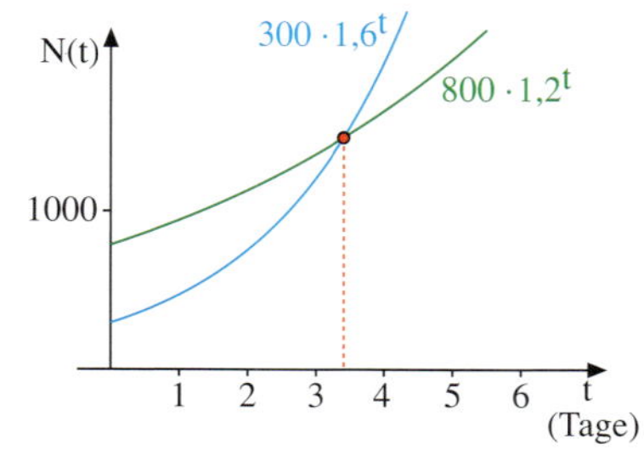

Durch Gleichsetzen der Funktionsterme lässt sich die Schnittstelle rechnerisch genauer bestimmen.
Wir erhalten $t \approx 3{,}41$ Tage, also theoretisch 3 Tage 9 Stunden 50 Minuten.
Prinzipiell reicht die zeichnerische Lösung aus, da der reale Wachstumsprozess ohnehin Schwankungen aufweist.

Rechnung:

$$\begin{aligned} 300 \cdot 1{,}6^t &= 800 \cdot 1{,}2^t \\ \frac{1{,}6^t}{1{,}2^t} &= \frac{800}{300} \\ \left(\frac{4}{3}\right)^t &= \frac{8}{3} \\ t \cdot \log\left(\frac{4}{3}\right) &= \log\frac{8}{3} \\ t &= \frac{\log\frac{8}{3}}{\log\frac{4}{3}} \approx 3{,}41 \text{ Tage} \end{aligned}$$

Lösung zu b:
100 m^2 sind 1 000 000 cm^2. Wir verwenden daher den Ansatz $N_1(t) + N_2(t) = 1\,000\,000$.
Dies führt auf die Exponentialgleichung $300 \cdot 1{,}6^t + 800 \cdot 1{,}2^t = 1\,000\,000$, die rechnerisch nur noch näherungsweise zu lösen ist, da sie nicht direkt nach t aufgelöst werden kann. Wir lösen die Gleichung durch Probieren mit dem Taschenrechner: Nach einigen Versuchen erhalten wir: $t \approx 17{,}2$ Tage. Der Anteil von Kolonie Alpha beträgt dann ca. $300 \cdot 1{,}6^{17{,}2} \approx 972\,714$ cm^2 von insgesamt 991 121 cm^2.
Das sind etwa 98 %.

Ansatz:

$$\begin{aligned} N_1(t) + N_2(t) &= 1\,000\,000 \\ 300 \cdot 1{,}6^t + 800 \cdot 1{,}2^t &= 1\,000\,000 \end{aligned}$$

Taschenrechnerwerte:

$300 \cdot 1{,}6^{5}$	$+\,800 \cdot 1{,}2^{5}$	≈	5136
$300 \cdot 1{,}6^{10}$	$+\,800 \cdot 1{,}2^{10}$	≈	37939
$300 \cdot 1{,}6^{15}$	$+\,800 \cdot 1{,}2^{15}$	≈	358202
$300 \cdot 1{,}6^{20}$	$+\,800 \cdot 1{,}2^{20}$	≈	3657448
$300 \cdot 1{,}6^{17}$	$+\,800 \cdot 1{,}2^{17}$	≈	903193
$300 \cdot 1{,}6^{17{,}2}$	$+\,800 \cdot 1{,}2^{17{,}2}$	≈	991122

Übung 2

Müller und Dorn wollen ihr Kapital durch Sparen vermehren. Müller legt 10 000 € zu einem jährlichen Zinssatz von 5 % an. Wie lange muss er warten, bis sein Kapitel auf 20 000 € angewachsen ist? Dorn hat nur 8000 €, kann diese aber zu 7 % anlegen. Wann ist sein Kapital ebenso groß wie das von Müller? Nach welcher Zeit besitzen die beiden zusammen 30 000 €?

CAS

Übungen

3. Auswertung von Tabellen

Führen Sie den Nachweis für exponentielles Wachstum bzw. exponentiellen Zerfall, und stellen Sie die Wachstumsfunktion bzw. die Zerfallsfunktion auf.

t	0	1	2	3	4
N(t)	50	90	162	291	525

t	3	4	5	6	7
N(t)	2000	1200	720	432	259

t	0	2	4	6	8
N(t)	100	196	384	753	1476

t	0	2	4	6	10
N(t)	200	242	293	354	519

4. Auswertung von Graphen

Ein exponentieller Wachstumsprozess wurde graphisch protokolliert.

a) Überprüfen Sie, ob der Prozess tatsächlich exponentiell verläuft.

b) Stellen Sie die Funktionsgleichung der Wachstumsfunktion auf.

c) Entnehmen Sie dem Graphen, in welcher Zeit sich der Bestand verdoppelt (Verdoppelungszeit).

d) Für welches t gilt $N(t) = 10$?

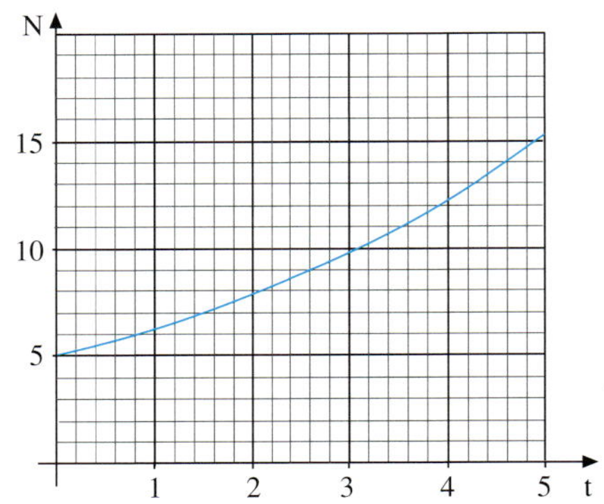

5. Elementare Rechentechniken für Exponentialfunktionen

Gegeben sind die Funktionen $f(x) = 0{,}5 \cdot 1{,}5^x$ und $g(x) = 3 \cdot 0{,}4^x$.

a) Skizzieren Sie die Graphen von f und g für $0 \le x \le 5$.

b) Für welchen Wert von x nimmt die Funktion f bzw. die Funktion g den Wert 10 an?

c) An welcher Stelle schneiden sich die Graphen von f und g?

d) Gesucht ist ein Intervall [a; b], in welchem sich die Werte von f und g höchstens um 1 unterscheiden. Bestimmen Sie a und b angenähert.

6. Bakterienwachstum

Das Bakterium *Salmonella enteritidis* löst schwere Magen-Darm-Erkrankungen aus. Die infektiöse Dosis beträgt ca. 1 Million Keime. Das Bakterium kommt bevorzugt in Eispeisen vor und vermehrt sich bei Temperaturen über 8 °C.

Die Tabelle zeigt die Vermehrung in einem infizierten Ei, das bei 25 °C gelagert wird.

Uhrzeit	10^{00}	12^{00}	14^{00}	16^{00}
Keimzahl	1000	5500	30000	160000

a) Wie lautet die Wachstumsfunktion?

b) Wie groß ist die Verdoppelungszeit?

c) Wann wird die Infektionsdosis erreicht?

d) Das Ei wird bis 18^{00} bei 25 °C gelagert und dann in ein Kühlfach mit 12 °C gelegt. Hierdurch vervierfacht sich die Verdoppelungszeit. Wann wird nun die Infektionsdosis erreicht?

2. Die natürliche Exponentialfunktion $f(x)=e^x$

A. Näherungsweise Differentiation von $f(x)=2^x$

In diesem Abschnitt wenden wir uns zunächst der Aufgabe zu, die Ableitung der Exponentialfunktion $f(x) = a^x$ zu bestimmen, die wir später häufig benötigen.

CAS

Beispiel: Gegeben sei die Exponentialfunktion $f(x) = 2^x$. Bestimmen Sie zeichnerisch und rechnerisch die Ableitung von f.

Lösung:

Graphisches Differenzieren:

Wir zeichnen den Graphen von f mittels einer Wertetabelle und lesen näherungsweise die Anstiege des Graphen an einigen Stellen ab, indem wir dort die Tangenten einzeichnen.

x	−1	0	1	2
m	0,4	0,7	1,4	2,8

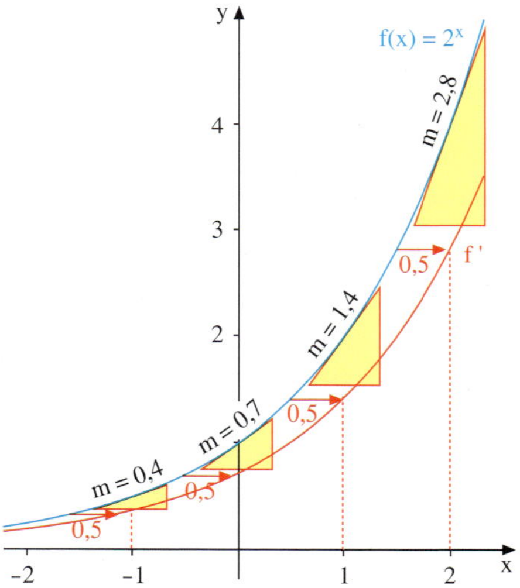

Auf dieser Grundlage skizzieren wir die Ableitungsfunktion f', deren Funktionswerte die Anstiege von f sind. Aufgrund des Verlaufs der skizzierten Ableitungsfunktion f' liegt die Vermutung nahe, dass es sich ebenfalls um eine Exponentialfunktion handelt. Da die Ableitungsfunktion nicht durch den Punkt $P(0|1)$ geht, müssen wir den Ansatz $f'(x) = c \cdot a^x$ verwenden. Ablesen des Anstiegs von f an der Stelle $x = 0$ ergibt die Näherung $c \approx 0{,}7$.

Vermutung: $f'(x) = c \cdot a^x$

$$f'(0) \approx 0{,}7 \quad \Rightarrow \quad c \approx 0{,}7$$

Offensichtlich kann man den Graphen von f' auch durch Verschiebung* von f in x-Richtung erhalten (durch Pfeile angedeutet). Am Graphen lässt sich eine Verschiebung um ca. 0,5 in x-Richtung feststellen. Die nebenstehende Anwendung eines Potenzgesetzes führt auf die Näherungsfunktion $f'(x) \approx 0{,}7 \cdot 2^x$.

Verschiebung des Graphen von f um ca. 0,5 in x-Richtung:

$$f'(x) = 2^{x-0{,}5} = 2^x \cdot 2^{-0{,}5} \approx 0{,}7 \cdot 2^x$$

Vermutung: $(2^x)' \approx 0{,}7 \cdot 2^x$

* Diese Verschiebung lässt sich durch Verwendung zweier übereinander liegender OH-Folien gut zeigen.

Rechnerisches Differenzieren:

Um unsere Vermutung zu bestätigen und eine bessere Näherung zu erhalten, bestimmen wir die Ableitung von f rechnerisch mithilfe des Differentialquotienten.

Hierbei tritt der Grenzwert $\lim\limits_{h \to 0} \frac{2^h - 1}{h}$ auf. Diesen können wir allerdings mit unseren Mitteln nur näherungsweise ermitteln.* Wir tasten uns an den Grenzwert mithilfe eines Taschenrechners heran, indem wir für h kleine Testwerte einsetzen, die wir an null heranrücken lassen.

h	0,1	0,01	0,001	0,0001
$\frac{2^h - 1}{h}$	0,718	0,696	0,6934	0,6932

Die nebenstehende Rechnung bestätigt die graphisch gewonnene Vermutung und liefert das Resultat: $(2^x)' \approx 0{,}693 \cdot 2^x$.

$$\begin{aligned} f'(x) &= \lim_{h \to 0} \frac{f(x+h) - f(x)}{h} \\ &= \lim_{h \to 0} \frac{2^{x+h} - 2^x}{h} \\ &= \lim_{h \to 0} \left(\frac{2^h - 1}{h} \cdot 2^x\right) \\ &= \left(\lim_{h \to 0} \frac{2^h - 1}{h}\right) \cdot 2^x \\ &\approx 0{,}693 \cdot 2^x \end{aligned}$$

Resultat:

$(2^x)' \approx 0{,}693 \cdot 2^x$

CAS

Übung 1

Gegeben sei die Funktion $f(x) = 3^x$.

a) Skizzieren Sie den Graphen von f über dem Intervall $[-1; 1]$.
b) Bestimmen Sie die Ableitungsfunktion f′ näherungsweise graphisch.
c) Bestimmen Sie die Ableitungsfunktion f′ näherungsweise rechnerisch.
d) Berechnen Sie $f'(0{,}5)$ näherungsweise auf 3 Nachkommastellen.
e) Ermitteln Sie näherungsweise die Gleichung der Tangente an den Graphen von f bei $x = 1$.

CAS

Übung 2

Gegeben sei die Funktion $f(x) = 1{,}5^x$.

a) Skizzieren Sie den Graphen von f über dem Intervall $[-3; 3]$.
b) Bestimmen Sie die Ableitungsfunktion f′ näherungsweise graphisch.
c) Bestimmen Sie die Ableitungsfunktion f′ näherungsweise rechnerisch.

Übung 3

Ermitteln Sie den Differentialquotienten der Funktion $f(x) = a^x$ in Abhängigkeit von a. Gehen Sie dabei wie im obigen Beispiel für $f(x) = 2^x$ vor.

---

* Man kann zeigen, dass $\lim\limits_{h \to 0} \frac{2^h - 1}{h} = \ln 2$ gilt ($\ln 2 \approx 0{,}693$).

B. Die natürliche Exponentialfunktion $f(x) = e^x$

Berechnen wir die Ableitung von $f(x) = a^x$ für verschiedene Basen a zwischen 1 und 3 näherungsweise, so lassen die nebenstehend aufgeführten Resultate die Vermutung plausibel erscheinen, dass es eine ganz bestimmte Basis e gibt, für die der Grenzwert $\lim\limits_{h \to 0} \frac{e^h - 1}{h}$ den Wert 1 hat.

$$(1{,}5^x)' = \left(\lim_{h \to 0} \frac{1{,}5^h - 1}{h}\right) \cdot 1{,}5^x \approx 0{,}405 \cdot 1{,}5^x$$

$$(2^x)' = \left(\lim_{h \to 0} \frac{2^h - 1}{h}\right) \cdot 2^x \approx 0{,}693 \cdot 2^x$$

$$(3^x)' = \left(\lim_{h \to 0} \frac{3^h - 1}{h}\right) \cdot 3^x \approx 1{,}099 \cdot 3^x$$

$$(e^x)' = \left(\lim_{h \to 0} \frac{e^h - 1}{h}\right) \cdot e^x = 1 \cdot e^x$$

Diese Zahl e existiert tatsächlich. Sie liegt offensichtlich zwischen 2 und 3 und man nennt sie die ***Euler'sche Zahl***.

Der bedeutende Mathematiker Leonhard EULER (1707–1783) stellte in seinem Werk „Introductio in Analysin Infinitorum", das 1748 in lateinischer Sprache erschien, Exponentialgrößen und Logarithmen durch konvergente unendliche Reihen dar. Ebendort führte er die Abkürzung e für eine der von ihm untersuchten Reihen ein, die gegen den Zahlenwert e konvergiert.

Leonhard Euler hat die Bezeichnung e vermutlich nicht aufgrund seines Familiennamens, sondern möglicherweise für den Zusammenhang mit „Exponentialgrößen" gewählt.

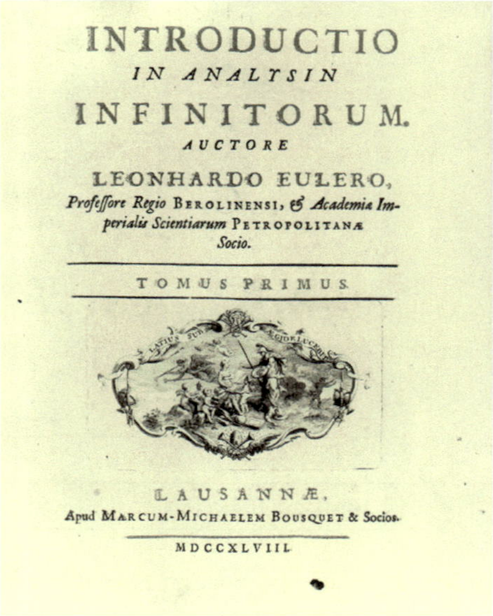
INTRODUCTIO
IN ANALYSIN
INFINITORUM.
AUCTORE
LEONHARDO EULERO,
Professore Regio BEROLINENSI, & *Academiæ Imperialis Scientiarum* PETROPOLITANÆ *Socio.*

TOMUS PRIMUS.

LAUSANNÆ,
Apud MARCUM-MICHAELEM BOUSQUET & Socios.
MDCCXLVIII.

Die Zahl e ist deshalb so interessant, weil die Exponentialfunktion mit der Basis e nach den obigen Überlegungen bemerkenswerterweise zugleich ihre eigene Ableitung darstellt. Sie ist praktisch* die einzige Funktion mit dieser Eigenschaft. Die Exponentialfunktion zur Basis e wird auch ***natürliche Exponentialfunktion*** genannt.

> **Satz III.1:** Es gibt eine reelle Zahl e, so dass gilt:
> $$(e^x)' = e^x.$$

Die Zahl e ist definiert durch

$$\lim_{h \to 0} \left(\frac{e^h - 1}{h}\right) = 1.$$

Auf den Nachweis der Existenz dieses Grenzwertes verzichten wir und wenden uns nun der näherungsweisen Berechnung der Euler'schen Zahl e zu.

---

* Nur die Funktionen $f(x) = a \cdot e^x$ mit $a \in \mathbb{R}$ besitzen diese Eigenschaft.

Man kann die Euler'sche Zahl e wie rechts angegeben auch als Folgengrenzwert definieren. Wegen ihrer großen Bedeutung ist die Funktion $f(x) = e^x$ auf jedem Taschenrechner zu finden. Taste $\boxed{e^x}$.

Die Euler'sche Zahl e ist als Folgengrenzwert darstellbar:

$$e = \lim_{n\to\infty}\left(1+\frac{1}{n}\right)^n.$$

Es gilt: $e = 2{,}718\ldots$

Auf dieser Basis ist es ein Leichtes, den Graphen der Funktion zu zeichnen.

Beispiel: Gegeben ist die Funktion $f(x) = e^x$, $x \in \mathbb{R}$.

a) Zeichnen Sie den Graphen der Funktion f für $-2 \leq x \leq 2$ auf der Basis einer Wertetabelle mit der Schrittweite 0,5.
b) Beschreiben Sie das Verhalten der Funktion für $x \to \infty$ bzw. für $x \to -\infty$.
c) Bestimmen Sie die Gleichung der Tangente an den Graphen von f an der Stelle $x = 0$.

CAS

Lösung:
a) Mithilfe des Taschenrechners wird eine Wertetabelle erstellt, welche der Skizzierung des Graphen zugrunde liegt.

x	−2	−1,5	−1	−0,5	0	0,5	1	1,5	2
e^x	0,14	0,22	0,37	0,61	1	1,65	2,72	4,48	7,39

b) Mit wachsendem x steigt der Graph immer steiler an. Für $x \to \infty$ wächst der Funktionsterm e^x wegen $e \approx 2{,}718 > 1$ über alle Grenzen.
Für $x \to -\infty$ schmiegt sich der Graph immer dichter an die x-Achse, der Funktionsterm strebt dem Grenzwert 0 zu.

c) Wir wählen $y(x) = mx + n$ als Ansatz für die Tangentengleichung. Aus $f(x) = e^x$ und $f'(x) = e^x$ folgt $n = f(0) = 1$ und $m = f'(0) = 1$. Also ist $y(x) = x + 1$ die Gleichung der Tangente an den Graphen von f an der Stelle $x = 0$.

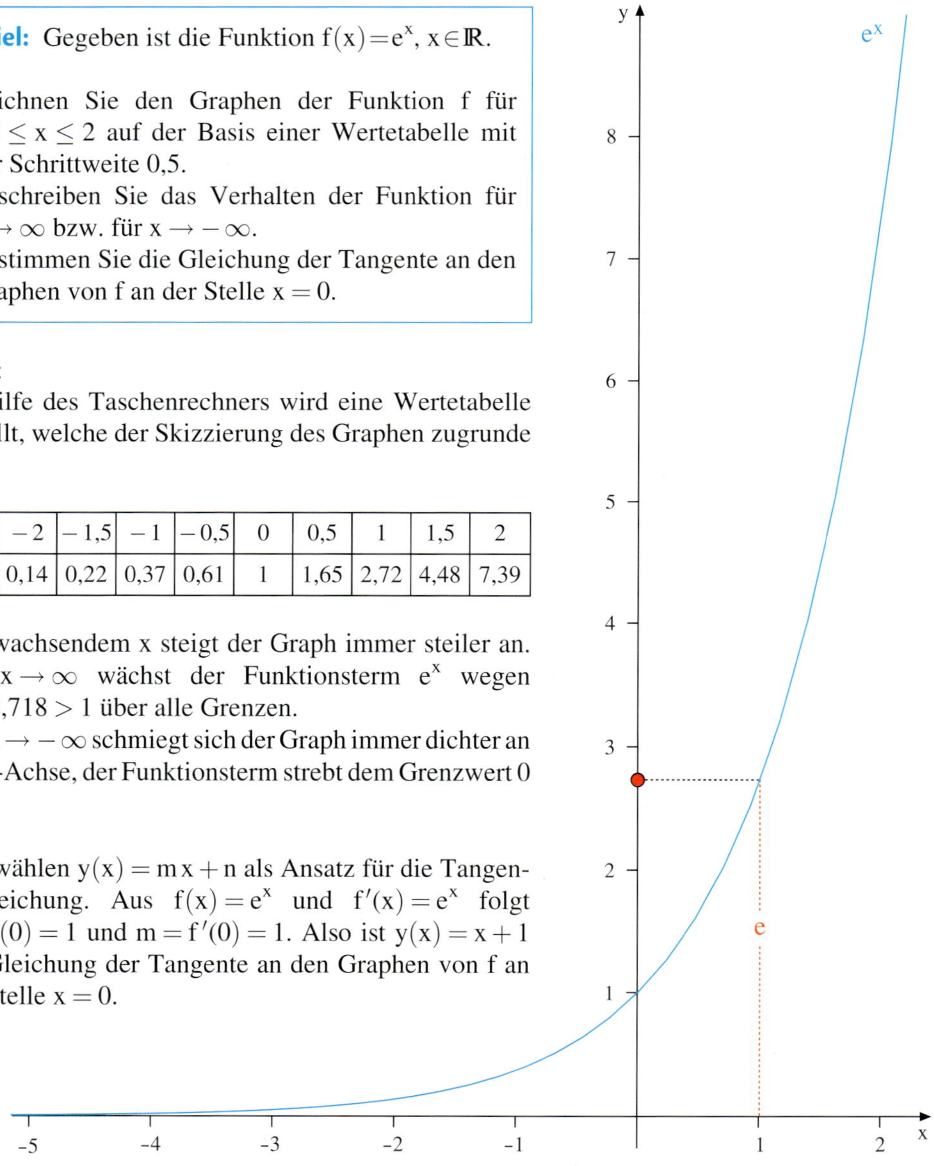

C. Die natürliche Logarithmusfunktion f(x) = ln x

Die Funktion $f(x) = e^x$ ist streng monoton steigend, da $f'(x) = e^x > 0$ für alle $x \in \mathbb{R}$ gilt.

Die Graphen der Funktion $f(x) = e^x$ und $g(x) = \ln x$ sind symmetrisch zur Geraden $y = x$. Sie gehen durch Spiegelung an der Winkelhalbierenden des 1. Quadranten auseinander hervor.

Die Funktion zu $f(x) = e^x$ hat also die Logarithmusfunktion zur Basis e als Umkehrfunktion. Diese wird als ***natürliche Logarithmusfunktion*** $g(x) = \ln x$ bezeichnet ($\ln x = \log_e x$, **l**ogarithmus **n**aturalis).

Wir können daher insbesondere die folgenden Rechengesetze verwenden:

$$\ln(e^x) = x, \qquad e^{\ln x} = x.$$

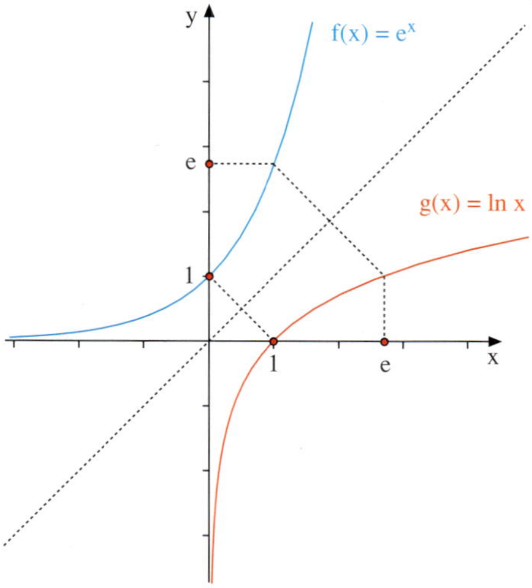

Logarithmusfunktionen werden hier nicht näher untersucht. Wir verwenden sie lediglich zur Berechnung von Funktionswerten.*

Beispiel: Gegeben sei die Funktion $f(x) = e^x$. Berechnen Sie, für welches x die Funktion f den Funktionswert 1,5 annimmt.

Lösung:
Wir lösen die Exponentialgleichung durch Logarithmieren, wobei wir hier den natürlichen Logarithmus verwenden.
Wenden wir die obigen Rechenregeln an, erhalten wir als Resultat $x = \ln 1{,}5 \approx 0{,}41$.

Ansatz:	$e^x = 1{,}5$
Logarithmieren:	$\ln(e^x) = \ln 1{,}5$
Resultat:	$x = \ln 1{,}5 \approx 0{,}41$

Übung 4
Gegeben sei die Funktion $f(x) = e^{-x}$.
a) Zeichnen Sie den Graphen von f für $-2 \le x \le 2$.
b) Zeichnen Sie den Graphen der Umkehrfunktion g durch Spiegelung des Graphen von f an der Winkelhalbierenden des 1. Quadranten.
c) Berechnen Sie, für welches x die Funktion f den Funktionswert 5 annimmt.

---
* Taschenrechner besitzen eine [LN]-Taste (oder man muss die Tastenkombination [INV] [e^x] betätigen).

D. Ableitungsübungen

Im Folgenden üben wir das Differenzieren von zusammengesetzten Funktionstermen, die Exponentialterme enthalten. Die Regeln $(e^x)' = e^x$ und $(e^{-x})' = -e^{-x}$ sowie Summen-, Produkt- und Kettenregel kommen zur Anwendung.

Beispiel: Bestimmen Sie die Ableitungsfunktion von f.

a) $f(x) = e^{3x}$ b) $f(x) = x + e^{-x}$ c) $f(x) = x \cdot e^{2x}$ d) $f(x) = (x+1) \cdot e^{-x}$

Lösung:

a) $f'(x) = 3 \cdot e^{3x}$ (Kettenregel)

b) $f'(x) = 1 - e^{-x}$ (Summenregel, Kettenregel)

c) $f'(x) = 1 \cdot e^{2x} + x \cdot 2e^{2x} = (1+2x) \cdot e^{2x}$ (Produktregel, Kettenregel)

d) $f'(x) = 1 \cdot e^{-x} + (x+1) \cdot (-e^{-x}) = -x \cdot e^{-x}$ (Produktregel, Kettenregel)

Übungen

5. Bestimmen Sie die Ableitungsfunktion von f.

a) $f(x) = e^{-4x}$ b) $f(x) = e^{x^2}$ c) $f(x) = e^{2x+1}$ d) $f(x) = e^{-\sqrt{x}}$

e) $f(x) = 2 \cdot e^{0,5x}$ f) $f(x) = x - e^{x^3}$ g) $f(x) = (1-x) \cdot e^x$ h) $f(x) = x^2 \cdot e^{-x}$

i) $f(x) = \sqrt{x} \cdot e^x$ j) $f(x) = \frac{1}{e^{2x}}$ k) $f(x) = e^{e^x}$ l) $f(x) = (x^3 + 3x^2) \cdot e^{-x}$

m) $f(x) = \frac{x^2}{e^x}$ n) $f(x) = \sqrt{e^x}$ o) $f(x) = (x^2+1) \cdot e^{-x}$ p) $f(x) = (x^2 - e^{-2x})^2$

6. Suchen Sie den Fehler in den folgenden Rechnungen. Wie lauten die richtigen Resultate?

a) $[(x^2+2) \cdot e^{4x}]' = 2x \cdot e^{4x} + (x^2+2) \cdot e^{4x} = (x^2+2x+2) \cdot e^{4x}$

b) $[(e^x - 1)^2]' = [(e^x)^2 - 2e^x + 1]' = 2e^x - 2e^x = 0$

c) $[(2e^x + 4)^2]' = 2(2e^{2x} + 4) = 4e^{2x} + 8$

7. Die Funktion F hat die Ableitung f, d. h. $F' = f$. Ordnen Sie jeder Funktion F die passende Funktion f zu.

a) $f(x) = x \cdot e^x + 6e^{2x}$

b) $f(x) = 3x^2 + e^{2x}$

c) $f(x) = x^2 \cdot e^{2x}$

d) $f(x) = -2x \cdot e^{2x}$

I $F(x) = x^3 + \frac{1}{2}e^{2x} + 1$

II $F(x) = \left(\frac{1}{2}x^2 - \frac{1}{2}x + \frac{1}{4}\right) \cdot e^{2x} + 2$

III $F(x) = (0,5 - x) \cdot e^{2x}$

IV $F(x) = (x - 1 + 3 \cdot e^x) \cdot e^x$

3. Elementare Funktionsuntersuchungen

In diesem Abschnitt werden unterschiedliche Problemstellungen aus der Differential- und Integralrechnung der Exponentialfunktionen exemplarisch angesprochen, um Lösungsprinzipien zu wiederholen und zu sammeln, die später im Rahmen umfassender Kurvenuntersuchungen gezielt angewendet werden können.

A. Funktionswerte und Graphen

Beispiel: Gegeben sei die Funktion $f(x) = 1{,}5 \cdot e^{-0{,}5x} - 1$.

a) Skizzieren Sie den Graphen von f für $-2 \leq x \leq 3{,}5$.

b) An welcher Stelle hat die Funktion den Wert 1?

c) Untersuchen Sie das Verhalten der Funktion für $x \to \infty$.

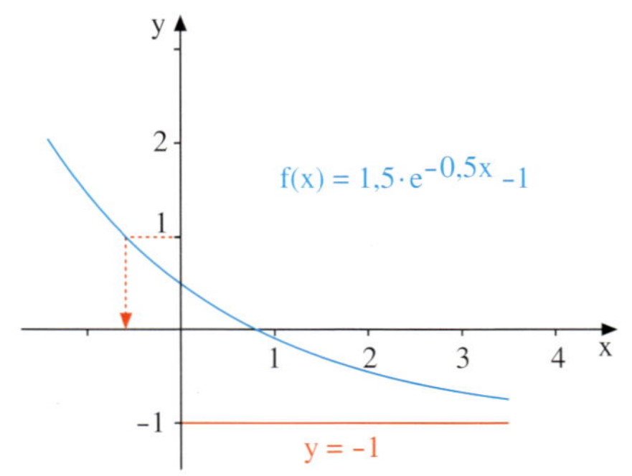

Lösung:

a) Den Graphen von f erstellen wir mithilfe einer Wertetabelle.

b) Der Funktionswert $y = 1$ wird knapp links von $x = -0{,}5$ angenommen, was wir der Zeichnung entnehmen können. Genauer ist das rechnerische Resultat, das sich aus dem Ansatz $f(x) = 1$ durch Logarithmieren ergibt: $x \approx -0{,}58$.

Berechnung des x-Wertes zu $f(x) = 1$:

$$f(x) = 1$$
$$1{,}5 \cdot e^{-0{,}5x} - 1 = 1$$
$$1{,}5 \cdot e^{-0{,}5x} = 2$$
$$e^{-0{,}5x} = \tfrac{4}{3}$$
$$-0{,}5x = \ln \tfrac{4}{3}$$
$$x = \frac{-\ln \frac{4}{3}}{0{,}5} \approx -0{,}58$$

c) Mit zunehmendem x-Wert verläuft der Graph von f zusehends flacher.
Er schmiegt sich der horizontalen Geraden $y = -1$ von oben immer dichter an. Dies liegt daran, dass sich der Exponentialterm $e^{-0{,}5x}$ mit wachsendem x dem Grenzwert 0 ***asymptotisch*** nähert.

Berechnung des Grenzwertes für $x \to \infty$:

$$\lim_{x \to \infty} (1{,}5 \cdot e^{-0{,}5x} - 1) = -1$$

Übung 1

Gegeben ist die Funktion $f(x) = e^{2x} + 1$.

a) Skizzieren Sie den Graphen von f für $-3 \leq x \leq 0{,}5$.

b) Welche Wertemenge hat f? Untersuchen Sie das Verhalten der Funktion für $x \to -\infty$.

c) In welchem Bereich sind die Funktionswerte von f kleiner als 1,1?

d) Für welches x gilt $f(x) \approx 1000$?

B. Schnittpunkte von Graphen

Beispiel: Gegeben seien die Funktionen $f(x) = e^x$ und $g(x) = 3 \cdot e^{-x}$.
In welchem Punkt schneiden sich die Graphen von f und g?

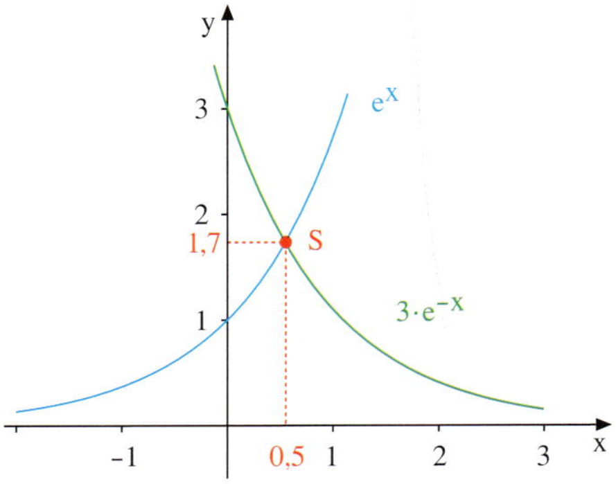

Zeichnerische Lösung:
Wir zeichnen die Funktionsgraphen und lesen den Schnittpunkt S ab. Er liegt etwa bei S(0,5; 1,7).

Rechnerische Lösung:
Wir verwenden die Bestimmungsgleichung $f(x) = g(x)$ für die Schnittstelle x.
Durch Umformung und Logarithmieren können wir die Gleichung nach x auflösen.
Die Schnittstelle liegt bei $x \approx 0{,}55$.
Der zugehörige y-Wert beträgt $y \approx 1{,}73$.

$$f(x) = g(x)$$
$$e^x = 3 \cdot e^{-x}$$
$$e^{2x} = 3$$
$$2x = \ln 3$$
$$x = \frac{\ln 3}{2} \approx \frac{1{,}099}{2} \approx 0{,}55$$
$$y = f(0{,}55) \approx 1{,}73$$

Beispiel: Die Schnittstelle der Funktionen $f(x) = e^x$ und $g(x) = 4 - x$ lässt sich nur näherungsweise bestimmen. Geben Sie einen Näherungswert an.

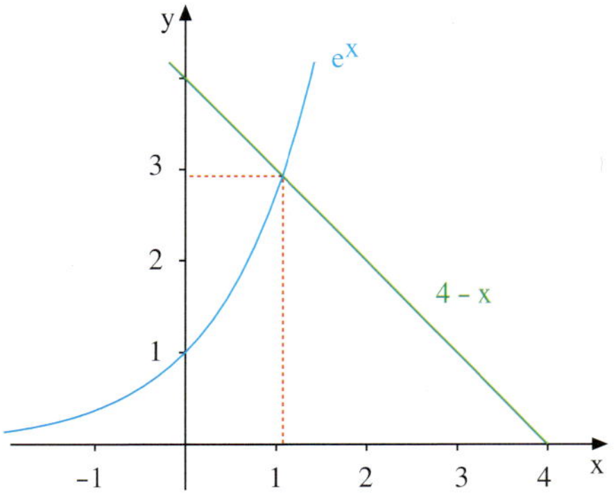

Lösung:
1. Differenzfunktion von f und g:
   $d(x) = f(x) - g(x)$
   $d(x) = e^x + x - 4$

2. Nullstelle der Differenzfunktion:
   Wir schachteln die Nullstelle x_s von d durch Testeinsetzungen schrittweise ein:
   $x = 0$: $d(0) = -3$
   $x = 1$: $d(1) = -0{,}28$
   $x = 2$: $d(2) = 5{,}39$ $\Rightarrow x_s$ liegt im Intervall $[1;2]$ aber näher an $x = 1$ als 2.
   $x = 1{,}1$: $d(1{,}1) = 0{,}104$ $\Rightarrow x_s$ liegt im Intervall $[1;1{,}1]$ aber näher an $x = 1{,}1$ als 1.
   $x = 1{,}08$: $d(1{,}08) = 0{,}02$ $\Rightarrow x_s$ liegt im Intervall $[1;1{,}08]$ aber näher an $x = 1{,}08$ als 1.
   $x = 1{,}07$: $d(1{,}07) = -0{,}01$ $\Rightarrow x_s$ liegt im Intervall $[1;1{,}07]$ aber näher an $x = 1{,}07$ als 1.

3. Resultat:
   Die Funktionen schneiden sich angenähert an der Stelle $x_s = 1{,}07$.
   Die Funktionswerte unterscheiden sich dort um nur noch ca. $-\frac{1}{100}$.

Übung 2
Gesucht ist der Schnittpunkt der Funktionen $f(x) = 2{,}5 \cdot e^x$ und $g(x) = e^{2x}$.

Übung 3
Bestimmen Sie die kleinste positive Schnittstelle von $f(x) = e^x$ und $g(x) = 2 \cdot x^2$.

C. Anstiege, Tangenten und Normalen

In diesem Abschnitt wird das Monotonieverhalten bzw. das Anstiegsverhalten von Exponentialfunktionen betrachtet, das mithilfe der Ableitungsfunktion und durch Tangenten erfasst werden kann.

Rechts sind zur Erinnerung die Gleichungen der Tangente und Normalen einer Funktion im Punkt $P(x_0; f(x_0))$ dargestellt.

Tangente und Normale

Gleichung der **Tangente** an die Funktion f im Punkt $P(x_0; f(x_0))$:

$$t(x) = f'(x_0) \cdot (x - x_0) + f(x_0)$$

Gleichung der Normalen an die Funktion f im Punkt $P(x_0; f(x_0))$:

$$n(x) = -\frac{1}{f'(x_0)} \cdot (x - x_0) + f(x_0)$$

Beispiel: t sei die Tangente und n sei die Normale an den Graphen der Funktion $f(x) = e^{0,5 \cdot x}$ an der Stelle $x = 1$.

a) Skizzieren Sie die Graphen von f, t und n.

b) Wie lauten die Funktionsgleichungen von t und n? Bestimmen Sie außerdem die Nullstelle von t.

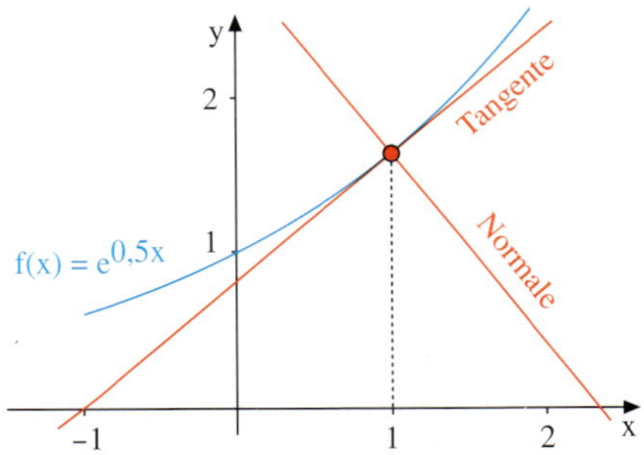

Lösung zu b:
f hat die Ableitung $f'(x) = 0{,}5 \cdot e^{0,5 \cdot x}$.
Der Anstieg der Tangente an der Stelle 1 beträgt $f'(1) = 0{,}5 \cdot e^{0,5} \approx 0{,}82$.
Damit ergibt sich die nebenstehend aufgeführte angenäherte Tangentengleichung.
Die Kurvennormale steht senkrecht zur Tangente. Ihr Anstieg an der Stelle 1 ist negativ reziprok zum Tangentenanstieg und beträgt daher $-1{,}22$, womit sich die rechts aufgeführte Normalengleichung ergibt.

Tangentengleichung:

$t(x) = f'(1) \cdot (x - 1) + f(1)$
$t(x) = 0{,}5 \cdot e^{0,5} \cdot (x - 1) + e^{0,5}$
$t(x) = 0{,}5 \cdot e^{0,5} \cdot x + 0{,}5 \cdot e^{0,5}$
$t(x) \approx 0{,}82\,x + 0{,}82$

Normalengleichung:

$n(x) = -\frac{1}{f'(1)} \cdot (x - 1) + f(1)$
$n(x) \approx -1{,}22 \cdot (x - 1) + 1{,}65$
$n(x) = -1{,}22 \cdot x + 2{,}87$

Berechnung der Nullstellen von t:
Der Ansatz $t(x) = 0$ liefert die Nullstelle der Tangente t an der Stelle $x = -1$.

Nullstelle der Tangente:

$t(x) = 0, \quad 0{,}5 \cdot e^{0,5} \cdot x + 0{,}5 \cdot e^{0,5} = 0,$
$x = -1$

Übung 4
Gesucht sind die Tangente und die Normale der Funktion $f(x) = e^{-x}$ an der Stelle $x = 1$.
Wie groß ist der Inhalt des von der Tangente, Normalen und der x-Achse begrenzten Dreiecks?

Übung 5
Gegeben sei die Funktion $f(x) = e^{-2 \cdot x}$. Wie groß ist der Anstieg von f an der Stelle $x = 2$? An welcher Stelle besitzt f den Anstieg -1? Unter welchem Winkel schneidet der Graph von f die y-Achse?

Übung 6
Gegeben ist die Funktion $f(x) = e^{0,5 \cdot x}$. Gesucht ist die Gleichung derjenigen Kurvennormalen, welche den Graphen von f auf der y-Achse trifft. Wo schneidet die Normale die x-Achse?

Beispiel: Welche Ursprungsgerade g ist Tangente an den Graphen von $f(x) = e^{0,5 \cdot x}$?

Lösung:
Eine Graphik gibt uns einen Überblick. Wir verwenden für die Ursprungsgerade den Ansatz $g(x) = m \cdot x$.

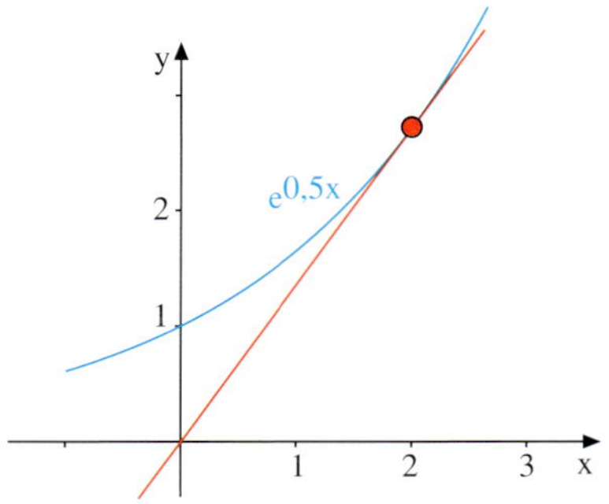

Ist x die Berührstelle von f und g, so müssen zwei Gleichungen gelten:

I. $f(x) = g(x)$ gleicher Funktionswert,
II. $f'(x) = g'(x)$ gleicher Anstieg.

Durch Verwenden des Ansatzes erhalten wir damit die rechts aufgeführten Gleichungen.

I. $m \cdot x = e^{0,5 \cdot x}$
II. $m = 0,5 \cdot e^{0,5 \cdot x}$

Durch Einsetzen von II in I erhalten wir eine Bestimmungsgleichung für die Berührstelle x, deren Auflösen das Ergebnis $x = 2$ liefert.

$$0,5 \cdot e^{0,5 \cdot x} \cdot x = e^{0,5 \cdot x}$$
$$0,5 \cdot x = 1$$
$$x = 2$$

Damit folgt durch Rückeinsetzung in II, dass $m = 0,5 \cdot e$ gilt. $g(x) = 0,5\,e \cdot x$ ist die gesuchte Ursprungsgerade.

$$m = 0,5 \cdot e^{0,5 \cdot 2} = 0,5\,e$$
$$g(x) = 0,5\,e \cdot x$$

Übung 7
Welche Ursprungsgerade g ist Tangente an den Graphen der Funktion $f(x) = e^{-x}$?

Übung 8
Welche Tangente an den Graphen der Funktion $f(x) = e^{-x}$ ist parallel zur Sehne durch die beiden Punkte $P(-1; e)$ und $Q\left(1; \frac{1}{e}\right)$ des Graphen von f? Berechnen Sie zunächst den Anstieg der Sehne.

Übung 9
Die Graphen von $f(x) = e^x$ und $g(x) = e^{0,5 \cdot x}$ besitzen an einer einzigen Stelle x den gleichen Anstieg.
a) Wo liegt diese Stelle?
b) Wie lautet die Gleichung der Normalen von f an dieser Stelle?

D. Extrema und Wendepunkte

Wir frischen zunächst unsere Kenntnisse ein wenig auf, indem wir notwendige und hinreichende Kriterien für lokale Extrema und Wendepunkte in Kurzdarstellung aufführen.

Lokale Extrema

Notwendiges Kriterium:
Ist x eine lokale Extremalstelle der Funktion f, so gilt $\mathbf{f'(x)=0}$.

Hinreichendes Kriterium:
Gilt $\mathbf{f'(x)=0}$ **und** $\mathbf{f''(x)\neq 0}$, so ist x eine lokale Extremalstelle von f.
Es ist ein Maximum, wenn $f''(x)<0$ gilt.
Es ist ein Minimum, wenn $f''(x)>0$ gilt.

Beispiel: Skizzieren Sie den Graphen der Funktion $f(x)=e^x-2x$ und errechnen Sie anschließend die genaue Lage des Extremums der Funktion.

Lösung:
Der mit einer Wertetabelle oder durch Überlagerung von e^x und $-2x$ erstellte Graph zeigt ein Minimum bei $x\approx 0{,}5$.

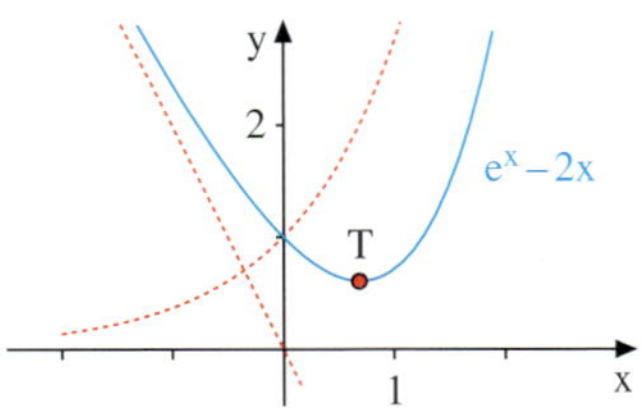

Notwendige Bedingung:

$$f'(x)=0$$
$$e^x-2=0$$
$$e^x=2$$
$$x=\ln 2\approx 0{,}69$$

Zugehöriger Funktionswert:

$$y=e^{\ln 2}-2\cdot\ln 2\approx 0{,}61$$

Überprüfung mit f'':

$$f''(\ln 2)=e^{\ln 2}=2>0\Rightarrow \text{Minimum}$$

Resultat:
Tiefpunkt bei $T(0{,}69;\,0{,}61)$

Wendepunkte

Notwendiges Kriterium:
Ist x eine Wendestelle der Funktion f, so gilt $\mathbf{f''(x)=0}$.

Hinreichendes Kriterium:
Gilt $\mathbf{f''(x)=0}$ **und** $\mathbf{f'''(x)\neq 0}$, so ist x eine Wendestelle von f.
Links-rechts-Wendestelle, wenn $f'''(x)<0$.
Rechts-links-Wendestelle, wenn $f'''(x)>0$.

Beispiel: Skizzieren Sie den Graphen der Funktion $f(x)=x\cdot e^x$ für $-3\leq x\leq 1$. Berechnen Sie die genaue Lage des Wendepunktes der Funktion.

Lösung:
Mit einer Wertetabelle erhalten wir den Graphen, der im 3. Quadranten einen Rechts-links-Wendepunkt aufweist.

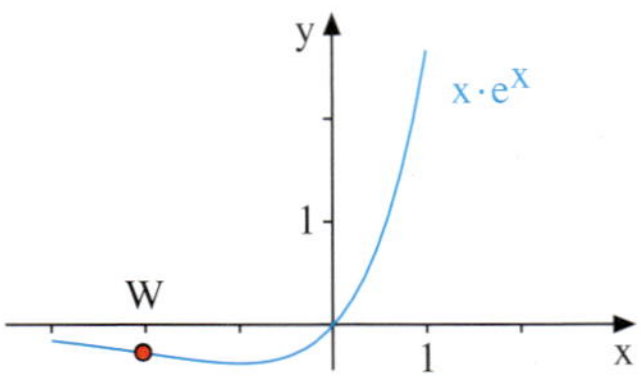

Notwendige Bedingung:

$$f''(x)=0$$
$$(x+2)\cdot e^x=0$$
$$(x+2)=0,\quad \text{da } e^x>0$$
$$x=-2$$

Zugehöriger Funktionswert:

$$y=-2\cdot e^{-2}\approx -0{,}27$$

Überprüfung mit f''':

$$f'''(-2)=1\cdot e^{-2}>0\Rightarrow \text{Rechts-links-Wp}$$

Resultat:
Wendepunkt bei $W(-2;\,-0{,}27)$

Übung 10

Skizzieren Sie den Graphen von f mittels additiver Überlagerung der Teilterme bzw. Wertetabelle. Untersuchen Sie f sodann auf lokale Extrema.

a) $f(x) = x - 2 + e^{-x}$

b) $f(x) = x^2 \cdot e^{x+1}$

Übung 11

Skizzieren Sie den Graphen von f mittels Überlagerung bzw. Wertetabelle und untersuchen Sie f auf Wendepunkte.

a) $f(x) = 2 \cdot e^x - e^{-x}$

b) $f(x) = (x^2 - 1) \cdot e^{-0,5x}$

E. Extremalprobleme

Im Folgenden behandeln wir einige einfache Extremalprobleme im Zusammenhang mit Exponentialfunktionen.

> **Beispiel:** Gegeben sind die Funktionen $f(x) = 4 - x$ und $g(x) = 4 \cdot e^{-x}$. An welcher Stelle des Intervalls $[0 ; 2]$ wird die Differenz der Funktionswerte von f und g maximal?

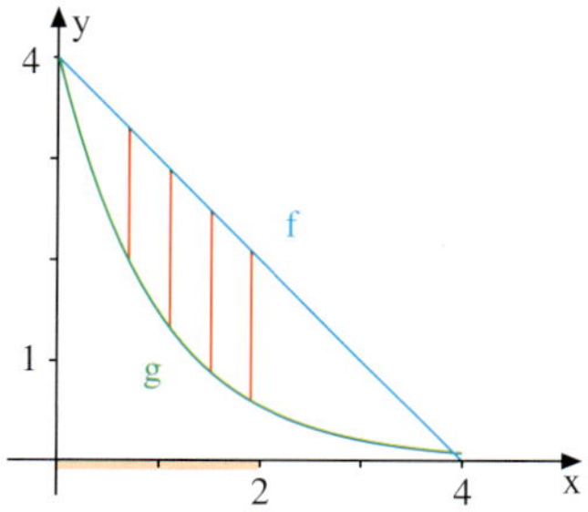

Lösung:

Der Skizze können wir entnehmen, dass die maximale Differenz der Funktionswerte in der Nähe der Stelle $x = 1,5$ auftritt.

Differenzfunktion von f und g:

$d(x) = f(x) - g(x)$

$\mathbf{d(x) = 4 - x - 4 \cdot e^{-x}}$

Zur exakten Bestimmung dieser Stelle betrachten wir die Differenzfunktion d von f und g. Die Gleichung der Funktion d lautet $d(x) = 4 - x - 4 \cdot e^{-x}$.

Ableitungen der Funktion d:

$d'(x) = -1 + 4 \cdot e^{-x}$

$d''(x) = -4 \cdot e^{-x}$

Mithilfe der Kettenregel berechnen wir die Ableitungsfunktion $d'(x) = -1 + 4 \cdot e^{-x}$.

Deren Nullstelle können wir mithilfe des Logarithmierens errechnen.
Sie liegt bei $x = -\ln 0,25 \approx 1,39$.

Extremalstelle der Funktion d:

$d'(x) = 0$

$-1 + 4 \cdot e^{-x} = 0$

$e^{-x} = 0,25$

$-x = \ln 0,25$

$x = -\ln 0,25 \approx 1,39$

Die zweite Ableitung d″ ist an dieser Stelle negativ, sodass ein Maximum vorliegt.

Überprüfung auf Max/Min mittels d″:

$d''(1,39) = -1 < 0 \quad \Rightarrow \quad$ Maximum

Die maximale Differenz beträgt ca. 1,61.

Maximaler Wert von d:

$d_{max} = d(1,39) = 4 - 1,39 - 4 \cdot e^{-1,39} \approx 1,61$

Übung 12

Gegeben sind die Funktionen $f(x) = e^{-x}$ und $g(x) = -e^{x-1}$. Für welchen Wert von x wird die Differenz der Funktionswerte von f und g minimal? Fertigen Sie zunächst eine Skizze an.

Bei geometrischen Fragestellungen treten häufig Extremalprobleme auf. Beispielsweise kann man bei geometrischen Figuren mit vorgegebener Form durch passende Wahl der Maße eine Eigenschaft der Figur, etwa ihre Fläche oder ihren Umfang optimieren.

Beispiel: Im ersten Quadranten des Koordinatensystems ist ein achsenparalleles Rechteck so angeordnet, dass eine seiner Ecken im Ursprung und die diagonal gegenüberliegende Ecke P auf dem Graphen der Funktion $f(x) = e^{-x}$ liegt. Wo muss der Punkt P liegen, damit der Inhalt des Rechtecks maximal wird?

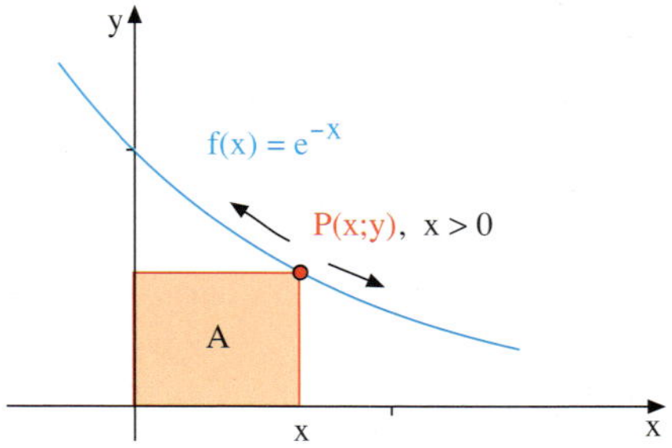

Lösung:

1. Hauptbedingung:
Wir bezeichnen die Seitenlängen des Rechtecks mit x und y. Dann gilt: $A = x \cdot y$.

Flächeninhalt des Rechtecks:
$$\mathbf{A = x \cdot y}$$

2. Nebenbedingung:
Der Zusammenhang zwischen den Variablen x und y ist durch $y = f(x) = e^{-x}$ gegeben, da $P(x; y)$ ein Kurvenpunkt ist.

Zusammenhang zwischen den Variablen x, y:
$$\mathbf{y = e^{-x}}$$

3. Zielfunktion:
Durch Einsetzen der Nebenbedingung in die Hauptbedingung erhalten wir die Zielfunktion $A(x) = x \cdot e^{-x}$.

Zielfunktion:
$$\mathbf{A(x) = x \cdot e^{-x}}$$

4. Maximum der Zielfunktion:
Die Ableitung A' der Zielfunktion hat genau eine Nullstelle bei $x = 1$.
Die Überprüfung dieser Stelle mittels A'' zeigt, dass dort ein Maximum von A liegt.

Nullstellen der ersten Ableitung A':
$$A'(x) = (1 - x) \cdot e^{-x} \quad \text{(Produktregel)}$$
$$A'(x) = 0$$
$$(1 - x) \cdot e^{-x} = 0$$
$$1 - x = 0 \qquad (\text{weil } e^{-x} > 0)$$
$$x = 1$$

Überprüfung auf Max/Min mittels A'':
$$A''(x) = (x - 2) \cdot e^{-x} \quad \text{(Produktregel)}$$
$$A''(1) = -e^{-1} < 0 \quad \Rightarrow \quad \text{Maximum}$$

5. Resultat:
Das Rechteck mit dem Eckpunkt $P(1; e^{-1})$ hat den maximalen Inhalt von 0,37 FE.

Maximaler Wert von A:
$$A_{max} = A(1) = 1 \cdot e^{-1} \approx 0{,}37$$

Übung 13
Das wie im obigen Beispiel angeordnete achsenparallele Rechteck unter dem Graphen von $f(x) = e^{-2x}$ soll minimalen Umfang erhalten. Wie ist der auf dem Graphen von f liegende Punkt P zu wählen?

Übung 14
Für welche Lage des Punktes P ist die rechts abgebildete Dreiecksfläche maximal?

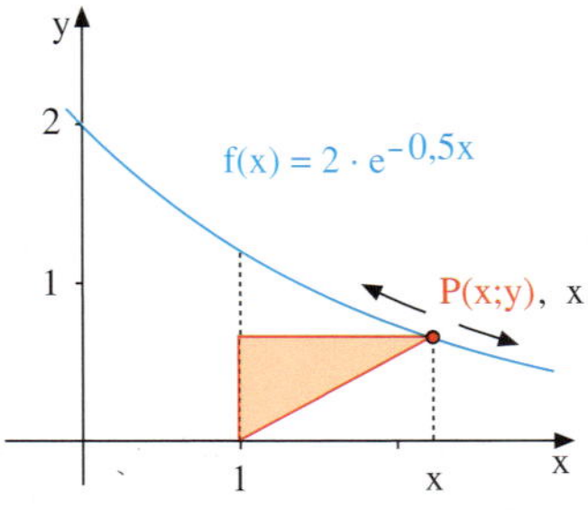

F. Rekonstruktion von Funktionen

In diesem Abschnitt werden Funktionen aus vorgegebenen Eigenschaften konstruiert. In den Aufgabenstellungen sind einfache Exponentialterme enthalten.

Beispiel: Gesucht ist eine Exponentialfunktion, deren Funktionsterm die Form $f(x) = a \cdot e^{bx}$ besitzt. Ihr Graph soll den Punkt $P(2; e^{-1})$ enthalten und dort den Anstieg 1 besitzen.

Lösung:
Wir errechnen zunächst aus der Ansatzgleichung $f(x) = a \cdot e^{bx}$ mit der Kettenregel die Ableitungsfunktion $f'(x) = a \cdot b \cdot e^{bx}$.

Ansatz:

$$f(x) = a \cdot e^{bx}$$
$$f'(x) = a \cdot b \cdot e^{bx}$$

Durch Einsetzen der Punktkoordinaten in die Funktionsgleichung und des Anstiegs in die Gleichung der Ableitung erhalten wir ein Gleichungssystem für die Variablen a und b, das wir nach dem Einsetzungsverfahren auflösen können.

Gleichungssystem:

$$f(2) = e^{-1} \quad \Rightarrow \quad \text{I.} \quad a \cdot e^{2b} = e^{-1}$$
$$f'(2) = 1 \quad \Rightarrow \quad \text{II.} \quad a \cdot b \cdot e^{2b} = 1$$

Auflösung des Gleichungssystems:

aus I folgt: $a = e^{-1-2b}$

in II: $e^{-1-2b} \cdot b \cdot e^{2b} = 1$

$$e^{-1} \cdot b = 1$$
$$b = e$$

Als Ergebnisse erhalten wir $a = e^{-1-2e}$ und $b = e$.

in I: $a = e^{-1-2e}$

Hieraus ergibt sich die gesuchte Funktionsgleichung $f(x) = e^{-1-2e} \cdot e^{ex}$.
Diese Gleichung lässt sich noch vereinfachen zu $f(x) = e^{e(x-2)-1}$.

Resultat:

$$f(x) = e^{-1-2e} \cdot e^{ex}$$
$$f(x) = e^{e(x-2)-1}$$

Beispiel: Gesucht ist eine Funktion der Form $f(x) = a \cdot e^{x} + b \cdot e^{-x}$, die an der Stelle $x = 1$ ein Minimum besitzt. Die Beziehung zwischen a und b ($a, b > 0$) ist zu bestimmen.

Lösung:
Wir errechnen zunächst die erste Ableitung von f und setzen diese gleich 0.
Hieraus ergibt sich eine mögliche Extremalstelle bei $x = \frac{1}{2} \ln \frac{b}{a}$.
Setzen wir den Ausdruck $\frac{1}{2} \ln \frac{b}{a}$ gleich 1, so erhalten wir die Beziehung $b = a \cdot e^2$.

Extremalstelle von f:

$$f'(x) = a \cdot e^{x} - b \cdot e^{-x}$$
$$a \cdot e^{x} - b \cdot e^{-x} = 0 \qquad | \cdot e^{x}$$
$$a \cdot e^{2x} - b = 0$$
$$e^{2x} = \frac{b}{a}$$
$$2x = \ln \frac{b}{a}$$
$$x = \frac{1}{2} \ln \frac{b}{a}$$

Hieraus folgt das Resultat $f(x) = a \cdot e^{x} + a \cdot e^{2} \cdot e^{-x}$, das sich zu $f(x) = a \cdot (e^{x} + e^{2-x})$ vereinfachen lässt.

Wegen $f''(1) = a \cdot (e^{1} + e^{1}) > 0$ liegt an der Stelle $x = 1$ tatsächlich ein Minimum vor.

Beziehung zwischen a und b:

$$x = \frac{1}{2} \ln \frac{b}{a} = 1$$
$$\ln \frac{b}{a} = 2$$
$$\frac{b}{a} = e^{2}$$
$$b = a \cdot e^{2}$$

Übungen

CAS

15. Gegeben sind die Exponentialfunktion $f(x) = e^{2-x}$ und die Gerade $g(x) = \frac{e}{4}x + \frac{3}{4}e$.

a) Skizzieren Sie die Graphen von f und g im gleichen Koordinatensystem für $0 \leq x \leq 4$.
b) Bestimmen Sie den Schnittpunkt von f und g durch Ablesen aus der Skizze.
c) Wie lautet die Gleichung der Tangente t an den Graphen von f im Punkt P(1; e)?
d) Unter welchem Winkel schneidet die Tangente t die Gerade g?

16. Gegeben ist die Funktion $f(x) = e^{0,5x} - 2$.

a) Skizzieren Sie den Graphen von f für $-2 \leq x \leq 4$.
b) An welcher Stelle hat f den Wert 3?
c) Wo liegt die Nullstelle von f?
d) Unter welchem Winkel schneidet der Graph von f die x-Achse?
e) Untersuchen Sie das Verhalten von f für $x \to \infty$ bzw. für $x \to -\infty$?

17. Gegeben ist die Funktion $f(x) = e^{-0,5 \cdot x^2}$.

a) Untersuchen Sie f auf Achsenschnittpunkte, Extrema, Wendepunkte und Symmetrie.
b) Skizzieren Sie den Graphen von f für $-3 \leq x \leq 3$.
c) Bestimmen Sie die Gleichung der Tangente t und der Normale n von f im Punkt P(1; f(1)). Tangente, Normale und y-Achse begrenzen ein Dreieck. Bestimmen Sie den Flächeninhalt und den Umfang dieses Dreiecks.

18. Gegeben ist die Funktion $f(x) = e^x - x - 4$.

a) Zeigen Sie, dass die Stellen $x = 1{,}75$ und $x = -3{,}98$ angenäherte Nullstellen von f sind.
b) Wo schneidet der Graph von f die y-Achse?
c) Berechnen Sie das Extremum von f. Ist es ein Maximum oder ein Minimum?
d) Zeigen Sie, dass f keine Wendepunkte besitzt.
e) Skizzieren Sie den Graphen von f für $-5 \leq x \leq 2$.

19. Ein Superball fällt aus einer Höhe von 2 m. Er trifft auf und springt 1,80 m hoch. Dies wiederholt sich.

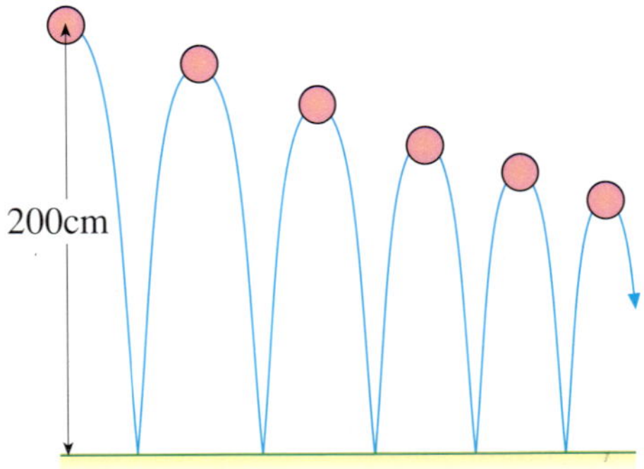

a) Die Sprunghöhe wird durch die Gleichung $h(x) = a \cdot e^{bx}$ für $0 \leq x \leq 20$ exakt erfasst (x: Zahl der Sprünge, h: Höhe in cm). Bestimmen Sie a und b.
b) Wie hoch springt der Ball beim 15. Sprung? In welchem Sprung unterschreitet der Ball erstmals die Höhe von einem Meter?
c) Die Sprunghöhe h soll nun durch die lineare Funktion $h_1(x) = 200 - 10x$ angenähert werden ($0 \leq x \leq 20$). Zeichnen Sie h_1 und h. Berechnen Sie, an welcher Stelle die beiden Funktionen am stärksten voneinander abweichen.

4. Differentiation und Integration von Exponentialfunktionen

A. Die Differentiation von Exponentialfunktionen

Die Ableitungsregeln für Exponentialfunktionen sind uns bereits bekannt. Wir stellen sie rechts noch einmal auf.

Satz III.2: Differentiationsregeln

$(e^x)' = e^x$

$(e^{-x})' = -e^{-x}$

$(e^{ax+b})' = a \cdot e^{ax+b}$

$(e^{f(x)})' = f'(x) \cdot e^{f(x)}$

Übung 1

Bestimmen Sie die 1. Ableitung von f.

a) $f(x) = e^{2x}$ b) $f(x) = 2 \cdot e^{4-3x}$ c) $f(x) = x \cdot e^{-x}$ d) $f(x) = e^{x^2}$

B. Die Integration von Exponentialfunktionen

Jede der Differentiationsregeln entspricht im Prinzip einer analogen Integrationsregel.
Man kann die Integrationsregeln beweisen, indem man die jeweilige rechte Seite ableitet und zeigt, dass man so den Integranden der linken Seite erhält.

Satz III.3: Integrationsregeln

$\int e^x\,dx = e^x + C$

$\int e^{-x}\,dx = -e^{-x} + C$

$\int e^{ax+b}\,dx = \frac{1}{a}\,e^{ax+b} + C$

Übung 2

Berechnen Sie das Integral.

a) $\int e^{2x}\,dx$ b) $\int e^{4-2x}\,dx$ c) $\int (e^{-x} + 2e^x)\,dx$ d) $\int \frac{1}{e^{x+2}}\,dx$

C. Stammfunktionsnachweis durch Differentiation

Mit den obigen Integrationsregeln kann man nur ganz einfach aufgebaute Exponentialfunktionen integrieren. Schon Funktionen wie $f(x) = 2x \cdot e^{-x}$ kann man mit den uns zur Verfügung stehenden Mitteln nicht mehr integrieren. Man ist dann darauf angewiesen, dass eine Stammfunktion F vorgegeben ist. Der Nachweis, dass es sich wirklich um eine Stammfunktion handelt, kann durch Ableiten erbracht werden. $F' = f$ ist zu zeigen.

Beispiel: Stammfunktionsnachweis durch Differenzieren

Zeigen Sie, dass $F(x) = 2x \cdot e^{-x}$ eine Stammfunktion von $f(x) = (2-2x) \cdot e^{-x}$ ist.

Lösung:

Wir differenzieren F mit der Produkt- und der Kettenregel und weisen nach: $F'(x) = f(x)$.

$$F'(x) = (2x \cdot e^{-x})' \underset{\substack{\uparrow \\ \text{Produktregel} \\ \text{Kettenregel}}}{=} 2 \cdot e^{-x} + 2x \cdot (-e^{-x}) \underset{\substack{\uparrow \\ \text{Ausklammern}}}{=} (2-2x) \cdot e^{-x} = f(x)$$

Übung 3

Behauptet wird, dass F eine Stammfunktion von f ist. Überprüfen Sie dies.

a) $f(x) = (2x+3) \cdot e^x$
$F(x) = (2x+1) \cdot e^x$

b) $f(x) = (2-4x) \cdot e^{-2x}$
$F(x) = 2x \cdot e^{-2x}$

c) $f(x) = (2x^2-1) \cdot e^{2x}$
$F(x) = (x^2-x) \cdot e^{2x}$

D. Exkurs: Integration mittels Formansatz

Manchmal hat man eine Vermutung, welche Gestalt die Stammfunktion F einer gegebenen Funktion f hat, oder diese Gestalt ist sogar vorgegeben.
Beispielsweise liegt es nahe anzunehmen, dass $f(x) = (4x+8) \cdot e^{2x}$ eine Stammfunktion der Form $F(x) = (ax+b) \cdot e^{2x}$ hat. Man kann dann durch Ableiten von F und Vergleich des Ergebnisses mit der Funktion f die Koeffizienten a und b bestimmen.

Beispiel: Integration durch Formansatz

Gesucht ist eine Stammfunktion F von $f(x) = (4x+8) \cdot e^{2x}$.
Verwenden Sie den Formansatz $F(x) = (ax+b) \cdot e^{2x}$.

Lösung:
Wir leiten zunächst die durch den Formansatz gegebene Funktion F ab. Durch Ausklammern von e^{2x} erzeugen wir eine besonders übersichtliche Darstellung des Ergebnisses F′.

Ableitung von F:

$$F(x) = (ax+b) \cdot e^{2x}$$
$$F'(x) = a \cdot e^{2x} + (ax+b) \cdot 2e^{2x}$$
$$F'(x) = (2ax+a+2b) \cdot e^{2x}$$

Da $F' = f$ gelten muss, erhalten wir die rechts aufgeführte Gleichung, die einen Koeffizientenvergleich ermöglicht.
Es muss gelten: $2a = 4$ und $a + 2b = 8$.

Vergleich von F′ mit f:

$$F'(x) = f(x)$$
$$(\underbrace{2ax}_{\text{Term mit x}} + \underbrace{a+2b}_{\text{Term ohne x}}) \cdot e^{2x} = (\underbrace{4x}_{\text{Term mit x}} + \underbrace{8}_{\text{Term ohne x}}) \cdot e^{2x}$$

Auflösen dieses Gleichungssystems ergibt $a = 2$ und $b = 3$.

$$\left.\begin{aligned} 2a &= 4 \\ a+2b &= 8 \end{aligned}\right\} \Rightarrow a = 2, \quad b = 3$$

Durch Einsetzen dieser Werte in den Formansatz erhalten wir als Resultat:
$F(x) = (2x+3) \cdot e^{2x}$

Resultat: $F(x) = (2x+3) \cdot e^{2x}$

Übung 4

Bestimmen Sie mithilfe des gegebenen Formansatzes eine Stammfunktion F von f.

a) $f(x) = (x+1) \cdot e^x$
$F(x) = (ax+b) \cdot e^x$

b) $f(x) = 2x \cdot e^{-x}$
$F(x) = (ax+b) \cdot e^{-x}$

c) $f(x) = x^2 \cdot e^x$
$F(x) = (ax^2+bx+c) \cdot e^x$

d) $f(x) = e^{2x} + e^{-x}$
$F(x) = ae^{2x} + be^{-x}$

e) $f(x) = -4x \cdot e^{-2x}$
$F(x) = (ax+b) \cdot e^{-2x}$

f) $f(x) = x \cdot e^{1-2x}$
$F(x) = (ax+b) \cdot e^{1-2x}$

CAS

5. Flächeninhaltsberechnungen bei Exponentialfunktionen

In diesem Abschnitt geht es um die Bestimmung von einfachen Flächeninhalten bei Funktionen, deren Gleichungen Exponentialterme enthalten. Es werden unterschiedliche Fragestellungen behandelt, die wir später im Rahmen von umfassenderen Kurvenuntersuchungen anwenden.

Beispiel: Fläche unter Graphen
Gegeben ist die Funktion $f(x) = e^x - 1$. Wie groß sind die Inhalte der abgebildeten Flächenstücke A_1 und A_2?

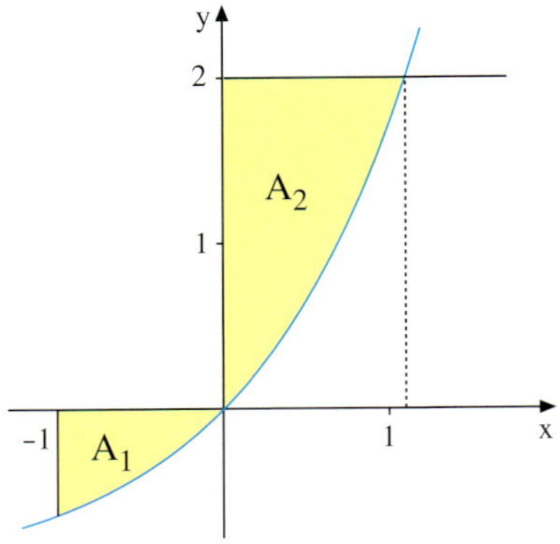

Lösung:
Wir bestimmen zunächst eine Stammfunktion von f: $F(x) = e^x - x$.

Bei A_1 handelt es sich um die einfachste der möglichen Fragestellungen zu Flächeninhalten, nämlich um die Fläche zwischen Funktionsgraph und x-Achse.
Wir errechnen das bestimmte Integral über f in den Grenzen von -1 bis 0 und erhalten: Die Fläche A_1 hat den Inhalt $A_1 \approx 0{,}37$.

Berechnung von A_1:

$$\int_{-1}^{0} (e^x - 1)\,dx = [e^x - x]_{-1}^{0} = -\tfrac{1}{e} \approx -0{,}37$$

$$\Rightarrow A_1 \approx 0{,}37$$

Die Fläche A_2 liegt zwischen dem Graphen von f und der y-Achse und $y = 2$.
Wir errechnen zunächst den zum y-Wert 2 gehörigen x-Wert, indem wir die Gleichung $e^x - 1 = 2$ nach x auflösen.
Wir erhalten $x = \ln 3$.
Nun bestimmen wir den Inhalt der Fläche zwischen dem Graphen von f und der x-Achse über dem Intervall $[0; \ln 3]$.
Dieser beträgt 0,90.
Diesen Wert ziehen wir vom Flächeninhalt des Rechtecks mit der x-Breite ln 3 und der y-Höhe 2 ab, der ca. 2,20 beträgt. Für den Inhalt von A_2 erhalten wir daher $A_2 \approx 1{,}30$.

Berechnung von A_2:

$$\int_{0}^{\ln 3} (e^x - 1)\,dx = [e^x - x]_{0}^{\ln 3} = 2 - \ln 3 \approx 0{,}90$$

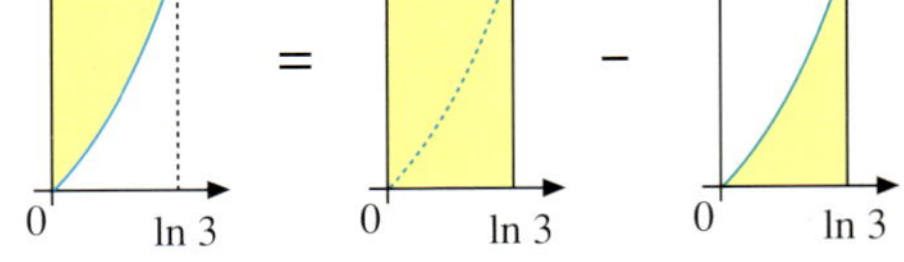

$A_2 \approx$ Rechtecksfläche $- 0{,}90$
$A_2 \approx \ln 3 \cdot 2 - 0{,}90 \approx 2{,}20 - 0{,}90$
$A_2 \approx 1{,}30$

Übung 1

Berechnen Sie den Inhalt der dargestellten Fläche A.

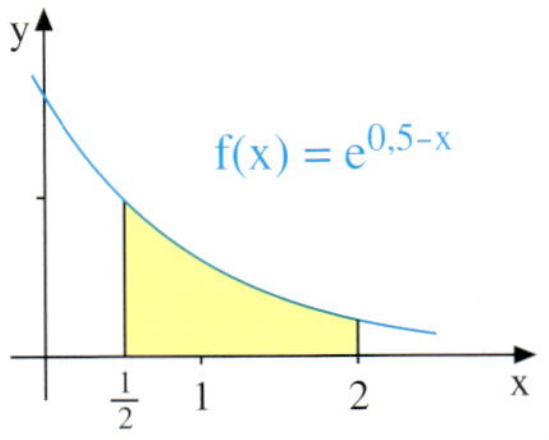

Übung 2

Gegeben sind die Funktionen $f(x) = e^x$ und $g(x) = e^{1-x}$. Diese begrenzen gemeinsam mit der x-Achse und den beiden senkrechten Geraden $x = -1$ und $x = 1$ ein Flächenstück. Skizzieren Sie dieses und berechnen Sie seinen Flächeninhalt.

Beispiel: Fläche zwischen Graphen

Berechnen Sie den Inhalt der Fläche A, die von den Graphen der Funktionen $f(x) = 2 \cdot e^{\frac{1}{4}x}$ und $g(x) = e^{\frac{5}{4}x-1}$ sowie der y-Achse begrenzt wird.

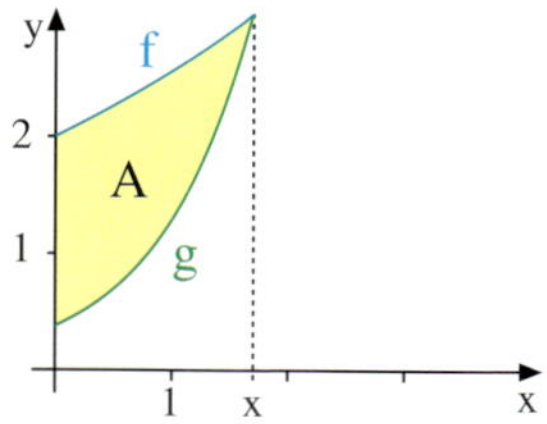

Lösung:

Die Grobskizze zeigt, dass sich die Kurven etwa bei $x = 1{,}7$ schneiden, so dass die abgebildete Flächenform entsteht. Wir berechnen also zunächst die Schnittstelle x und anschließend das bestimmte Integral der Differenzfunktion $f - g$ über dem Intervall $[0\,;\,x]$.

Schnittstellenberechnung:

$$
\begin{aligned}
f(x) &= g(x) \\
2 \cdot e^{\frac{1}{4}x} &= e^{\frac{5}{4}x-1} && \big|\cdot e^{-\frac{1}{4}x} \\
2 &= e^{x-1} && \big|\ln \\
\ln 2 &= x - 1 \\
x &= \ln 2 + 1 \\
x &\approx 1{,}69
\end{aligned}
$$

Flächenberechnung:

$$
\begin{aligned}
A &\approx \int_0^{1{,}69} (f(x) - g(x))\,dx \\
&= \int_0^{1{,}69} \left(2 \cdot e^{\frac{1}{4}x} - e^{\frac{5}{4}x-1}\right) dx \\
&= \left[8 \cdot e^{\frac{1}{4}x} - \tfrac{4}{5} \cdot e^{\frac{5}{4}x-1}\right]_0^{1{,}69} \approx 2{,}26
\end{aligned}
$$

Beispiel: Unbegrenzte Fläche

Gesucht ist der Inhalt des nach rechts unbegrenzten Flächenstückes A, das im 1. Quadranten zwischen dem Graphen von $f(x) = e^{-x}$ und der x-Achse liegt.

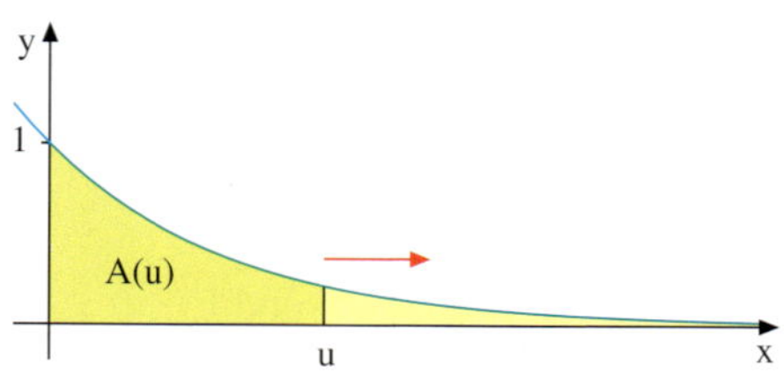

Lösung:

Wir berechnen zunächst den Inhalt der Fläche A(u) zwischen dem Graphen von f und der x-Achse über dem Intervall $[0\,;\,u]$, $u > 0$. Der gesuchte Inhalt von A ergibt sich dann als Grenzwert dieses Flächeninhaltes für $u \to \infty$: $A = \lim\limits_{u \to \infty} A(u) = 1$.

$$A(u) = \int_0^u e^{-x}\,dx = \left[-e^{-x}\right]_0^u = 1 - e^{-u}$$

$$A = \lim_{u \to \infty} A(u) = \lim_{u \to \infty} (1 - e^{-u}) = 1$$

Übung 3

Gesucht ist der Inhalt derjenigen Fläche A, die von den Graphen der Funktionen f und g sowie der y-Achse begrenzt wird. Fertigen Sie zunächst eine Grobskizze an.

a) $f(x) = \frac{1}{4}(e^x - 1)$, $g(x) = 2 - e^x$

b) $f(x) = \frac{1}{2}e^{\frac{1}{2}x}$, $g(x) = e^{1-\frac{1}{4}x}$

Übung 4

a) Gesucht ist der Inhalt des im 1. Quadranten liegenden Flächenstückes zwischen den Graphen von $f(x) = e^{-x}$ und $g(x) = e^{-2x}$, das nach rechts unbegrenzt ist.

b) Wie ist $a > 0$ zu wählen, wenn der Inhalt des im 2. Quadranten zwischen dem Graphen von $f_a(x) = (a+1) \cdot e^{ax}$ und der x-Achse liegenden – nach links unbegrenzten – Flächenstückes A den Wert 2 annehmen soll?

CAS

6. Kurvendiskussionen

Im Folgenden werden wieder Kurven untersucht, deren Funktionsgleichungen Exponentialterme enthalten, die aber etwas komplizierter aufgebaut sind als die bisherigen elementaren Beispiele. Zu den Routineuntersuchungspunkten – Ableitungen, Nullstellen, Extrema, Wendepunkte, Verhalten für $x \to \infty$, Graph – werden zusätzlich individuelle Aufgabenstellungen angeboten, deren Lösungen Transferleistungen erfordern.
Das erste Beispiel dient als Musteraufgabe. Daher werden hier besonders zahlreiche Zusatzaufgaben angeboten.

A. Kurvenuntersuchungen

Beispiel: Kurvendiskussion
Untersuchen Sie die Funktion $f(x) = x \cdot e^{1-x}$ auf Nullstellen, Extrema und Wendepunkte. Wie verhalten sich die Funktionswerte f(x), wenn x gegen $+\infty$ bzw. gegen $-\infty$ strebt? Zeichnen Sie auf der Basis Ihrer Resultate den Graphen von f für $-1 \le x \le 3$.

Lösung:

1. Ableitungen:
Wir bestimmen die erste Ableitung f′ mit Hilfe der Produkt- und der Kettenregel:

$$f'(x) = (x \cdot e^{1-x})' = 1 \cdot e^{1-x} + x \cdot e^{1-x} \cdot (-1)$$
$$= (1-x) \cdot e^{1-x}$$

Analog berechnen wir f″ und f‴:
$f''(x) = (x-2) \cdot e^{1-x}$
$f'''(x) = (3-x) \cdot e^{1-x}$

2. Nullstellen:
Der Ansatz lautet $f(x) = x \cdot e^{1-x} = 0$.
Ein Produkt wird null, wenn einer der Faktoren null wird.
Da der Exponentialterm e^{1-x} nicht null werden kann, liefert der Faktor x die einzige Nullstelle von f bei $x = 0$.

3. Extrema:
Die notwendige Bedingung für Extrema $f'(x) = (1-x) \cdot e^{1-x} = 0$ ist für $x = 1$ erfüllt. Der zugehörige Funktionswert ist $y = 1$.

Die Überprüfung der potentiellen Extremalstelle $x = 1$ mithilfe der zweiten Ableitung liefert $f''(1) = -1 < 0$, sodass es sich um ein Maximum handelt.

Der Punkt H(1; 1) ist Hochpunkt von f.

4. Wendepunkte:
Die notwendige Bedingung für Wendestellen $f''(x) = (x-2) \cdot e^{1-x} = 0$ ist für $x = 2$ erfüllt. Der zugehörige Funktionswert lautet $y = \frac{2}{e}$. Wegen $f'''(2) = e^{-1} > 0$ ist der Punkt $W\left(2; \frac{2}{e}\right)$ ein Rechts-links-Wendepunkt.

5. Verhalten für $x \to \pm\infty$:
Für $x \to \infty$ strebt f gegen 0.

x	1	5	10	$\to \infty$
f(x)	1	0,09	0,0012	$\to 0$

Für $x \to -\infty$ strebt f gegen $-\infty$.

x	-1	-5	-10	$\to -\infty$
f(x)	-7	$-2 \cdot 10^3$	$-6 \cdot 10^5$	$\to -\infty$

6. Graph:

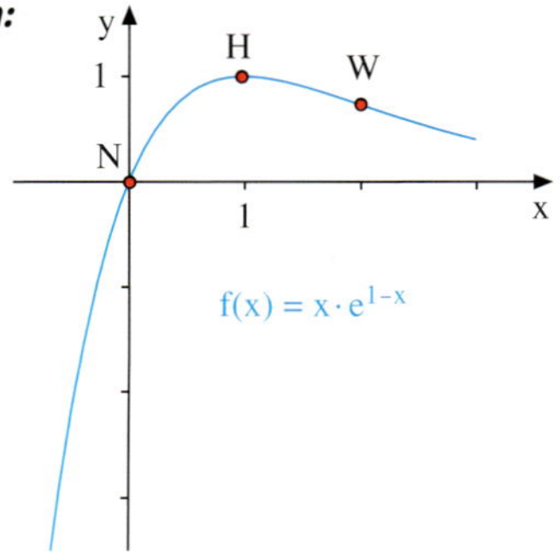

Zusatzaufgaben zum vorhergehenden Beispiel

Wir untersuchen nun einige Zusatzprobleme zum vorhergehenden Beispiel, die auch bei zukünftigen Aufgabenstellungen von Interesse sind, wie Tangenten, Flächeninhalte etc.

Beispiel: Tangente

Die Funktion $f(x) = x \cdot e^{1-x}$ stellt eine Straße dar. Im Punkt $P\left(2; \frac{2}{e}\right)$ soll tangential eine gerade Ausfahrt abgehen.
Wie lautet die Gleichung der Ausfahrt?
Wo überquert die Ausfahrt den Fluss?

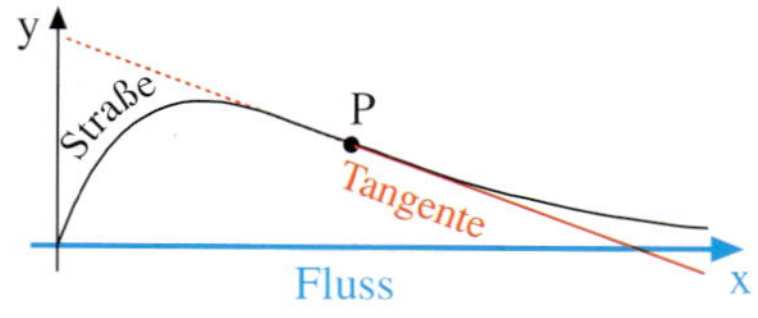

Lösung:
Wir verwenden als Ansatz die allgemeine Gleichung der Tangente von f im Punkt $P(x_0; f(x_0))$.
Wir kennen $x_0 = 2$ und $f(x_0) = f(2) = \frac{2}{e}$.
Mithilfe der Produkt- und der Kettenregel berechnen wir $f'(x) = (1-x) \cdot e^{1-x}$.
Daher gilt $f'(x_0) = f'(2) = -\frac{1}{e}$.
Durch Einsetzen dieser Daten in die allgemeine Tangentengleichung erhalten wir die Gleichung der Tangente (Ausfahrt).
$t(x) = -\frac{1}{e}x + \frac{4}{e}$.
Sie schneidet die x-Achse, d.h. den Fluss an der Stelle $x = 4$.

Allgemeine Tangentengleichung:
$t(x) = f'(x_0) \cdot (x - x_0) + f(x_0)$

Anstieg der Tangente:
$f(x) = x \cdot e^{1-x}$
$f'(x) = (1-x) \cdot e^{1-x}$
$f'(2) = -\frac{1}{e}$

Gleichung der Tangente:
$t(x) = -\frac{1}{e}(x-2) + \frac{2}{e}$
$t(x) = -\frac{1}{e}x + \frac{4}{e}$

Schnittpunkt mit der x-Achse:
$t(x) = -\frac{1}{e}x + \frac{4}{e} = 0,\ x = 4$

Beispiel: Flächeninhalt

Die Funktion $f(x) = x \cdot e^{1-x}$, die x-Achse und die beiden senkrechten Geraden $x = 1$ und $x = 2$ begrenzen ein Grundstück. Wie groß ist dessen Inhalt A? Zeigen Sie zunächst: $F(x) = (-1-x) \cdot e^{1-x}$ ist eine Stammfunktion von f.

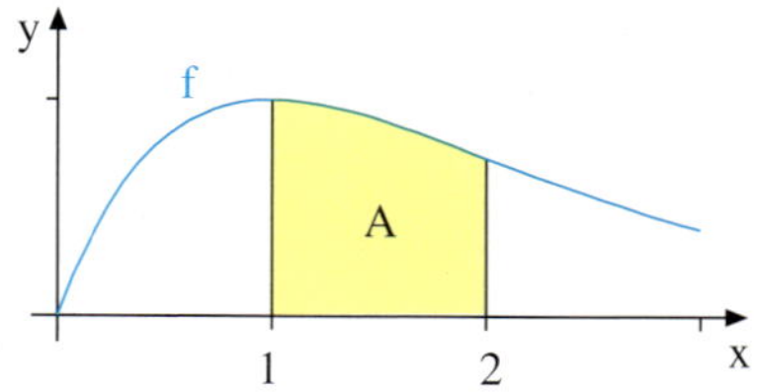

Lösung:
Durch Ableiten von F mithilfe der Produkt- und der Kettenregel zeigen wir, dass F eine Stammfunktion von f ist.

Anschließend können wir den gesuchten Flächeninhalt mithilfe eines bestimmten Integrals errechnen.
Wir erhalten $A \approx 0{,}90$.

Nachweis, dass F Stammfunktion ist:
$F(x) = (-1-x) \cdot e^{1-x} = u \cdot v$
$F'(x) = u' \cdot v + u \cdot v'$
$\quad = (-1) \cdot e^{1-x} + (-1-x) \cdot (-e^{1-x})$
$\quad = x \cdot e^{1-x} = f(x)$

Flächeninhalt:
$$A = \int_1^2 x \cdot e^{1-x} dx = [(-1-x) \cdot e^{1-x}]_1^2$$
$$= (-3e^{-1}) - (-2) \approx 0{,}90$$

Beispiel: Extremalproblem

Der Punkt $P(x; y)$ mit $x > 0$ liegt im ersten Quadranten auf dem Graphen von $f(x) = x \cdot e^{1-x}$ und ist die rechte obere Ecke eines achsenparallelen Rechtecks, dessen linke untere Ecke der Ursprung ist. Wie muss die Punktabszisse x gewählt werden, wenn der Flächeninhalt A des Rechtecks maximal werden soll?

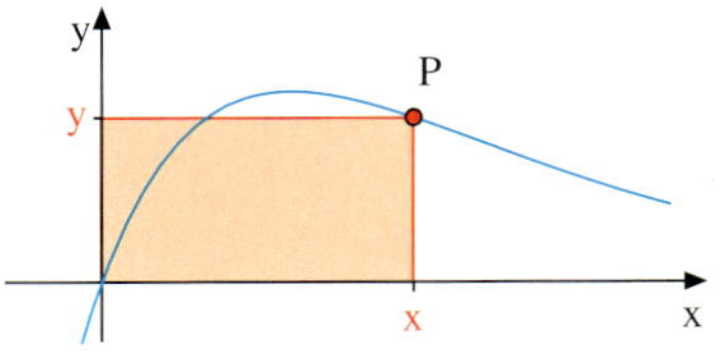

Lösung:
Wir stellen zunächst den Inhalt A als Funktion von x dar: $A(x) = x^2 \cdot e^{1-x}$.
Dann bilden wir die Ableitung A′ von A und setzen diese null. Wir erhalten zwei Nullstellen von A′ bei $x = 0$ und $x = 2$. Die erste kommt nicht in Frage, die zweite ist die gesuchte Maximalstelle, was man durch Überprüfen mittels A″ bestätigen könnte.
Resultat: Der Punkt $P\left(2; \frac{2}{e}\right)$ führt zum Rechteck mit der Maximalfläche $\frac{4}{e} \approx 1{,}47$.

$$A = x \cdot y = x \cdot f(x) = x \cdot x e^{1-x} = x^2 \cdot e^{1-x}$$
$$A'(x) = 2x e^{1-x} + x^2 \cdot (-e^{1-x}) = (2x - x^2) \cdot e^{1-x}$$
$$A' = 0: \quad (2x - x^2) \cdot e^{1-x} = 0$$
$$2x - x^2 = 0$$
$$x = 0 \text{ (Min)}, \; x = 2 \text{ (Max)}$$
$$y = f(2) = \tfrac{2}{e} \approx 0{,}74$$
$$A_{Max} = \tfrac{4}{e} \approx 1{,}47$$

Beispiel: Approximation durch eine Parabel

Der Graph von $f(x) = x \cdot e^{1-x}$ soll im Bereich $0 \le x \le 1$ durch eine Parabel der Form $g(x) = ax^2 + bx + c$ approximiert werden. Die Parabel soll durch die Punkte N(0; 0) und H(1; 1) des Graphen von f sowie durch den Punkt P(2; 0) verlaufen.
Wie lautet ihre Gleichung und wie groß ist die Maximalabweichung für $0 \le x \le 1$ näherungsweise?

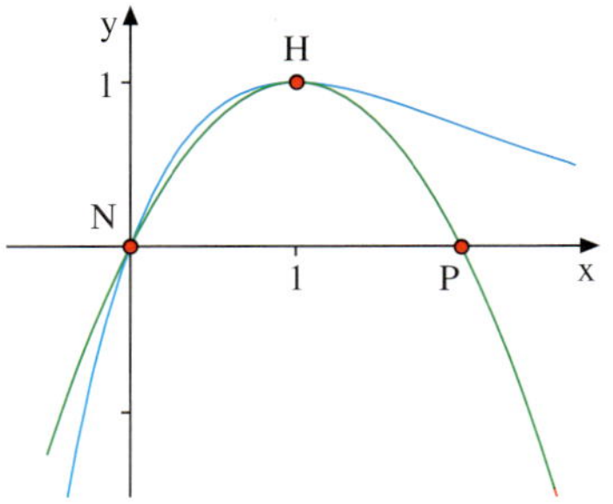

Lösung zur Parabelgleichung:

Ansatz für die Parabel:
$g(x) = ax^2 + bx + c$

Aufstellen eines Gleichungssystems:
N(0; 0) auf g: $g(0) = 0 \Rightarrow \quad c = 0$
H(1; 1) auf g: $g(1) = 1 \Rightarrow \quad a + b + c = 1$
P (2; 0) auf g: $g(2) = 0 \Rightarrow 4a + 2b + c = 0$

Auflösen des Gleichungssystems:
$a = -1, b = 2, c = 0$

Resultat:
$g(x) = -x^2 + 2x$

Lösung zur Approximationsgüte:

Die Differenzfunktion von f(x) und g(x) ist
$d(x) = x \cdot e^{1-x} + x^2 - 2x$.

Ihre Ableitungsfunktion ist dann
$d'(x) = (1 - x) \cdot e^{1-x} + 2x - 2$.

Setzen wir diese gleich null, so folgt:
$$(1 - x) \cdot e^{1-x} + 2x - 2 = 0$$
$$e^{1-x} = \frac{2 - 2x}{1 - x} = 2$$
$$1 - x = \ln 2$$
$$x = 1 - \ln 2$$
$$x \approx 0{,}31$$

Resultat:
Für $x = 0{,}31$ ist die Abweichung maximal. Sie beträgt ca. 0,094.

Übungen

CAS

1. Kurvendiskussion

Gegeben ist die Funktion $f(x) = (x-1) \cdot e^x$.

a) Bestimmen Sie die Ableitungen f', f'' und f'''.

b) Untersuchen Sie die Funktion f auf Nullstellen.

c) Die Funktion f besitzt ein Extremum und einen Wendepunkt. Wo liegen diese Punkte?

d) Untersuchen Sie das Verhalten von f für $x \to -\infty$ bzw. $x \to \infty$ mit einer Tabelle.

e) Skizzieren Sie den Graphen von f für $-3 \leq x \leq 2$.

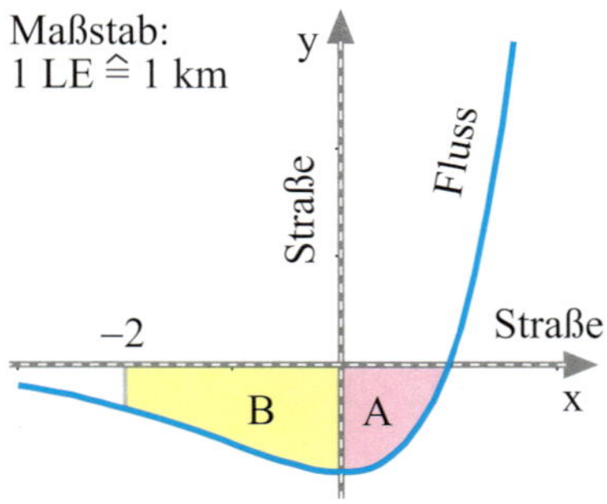

2. Flächeninhalt

Die Funktion $f(x) = (x-1) \cdot e^x$ (s. Bild oben) beschreibt den Verlauf eines Flusses, der von zwei Straßen überbrückt wird, die längs der Koordinatenachsen laufen.

Die beiden Straßen und der Fluss schließen im 4. Quadranten ein Grundstück A ein, welches für 80 Cent pro m^2 zum Kauf angeboten wird.

a) Zeigen Sie, dass $F(x) = (x-2) \cdot e^x$ eine Stammfunktion von f ist.

b) Berechnen Sie den Verkaufspreis für das Grundstück A.

c) Wie groß ist das im 3. Quadranten liegende Grundstück B, welches durch die Straßen, den Fluss und den Fußweg bei $x = -2$ begrenzt wird?

3. Tangenten

Gegeben ist die Funktion $f(x) = e^x - x$. Sie beschreibt den Verlauf einer Autobahn.

a) Besitzt f Extrema und Wendepunkte?

b) Schließen Sie aus den Ergebnissen, dass f keine Nullstellen besitzt.

c) Vom Bahnhof B(0; 0) führt ein Zubringer zum Punkt P(1; f(1)) der Autobahn. Zeigen Sie, dass dieser Zubringer tangential in die Autobahn mündet.

Wie lange benötigt ein 30 km/h schnelles Fahrzeug vom Bahnhof bis zur Autobahn?

d) Wie viel Hektar Fläche hat das Grundstück zwischen Straße, Zubringer und Bahnlinie? (1 Hektar = 10 000 m^2)

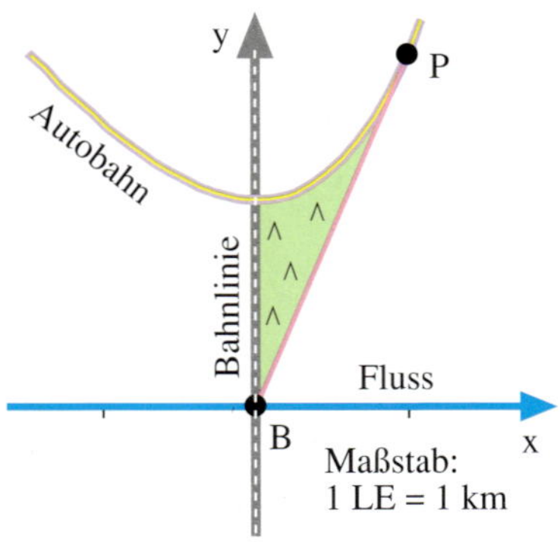

4. Kurvenuntersuchung

Gegeben ist die Funktion $f(x) = x \cdot e^{x+1}$.

a) Untersuchen Sie f auf Nullstellen, Extrema und Wendepunkte.

b) Zeichnen Sie den Graphen von f für $-3 \leq x \leq 0{,}5$.

c) Der Ursprung wird mit dem Punkt $P(-1; f(-1))$ durch eine Sekante s verbunden. Wie groß ist das Flächenstück zwischen Kurve f und Sekante s? (Hinweis: $F(x) = (x-1) \cdot e^{x+1}$ ist Stammfunktion von f) Wie lang ist die Sekante s?

Beispiel: Kurvendiskussion Untersuchen Sie die Funktion $f(x) = (x^2 - 2x) \cdot e^{0,5x}$ auf Nullstellen, Extrema und Wendepunkte. Wie verhält sich die Funktion für $x \to \infty$ bzw. $x \to -\infty$? Zeichnen Sie den Graphen von f für $-7 \leq x \leq 2,5$.

Lösung:

1. Ableitungen:

Die Ableitungen werden mit der Produktregel und der Kettenregel bestimmt.

$$f'(x) = [(x^2 - 2x) \cdot e^{0,5x}]'$$
$$= (2x - 2) \cdot e^{0,5x} + (x^2 - 2x) \cdot (0,5 e^{0,5x})$$
$$= \left(\tfrac{1}{2}x^2 + x - 2\right) \cdot e^{0,5x}$$
$$f''(x) = \left(\tfrac{1}{4}x^2 + \tfrac{3}{2}x\right) \cdot e^{0,5x}$$
$$f'''(x) = \left(\tfrac{1}{8}x^2 + \tfrac{5}{4}x + \tfrac{3}{2}\right) \cdot e^{0,5x}$$

6. Graph:

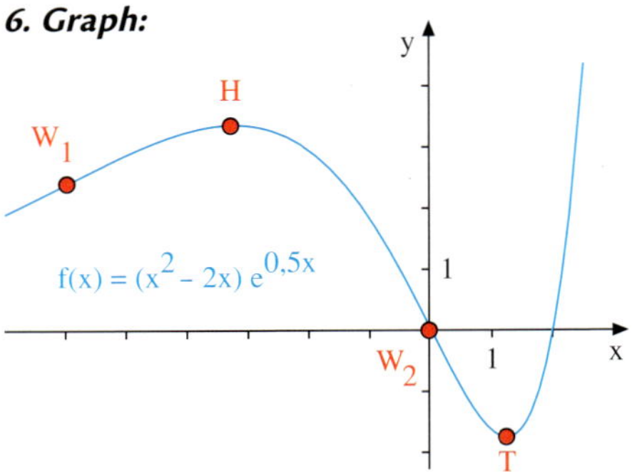

2. Nullstellen:

Die Funktion besitzt zwei Nullstellen, nämlich bei $x = 0$ und $x = 2$.

$f(x) = 0$:
$$(x^2 - 2x) \cdot e^{0,5x} = 0$$
$$x^2 - 2x = 0$$
$$x(x-2) = 0$$
$$x = 0;\ x = 2$$

3. Extrema:

Die Ableitung f′ hat zwei Nullstellen, bei $x = -1 - \sqrt{5} \approx -3,24$ und $x = -1 + \sqrt{5} \approx 1,24$. Die Überprüfung mittels f″ ergibt ein Maximum im ersten Fall und ein Minimum im zweiten Fall. Nach Berechnung der zugehörigen y-Werte erhalten wir einen Hochpunkt $H(-3,24; 3,36)$ sowie einen Tiefpunkt $T(1,24; -1,75)$.

$f'(x) = 0$:
$$\left(\tfrac{1}{2}x^2 + x - 2\right) \cdot e^{0,5x} = 0$$
$$\tfrac{1}{2}x^2 + x - 2 = 0$$
$$x^2 + 2x - 4 = 0$$
$$x = -1 \pm \sqrt{5} \approx -1 \pm 2,24$$

$x \approx -3,24$; $y \approx 3,36$; $f''(-3,24) < 0$ → Maximum

$x \approx 1,24$; $y \approx -1,75$; $f''(1,24) > 0$ → Minimum

4. Wendepunkte:

Die Nullstellen von f″ liegen bei $x = 0$ und $x = -6$. Nach Überprüfung mithilfe von f‴ und nach Berechnung der zugehörigen y-Werte erhalten wir einen Links-rechts-Wendepunkt $W_1(-6; 2,39)$ und einen Rechts-links-Wendepunkt $W_2(0; 0)$.

$f''(x) = 0$:
$$\left(\tfrac{1}{4}x^2 + \tfrac{3}{2}x\right) \cdot e^{0,5x} = 0$$
$$\tfrac{1}{4}x^2 + \tfrac{3}{2}x = 0$$
$$x\left(\tfrac{1}{4}x + \tfrac{3}{2}\right) = 0$$

$x = 0$; $y = 0$; $f'''(0) > 0$ → R–l–WP

$x = -6$; $y \approx 2,39$; $f'''(-6) < 0$ → L–r–WP

5. Verhalten für $x \to \pm\infty$:

Wir überprüfen das Grenzverhalten von f durch Testeinsetzungen. Ergebnis:

Für $x \to -\infty$ streben die Funktionswerte gegen null. Der Graph von f schmiegt sich von oben an die negative x-Achse.

Für $x \to \infty$ steigt der Graph von f steil an und wächst über alle Grenzen.

x	−1	−5	−10	→ −∞
f(x)	1,82	2,9	0,81	→ 0

x	1	5	10	→ ∞
f(x)	−1,65	182,7	$1,2 \cdot 10^4$	→ ∞

Übungen

CAS

5. Kurvendiskussionen

Führen Sie eine Kurvendiskussion durch. Überprüfen Sie hierzu f auf Nullstellen, Extrema und Wendepunkte. Untersuchen Sie, wie f sich für $x \to \pm\infty$ verhält. Skizzieren Sie den Graphen von f in einem sinnvollen Bereich.

a) $f(x) = (2x + 2) \cdot e^{-0,5x}$ b) $f(x) = (1 - x) \cdot e^{2-x}$ c) $f(x) = e^{x} - 2e^{-x}$

6. Graph und Funktionsterm

Ordnen Sie jedem Funktionsterm den passenden Graphen zu. Begründen Sie.

$f(x) = e^{-x} - 1$

$g(x) = x + e^{x+1}$

$h(x) = (1 - x^2)e^{-x}$

$k(x) = -(1 + x)e^{-x}$

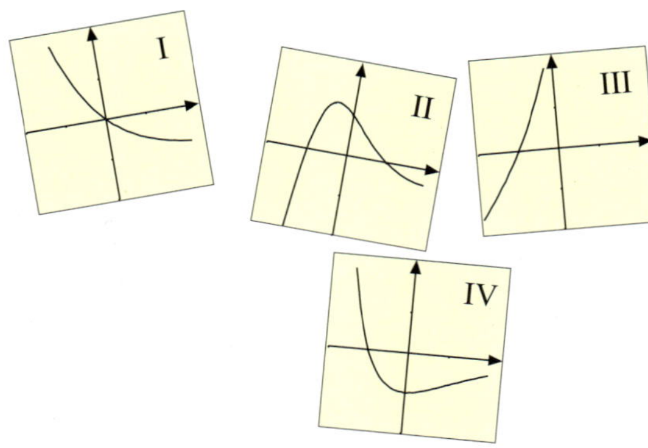

7. Funktion und Stammfunktion

Ordnen Sie jeder Funktion die passende Stammfunktion zu. Führen Sie den Nachweis.

A: $f(x) = x - e^{2x}$

B: $f(x) = x \cdot e^{2x}$

C: $f(x) = (1 - 2x)e^{-2x}$

D: $f(x) = 1 + 2e^{-2x}$

I: $F(x) = xe^{-2x}$

II: $F(x) = 0,5x^2 - 0,5e^{2x}$

III: $F(x) = (0,5x - 0,25)e^{2x}$

IV: $F(x) = x - e^{-2x}$

8. Kanalprofil

Das Querschnittsprofil eines 400 m langen Kanals kann durch die Funktion $f(x) = 2x\,e^{-0,25x^2}$ modelliert werden. ($0 \le x \le 5$, 1 LE = 1 m,)

Hinweis: $(e^{-0,25x^2})' = -0,5x \cdot e^{-0,25x^2}$

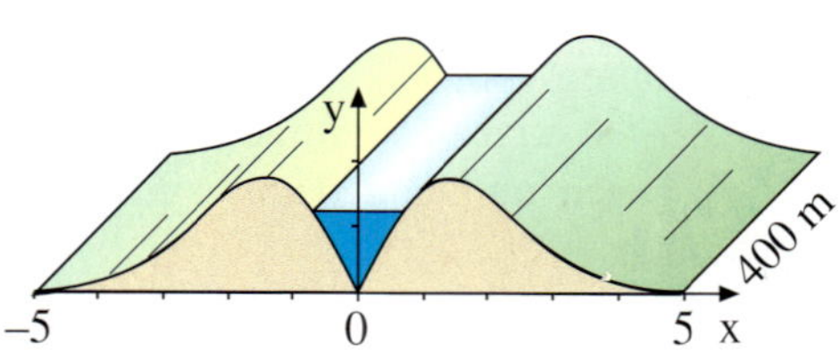

a) Wie hoch ist die Dammkrone? Wie breit ist die Wasserrinne?

b) Zeigen Sie, dass $F(x) = -4e^{-0,25x^2}$ eine Stammfunktion von f ist.

c) Berechnen Sie das maximale Fassungsvermögen des Kanals.

d) Der städtische Rasenmäher hat eine maximale Steigfähigkeit von 40°. Kann der Hang des Dammes damit bis zur Dammkrone befahren werden?

Beispiel: Gegeben ist die Kurvenschar $f_a(x) = e^{2x} - a \cdot e^x$, $a > 0$.
Untersuchen Sie f_a auf Nullstellen, Extrema, Wendepunkte, Verhalten für $x \to \pm\infty$.
Zeichnen Sie die Graphen f_2 und f_3 für $-3 \le x \le 1{,}2$.

Lösung:

1. Ableitungen:
Die Ableitungen sind mit der Kettenregel relativ einfach zu gewinnen.
Es ist günstig, jeweils den Faktor e^x auszuklammern.

Ableitungen:

$$f_a(x) = e^{2x} - a \cdot e^x = e^x \cdot (e^x - a)$$
$$f_a'(x) = 2e^{2x} - a \cdot e^x = e^x \cdot (2e^x - a)$$
$$f_a''(x) = 4e^{2x} - a \cdot e^x = e^x \cdot (4e^x - a)$$
$$f_a'''(x) = 8e^{2x} - a \cdot e^x = e^x \cdot (8e^x - a)$$

2. Nullstellen:
Die Funktion f_a hat genau eine Nullstelle bei $x = \ln a$.

Nullstellen: $f_a(x) = e^x \cdot (e^x - a) = 0$

$$e^x - a = 0$$
$$x = \ln a$$

3. Extrema:
Bei $x = \ln\frac{a}{2}$ liegt eine Nullstelle von f', d.h. eine Stelle mit waagerechter Tangente.
Der y-Wert beträgt $y = -\frac{a^2}{4}$. Die Überprüfung mittels f_a'' ergibt ein Minimum.
Resultat: Tiefpunkt $T\left(\ln\frac{a}{2};\ -\frac{a^2}{4}\right)$

Extrema: $f_a'(x) = e^x \cdot (2e^x - a) = 0$

$$2e^x - a = 0$$
$$x = \ln\frac{a}{2}$$

$$y = f\left(\ln\frac{a}{2}\right) = e^{\ln\frac{a}{2}} \cdot \left(e^{\ln\frac{a}{2}} - a\right) = \frac{a}{2}\left(\frac{a}{2} - a\right) = -\frac{a^2}{4}$$

$$f''\left(\ln\frac{a}{2}\right) = \frac{a^2}{2} > 0 \quad \Rightarrow \text{ Minimum}$$

4. Wendepunkte:
Mithilfe der notwendigen Bedingung für Wendepunkte $f'' = 0$ errechnen wir einen Wendepunkt mit Rechts-links-Krümmung.
Resultat: $W\left(\ln\frac{a}{4};\ -\frac{3}{16}a^2\right)$

Wendepunkte: $f_a''(x) = e^x(4e^x - a) = 0$

$$x = \ln\frac{a}{4}$$
$$y = -\frac{3}{16}a^2$$

$$f_a'''\left(\ln\frac{a}{4}\right) = \frac{a^2}{4} > 0 \quad \Rightarrow \text{ R-l-Wendepunkt}$$

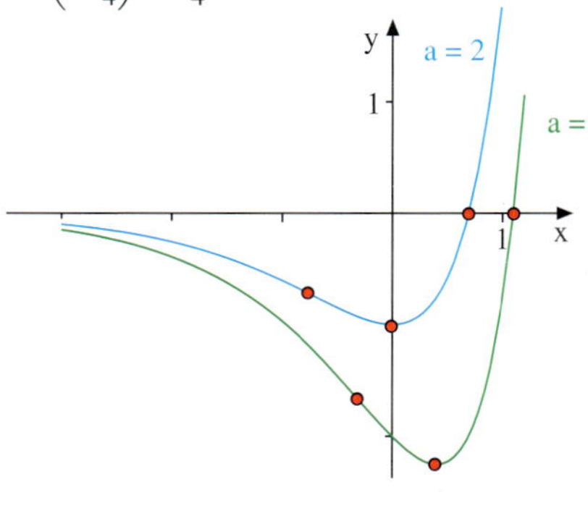

5. Verhalten für $x \to \pm\infty$:
Für $x \to \infty$ überwiegt der Teilterm e^{2x}.
Er strebt gegen unendlich und damit auch der Gesamtterm von f_a.
Für $x \to -\infty$ streben beide Teilterme e^{2x} und e^x gegen null und damit auch die Funktion f_a.
Der Graph von f_a schmiegt sich also für $x \to -\infty$ an die x-Achse.

Übung 9

Gegeben ist die Funktion $f_a(x) = e^{2x} - ae^x$ aus dem obigen Beispiel.

a) Für welchen Wert von a liegt der Extremwert von f_a bei $x = 2$?

b) Für welches a liegt der Wendepunkt von f auf der y-Achse?

c) Bestimmen Sie eine Stammfunktion von f_a.

d) Für welchen Wert von a umschließen der Graph von f_a und die beiden Koordinatenachsen im vierten Quadranten eine Fläche mit dem Inhalt 2?

Übungen

CAS

10. Kurvendiskussion

Gegeben ist die Funktion $f(x) = 4x \cdot e^{-0{,}5x}$.

a) Untersuchen Sie f auf Nullstellen. Wie verhält sich f für $x \to \pm\infty$.

b) Bestimmen Sie den Extremalpunkt und den Wendepunkt von f. Beschreiben Sie das Monotonieverhalten und das Krümmungsverhalten von f.

c) Bestimmen Sie die Gleichung der Wendenormalen von f. $\left(\text{Kontrolle: } n(x) = \frac{e^2}{4}x - e^2 + \frac{16}{e^2}\right)$

d) Zeichnen Sie die Graphen von f und n für $-1 \le x \le 8$.

11. Kurvenuntersuchung

Gegeben sind die Funktionen $f(x) = e^{0{,}5x}$ und $g(x) = e^{1{,}5-0{,}25x}$.

a) Skizzieren Sie die Graphen von f und g in einem Koordinatensystem für $-2 \le x \le 4$.

b) Bestimmen Sie die Ableitungen f′ und g′.

c) Wo schneiden sich die beiden Funktionsgraphen? Wie groß ist ihr Schnittwinkel?

d) Eine Ursprungsgerade h berührt den Graphen von f als Tangente. Wo liegt der Berührpunkt von f und h? Wie lautet die Gleichung von h?

e) Wie groß ist die Fläche A, welche von f und g und der y-Achse umschlossen wird?

12. Flächeninhalt

Die Abbildung rechts zeigt den Graphen von $f(x) = 4x e^{-0{,}5x}$.

Die Normale n im Wendepunkt $W\left(4; \frac{16}{e^2}\right)$ hat die Gleichung $n(x) = \frac{e^2}{4}x - e^2 + \frac{16}{e^2}$.

a) Zeigen Sie, dass $F(x) = (-8x - 16)e^{-0{,}5x}$ eine Stammfunktion von f ist.

b) Berechnen Sie den Inhalt der markierten Fläche.

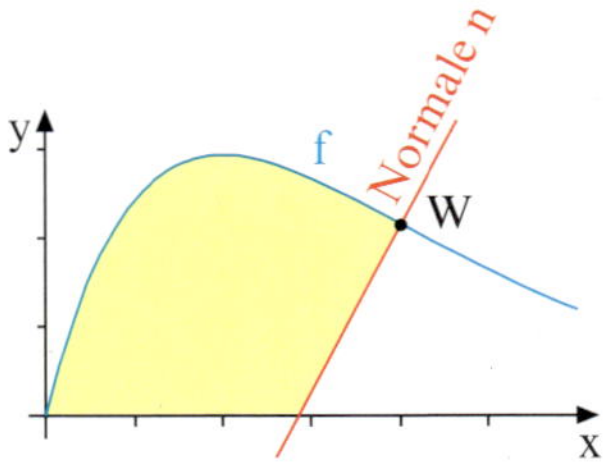

13. Extremalproblem

Auf dem Graphen von $f(x) = 4x \cdot e^{-0{,}5x}$ wandert der Punkt $P(u; f(u))$, $u > 0$.

Wie muss u gewählt werden, damit der Inhalt des markierten achsenparallelen Rechtecks maximal wird?

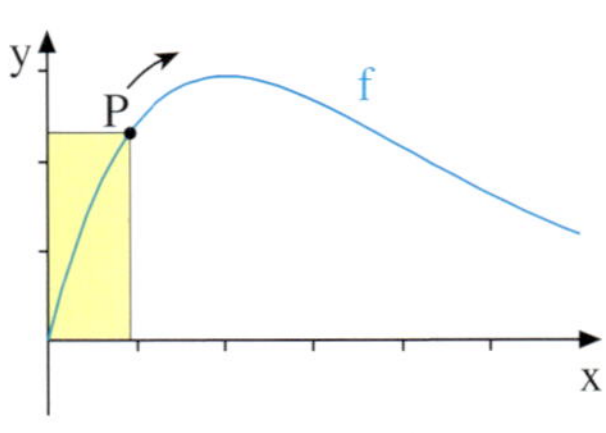

14. Fledermausgaube

Die Abbildung zeigt eine Fledermausgaube, die 4 m breit ist. Das obere Randprofil wird durch die Funktion $f(x) = 2e^{-\frac{1}{8}x^2}$ für $-2 \le x \le 2$ modelliert.

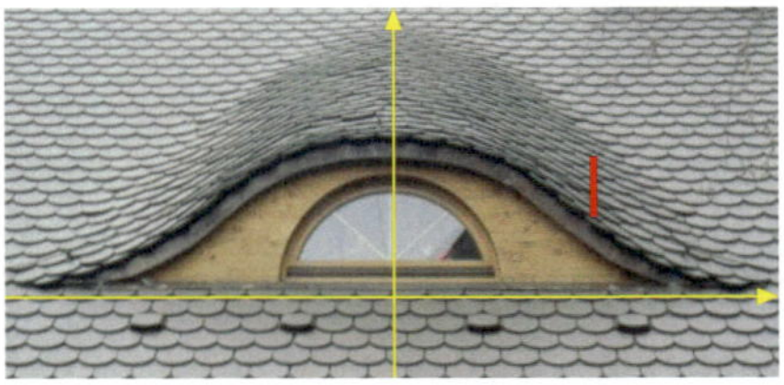

a) Wie hoch ist die Gaube an ihrer höchsten Stelle?

b) An welchen Stellen ist das Profil am steilsten? Wie groß ist dort der Anstiegswinkel?

c) Die Gaube besitzt ein parabelförmiges Fenster. Es ist 3 m breit und 1,5 m hoch. Wie lautet die Gleichung der Fensterparabel? Wie groß ist die Glasfläche?

d) Am Gaubenrand soll eine Antenne angebracht werden, deren Höhe 1 m beträgt. Sie soll die Gaubenspitze nicht überragen. In welchem Bereich kann sie aufgestellt werden?

CAS

7. Anwendungen

A. Die Kettenlinie und die Glockenkurve

Eine an zwei Aufhängepunkten befestigte Kette nimmt unter der Last ihres eigenen Gewichts eine ganz bestimmte Form an.
Diese Kurvenform wird als ***Kettenlinie*** *bezeichnet. Kettenlinien können bei geeigneter Wahl eines Koordinatensystems durch eine Funktionsgleichung der Form*

$$f_a(x) = \frac{a}{2} \cdot \left(e^{\frac{x}{a}} + e^{-\frac{x}{a}}\right), \quad a > 0,$$

dargestellt werden. Der Parameter a hängt nur von der Lage der Aufhängepunkte und von der Kettenlänge ab.

Beispiel: Eine Kettenlinie
Diskutieren Sie die Kettenlinienfunktion $f(x) = \frac{1}{2} \cdot (e^x + e^{-x})$. Zeichnen Sie den Graphen der Funktion für $-2 \leq x \leq 2$.*

Lösung:
Die Funktion f ist achsensymmetrisch zur y-Achse. Sie hat keine Nullstellen, da die Teilterme e^x und e^{-x} beide positiv sind.

Die Ableitungen lauten:

$$f'(x) = \frac{1}{2} \cdot (e^x - e^{-x})$$

$$f''(x) = \frac{1}{2} \cdot (e^x + e^{-x})$$

f' hat eine Nullstelle bei $x = 0$. Dort liegt ein Extremum. Der Punkt P(0; 1) ist ein Tiefpunkt. f'' hat keine Nullstellen. Daher gibt es keine Wendepunkte.

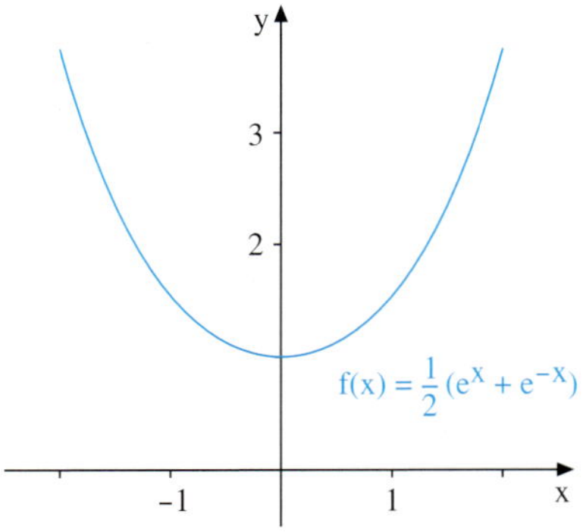

Übung 1
Gegeben sei die Funktion $f(x) = \frac{1}{4} e^x + 2e^{-x}$.

a) Diskutieren Sie die Funktion (Nullstellen, Extrema, Wendepunkte, Graph für $-0{,}5 \leq x \leq 2{,}5$).
b) Bestimmen Sie eine Stammfunktion von f.
c) Gesucht ist der Inhalt der Fläche A zwischen dem Graphen von f und der x-Achse über dem Intervall [0; 1].
d) Wie muss a gewählt werden, wenn das lokale Extremum von $f_a(x) = \frac{1}{4} e^x + a e^{-x}$ an der Stelle $x = 0{,}5$ liegen soll?

* Diese Funktion ist auch unter der Bezeichnung $f(x) = \cosh(x)$ (cosinushyperbolicus) bekannt.

Beispiel: Gleichung einer Kettenlinie

Eine Kette hat – bezogen auf ein bestimmtes Koordinatensystem – folgende Koordinatenpunkte.

x	−2	−1	0	1	2
y	3,04	1,85	1,5	1,85	3,04

Bestimmen Sie die Gleichung der Kettenlinie.

Verwenden Sie den Ansatz $f_a(x) = \frac{a}{2} \cdot \left(e^{\frac{x}{a}} + e^{-\frac{x}{a}}\right)$.

Überprüfen Sie die Tabellenwerte.

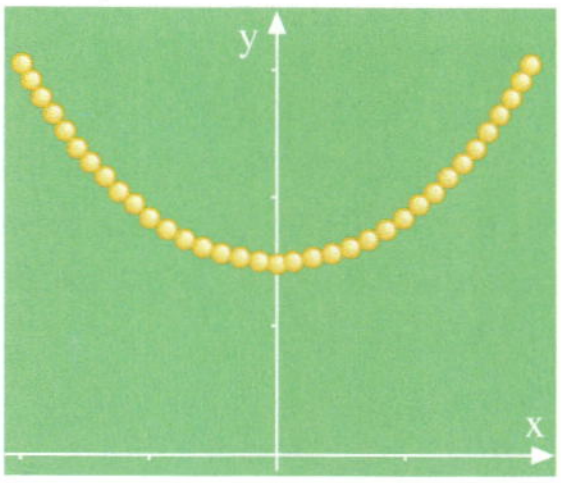

Lösung:

Zur Bestimmung von a verwenden wir den Messwert bei $x = 0$, der 1,5 beträgt. Also gilt $f_a(0) = 1{,}5$.

Daraus folgt $a = 1{,}5$, d. h. $f_{1,5}(x) = \frac{3}{4}\left(e^{\frac{x}{1,5}} + e^{-\frac{x}{1,5}}\right)$.

Dann gilt $f_{1,5}(0) = 1{,}5$, $f_{1,5}(\pm 1) \approx 1{,}85$, $f_{1,5}(\pm 2) \approx 3{,}04$

$f_a(0) = 1{,}5$

$\frac{a}{2} \cdot (e^0 + e^{-0}) = 1{,}5$

$a = 1{,}5$

$f_{1,5}(x) = \frac{3}{4} \cdot \left(e^{\frac{x}{1,5}} + e^{-\frac{x}{1,5}}\right)$

Übung 2

Die Einfahrt zu einer Autowaschstraße ist mit einer Spritzschutzschürze aus Kunststoff versehen, die wiederum an einer Kette befestigt ist. Die Kettenlinie sei gegeben durch $f(x) = e^{\frac{x}{2}} + e^{-\frac{x}{2}}$.

a) Wie hoch ist die Türöffnung?
b) Wie groß ist der Durchhang d der Kette?
c) Unter welchem Winkel α gegen die Horizontale hängt die Kette?
d) Welchen Flächeninhalt A hat die Schürze?

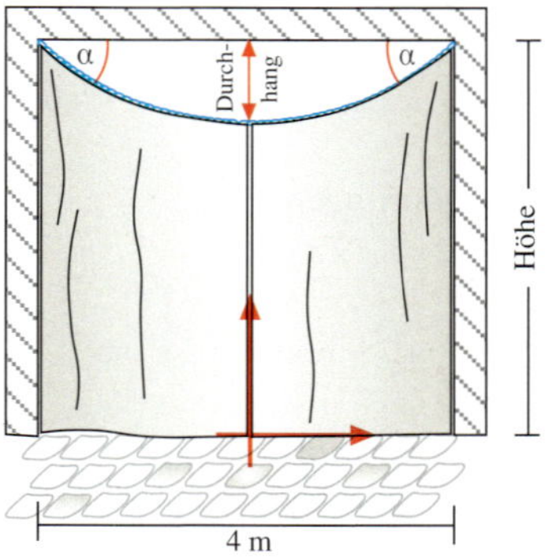

Übung 3

In St. Louis steht der Gateway-Arch. Er hat die Gestalt einer umgekehrten Kettenlinie, die den stabilsten aller Tragebögen darstellt. Die äußere Randkurve ist 180 m hoch und an der Basis 180 m breit. Die innere Randkurve ist 175 m hoch und an der Basis 150 m breit. Die Gleichungen der Randkurven können jeweils in der Form $f(x) = b - \frac{a}{2} \cdot \left(e^{\frac{x}{a}} + e^{-\frac{x}{a}}\right)$ modelliert werden:

Äußere Kurve: $a = 36{,}5$ und $b = 216{,}5$
Innere Kurve: $a = 28{,}14$ und $b = 203{,}14$

a) In welcher Höhe beträgt der Abstand der beiden inneren Bogenseiten 100 m?
b) Unter welchem Winkel trifft der äußere Bogen auf den Boden?
c) Der Winddruck auf den Bogen wird durch die Fläche zwischen den Randkurven bestimmt. Wie groß ist der Inhalt dieser Fläche?

__Carl Friedrich Gauß__ (1777–1855) gilt als einer der größten Mathematiker aller Zeiten. Der in Braunschweig geborene Sohn einfacher Leute entdeckte schon im Alter von 17 Jahren das nach ihm benannte Gauß'sche Fehlergesetz, welches er vier Jahre später mithilfe der Wahrscheinlichkeitsrechnung auch theoretisch absichern konnte.

Die zugehörige ***Gauß'sche Glockenkurve*** *spielt in der Wahrscheinlichkeitsrechnung der Normalverteilung eine entscheidende Rolle. Ihre Gleichung lautet:*

$$\varphi(x) = \frac{1}{\sqrt{2\pi}} \cdot e^{-\frac{1}{2}x^2}.$$

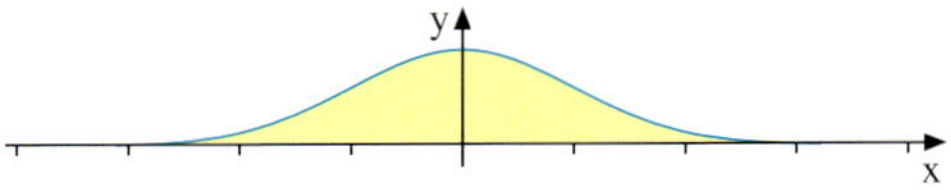

Beispiel: Eine Glockenkurve

Diskutieren Sie die Glockenfunktion $f(x) = e^{-x^2}$ und zeichnen Sie deren Graphen.

Lösung:

1. Symmetrie:

Der Graph von f ist symmetrisch zur y-Achse, denn es gilt $f(-x) = f(x)$.

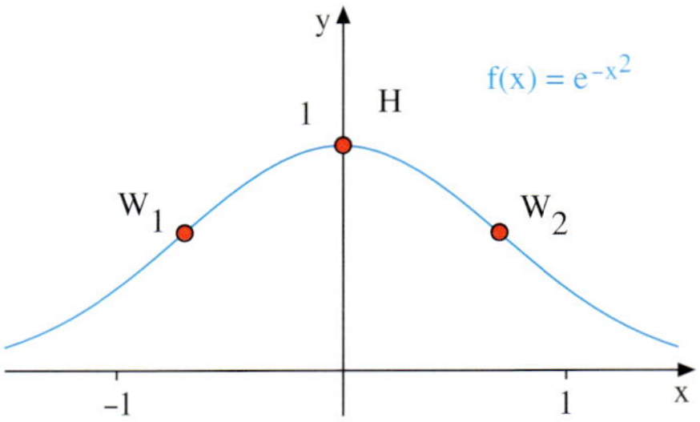

2. Ableitungen:*

$f'(x) = -2x \cdot e^{-x^2}$

$f''(x) = (4x^2 - 2) \cdot e^{-x^2}$

$f'''(x) = (-8x^3 + 12x) \cdot e^{-x^2}$

3. Nullstellen:

Die Funktion hat keine Nullstellen.

$f(x) = e^{-x^2} > 0$

4. Extrema:

f hat ein Maximum bei $x = 0$.

Hochpunkt: $H(0; 1)$

$f'(x) = -2x \cdot e^{-x^2} = 0 \Rightarrow x = 0, y = 1$

$f''(0) = -2 < 0 \quad \Rightarrow \text{Maximum}$

5. Wendepunkte:

$W_1\left(-\frac{1}{\sqrt{2}}; \frac{1}{\sqrt{e}}\right) \approx W_1(-0{,}71; 0{,}61)$

$W_2\left(\frac{1}{\sqrt{2}}; \frac{1}{\sqrt{e}}\right) \approx W_2(0{,}71; 0{,}61)$

$f''(x) = (4x^2 - 2) \cdot e^{-x^2} = 0$

$x = \pm\frac{1}{\sqrt{2}}, \quad y = e^{-\frac{1}{2}} = \frac{1}{\sqrt{e}}$

$f'''\left(\pm\frac{1}{\sqrt{2}}\right) = \pm\frac{8}{\sqrt{2}} \cdot e^{-\frac{1}{2}} \neq 0 \Rightarrow \text{Wendep.}$

6. Verhalten für $x \to \infty$ und $x \to -\infty$:

Für $x \to -\infty$ und $x \to \infty$ schmiegt sich der Graph von f an die x-Achse.

x	1	5	10	$\to \infty$
f(x)	0,37	$1{,}4 \cdot 10^{-11}$	$3{,}7 \cdot 10^{-44}$	$\to 0$

* Nach der Kettenregel gilt: $(e^{f(x)})' = f'(x) \cdot e^{f(x)}$, also z. B.: $(e^{-x^2})' = -2x \cdot e^{-x^2}$

Übung 4

Für einen Film soll eine Landschaft digitalisiert werden. Hierbei wird das Profil eines Berges durch eine Glockenkurve der Form $f(x) = a + b \cdot e^{-x^2}$ modelliert.

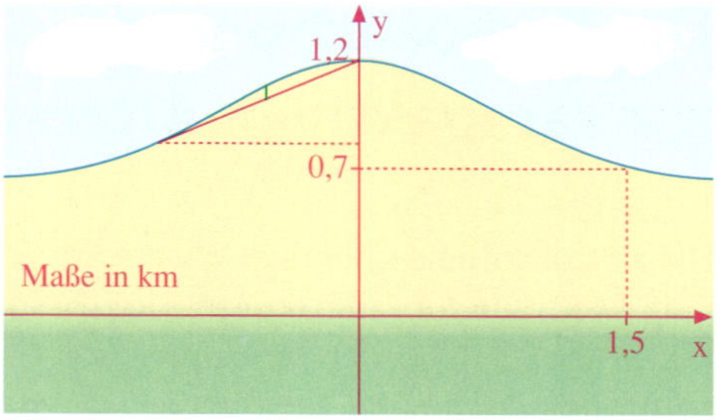

a) Bestimmen Sie mithilfe der Daten aus der Abbildung die Werte von a und b.
b) An welcher Stelle ist der Berg am steilsten? Wie groß ist der Anstieg dort?
c) Auf dem westlichen Bergrücken beginnt in 800 m Höhe ein gerader Tunnel durch den Berg, der bis zur Spitze geht. Wo liegt der Tunneleingang? Wie lang ist der Tunnel?
d) Aus der Mitte des Tunnels soll ein senkrechter Schacht zur Oberfläche des Berges führen. Wie lang wird dieser Schacht?

Übung 5 Tangente und Normale

Betrachtet wird $f(x) = e^{-x^2}$

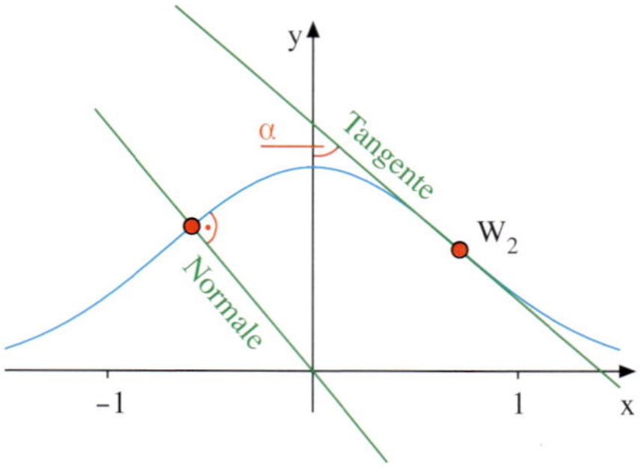

a) Wie lautet die Gleichung der Wendetangente im Wendepunkt W_2 (vgl. Abb.)?
b) Unter welchem Winkel α schneidet die Wendetangente aus a) die y-Achse?
c) Eine Ursprungsgerade $g(x) = m \cdot x$ $(m < 0)$ ist Normale an den Graphen von f. Wie lautet die Gleichung von g?

Übung 6 Extremalproblem

Unter dem Graphen von $f(x) = e^{-x^2}$ wird ein achsenparalleles Rechteck mit den Eckpunkten $A(-z;0)$, $B(z;0)$, $C(z;f(z))$, $D(-z;f(-z))$ einbeschrieben.
Wie muss z gewählt werden, wenn der Flächeninhalt des Rechtecks maximal werden soll?

Übung 7 Approximation durch Parabel

Betrachtet wird die Glockenkurve
$f(x) = e^{-x^2}$ für $-\frac{1}{\sqrt{2}} \leq x \leq \frac{1}{\sqrt{2}}$.
Diese soll durch eine quadratische Parabel g approximiert werden, deren Graph durch das Maximum und die beiden Wendepunkte von f verläuft.

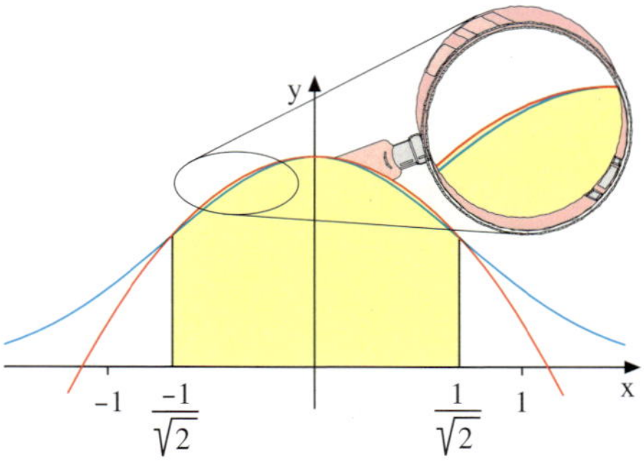

a) Wie lautet die Gleichung der Parabel (Kontrolle: $g(x) = -0{,}78\,x^2 + 1$)?
b) Berechnen Sie die maximale Abweichung von g und f im Approximationsintervall.
c) Wie groß ist der Inhalt der markierten Fläche A?

Die Radiokarbonmethode zur radioaktiven Altersbestimmung

Der amerikanische Chemiker Willard Frank Libby (1908–1980) entwickelte 1947 die sogenannte C-14-Methode zur radioaktiven Altersbestimmung prähistorischer organischer Überreste. Hierfür erhielt er 1960 den Nobelpreis für Chemie. Mit der C-14-Methode sind archäologische, anthropologische und geologische Datierungen möglich, die bis zu ca. 50 000 Jahre in die Vergangenheit zurückreichen.

Im Kohlendioxid der Luft und in den Körpern von Organismen kommt Kohlenstoff als *Isotopengemisch* vor. Das Gemisch besteht zu ca. 98,89 % aus dem stabilen Isotop ${}^{12}_{6}C$, zu 1,11 % aus dem stabilen Isotop ${}^{13}_{6}C$ und zu ca. $3 \cdot 10^{-11}$ % aus dem radioaktivenen Isotop ${}^{14}_{6}C$ (Radiokarbon).
Das ${}^{14}C$ entsteht in den oberen Schichten der Atmosphäre ständig neu. Durch Neutronenbeschuss aus der kosmischen Strahlung wird Luftstickstoff ${}^{14}N$ in ${}^{14}C$ umgewandelt:

$${}^{14}_{7}N + {}^{1}_{0}n \rightarrow {}^{14}_{6}C + {}^{1}_{1}p.$$

Das so entstandene ${}^{14}C$ verbindet sich mit dem Luftsauerstoff O_2 zu Kohlenstoffdioxid CO_2, welches sich sodann in der Atmosphäre verteilt, in der sich im Laufe der Zeiten durch Neubildung und Zerfall ein stabiles Gleichgewicht der Isotope im oben angegebenen Mischungsverhältnis herausbildete.

Das Kohlendioxid kommt schließlich über die Atmung in die Körper von Pflanzen und über die Nahrung und das Wasser auch in die Körper von Tieren und Menschen.

In den Organismen kommt Kohlenstoff daher im exakt gleichen Isotopenmischungsverhältnis vor wie in der Atmosphäre bzw. im Meer.

Allerdings gilt dies nur, solange der Organismus lebt. Nach dem Tode des Organismus wird das radioaktiv zerfallende ${}^{14}C$ nicht mehr von außen ersetzt, sodass sein Anteil im Laufe der Zeit im Vergleich zu den Anteilen der stabilen Isotope ${}^{12}C$ und ${}^{13}C$ schrumpft.

Da die Zerfallsrate des ${}^{14}C$ bekannt ist (Halbwertszeit 5730 Jahre), ist es möglich, das Alter eines fossilen Organismus aus dem ${}^{14}C$-Anteil, der in seinen Überresten feststellbar ist, zu errechnen.
Diese Art der Altersbestimmung wird als ***Radiokarbonmethode*** oder als ***C-14-Uhr*** bezeichnet.

Bildung von ${}^{14}_{6}C$ in der Hochatmosphäre

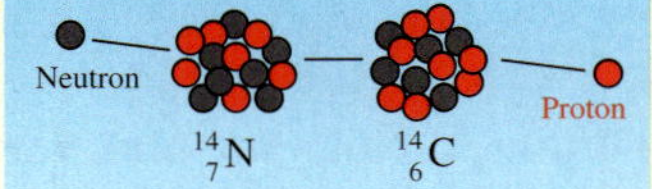

Mischungsverhältnis der Kohlenstoffisotope in Luft und in lebenden Organismen

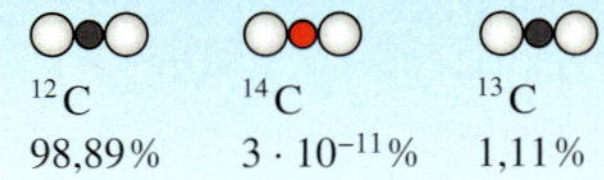

Entwicklung der Isotopenanteile in toten Organismen

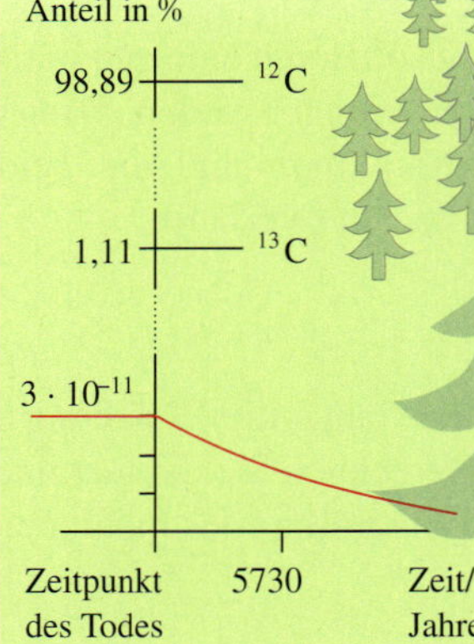

Die fehlerfreie Verwendung der Radiokarbonmethode zur Altersbestimmung in der Archäologie und der Paläontologie setzt allerdings voraus, dass sowohl die kosmische Höhenstrahlung als auch der Stickstoffgehalt der hohen atmosphärischen Schichten über extrem lange Zeiträume nahezu gleich geblieben sind. Schwankungen* können die Zuverlässigkeit beeinträchtigen. Da ^{14}C ohnehin recht schnell zerfällt, wächst die Unsicherheit der Methode mit dem Alter der untersuchten Probe.

Beispiel: Das radioaktive Isotop ^{14}C des Kohlenstoffs zerfällt unter β-Strahlung mit einer Halbwertszeit von ca. 5730 Jahren. Stellen Sie das exponentielle Zerfallsgesetz auf.

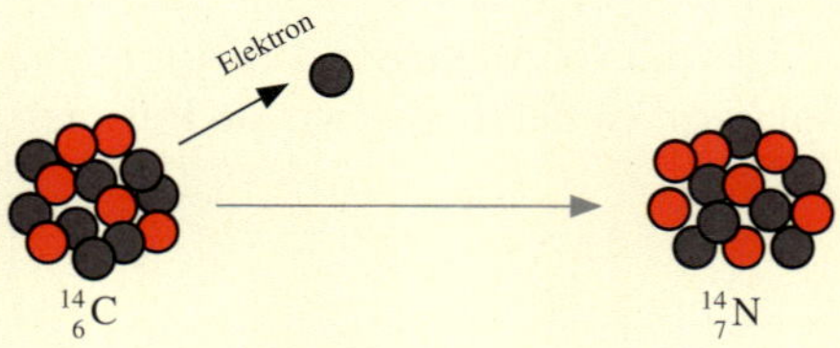

Lösung:
Mit der Formel für die Halbwertszeit bestimmen wir die Zerfallskonstante k. Es ergibt sich $k \approx 0{,}00012$.
Der Ansatz $N(t) = N_0 \cdot e^{-kt}$ liefert dann das nebenstehende Zerfallsgesetz.

$$k = \frac{\ln 2}{T_{1/2}} \approx \frac{0{,}6931}{5730} \approx 0{,}00012.$$

$$N(t) = N_0 \cdot e^{-0{,}00012\,t} \quad \text{(t in Jahren)}$$

Beispiel: Im Moor wird beim Abstich von Torf ein Tierskelett gefunden. Die Überprüfung des Kohlenstoffgehalts ergibt, dass der Anteil des radioaktiven Isotops ^{14}C am Gesamtkohlenstoff im Laufe der Zeit auf $0{,}2 \cdot 10^{-11}\,\%$ abgesunken ist. Wie alt ist das Fundstück?

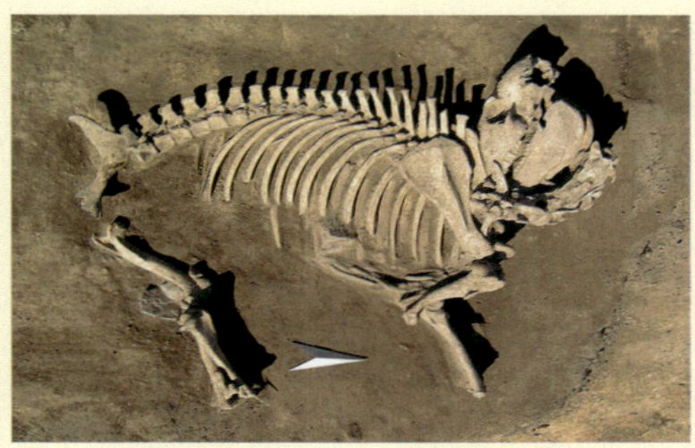

Lösung:
Der ^{14}C-Gehalt ist von $3 \cdot 10^{-11}\,\%$ auf $0{,}2 \cdot 10^{-11}\,\%$ gesunken, also auf $\frac{1}{15}$ des Ausgangswertes.
Die Berechnung von $T_{1/15}$ ergibt ein Alter von etwa 22 600 Jahren.

$$T_{1/15} = \frac{\ln 15}{k} \approx \frac{2{,}7081}{0{,}00012} \approx 22\,567 \text{ Jahre}$$

Übung

Ein Kunsthändler preist das Bild eines alten Meisters an, der vor 600 Jahren gewirkt hat. Ein Kunde möchte die Echtheit des Gemäldes mit der Radiokarbonmethode prüfen lassen.
Welcher prozentuale ^{14}C-Anteil am Gesamtkohlenstoff müsste sich bei der Untersuchung des in der Leinwand enthaltenen Kohlenstoffes ergeben, wenn das Bild keine Fälschung ist?

* Fehlerquellen bei der Radiokarbonmethode: **1.** Schwankungen des Radiokarbonspiegels in früheren Jahrhunderten. Diese sind anhand von Baumringen feststellbar und eichbar. **2.** Seit 1952 ist durch atmosphärische Atomtests der ^{14}C-Gehalt angestiegen. Der Vorgang ist ebenfalls bekannt und eichbar. **3.** Wird ein Skelett von Flüssigkeit durchsickert, so setzt sich Kalziumkarbonat fest, das den schon abgesunkenen ^{14}C-Gehalt wieder erhöht. Solche Prozesse und labortechnische Verunreinigungen stellen das größte Problem dar.

CAS

8. Modellierung mit Exponentialfunktionen

A. Randkurven

Die Form eines Grundstücks, der Querschnitt eines Gegenstands, der Verlauf einer Straße und das Höhenprofil eines Berges haben eines gemeinsam: Sie können durch **Randkurven** beschrieben werden. Der Vorteil besteht darin, dass diverse Eigenschaften der so erfassten realen Objekte rechnerisch mit den Methoden der Differential- und Integralrechnung untersucht werden können. Exemplarisch verdeutlichen wir am Beispiel des folgenden Inselproblems, was gemeint ist.

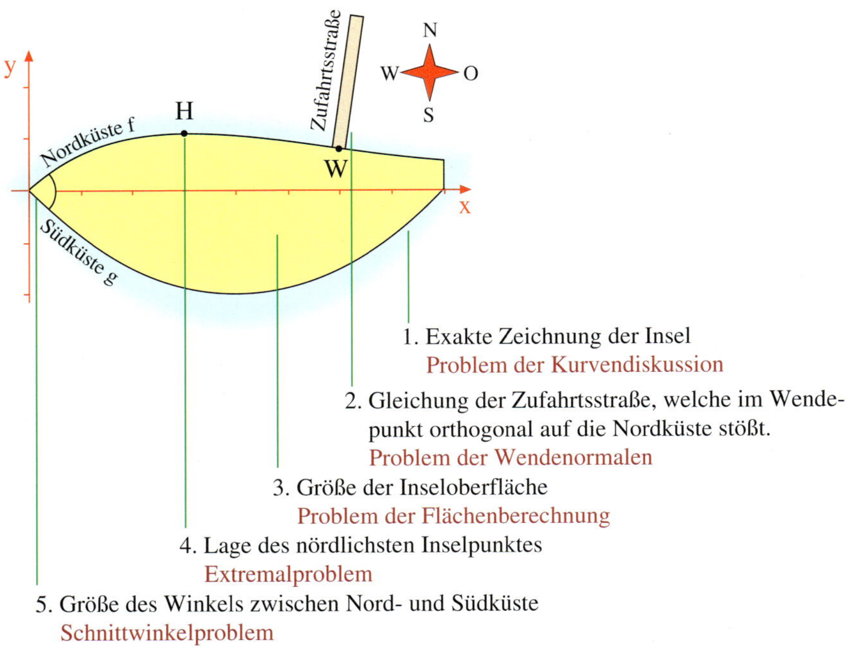

Beispiel: Inselproblem

Wie groß ist die abgebildete Insel, wenn die Nordküste durch die Randkurve $f(x) = x \cdot e^{-\frac{1}{3}x}$ und die Südküste durch die Randkurve $g(x) = \frac{1}{8}x^2 - x$ erfasst wird (1 LE = 1 km)?

Hinweis: Verwenden Sie, dass $F(x) = (-3x - 9) \cdot e^{-\frac{1}{3}x}$ eine Stammfunktion von f ist.

Lösung:
Die Stammfunktion F der Nordküste ist gegeben. Die Südküste $g(x) = \frac{1}{8}x^2 - x$ hat die Stammfunktion $G(x) = \frac{1}{24}x^3 - \frac{1}{2}x^2$. Nun können wir durch Integration den Inhalt des nördlichen Inselteils und den Inhalt des südlichen Teils bestimmen ($6{,}71\ km^2$ bzw. $10{,}67\ km^2$).
Die Insel hat also eine Gesamtfläche von $A = 17{,}38\ km^2$.

$$\int_0^8 f(x)dx = [F(x)]_0^8 = F(8) - F(0) = \left(-33\,e^{-\frac{8}{3}}\right) - (-9) \approx 6{,}70$$

$$\int_0^8 g(x)dx = [G(x)]_0^8 = G(8) - G(0) = \left(-\frac{32}{3}\right) - (0) \approx -10{,}67$$

$$A = 6{,}71 + 10{,}67 = 17{,}38$$

Wir erweitern nun das Inselproblem um einige typische Untersuchungspunkte.

Beispiel: Inselproblem, Teil 2

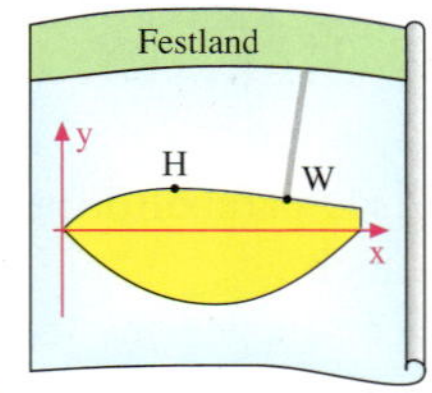

Eine Insel wird nach Norden durch die Randkurve $f(x) = x \cdot e^{-\frac{1}{3}x}$ und nach Süden durch $g(x) = \frac{1}{8}x^2 - x$ begrenzt ($0 \leq x \leq 8$, 1 LE = 1 km).

a) Bestimmen Sie f' und f''.

b) Wo liegt der nördlichste Inselpunkt?

c) Eine vom Festland kommende Zufahrtsbrücke trifft im Wendepunkt W senkrecht auf die Nordküste. Wie lautet die Geradengleichung der Brücke?

Lösung zu a:
Wir bestimmen f' mit Produkt- und Kettenregel, ausgehend von

$f(x) = u \cdot v = x \cdot e^{-\frac{1}{3}x}$.

$f'(x) = u' \cdot v + u \cdot v' = 1 \cdot e^{-\frac{1}{3}x} + x \cdot \left(-\frac{1}{3}\, e^{-\frac{1}{3}x}\right)$

$f'(x) = \left(1 - \frac{1}{3}x\right) e^{-\frac{1}{3}x}$

Lösung zu b:
Der nördlichste Inselpunkt ist der Hochpunkt der Randkurve f. Diesen bestimmen wir mithilfe der notwendigen Bedingung $f'(x) = 0$. Er liegt bei H(3; 1,10).
Die Überprüfung mit der hinreichenden Bedingung $(f'(x) = 0, f''(x) \neq 0)$ ergibt, dass es sich tatsächlich um ein Maximum handelt.

Lösung zu c:
Die Brücke trifft den Wendepunkt von f orthogonal. Also handelt es sich um die Wendenormale von f.
Wir berechnen zunächst den Wendepunkt von f. Er liegt bei W(6; 0,81). Als nächstes wird der Anstieg von f an der Wendestelle bestimmt: $f'(6) = -e^{-2} \approx -0{,}135$.
Nun werden diese Ergebnisse in die allgemeine Normalengleichung eingesetzt.
Resultat: $n(x) \approx 7{,}39\,x - 43{,}52$

1. Ableitungen:

$f'(x) = \left(1 - \frac{1}{3}x\right) \cdot e^{-\frac{1}{3}x}$

$f''(x) = \left(\frac{1}{9}x - \frac{2}{3}\right) \cdot e^{-\frac{1}{3}x}$

2. Hochpunkt von f:

$f'(x) = 0$

$\left(1 - \frac{1}{3}x\right) \cdot e^{-\frac{1}{3}x} = 0$

$1 - \frac{1}{3}x = 0$

$x = 3,\ y = 3 \cdot e^{-1} \approx 1{,}10$

Hochpunkt H(3; 1,10)

3. Wendepunkt von f:

$f''(x) = 0$

$\frac{1}{9}x - \frac{2}{3} = 0$

$x = 6,\ y = 6e^{-2} \approx 0{,}81$

Wendepunkt W(6; 0,81)

4. Wendenormale:

$n(x) = -\frac{1}{f'(x_0)}(x - x_0) + f(x_0)$

$n(x) = e^2(x - 6) + 6e^{-2}$

$n(x) \approx 7{,}39\,x - 43{,}52$

Übung 1 Zoo

Ein Tiergehege wird durch einen Zaun $f(x) = (4 - x) \cdot e^{\frac{x}{2}}$, einen Wassergraben und eine Mauer bei $x = -4$ wie abgebildet begrenzt (1 LE = 100 m).

a) Wie groß ist die maximale Nord-Süd-ausdehnung des Geheges? Wie lang ist die Begrenzungsmauer?

b) Bestimmen Sie den Parameter a so, dass $F(x) = (a - 2x) \cdot e^{\frac{x}{2}}$ eine Stammfunktion von f ist. Welchen Flächeninhalt hat das Gehege?

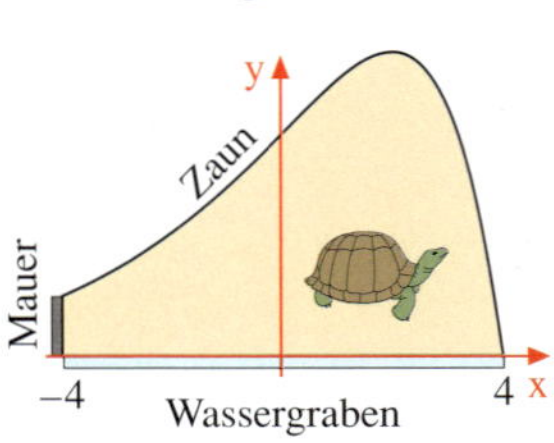

Beispiel: Pagode

Eine Pagode hat ein Dach mit dem Profil $f(x) = 6 \cdot e^{-0{,}5x} + 1,\ 0 \le x \le 6$.
Für $-6 \le x \le 0$ ist das Dach analog geformt. Das parabelförmige Tor ist 4 m breit und 3 m hoch.
Die Fenstermaße sind jeweils $1 \times 0{,}5$ m.
Die Vorderfront auf der Giebelseite soll mit Blattgold 0,1 mm stark vergoldet werden. Wie viel cm^3 Blattgold werden benötigt?

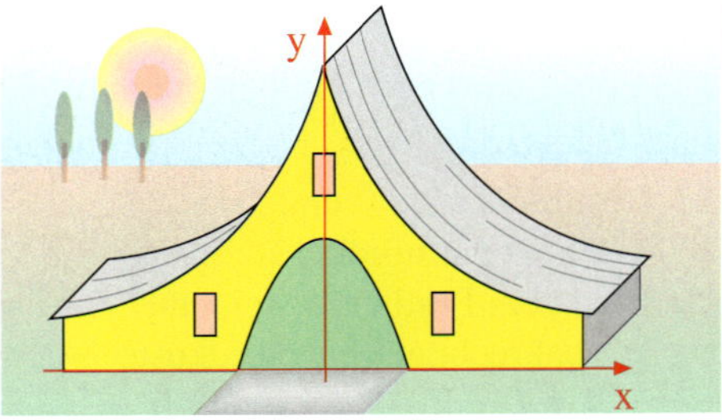

Lösung:
Zu bestimmen ist die Fläche der Giebelseite abzüglich der Flächen von Tor und Fenstern.
Der Inhalt der Giebelwand beträgt laut nebenstehender Integration 34,81 m^2.

Flächeninhalt der Giebelseite:

$$A_1 = 2 \cdot \int_0^6 \left(6 \cdot e^{-0{,}5x} + 1\right) dx$$
$$= 2 \cdot \left[-12 \cdot e^{-0{,}5x} + x\right]_0^6 = 34{,}81$$

Die Gleichung des Tores wird mit dem Parabelansatz $g(x) = ax^2 + b$ bestimmt.
Resultat: $g(x) = -\frac{3}{4}x^2 + 3$

Gleichung des Tores:

Ansatz: $g(x) = ax^2 + b$
$g(0) = 3 \Rightarrow b = 3$
$g(2) = 0 \Rightarrow 4a + 3 = 0 \Rightarrow a = -\frac{3}{4}$
$g(x) = -\frac{3}{4}x^2 + 3$

Das Tor hat einen Flächeninhalt von 8 m^2, wie die Integration rechts zeigt.

Flächeninhalt des Tores:

$$A_2 = 2 \cdot \int_0^2 \left(-\frac{3}{4}x^2 + 3\right) dx$$
$$= 2 \cdot \left[-\frac{1}{4}x^3 + 3x\right]_0^2 = 8$$

Da die drei Fenster jeweils einen Inhalt von 0,5 m^2 besitzen, ergibt sich für die zu vergoldende Fläche ein Inhalt von 25,31 m^2.

Zu vergoldende Fläche und Goldvolumen

A = Giebel − Tor − drei Fenster
$= 34{,}81 - 8 - 1{,}5 = 25{,}31$

Multiplizieren wir diesen Wert mit der Dicke der Blattgoldschicht, wobei wir vorher alle Einheiten in cm umwandeln, so erhalten wir für das gesuchte Volumen 2531 cm^3, also etwas über 2,5 Liter.

$V = \text{Fläche} \cdot \text{Dicke} = 25{,}31\,m^2 \cdot 0{,}1\,mm$
$= 253100\,cm^2 \cdot 0{,}01\,cm = 2531\,cm^3$

Übung 2 Lampenprofil

Die Abbildung zeigt das Querschnittsprofil einer Lampe.
Das Exponentialprofil des Schirmes ist unten 20 cm breit, oben dagegen nur 4 cm. Der Schirm ist 20 cm hoch. Berechnen Sie den Flächeninhalt des Schirmquerschnittes.

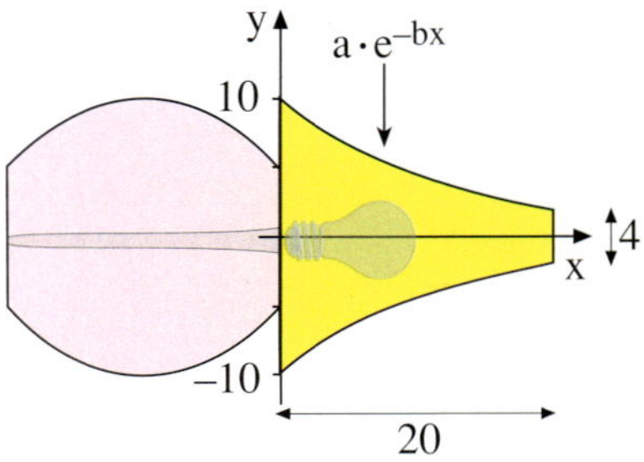

Übungen

3. Historisches Stadttor

Für eine Theateraufführung in der Schule wird ein historisches Stadttor aus Sperrholzplatten benötigt.
Der Regisseur hat den Wunsch, dass die Toröffnung in der Mitte ca. 2 m hoch und unten 2 m breit ist.
Die Randkurve des Torbogens soll modelliert werden durch die Funktion $f(x) = 2{,}4 - 0{,}2(e^{2{,}5x} + e^{-2{,}5x})$.

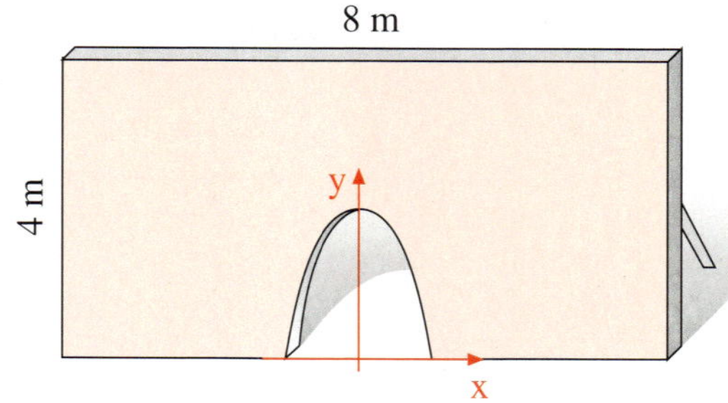

a) Werden die Vorgaben des Regisseurs in etwa eingehalten?
b) In welchem Winkel muss die Säge beim Ausschneiden des Torbogens angesetzt werden?
c) Der Aufbau wird nach dem Ausschneiden des Tors gestrichen. Wie groß ist die zu streichende Fläche?

4. Inseln

In Dubai werden im Meer künstliche Inseln aufgeschüttet. Die Küsten einer Insel werden wie abgebildet durch die Funktionen f (Strand) und g (Wohnen) beschrieben.
(1 LE = 100 m).

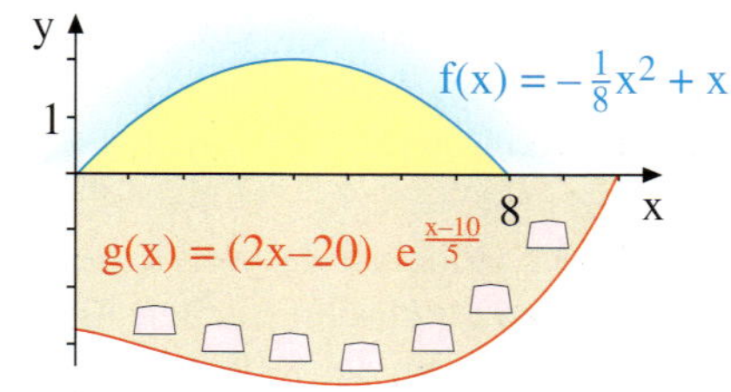

a) Zeigen Sie, dass $G(x) = (10x - 150) \cdot e^{\frac{x-10}{5}}$ eine Stammfunktion von g ist.
Berechnen Sie den Flächeninhalt der Insel.
b) Welche maximale Nord-Süd-Ausdehnung hat der untere Teil der Insel, d. h. das Wohngebiet?

5. Skilanglauf

Der Verlauf einer Skiloipe wird durch die Funktion $f(x) = x \cdot e^{-x^2}$ modellhaft beschrieben. Von der Loipe zweigt im Punkt P(0; 0) tangential ein Weg ab, der zum Waldrand führt, welcher 1 km nördlich parallel zur x-Achse verläuft.

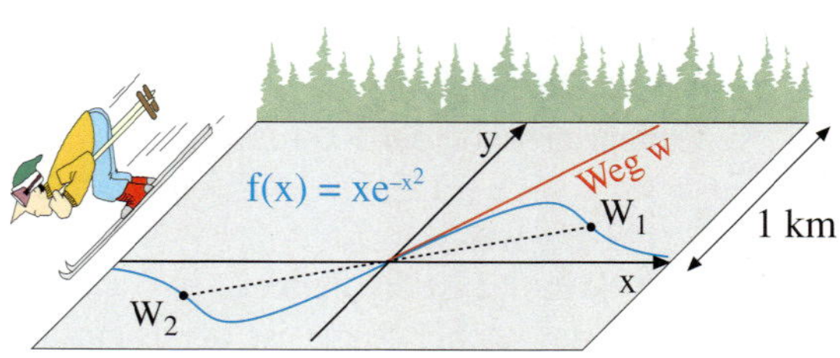

a) Bestimmen Sie die Ableitungen f′ und f″. Verwenden Sie Produkt- und Kettenregel.
Zeigen Sie außerdem, dass $F(x) = -\frac{1}{2}e^{-x^2}$ eine Stammfunktion von f ist.
b) Berechnen Sie die Lage der beiden Extremalpunkte von f.
c) Bestimmen Sie die Gleichung des zum Waldrand führenden Weges w.
Wie lang ist dieser Weg?
d) In den Wendepunkten W_1 und W_2 der Loipe stehen zwei Beobachter B_1 und B_2.
B_1 will seinem Kollegen B_2 bei einem Notfall zu Hilfe kommen. Er rennt mit 20 km/h auf direktem Weg zu B_2. Wie lange dauert das?

6. Schwimmbad

Ein Wasserbecken im Ferienclub ist im oberen Bereich rechteckig. Der untere Teil, in dem eine Poolbar geplant ist, wird begrenzt durch die Funktion $f(x) = -10x \cdot e^{-x-1}$ (1 LE = 10 m).

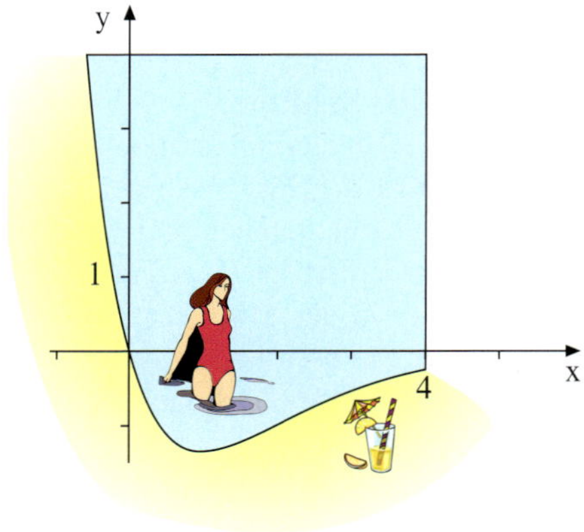

a) Wie lang ist der rechte Beckenrand? Zeigen Sie, dass der obere Beckenrand ca. 46 m lang ist.

b) An welcher Stelle ist die vertikale Ausdehnung des Beckens am größten?

c) Wie viele Quadratmeter Fliesen werden für den Beckenboden benötigt? Zeigen Sie zunächst, dass die Funktion $F(x) = 10(x+1) \cdot e^{-x-1}$ Stammfunktion von f ist.

7. Hochseilartistik

Eine Gruppe von Hochseilartisten spannt ein Stahlseil zwischen zwei senkrechten Masten, die 400 m voneinander entfernt sind. Der Verlauf des Stahlseils wird beschrieben durch die Funktion $f(x) = 5 \cdot (e^{0,01x} + e^{-0,01x})$.

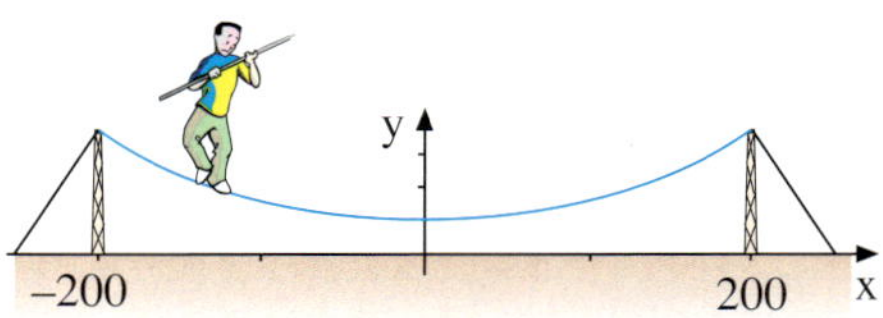

a) Welche Höhe hat das Seil in der Mitte bzw. in den Randpunkten?

b) Welchen durchschnittlichen Anstieg bewältigt ein Artist bei der Fahrt von der Mitte des Seils zu einem der Randpunkte?

c) Das jüngste Mitglied der Artistengruppe soll Anstiege bis zu maximal 20 % bewältigen. Kann er die mittlere Hälfte des Seils befahren?

d) An ihren Spitzen sollen die Maste durch Halteseile gesichert werden, die orthogonal zur Tangente an das Stahlseil an der Mastspitze verankert werden. Berechnen Sie die notwendige Länge der Sicherungsseile.

8. In einer Senke

Der Querschnitt einer tiefen Senke wird begrenzt von der Randfunktion $f(x) = 2{,}8 \cdot (1 - e^{-x^2})$ für $-2 \le x \le 2$. (1 LE = 10 m).

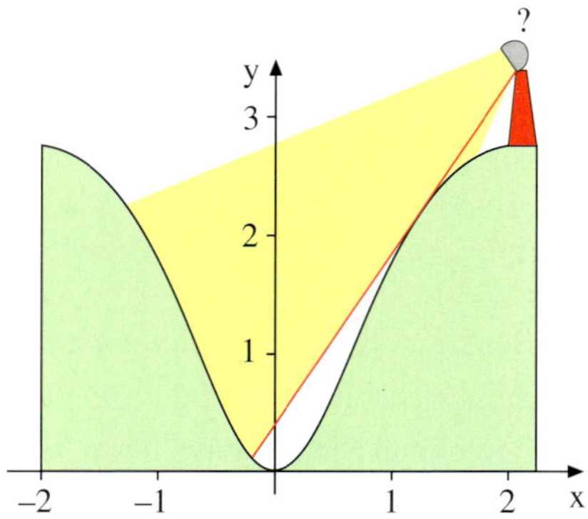

a) Wie tief ist die Senke?

b) An welcher Stelle ist der Hang am steilsten? Berechnen Sie die Gleichung der Tangente an den Graphen von f an dieser Stelle.

c) Am Rand bei x = 2 soll ein 15 m hoher Mast mit einem Schweinwerfer an der Spitze aufgestellt werden. Erreicht das Licht des Scheinwerfers den Tiefpunkt der Senke? (Rechnerische Näherungslösung der zeichnerischen Lösung)

Hinweis: Der Term e^{-x^2} besitzt die Ableitung $-2x \cdot e^{-x^2}$ (Kettenregel).

B. Beschreibung von Prozessen

Im Folgenden werden Prozesse untersucht, deren zeitlicher Ablauf durch Exponentialfunktionen erfasst werden kann. Beispiele sind das Höhenwachstum einer Pflanze, der Temperaturverlauf bei einem Aufheizvorgang oder auch die Populationsentwicklung einer Tierart. Mit Hilfe der Differentialrechnung können dann Aussagen über diverse Aspekte des beobachteten Prozesses gewonnen werden. Exemplarisch verdeutlichen wir am Beispiel des folgenden Wildschweinproblems, was gemeint ist.

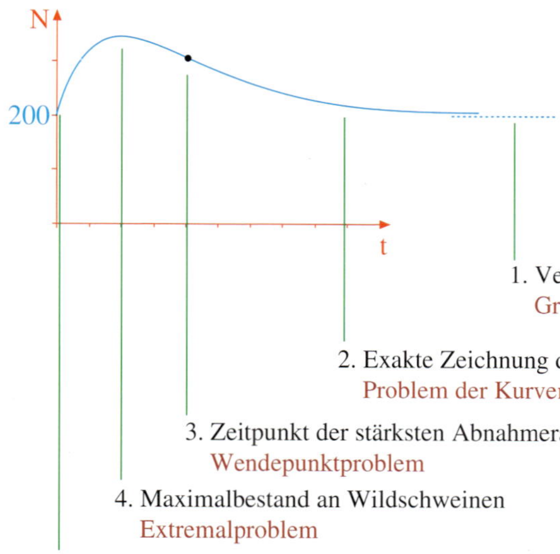

Beispiel: Wildschweinplage

Im Stadtgebiet breiten sich die Wildschweine aus. Durch ein Wildpflegeprogramm hofft man, der Plage Herr zu werden. Der Bestand soll sich damit kontrolliert gemäß der Funktion $N(t) = 200 + 200\,t \cdot e^{-0{,}5\,t}$ entwickeln (t: Jahre; N(t): Anzahl der Schweine).
Zu welchem Zeitpunkt nimmt der Bestand am stärksten ab? Wie groß ist die momentane Änderungsrate zu diesem Zeitpunkt?

Lösung:
Im Wendepunkt der Bestandsfunktion ist die Abnahmerate am größten. Wir bestimmen diesen Punkt, indem wir N'' gleich null setzen (notwendige Bedingung).
Dies führt auf die Wendestelle $t = 4$.
Die momentane Änderungsrate an dieser Stelle erhalten wir durch Berechnen von $N'(4)$: Sie beträgt $-27{,}07$ Tiere/Jahr, was gleichbedeutend ist mit $-2{,}26$ Tiere/Monat.

Ableitungen von N:

$N'(t) = (200 - 100\,t) \cdot e^{-0{,}5\,t}$

$N''(t) = (50\,t - 200) \cdot e^{-0{,}5\,t}$

Wendepunkt von N:

$N''(t) = 0$

$(50\,t - 200) \cdot e^{-0{,}5\,t} = 0$

$50\,t - 200 = 0$

$t = 4$

$N'(4) = -27{,}07\,\frac{\text{Tiere}}{\text{Jahr}} = -2{,}26\,\frac{\text{Tiere}}{\text{Monat}}$

Beispiel: Wildschweinplage (Teil 2)

Ein Wildschweinbestand entwickelt sich gemäß der Bestandsfunktion $N(t) = 200 + 200t \cdot e^{-0,5t}$.
t: Zeit in Jahren; N(t): Bestand in Schweinen

a) Mit welcher Geschwindigkeit wächst der Bestand zu Beobachtungsbeginn? Wie groß ist die mittlere Zuwachsrate in den ersten beiden Jahren?
b) Welcher Maximalbestand wird erreicht?
c) Welchem Grenzbestand nähert sich die Population langfristig?

Lösung zu a:
Die momentane Änderungsrate zur Zeit $t = 0$ errechnen wir mit der Ableitungsfunktion N'. Resultat: Zu Beginn wächst die Population um ca. 17 Tiere pro Monat.

Momentane Wachstumsrate zur Zeit T = 0:
$N'(t) = (200 - 100\,t) \cdot e^{-0,5t}$
$N'(0) = 200\,\frac{\text{Tiere}}{\text{Jahr}} \approx 16,67\,\frac{\text{Tiere}}{\text{Monat}}$

Die mittlere Zuwachsrate in den ersten zwei Jahren errechnen wir mit dem Differenzenquotienten. Sie beträgt 6 Tiere pro Monat.

Mittlere Wachstumsrate in 2 Jahren:
$\frac{N(2) - N(0)}{2 - 0} \approx \frac{347,15 - 200}{2} \approx 73,58\,\frac{\text{Tiere}}{\text{Jahr}}$
$\approx 6,13\,\frac{\text{Tiere}}{\text{Monat}}$

Lösung zu b:
Mithilfe der notwendigen Bedingung für Extrema ($N'(t) = 0$) bestimmen wir die Lage des Maximums von N. Es liegt bei $t = 2$. Die Anzahl der Schweine beträgt maximal 347.

Maximaler Bestand:
$N'(t) = (200 - 100\,t) \cdot e^{-0,5t}$
$N'(t) = 0$
$200 - 100\,t = 0,\ t = 2$
$N(2) = 347,15$ Schweine

Lösung zu c:
Wir erkennen anhand einer Tabelle, dass die Bestandsfunktion N(t) sich mit wachsendem t dem Wert 200 nähert. Dies ist der langfristige Grenzbestand.

Grenzbestand $t \to \infty$:

t	0	1	10	20	$\to \infty$
N (t)	200	321,3	213,5	200,2	$\to 200$

$\lim\limits_{t \to \infty} N(t) = 200$

Übung 9

Ein Handwerker hat versehentlich aus einer Flasche mit einer giftigen Flüssigkeit getrunken. Eine erste Untersuchung ergibt eine Konzentration von 2 µg/dl im Blut. Bei einer Kontrolluntersuchung eine Stunde später sind es sogar 3 µg/dl.
Man weiß, dass es ab 6 µg/dl gefährlich wird. Außerdem ist bekannt, dass die Konzentration dem Gesetz $h(t) = (at + b) \cdot e^{-0,1t}$ gehorcht (t in Stunden, h in µg/dl).

a) Bestimmen Sie a und b.
b) Berechnen Sie die Maximalkonzentration. Kommt der Handwerker in die Gefahrenzone?
c) Wann fällt die Konzentration am stärksten ab? (Hinweis: Wendepunkt)
d) Nach welcher Zeit ist die Ausgangskonzentration wieder erreicht? (Näherung)

Eine weitere Untersuchungsmöglichkeit besteht darin, zwei ähnliche Prozesse miteinander zu vergleichen, z. B. um herauszufinden, welcher Prozess sich günstiger verhält.

Beispiel: Labortemperatur

In einem Forschungsinstitut wird der Einfluss der Umgebungstemperatur auf das Wachstum von Pflanzen untersucht.

In Labor 1 ändert sich die Temperatur gemäß der Funktion $f(t) = 6t \cdot e^{\frac{1}{2}(2-t)}$, in Labor 2 gemäß $g(t) = 12 \cdot e^{\frac{1}{2}(2-t)}$.

(t: Zeit in Tagen; f(t), g(t): Temp. in °C)

a) Skizzieren Sie die Graphen von f und g mit Hilfe einer Wertetabelle für $0 \leq t \leq 10$.

b) Bestimmen Sie, wann die Labore die größte Temperaturdifferenz aufweisen.

Lösung zu a:

Wir skizzieren die Graphen für $0 \leq t \leq 10$. Man erkennt, dass die Temperatur in Labor 1 von 0° C ausgehend bis auf ein Maximum steigt, um dann zunächst recht schnell und später eher langsam abzusinken. In Labor 2 sinkt die Temperatur kontinuierlich und auch zunehmend langsamer ab.

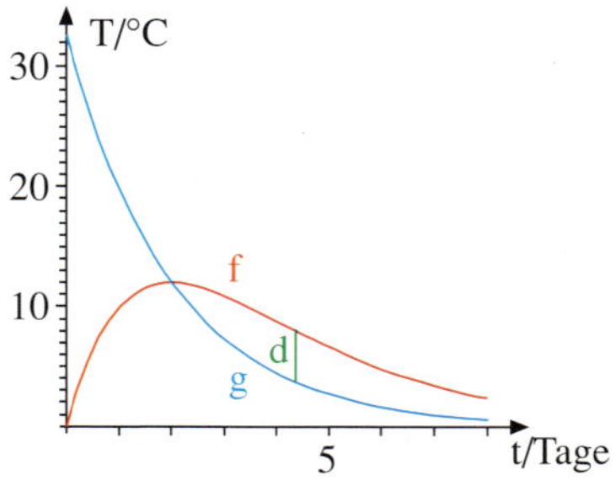

Lösung zu b:

Zu Beginn des Prozesses beträgt die Temperaturdifferenz maximal 32,16° zugunsten von Labor 2.

Für $t \geq 2$ ist es jedoch in Labor 1 wärmer. Die Differenz ist am größten, wenn die Differenzfunktion $d(x) = f(x) - g(x)$ ihr Maximum annimmt. Dies ist für $t = 4$ der Fall. Die Differenz beträgt dann 4,41°.

Maximale Temperaturdifferenz:

Differenzfunktion:

$$d(x) = f(x) - g(x)$$
$$d(x) = (6t - 12) \cdot e^{\frac{1}{2}(2-t)}$$

Lokales Maximum:

$$d'(x) = (-3t + 12) \cdot e^{\frac{1}{2}(2-t)} = 0$$
$$-3t + 12 = 0,\ t = 4$$

Differenz: $d(4) \approx 4{,}41°$

Übung 10 Höhenwachstum

Eine Großgärtnerei vergleicht das Höhenwachstum zweier Kaiserkronensorten während der Blütezeit. Blume 1 wächst nach dem Gesetz $h_1(t) = 10 \cdot e^{0,1t}$, Blume 2 nach dem Gesetz $h_2(t) = 50 - 40 \cdot e^{-0,1t}$ (t in Tagen, h in cm, $0 \leq t \leq 20$).

a) Skizzieren Sie die Graphen von h_1 und h_2.

b) Wann erreichen die Blumen 20 cm Höhe?

c) Wann wächst Blume 2 mit der Rate 1 cm/Tag?

d) Wann ist die Höhendifferenz während der ersten 10 Tage maximal?

e) Wann sind die Blumen gleich hoch?

CAS

Übungen

11. Bevölkerungsentwicklung

Die Bevölkerung eines Landes entwickelt sich nach der Bestandskurve $N(t) = 10 \cdot e^{0{,}024\,t}$.
(t: Jahre; N(t): Einwohner in Millionen)

a) Wie viele Einwohner hat das Land zu Beginn der Beobachtung?
b) Wie groß ist die jährliche Wachstumsrate zu Beginn?
c) Nach welcher Zeit hat sich die Einwohnerzahl verdoppelt?
d) Zu welchem Zeitpunkt wächst die Bevölkerung mit einer Rate von 1 Million/Jahr?

12. Vokabellernen

Max und Moritz lernen in 60 Minuten Finnisch.
Am Anfang kennen Sie nur 10 Wörter. Max lernt schnell, aber er vergisst auch wieder. Seine Lernkurve ist $a(t) = 150 - 140 \cdot e^{-0{,}05\,t}$ (t: Minuten; a(t): gelernte Vokabeln). Moritz tut sich am Anfang schwer, wird aber zunehmend routinierter. Seine Lernkurve ist $b(t) = 10 \cdot e^{0{,}05\,t}$.

a) Skizzieren Sie die Graphen von a und b für $0 \leq t \leq 60$, Schrittweite 10.
b) Wie groß ist die Lernrate (in Vokabeln/min) von Max zu Beginn?
Wann hat Moritz die gleiche Lernrate erreicht?
c) Wann ist der Unterschied der beiden Lernkurven am größten?

13. Kapitalanlage

Franz hat sein gesamtes Sparguthaben bei der Sparkasse abgehoben und in einige Hasen investiert, die nun bei ihm zuhause leben. Die Hasen vermehren sich schnell, aber es kommt auch zunehmend zu Fluchtvorgängen. Insgesamt verändert sich die Population nach der Formel $h(t) = (240 + 20\,t) \cdot e^{-0{,}05\,t}$ (t: Monate; h(t): Anzahl der Hasen zur Zeit t).

a) Wie viele Hasen hat Franz gekauft? Wie viele sind es nach einem Jahr?
b) Mit welcher Rate wächst die Hasenpopulation zu Beginn (in Hasen/Monat)?
c) Wann erreicht die Population ihr Maximum?
d) Zu welchem Zeitpunkt verringert sich die Population am stärksten?
e) Franz verkauft nach 6 Monaten alle Hasen. Hat sich seine Investition gelohnt?

14. Schwert

Ein japanischer Schmied fertigt ein Samuraischwert. Er erhitzt es über dem Feuer. Die Temperatur folgt der Formel $T(t) = 1200 - 800 \cdot e^{-0{,}01\,t}$ (t: Sekunden; T(t): °C).

a) Skizzieren Sie den Graphen von T für $0 \leq t \leq 240$.
b) Welche Anfangstemperatur hatte das Schmiedestück?
c) Wie groß ist die mittlere Temperaturerhöhung in der ersten Minute?
d) Das Schmiedestück soll mindestens 1000 °C heiß sein, um weiterbehandelt werden zu können. Wie lange muss der Schmied warten?
e) Welche Grenztemperatur erreicht das Schmiedestück bei langfristiger Erhitzung?
f) Die Temperatur soll stets mindestens um 1 °C/s steigen.
Wie lange darf der Erhitzungsprozess maximal dauern?

C. Rekonstruktion von Beständen

Bei manchen Prozessen kennt man die Bestandsfunktion f des Prozesses nicht unmittelbar, wohl aber deren Änderungsrate bzw. Ableitung f′.
In solchen Fällen kann man die Bestandsfunktion f jedoch durch Integration von f′ rekonstruieren, wenn man einen Funktionswert von f kennt, den sogenannten Anfangswert.
Beispielsweise ist bei einem fahrenden Schiff der zurückgelegte Weg s nicht so leicht zu ermitteln wie dessen Änderungsrate v, die Momentangeschwindigkeit.

Beispiel: Großtanker

Ein großes Öltankschiff führt eine Bremsung durch. Die Geschwindigkeit v wird dabei gemäß der Formel $v(t) = 8 \cdot e^{-0{,}005\,t} - 1$ bis zum Stillstand erniedrigt (t in s, v in m/s).

a) Wie lange dauert der Bremsvorgang?
b) Wie lautet die Weg-Zeit-Funktion des Schiffes?
c) Wie groß ist der Bremsweg?

Lösung zu a:
Das Schiff steht, wenn die Geschwindigkeit auf 0 gesunken ist. Der Ansatz $v(t) = 0$ führt auf die Bremszeit $t = 415,89$ s.
Der Bremsvorgang dauert ca. 7 Minuten.

1. Bremszeit:

$$v(t) = 0$$
$$8 \cdot e^{-0{,}005\,t} - 1 = 0$$
$$e^{-0{,}005\,t} = 0{,}125$$
$$t \approx 415{,}89$$

Lösung zu b:
Durch Integration der Geschwindigkeit-Zeit-Funktion v erhalten wir die Weg-Zeit-Funktion s.
Sie lautet hier
$s(t) = -1600\,e^{-0{,}005\,t} - t + C$.
C ist zunächst unbekannt. Da aber $s(0) = 0$ gilt (Anfangswert), folgt $C = 1600$.

2. Weg-Zeit-Funktion:

$$s(t) = \int v(t)\,dt = \int (8 \cdot e^{-0{,}005\,t} - 1)\,dt$$
$$= -1600\,e^{-0{,}005\,t} - t + C$$
$$s(0) = 0 \Rightarrow -1600 + C = 0 \Rightarrow C = 1600$$
$$s(t) = -1600\,e^{-0{,}005\,t} - t + 1600$$

Lösung zu c:
Die Länge des Bremsweges des Schiffes beträgt $s(415{,}89) = 984{,}11$ d.h. ca. 1 km.

3. Bremsweg:

$$s(415{,}89) \approx 984{,}11\,\text{m} \approx 1\,\text{km}$$

Übung 15 Schnellstart

Ein Sportwagen erhöht seine Geschwindigkeit bei einem Test aus dem Stand nach der Formel $v(t) = 20\,t \cdot e^{-0{,}1\,t}$ $(0 \leq t \leq 30$, t in s, v in m/s).

a) Wie groß ist seine Maximalgeschwindigkeit?
b) Zeigen Sie:
$s(t) = (-200\,t - 2000) \cdot e^{-0{,}1\,t} + 2000$
ist die Weg-Zeit-Funktion des Fahrzeugs.
c) Welche Strecke legt das Auto in den ersten 30 Sekunden zurück?

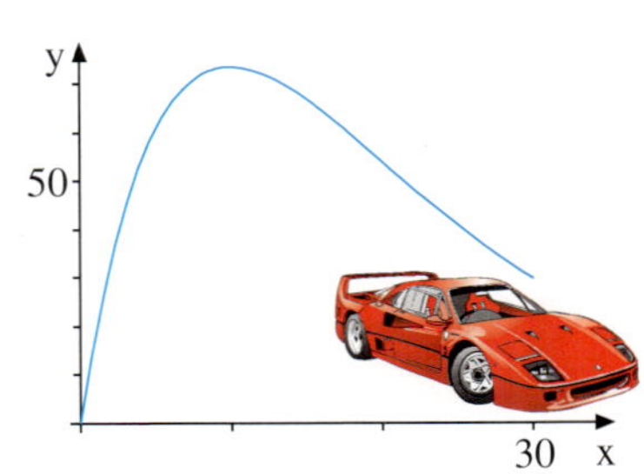

CAS

Übungen

16. Ölförderung

Ein Erdölproduzent besitzt eine Ölquelle, die langsam versiegt. Die Fördergeschwindigkeit lässt sich durch die Funktion $m'(t) = 1 + 10 \cdot e^{-0{,}01\,t}$ beschreiben (t: Tage, $m'(t)$: Tonnen/Tag). Gesucht ist die Funktion $m(t)$, welche die Ölmenge beschreibt, die bis zum Zeitpunkt t gefördert wird, beginnend zur Zeit $t = 0$.

a) Bestimmen Sie $m(t)$ als Stammfunktion von $m'(t)$ mit $m(0) = 0$.

b) Die Ölquelle wird stillgelegt, wenn die Fördergeschwindigkeit auf 3 Tonnen/Tag absinkt. Wann ist dies der Fall? Wie viel Öl wird bis zu diesem Zeitpunkt gefördert?

17. Keine Geldsorgen

In Dagoberts Geldspeicher (30 m hoch) liegen die Taler 20 m hoch. Die Zuwachsrate der Höhenfunktion h beträgt $h'(t) = e^{-0{,}05\,t}$ (t: Tage, $h'(t)$: m/Tag).

a) Wie lautet die Gleichung der Höhenfunktion?

b) Wann läuft Dagoberts Geldspeicher über?

18. Gletscherlänge

Ein Gletscher, der zur Zeit 30 km lang ist, verkürzt sich mit der Zeit. Die Änderungsrate seiner Länge L ist $L'(t) = -0{,}4 \cdot e^{-0{,}02\,t}$.
(t: Jahre, $L'(t)$: km/Jahr)

a) Wie lautet die Funktion $L(t)$, welche die Länge des Gletschers beschreibt?

b) Wann ist der Gletscher nur noch 15 km lang?

19. Bevölkerungsentwicklung

Die Einwohnerzahl eines Landes beträgt 20 Millionen Einwohner. Sie wächst mit der Geschwindigkeit $N'(t) = 0{,}24 \cdot e^{0{,}024\,t}$.
(t: Jahre, $N'(t)$: Mio./Jahr)

a) Wie lautet die Bestandsfunktion $N(t)$ der Population?

b) Wie viele Einwohner hat das Land nach 20 Jahren?

c) Wann hat das Land seine Einwohnerzahl verdoppelt?

Überblick

Ableitungsregeln für Exponentialfunktionen

$$(e^x)' = e^x$$
$$(e^{-x})' = -e^{-x}$$
$$(e^{ax+b})' = a \cdot e^{ax+b}$$
$$(e^{f(x)})' = f'(x) \cdot e^{f(x)}$$

Integrationsregeln für Exponentialfunktionen:

$$\int e^x dx = e^x + C$$
$$\int e^{-x} dx = -e^{-x} + C$$
$$\int e^{ax+b} dx = \frac{1}{a} \cdot e^{ax+b} + C$$

Stammfunktionsnachweis: F(x) ist Stammfunktion von f(x), wenn gilt: $F'(x) = f(x)$

Wichtige Typen von Exponentialfunktionen:

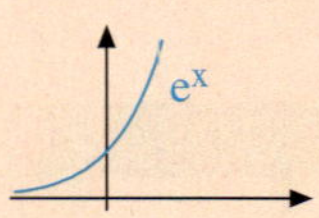

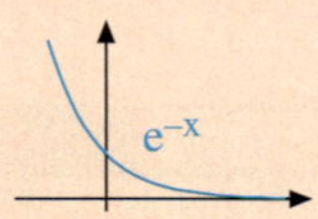

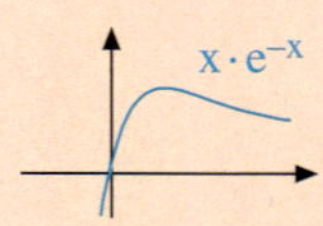

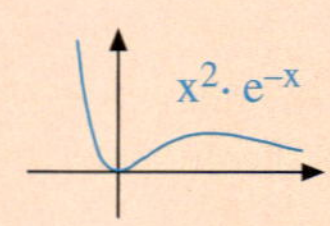

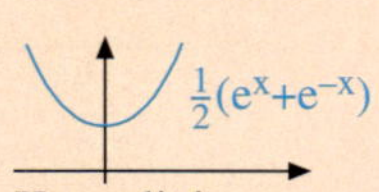

Kettenlinie

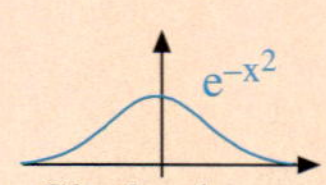

Glockenkurve

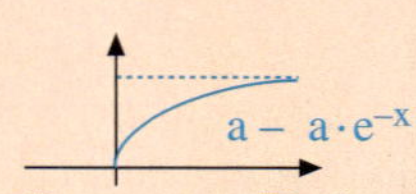

Begrenztes Wachstum

Randkurven: Kurven, welche ein Gebiet oder ein Objekt begrenzen und sich durch eine Funktion darstellen lassen.

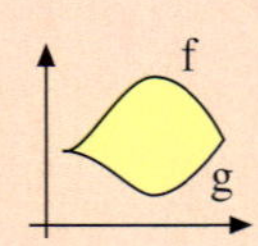

Lokale Änderungsrate: $f'(x_0)$: Lokale (momentane) Änderungsrate von f an der Stelle x_0. Tangentenanstieg

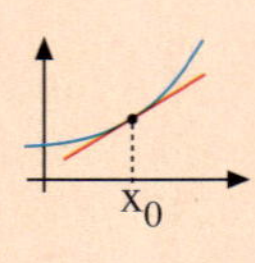

Mittlere Änderungsrate: $\frac{f(x) - f(x_0)}{x - x_0}$: mittlere Änderungsrate von f über dem Intervall [a; b]. Sekantenanstieg

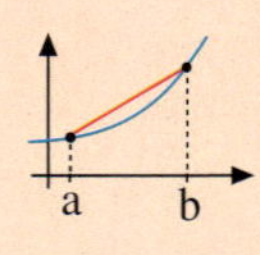

CAS-Anwendung

Der TI-Nspire kann mit zusätzlichen Sensoren auch zur automatischen Erfassung von Messwerten genutzt werden. Zur Analyse der Messwerte können diese in eine Tabelle eingetragen werden. Man kann einen Streuplot erzeugen und diesen mit Funktionsgraphen vergleichen, bei denen man die Parameter entsprechend wählt, oder einen Regressionsgraphen anzeigen lassen.

Beispiel: Modellierung eines Abkühlprozesses

Bei der Messung der Temperatur von frisch aufgebrühtem Kaffee ergibt sich ein Wert von 95°, die Raumtemperatur beträgt 20°. Die zu verschiedenen Zeitpunkten gemessenen Temperaturen sind in der Tabelle unten verzeichnet. Bestimmen Sie, nach welcher Zeit der Kaffee eine Temperatur von 30° angenommen hat.

Zeit (nach x Minuten)	0	0,5	2	5	10
Temperatur	95°	93,83°	89,97°	82,91°	72,88°

Lösung:

Notieren Sie die gegebenen Werte auf einer Tabellenkalkulationsseite.

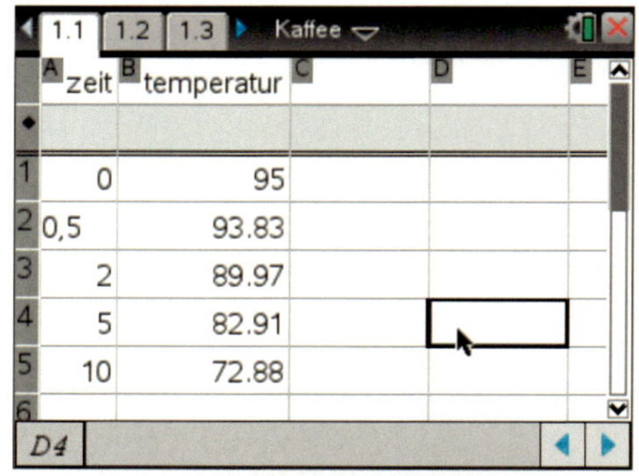

Fügen Sie einen Streuplot ein. Wählen Sie dabei als Parameter durch Anklicken unten die Zeit und links die Temperatur. Verwenden Sie dann „Datenpunkte verbinden".

Fügen Sie anschließend drei Schieberegler für die Parameter a, b und c ein sowie die Funktion $f(x) := a \cdot e^{b \cdot x} + c$.

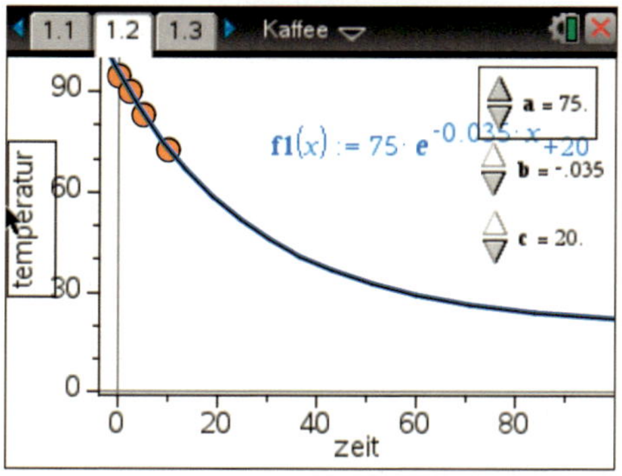

Wählen Sie nun mit den Schiebereglern die Parameter a, b und c so, dass die Punkte auf dem Graphen der Funktion liegen.

$a = 75, b = -0,035$ und $c = 20$ sind geeignete Werte.

Durch Eingabe des Befehls $\text{solve}(f(x) = 30, x)$ erhalten Sie den gesuchten Wert: Nach knapp 58 Minuten hat der Kaffee eine Temperatur von 30° angenommen.

Übung 1

Bearbeiten Sie das Beispiel von Seite 76 in analoger Weise.

Die Funktionsuntersuchung von Kurvenscharen ist meist besonders aufwändig. Sie kann mit dem CAS gut durchgeführt werden.

Beispiel: Kurvenschar

Gegeben ist die Funktionenschar f_t mit $f_t(x) = x^2 \cdot e^{1-tx}$ mit $t > 0$.

a) Untersuchen Sie den Graphen von f_t auf Nullstellen, Extrema und Wendepunkte.

b) Geben Sie eine Gleichung an für die Ortskurve der Hochpunkte und der Wendepunkte.

Lösung:

Auf einer Calculatorseite wird f(t, x) definiert und den Ableitungen die Bezeichnung fa1 für die 1. Ableitung, fa2 bzw. fa3 für die 2. und 3. Ableitung zugewiesen.

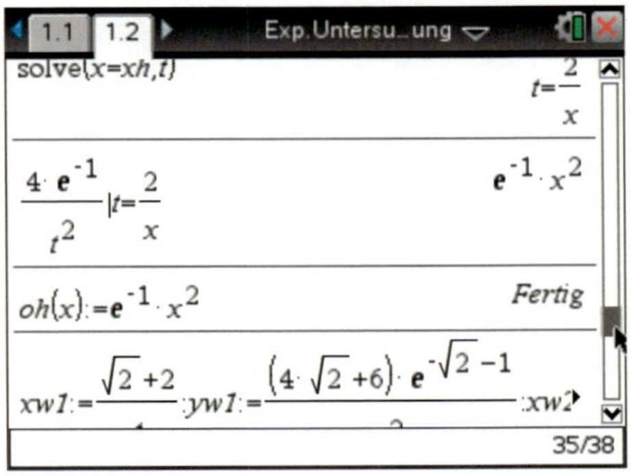

Die Nullstellen sind die Lösungen der Gleichung $f_t(x) = 0$. Im vorliegenden Fall gibt es offensichtlich nur die Nullstelle $x_N = 0$.

Als Nullstellen der 1. Ableitung liefert das CAS 0 und $\frac{2}{t}$. Die 2. Ableitung zeigt, dass an der Stelle $\frac{2}{t}$ ein Hochpunkt vorliegt, die zugehörige y-Koordinate ist $\frac{4 \cdot e^{-1}}{t^2}$.

Der Tiefpunkt aller Kurven ist T(0; 0).

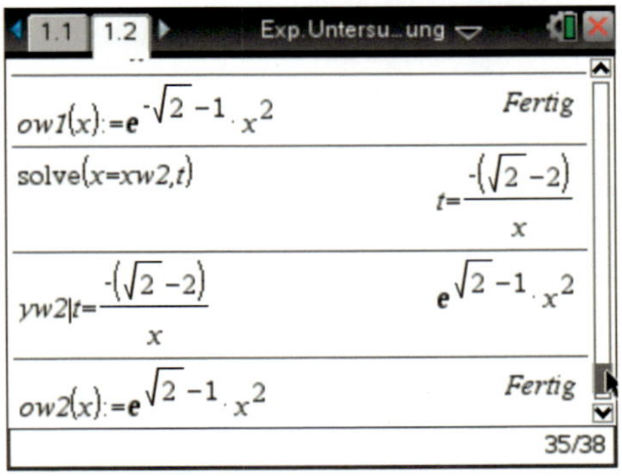

Mit den Nullstellen der 2. Ableitung und nach Prüfung mithilfe der 3. Ableitung findet man zwei Wendepunkte:

$W_1\left(\frac{\sqrt{2}+2}{t}; \frac{(4\sqrt{2}+6)\cdot e^{-\sqrt{2}-1}}{t^2}\right)$,

$W_2\left(\frac{-\sqrt{2}+2}{t}; \frac{(-4\sqrt{2}+6)\cdot e^{\sqrt{2}-1}}{t^2}\right)$.

Löst man die Gleichung für die x-Koordinate des Hochpunktes nach t auf und setzt dies in die y-Koordinate ein, so ergibt sich als Gleichung der Ortskurve der Hochpunkte $o_h(x) = e^{-1} \cdot x^2$. (Bild 1)

Analog bestimmt man die Gleichungen für die Wendepunkte, die links und rechts vom Hochpunkt liegen:

$o_{w1}(x) := e^{-\sqrt{2}-1} \cdot x^2$,

$o_{w1}(x) := e^{\sqrt{2}-1} \cdot x^2$. (Bild 2)

Lässt man für einige Werte von t die Graphen zeichnen, so kann man mit „Graph analysieren“ die Hoch- und Wendepunkte anzeigen lassen. Sie liegen auf den Graphen der Ortskurven. (Bild 3)

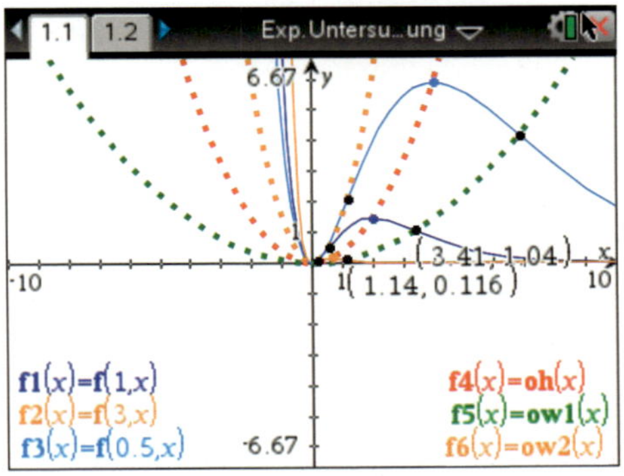

Übung 2 Gedämpfte Schwingung
Die Funktionenschar f_a mit $f_a(t) = 4e^{-at} \cdot \cos(\pi t)$ mit $a > 0$ und $t \geq 0$ bildet ein mathematisches Modell für gedämpfte Schwingungen.
a) Beschreiben Sie physikalische Vorgänge, bei denen gedämpfte Schwingungen auftreten.
b) Zeichnen Sie die Graphen von f_1, f_2 und $f_{0,5}$ für $t \in I = [0; 3]$. Welchen Einfluss hat a?
c) Wo liegen die Nullstellen von f_a im Intervall $I = [0; 3]$?
d) Ermitteln Sie alle Extrempunkte von f_1 im Intervall $I = [0; 3]$. Vergleichen Sie $f_1(3)$ mit dem nächstgelegenen Minimum von f_1.

Ein natürlicher ***Wachstumsprozess*** gehorcht zunächst einer Exponentialfunktion. Im Laufe der Zeit werden aber immer stärker Faktoren wirksam, die das weitere Wachstum einschränken. Man denke nur an einen Seerosenteich, dessen beschränkte Fläche die Ausbreitung der Seerosen begrenzt, oder an das Wachstum der Verkaufszahlen von Mobiltelefonen in einer nicht wachsenden Bevölkerung.
Man spricht von ***logistischem Wachstum***, wenn die Entwicklung eines Bestandes N in Abhängigkeit von der Zeit t durch eine Funktionsgleichung der Form $N(t) = \frac{a}{1 + b \cdot e^{-k \cdot t}}$ beschrieben wird. Das nebenstehende Bild zeigt den Graphen der Funktion $N(t)$. N_0 bezeichnet den Anfangsbestand: $N_0 = N(0) = \frac{a}{1+b}$, der Wert a ist die Wachstumsgrenze.

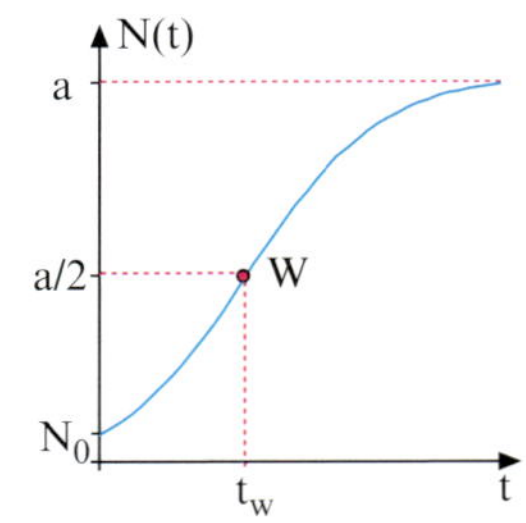

Übung 3
Untersuchen Sie die Eigenschaften von $N(t) = \frac{a}{1 + b \cdot e^{-k \cdot t}}$ mithilfe des CAS.

Beispiel: Logistisches Wachstum
Eine Population von Erdmännchen besteht zu Beobachtungsbeginn aus 300 Tieren. Ein Jahr später ist sie auf 340 Tiere angewachsen, nach zwei Jahren zählt man 384 Tiere. Zur langfristigen Planung möchte man abschätzen, auf wie viele Tiere die Population maximal anwachsen wird. Dazu soll a, b und k für das logistische Wachstumsmodell berechnet werden.

Lösung:
Aus dem Ansatz $N(t) = \frac{a}{1 + b \cdot e^{-k \cdot t}}$ ergibt sich folgendes Gleichungssystem:

$N(0) = 300 \Rightarrow \text{(I)} \quad \frac{a}{1+b} = 300$

$N(1) = 340 \Rightarrow \text{(II)} \quad \frac{a}{1 + b \cdot e^{-k}} = 340$

$N(2) = 384 \Rightarrow \text{(III)} \quad \frac{a}{1 + b \cdot e^{-2k}} = 384$

Nach Lösung des Systems mit dem CAS setzen wir für a, b und k die errechneten Werte ein. Anschließend kann der Graph dargestellt werden. Es folgt die Prognose, dass es weniger als 2000 Tiere werden.

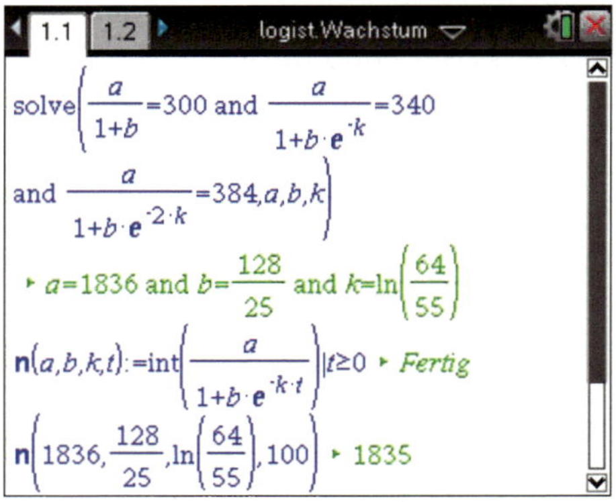

Übung 4 (Fortsetzung des Beispiels)
Man zählt noch einmal und erhält $N(2) = 385$ Tiere. Wie lautet nun die Prognose?

Beispiel: Flächenberechnung

Das nebenstehende Bild zeigt die Graphen von zwei Exponentialfunktionen $f_1(x) = 2 + e^{-t \cdot x}$ und $f_2(x) = e^x$, die zusammen mit der y-Achse ein Flächenstück einschließen.

Der Flächeninhalt, der offensichtlich von der Wahl des Parameters t abhängt, soll für t = 1 und t = 1,5 berechnet werden.

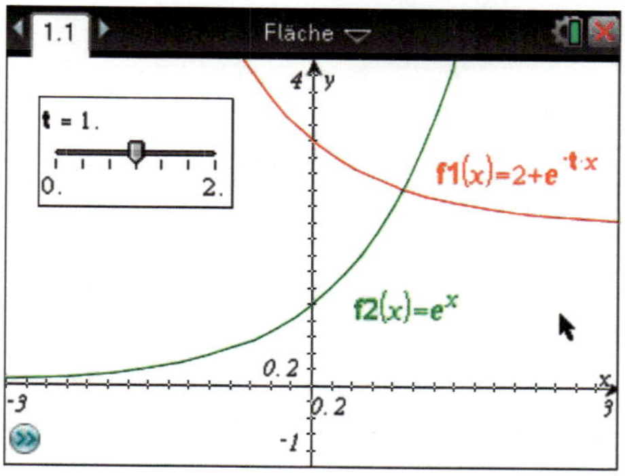

Lösung:

Zunächst wird die obere Integrationsgrenze als Lösung die Gleichung $f_1(x) = f_2(x)$ bestimmt. Im Fall t = 1 führt dies auf die Gleichung $(e^x)^2 - 2(e^x) - 1 = 0$, also auf die quadratische Gleichung $z^2 - 2z - 1 = 0$.

Man erhält $e^x = z = 1 + \sqrt{2}$ (wegen $e^x > 0$) und damit die Lösung $\ln(1 + \sqrt{2})$.

Dieses Ergebnis liefert auch das CAS.

Die Integration wird vom CAS ebenfalls exakt ausgeführt, man erhält das Ergebnis $A = 2\ln(\sqrt{2} + 1) - 2\sqrt{2} + 2$.

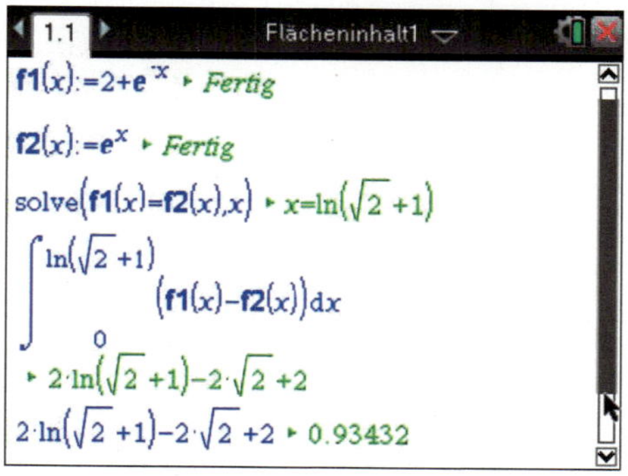

Im Fall t = 1,5 haben wir für die Gleichung $f_1(x) = f_2(x)$ kein exaktes Lösungsverfahren, wären also auf Näherungsverfahren angewiesen.

Auch der solve-Befehl des CAS liefert eine Näherungslösung (versehen mit einem Warnhinweis).

Mit dem Näherungswert für die obere Integrationsgrenze liefert das CAS den Näherungswert 0,841393 für die Maßzahl des Flächeninhalts.

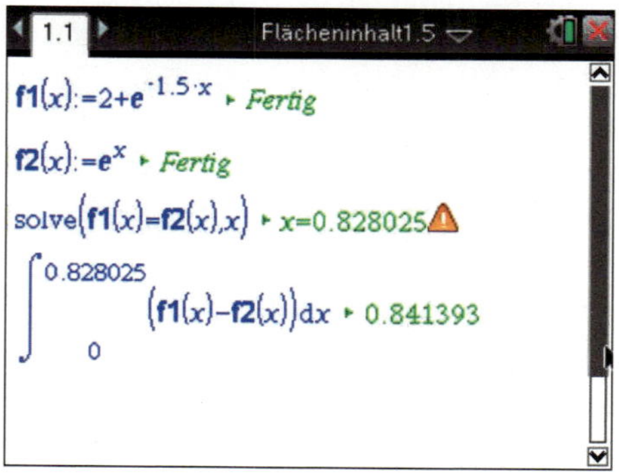

Übung 5

Der Graph der Funktion $f(x) = \frac{1}{\sqrt{2\pi}} \cdot e^{-\frac{1}{2}x^2}$ ist die Gauß'sche Glockenkurve (vgl. S. 110f.).

a) Stellen Sie die Glockenkurve mit dem CAS dar.

b) Berechnen Sie $\int\limits_{-a}^{a} f(x)\,dx$ für a = 1, a = 2 und a = 3 durch numerische Integration mit verschiedenen Verfahren.

c) Berechnen Sie $\int\limits_{-a}^{a} e^{-x^2}\,dx$ für $a = \frac{1}{\sqrt{2}} \approx 0{,}7071$ durch numerische Integration mit dem Simpson-Verfahren. Bearbeiten Sie zum Vergleich mit dem CAS die Übung 7 von Seite 111.

Test

CAS **1.** Differenzieren Sie die Funktion f:
a) $f(x) = e^{2x}$ b) $f(x) = 3 \cdot e^{-x+5}$ c) $f(x) = x \cdot e^{-2x}$

CAS **2.** Integrieren Sie die Funktion f:
a) $f(x) = -e^{-x}$ b) $f(x) = x + e^{2+0{,}5x}$ c) $f(x) = 6 \cdot e^{-\frac{1}{3}x}$

CAS **3.** a) Zeigen Sie, dass $F(x) = (x-2) \cdot e^{-2x}$ eine Stammfunktion von $f(x) = (5-2x) \cdot e^{-2x}$ ist.

b) Bestimmen Sie den Parameter a so, dass $F(x) = (ax+4) \cdot e^{-2x}$ eine Stammfunktion von $f(x) = (6x-11) \cdot e^{-2x}$ ist.

CAS **4.** Bestimmen Sie den Inhalt des abgebildeten Flächenstücks.

a)

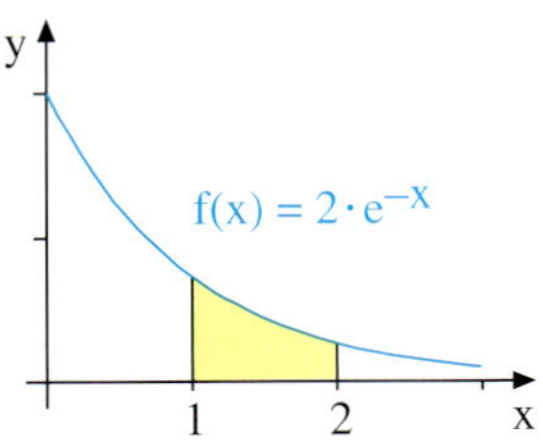

b)

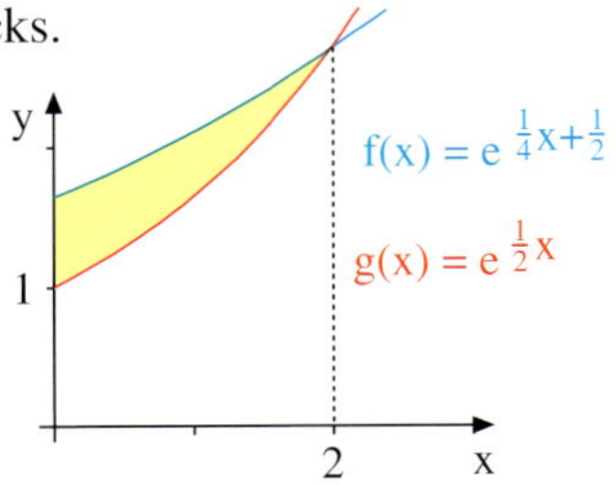

CAS **5.** Gegeben ist die Funktion $f(x) = (2x-4) \cdot e^{1-0{,}5x}$. Führen Sie eine Kurvenuntersuchung durch.
a) Nullstellen, Extrema, Wendepunkte
b) Verhalten von f für $x \to \pm\infty$
c) Graph von f für $0 \leq x \leq 8$.

CAS **6.** Ein Waldstück wird nach Norden durch einen Fluss begrenzt, dessen Verlauf die Funktion $f(x) = 4x \cdot e^{-\frac{1}{2}x}$ beschreibt. Im Westen bildet eine in Nord-Süd-Richtung verlaufende Autobahn die Grenze, im Süden und Osten die abgebildeten Fußwege (1 LE = 1 km).
a) Bestimmen Sie die Lage des nördlichsten Punktes des Waldes.
b) Zeigen Sie, dass $F(x) = (-8x-16) \cdot e^{-\frac{1}{2}x}$ eine Stammfunktion von f ist.
c) Berechnen Sie die Waldfläche.
d) Unter welchem Winkel überbrückt die Autobahn den Fluss?
e) Im Wendepunkt des Flusses befindet sich eine Anlegestelle. Von dort verläuft senkrecht zum Fluss ein Forstweg.
Wo trifft dieser auf den Fußweg?

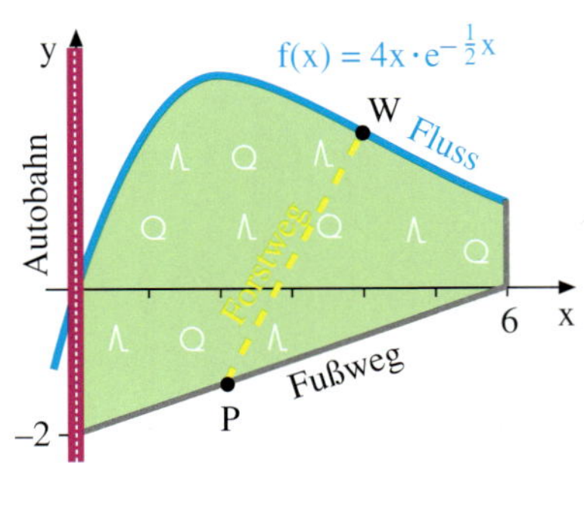

Lösungen: S. 359

IV. Logarithmusfunktionen

In diesem Kapitel steht die natürliche Logarithmusfunktion – die Umkehrfunktion der natürlichen Exponentialfunktion – im Zentrum. Differentiation und Integration werden eng verbunden behandelt.

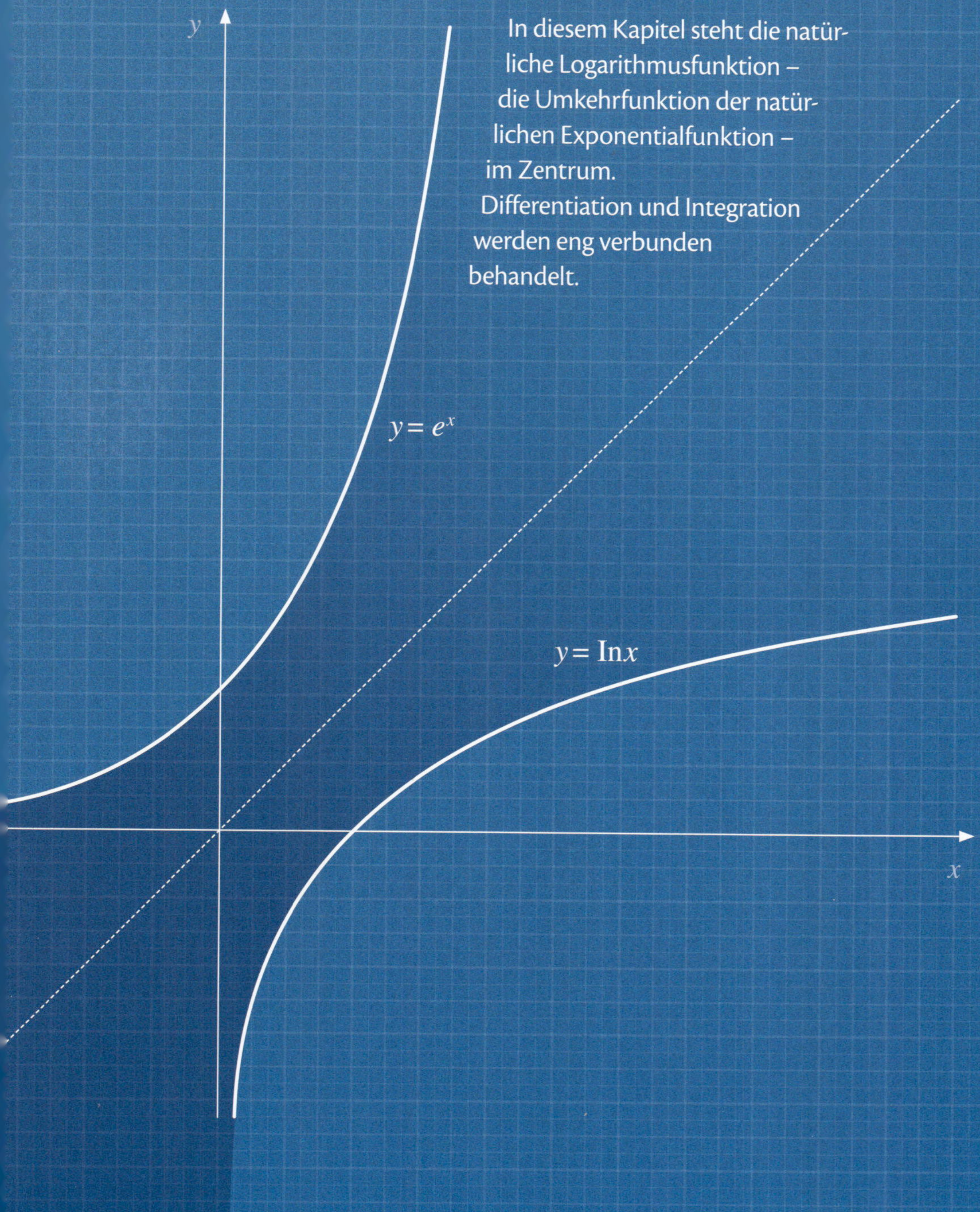

1. Exkurs: Die Differentiation der Umkehrfunktion

Der Anstieg einer Funktion und der Anstieg ihrer Umkehrfunktion hängen eng miteinander zusammen. Im Folgenden werden wir diesen Zusammenhang geometrisch-anschaulich herleiten und begründen.

Wir betrachten den Punkt P(x; f(x)) auf dem Graphen der Funktion f. P′(f(x); x) ist dann der Spiegelpunkt von P auf dem Graphen der Umkehrfunktion f^{-1}.

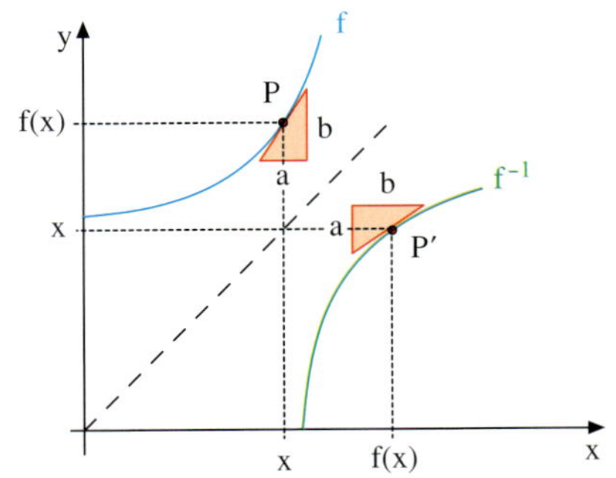

In den Punkten P und P′ zeichnen wir jeweils ein Tangentenstück mit Steigungsdreieck ein. Die beiden Steigungsdreiecke sind dann offensichtlich ebenfalls spiegelgleich.

f hat im Punkt P den Anstieg $f'(x) = \frac{b}{a}$. f^{-1} dagegen hat im Spiegelpunkt P′ den Anstieg $(f^{-1})'(f(x)) = \frac{a}{b}$.

Der erste Anstieg ist also der Kehrwert des zweiten Anstiegswertes. Daraus ergibt sich die nebenstehend aufgeführte ***Umkehrformel***.

f sei eine umkehrbare, an der Stelle x differenzierbare Funktion mit $f'(x) \neq 0$. Dann gilt die sogenannte

Umkehrformel „1. Fassung"

$$f'(x) = \frac{1}{(f^{-1})'(f(x))}.$$

Die Ableitung einer Funktion an der Stelle x ist gleich dem Kehrwert der Ableitung ihrer Umkehrfunktion an der Stelle f(x).

Die Umkehrformel kann die Differentiation einer Funktion vereinfachen, wenn ihre Umkehrfunktion in einfacher Weise differenziert werden kann.

Beispiel: Berechnen Sie die Ableitung der Funktion $f(x) = \sqrt[3]{x}$ $(x > 0)$.

Lösung:
Leicht zu differenzieren ist die Umkehrfunktion $f^{-1}(x) = x^3$. Deren Ableitung an der Stelle x ist $(f^{-1})'(x) = 3x^2$.

In der Umkehrformel benötigen wir $(f^{-1})'(f(x)) = (f^{-1})'(\sqrt[3]{x}) = 3(\sqrt[3]{x})^2$. Setzen wir dies in die Umkehrformel ein, so erhalten wir das Resultat:

$$f'(x) = \frac{1}{3 \cdot (\sqrt[3]{x})^2}.$$

Umkehrfunktion von f:

$f(x) = \sqrt[3]{x}$

$f^{-1}(x) = x^3$

Ableitung von f^{-1}:

$(f^{-1})'(x) = 3x^2$

Ableitung von f:

$$f'(x) = \frac{1}{(f^{-1})'(f(x))} = \frac{1}{(f^{-1})'(\sqrt[3]{x})} = \frac{1}{3 \cdot (\sqrt[3]{x})^2}$$ (vgl. Mathematik 11, S. 45)

Übung 1

Bestimmen Sie die Ableitungsfunktion von f mithilfe der Umkehrformel (1. Fassung).

a) $f(x) = \sqrt{x},\ x > 0$ b) $f(x) = \sqrt[4]{x},\ x > 0$ c) $f(x) = x^{\frac{1}{5}},\ x > 0$ d) $f(x) = \sqrt[3]{2x-2},\ x > 1$

In manchen Fällen ist es von Vorteil, die rechts dargestellte zweite Fassung der Umkehrformel zu verwenden. Diese zweite Fassung ist völlig äquivalent zur ersten Fassung, und sie kann wie diese auch graphisch-anschaulich begründet werden.

Umkehrformel „2. Fassung"

$$(f^{-1})'(x) = \frac{1}{f'(f^{-1}(x))}$$

Die Ableitung der Umkehrfunktion an der Stelle x ist gleich dem Kehrwert der Ableitung der Funktion an der Stelle $f^{-1}(x)$.

Beispiel: Gegeben ist die Funktion $f(x) = x^{\frac{3}{2}},\ x > 0$. Bestimmen Sie die Ableitung der Umkehrfunktion f^{-1} von f.

Lösung:

Wir bestimmen zunächst die Umkehrfunktion von f.
Dies ist die Funktion $f^{-1}(x) = x^{\frac{2}{3}}$.

Umkehrfunktion von f:

$$f(x) = x^{\frac{3}{2}}$$
$$f^{-1}(x) = x^{\frac{2}{3}}$$

Wir können den Funktionsterm von f als Produkt $f(x) = x \cdot \sqrt{x}$ darstellen und hiervon mit Hilfe der Produktregel und Wurzelregel die Ableitung $f'(x) = \frac{3}{2}\sqrt{x}$ bilden.

Ableitung von f:

$$f(x) = x^{\frac{3}{2}} = x \cdot x^{\frac{1}{2}} = x \cdot \sqrt{x}$$
$$f'(x) = 1 \cdot \sqrt{x} + x \cdot \frac{1}{2\sqrt{x}} = \sqrt{x} + \frac{\sqrt{x}}{2}$$
$$f'(x) = \frac{3}{2} \cdot \sqrt{x}$$

Dieses Ergebnis können wir nun in die Umkehrformel (2. Fassung) einsetzen. So erhalten wir die gesuchte Ableitung

$$(f^{-1})'(x) = \frac{2}{3} x^{-\frac{1}{3}}.$$

Ableitung von f^{-1}:

$$(f^{-1})'(x) = \frac{1}{f'(f^{-1}(x))} = \frac{1}{f'(x^{\frac{2}{3}})} = \frac{1}{\frac{3}{2} \cdot \sqrt{x^{\frac{2}{3}}}}$$
$$= \frac{2}{3 \cdot x^{\frac{1}{3}}} = \frac{2}{3} \cdot x^{-\frac{1}{3}}$$

Übung 2

Bestimmen Sie die Ableitung der Umkehrfunktion von f auf zwei Wegen.
Weg 1: Bestimmen Sie zunächst f^{-1} und anschließend $(f^{-1})'$ durch Differentiation von f^{-1}.
Weg 2: Bestimmen Sie $(f^{-1})'$ direkt mithilfe der 2. Fassung der Umkehrformel.

a) $f(x) = 2x + 6$ b) $f(x) = 2 + \sqrt{x},\ x > 0$ c) $f(x) = \frac{1}{2x},\ x > 0$ d) $f(x) = (x+1)^2,\ x > -1$

Übung 3

Bestimmen Sie mithilfe der Umkehrformel die Ableitung von $f(x) = \sqrt{x-1},\ x > 1$, bzw. die Ableitung der Umkehrfunktion von $f(x) = x^2 \cdot \sqrt{x},\ x > 0$.

2. Die natürliche Logarithmusfunktion

Es ist bereits bekannt, dass $\log_b a = c$ eine Umkehrung von $b^c = a$ ist. Wegen ihrer besonderen Bedeutung wird $y = \log_e(x) = \mathit{ln}\,(x)$ (logarithmus naturalis) definiert. Diese Funktion, deren Graph durch Spiegelung des Graphen der Exponentialfunktion an der Winkelhalbierenden konstruiert werden kann, wird als ***natürliche Logarithmusfunktion*** bezeichnet.

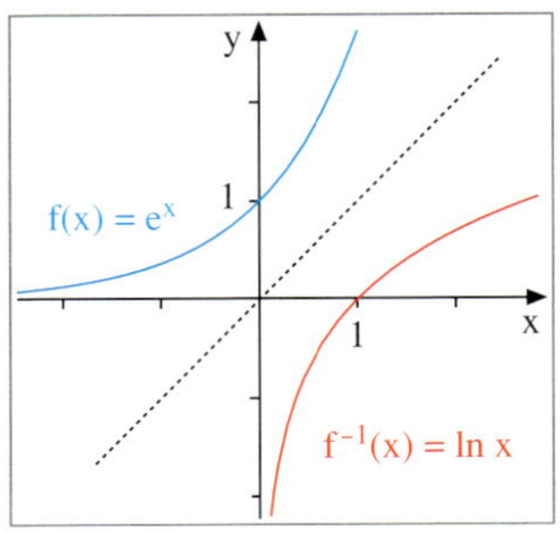

Der Taschenrechner hat eine ln-Taste zur Berechnung von Funktionswerten der natürlichen Logarithmusfunktion.

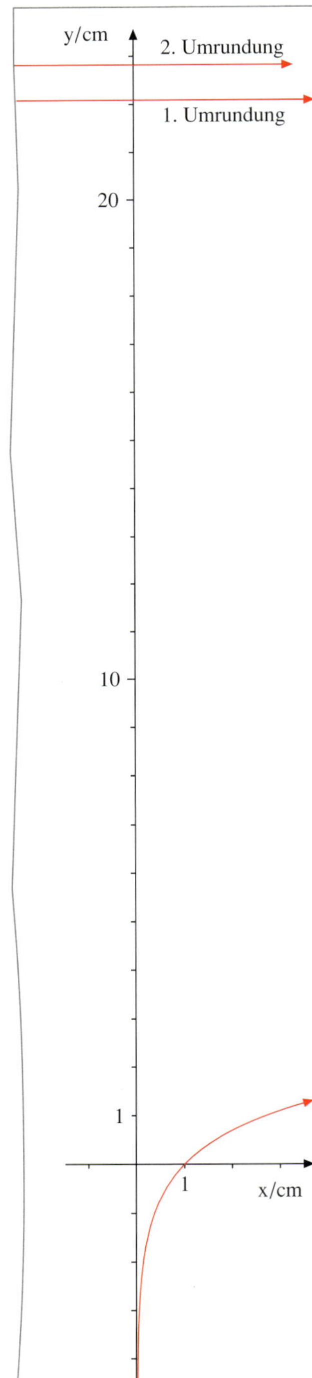

Eigenschaften von f(x) = ln x

Definitionsmenge:	$\mathbb{R}^+$	$(x > 0)$
Wertemenge:	$\mathbb{R}$	$(-\infty < x < \infty)$
Monotonieverhalten:	streng monoton steigend	
Besondere Funktionswerte:	$\ln 1 = 0,\ \ln e = 1$	

Der Graph der Funktion steigt zunächst dicht an der y-Achse verlaufend auf deren rechter Seite steil empor, um die x-Achse bei $x = 1$ zu schneiden und dann schnell extrem abzuflachen. Sein weiteres Wachstum ist unglaublich gering.

Beispiel: Wir denken uns den Graphen der natürlichen Logarithmusfunktion $f(x) = \ln x$ auf einen Papierstreifen aufgetragen, der die Erde auf der Höhe des Äquators umspannt. Der Äquator sei die x-Achse, und eine Längeneinheit sei 1 cm. Welche Höhe hat der Funktionsgraph nach einer Erdumrundung erreicht, wie hoch ist er nach zwei Erdumrundungen?

Lösung:
Der Erdradius beträgt 6370 km, der Umfang also ca. 40 000 km, das sind $4 \cdot 10^9$ cm.
Der Funktionswert beträgt $f(4 \cdot 10^9) = \ln(4 \cdot 10^9) \approx 22{,}11$ cm.
Nach einer weiteren Umrundung sind es gerade erst 22,80 cm.

Übungen

1. Ergänzen Sie die Wertetabelle der natürlichen Logarithmusfunktion $f(x) = \ln x$.

x	0,1	0,25	0,5	1	2	e	3	5	10	100	1000
f(x) = ln x											

2. An welcher Stelle x besitzt die natürliche Logarithmusfunktion den Funktionswert y?
a) $y = 0{,}5$ b) $y = 1$ c) $y = 2$ d) $y = 10$ e) $y = -1$ f) $y = -100$
Beispielrechnung für den Funktionswert y = 5: $y = 5$, $\ln x = 5$, $x = e^5$, $x \approx 148{,}41$

3. Welchen Funktionswert würde die Funktion $f(x) = \ln x$ erreichen, wenn man den positiven Teil der x-Achse von der Erde bis an die äußere Grenze des Weltalls legen würde? Die verwendete Maßeinheit auf den Achsen sei Zentimeter.
Informationen: Nehmen Sie an, dass diese äußere Grenze 10 Milliarden Lichtjahre entfernt ist. Ein Lichtjahr ist die Strecke, die das Licht in einem Jahr (365 Tage) zurücklegt. Das Licht legt in einer Sekunde im Vakuum ca. 300 000 km zurück.

4. Finden Sie durch Probieren mit dem Taschenrechner eine möglichst kleine natürliche Zahl N heraus, sodass im Intervall $[N\,;\,N+1]$ der Zuwachs der Funktion $f(x) = \ln x$ unter 0,01 liegt. CAS

5. Für das Rechnen mit natürlichen Logarithmen gelten die gleichen Rechengesetze wie für den Zehnerlogarithmus. Rechts sind diese Gesetze zur Erinnerung dargestellt.
Vereinfachen Sie mithilfe dieser Rechengesetze den Funktionsterm der Funktion f.

a) $f(x) = \ln(e^{2x})$ b) $f(x) = \ln(\sqrt{x})$ c) $f(x) = \ln\left(\frac{1}{x}\right)$

d) $f(x) = \ln(x^2)$ e) $f(x) = \ln(x \cdot e^x)$ f) $f(x) = \ln\left(\frac{x+1}{e}\right)$

g) $f(x) = e^{\ln(x+1) - \ln x}$ h) $f(x) = e^{x \cdot \ln 2}$ i) $f(x) = \ln\left(\frac{x}{e^{3x}}\right)$

j) $f(x) = \ln(x+1) - \ln x + \ln\left(\frac{1}{x}\right)$

Rechenregeln für ln

$\ln(a \cdot b) = \ln a + \ln b$

$\ln\left(\frac{a}{b}\right) = \ln a - \ln b$

$\ln(a^b) = b \cdot \ln a$

$\ln(e^x) = x$

$e^{\ln x} = x$

6. Berechnen Sie die folgenden Werte des natürlichen Logarithmus mithilfe der Rechengesetze bzw. der rechts abgebildeten Tabelle für die Logarithmen von 2, 3, 5 und 7.

a) exakt: $\ln(e^2)$, $\ln\left(\frac{1}{e}\right)$, $\ln(\sqrt{e})$, $\ln(e^e)$
b) genähert: $\ln(6)$, $\ln(125)$, $\ln(10^6)$, $\ln(315\,000)$.

$\ln 2 \approx 0{,}693$
$\ln 3 \approx 1{,}099$
$\ln 5 \approx 1{,}609$
$\ln 7 \approx 1{,}946$

7. Lösen Sie die logarithmische Gleichung. Kontrollieren Sie Ihre Ergebnisse mit dem CAS.
a) $\ln x = 2{,}5$ b) $\ln x = -3$ c) $\ln(2x+1) = 0{,}5$ d) $\ln(\sqrt{1-x}) = 3$
e) $\ln(x+1) = 1 + \ln x$ f) $\ln(x^2) - \ln(x+4) = \ln 2$

Wie Euler Logarithmen berechnete

Heute ist es sehr einfach, den Logarithmus einer Zahl zu ermitteln. Jeder wissenschaftliche Taschenrechner verfügt über entsprechende Tasten. Bevor es Taschenrechner gab, wurden Logarithmen aus Tabellen – sogenannten Logarithmentafeln – abgelesen. Aber wie wurden diese Tafeln aufgestellt?

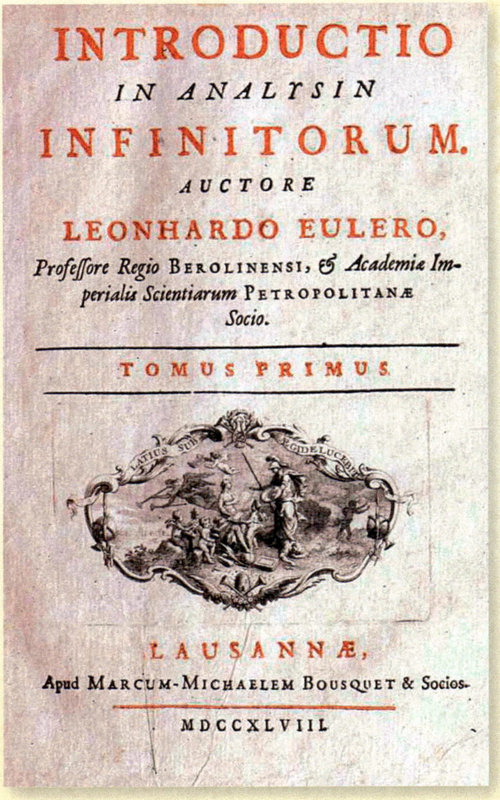

Es sind verschiedene historische Verfahren zur Berechnung von Logarithmen bekannt. Eines beschreibt ***Leonhard Euler*** (1707–1783) in seinem berühmten Werk **Introductio in Analysin Infinitorum**.

Die Schöpfer der ersten Logarithmentafeln mussten ihr Werk allein mithilfe der vier Grundrechenarten erledigen. Außerdem beherrschten sie die Berechnung von Quadratwurzeln beispielsweise mit dem Verfahren von Heron, bei dem nach der Vorschrift $x_{n+1} = \frac{1}{2}\left(x_n + \frac{a}{x_n}\right)$ ausgehend von einem beliebigen Startwert x_0 iterativ eine Zahlenfolge $x_1, x_2, x_3, \ldots$ erzeugt wird, die gegen die gesuchte Zahl $\sqrt{a}$ strebt.
Das von Euler beschriebene Verfahren zur Berechnung von Logarithmen verwendet nur Multiplikationen und das Quadratwurzelziehen sowie die Bildung des arithmetischen Mittels zweier Zahlen. Es beruht im Wesentlichen auf der Anwendung zweier Rechengesetze für Logarithmen: $\ln(a \cdot b) = \ln a + \ln b$ und $\ln\sqrt{c} = \ln c^{\frac{1}{2}} = \frac{\ln c}{2}$.

Demnach gilt für zwei positive Zahlen A und B: $\ln\sqrt{A \cdot B} = \frac{\ln A + \ln B}{2}$.

Diese Beziehung bildet die Grundlage für Eulers Berechnungsverfahren für Logarithmen.

Die Beziehung sagt aus: Kennt man die Logarithmen zweier Zahlen A und B, dann ist das arithmetische Mittel der beiden Logarithmen ln A und ln B gleich dem Logarithmus der Quadratwurzel aus dem Produkt der beiden Zahlen.
Soll nun der Logarithmus einer Zahl Z berechnet werden, die zwischen A und B liegt, dann kann man den Logarithmus einer weiteren Zahl $C = \sqrt{AB}$ bestimmen durch die Mittelbildung $\frac{\ln A + \ln B}{2}$.
Anschließend wählt man von den drei Zahlen A, B, C diejenigen beiden Zahlen aus, zwischen denen Z liegt, und verfährt in gleicher Weise.

Der nebenstehende Ausschnitt aus einer Seite der Introductio zeigt die Vorgehensweise von Euler bei der Berechnung des dekadischen Logarithmus von 5. Die Berechnung von $\log_{10} 5$ beginnt Euler mit den Zahlen A = 1 und B = 10, deren Logarithmen bekannt sind; Euler schreibt daneben *l*A = 0 und *l*B = 1, setzt $C = \sqrt{AB}$ und notiert in der dritten Zeile den Wert dieser Wurzel. *l*C berechnet er als arithmetisches Mittel von *l*A und *l*B, usw.
Als Ergebnis erhält Euler schließlich $\log_{10} 5 = 0{,}6989700$.

A = 1, 000000;	lA = 0, 0000000	ist
B = 10, 000000;	lB = 1, 0000000;	C = √AB
C = 3, 162277;	lC = 0, 5000000;	D = √BC
D = 5, 623413;	lD = 0, 7500000;	E = √CD
E = 4, 216964;	lE = 0, 6250000;	F = √DE
F = 4, 869674;	lF = 0, 6875000;	G = √DF
G = 5, 232991;	lG = 0, 7187500;	H = √FG
H = 5, 048065;	lH = 0, 7031250;	I = √FH
I = 4, 958069;	lI = 0, 6953125;	K = √HI
K = 5, 002865;	lK = 0, 6992187;	L = √IK
L = 4, 980416;	lL = 0, 6972656;	M = √KL
M = 4, 991627;	lM = 0, 6982421;	N = √KM
N = 4 997:42;	lN = 0, 6987304;	O = √KN
O = 5, 000052;	lO = 0, 6989745;	P = √NO
P = 4, 998647;	lP = 0, 6988525;	Q = √OP
Q = 4, 999350;	lQ = 0, 6989135;	R = √OQ
R = 4, 999701;	lR = 0, 6989440;	S = √OR
S = 4, 999876;	lS = 0, 6989592;	T = √OS
T = 4, 999963;	lT = 0, 6989668;	V = √OT
V = 5, 000008;	lV = 0, 6989707;	W = √TV
W = 4, 999984;	lW = 0, 6989687;	X = √WV
X = 4, 999997;	lX = 0, 6989697;	Y = √VX
Y = 5, 000003;	lY = 0, 6989702;	Z = √XY
Z = 5, 000000;	lZ = 0, 6989700;	

Abschließend soll der natürlichen Logarithmus der Zahl 2 ermittelt werden. Als erste Näherungszahl wird A = 1 gewählt, als zweite $B = e \approx 2{,}718\,281\,828$, denn $\ln e = 1$ ist bekannt und 2 liegt zwischen 1 und e. Die Quadratwurzeln der ersten Spalte (ab Zeile 3) werden der Einfachheit halber nicht mit „Heron", sondern mit einem zehnstelligen Taschenrechner bestimmt. Die Zahlen in der zweiten Spalte (ab Zeile 3) sind die Mittelwerte von zwei bereits berechneten Logarithmen.

A = 1,000 000 000	ln A = 0,000 000 000	Es sei:
B = 2,718 281 828	ln B = 1,000 000 000	$C = \sqrt{AB}$
C = 1,648 721 271	$\ln C = \frac{\ln A + \ln B}{2} = 0{,}500\,000\,000$	$D = \sqrt{BC}$
D = 2,117 000 017	$\ln D = \frac{\ln B + \ln C}{2} = 0{,}750\,000\,000$	$E = \sqrt{CD}$
E = 1,868 245 958	$\ln E = \frac{\ln C + \ln D}{2} = 0{,}625\,000\,000$	$F = \sqrt{DE}$
F = 1,988 737 470	$\ln F = \frac{\ln D + \ln E}{2} = 0{,}687\,500\,000$	$G = \sqrt{DF}$
G = 2,051 866 774	$\ln G = \frac{\ln D + \ln F}{2} = 0{,}718\,750\,000$	$H = \sqrt{FG}$
H = 2,020 055 528	$\ln H = \frac{\ln F + \ln G}{2} = 0{,}703\,125\,000$	$I = \sqrt{FH}$
I = 2,004 335 331	$\ln I = \frac{\ln F + \ln H}{2} = 0{,}695\,312\,500$	$J = \sqrt{FI}$
J = 1,996 521 168	$\ln J = \frac{\ln F + \ln I}{2} = 0{,}691\,406\,250$	$K = \sqrt{IJ}$

Setzen Sie das Verfahren fort, bis in der ersten Spalte 2,000 000 000 steht. Vergleichen Sie Ihren Wert für ln 2 mit dem Näherungswert, den Ihr Taschenrechner liefert.

3. Die Ableitung von f(x) = ln x Logarithmische Integration

A. Graphische Differentiation von f(x) = ln x

Mithilfe des Differentialquotienten kann man Ableitungsregeln gewinnen. Bei der Logarithmusfunktion gelingt dies nicht, da der im Differenzenquotienten auftretende Term $\ln(x+h)$ nicht weiter umformbar ist.

$$f'(x) = \lim_{h\to 0} \frac{f(x+h)-f(x)}{h} = \lim_{h\to 0} \frac{\ln(x+h)-\ln(x)}{h} = ?$$

Aus diesem Grund versuchen wir, die Ableitung der Funktion zeichnerisch zu gewinnen.

Beispiel: Gegeben sei die natürliche Logarithmusfunktion f(x) =ln x. Bestimmen Sie zeichnerisch die Ableitungsfunktion von f.

Lösung:
Wir zeichnen den Graphen von f und tragen in einigen Punkten die Tangenten an, deren Anstiege wir angenähert ablesen und tabellieren. Falls die Ablesungen zu ungenau erscheinen, können wir die Anstiege auch rechnerisch mithilfe des Differenzenquotienten ermitteln, wie rechts für das Beispiel $f'(2)$ dargestellt.

$$f'(2) = \lim_{h\to 0} \frac{\ln(2+h)-\ln(2)}{h} \approx \frac{\ln(2+0{,}01)-\ln(2)}{0{,}01} \approx \frac{0{,}6981-0{,}6931}{0{,}01} \approx 0{,}5$$

x	0,5	1	2	3
f′(x)	2	1	0,5	0,3

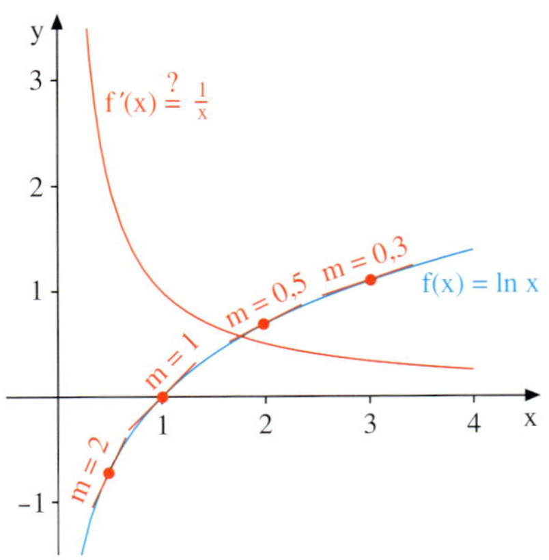

Mithilfe dieser Wertetabelle skizzieren wir die Ableitungsfunktion f′, deren Funktionswerte die Anstiege von f sind. Aufgrund des Verlaufs des Graphen von f′ liegt die Vermutung nahe, dass es sich hierbei um die Reziprokenfunktion handelt.

Die Tabellenwerte bekräftigen diese Vermutung, denn offenbar gilt stets angenähert der Zusammenhang $f'(x) = \frac{1}{x}$.

Dies verträgt sich auch mit der Beobachtung, dass die Logarithmusfunktion immer steiler wird, so dass ihr Anstieg über alle Grenzen wächst, wenn man sich von rechts der Stelle $x=0$ nähert, und dass ihr Anstieg für $x \to \infty$ gegen null tendiert.

Logarithmische Ableitung

Die natürliche Logarithmusfunktion $f(x) = \ln x$ ist für $x > 0$ differenzierbar. Es gilt die sog. *logarithmische* Ableitungsregel:

$$(\ln x)' = \frac{1}{x}.$$

B. Rechnerische Differentiation von $f(x) = \ln x$

Den rechnerischen Nachweis der Gültigkeit der Regel für die Ableitung der Funktion $f(x) = \ln x$ kann mithilfe der Formel $e^{\ln x} = x$ geführt werden: Man bildet auf beiden Seiten dieser Gleichung die Ableitung, wobei links die Kettenregel angewendet wird. Das gesuchte Ergebnis ergibt sich schließlich durch Auflösen nach $(\ln x)'$.

Beweis der logarithmischen Ableitungsregel:

$$e^{\ln x} = x$$
$$(e^{\ln x})' = (x)'$$
$$e^{\ln x} \cdot (\ln x)' = 1$$
$$x \cdot (\ln x)' = 1$$
$$(\ln x)' = \frac{1}{x}$$

Übung 1

Zeigen Sie durch Differentiation, dass $F(x) = x \cdot \ln x - x$ eine Stammfunktion von $f(x) = \ln x$ ist.

Stammfunktionen von f(x) = ln x

$$\int \ln x \, dx = x \cdot \ln x - x + C$$

C. Ableitungsübungen

Wir üben nun das Differenzieren von Funktionen, deren Gleichungen logarithmische Terme enthalten. Dabei wenden wir bereits bekannte Regeln wie Produkt- und Kettenregel an.

Beispiel: Bestimmen Sie die Ableitungsfunktion f' von f. Dabei gelte stets $x > 0$.

a) $f(x) = \ln(2x)$ b) $f(x) = \ln(x^3)$ c) $f(x) = x \cdot \ln(2x)$

Lösung zu a und zu b:
Wir verwenden hierbei die Kettenregel.

a) $f'(x) = [\ln(2x)]' = \frac{1}{2x} \cdot 2 = \frac{1}{x}$

b) $f'(x) = [\ln(x^3)]' = \frac{1}{x^3} \cdot 3x^2 = \frac{3}{x}$

Lösung zu c:
Wir verwenden Produkt- und Kettenregel.

c) $f'(x) = [x \cdot \ln(2x)]'$
$= 1 \cdot \ln(2x) + x \cdot \frac{1}{2x} \cdot 2$
$= \ln(2x) + 1$

Übung 2

Bestimmen Sie die Ableitungsfunktionen f' und f''. Nennen Sie jeweils die Definitionsmenge.

a) $f(x) = \ln(5x)$ b) $f(x) = \ln(x^2)$ c) $f(x) = x + \ln(2x)$
d) $f(x) = x^2 \cdot \ln(x)$ e) $f(x) = \frac{\ln x}{x}$ f) $f(x) = \ln(\sqrt{x})$
g) $f(x) = \ln(2e^{2x})$ h) $f(x) = (\ln x)^3$ i) $f(x) = \sqrt{\ln x}$

Übung 3

Berechnen Sie $[\ln(x^n)]'$, $\left[\ln\left(\frac{1}{x}\right)\right]'$ und $[\ln(ax)]'$ auf zwei verschiedene Arten ($x > 0$, $a > 0$, $n \in \mathbb{N}$).

Beispiel: Für $x > 0$ gilt $[\ln(x^2)]' = \frac{1}{x^2} \cdot 2x = \frac{2}{x}$, aber auch $[\ln(x^2)]' = [2 \cdot \ln x]' = 2 \cdot \frac{1}{x} = \frac{2}{x}$.

D. Die logarithmische Integration

Die Funktion $g(x) = \frac{1}{x} = x^{-1}$ war die einzige Potenzfunktion, die sich nicht mithilfe der verallgemeinerten Potenzregel integrieren ließ. Das unbestimmte Integral dieser Funktion und das unbestimmte Integral einer Funktion der Form $g(x) = \frac{f'(x)}{f(x)}$ lassen sich jedoch mit Hilfe der natürlichen Logarithmusfunktion darstellen. Wir begründen dies nun genauer.

Für $x > 0$ gilt: $[\ln x]' = \frac{1}{x}$.
Daher ist $F(x) = \ln x$ für $x > 0$ eine Stammfunktion von $f(x) = \frac{1}{x}$.
Für $x < 0$ gilt: $[\ln(-x)]' = \frac{1}{-x} \cdot (-1) = \frac{1}{x}$.
Also ist $F(x) = \ln(-x)$ für $x < 0$ eine Stammfunktion von $f(x) = \frac{1}{x}$.

Diese beiden Aussagen können wir folgendermaßen zusammenfassen:

Die logarithmische Integration

Für $x \neq 0$ ist $f(x) = \frac{1}{x}$ integrierbar:

$$\int \frac{1}{x}\,dx = \ln|x| + C.$$

Für $f(x) > 0$ gilt nach der Kettenregel $[\ln f(x)]' = \frac{1}{f(x)} \cdot f'(x) = \frac{f'(x)}{f(x)}$.
Daher ist $F(x) = \ln(f(x))$ für $f(x) > 0$ eine Stammfunktion von $\frac{f'(x)}{f(x)}$.
Für $f(x) < 0$ ist analog $F(x) = \ln(-f(x))$ eine Stammfunktion von $\frac{f'(x)}{f(x)}$.

Dies führt auf die folgende Verallgemeinerung der logarithmischen Integration:

Verallgemeinerte logarithmische Integration

f sei eine differenzierbare Funktion, die nicht null wird. Dann gilt:

$$\int \frac{f'(x)}{f(x)}\,dx = \ln|f(x)| + C.$$

Beispiel: Gesucht ist jeweils der Inhalt der abgebildeten Fläche A.

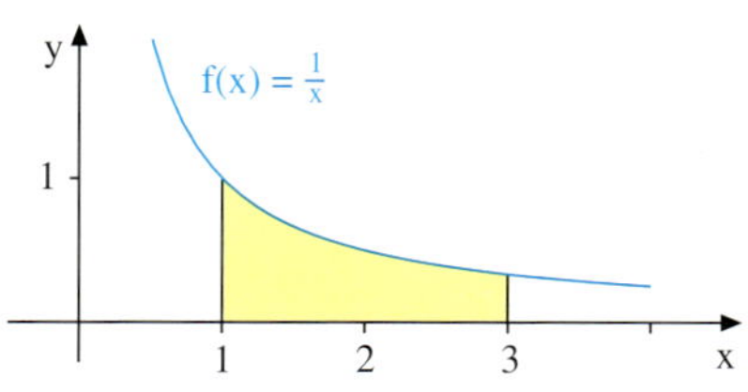

Lösung:
$F(x) = \ln|x|$ ist eine Stammfunktion von $f(x) = \frac{1}{x}$. Daher gilt:

$$\begin{aligned} A = \int_1^3 \frac{1}{x}\,dx &= [\ln|x|]_1^3 \\ &= \ln 3 - \ln 1 \\ &\approx 1{,}099 - 0 \\ &\approx 1{,}1 \end{aligned}$$

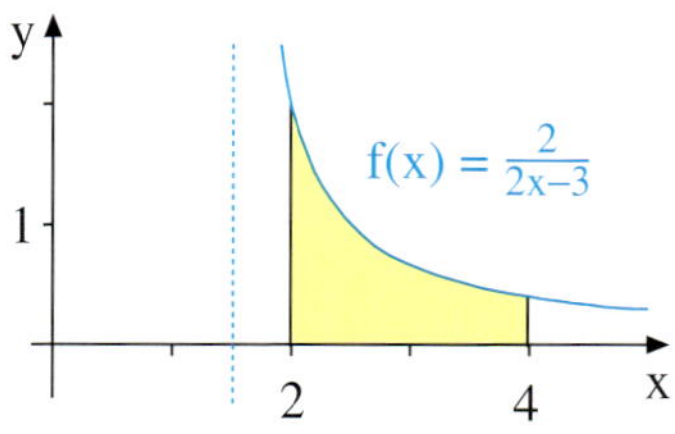

Lösung:
Der Zählerterm 2 ist die Ableitung des Nennerterms $2x - 3$, daher kann logarithmisch integriert werden:

$$A = \int_2^4 \frac{2}{2x-3}\,dx = [\ln|2x-3|]_2^4$$
$$= \ln 5 - \ln 1 = \ln 5 \approx 1{,}609$$

E. EXKURS: Flächeninhaltsbestimmungen mit logarithmischer Integration

Mit der logarithmischen Integration lassen sich Flächenprobleme für den Fall lösen, dass die Randkurven einfache gebrochen-rationale Funktionen sind.

Beispiel: Gegeben sind die Funktionen $g(x) = \frac{3}{2}x$ und $h(x) = \frac{6}{2x+2}$ $(x > 0)$ sowie die vertikale Gerade k mit der Gleichung $x = 4$.
Welchen Inhalt hat die Fläche A, die von den drei Graphen von g, h und k sowie der x-Achse umschlossen wird?
Fertigen Sie zunächst eine Skizze an.

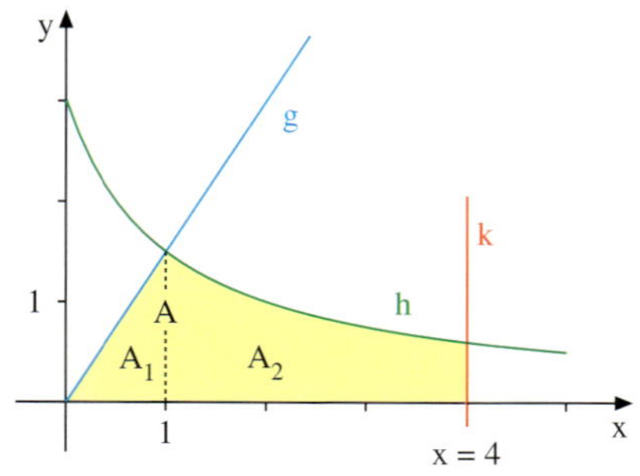

Lösung:
Anhand der Skizze erkennen wir, dass die Fläche A in die Teilflächen A_1 und A_2 zerlegbar ist.
Die Schnittstelle der Funktionen g und h liegt bei $x = 1$.

Schnittstellen von g und h:

$\frac{3}{2}x = \frac{6}{2x+2}$

$6x^2 + 6x = 12$

$x^2 + x - 2 = 0$

$x = 1, \ (x = -2)$

A_1 hat den Inhalt 0,75.
Zur Berechnung des Inhaltes von A_2 müssen wir im Integranden $\frac{6}{2x+2}$ den Faktor 3 ausklammern, um einen Bruchterm der Form $\frac{f'(x)}{f(x)}$ zu erhalten, den wir mittels logarithmischer Integration behandeln können.
A_2 hat den Inhalt 2,75.

Flächeninhalte:

$$A_1 = \int_0^1 \frac{3}{2}x\,dx = \left[\frac{3}{4}x^2\right]_0^1 = 0{,}75$$

$$A_2 = \int_1^4 \frac{6}{2x+2}\,dx = 3 \cdot \int_1^4 \frac{2}{2x+2}\,dx$$

$$= 3 \cdot \left[\ln|2x+2|\right]_1^4 = 3(\ln 10 - \ln 4)$$

$$\approx 2{,}75$$

Als Gesamtinhalt erhalten wir $A \approx 3{,}5$.

Resultat: $A = A_1 + A_2 \approx 3{,}5$

Übung 4
Berechnen Sie den Inhalt der Fläche A unter dem Graphen von f über dem Intervall I.

a) $f(x) = \frac{1}{x+3}$, $I = [0\,;4]$ b) $f(x) = \frac{4x}{x^2+2}$, $I = [0\,;3]$ c) $f(x) = \frac{e^x}{e^x+1}$, $I = [-2\,;2]$

Übung 5
Die Graphen von f und g schließen eine Fläche A ein. Bestimmen Sie deren Inhalt.

a) $f(x) = \frac{10}{2x+1}$, $g(x) = -5x + 10$

b) $f(x) = \frac{1}{2x}$, $g(x) = -\frac{5}{6}x + \frac{8}{3}$

c) $f(x) = 3x^2 - 10x + 9$, $g(x) = \frac{2}{x}$

Übung 6
Bestimmen Sie den Inhalt der Fläche A, die von den Graphen der Funktionen $f(x) = \frac{12}{3x+1}$ und $g(x) = x^2 + 2$, der vertikalen Geraden $x = 3$ und den Koordinatenachsen umschlossen wird.

Übungen

Ableitungsübungen

7. Bestimmen Sie die Ableitungsfunktion f'.

a) $f(x) = \ln(x^2 - 2x)$ b) $f(x) = \ln(\ln x)$ c) $f(x) = \ln(e^x + e^{-x})$

d) $f(x) = \frac{1}{\ln x}$ e) $f(x) = \sqrt{\ln x}$ f) $f(x) = \sqrt{x} \cdot \ln x$

g) $f(x) = x^3 \cdot \ln(2x)$ h) $f(x) = (x+1) \cdot \ln(x^2 - 1)$ i) $f(x) = \frac{x^2}{\ln x}$

j) $f(x) = \ln\left(\frac{1+x}{1-x}\right)$ k) $f(x) = \ln\left(\frac{e^x}{1+e^x}\right)$ l) $f(x) = \ln\sqrt{\frac{1+e^x}{1-e^x}}$

8. a) Entwickeln Sie eine Ableitungsregel für die *allgemeine Logarithmusfunktion* $f(x) = \log_a x$ ($a > 0$, $a \neq 1$ und $x > 0$). Verwenden Sie hierbei die Basistransformation: $\log_a x = \frac{\log_b x}{\log_b a}$ ($b > 0$, $b \neq 1$).

b) Berechnen Sie mit der in a) entwickelten Ableitungsregel die Ableitung f' folgender Funktionen für $x > 0$:

1. $f(x) = \log_2 x$ 2. $f(x) = \log \frac{1}{x}$ 3. $f(x) = \log x \cdot \log_5 x$

9. Bestimmen Sie die Ableitungsfunktion von $f(x) = x^x$ für $x > 0$.
Hinweis: Schreiben Sie den Funktionsterm als Potenz mit der Basis e.

10. Welches ist die richtige Stammfunktion (für $x > 0$)? Weisen Sie Ihre Behauptung nach.

A. $f(x) = \ln x + x$

B. $f(x) = \ln x + 1$

C. $f(x) = \frac{2}{x}$

D. $f(x) = \ln(2x)$

I. $F(x) = x(\ln x + \ln 2 - 1)$

II. $F(x) = \ln(x^2)$

III. $F(x) = x \cdot \ln x - x + 0{,}5x^2$

IV. $F(x) = x \cdot \ln x$

Die logarithmische Integration

11. Berechnen Sie mittels logarithmischer Integration eine Stammfunktion von f.

a) $f(x) = \frac{2x}{x^2+3}$ b) $f(x) = \frac{6}{3x-9}$ c) $f(x) = \frac{x^3+x}{x^4+2x^2}$

d) $f(x) = \frac{1}{x \cdot \ln x}$ e) $f(x) = \frac{1+e^x}{x+e^x}$ f) $f(x) = \frac{e^x+e^{-x}}{e^x-e^{-x}}$

12. Berechnen Sie den Inhalt der Fläche A unter dem Graphen von f über dem Intervall I.

a) $f(x) = \frac{1}{x+2}$, $I = [0\,;4]$ b) $f(x) = \frac{6x}{x^2+3}$, $I = [0\,;3]$ c) $f(x) = \frac{e^{2x}}{1+e^{2x}}$, $I = [10\,;11]$

4. Elementare Funktionsuntersuchungen

In diesem Abschnitt werden unterschiedliche Problemstellungen aus der Differentialrechnung der Logarithmusfunktionen exemplarisch angesprochen, die später im Rahmen von umfassenderen Kurvenuntersuchungen als Teilaufgaben oder als Zusatzaufgaben wieder auftreten.

Beispiel: Definitionsmenge und Graph

Gegeben ist die Logarithmusfunktion $f(x) = \ln(4 - 2x)$.

a) Bestimmen Sie die Definitionsmenge der Funktion f.

b) Wo liegt die Nullstelle von f ?

c) Wo hat die Funktion f den Wert 2?

d) Zeichnen Sie den Graphen von f.

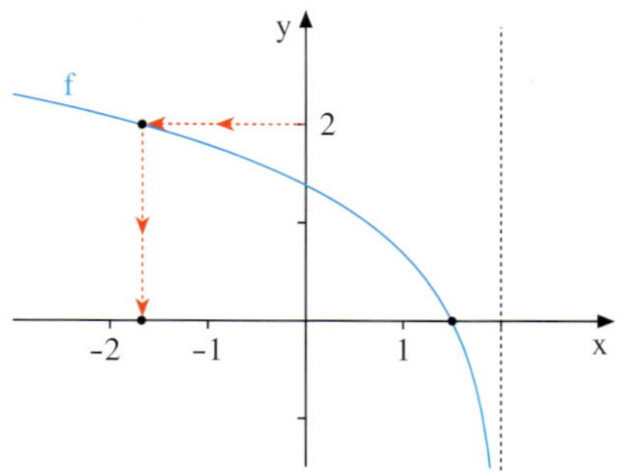

Lösung:

Die Logarithmusfunktion $g(x) = \ln x$ ist nur für $x > 0$ definiert.

Daher muss auch bei der Funktion f das Funktionsargument, d. h. der innere Term $4 - 2x$, positiv sein. Dies ist für $x < 2$ der Fall. Daher gilt: $D_f = \{x \in \mathbb{R}: x < 2\}$.

Definitionsmenge:

$$4 - 2x > 0$$
$$4 > 2x$$
$$x < 2$$

Die Nullstelle von f liegt laut nebenstehender Rechnung bei $x = 1{,}5$.

Der Funktionswert $y = 2$ wird an der Stelle $x \approx -1{,}7$ angenommen.

Nullstelle:

$$\ln(4 - 2x) = 0$$
$$4 - 2x = 1$$
$$x = 1{,}5$$

Funktionswert 2:

$$\ln(4 - 2x) = 2$$
$$4 - 2x = e^2$$
$$x = \frac{4 - e^2}{2} \approx -1{,}69$$

Beispiel: Anstieg und Tangente

Gegeben ist $f(x) = \ln(x^2)$ für $x \neq 0$.

a) Welchen Anstieg und welchen Anstiegswinkel hat f bei $x = 1$?

b) Wie lautet die Gleichung der Tangente t an den Graphen von f in P(e; 2)?

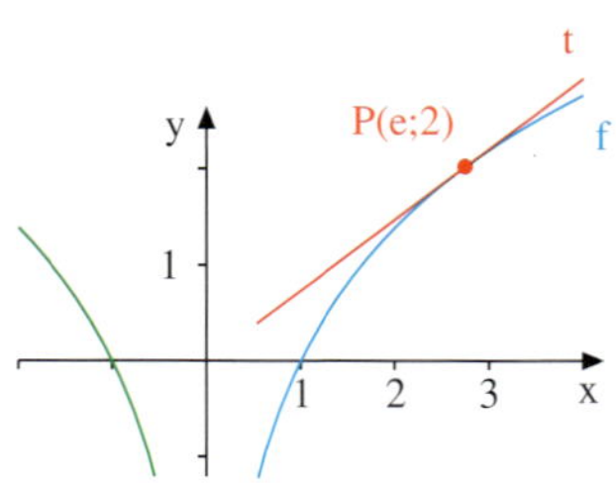

Lösung zu a:

f hat die Ableitung $f'(x) = \frac{2}{x}$. Der Anstieg an der Stelle 1 beträgt also $f'(1) = \frac{2}{1} = 2$.

Anstiegswinkel: $\alpha = \arctan 2 \approx 63{,}4°$.

Lösung zu b:

Die Tangente geht durch den Punkt P(e; 2) des Graphen von f und hat dort den Anstieg $m = f'(e) = \frac{2}{e}$. Ihre Gleichung lautet daher $t(x) = f'(e) \cdot (x - e) + 2 = \frac{2}{e}x$.

Übung 1

Gegeben ist die Funktion $f(x) = \ln(0{,}5x + 3)$. Bestimmen Sie die Definitionsmenge von f, skizzieren Sie den Graphen von f und stellen Sie die Gleichung der Normalen in der Nullstelle auf.

Beispiel: Tangente
Gegeben ist die Funktion $f(x) = \ln x$.
Welche Ursprungsgerade $g(x) = m \cdot x$ berührt den Graphen von f als Tangente? Bestimmen Sie die Berührstelle x.

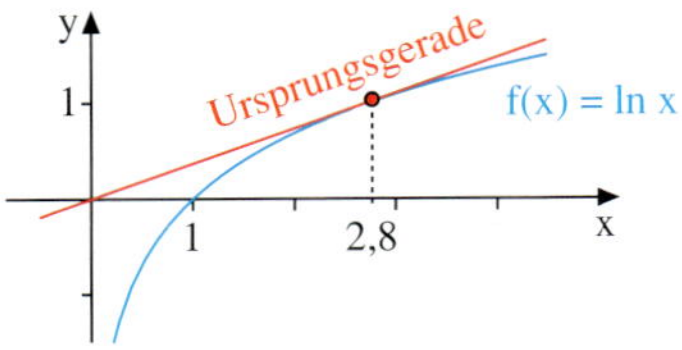

Lösung:
Die zeichnerische Lösung ist rechts dargestellt. Rechnerisch geht man davon aus, dass an der Berührstelle x sowohl die Funktionswerte als auch die Anstiege der beiden Funktionen übereinstimmen:

$$f(x) = g(x) \quad \text{und} \quad f'(x) = g'(x).$$

Diese beiden Gleichungen bilden ein Gleichungssystem, das mit dem Einsetzungs- oder dem Gleichsetzungsverfahren leicht gelöst werden kann. Wir erhalten eine Berührstelle bei $x = e$. Hieraus folgt für den Geradenanstieg $m = \frac{1}{e}$. Die Tangentengleichung ist also $g(x) = \frac{1}{e}x$.

Berührstelle:

$f(x) = g(x) \quad \Rightarrow \quad \ln x = mx \qquad (1)$

$f'(x) = g'(x) \quad \Rightarrow \quad \frac{1}{x} = m \qquad (2)$

Einsetzen von (2) in (1):

$\ln x = 1$

$x = e$

Tangentengleichung:
Einsetzen von $x = e$ in (2):

$m = \frac{1}{e} \quad \Rightarrow \quad g(x) = \frac{1}{e} \cdot x$

Beispiel: Extremalproblem
Gegeben ist die Funktion $f(x) = 2 \cdot \ln x$.
Wie muss der Punkt $P(z; f(z))$ des Graphen von f gewählt werden $(1 < z < e)$, damit der Umfang des dargestellten Rechtecks möglichst groß wird?

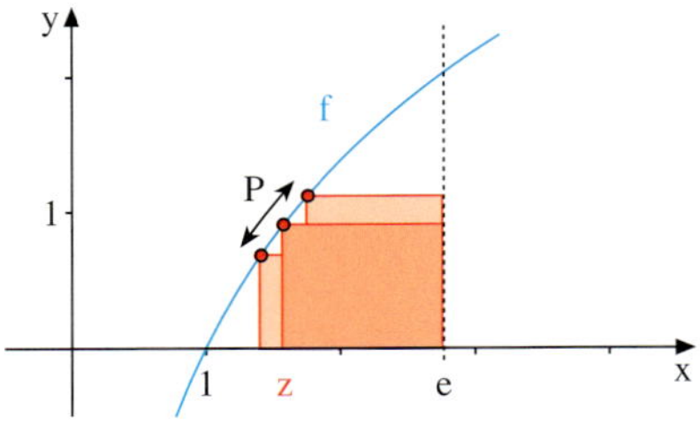

Lösung:
Die Länge des Rechtecks beträgt $(e - z)$, die Höhe beträgt $f(z) = 2 \cdot \ln z$.
Damit gilt für den Umfang U die Beziehung: $U(z) = 2 \cdot (e - z) + 4 \cdot \ln z$.
Mithilfe der Differentialrechnung können wir das Maximum der Funktion U errechnen. Es liegt nach nebenstehender Rechnung bei $z = 2$.
Der zugehörige Maximalumfang hat den Wert $U_{MAX} = U(2) \approx 4{,}21$.

Extremalrechnung:

$U(z) = 2 \cdot (e - z) + 4 \cdot \ln z$

$U'(z) = -2 + \frac{4}{z}$

$U''(z) = -\frac{8}{z^2}$

$U'(z) = 0 \quad \Rightarrow -2 + \frac{4}{z} = 0 \Leftrightarrow z = 2$

$U''(2) = -2 < 0 \quad \Rightarrow$ Maximum

$U_{MAX} = U(2) = 2 \cdot (e - 2) + 4 \cdot \ln 2 \approx 4{,}21$

Übung 2
Die Graphen von $f(x) = x^2$ und $g(x) = 2 \cdot \ln x$ schneiden aus der senkrechten Geraden $x = t$ $(t > 0)$ eine Strecke heraus. Für welchen Wert von t ist die Länge dieser Strecke am kleinsten? Lösen Sie die Aufgabe zeichnerisch und rechnerisch.

Übungen

3. Bestimmen Sie die Definitionsmenge von f.
a) $f(x) = \ln(2x)$ b) $f(x) = \ln(x+3)$ c) $f(x) = \ln(5-x)$ d) $f(x) = \ln(4-6x)$
e) $f(x) = \ln(x^2)$ f) $f(x) = \ln(x^2+1)$ g) $f(x) = \ln(1-x^2)$ h) $f(x) = \sqrt{\ln x}$

4. Welchen Anstieg hat der Graph der Funktion f an der Stelle x?
a) $f(x) = \ln(3x)$, $x = e$
b) $f(x) = \ln(x^2)$, $x = 1$

5. An welchen Stellen beträgt der Anstiegswinkel von f 45°?
a) $f(x) = \ln(3x)$
b) $f(x) = \ln(x^2)$

6. Gesucht ist die Gleichung der Tangente t bzw. der Normalen n an den Graphen von f im Punkt P.
a) Tangente in $P(2; \ln 4)$, $f(x) = \ln(2x)$
b) Normale in $P(1; 0)$, $f(x) = \ln(2-x)$
c) Tangente in $P(e; 2)$, $f(x) = \ln(x^2)$
d) Normale in $P(1; 0)$, $f(x) = x \cdot \ln x$

7. Welche Parallele n zur eingezeichneten Geraden g ist Normale an den Graphen von $f(x) = \ln x$?
Lösen Sie die Aufgabe zeichnerisch näherungsweise und rechnerisch exakt.

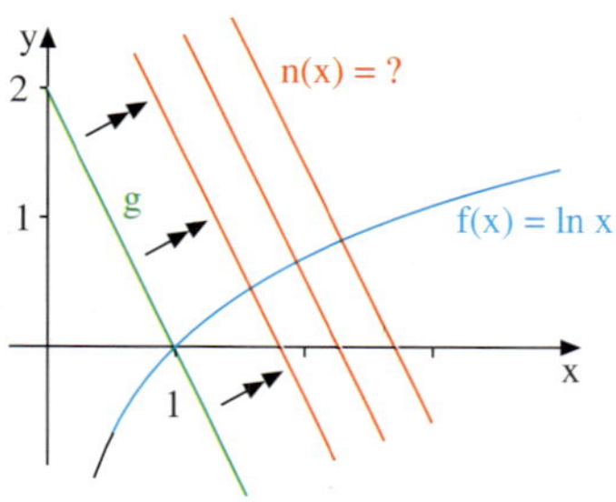

8. Die Graphen von $f(x) = \ln x$ und $g(x) = x$ schneiden aus der senkrechten Geraden $x = z$ eine Strecke heraus. Für welchen Wert von z ist die Länge dieser Strecke minimal? Lösen Sie die Aufgabe zeichnerisch näherungsweise und rechnerisch exakt.

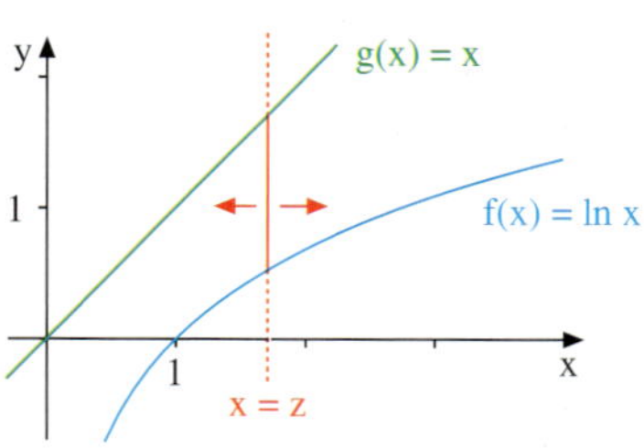

9. Gesucht ist der Inhalt der Fläche A, die vom Graphen von $f(x) = \ln(4-x)$ und den beiden Koordinatenachsen im 1. Quadranten umschlossen wird.
a) Verwenden Sie eine Stammfunktion F von f.
b) Verwenden Sie die Umkehrfunktion f^{-1} von f.

10. Gesucht ist der Inhalt der abgebildeten Fläche A.

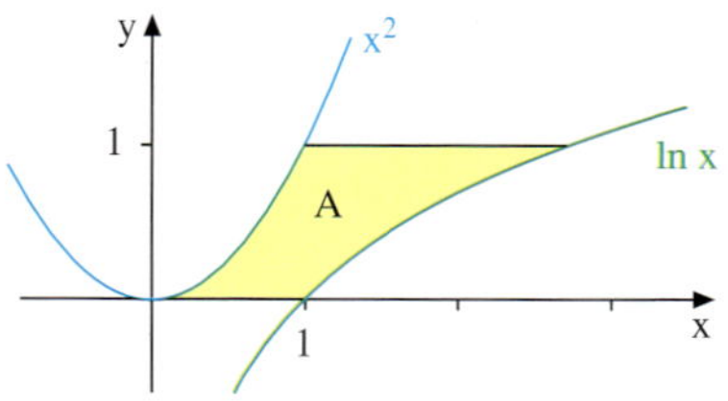

CAS

5. Kurvendiskussionen

A. Kurvenuntersuchungen

Im Folgenden werden Funktionen untersucht, deren Funktionsgleichungen logarithmische Terme enthalten. Dabei werden die Standarduntersuchungen (Definitionsmenge, Nullstellen, Extrema, Wendepunkte, Graph) durchgeführt und durch einige weitere Zusatzprobleme ergänzt.

Beispiel: Betrachtet wird $f(x) = x - \ln x$. Skizzieren Sie die Graphen der Einzelterme x und ln x und entwickeln Sie hieraus den Graphen von f durch additive Überlagerung.

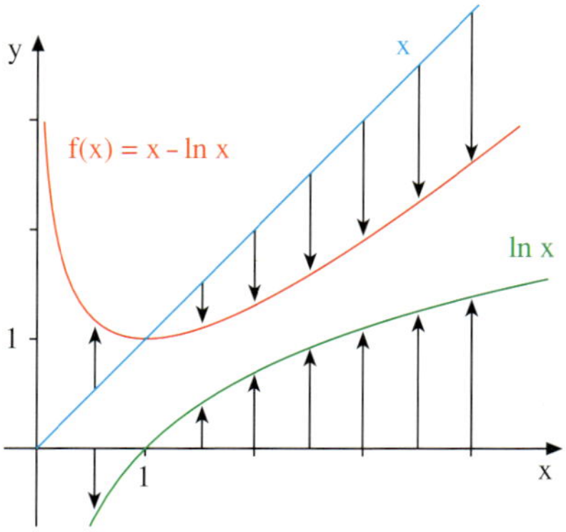

Lösung:
Der Graph von f wird durch Differenzbildung aus den beiden Graphen der Einzelterme gewonnen. Es entsteht der abgebildete Graph, der außer einem Minimum keine weiteren Besonderheiten aufweist.

Beispiel: Diskutieren Sie $f(x) = x - \ln x$ (Definitionsmenge, Ableitungen, Nullstellen, Extrema, Wendepunkte, Verhalten für $x \to \infty$, Verhalten für $x \to 0$).

Lösung:

1. Definitionsmenge:
Der Term x ist für $x \in \mathbb{R}$ definiert, der Term ln x nur für $x > 0$. Daher ist der Differenzterm $x - \ln x$ ebenfalls nur für $x > 0$ definiert: $D_f = \mathbb{R}^+$.

2. Ableitungen:
$f'(x) = 1 - \frac{1}{x}$, $f''(x) = \frac{1}{x^2}$, $f'''(x) = -\frac{2}{x^3}$

3. Nullstellen:
f hat keine Nullstellen. Wir können die Gleichung $x - \ln x = 0$ nicht nach x auflösen und müssen daher den Nachweis argumentativ führen.

Fall 1: $x \leq 1$: In diesem Bereich ist $x > 0$ und $\ln x \leq 0$, daher ist hier $x - \ln x > 0$. Es gibt also keine Nullstelle.

Fall 2: $x \geq 1$: In diesem Bereich ist $\frac{1}{x} \leq 1$ und damit $f'(x) = 1 - \frac{1}{x} \geq 0$. f ist hier also monoton steigend. Daher nimmt die Funktion ihren kleinsten Wert an der Stelle $x = 1$ an, nämlich $f(1) = 1$. Also hat f auch für $x \geq 1$ keine Nullstelle.

4. Extrema:
Die Funktion besitzt ein Minimum an der Stelle $x = 1$. Es handelt sich um einen Tiefpunkt T(1; 1).

$f'(x) = 0$: $1 - \frac{1}{x} = 0 \Leftrightarrow \frac{1}{x} = 1 \Leftrightarrow x = 1$
$y = f(1) = 1 - \ln 1 = 1$
$f''(1) = 1 > 0 \Rightarrow$ Minimum

5. Verhalten für $x \to \infty$:
Wir prüfen das Verhalten für $x \to \infty$ mithilfe einer Wertetabelle:

x	1	10	100	1000	$\to \infty$
f(x)	1	7,7	95,4	993,1	$\to \infty$
f′(x)	0	0,9	0,99	0,999	$\to 1$

Für $x \to \infty$ wachsen die Funktionswerte ebenfalls gegen ∞, während der Anstieg f' sich dem Wert 1 nähert. Durch Berechnung des Grenzwertes mit dem CAS wird diese Vermutung bestätigt.

6. Verhalten für $x \to 0$:
Hier verwenden wir ebenfalls eine Wertetabelle:

x	1	0,1	0,01	0,001	$\to 0$
f(x)	1	2,4	4,6	6,9	$\to \infty$
f′(x)	0	−9	−99	−999	$\to -\infty$

Für $x \to 0$ streben die Funktionswerte ebenfalls gegen ∞, der Anstieg f' dagegen strebt nach $-\infty$. Durch Berechnung des Grenzwertes mit dem CAS wird diese Vermutung bestätigt.

Beispiel: Gegeben ist wieder die Funktion $f(x) = x - \ln x$.
Wie lautet die Gleichung der Kurvennormalen im Punkt $P(e;\, e-1)$?

Lösung:
Wir gehen von der allgemeinen Normalengleichung aus, die rechts dargestellt ist.

Dort setzen wir $z = e$, $f(z) = f(e) = e - 1$ und $f'(z) = f'(e) = 1 - \frac{1}{e} = \frac{e-1}{e}$ ein.

Mit dem Näherungswert $e \approx 2{,}72$ erhalten wir $n(x) \approx -1{,}58\,x + 6{,}02$ als Normalengleichung.

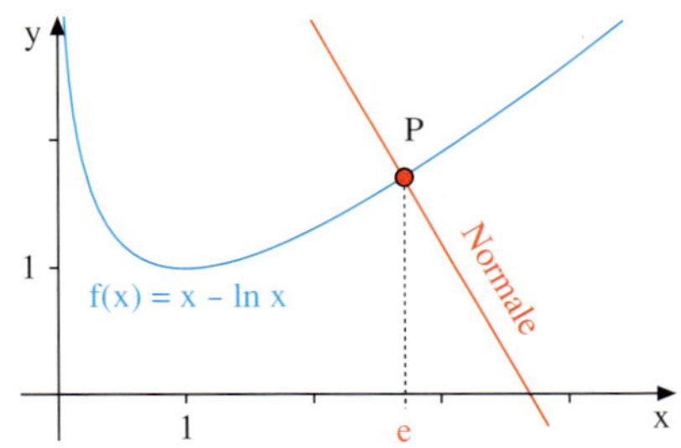

$$n(x) = -\frac{1}{f'(z)} \cdot (x - z) + f(z)$$
$$n(x) = -\frac{e}{e-1} \cdot (x - e) + e - 1$$
$$n(x) \approx -1{,}58 \cdot (x - 2{,}72) + 1{,}72$$
$$n(x) \approx -1{,}58 \cdot x + 6{,}02$$

Beispiel: Gegeben sind $f(x) = x - \ln x$ sowie $g(x) = \ln x$. Die Graphen von f und g schneiden aus der senkrechten Geraden $x = z$ eine Strecke heraus.
Für welchen Wert von z ist die Länge dieser Strecke am kleinsten?

Lösung:
Die Länge dieser Strecke ist die Differenz der Funktionswerte von f und g an der Stelle $x = z$, also $l(z) = z - 2 \cdot \ln z$.

Gesucht ist das relative Minimum dieser Funktion. Die Extremalberechnung zeigt, dass es bei $z = 2$ liegt. Die minimale Streckenlänge beträgt dann $l_{MIN} \approx 0{,}61$.

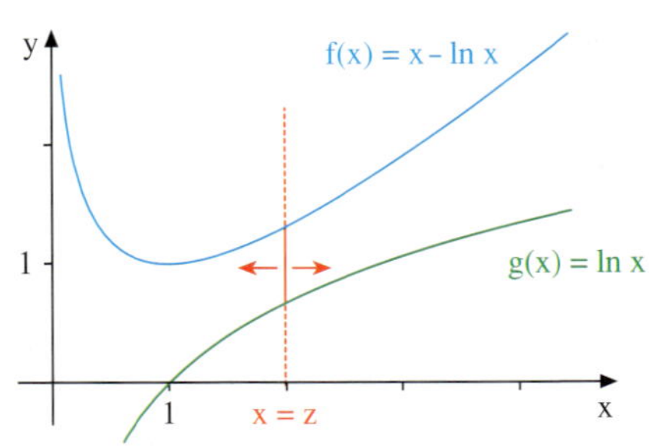

$$l(z) = f(z) - g(z) = z - 2 \cdot \ln z$$
$$l'(z) = 1 - \frac{2}{z} = 0$$
$$z = 2$$

$$l_{MIN} = l(2) = 2 - 2 \cdot \ln 2 \approx 0{,}61$$

Beispiel: Gegeben ist die Funktion $f(x) = \ln x + \ln(4-x)$.
Bestimmen Sie die Definitionsmenge von f. Untersuchen Sie f auf Nullstellen, Ableitungen, Extrema und Wendepunkte. Wie verhält sich f an den Rändern der Definitionsmenge? Skizzieren Sie den Graphen von f.

Lösung:

1. Definitionsmenge:

Der Term $\ln x$ ist für $x > 0$ definiert, der Term $\ln(4-x)$ genau dann, wenn $4 - x > 0$ gilt, also für $x < 4$. Daher ist der Summenterm $\ln x + \ln(4-x)$ nur dann definiert, wenn beide Bedingungen zugleich gelten, also für $0 < x < 4$.

2. Nullstellen:

Die Berechnung der Nullstellen gestaltet sich relativ kompliziert. Bei den rechts dargestellten Umformungen benötigen wir an einer Stelle die Beziehung $\ln\left(\frac{1}{z}\right) = \ln 1 - \ln z = -\ln z$, um weiter zu kommen.
Es ergeben sich zwei Nullstellen bei $x \approx 0{,}27$ und $x \approx 3{,}73$.

Nullstellen:

$$\begin{aligned} f(x) &= 0 \\ \ln x + \ln(4-x) &= 0 \\ \ln x &= -\ln(4-x) \\ \ln x &= \ln \tfrac{1}{4-x} \quad (\text{da } \ln \tfrac{1}{z} = -\ln z) \\ x &= \tfrac{1}{4-x} \\ x^2 - 4x + 1 &= 0 \\ x &= 2 \pm \sqrt{3} \\ x &\approx 0{,}27,\, x \approx 3{,}73 \end{aligned}$$

3. Ableitungen:

Bei der Berechnung der Ableitungen benötigen wir für das Differenzieren des Terms $\ln(4-x)$ die Kettenregel:

$$(\ln(4-x))' = \frac{1}{4-x} \cdot (-1).$$

Ableitungen:

$$f'(x) = \frac{1}{x} - \frac{1}{4-x}$$

$$f''(x) = -\frac{1}{x^2} - \frac{1}{(4-x)^2}$$

4. Extrema:

Die erste Ableitung hat nach nebenstehender Rechnung eine Nullstelle bei $x = 2$. Hier liegt wegen $f''(2) < 0$ ein Maximum: Hochpunkt $H(2;\, 1{,}39)$.

Extrema:

$$\begin{aligned} f'(x) = \frac{1}{x} - \frac{1}{4-x} &= 0 \qquad | \cdot x \cdot (4-x) \\ (4-x) - x &= 0 \\ 4 - 2x &= 0 \\ x &= 2, \quad y = 2 \cdot \ln 2 \approx 1{,}39 \end{aligned}$$

$$f''(2) = -\frac{1}{2} < 0 \Rightarrow \text{Maximum}$$

5. Wendepunkte:

Es gibt keine Wendepunkte, da die zweite Ableitung stets negativ ist.

6. Verhalten für $x \to 0$ bzw. $x \to 4$:

x	1	0,1	0,01	0,001	$\to 0$
f(x)	1,1	−0,94	−3,22	−5,52	$\to -\infty$

x	3	3,9	3,99	3,999	$\to 4$
f(x)	1,1	−0,94	−3,22	−5,52	$\to -\infty$

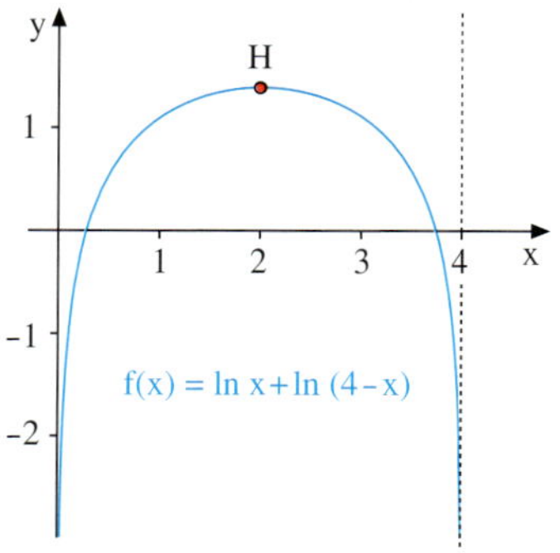

Übungen

1. Gegeben ist die Funktion $f(x) = x^2 - \ln x$.
a) Skizzieren Sie die Graphen der Einzelterme x^2 und $\ln x$. Fertigen Sie anschließend eine Skizze des Graphen von f an, indem Sie die Einzelterme subtraktiv überlagern.
b) Errechnen Sie den Tiefpunkt des Graphen von f.
c) Begründen Sie anhand der Ergebnisse aus b), dass f keine Nullstellen besitzt.
d) Wie verhält sich die Funktion für $x \to 0$?
e) Bestimmen Sie die Gleichung der Tangente an den Graphen von f im Punkt P(1; 1).
f) Bestimmen Sie eine Stammfunktion von f.
g) Gesucht ist der Inhalt der Fläche A, die vom Graphen von f, der Parabel $g(x) = x^2$, der senkrechten Geraden $x = e$ und der x-Achse im ersten Quadranten eingeschlossen wird. Fertigen Sie zunächst eine Skizze an.

2. Gegeben ist die Funktion $f(x) = \ln x - \ln(6 - x)$.
a) Bestimmen Sie die Definitionsmenge von f. Wie verhält sich die Funktion an den Rändern der Definitionsmenge?
b) Errechnen Sie die Ableitungen f' und f''.
c) Wo liegt die Nullstelle von f?
d) Zeigen Sie, dass f keine Extremalstellen besitzt.
e) Untersuchen Sie f auf Wendepunkte. Die dritte Ableitung von f hat die Funktionsgleichung $f'''(x) = \frac{2}{x^3} + \frac{2}{(6-x)^3}$, die zur Untersuchung verwendet werden kann.
f) Skizzieren Sie den Graphen von f.
g) Stellen Sie die Gleichung der Wendetangente t auf.
h) Wo schneidet der Graph von f die horizontale Gerade $g(x) = 1$?
i) Bestimmen Sie eine Stammfunktion von f.
j) Berechnen Sie den Inhalt der Fläche A zwischen dem Graphen von f, der horizontalen Geraden $g(x) = 1$ und den beiden Koordinatenachsen.
Verwenden Sie die Ergebnisse aus c), h) und i).

Knobelaufgabe

Aus dem Buch „Vollständige Anleitung zur Algebra", das 1770 von Leonard Euler herausgegeben wurde und mehr als 100 Jahre lang zu den beliebtesten und meist gelesenen Lehrbüchern gehörte, stammt die Problemstellung zu folgender Aufgabe:
Ich habe einige (nicht unbedingt ganzzahlige) Ellen Tuch gekauft und dabei für je 5 Ellen 7 Taler bezahlt. Dann habe ich das gesamte Tuch wieder verkauft, wobei ich für je 7 Ellen 11 Taler bekam. Bei diesem Handel habe ich 100 Taler gewonnen.
Wie viele Ellen Tuches habe ich gekauft und anschließend wieder verkauft?

(Mathematik-Olympiade, Aufgabe 430722)

Beispiel: Gegeben sei $f(x) = x \cdot \ln x, x > 0$. Führen Sie eine Kurvendiskussion von f durch.

Lösung:

1. Ableitungen:
Unter Verwendung der Produktregel bestimmen wir f' und f''.

Ableitungen:
$$f'(x) = 1 \cdot \ln x + x \cdot \frac{1}{x} = \ln x + 1$$
$$f''(x) = \frac{1}{x}$$

2. Nullstellen:
Wegen $x > 0$ kann der Faktor x des Funktionsterms nicht null werden, sondern nur der Faktor ln x.
Dies führt zur einzigen Nullstelle $x = 1$.

Nullstellen:
$$f(x) = 0$$
$$x \cdot \ln x = 0 \quad |:x, \text{ da } x > 0.$$
$$\ln x = 0$$
$$x = 1$$

3. Extrema:
Die nebenstehende Extremalberechnung liefert ein relatives Minimum bei $x = e^{-1}$. Es handelt sich um einen Tiefpunkt $T(e^{-1};\ -e^{-1}) \approx T(0{,}37;\ -0{,}37)$.

Extrema:
$$f'(x) = 0$$
$$\ln x + 1 = 0$$
$$\ln x = -1$$
$$x = e^{-1} \approx 0{,}37, \quad y \approx -0{,}37$$
$$f''(e^{-1}) = e > 0 \Rightarrow \text{Minimum}$$

4. Wendepunkte:
Es gibt keine Wendepunkte, da der Graph von f wegen $f''(x) > 0$ beständig mit Linkskrümmung verläuft.

Wendepunkte:
$$f''(x) = \frac{1}{x} > 0 \Rightarrow \text{keine Wendepunkte}$$

5. Verhalten für $x \to \infty$:

x	1	10	100	1000	$\to \infty$
f(x)	0	23	461	6908	$\to \infty$
f′(x)		1	3,3	5,6	7,9

6. Verhalten für $x \to 0$:

x	1	0,1	0,01	0,001	$\to 0$
f(x)	0	–0,23	–0,046	–0,0069	$\to 0$
f′(x)	1	–1,3	–3,6	–5,9	$\to -\infty$

Der Funktionsgraph verläuft also in der Nähe des Ursprungs nahezu senkrecht. Dies wird durch Berechnung mit dem CAS bestätigt.

7. Graph:

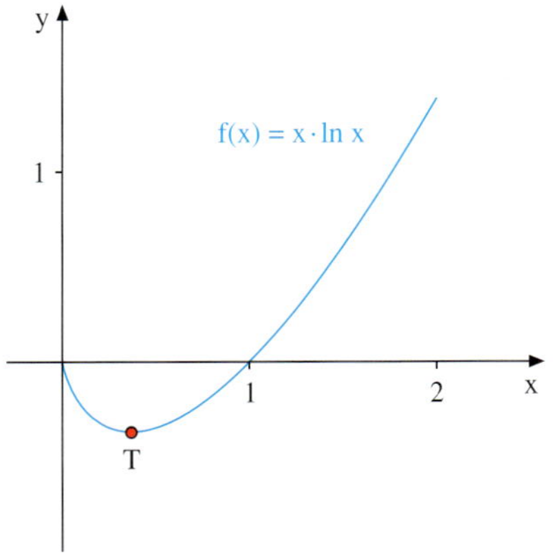

Übung 3

Führen Sie eine Kurvendiskussion von f durch.

a) $f(x) = x^2 \cdot \ln x, x > 0$

b) $f(x) = x \cdot \ln(x^2),\ x \neq 0$

Übungen

4. Gegeben sei $f(x) = x^2 \cdot (\ln x - 1), x > 0$. Mithilfe eines Funktionsplotters wurde der abgebildete Graph von f erstellt. Folgende Fragen bleiben offen:

a) die exakte Lage der Nullstelle, des Tiefpunktes, des Wendepunktes,

b) das Anstiegsverhalten von f bei der rechtsseitigen Annäherung an die Stelle $x = 0$.

Versuchen Sie, die Fragen zu klären.

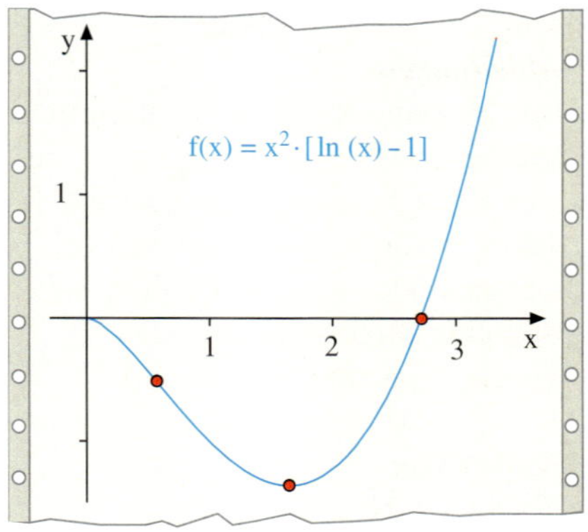

5. Gegeben sei wieder $f(x) = x^2 \cdot (\ln x - 1), x > 0$.

a) Wie lautet die Gleichung der Wendetangente?

b) Welcher Anstieg liegt in der Nullstelle vor, wie groß ist der Anstiegswinkel?

c) Zeigen Sie, dass $F(x) = \frac{1}{9}x^3\,(3\ln(x) - 4)$ eine Stammfunktion von $f(x)$ ist.

d) Berechnen Sie den Inhalt der Fläche A, die vom Graphen von f, der x-Achse und den senkrechten Geraden $x = 1$ und $x = e$ im 4. Quadranten eingeschlossen wird.

6. Gegeben sei die Funktion

$f(x) = -2x \cdot \ln x, \quad 0 < x \leq 1$

deren Graph rechts abgebildet ist.
Wie muss der Punkt P des Graphen von f gewählt werden, damit der Inhalt des abgebildeten Dreiecks maximal wird?

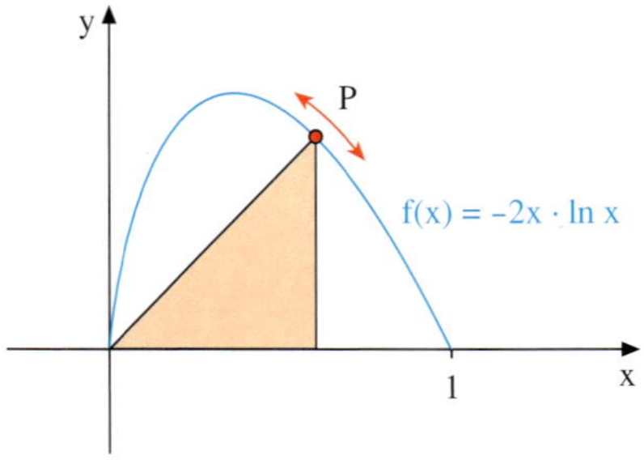

7. Die Funktion $f(x) = -x \cdot \ln x, x > 0$, hat einen Hochpunkt $H\left(\frac{1}{e}; \frac{1}{e}\right)$.
Durch den Ursprung O und den Punkt H wird eine Sehne g gelegt. Die Graphen von f und g schneiden aus der senkrechten Geraden $x = z \; (0 < z \leq \frac{1}{e})$ eine Strecke heraus.
Für welchen Wert von z ist die Streckenlänge maximal?

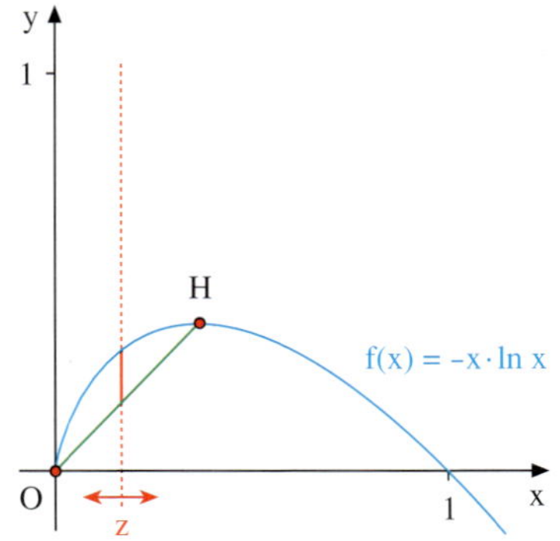

Beispiel: Diskutieren Sie die Funktion $f(x) = 5 \cdot \frac{\ln x}{x}$, $x > 0$.

Lösung:

1. Ableitungen:

Wir können die Ableitung mithilfe der Quotientenregel oder nach Umformung des Funktionsterms in ein Produkt mithilfe der Produktregel berechnen. Die zweite Vorgehensweise ist rechts dargestellt.
Analog berechnen wir f″ und f‴.

Ableitungen:

$f(x) = 5 \cdot \frac{\ln x}{x} = \frac{5}{x} \cdot \ln x$

$f'(x) = \left(-\frac{5}{x^2}\right) \cdot \ln x + \frac{5}{x} \cdot \frac{1}{x} = \frac{5}{x^2}(1 - \ln x)$

$f''(x) = \frac{5}{x^3}(2 \ln x - 3)$

$f'''(x) = \frac{5}{x^4}(11 - 6 \ln x)$

2. Nullstellen:

Nullstelle: N(1; 0)

3. Extrema:

Hochpunkt: $H\left(e; \frac{5}{e}\right) \approx H(2{,}72;\ 1{,}84)$

4. Wendepunkte:

$W(e^{3/2};\ 7{,}5\,e^{-3/2}) \approx W(4{,}48;\ 1{,}67)$

Nullstellen, Extrema, Wendepunkte:

$f(x) = 0 \Leftrightarrow 5 \cdot \frac{\ln x}{x} = 0$

$\Leftrightarrow \ln x = 0 \qquad \Leftrightarrow x = 1$

$f'(x) = 0 \Leftrightarrow \frac{5}{x^2}(1 - \ln x) = 0$

$\Leftrightarrow 1 - \ln x = 0 \qquad \Leftrightarrow x = e$

$y = f(e) = \frac{5}{e}$

$f''(e) = -\frac{5}{e^3} < 0 \qquad \Rightarrow \text{Maximum}$

$f''(x) = 0 \Leftrightarrow 2 \ln x - 3 = 0 \Leftrightarrow x = e^{3/2}$

$y = f(e^{3/2}) = 7{,}5\,e^{-3/2}$

$f'''(e^{3/2}) = 10\,e^{-6} > 0 \Rightarrow \text{R-1-WP}$

5. Verhalten für $x \to \infty$ und $x \to 0$:

x	1	10	100	1000	$\to \infty$
f(x)	0	1,151	0,230	0,034	$\to 0$
f′(x)	5	−0,07	−0,002	−0,00003	$\to 0$

x	1	0,1	0,01	0,001	$\to 0$
f(x)	0	−115	−2303	−34 539	$\to -\infty$
f′(x)	5	1651	$2{,}8 \cdot 10^5$	$3{,}95 \cdot 10^7$	$\to \infty$

Vermutungen werden durch CAS-Berechnungen bestätigt.

6. Graph:

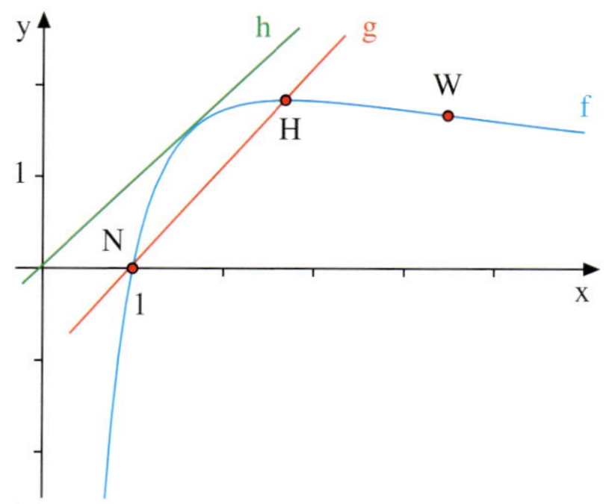

Übung 8

Gegeben sei wieder die Funktion $f(x) = 5 \cdot \frac{\ln x}{x}$, $x > 0$, aus dem obigen Beispiel.

a) Zeigen Sie, dass $F(x) = \frac{5}{2}\ln^2(x)$ eine Stammfunktion von f(x) ist.

b) Berechnen Sie den Inhalt der Fläche A zwischen dem Graphen von f und der Geraden g durch die Nullstelle und den Hochpunkt von f.

c) Eine Ursprungsgerade h berührt den Graphen von f im Punkt P(z; f(z)). Berechnen Sie die Abszisse z des Berührpunktes.

Übungen

9. Gegeben ist die Funktion $f(x) = 2 \cdot \ln(x-1) - x + 2$.
a) Wie lautet die Definitionsmenge von f?
b) Bestimmen Sie die Ableitungen f' und f''.
c) Weisen Sie nach, dass bei $x = 2$ eine Nullstelle von f liegt.
Zeigen Sie, dass zwischen $x = 4{,}4$ und $x = 4{,}6$ eine weitere Nullstelle liegt.
d) Untersuchen Sie die Funktion f auf Extrema.
e) Untersuchen Sie das Verhalten von f für $x \to \infty$ und $x \to 1$.
f) Skizzieren Sie den Graphen von f für $1 < x \leq 7$.
g) Wo schneidet die Tangente an den Graphen von f an der Stelle $x = 2$ die y-Achse?

10. Gegeben sei die Funktion $f(x) = 2x \cdot \ln\sqrt{x}$, $x > 0$.
a) Bestimmen Sie f' und f''.
b) Untersuchen Sie f auf Nullstellen, Extrema und Wendepunkte.
c) Untersuchen Sie, wie sich $f(x)$ und $f'(x)$ verhalten, wenn x gegen 0 strebt.
d) Skizzieren Sie den Graphen von f für $0 < x \leq 3$.
e) Zeigen Sie, dass $F(x) = \frac{1}{4}x^2(2\ln(x) - 1)$ eine Stammfunktion von $f(x)$ ist.
f) Bestimmen Sie den Inhalt der Fläche A, die im 4. Quadranten von dem Graphen von f, der x-Achse und der senkrechten Geraden durch den Tiefpunkt von f umschlossen wird.
g) In welchem Punkt P hat der Graph von f eine Tangente, die parallel zur Winkelhalbierenden des 1. Quadranten ist? In welchem Punkt Q ist die Kurventangente parallel zur Winkelhalbierenden des 4. Quadranten?
h) Wo schneiden sich die beiden Tangenten aus g)?

11. Gegeben sei die Funktion $f(x) = x \cdot (\ln(x^2) - 2)$.
a) Wie lautet die Definitionsmenge von f?
b) Begründen Sie, weshalb $x = 0$ keine Nullstelle von f ist, obwohl für $x = 0$ ein Faktor des Funktionsterms null wird.
c) Bestimmen Sie die Nullstellen von f.
d) Untersuchen Sie f auf Extrema und Wendepunkte.
e) Skizzieren Sie den Graphen von f für $-4 \leq x \leq 4$.
f) Wo schneidet die Gerade $g(x) = -2x$ den Graphen von f?
g) Die vertikale Gerade $x = z$ mit $0 < z \leq 1$ schneidet den Graphen von f im Punkt A und den Graphen von g im Punkt B. Wie muss z gewählt werden, damit die Länge der Strecke $\overline{AB}$ möglichst groß wird?
h) Zeigen Sie, dass $F(x) = \frac{1}{2}x^2(\ln(x^2) - 3)$ eine Stammfunktion von $f(x)$ ist.
i) Der Graph von f schließt mit den Koordinatenachsen im 4. Quadranten ein Flächenstück ein. Berechnen Sie dessen Inhalt.

Knobelaufgabe

Ein Hase und ein Spanferkel wiegen zusammen 20 Pfund. Hasen kosten pro Pfund 20 Cent weniger als Ferkel. Der Hase soll 8 Euro und 20 Cent kosten, für das Ferkel will der Bauer 27 Euro und 60 Cent haben. Berechnen Sie das Gewicht des Hasens und des Spanferkels.

B. Kurvenscharen

Im Folgenden werden logarithmisch dominierte Scharkurven untersucht. Dabei werden die Standardelemente der Kurvendiskussion verkürzt dargestellt zu Gunsten von scharbezogenen Problemstellungen wie z.B. Ortskurven.

Beispiel: Diskutieren Sie die Kurvenschar $f_a(x) = \ln x + \frac{a}{x}$ für $a \geq 1$ und $x > 0$.
Skizzieren Sie die Graphen f_1, f_2 und f_3, und bestimmen Sie die Ortskurve der Extrema.

Lösung:

1. Ableitungen:

$$f_a(x) = \ln x + \frac{a}{x}$$
$$f_a'(x) = \frac{1}{x} - \frac{a}{x^2}$$
$$f_a''(x) = -\frac{1}{x^2} + \frac{2a}{x^3}$$
$$f_a'''(x) = \frac{2}{x^3} - \frac{6a}{x^4}$$

2. Extrema:

$$f_a'(x) = \frac{1}{x} - \frac{a}{x^2} = 0$$
$$x - a = 0$$
$$x = a$$
$$y = f(a) = \ln a + 1$$

$$f_a''(a) = \frac{1}{a^2} > 0 \quad \Rightarrow \quad \text{Minimum}$$

Tiefpunkt $T(a;\ \ln a + 1)$

3. Wendepunkte:

$$f_a''(a) = -\frac{1}{x^2} + \frac{2a}{x^3} = 0$$
$$-x + 2a = 0$$
$$x = 2a$$
$$y = f(2a) = \ln(2a) + \frac{1}{2}$$

$$f_a'''(2a) = -\frac{1}{8a^3} < 0 \quad \Rightarrow \quad \text{L-r-WP}$$

Wendepunkt $W\left(2a;\ \ln(2a) + \frac{1}{2}\right)$

4. Nullstellen:

Die Nullstellenuntersuchung findet erst hier statt, weil die direkte Auflösung der Nullstellengleichung nicht möglich ist, sondern die Extremwerte zur Argumentation genutzt werden können. Da die Ordinate $\ln a + 1$ des Tiefpunktes wegen $a \geq 1$ stets größer oder gleich 1 ist, gilt dies auch für alle anderen Funktionswerte: $f(x) \geq 1$ für alle $x > 0$. Daher hat die Funktion keine Nullstellen.

5. Ortskurve der Tiefpunkte:

Tiefpunktordinate: $y = \ln a + 1$ (1)
Tiefpunktabszisse: $x = a$ (2)
Einsetzen von (2) in (1):
Ortskurve: $y = \ln x + 1$

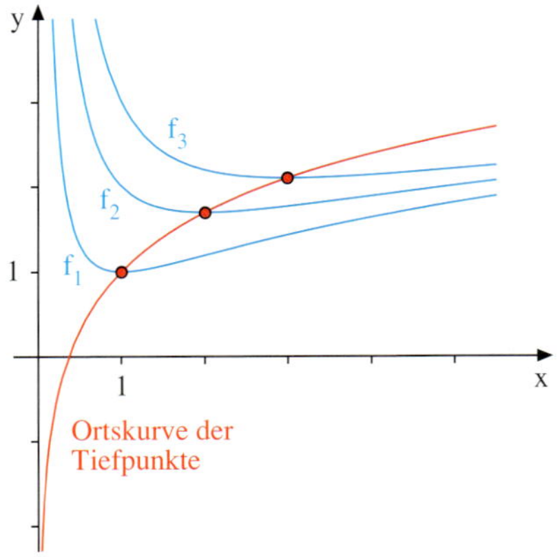

Übung 12

Betrachtet wird die Schar $f_a(x) = \ln x + \frac{a}{x}$ aus dem obigen Beispiel.

a) Welche Scharfunktion besitzt einen Wendepunkt, der auf der Geraden $g(x) = 2$ liegt?
b) Wie lautet die Gleichung der Ortskurve der Wendepunkte der Schar?
c) Diskutieren Sie die Schar $f_a(x) = \ln x + \frac{a}{x}$ für $0 < a \leq 1$ bzw. für $a < 0$.

Beispiel: Gegeben sei die Kurvenschar $f_a(x) = ax - \ln x$ für $a > 0$ und $x > 0$. Untersuchen Sie die Schar auf Extrema und Wendepunkte. Untersuchen Sie das Verhalten von f_a für $x \to 0$ und $x \to \infty$. Skizzieren Sie die Graphen von $f_{1/2}$, $f_{1/3}$, f_1 und f_3.

Lösung:

1. Ableitungen:

Wir berechnen zunächst die Ableitungsfunktionen.

Ableitungen:

$f_a'(x) = a - \frac{1}{x}$

$f_a''(x) = \frac{1}{x^2}$

2. Extrema:

Die notwendige Bedingung für Extrema $f_a'(x) = 0$ ist für die Stelle $x = \frac{1}{a}$ erfüllt. Der dazugehörige Funktionswert ist $1 + \ln a$.

Die Überprüfung der Stelle $x = \frac{1}{a}$ mittels f_a'' ergibt dort eine Linkskrümmung, d. h. ein Minimum: $T\left(\frac{1}{a}; 1 + \ln a\right)$.

Extrema:

$f_a'(x) = 0$

$a - \frac{1}{x} = 0$

$x = \frac{1}{a}$

$y = f\left(\frac{1}{a}\right) = 1 - \ln \frac{1}{a} = 1 + \ln a$

$f_a''\left(\frac{1}{a}\right) = a^2 > 0 \quad \Rightarrow \quad$ Mininum

Tiefpunkt $T\left(\frac{1}{a}; 1 + \ln a\right)$

3. Wendepunkte:

Es gibt keine Wendepunkte, da die notwendige Bedingung $f_a''(x) = 0$ für keine Stelle x erfüllt ist.

Wendepunkte:

$f_a''(x) = \frac{1}{x^2} > 0$ für alle $x > 0$

$\Rightarrow$ keine Wendestellen

4. Verhalten für $x \to 0$ und $x \to \infty$:

Für $x \to 0$ strebt der Teilterm (ax) gegen 0 und der Teilterm $\ln x$ gegen $-\infty$. Der Funktionsterm $f_a(x) = ax - \ln x$ strebt daher gegen $0 - (-\infty) = \infty$.

$$\lim_{x \to 0} f_a(x) = \infty$$

Für $x \to \infty$ strebt der Teilterm (ax) gegen ∞. Der Teilterm $\ln x$ strebt ebenfalls gegen ∞, allerdings aufgrund des extrem schwachen Wachstums des Logarithmus sehr langsam.

Die Differenz $ax - \ln x$ strebt daher auch gegen ∞, was Tests bestätigen.

$$\lim_{x \to \infty} f_a(x) = \infty$$

5. Graphen:

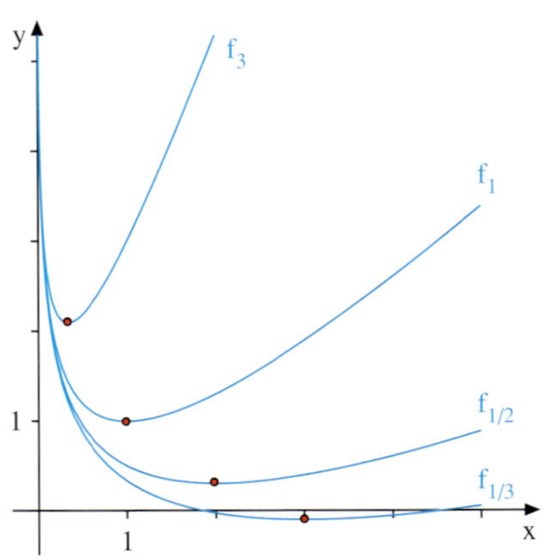

Übung 13

Gegeben ist die Schar $f_a(x) = ax - \ln x$ für $a > 0$ und $x > 0$.

a) Welche Funktion der Schar besitzt ein Extremum mit der Ordinate $y = 2$?

b) Wie lautet die Gleichung der Ortskurve der Extrema dieser Schar?

Übungen

14. Gegeben ist die Kurvenschar $f_a(x) = x \cdot (a - \ln x)$, $a > 0$ und $x > 0$.

a) Bestimmen Sie die Ableitungen f_a' und f_a''.

b) Untersuchen Sie f_a auf Nullstellen.

c) Bestimmen Sie den Extremalpunkt von f_a. Zeigen Sie, dass f_a keine Wendepunkte besitzt.

d) Untersuchen Sie, wie sich die Funktion f_1 für $x \to \infty$ bzw. für $x \to 0$ verhält.

e) Skizzieren Sie die Graphen von f_1 und f_2 für $0 < x \leq 8$.

f) Zeigen Sie, dass $F_a(x) = \frac{1}{4}x^2\,(2a - 2\ln x + 1)$ eine Stammfunktion von $f_a(x)$ ist.

g) Berechnen Sie den Inhalt der Fläche, die im 1. Quadranten vom Graphen von f_1, der x-Achse und der senkrechten Geraden durch den Hochpunkt von f_1 umschlossen wird.

h) Geben Sie den Inhalt der Fläche, die im 1. Quadranten vom Graphen von f_a und den Koordinatenachsen begrenzt wird, in Abhängigkeit von a an.

15. Gegeben ist die Kurvenschar $f_a(x) = a^2 \cdot x^2 - a \cdot \ln x$, $a > 0$ und $x > 0$.

a) Bestimmen Sie die Ableitungen f_a' und f_a''.

b) Untersuchen Sie f_a auf Extrema und Wendepunkte.

c) Skizzieren Sie die Graphen von f_1 und f_2.

d) Zeigen Sie, dass der Graph von f_1 keine Nullstellen hat. Argumentieren Sie mit den bisher erhaltenen Vorergebnissen.

e) Für welchen Wert von a liegt der Extremalpunkt von f_a auf der x-Achse?

16. Gegeben ist die Kurvenschar $f_a(x) = x^2 - a \cdot \ln x$, $a > 0$ und $x > 0$.

a) Bestimmen Sie die Ableitungen f_a' und f_a''.

b) Zeigen Sie, dass f_a Extremalpunkte, aber keine Wendepunkte besitzt.

c) Skizzieren Sie die Graphen von f_1 und f_3.

d) Für welchen Wert von a liegt der Tiefpunkt von f_a auf der x-Achse?

e) Untersuchen Sie aufgrund des Ergebnisses von d) die Anzahl der Nullstellen von f_a in Abhängigkeit von a.

f) Zeigen Sie, dass $F_a(x) = \frac{1}{3}x^3 + ax - a\ln(x) \cdot x$ eine Stammfunktion von $f_a(x)$ ist.

g) Untersuchen Sie die Kurvenschar $f_a(x) = x^2 - a \cdot \ln x$ für $a < 0$.
Wie ändert sich das Erscheinungsbild der Schar (Skizze) für nunmehr negative Parameterwerte a?

17. Gegeben ist die Kurvenschar $f_a(x) = (\ln(a\,x))^2 - a$, $a > 0$ und $x > 0$.

a) Bestimmen Sie die Ableitungen f_a' und f_a''.

b) Untersuchen Sie f_a auf Nullstellen und Extrema.

c) Zeigen Sie, dass alle Funktionen der Schar f_a bei $x = \frac{e}{a}$ eine Wendestelle besitzen.

d) Skizzieren Sie die Graphen von f_1 und f_2.

e) Wie verhält sich der Graph von f_a für $x \to \infty$ bzw. $x \to 0$?

f) Für welchen Wert von a schneidet die Wendetangente die y-Achse im Punkt $P(0;\ -4)$?

g) Bestimmen Sie die Gleichung der Ortskurve der Extremalpunkte von f_a.

h) Bestimmen Sie die Gleichung der Ortskurve der Wendepunkte von f_a.

i) Zeigen Sie, dass $F_a(x) = x(-a + (\ln(ax) - 2)\ln(ax) + 2)$ eine Stammfunktion von $f_a(x)$ ist.

Überblick

Ableitung von Umkehrfunktionen:

f sei eine umkehrbare, an der Stelle x differenzierbare Funktion mit $f'(x) \neq 0$. Dann gelten die so genannten **Umkehrformeln:**

1. Fassung

$f'(x) = \frac{1}{(f^{-1})'(f(x))}$

Die Ableitung einer Funktion an der Stelle x ist gleich dem Kehrwert der Ableitung ihrer Umkehrfunktion an der Stelle f(x).

2. Fassung

$(f^{-1})'(x) = \frac{1}{f'(f^{-1}(x))}$

Die Ableitung einer Umkehrfunktion an der Stelle x ist gleich dem Kehrwert der Ableitung der Funktion an der Stelle $f^{-1}(x)$.

Die natürliche Logarithmusfunktion:

$f(x) = \ln x$

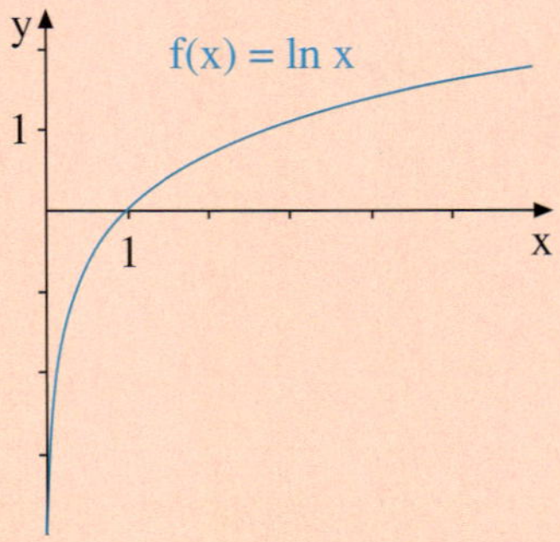

$D = \mathbb{R}^+, \quad W = \mathbb{R}$,
streng monoton steigend,
$\ln e = 1, \ln 1 = 0$

Logarithmengesetze:

$$\begin{aligned} \ln(a \cdot b) &= \ln a + \ln b \\ \ln \tfrac{a}{b} &= \ln a - \ln b \\ \ln(a^b) &= b \cdot \ln a \\ \ln(e^x) &= x \\ e^{\ln x} &= x \end{aligned}$$

Ableitungsregeln:

$(\ln x)' = \frac{1}{x} \quad (x > 0)$

$(\ln(ax))' = \frac{1}{x} \quad (x > 0, a \in \mathbb{R}, a > 0)$

Logarithmische Integration

$\int \frac{1}{x} dx = \ln|x| + C \quad (x \neq 0)$

Für eine differenzierbare Funktion, die nicht null wird, gilt:

$\int \frac{f'(x)}{f(x)} dx = \ln|f(x)| + C$

CAS-Anwendung

Die ln-Funktion wurde als ***Umkehrfunktion*** der e-Funktion eingeführt. Im Folgenden werden die Zusammenhänge von f^{-1} und f unter Verwendung des CAS untersucht und dargestellt.
Die Zuordnungsvorschrift der Umkehrfunktion f^{-1} einer streng monotonen Funktion f ergibt sich durch Auflösung der Gleichung $y = f(x)$ nach x; man erhält: $x = f^{-1}(y)$. Zur Darstellung der Graphen von f und f^{-1} im selben Koordinatensystem vertauscht man in $x = f^{-1}(y)$ die Variablen und erhält die Darstellung $y = f^{-1}(x)$, deren Graph durch den Variablentausch die Spiegelung des Graphen von f an Geraden $y = x$ ist. Diese Vorgehensweise kann sehr gut mit einem CAS realisiert werden. Wir beginnen mit der linearen Funktion $f(x) = 2x + 3$, gefolgt von $f(x) = x^2$.

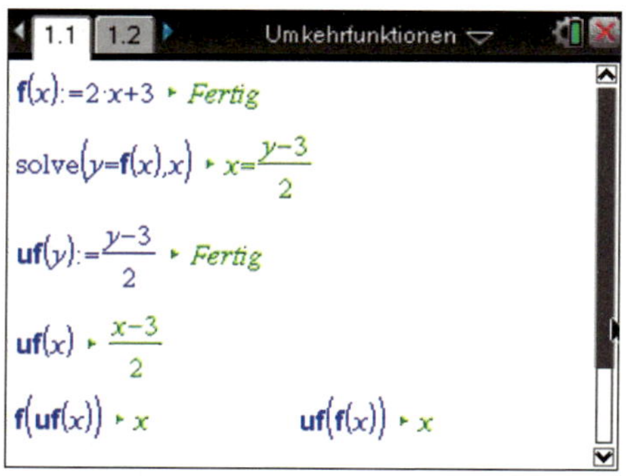

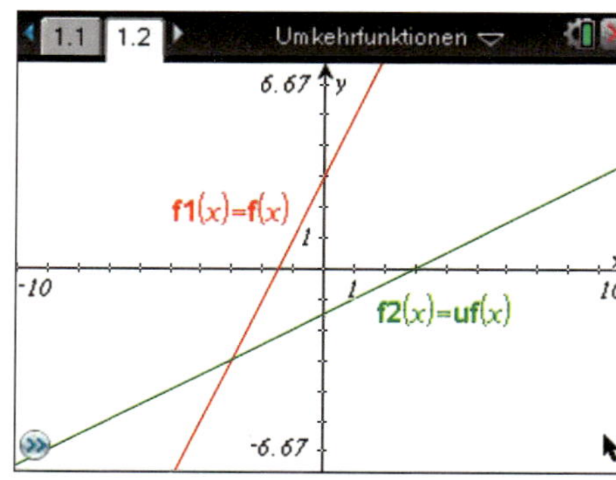

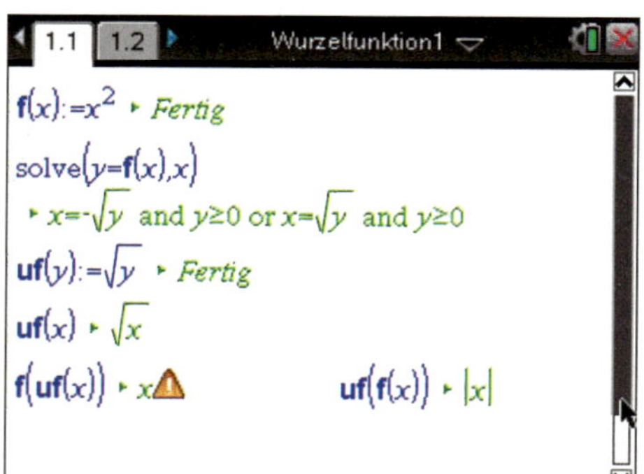

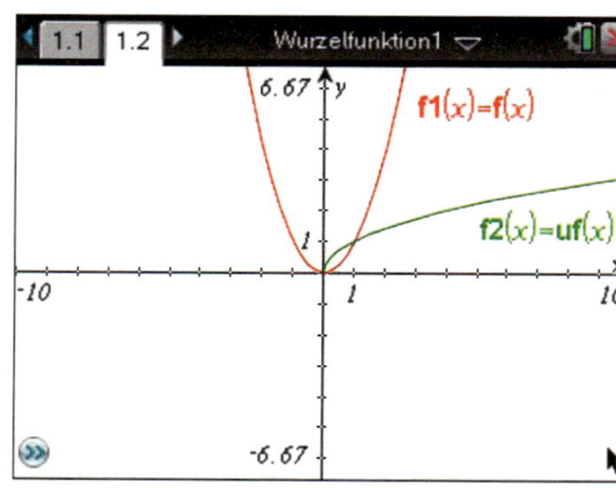

Da der Graph von $f(x) = x^2$ für $-\infty < x < \infty$ nicht streng monoton ist, schränken wir ein auf $0 \leq x < \infty$. Auf der Notes-Seite wird es damit aber nicht einfacher.

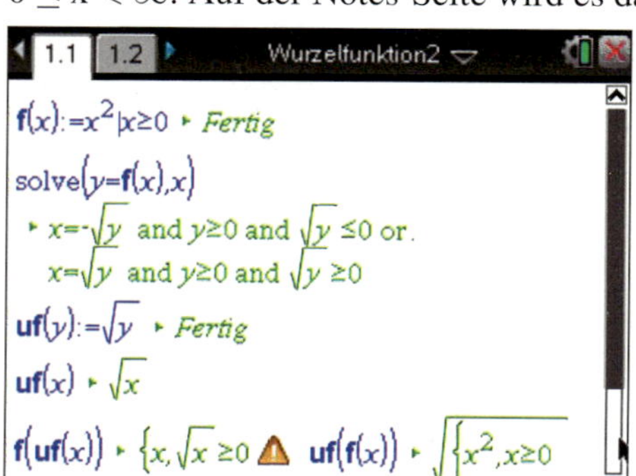

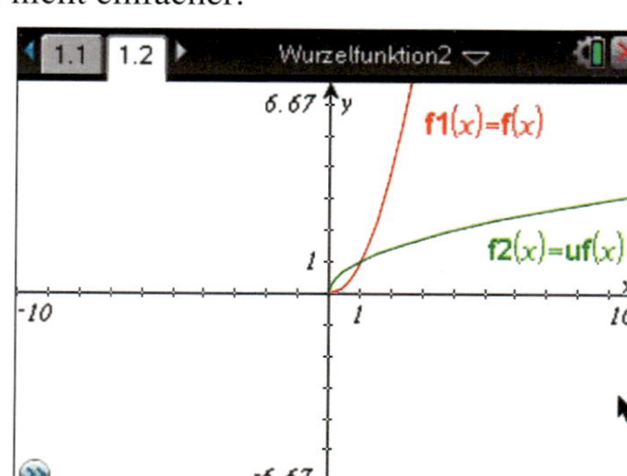

Wir verwenden erneut die Notes-Seite zur Umkehrfunktion, geben bei f(x) die e-Funktion ein und übernehmen das Ergebnis des solve-Befehls zur Definition der Umkehrfunktion ln(x).

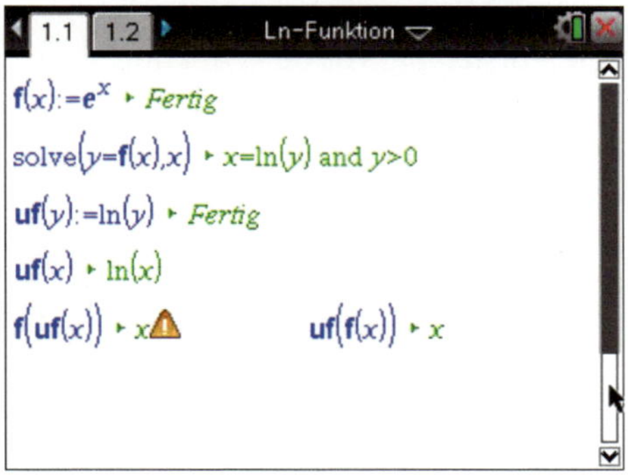

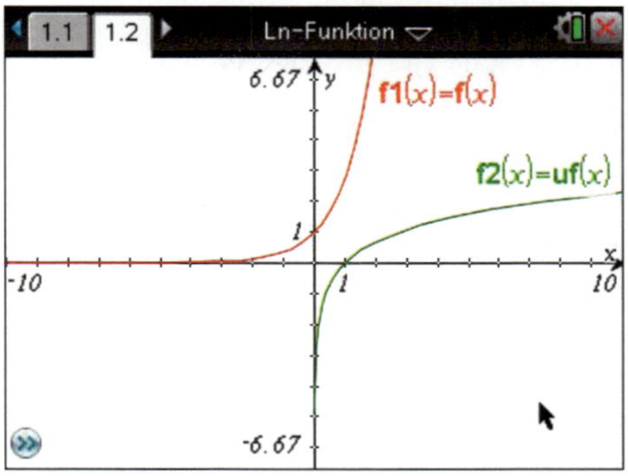

Beispiel: Arcustangensfunktion
Definieren Sie auf einer Notes-Seite die Umkehrfunktion von $f(x) = \tan(x)$ für $\frac{-\pi}{2} < x < \frac{\pi}{2}$.
Stellen Sie die Graphen von Funktion und Umkehrfunktion auf einer Graphs-Seite dar.

Lösung:
Wir verzichten bei der Definition von f(x) auf eine Einschränkung für x auf das Intervall $\frac{-\pi}{2} < x < \frac{\pi}{2}$ und kopieren aus dem Ergebnis des solve-Befehls nur den Term $\tan^{-1}(y)$ in die Definition der Umkehrfunktion. Der Aufruf uf(x) „zeigt" den Variablentausch.

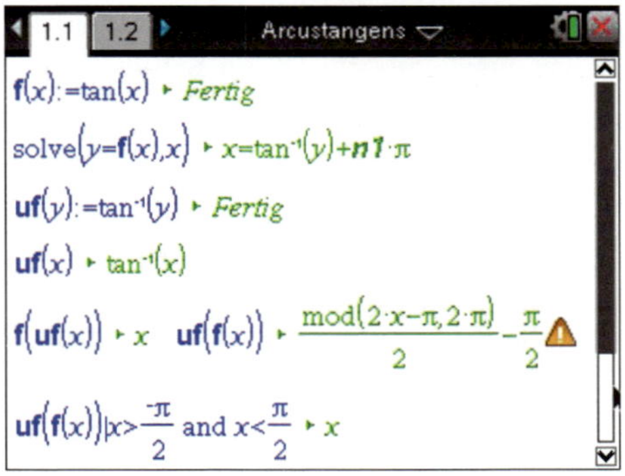

Die Probe $f(f^{-1}(x))$ liefert die Identität. Bei $f^{-1}(f(x))$ ist die Einschränkung auf das Intervall $\frac{-\pi}{2} < x < \frac{\pi}{2}$ erforderlich.

Durch geeignete Einschränkungen auf den obigen Notes-Seiten der Wurzelfunktion und der ln-Funktion ergeben sich anstelle der Warnungen ebenfalls Identitäten.

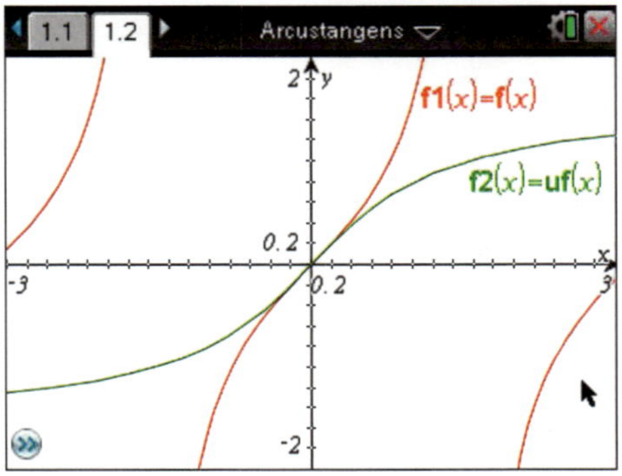

Auf der Graphs-Seite werden die beiden Graphen dargestellt. Die Fenstereinstellungen wurden angepasst.

Übung 1
Definieren Sie auf einer Notes-Seite die Umkehrfunktion von $f(x) = \sin(x)$ für $\frac{-\pi}{2} \leq x \leq \frac{\pi}{2}$.
Stellen Sie die Graphen von Funktion und Umkehrfunktion auf einer Graphs-Seite dar.

Beispiel: Diskussion einer Schar von Logarithmusfunktionen

Untersuchen Sie die Funktionenschar $f_a(x) = x \cdot \ln\left(\frac{x^2}{a}\right)$, $a > 0$.

a) Welche Definitionsmenge hat f_a? Gewinnen Sie eine Vorstellung von den Funktionen der Schar, indem Sie zunächst die Graphen von f_a für $a = 1, 2, 3$ und 4 darstellen.

b) Untersuchen Sie f_a auf Nullstellen, Extrema und Wendepunkte.

c) Ermitteln Sie die Ortslinie der Hochpunkte der Funktionenschar f_a.

d) Bestimmen Sie eine Stammfunktion von f_a.

e) Der Graph von $f_4(x) = x \cdot \ln\left(\frac{x^2}{4}\right)$ schließt mit der x-Achse im 2. Quadranten ein Flächenstück ein. Berechnen Sie deren Inhalt.

Lösung zu a:
Das Argument $\frac{x^2}{a}$ der Logarithmusfunktion ist für alle von null verschiedenen x eine positive Zahl; es verschwindet nur für $x = 0$. Damit gilt für den Definitionsbereich: $D_{f_a} = \mathbb{R} \setminus \{0\}$.

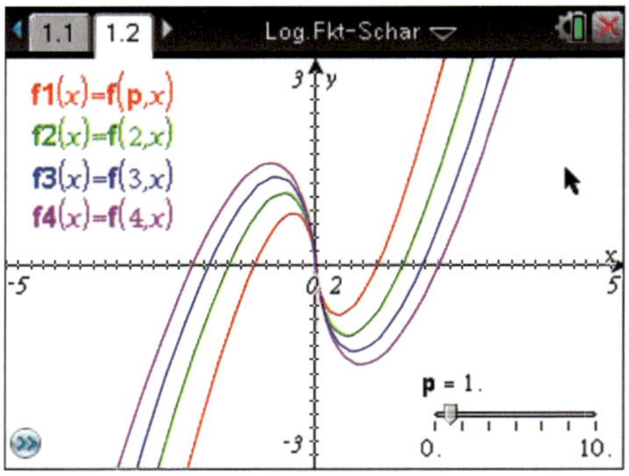

Das nebenstehende Bild zeigt die Graphen für $a = 1, 2, 3$ und 4.
Zur Darstellung weiterer Funktionen der Schar wurde zusätzlich ein Schieberegler eingebaut für $f1(x) = f(p, x)$.

Lösung zu b:
Auf der Notes-Seite wird zunächst die Funktionenschar definiert. Damit werden die Terme für erste und die zweite Ableitung zunächst ermittelt und dann erst übergeben.

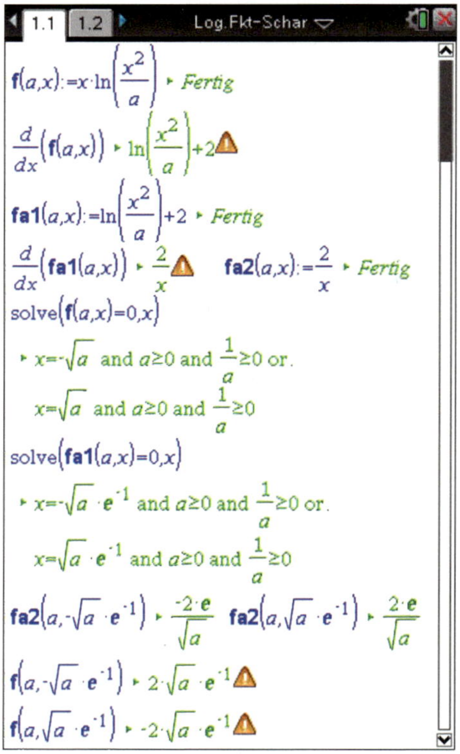

Die Untersuchung ergibt:
Die Funktion f_a besitzt
- die Nullstellen $-\sqrt{a}$ und $\sqrt{a}$,
- den Hochpunkt $H\left(-\frac{\sqrt{a}}{e}; \frac{2\sqrt{a}}{e}\right)$ sowie
- den Tiefpunkt $T\left(\frac{\sqrt{a}}{e}; -\frac{2\sqrt{a}}{e}\right)$.

Da $f_a'' = \frac{2}{x} \neq 0$ gilt, gibt es keine Wendestelle. Die graphische Darstellung ruft den Eindruck hervor, dass der Punkt $P(0; 0)$ ein Wendepunkt ist, aber $x = 0$ gehört nicht zu D_{f_a}.

Lösung zu c:
Um eine Funktionsgleichung für die Ortskurve der Hochpunkte zu gewinnen, löst man die Gleichung $x = -\frac{\sqrt{a}}{e}$ für die Abszisse des Hochpunktes nach dem Parameter a auf und setzt das Ergebnis in die Gleichung $y = 2\,\frac{\sqrt{a}}{e}$ für die Ordinate des Hochpunktes ein. Die formale Rechnung mit dem CAS liefert $o_H(x) = 2|x|$. Da aber die Abszisse aller Hochpunkte negativ ist, also $x < 0$ gilt, lautet die Funktionsgleichung für die Hochpunkte einfach $o_H(x) = -2x$.

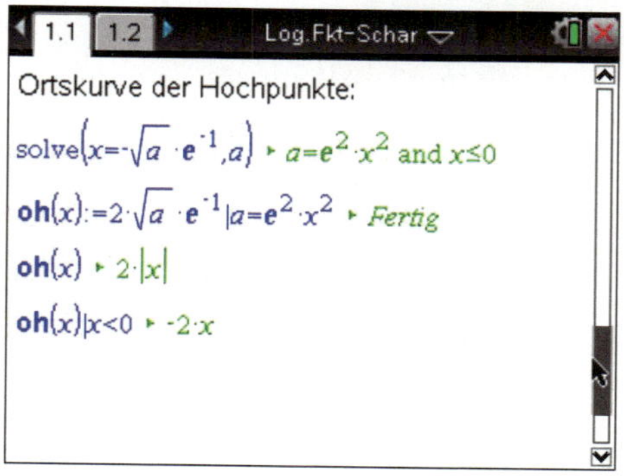

Lösung zu d:
Die Stammfunktion von f_a erhält man einfach mithilfe des Katalogs, der Vorlagetaste oder durch die Eingabe integral(f(a, x), x):

$$\int f(a, x)\,dx = \frac{x^2}{2} \cdot \left(\ln\left(\frac{x^2}{a}\right) - 1\right).$$

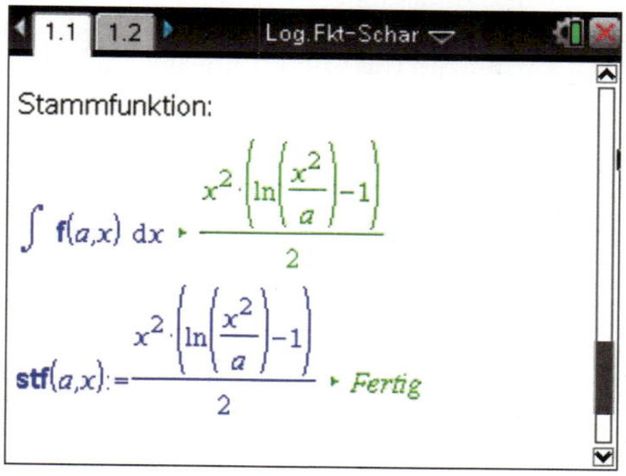

Lösung zu e:
Der gesuchte Flächeninhalt ergibt sich als Differenz der Stammfunktionswerte an den Stellen 0 und -2; in mathematischer Notation: $A = F(0) - F(-2)$.
Nun ist die Stammfunktion für $x = 0$ nicht definiert, es existiert aber der (linksseitige) Grenzwert an der Stelle 0; also:
$A = \lim\limits_{x \to 0^-} F(x) - F(-2) = 2$ (für $a = 4$).
Das CAS liefert dieses Ergebnis allerdings auch bei Aufruf des bestimmten Integrals über f(a, x) mit den Grenzen -2 und 0!

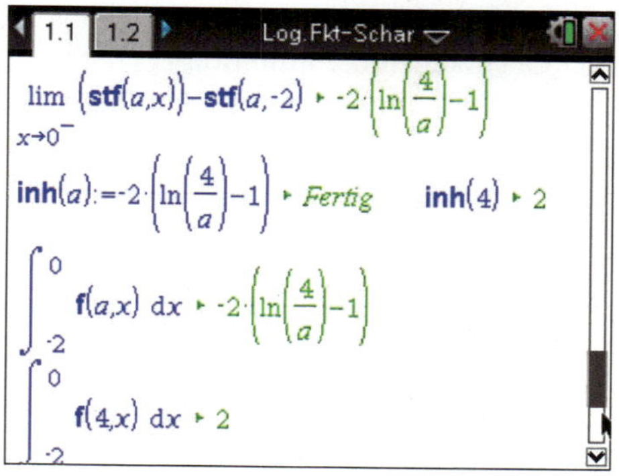

Übung 2

Untersuchen Sie die Funktionenschar $f_a(x) = f(a, x) = \ln x + \frac{a}{x^2}$, $a \geq 1$, auf einer Notes-Seite.

a) Veranschaulichen Sie die Funktionenschar f(t, x) auf einer Graphs-Seite mithilfe eines Schiebereglers für einen Parameter t mit $t \in [1; 7]$.
b) Untersuchen Sie die Funktionenschar auf Extrema und Wendepunkte.
c) Welche Scharkurve hat ihre Extremstelle bei $x = 3$?
d) Wie groß ist der Inhalt der Fläche unter dem Graphen von f_e über dem Intervall $[1; e]$?

Test

Logarithmusfunktionen

CAS **1.** Bestimmen Sie die Definitionsmenge von f.

a) $f(x) = \ln(x-5)$ b) $f(x) = \ln(x^2-4)$ c) $f(x) = \ln\frac{2+x}{4-x}$

CAS **2.** Bestimmen Sie die Ableitungsfunktion f'.

a) $f(x) = 0{,}5 \cdot \ln(x^2+1)$ b) $f(x) = x^2 \cdot \ln(2x)$ c) $f(x) = \frac{\ln x}{x^2}$

CAS **3.** Bestimmen Sie eine Stammfunktion von f.

a) $f(x) = \ln(4x+1)$ b) $f(x) = \frac{\cos x}{1+\sin x}$ c) $f(x) = \frac{4e^{2x}+2}{e^{2x}+x}$

CAS **4.** Lösen Sie die Gleichung $\ln(ex+2e) = -1 + \ln(x^2)$.

CAS **5.** Gesucht ist der Inhalt des abgebildeten Flächenstückes A.

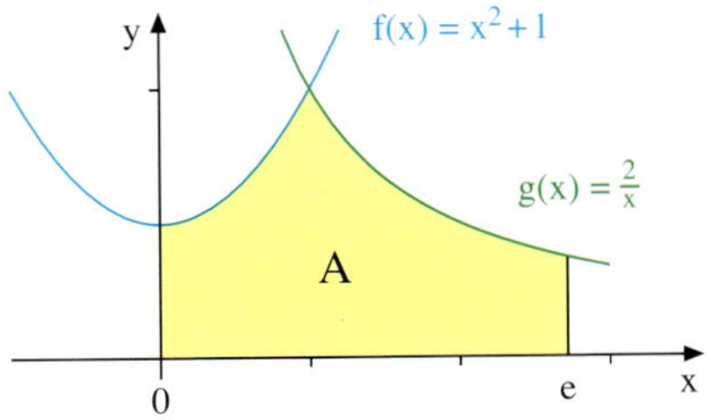

CAS **6.** Gegeben ist die Funktion $f(x) = x \cdot (2 - \ln x)$, $x > 0$.

a) Bestimmen Sie die Ableitungsfunktionen f' und f''.
b) Untersuchen Sie f auf Nullstellen, Extrema und Wendepunkte.
c) Skizzieren Sie den Graphen von f für $0 < x \leq 8$.
d) Untersuchen Sie das Verhalten der Funktionswerte $f(x)$ und der Ableitungswerte $f'(x)$, wenn x gegen null strebt.
e) Wie lautet die Gleichung der Tangente an den Graphen von f in dessen Nullstelle?
f) Zeigen Sie, dass $\frac{1}{4}x^2(5 - 2\ln x)$ eine Stammfunktion von $f(x)$ ist.
g) Berechnen Sie den Inhalt der Fläche A, die im 1. Quadranten von dem Graphen von f, der x-Achse und der senkrechten Geraden durch den Hochpunkt von f begrenzt wird.
h) Die Gerade $g(x) = \frac{1}{4}x$ teilt die Fläche A aus g) in zwei Teile A_1 und A_2.
A_1 liegt oberhalb und A_2 unterhalb der Geraden g.
Welche Teilfläche hat den größeren Flächeninhalt?

Lösungen: S. 360

V. Geraden und Koordinatenebenen

Geraden im Raum können mithilfe von Vektoren analytisch beschrieben werden. Damit ergibt sich die Möglichkeit, die Lagebeziehung zwischen zwei Geraden bzw. zwischen einem Punkt und einer Gerade rechnerisch zu untersuchen.

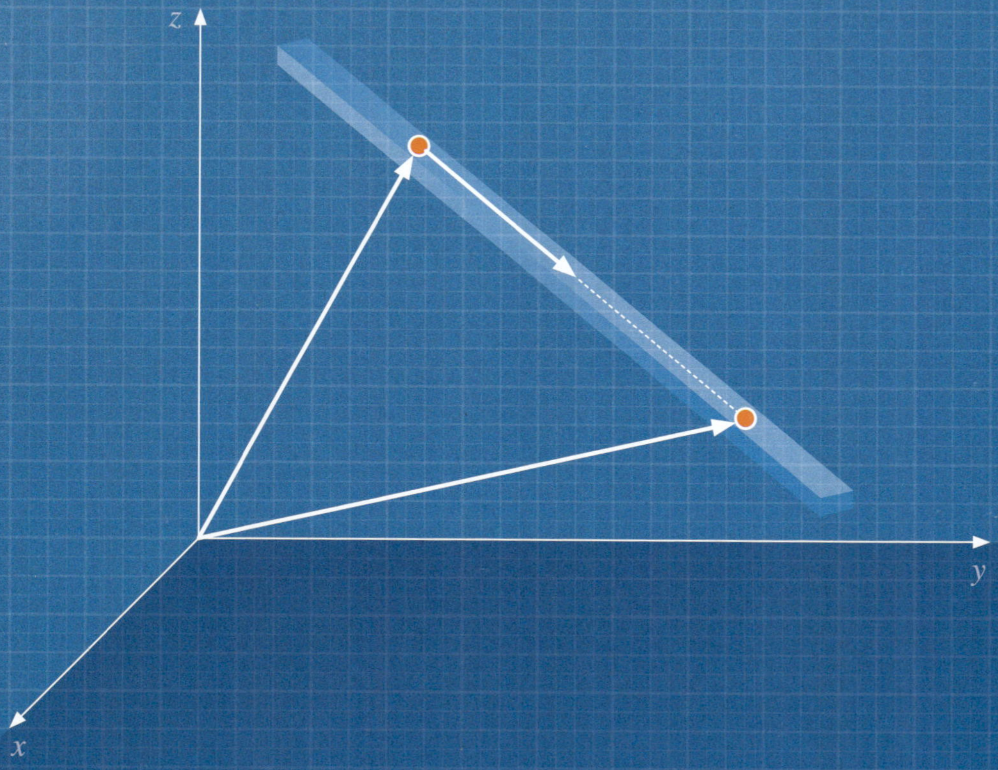

1. Geraden im Raum

Im dreidimensionalen Anschauungsraum können Geraden besonders einfach mithilfe von Vektoren dargestellt werden. Diese Darstellung ist auch in der zweidimensionalen Zeichenebene möglich, jedoch lassen sich Geraden in der Ebene auch durch eine lineare Funktionsgleichung der Form $y = m \cdot x + n$ erfassen.

A. Ortsvektoren

Die Lage eines beliebigen Punktes in einem ebenen oder räumlichen Koordinatensystem kann eindeutig durch denjenigen Pfeil $\overrightarrow{OP}$ erfasst werden, der im Ursprung O des Koordinatensystems beginnt und im Punkt P endet.

Der Pfeil $\overrightarrow{OP}$ heißt ***Ortspfeil*** von P und der zugehörige Vektor $\vec{p} = \overrightarrow{OP}$ wird als der ***Ortsvektor*** von P bezeichnet.

Der Punkt $P(p_1; p_2; p_3)$ besitzt den Ortsvektor $\vec{p} = \overrightarrow{OP} = \begin{pmatrix} p_1 \\ p_2 \\ p_3 \end{pmatrix}$.

Entsprechendes gilt für Punkte in einem ebenen Koordinatensystem.

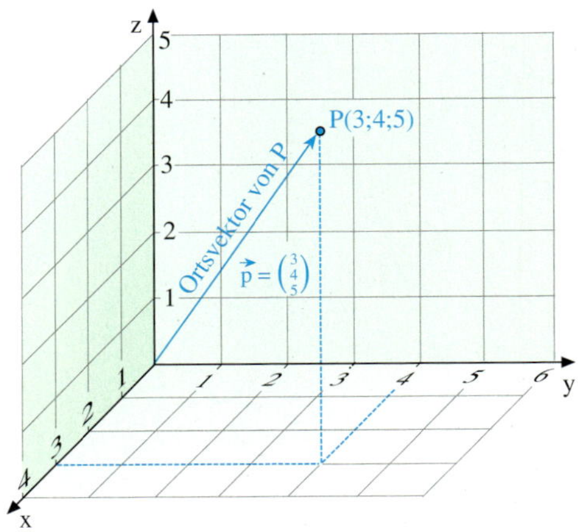

B. Die vektorielle Parametergleichung einer Geraden

Die Lage einer Geraden in der zweidimensionalen Zeichenebene oder im dreidimensionalen Anschauungsraum kann durch die Angabe eines Geradenpunktes A sowie der Richtung der Geraden eindeutig erfasst werden.

Die Lage des Punktes A kann durch seinen Ortsvektor $\vec{a} = \overrightarrow{OA}$ festgelegt werden, den man als ***Stützvektor*** der Geraden bezeichnet.

Die Richtung der Geraden lässt sich durch einen zur Geraden parallelen Vektor $\vec{m}$ erfassen, den man als ***Richtungsvektor*** der Geraden bezeichnet.

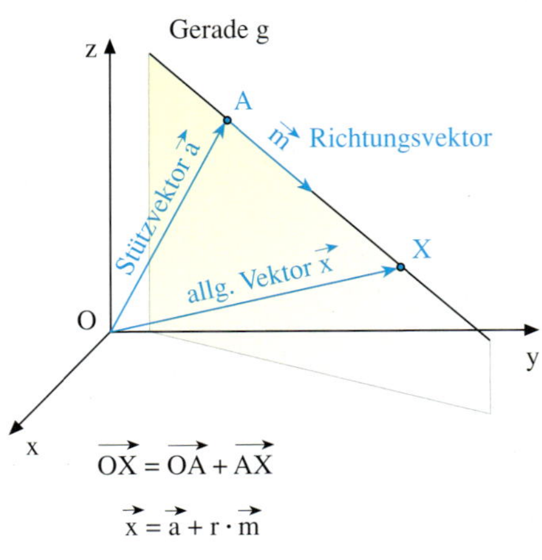

Jeder beliebige Geradenpunkt X lässt sich mithilfe des Stützvektors $\vec{a}$ und des Richtungsvektors $\vec{m}$ erfassen.

Für den Ortsvektor $\vec{x}$ von X gilt nämlich:

$$\begin{aligned}\vec{x} &= \overrightarrow{OX}\\ &= \overrightarrow{OA} + \overrightarrow{AX}\\ &= \vec{a} + r \cdot \vec{m} \quad (r \in \mathbb{R}),\end{aligned}$$

denn $\overrightarrow{AX}$ ist ein reelles Vielfaches von $\vec{m}$. Jedem Geradenpunkt X entspricht eindeutig ein Parameterwert r.

Die vektorielle Parametergleichung einer Geraden

Eine Gerade mit dem Stützvektor $\vec{a}$ und dem Richtungsvektor $\vec{m} \neq \vec{0}$ hat die Gleichung

$$g: \vec{x} = \vec{a} + r \cdot \vec{m} \quad (r \in \mathbb{R}).$$

r heißt ***Geradenparameter***.

Mithilfe der Parametergleichung einer Geraden kann man zahlreiche Problemstellungen relativ einfach lösen.

Beispiel: Gegeben ist die Gerade $g: \vec{x} = \begin{pmatrix}1\\2\\3\end{pmatrix} + r\begin{pmatrix}2\\3\\-1\end{pmatrix}$.

Zeichnen Sie die Gerade als Schrägbild. Stellen Sie fest, welche Geradenpunkte den Parameterwerten $r = 0$, $r = -0{,}5$ und $r = 1$ entsprechen.

Lösung:

Wir zeichnen den Stützpunkt A(1; 2; 3) oder den Stützvektor $\vec{a}$ ein. Im Stützpunkt legen wir den Richtungsvektor $\vec{m}$ an.

Für $r = 0$ erhalten wir den Stützpunkt A(1; 2; 3). Für $r = -0{,}5$ erhalten wir den Geradenpunkt B(0; 0,5; 3,5), der „vor" dem Stützpunkt liegt. Für $r = 1$ erhalten wir den Punkt C(3; 5; 2), der am Ende des eingezeichneten Richtungspfeils liegt.

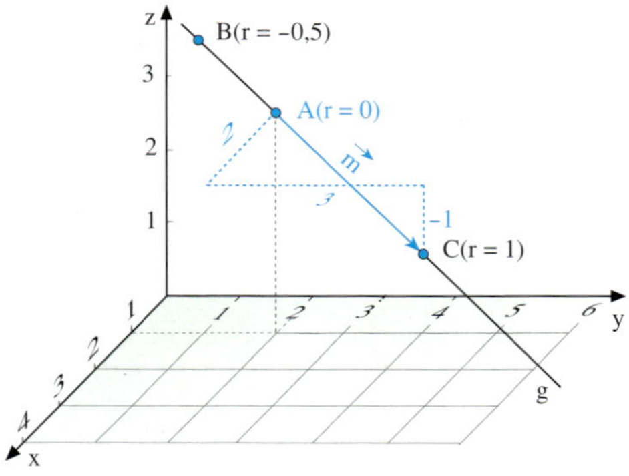

Beispiel: Gegeben ist die Gerade $g: \vec{x} = \begin{pmatrix}1\\2\\3\end{pmatrix} + r\begin{pmatrix}2\\3\\-1\end{pmatrix}$.

a) Welche Werte des Parameters r gehören zu den Geradenpunkten P(2; 3,5; 2,5) und Q(5; 8; 1)?

b) Begründen Sie, weshalb der Punkt R(3; 5; 1) nicht auf der Geraden liegt.

Lösung zu a:

Für $r = 0{,}5$ ergibt sich der Geradenpunkt P(2; 3,5; 2,5).

Für $r = 2$ ergibt sich der Geradenpunkt Q(5; 8; 1).

Lösung zu b:

Die x-Koordinate des Punktes R erfordert $r = 1$, ebenso die y-Koordinate.

Die z-Koordinate erfordert $r = 2$. Beides ist nicht vereinbar. Der Punkt R liegt nicht auf der Geraden g.

Übung 1

Zeichnen Sie die Gerade g: $\vec{x} = \begin{pmatrix} -2 \\ 3 \\ 1 \end{pmatrix} + r \begin{pmatrix} 3 \\ 3 \\ 1 \end{pmatrix}$ im Schrägbild.

Überprüfen Sie, ob die Punkte P(4; 9; 3), Q(1; 6; 4) und R(−5; 0; 0) auf der Geraden g liegen. Beschreiben Sie ggf. ihre Lage auf der Geraden anschaulich.

Übung 2

Zeichnen und beschreiben Sie die Lage der Geraden.

a) $g_1: \vec{x} = \begin{pmatrix} 1 \\ 1 \\ 2 \end{pmatrix} + r \begin{pmatrix} 0 \\ 1 \\ 0 \end{pmatrix}$ b) $g_2: \vec{x} = \begin{pmatrix} 0 \\ 2 \\ 0 \end{pmatrix} + r \begin{pmatrix} 0 \\ 0 \\ 1 \end{pmatrix}$ c) $g_3: \vec{x} = \begin{pmatrix} 0 \\ 0 \end{pmatrix} + r \begin{pmatrix} 1 \\ 1 \end{pmatrix}$ d) $g_4: \vec{x} = \begin{pmatrix} 3 \\ 0 \end{pmatrix} + r \begin{pmatrix} -1 \\ 0 \end{pmatrix}$

C. Die Zweipunktegleichung einer Geraden

In der Praxis ist eine Gerade in den meisten Fällen durch zwei feste Punkte A (mit dem Ortsvektor $\vec{a}$) und B (mit dem Ortsvektor $\vec{b}$) gegeben.

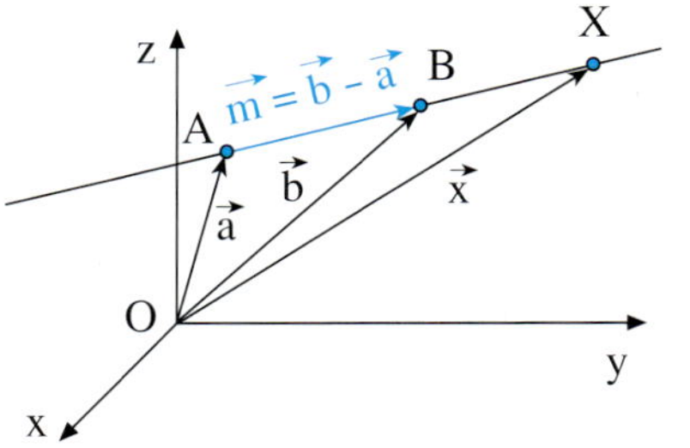

In diesem Fall kann man die vektorielle Geradengleichung besonders leicht aufstellen. Als Stützvektor verwendet man den Ortsvektor eines der beiden Punkte, also z. B. $\vec{a}$. Als Richtungsvektor verwendet man einen Verbindungsvektor der beiden Punkte, also z. B. $\vec{m} = \overrightarrow{AB}$.

Da $\overrightarrow{AB}$ sich als Differenz $\vec{b} - \vec{a}$ der beiden Ortsvektoren von A und B darstellen lässt, erhält man die nebenstehende vektorielle *Zweipunktegleichung* der Geraden.

Die Zweipunktegleichung

Die Gerade g durch die Punkte A und B mit den Ortsvektoren $\vec{a}$ und $\vec{b}$ hat die Gleichung

$$g: \vec{x} = \vec{a} + r \cdot (\vec{b} - \vec{a}) \quad (r \in \mathbb{R}).$$

Beispielsweise hat die Gerade g durch die Punkte A(1; 2; 1) und B(3; 4; 3) die Zweipunktegleichung $g: \vec{x} = \begin{pmatrix} 1 \\ 2 \\ 1 \end{pmatrix} + r\left(\begin{pmatrix} 3 \\ 4 \\ 3 \end{pmatrix} - \begin{pmatrix} 1 \\ 2 \\ 1 \end{pmatrix}\right)$, die zur Parametergleichung $g: \vec{x} = \begin{pmatrix} 1 \\ 2 \\ 1 \end{pmatrix} + r \begin{pmatrix} 2 \\ 2 \\ 2 \end{pmatrix}$ vereinfacht werden kann.

Übung 3

Bestimmen Sie die Gleichung der Geraden g durch die Punkte A und B.

a) A(3; 3), B(2; 1) b) A(−3; 1; 0), B(4; 0; 2) c) A(−3; 2; 1), B(4; 1; 7)

Übung 4

a) Bestimmen Sie die Gleichung der Parallelen zur y-Achse durch den Punkt P(3; 2; 0).
b) Bestimmen Sie die Gleichung der Ursprungsgerade durch den Punkt P(a; 2a; −a), $a \in \mathbb{R}$.

D. Die Strecke $\overline{AB}$

Die Gerade g zu zwei Punkten A und B, die durch ihre Ortsvektoren $\vec{a}$ bzw. $\vec{b}$ gegeben sind, wird durch die Zweipunktegleichung

g: $\vec{x} = \vec{a} + r \cdot (\vec{b} - \vec{a})$ mit $r \in \mathbb{R}$

beschrieben. Durchläuft der Paramter r alle rellen Zahlen von $-\infty$ bis $+\infty$, dann werden dadurch sämtliche Geradenpunkte X durch den Ortsvektor $\vec{x} = \vec{a} + r \cdot (\vec{b} - \vec{a})$ erfasst.
Durchläuft der Parameter r nur die reellen Zahlen eines abgeschlossenen Intervalls $[s;t]$, so beschreibt $\vec{x} = \vec{a} + r \cdot (\vec{b} - \vec{a})$ einen endlichen zusammenhängenden Abschnitt der Geraden g(A; B).

Gilt insbesondere $r \in [0;1]$, so beschreibt $\vec{x} = \vec{a} + r \cdot (\vec{b} - \vec{a})$ die ***Strecke*** $\overline{AB}$, denn für $r = 0$ ist $\vec{x} = \vec{a}$ und für $r = 1$ ist $\vec{x} = \vec{b}$.

Die Strecke $\overline{AB}$:

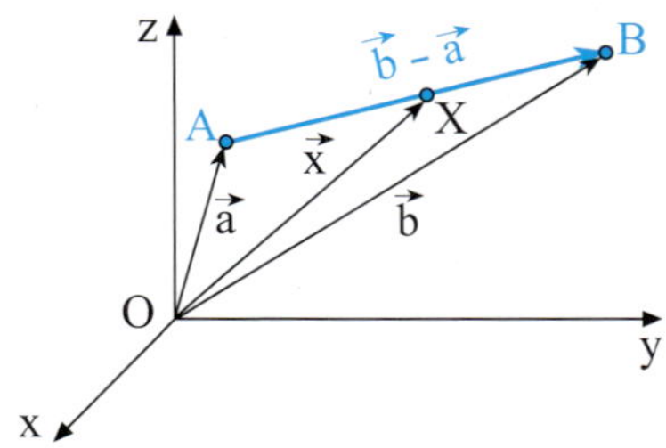

Gleichung der Strecke $\overline{AB}$

Die Strecke $\overline{AB}$, deren Endpunkte A und B durch die Ortsvektoren $\vec{a}$ bzw. $\vec{b}$ gegeben sind, hat die Gleichung $\overline{AB}$:
$\vec{x} = \vec{a} + r \cdot (\vec{b} - \vec{a})$ mit $r \in [0;1]$.

Beispiel: Gleichung der Strecke $\overline{AB}$

Gegeben sind die Punkte A(3; −2; 4) und B(6; 3; −1). Bestimmen Sie eine Parametergleichung der Strecke $\overline{AB}$. Berechnen Sie auch die Länge der Strecke $\overline{AB}$.

Lösung:

Als Stützvektor wird der Ortsvektor $\vec{a}$ des Punktes A verwendet.

$$\vec{a} = \begin{pmatrix} 3 \\ -2 \\ 4 \end{pmatrix}$$

Der Richtungsvektor der Strecke ergibt sich als Differenz $\vec{b} - \vec{a}$ der Ortsvektoren der Punkte B und A.

$$\vec{b} - \vec{a} = \begin{pmatrix} 6 \\ 3 \\ -1 \end{pmatrix} - \begin{pmatrix} 3 \\ -2 \\ 4 \end{pmatrix} = \begin{pmatrix} 3 \\ 5 \\ -5 \end{pmatrix}$$

Damit kann die Parametergleichung der Strecke $\overline{AB}$ aufgestellt werden, wobei für den reellen Parameter r gilt: $0 \le r \le 1$.

Gleichung der Strecke $\overline{AB}$:

$$\overline{AB}: \ \vec{x} = \begin{pmatrix} 3 \\ -2 \\ 4 \end{pmatrix} + r \cdot \begin{pmatrix} 3 \\ 5 \\ -5 \end{pmatrix}, \quad r \in [0;1]$$

Die Länge der Strecke $\overline{AB}$ ergibt sich als Betrag des Richtungsvektors $\vec{b} - \vec{a}$.

Länge der Strecke $\overline{AB}$:

$$|\overrightarrow{AB}| = \sqrt{3^2 + 5^2 + (-5^2)} = \sqrt{59} \approx 7{,}68$$

Übung 5

Bestimmen Sie eine Parametergleichung und die Länge der Strecke $\overline{AB}$.

a) A(−3; 1; 1), B(2; 5; −1) b) A(4; 3; 3), B(−4; 1; −5) c) A(−3; 0; 0), B(−2; −2; 4)

Übung 6

Bestimmen Sie die Koordinaten des Punktes $P \in \overline{AB}$ mit $A(a_1; a_2; a_3)$, $B(b_1; b_2; b_3)$ für $r = \frac{1}{2}$.
Für welchen Parameterwert r teilt der Punkt X die Strecke $\overline{AB}$ im Verhältnis 2 : 1?

E. Gleichungen von Koordinatenebenen

Durch die x-Achse und die y-Achse wird eine Ebene aufgespannt, die ***x-y-Ebene***. Für alle Punkte, die in der x-y-Ebene liegen, gilt $z = 0$. Man kann jeden Punkt der x-y-Ebene mithilfe der ***Einheitsvektoren*** $\vec{i} = \begin{pmatrix} 1 \\ 0 \\ 0 \end{pmatrix}$ und $\vec{j} = \begin{pmatrix} 0 \\ 1 \\ 0 \end{pmatrix}$ beschreiben.

Für den Punkt $P(3;4;0)$ gilt beispielsweise:

P: $\vec{p} = 3 \cdot \vec{i} + 4 \cdot \vec{j} = 3 \cdot \begin{pmatrix} 1 \\ 0 \\ 0 \end{pmatrix} + 4 \cdot \begin{pmatrix} 0 \\ 1 \\ 0 \end{pmatrix}$.

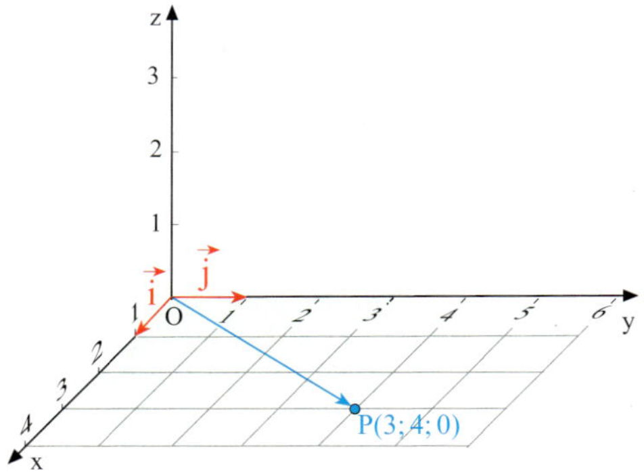

Ein beliebiger Punkt X der x-y-Koordinatenebene hat also die folgende Darstellung:

X: $\vec{x} = s \cdot \vec{i} + t \cdot \vec{j} = s \cdot \begin{pmatrix} 1 \\ 0 \\ 0 \end{pmatrix} + t \cdot \begin{pmatrix} 0 \\ 1 \\ 0 \end{pmatrix}$ mit $s, t \in \mathbb{R}$.

Analog werden die Punkte $Q(2;0;3)$, $R(0;5;2)$ der ***x-z-Ebene*** bzw. der ***y-z-Ebene*** beschrieben:

Q: $\vec{p} = 2 \cdot \vec{i} + 3 \cdot \vec{k} = 2 \cdot \begin{pmatrix} 1 \\ 0 \\ 0 \end{pmatrix} + 3 \cdot \begin{pmatrix} 0 \\ 0 \\ 1 \end{pmatrix}$

R: $\vec{p} = 5 \cdot \vec{j} + 2 \cdot \vec{k} = 5 \cdot \begin{pmatrix} 0 \\ 1 \\ 0 \end{pmatrix} + 2 \cdot \begin{pmatrix} 0 \\ 0 \\ 1 \end{pmatrix}$

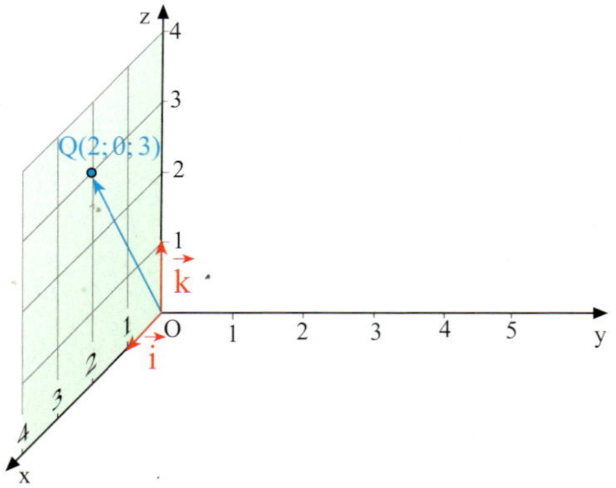

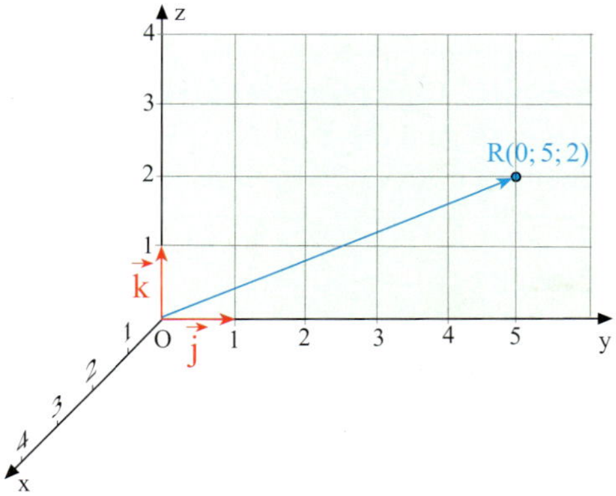

Gleichungen von Koordinatenebenen

Die Koordinatenebenen werden durch folgenden Gleichungen beschrieben:

x-y-Ebene: $z = 0$ oder $\vec{x} = s \cdot \vec{i} + t \cdot \vec{j} = s \cdot \begin{pmatrix} 1 \\ 0 \\ 0 \end{pmatrix} + t \cdot \begin{pmatrix} 0 \\ 1 \\ 0 \end{pmatrix}$ $(s, t \in \mathbb{R})$

x-z-Ebene: $y = 0$ oder $\vec{x} = s \cdot \vec{i} + t \cdot \vec{k} = s \cdot \begin{pmatrix} 1 \\ 0 \\ 0 \end{pmatrix} + t \cdot \begin{pmatrix} 0 \\ 0 \\ 1 \end{pmatrix}$ $(s, t \in \mathbb{R})$

y-z-Ebene: $x = 0$ oder $\vec{x} = s \cdot \vec{j} + t \cdot \vec{k} = s \cdot \begin{pmatrix} 0 \\ 1 \\ 0 \end{pmatrix} + t \cdot \begin{pmatrix} 0 \\ 0 \\ 1 \end{pmatrix}$ $(s, t \in \mathbb{R})$

Übung 7

Stellen Sie den Ortsvektor des Punktes X mithilfe der Einheitsvektoren $\vec{i}$, $\vec{j}$ und $\vec{k}$ dar.

a) $X(0;-3;2)$ b) $X(5;-2;0)$ c) $X(3;0;-1)$ d) $X(-2;1;-3)$

Übungen

8. Zeichnen Sie die Gerade g durch den Punkt A(2; 6; 4) mit dem Richtungsvektor $\vec{m} = \begin{pmatrix} 3 \\ -2 \\ 2 \end{pmatrix}$ in einem räumlichen Koordinatensystem ein.

9. Gesucht ist eine vektorielle Gleichung der Geraden durch die Punkte A und B.

a) A(1; 2), B(3; −4) b) A(−3; 2; 1), B(3; 1; 2) c) A(3; 3; −4), B(2; 1; 3) d) $A(a_1; a_2; a_3)$, $B(b_1; b_2; b_3)$

10. Untersuchen Sie, ob der Punkt P auf der Geraden liegt, die durch A und B geht.

a) A(3; 2), B(−1; 4), P(1; 3) b) A(2; 7), B(5; 4), P(8; 3) c) A(1; 4; 3), B(3; 2; 4), P(7; −2; 6) d) A(1; 1; 1), B(3; 4; 1), P(0; 0; 0)

11. Ordnen Sie den abgebildeten Geraden die zugehörigen vektoriellen Gleichungen zu.

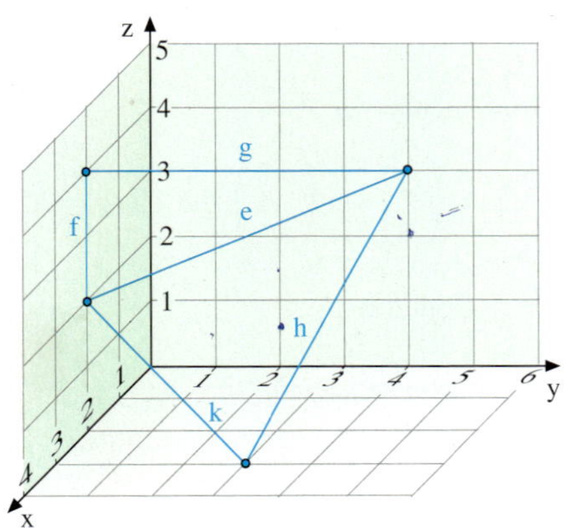

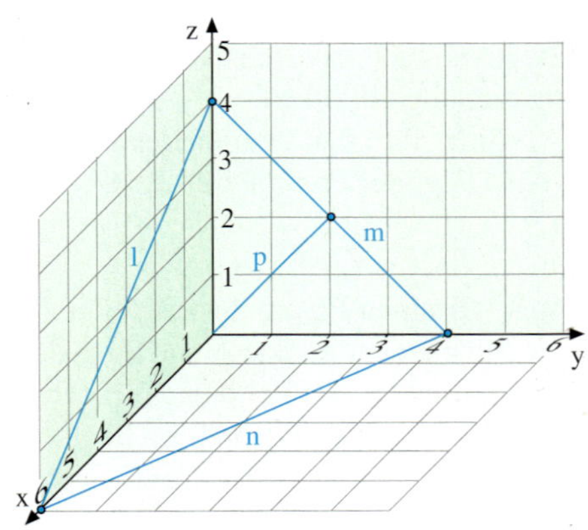

I: $\vec{x} = \begin{pmatrix} 0 \\ 0 \\ 4 \end{pmatrix} + r\begin{pmatrix} 6 \\ 0 \\ -4 \end{pmatrix}$ II: $\vec{x} = \begin{pmatrix} 2 \\ 0 \\ 2 \end{pmatrix} + r\begin{pmatrix} 1 \\ 3 \\ -2 \end{pmatrix}$ III: $\vec{x} = \begin{pmatrix} 6 \\ 0 \\ 0 \end{pmatrix} + r\begin{pmatrix} -6 \\ 4 \\ 0 \end{pmatrix}$

IV: $\vec{x} = \begin{pmatrix} 2 \\ 0 \\ 4 \end{pmatrix} + r\begin{pmatrix} -2 \\ 4 \\ -1 \end{pmatrix}$ V: $\vec{x} = \begin{pmatrix} 0 \\ 0 \\ 0 \end{pmatrix} + r\begin{pmatrix} 0 \\ 1 \\ 1 \end{pmatrix}$ VI: $\vec{x} = \begin{pmatrix} 3 \\ 3 \\ 0 \end{pmatrix} + r\begin{pmatrix} -3 \\ 1 \\ 3 \end{pmatrix}$

VII: $\vec{x} = \begin{pmatrix} 2 \\ 0 \\ 2 \end{pmatrix} + r\begin{pmatrix} 0 \\ 0 \\ 2 \end{pmatrix}$ VIII: $\vec{x} = \begin{pmatrix} 2 \\ 0 \\ 2 \end{pmatrix} + r\begin{pmatrix} -2 \\ 4 \\ 1 \end{pmatrix}$ IX: $\vec{x} = \begin{pmatrix} 0 \\ 4 \\ 0 \end{pmatrix} + r\begin{pmatrix} 0 \\ -4 \\ 4 \end{pmatrix}$

12. a) Gesucht ist die Gleichung einer zur y-Achse parallelen Geraden g, die durch den Punkt A(3; 2; 0) geht.

b) Gesucht ist die Gleichung einer Ursprungsgeraden durch den Punkt P(2; 4; −2).

2. Lagebeziehungen

A. Gegenseitige Lage Punkt / Gerade und Punkt / Strecke

Mithilfe der Parametergleichung einer Geraden lässt sich einfach überprüfen, ob ein gegebener Punkt auf der Geraden liegt und an welcher Stelle der Geraden er gegebenenfalls liegt.

Beispiel: Gegeben sei die Gerade g durch A(3; 2; 3) und B(1; 6; 5). Weisen Sie nach, dass der Punkt P(2; 4; 4) auf der Geraden g liegt.

Prüfen Sie außerdem, ob der Punkt P auf der Strecke $\overline{AB}$ liegt.

Lösung:
Mit der Zweipunkteform erhalten wir die Parametergleichung von g.

Parametergleichung von g:

$$g: \vec{x} = \begin{pmatrix} 3 \\ 2 \\ 3 \end{pmatrix} + r \begin{pmatrix} -2 \\ 4 \\ 2 \end{pmatrix}, r \in \mathbb{R}$$

Wir führen die Punktprobe für den Punkt P durch, indem wir seinen Ortsvektor in die Geradengleichung einsetzen.
Sie ist erfüllt für den Parameterwert r = 0,5. Also liegt der Punkt P auf der Geraden g.

Punktprobe für P:

$$\begin{pmatrix} 2 \\ 4 \\ 4 \end{pmatrix} = \begin{pmatrix} 3 \\ 2 \\ 3 \end{pmatrix} + r \begin{pmatrix} -2 \\ 4 \\ 2 \end{pmatrix} \text{ gilt für } r = 0{,}5$$

$\Rightarrow$ P liegt auf g.

Nun führen wir einen Parametervergleich durch. Die Streckenendpunkte A und B besitzen die Parameterwerte r = 0 und r = 1. Der Parameterwert von P (r = 0,5) liegt zwischen diesen Werten. Also liegt der Punkt P auf der Strecke $\overline{AB}$, und zwar genau auf der Mitte der Strecke.

Parametervergleich:

A: $r = 0$
B: $r = 1$
P: $r = 0{,}5$

$\Rightarrow$ P liegt auf $\overline{AB}$.

Rechts sind die Ergebnisse zeichnerisch dargestellt.
Das Bild macht deutlich, dass durch den Geradenparameter auf der Geraden ein *internes Koordinatensystem* festgelegt wird, anhand dessen man sich orientieren kann.

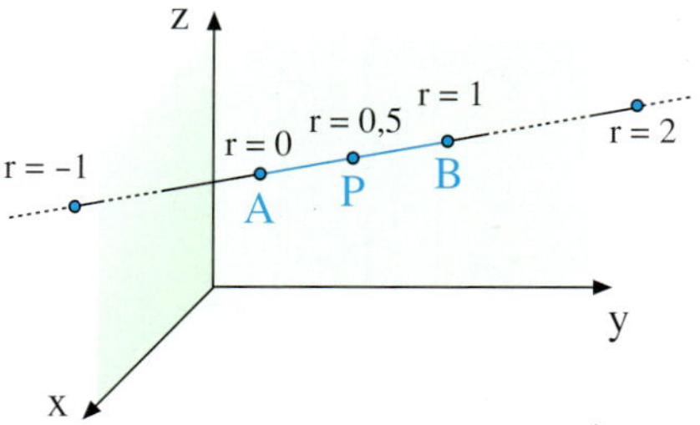

Übung 1

a) Prüfen Sie, ob die Punkte P(0; 0; 6), Q(3; 3; 3), R(3; 4; 3) auf der Geraden g durch A(2; 2; 4) und B(4; 4; 2) oder sogar auf der Strecke $\overline{AB}$ liegen.
b) Für welchen Wert von t liegt P(4 + t; 5t; t) auf der Geraden g durch A(2; 2; 4) und B(4; 4; 2)?

B. Gegenseitige Lage von zwei Geraden im Raum

Zwischen zwei Geraden im Raum sind drei charakteristische Lagebeziehungen möglich. Sie können parallel sein (im Sonderfall sogar identisch), sie können sich in einem Punkt schneiden oder sie sind windschief. Als ***windschief*** bezeichnet man zwei Geraden, die weder parallel sind noch sich schneiden.

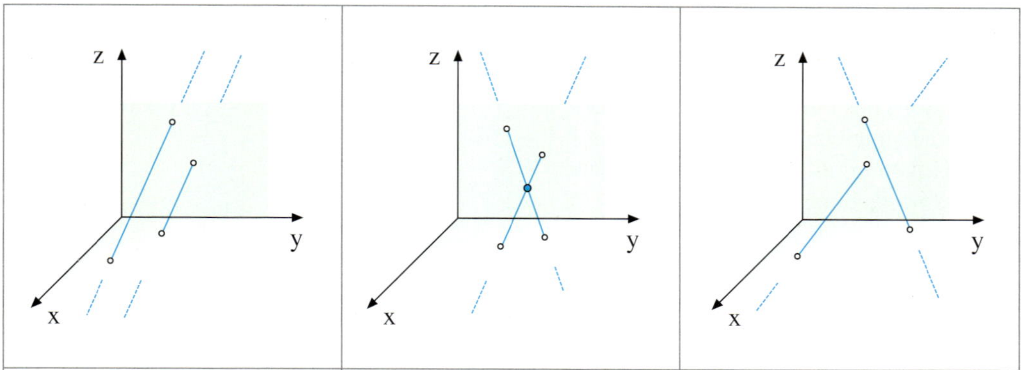

parallel	schneidend	windschief

Zeichnerisch lässt sich die gegenseitige Lage von zwei Geraden manchmal nur schwer einschätzen, aber mithilfe der Geradengleichungen ist die rechnerische Überprüfung möglich.

Beispiel: Weisen Sie für die Geraden g, h und k die folgenden Aussagen nach:

a) g und h sind parallel, aber nicht identisch.

b) g und k schneiden sich in einem Punkt S.

c) h und k sind windschief.

$$g:\ \vec{x} = \begin{pmatrix} 1 \\ 0 \\ 1 \end{pmatrix} + r\begin{pmatrix} 1 \\ 1 \\ -2 \end{pmatrix},\quad h:\ \vec{x} = \begin{pmatrix} 2 \\ 0 \\ 0 \end{pmatrix} + s\begin{pmatrix} -2 \\ -2 \\ 4 \end{pmatrix},\quad k:\ \vec{x} = \begin{pmatrix} 1 \\ 0 \\ 0 \end{pmatrix} + t\begin{pmatrix} 2 \\ 2 \\ -3 \end{pmatrix}$$

Lösung zu a:
Parallele Geraden sind durch kollineare Richtungsvektoren gekennzeichnet.

$$\underset{\substack{\uparrow \\ \text{Richtungs-} \\ \text{vektor von h}}}{\begin{pmatrix} -2 \\ -2 \\ 4 \end{pmatrix}} = -2 \cdot \underset{\substack{\uparrow \\ \text{Richtungs-} \\ \text{vektor von g}}}{\begin{pmatrix} 1 \\ 1 \\ -2 \end{pmatrix}} \quad \Rightarrow \textit{ g und h sind parallel}$$

Hier erkennt man schon durch bloßes Hinschauen, dass der Richtungsvektor von h ein Vielfaches des Richtungsvektors von g ist, nämlich das (-2)fache.

g und h sind aber nicht identisch, da der Stützpunkt P(2; 0; 0) von h die Geradengleichung von g nicht erfüllt und folglich nicht auf g liegt.

$$\begin{pmatrix} 2 \\ 0 \\ 0 \end{pmatrix} = \begin{pmatrix} 1 \\ 0 \\ 1 \end{pmatrix} + r\begin{pmatrix} 1 \\ 1 \\ -2 \end{pmatrix} \quad \Rightarrow \textit{ g und h sind nicht identisch}$$

ist für kein $r \in \mathbb{R}$ erfüllt

Lösung zu b:

Zunächst überprüfen wir g und k auf Parallelität. Da die beiden Richtungsvektoren ganz offensichtlich nicht kollinear sind, schneiden sich g und k oder sie sind windschief.

$$\underbrace{\begin{pmatrix} 2 \\ 2 \\ -3 \end{pmatrix}}_{\text{Richtungsvektor von k}} \neq r \cdot \underbrace{\begin{pmatrix} 1 \\ 1 \\ -2 \end{pmatrix}}_{\text{Richtungsvektor von g}} \quad \text{für alle } r \in \mathbb{R}$$

$\Rightarrow$ *g und k sind nicht parallel*

Nun nehmen wir versuchsweise an, dass g und k sich in einem Punkt S schneiden. Der Ortsvektor $\vec{s}$ des Punktes S muss dann beide Geradengleichungen erfüllen. Durch Gleichsetzen ergibt sich die nebenstehende Vektorgleichung.

Ansatz:

$$\begin{pmatrix} 1 \\ 0 \\ 1 \end{pmatrix} + r \cdot \begin{pmatrix} 1 \\ 1 \\ -2 \end{pmatrix} = \vec{s} = \begin{pmatrix} 1 \\ 0 \\ 0 \end{pmatrix} + t \cdot \begin{pmatrix} 2 \\ 2 \\ -3 \end{pmatrix}$$

Aus der Vektorgleichung ergibt sich ein äquivalentes Gleichungssystem mit drei Gleichungen für die beiden Parameter r und t. Aus II und III folgt $t = 1$ und $r = 2$. Durch Rückeinsetzung zeigt sich, dass auch I für diese Parameterwerte erfüllt ist.

Äquivalentes Gleichungssystem

$$\begin{array}{lrl} \text{I} & 1 + r = & 1 + 2t \\ \text{II} & r = & 2t \\ \text{III} & 1 - 2r = & -3t \end{array}$$

Lösung: $r = 2,\ t = 1$

Die Geraden g und k schneiden sich. Den Ortsvektor $\vec{s}$ des Schnittpunktes S erhalten wir durch Einsetzung von $t = 1$ in die Gleichung der Geraden k.

Ortsvektor von S $\quad \vec{s} = \begin{pmatrix} 1 \\ 0 \\ 0 \end{pmatrix} + 1 \cdot \begin{pmatrix} 2 \\ 2 \\ -3 \end{pmatrix} = \begin{pmatrix} 3 \\ 2 \\ -3 \end{pmatrix}$

Schnittpunkt: $S(3;\ 2;\ -3)$

$\Rightarrow$ g und k schneiden sich im Punkt S

Lösung zu c:

h und k sind nicht parallel, da ihre Richtungsvektoren nicht kollinear sind. Auch hier nehmen wir versuchsweise die Existenz eines Schnittpunktes an.

Ansatz:

$$\begin{pmatrix} 2 \\ 0 \\ 0 \end{pmatrix} + s \cdot \begin{pmatrix} -2 \\ -2 \\ 4 \end{pmatrix} = \vec{s} = \begin{pmatrix} 1 \\ 0 \\ 0 \end{pmatrix} + t \cdot \begin{pmatrix} 2 \\ 2 \\ -3 \end{pmatrix}$$

Allerdings erweist sich nunmehr das Gleichungssystem als unlösbar, denn schon die Gleichungen I und II führen auf einen Widerspruch.

Gleichungssystem

$$\begin{array}{lrl} \text{I} & 2 - 2s = & 1 + 2t \\ \text{II} & -2s = & 2t \\ \text{III} & 4s = & -3t \end{array}$$

Die Geraden h und k schneiden sich nicht und sind folglich windschief.

I – II: $2 = 1$ Widerspruch!

$\Rightarrow$ h und k sind windschief.

Übung 2

Untersuchen Sie die gegenseitige Lage der Geraden g durch $A(6;\ 0;\ 6)$ und $B(3;\ 6;\ 0)$, der Geraden h durch $C(0;\ 0;\ 6)$ und $D(6;\ 6;\ 0)$ und der Geraden k durch $E(0;\ 0;\ 3)$ und $F(3;\ 3;\ 0)$. Fertigen Sie ein Schrägbild an.

Mithilfe der Lagebeziehungsuntersuchung für Geraden im Raum können einfache Anwendungsprobleme modellhaft gelöst werden, z. B. Flugbahnprobleme.

Beispiel: Flugbahnen

Der Rettungshubschrauber Alpha startet um 10:00 Uhr vom Stützpunkt Adlerhorst A(10; 6; 0). Er fliegt geradlinig mit einer Geschwindigkeit von 300 km/h zum Gipfel des Mount Devil D(4; −3; 3), wo sich der Unfall ereignet hat. Die Koordinaten sind in Kilometern angegeben. Zeitgleich hebt der Hubschrauber Beta von der Spitze des Tempelbergs T(7; −8; 3) ab, um Touristen nach Bochum-Nord B(4; 16; 0) zurückzubringen. Seine Geschwindigkeit beträgt 350 km/h.

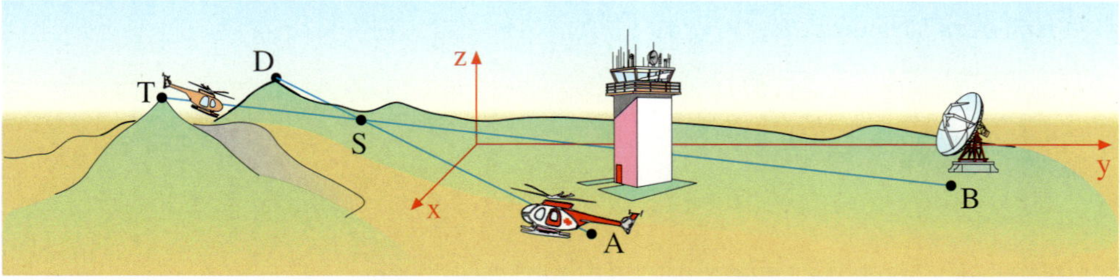

a) Zeigen Sie, dass die beiden Hubschrauber sich auf Kollisionskurs befinden.
b) Untersuchen Sie, ob die Hubschrauber tatsächlich kollidieren.

Lösung zu a:
Wir stellen die Flugbahngleichungen mithilfe der Zweipunkteform auf.
Anschließend untersuchen wir, ob die beiden Bahnen sich schneiden.
Wir erhalten einen Schnittpunkt S(6; 0; 2). Die Hubschrauber befinden sich also auf Kollisionskurs.

Gleichungen der Flugbahnen:

$$\alpha: \ \vec{x} = \begin{pmatrix} 10 \\ 6 \\ 0 \end{pmatrix} + r\begin{pmatrix} -6 \\ -9 \\ 3 \end{pmatrix}$$

$$\beta: \ \vec{x} = \begin{pmatrix} 7 \\ -8 \\ 3 \end{pmatrix} + s\begin{pmatrix} -3 \\ 24 \\ -3 \end{pmatrix}$$

Lösung zu b:
Wir errechnen zunächst die Länge der Flugstrecken der Hubschrauber bis zum Schnittpunkt, d. h. die Beträge der beiden Vektoren $\overrightarrow{AS}$ und $\overrightarrow{TS}$.
Dividieren wir diese Strecken durch die zugehörigen Hubschraubergeschwindigkeiten, so erhalten wir die Flugzeiten bis zum Schnittpunkt in Stunden, die wir in Minuten umrechnen.
Hubschrauber Alpha ist 0,11 Minuten später am möglichen Kollisionspunkt als Hubschrauber Beta. Dieser ist dann schon ca. 640 m weitergeflogen. Es kommt daher nicht zu einer Kollision.

Schnittpunkt der Flugbahnen:

Für $r = \frac{2}{3}$ und $s = \frac{1}{3}$ ergibt sich der Schnittpunkt S(6; 0; 2).

Flugstrecken bis zum Schnittpunkt:

$$|\overrightarrow{AS}| = \left|\begin{pmatrix} -4 \\ -6 \\ 2 \end{pmatrix}\right| = \sqrt{56} \approx 7{,}48 \text{ km}$$

$$|\overrightarrow{TS}| = \left|\begin{pmatrix} -1 \\ 8 \\ -1 \end{pmatrix}\right| = \sqrt{66} \approx 8{,}12 \text{ km}$$

Flugzeiten bis zum Schnittpunkt:

$$t_{Alpha} = \frac{7{,}48}{300} \text{ h} \approx 0{,}025 \text{ h} \approx 1{,}50 \text{ min}$$

$$t_{Beta} = \frac{8{,}12}{350} \text{ h} \approx 0{,}023 \text{ h} \approx 1{,}39 \text{ min}$$

Übungen

3. Prüfen Sie, ob die Punkte P und Q auf der Geraden g durch A und B liegen.

a) A(0; 0; 5) P(3; 6; 2)
B(1; 2; 4) Q(4; 8; 0)

b) A(6; 3; 0) P(2; 5; 4)
B(0; 6; 6) Q(4; 2; 4)

4. Das Schrägbild zeigt eine Gerade g durch die Punkte A and B sowie zwei weitere Punkte P und Q, die auf g zu liegen scheinen. Ist dies tatsächlich der Fall? Kommentieren Sie Ihr Resultat sowie das Schrägbild.

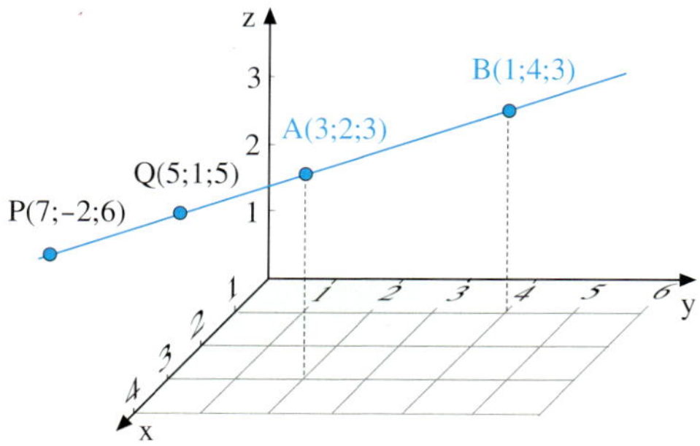

5. Untersuchen Sie, ob der Punkt P auf der Strecke $\overline{AB}$ liegt.

a) A(2; 1; 4)
B(5; 7; 1)
P(3; 3; 3)

b) A(−2; 4; 5)
B(2; 8; 9)
P(0; 6; 7)

c) A(3; 0; 7)
B(4; 1; 6)
P(7; 4; 3)

d) A(2; 1; 3)
B(6; 7; 1)
P(4; 3; 1)

6. Gegeben sei ein Dreieck ABC mit den Eckpunkten A(0; 6; 6), B(0; 6; 3) und C(3; 3; 0) sowie die Punkte P(2; 2; 2), Q(2; 4; 1) und R(2; 5,5; 4,5).
Fertigen Sie ein Schrägbild an und überprüfen Sie, welche der Punkte P, Q und R auf den Seiten des Dreiecks liegen.

7. Gegeben sind die folgenden sechs Geraden.
Welche Geraden sind parallel zueinander, welche sind hiervon sogar identisch?

g: $\vec{x} = \begin{pmatrix} 1 \\ 2 \\ -4 \end{pmatrix} + r\begin{pmatrix} 8 \\ -4 \\ 2 \end{pmatrix}$ h: $\vec{x} = \begin{pmatrix} 1 \\ 2 \\ -4 \end{pmatrix} + r\begin{pmatrix} 2 \\ -1 \\ 1 \end{pmatrix}$ k: $\vec{x} = \begin{pmatrix} 5 \\ 0 \\ -5 \end{pmatrix} + r\begin{pmatrix} 4 \\ -2 \\ 1 \end{pmatrix}$

u: Gerade durch A(1; 2; −6) und B(9; −2; −4) v: $\vec{x} = \begin{pmatrix} -3 \\ 4 \\ -5 \end{pmatrix} + r\begin{pmatrix} -2 \\ 1 \\ -0{,}5 \end{pmatrix}$ w: Gerade durch A(6; −1; −1) und B(2; 1; −3)

8. Gegeben sind die Gerade g durch A und B sowie die Gerade h durch C und D.
Zeigen Sie, dass die Geraden sich schneiden, und berechnen Sie den Schnittpunkt S.

a) A(3; 1; 2), B(5; 3; 4)
C(2; 1; 1), D(3; 3; 2)

b) A(1; 0; 0), B(1; 1; 1)
C(2; 4; 5), D(3; 6; 8)

c) A(4; 1; 5), B(6; 0; 6)
C(1; 2; 3), D(−2; 5; 3)

9. Zeigen Sie, dass die Geraden g und h windschief sind.

a) g: $\vec{x} = \begin{pmatrix} 1 \\ 0 \\ 1 \end{pmatrix} + r\begin{pmatrix} 1 \\ -1 \\ 0 \end{pmatrix}$
h: $\vec{x} = \begin{pmatrix} 0 \\ 1 \\ 0 \end{pmatrix} + s\begin{pmatrix} 0 \\ 1 \\ 1 \end{pmatrix}$

b) g: $\vec{x} = \begin{pmatrix} 1 \\ 1 \\ -1 \end{pmatrix} + r\begin{pmatrix} 1 \\ 2 \\ 1 \end{pmatrix}$
h: $\vec{x} = \begin{pmatrix} 0 \\ 1 \\ 1 \end{pmatrix} + s\begin{pmatrix} 1 \\ 1 \\ 1 \end{pmatrix}$

c) g: $\vec{x} = \begin{pmatrix} 1 \\ -1 \\ 2 \end{pmatrix} + r\begin{pmatrix} 2 \\ 2 \\ 1 \end{pmatrix}$
h: $\vec{x} = \begin{pmatrix} 3 \\ -3 \\ 0 \end{pmatrix} + s\begin{pmatrix} 0 \\ 3 \\ 1 \end{pmatrix}$

10. Die Geraden g, h und k schneiden sich in den Eckpunkten eines Dreiecks ABC.
Bestimmen Sie die Eckpunkte A, B und C.

$g\colon\ \vec{x} = \begin{pmatrix} 0 \\ -3 \\ 3 \end{pmatrix} + r\begin{pmatrix} 1 \\ 3 \\ -1 \end{pmatrix}$ $\quad$ $h\colon\ \vec{x} = \begin{pmatrix} -1 \\ 6 \\ 10 \end{pmatrix} + s\begin{pmatrix} -1 \\ 3 \\ 4 \end{pmatrix}$ $\quad$ $k\colon\ \vec{x} = \begin{pmatrix} 3 \\ 6 \\ 0 \end{pmatrix} + t\begin{pmatrix} 1 \\ 1 \\ -2 \end{pmatrix}$

11. Untersuchen Sie, welche Lagebeziehung zwischen der Geraden g durch A und B und der Geraden h durch C und D besteht. Berechnen Sie gegebenenfalls den Schnittpunkt.

a) A(−1; 1; 1), B(1; 1; −1)
C(1; 1; 1), D(0; 1; 2)

b) A(4; 2; 1), B(0; 4; 3)
C(1; 2; 1), D(3; 4; 3)

c) A(2; 0; 4), B(4; 2; 3)
C(6; 4; 2), D(10; 8; 0)

d) A(0; 0; 6), B(3; 3; 0)
C(0; 0; 0), D(6; 6; 6)

e) A(1; −2; 4), B(3; 4; 2)
C(3; 0; 0), D(1; 2; 4)

f) A(1; −2; 0), B(−1; 2; 8)
C(−2; −2; 5), D(4; 4; 2)

12. Überprüfen Sie, ob die eingezeichneten Geraden sich schneiden, und berechnen Sie gegebenenfalls den Schnittpunkt.

a)

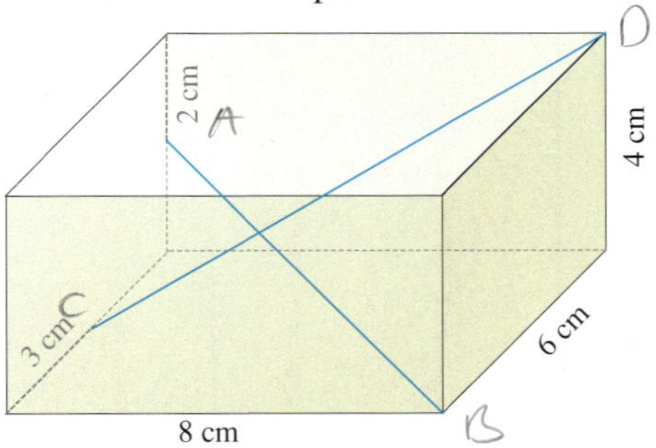

b)

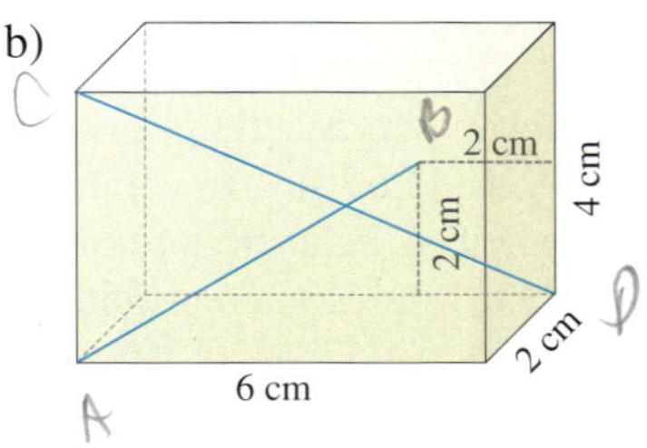

13. Gegeben ist eine 6 m hohe quadratische Pyramide, deren Grundflächenseiten 6 m lang sind.
Der Punkt M liegt in der Mitte der Seite SC. Die Strecke $\overline{SA}$ ist dreimal so lang wie die Strecke $\overline{SN}$.
Wo schneiden sich die eingezeichneten Geraden?

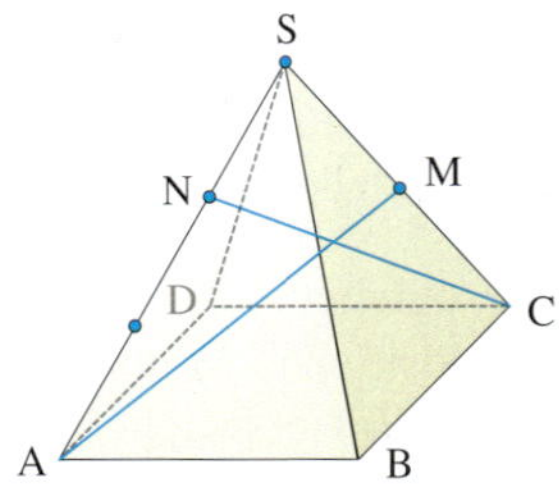

14. In den Geradengleichungen wurden einige Koordinaten gelöscht und durch Variablen ersetzt.
Setzen Sie neue Koordinaten ein, sodass die Geraden folgende Lagen einnehmen:

a) echt parallel
b) identisch
c) schneidend
d) windschief

15. Bogenschießen

Ein Bogenschütze zielt vom Punkt $P(0;0;15)$ in Richtung des Vektors $\vec{v}$, um eine der drei im Bergland aufgestellten Scheiben zu treffen.

1 LE = 1 dm

a) Welche Scheibe trifft er? Wie lang ist die Flugbahn? Welche Geschwindigkeit hat der Pfeil, wenn der Flug eine Sekunde dauert?

b) In welche Richtung $\vec{w}$ muss der Schütze zielen, um die Elchscheibe zu treffen?

Bär(−155; 465; 85)
Wolf(−155; 465; 92,5)
Elch(−160; 640; 95)

16. Motorradstunt

Ein Drahtseilartist plant, mit einem Motorrad vom Startpunkt $A(20;20;0)$ auf den Turm der Stadtkirche zum Punkt $B(220;420;80)$ zu fahren (1 LE = 1 m). Das Fahrseil soll durch drei senkrechte Masten mit den Spitzen $S_1(70;120;20)$, $S_2(120;220;30)$ und $S_3(170;300;60)$ gestützt werden.

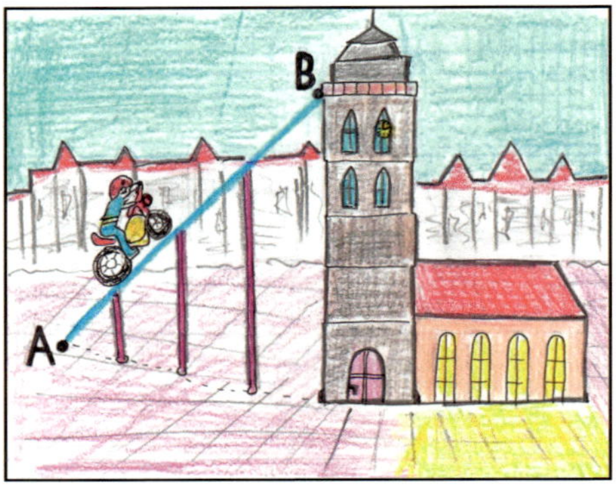

a) Sind die Masten als Stützen geeignet? Können Sie ggf. durch Kürzen oder Verlängern passend gemacht werden?

b) Wie lange dauert der Stunt, wenn das Motorrad mit 20 km/h fährt?

c) Unter welchem Winkel steigt das Fahrseil an?

17. Wasserspeicher

An den Positionen M und N befinden sich zwei Wasserspeicher. Ein Überlaufkanal k führt von M nach A. Vom Oberflächenpunkt T wird eine Belüftungsbohrung b in Richtung des Vektors $\vec{v}$ vorgetrieben. Außerdem ist eine Versorgungsleitung g vom Oberflächenpunkt E, der senkrecht über M liegt, zum Speicher N geplant.

1 LE = 100 m

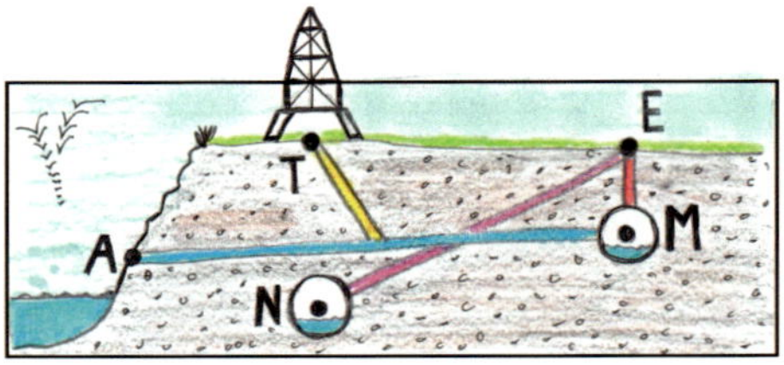

$M(8;12;-6)$, $N(14;2;-10)$
$A(11;0;-9)$, $T(8;2;0)$

Trifft die Belüftungsbohrung b den Überlaufkanal k? Wie lang muss der Bohrer sein? Zeigen Sie, dass die Versorgungsleitung g weder k noch b trifft. Wie lange dauert das Bohren von g bei einem Vortrieb von 20 cm/min?

C. Lage von Geraden bezüglich der Koordinatenebenen

Betrachtet man beispielsweise die x-y-Ebene und die drei Geraden g, h und k des nebenstehenden Bildes, so werden damit die drei verschiedenen Lagemöglichkeiten erfasst:

Die Gerade g ***schneidet*** die x-y-Ebene in genau einem Punkt S. Die z-Koordinate ihres Richtungsvektors ist verschieden von 0.

Die Gerade h ist ***parallel*** zur x-y-Ebene. Die z-Koordinate ihres Richtungsvektors ist gleich 0. Das gilt auch für die Gerade k, aber diese ***liegt in*** der x-y-Ebene.

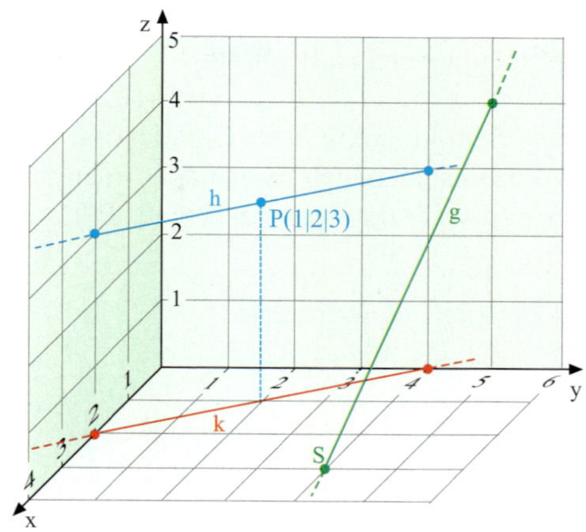

Übung 18

Stellen Sie Punktrichtungsgleichungen der im obigen Bild dargestellten Geraden g, h und k auf.

Eine besondere Lage nimmt die Gerade l bezüglich der x-y-Ebene ein, denn sie schneidet die x-y-Ebene und steht ***senkrecht*** auf dieser Koordinatenebene.

Da die Koordinatenebenen paarweise senkrecht aufeinander stehen, gilt: Steht eine Gerade senkrecht auf einer Koordinatenebene, so verläuft sie zu den anderen beiden parallel.

Im vorliegenden Fall ist l also sowohl parallel zur x-z-Ebene als auch zur y-z-Ebene.

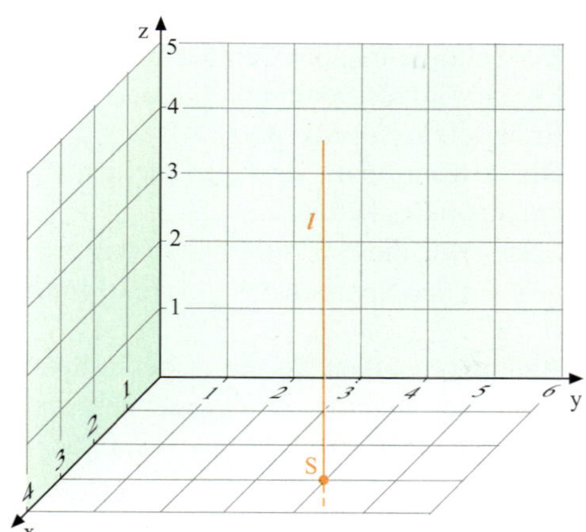

Beispiel: Untersuchung der Lage einer Gerade bzgl. der Koordinatenebenen

Untersuchen Sie die Lage der Geraden g: $\vec{x} = \begin{pmatrix} 1 \\ 1 \\ 1 \end{pmatrix} + r \cdot \begin{pmatrix} 0 \\ 2 \\ -1 \end{pmatrix}$ bzgl. der Koordinatenebenen.

Lösung:
Die x-Koordinate des Richtungsvektors ist 0, also ist g parallel zu y-z-Ebene. Mit den anderen beiden Koordinatenachsen hat g jeweils einen Schnittpunkt, einen sog. ***Spurpunkt***[1].

Übung 19

Untersuchen Sie die Gerade g (mit $r \in \mathbb{R}$) auf ihre Lage bezüglich der drei Koordinatenebenen.

a) g: $\vec{x} = \begin{pmatrix} 3 \\ -2 \\ 4 \end{pmatrix} + r \cdot \begin{pmatrix} 3 \\ 5 \\ -2 \end{pmatrix}$ b) g: $\vec{x} = \begin{pmatrix} 0 \\ 3 \\ 2 \end{pmatrix} + r \cdot \begin{pmatrix} 2 \\ 0 \\ 0 \end{pmatrix}$ c) g: $\vec{x} = \begin{pmatrix} 1 \\ 1 \\ 2 \end{pmatrix} + r \cdot \begin{pmatrix} -1 \\ 0 \\ 2 \end{pmatrix}$

[1] Die Berechnung von Spurpunkten erfolgt auf S. 178.

D. Spurpunkte mit Anwendungen

In diesem Abschnitt werden als exemplarische Anwendungsbeispiele für Geraden Spurpunktprobleme behandelt.

Die Schnittpunkte einer Geraden mit den Koordinatenebenen bezeichnet man als ***Spurpunkte*** der Geraden (vgl. S. 177).

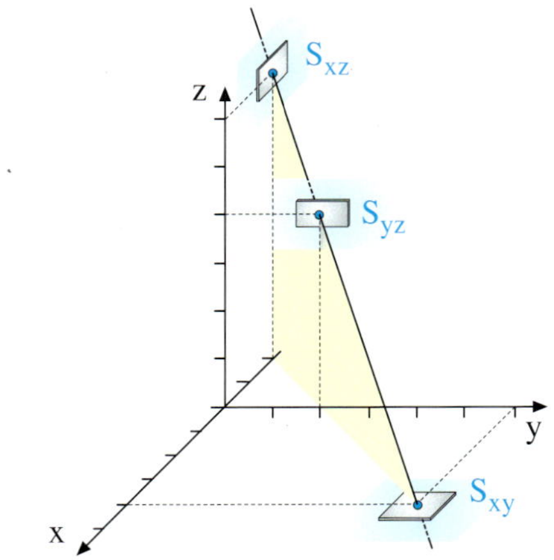

Beispiel: Spurpunkte

Gegeben sei g: $\vec{x} = \begin{pmatrix} 2 \\ 4 \\ 2 \end{pmatrix} + r\begin{pmatrix} 1 \\ 1 \\ -1 \end{pmatrix}$.

Bestimmen Sie die Spurpunkte der Geraden und fertigen Sie eine Skizze an.

Lösung:
Der Schnittpunkt der Geraden mit der x-y-Ebene wird als Spurpunkt S_{xy} bezeichnet. Er hat die z-Koordinate $z = 0$.
Die z-Koordinate des allgemeinen Geradenpunktes beträgt $z = 2 - r$.
Setzen wir diese 0, so erhalten wir $r = 2$, was auf den Spurpunkt $S_{xy}(4; 6; 0)$ führt.

$z = 0$: $\Leftrightarrow 2 - r = 0 \quad \Leftrightarrow r = 2$

$$\vec{x} = \begin{pmatrix} 2 \\ 4 \\ 2 \end{pmatrix} + 2 \cdot \begin{pmatrix} 1 \\ 1 \\ -1 \end{pmatrix} = \begin{pmatrix} 4 \\ 6 \\ 0 \end{pmatrix}$$

$S_{xy}(4; 6; 0)$

Analog errechnen wir die weiteren Spurpunkte, indem wir die x-Koordinate bzw. die y-Koordinate des allgemeinen Geradenpunktes null setzen.
Ergebnisse: $S_{yz}(0; 2; 4)$, $S_{xz}(-2; 0; 6)$

Übung 20
Berechnen Sie die Spurpunkte der Geraden g durch A und B. Fertigen Sie eine Skizze an.

a) A(10; 6; −1), B(4; 2; 1)
b) A(−2; 4; 9), B(4; −2; 3)
c) A(4; 1; 1), B(−2; 1; 7)
d) A(2; 4; −2), B(−1; −2; 4)

Übung 21
Geben Sie die Gleichung einer Geraden g an, die nur zwei Spurpunkte bzw. nur einen Spurpunkt besitzt.

Übung 22
In welchen Punkten durchdringen die Kanten der skizzierten Pyramide den 2 m hohen Wasserspiegel?

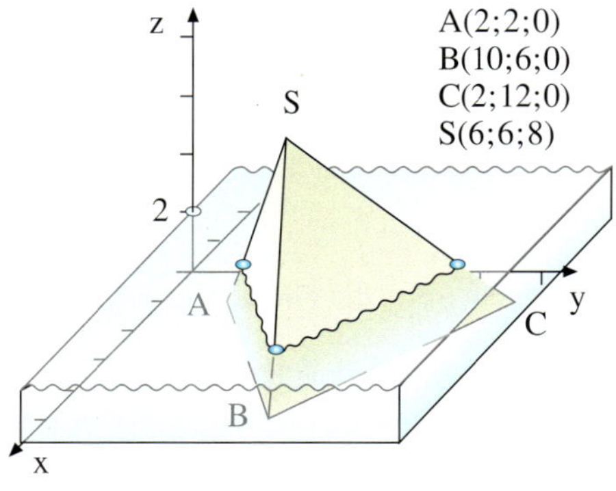

Im Folgenden werden Spurpunktberechnungen zur Lösung von Anwendungsaufgaben zur Lichtreflexion und zum Schattenwurf eingesetzt.

Beispiel: Lichtreflexion

Der Verlauf eines Lichtstrahls soll verfolgt werden. Der Strahl geht vom Punkt A(0; 6; 6) aus und läuft in Richtung des Vektors $\begin{pmatrix} 1 \\ -1 \\ -2 \end{pmatrix}$ auf die x-y-Ebene zu, an der er reflektiert wird. Wo trifft der Strahl auf die x-y-Ebene? Wie lautet die Geradengleichung des dort reflektierten Strahles und wo trifft dieser auf die x-z-Ebene?

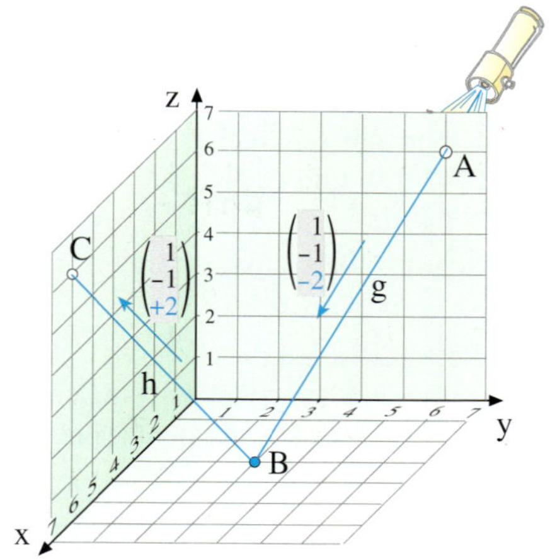

Lösung:
Wir bestimmen zunächst die Geradengleichung des von A ausgehenden Strahls g. Dessen Schnittpunkt B mit der x-y-Ebene erhalten wir durch Nullsetzen der z-Koordinate des allgemeinen Geradenpunktes von g.
Der reflektierte Strahl h geht von diesem Punkt B(3; 3; 0) aus. Bei der Reflexion ändert sich nur diejenige Koordinate des Richtungsvektors, die senkrecht auf der Reflexionsebene steht. Diese Koordinate wechselt ihr Vorzeichen, hier also die z-Koordinate. Der Richtungsvektor von h ist daher $\begin{pmatrix} 1 \\ -1 \\ +2 \end{pmatrix}$. Nun können wir die Geradengleichung des reflektierten Strahls h aufstellen und dessen Schnittpunkt mit der x-z-Ebene berechnen. Es ist der Punkt C(6; 0; 6).

Gleichung des Strahls g:

$$g: \vec{x} = \begin{pmatrix} 0 \\ 6 \\ 6 \end{pmatrix} + r \begin{pmatrix} 1 \\ -1 \\ -2 \end{pmatrix}$$

Schnittpunkt mit der x-y-Ebene:

$$z = 0 \;\Leftrightarrow\; 6 - 2r = 0 \;\Leftrightarrow\; r = 3 \;\Rightarrow\; B(3; 3; 0)$$

Gleichung des reflektierten Strahls h:

$$h: \vec{x} = \begin{pmatrix} 3 \\ 3 \\ 0 \end{pmatrix} + s \begin{pmatrix} 1 \\ -1 \\ +2 \end{pmatrix}$$

Schnittpunkt mit der x-z-Ebene:

$$y = 0 \;\Leftrightarrow\; 3 - s = 0 \;\Leftrightarrow\; s = 3 \;\Rightarrow\; C(6; 0; 6)$$

Übung 23 Billard

Auch beim Billardspiel kommt es zu Reflexionen der Kugel an der Bande. Auf dem abgebildeten Tisch liegt die Kugel in der Position P(6; 4). Sie wird geradlinig in Richtung des Vektors $\begin{pmatrix} 2 \\ 3 \end{pmatrix}$ gestoßen.
Trifft sie das Loch bei L(14; 0)?
Lösen Sie die Aufgabe zeichnerisch und rechnerisch.

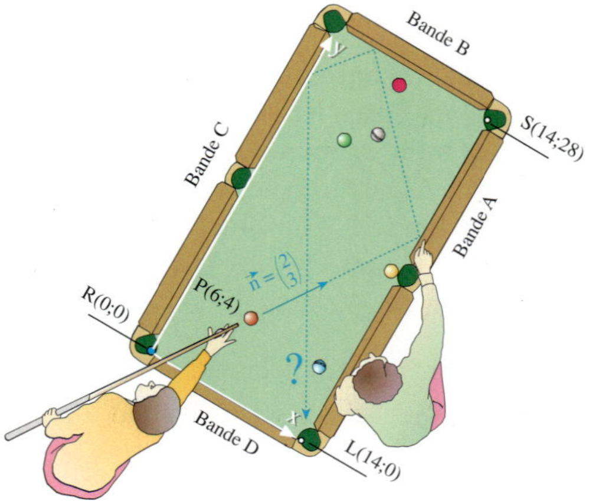

Spurpunktberechnungen können auch zur Konstruktion der Schattenbilder von Gegenständen im Raum auf die Koordinatenebenen verwendet werden.

Beispiel: Schattenwurf
Im 1. Oktanden des Koordinatensystems steht die senkrechte Strecke $\overline{PQ}$ mit P(4; 3; 0) und Q(4; 3; 6).

In Richtung des Vektors $\begin{pmatrix} -2 \\ 1 \\ -2 \end{pmatrix}$ fällt paralleles Licht auf die Strecke.
Konstruieren Sie rechnerisch ein Schattenbild der Strecke auf den Randflächen des 1. Oktanden.

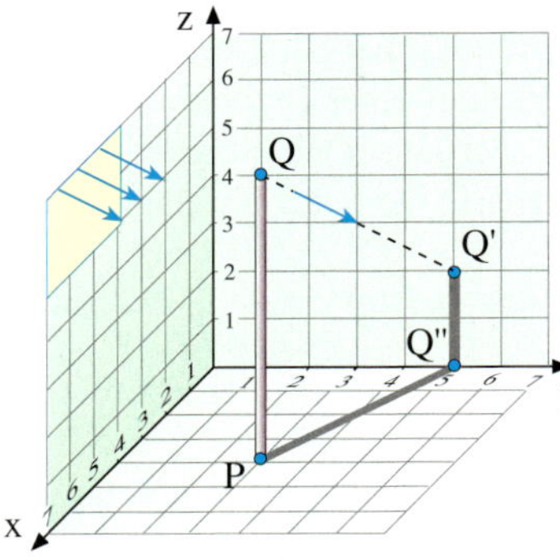

Lösung:
Das Ergebnis ist rechts abgebildet, ein abknickender Schatten. Es wurde durch Verfolgung desjenigen Lichtstrahls g konstruiert, der durch den Punkt Q führt.

Nach dem Aufstellen der Geradengleichung von g errechnen wir den Spurpunkt Q′ von g in der y-z-Ebene, denn wir vermuten, dass der Strahl g diese Ebene zuerst trifft.

Gleichung des Strahls g durch Q:

$$g\colon \vec{x} = \begin{pmatrix} 4 \\ 3 \\ 6 \end{pmatrix} + r\begin{pmatrix} -2 \\ 1 \\ -2 \end{pmatrix}$$

Durch Nullsetzen der x-Koordinate des allgemeinen Geradenpunktes erhalten wir $r = 2$, d. h. Q′(0; 5; 2).

Schnittpunkt von g mit der y-z-Ebene:

$$x = 0 \;\Leftrightarrow\; 4 - 2r = 0 \;\Leftrightarrow\; r = 2 \;\Rightarrow\; Q'(0;5;2)$$

Der Fußpunkt des senkrechten Lotes von Q′ auf die y-Achse ist Q″(0; 5; 0).

Fußpunkt des Lotes von Q′ auf die y-Achse:
Q″(0; 5; 0)

Der Schatten der Strecke $\overline{PQ}$ ist der Streckenzug PQ″Q′, wie oben eingezeichnet. Es handelt sich um einen abknickenden Schatten.

Übung 24 Schatten
Im mathematischen Klassenraum steht ein Schrank für die Aufbewahrung von Punkten, Strecken und Flächen. Er hat die Höhe 4 und die Breite 2. Für seine Tiefe reicht bekanntlich 0 aus.
In Richtung des Vektors $\begin{pmatrix} -1 \\ 1 \\ -1 \end{pmatrix}$ fällt paralleles Licht auf den Schrank.

Konstruieren Sie das Schattenbild des Schrankes auf dem Boden und den Wänden rechnerisch und zeichnen Sie es auf.

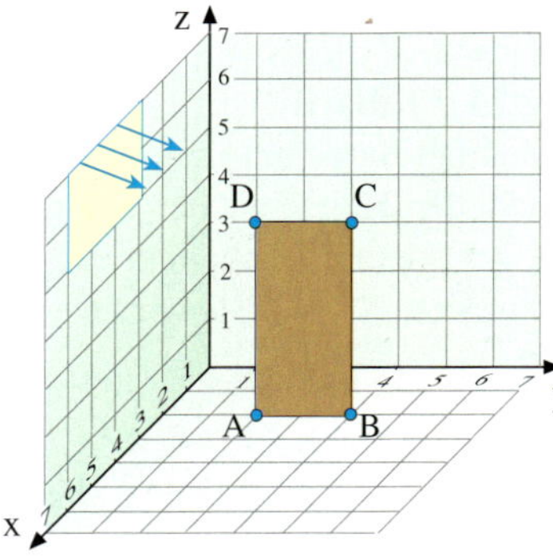

Übungen

25. Gegeben sind die Geraden g durch A(1; 3; 6) und B(2; 4; 3) sowie h: $\vec{x} = \begin{pmatrix} -1 \\ 4 \\ 6 \end{pmatrix} + s\begin{pmatrix} 2 \\ -2 \\ -2 \end{pmatrix}$.

Bestimmen Sie die Spurpunkte der Geraden und zeichnen Sie ein Schrägbild.

26. Geraden können 1, 2, 3 oder unendlich viele unterschiedliche Spurpunkte besitzen. Erläutern Sie diese Tatsache und überprüfen Sie, welcher Fall bei den folgenden Geraden jeweils eintritt.

a) g: $\vec{x} = \begin{pmatrix} 3 \\ 2 \\ 2 \end{pmatrix} + r\begin{pmatrix} -1 \\ 0 \\ 2 \end{pmatrix}$ b) g: $\vec{x} = \begin{pmatrix} 1 \\ 1 \\ 4 \end{pmatrix} + r\begin{pmatrix} -1 \\ 1 \\ 2 \end{pmatrix}$ c) g: $\vec{x} = \begin{pmatrix} -3 \\ -2 \\ 2 \end{pmatrix} + r\begin{pmatrix} 1 \\ 2 \\ -2 \end{pmatrix}$

d) g: $\vec{x} = \begin{pmatrix} 2 \\ 0 \\ 1 \end{pmatrix} + r\begin{pmatrix} 1 \\ 0 \\ 2 \end{pmatrix}$ e) g: $\vec{x} = \begin{pmatrix} 2 \\ 2 \\ 3 \end{pmatrix} + r\begin{pmatrix} 0 \\ 0 \\ 2 \end{pmatrix}$ f) g: $\vec{x} = r\begin{pmatrix} 2 \\ 2 \\ 3 \end{pmatrix}$

27. In welchem Punkt trifft die vom Punkt P(2; 4) in Richtung des Vektors $\begin{pmatrix} 3 \\ -1 \end{pmatrix}$ geradlinig gestoßene Billardkugel die Bande C erstmals?

Lösen Sie zeichnerisch und rechnerisch.

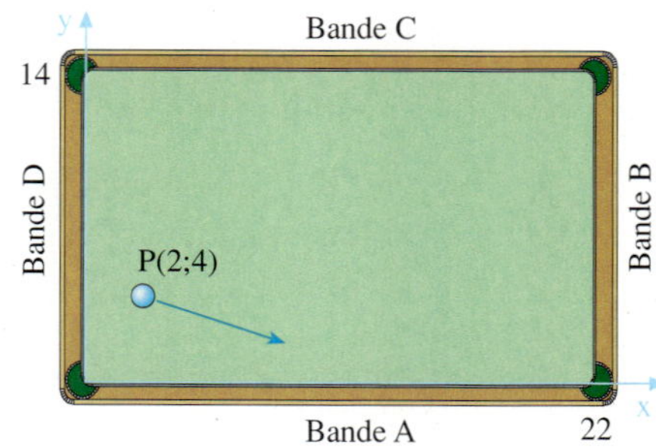

28. In Richtung des Vektors $\begin{pmatrix} -1 \\ -3 \\ 1 \end{pmatrix}$ fällt paralleles Licht.

a) Im 1. Oktanden des Koordinatensystems steht die senkrechte Strecke $\overline{PQ}$ mit P(4; 6; 0) und Q(4; 6; 3). Konstruieren Sie das Schattenbild der Strecke (zeichnerisch und rechnerisch).

b) Gegeben ist ein Rechteck ABCD mit A(4; 3; 0), B(2; 3; 0), C(2; 3; 3), D(4; 3; 3). Konstruieren Sie das Schattenbild des Rechtecks auf dem Boden und den Randflächen des 1. Oktanden (zeichnerisch und rechnerisch).

29. Im Koordinatenraum steht ein schräg nach oben geneigtes Dreieck ABC mit A(3; 2; 0), B(3; 6; 0), C(2; 3; 4). In Richtung des Vektors $\begin{pmatrix} -1 \\ -3 \\ -1 \end{pmatrix}$ fällt paralleles Licht auf dieses Dreieck. Zeichnen Sie das Schattenbild des Dreiecks, wobei Sie sich an der (nicht maßstäblichen) Skizze orientieren. Berechnen Sie dann die Eckpunkte des Dreiecksschattens auf dem Boden und den Wänden des Raums.

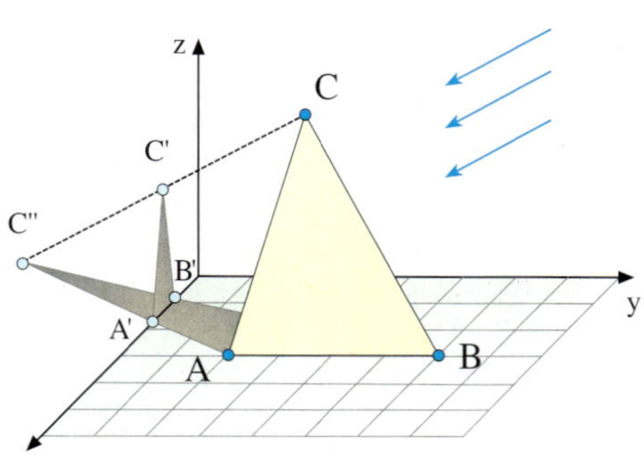

30. Flugbahnen

Flugzeug Alpha fliegt geradlinig durch die Punkte $A(-8; 3; 2)$ und $B(-4; -1; 4)$. Eine Einheit im Koordinatensystem entspricht einem Kilometer. Der Flughafen F befindet sich in der x-y-Ebene.

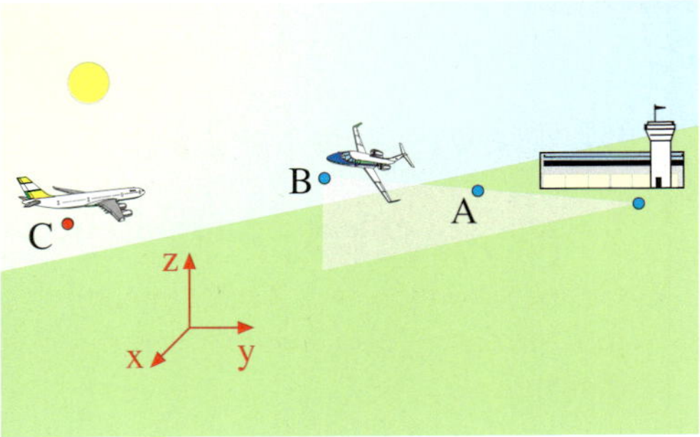

a) In welchem Punkt F ist das Flugzeug gestartet? In welchem Punkt T erreicht es seine Reiseflughöhe von 10000 m?

b) Flugzeug Beta steuert Punkt $C(10; -10; 5)$ aus Richtung $\vec{v} = \begin{pmatrix} -2 \\ 2 \\ -1 \end{pmatrix}$ an. Zeigen Sie, dass die beiden Flugzeuge keinesfalls kollidieren können.

c) In dem Moment, in dem Flugzeug Alpha den Punkt B passiert, erreicht Flugzeug Beta den Punkt C. Wie groß ist die Entfernung der Flugzeuge zu diesem Zeitpunkt?

d) Beim Passieren von Punkt C wird Flugzeug Beta vom Tower aufgefordert, in Richtung $\vec{v}_1 = \begin{pmatrix} -5 \\ 4 \\ -1 \end{pmatrix}$ weiterzufliegen. In 1000 m Höhe soll eine weitere Kursänderung erfolgen, die Flugzeug Beta zum Flughafen F bringt. In welche Richtung muss diese letzte Korrektur das Flugzeug führen?

31. Kletterturm

Ein Kletterturm ist in der Form eines Pyramidenstumpfes geplant. Hierbei bilden die Ecken $A(0; 0; 0)$, $B(4; 6; 0)$, $C(0; 12; 0)$ und $D(-8; 0; 0)$ das Grundflächenviereck, während $E(2; 0; 12)$, $F(4; 3; 12)$, $G(2; 6; 12)$ und $H(-2; 0; 12)$ das Deckflächenviereck bilden.

a) Zeichnen Sie ein Schrägbild des Pyramidenstumpfes.

b) Zeichnen Sie die Grundfläche in der x-y-Ebene. Tragen Sie hierin auch die Projektion der Oberfläche ein. Klassifizieren Sie nun die vier Kletterflächen nach ihrem Schwierigkeitsgrad.

c) Zeigen Sie, dass es sich tatsächlich um eine Pyramide handelt. Überprüfen Sie hierzu die Pyramidenspitze S. Treffen sich die vier Kanten in S?

d) Bestimmen Sie zunächst das Volumen der Pyramide und dann das des Stumpfes.

e) Welche Koordinaten hat das Querschnittsviereck in halber Höhe des Stumpfes?

32. Bergwerksstollen

Vom Punkt $A(-7; -3; -8)$ ausgehend soll durch den Punkt $B(-2; 0; -9)$ ein geradliniger Stollen namens Kuckucksloch in einen Berg getrieben werden. Ebenso soll ein Stollen namens Morgenstern von Punkt $C(4; -6; -6)$ ausgehend über den Punkt $D(7; -1; -8)$ geradlinig gebaut werden. Eine Einheit entspricht 100 m. Die Erdoberfläche liegt in der x-y-Ebene.

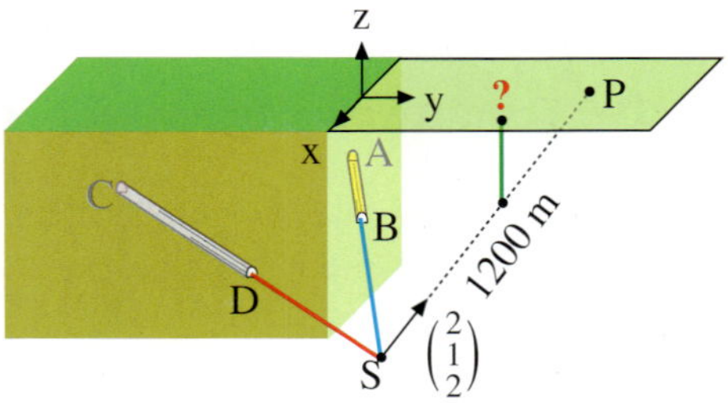

a) Prüfen Sie, ob die Ingenieure richtig gerechnet haben und die Stollen sich wie geplant in einem Punkt S treffen.

b) Im Stollen Kuckucksloch kann die Bohrung um 5 m pro Tag vorangetrieben werden. Wie hoch muss die Bohrleistung im Stollen Morgenstern durch C und D sein, damit beide Stollen am selben Tag den Vereinigungspunkt S erreichen?

c) Von Punkt S aus wird der Stollen Kuckucksloch weiter in Richtung $\begin{pmatrix} 2 \\ 1 \\ 2 \end{pmatrix}$ fortgesetzt. In welchem Punkt P erreicht der Stollen die Erdoberfläche?

d) In 1200 m Entfernung von Punkt P auf der Strecke $\overline{SP}$ soll ein senkrechter Notausstieg gebohrt werden. An welchem Punkt der Erdoberfläche muss die Bohrung beginnen? Wie tief wird die Bohrung sein?

33. Pyramide

Gegeben sei eine quadratische Pyramide, die 100 m breit und 50 m hoch ist.

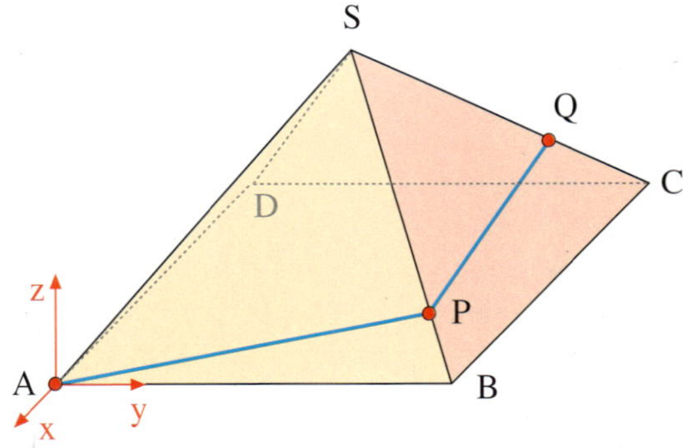

a) Bestimmen Sie die Gleichungen der Geraden in denen die vier Pyramidenkanten verlaufen.

b) Forscher vermuten, dass das Baumaterial über riesige Rampen, die sich längs der eingezeichneten blauen Strecken an die Pyramide lehnten, transportiert wurde.
Die erste Rampe hat im Punkt P 10 m Höhenunterschied erreicht. Bestimmen Sie P.

c) Die anschließende Rampe soll den gleichen Anstiegswinkel besitzen.
Bestimmen Sie die Gleichung der entsprechenden Geraden.
In welchem Punkt Q endet diese Rampe?
In welchem Punkt erreicht die Rampe die Höhe von 15 m?

d) In welchen Punkten durchstoßen die Pyramidenkanten eine Höhe von 20 m?
In welcher Höhe beträgt der horizontale Querschnitt der Pyramide 25 m^2?

3. Winkel und Abstände

A. Der Schnittwinkel von zwei Geraden

Schneiden sich zwei Geraden in der Ebene oder im Raum in einem Punkt S, so bilden sie dort zwei Paare von Scheitelwinkeln. Einer der beiden Winkel überschreitet 90° nicht. Diesen Winkel bezeichnet man als ***Schnittwinkel der Geraden***. Man kann ihn mithilfe der Kosinusformel (Mathematik 11, S. 298) berechnen.

Schnittwinkel von Geraden

g und h seien zwei Geraden mit den Richtungsvektoren $\vec{m}_1$ und $\vec{m}_2$. Dann gilt für ihren Schnittwinkel γ:

$$\cos\gamma = \frac{|\vec{m}_1 \cdot \vec{m}_2|}{|\vec{m}_1| \cdot |\vec{m}_2|}.$$

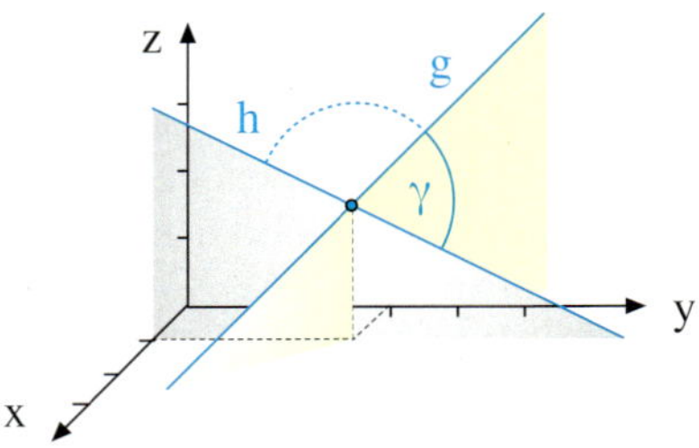

Beispiel: Die Geraden g: $\vec{x} = \begin{pmatrix} -2 \\ 7 \\ 6 \end{pmatrix} + r\begin{pmatrix} -3 \\ 4 \\ 4 \end{pmatrix}$ und h: $\vec{x} = \begin{pmatrix} 1 \\ -4 \\ 5 \end{pmatrix} + s\begin{pmatrix} 0 \\ -7 \\ 3 \end{pmatrix}$ schneiden sich im Punkt S(1; 3; 2). Bestimmen Sie den Schnittwinkel γ der Geraden.

Lösung:
Wir orientieren uns am obigen Bild. Denken wir uns die Richtungsvektoren der beiden Geraden im Schnittpunkt S angesetzt, so schließen sie entweder den Schnittwinkel γ der Geraden oder dessen Ergänzungswinkel $\gamma' = 180° - \gamma$ ein.

Es reicht also zunächst aus, den Winkel δ zwischen den Richtungsvektoren $\vec{m}_1$ und $\vec{m}_2$ zu berechnen. Wir erhalten für den Winkel $\delta \approx 109{,}15°$. Dies bedeutet, dass wir γ' bestimmt haben. γ hat daher die Größe 70,85°.

1. Winkel zwischen $\vec{m}_1$ und $\vec{m}_2$:

$$\vec{m}_1 = \begin{pmatrix} -3 \\ 4 \\ 4 \end{pmatrix}, \vec{m}_2 = \begin{pmatrix} 0 \\ -7 \\ 3 \end{pmatrix}$$

$$\cos\delta = \frac{\vec{m}_1 \cdot \vec{m}_2}{|\vec{m}_1| \cdot |\vec{m}_2|} = \frac{-16}{\sqrt{41} \cdot \sqrt{58}} \approx -0{,}3281$$

$$\delta \approx 109{,}15°$$

2. Schnittwinkel von g und h:

$$\gamma \approx 180° - 109{,}15° = 70{,}85°$$

Noch einfacher ist es, die Kosinusformel leicht zu verändern durch Betragsbildung im Zähler, wie oben im roten Kasten geschehen. Dann erhält man sofort den Schnittwinkel γ. (Begründen Sie dies!)

Übung 1

Bestimmen Sie den Schnittpunkt und den Schnittwinkel der Geraden g und h.

a) g: $\vec{x} = \begin{pmatrix} 0 \\ 2 \\ 1 \end{pmatrix} + r \cdot \begin{pmatrix} 1 \\ 1 \\ 2 \end{pmatrix}$, h: $\vec{x} = \begin{pmatrix} 0 \\ 1 \\ -4 \end{pmatrix} + s \cdot \begin{pmatrix} 2 \\ 1 \\ -1 \end{pmatrix}$

b) g: $\vec{x} = \begin{pmatrix} 1 \\ -2 \end{pmatrix} + r \cdot \begin{pmatrix} 1 \\ 2 \end{pmatrix}$, h: $\vec{x} = \begin{pmatrix} 0 \\ 4 \end{pmatrix} + s \cdot \begin{pmatrix} -1 \\ 2 \end{pmatrix}$

Stehen zwei Geraden orthogonal zueinander, so lässt sich dieses sofort anhand der Orthogonalität der Richtungsvektoren feststellen. Es gilt folgende ***Orthogonalitätsbedingung***:

Orthogonalitätsbedingung
Zwei Geraden, die sich schneiden, stehen senkrecht aufeinander, wenn ihre Richtungsvektoren orthogonal sind (d. h., wenn das Skalarprodukt der Richtungsvektoren null ergibt.)

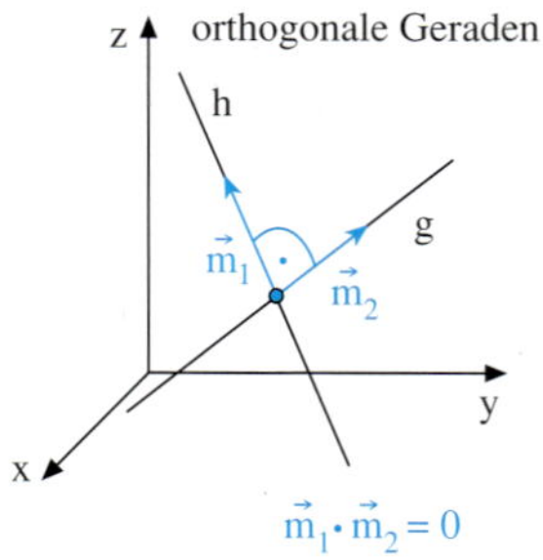

Übung 2
Überprüfen Sie, ob g und h senkrecht stehen oder ob sie für einen Wert von a senkrecht stehen können.

a) g: $\vec{x} = \begin{pmatrix} 2 \\ 3 \end{pmatrix} + r\begin{pmatrix} 1 \\ 1 \end{pmatrix}$, h: $\vec{x} = \begin{pmatrix} 2 \\ 9 \end{pmatrix} + s\begin{pmatrix} 2 \\ 1 \end{pmatrix}$

b) g: $\vec{x} = \begin{pmatrix} 1 \\ 1 \\ 2 \end{pmatrix} + r\begin{pmatrix} 3 \\ -2 \\ 1 \end{pmatrix}$, h: $\vec{x} = \begin{pmatrix} 4 \\ -1 \\ 2 \end{pmatrix} + s\begin{pmatrix} 2 \\ 1 \\ -4 \end{pmatrix}$

c) g: $\vec{x} = \begin{pmatrix} 3 \\ 3 \end{pmatrix} + r\begin{pmatrix} 3 \\ -1 \end{pmatrix}$, h: $\vec{x} = \begin{pmatrix} 4 \\ 6 \end{pmatrix} + s\begin{pmatrix} -1 \\ a \end{pmatrix}$

d) g: $\vec{x} = \begin{pmatrix} 3 \\ 0 \\ 1 \end{pmatrix} + r\begin{pmatrix} 2 \\ 1 \\ -4 \end{pmatrix}$, h: $\vec{x} = \begin{pmatrix} 1 \\ 2 \\ -3 \end{pmatrix} + s\begin{pmatrix} a \\ 2 \\ -1 \end{pmatrix}$

Übung 3
Bestimmen Sie den Schnittpunkt und den Schnittwinkel der Geraden g und h.

a) g: $\vec{x} = \begin{pmatrix} 1 \\ 2 \end{pmatrix} + r\begin{pmatrix} 3 \\ 1 \end{pmatrix}$, h: $\vec{x} = \begin{pmatrix} 4 \\ 1 \end{pmatrix} + s\begin{pmatrix} 1 \\ 1 \end{pmatrix}$

b) g: $\vec{x} = \begin{pmatrix} 3 \\ 1 \\ 4 \end{pmatrix} + r\begin{pmatrix} 2 \\ 2 \\ -2 \end{pmatrix}$, h: $\vec{x} = \begin{pmatrix} 2 \\ 3 \\ -1 \end{pmatrix} + s\begin{pmatrix} 1 \\ 2 \\ -3 \end{pmatrix}$

c) g durch A(2; 1) und B(3; 2),
h durch C(2; 7) und D(4; 5)

d) g durch A(3; 2; 5) und B(5; 6; 3),
h durch C(4; 3; 7) und D(−2; −6; 4)

Übung 4
Unter welchen Winkeln schneidet die Ursprungsgerade g: $\vec{x} = r\begin{pmatrix} 1 \\ 2 \\ 4 \end{pmatrix}$ die Koordinatenachsen?

Übung 5
Bestimmen Sie t so, dass die Gerade durch P(6; 4; t) die x-Achse bei x = 3 unter 60° schneidet.

Übung 6
Gegeben ist eine Pyramide mit der Grundfläche ABC, der Spitze S und der Höhe 3.

a) Berechnen Sie den Winkel zwischen den Seitenkanten AB und AS sowie zwischen den Seitenkanten AS und CS.
b) Welche der drei aufsteigenden Pyramidenkanten ist am steilsten?
c) Wie groß ist der Winkel zwischen der Höhe und der Seitenkante AS?

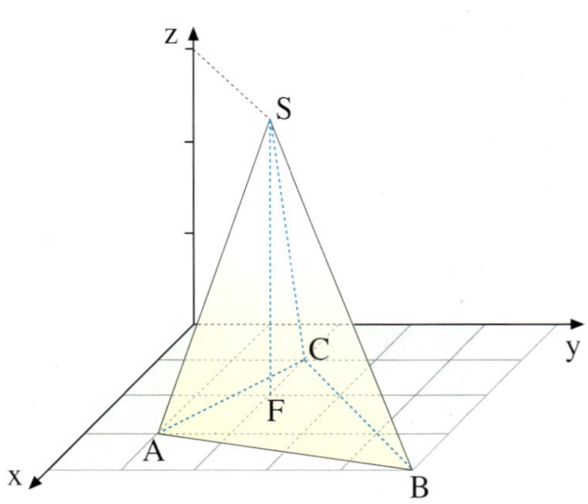

B. Schnittwinkel einer Geraden mit einer Koordinatenebene

Der ***Schnittwinkel*** zwischen einer Geraden g, die die x-y-Ebene in einem Punkt S schneidet, und der x-y-Ebene soll berechnet werden.

Unter dem Schnittwinkel γ der Geraden g mit der x-y-Ebene versteht man den spitzen Winkel zwischen der Geraden g und der Geraden p, die durch ***senkrechte Projektion*** von g auf die x-y-Ebene entsteht.

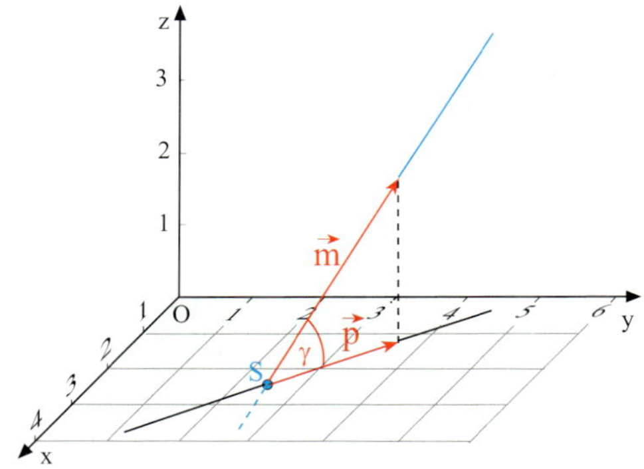

Die Gerade g sei durch die Gleichung $\vec{x} = \vec{a} + r \cdot \vec{m}$ gegeben. Ihr Richtungsvektor ist also $\vec{m} = \begin{pmatrix} m_1 \\ m_2 \\ m_3 \end{pmatrix}$, der Richtungsvektor der Projektion auf die x-y-Ebene ist dann $\vec{p} = \begin{pmatrix} m_1 \\ m_2 \\ 0 \end{pmatrix}$. Für den Winkel γ zwischen den Vektoren gilt:

$$\cos\gamma = \frac{|\vec{m} \cdot \vec{p}|}{|\vec{m}| \cdot |\vec{p}|} = \frac{|m_1^2 + m_2^2|}{\sqrt{m_1^2 + m_2^2 + m_3^2} \cdot \sqrt{m_1^2 + m_2^2}} = \frac{(m_1^2 + m_2^2) \cdot \sqrt{m_1^2 + m_2^2}}{\sqrt{m_1^2 + m_2^2 + m_3^2} \cdot \sqrt{m_1^2 + m_2^2} \cdot \sqrt{m_1^2 + m_2^2}} = \frac{\sqrt{m_1^2 + m_2^2}}{\sqrt{m_1^2 + m_2^2 + m_3^2}}, \text{ also:}$$

$$\boxed{\cos\gamma = \sqrt{\frac{m_1^2 + m_2^2}{m_1^2 + m_2^2 + m_3^2}}}$$

Dieses Ergebnis erhält man durch formale Anwendung der Schnittwinkelformel von Seite 184. Es gibt aber eine einfachere Formel. Das obige Bild zeigt ein rechtwickliges Dreieck, dessen Hypothenuse durch den Betrag des Richtungsvektor gegeben ist, und die Gegenkathete von γ hat die Länge m_3. Folglich gilt:

$$\boxed{\sin\gamma = \frac{|m_3|}{\sqrt{m_1^2 + m_2^2 + m_3^2}} = \frac{|m_3|}{|\vec{m}|}}$$

Das letzte Ergebnis kann man auch gewinnen, wenn man den Einheitsvektor $\vec{k}$ (vgl. S. 168) verwendet, der senkrecht auf der x-y-Ebene steht.
Ist γ der Schnittwinkel zwischen der Geraden g und der x-y-Ebene, dann ist $90° - \gamma$ der Winkel zwischen dem Richtungsvektor $\vec{m} = \begin{pmatrix} m_1 \\ m_2 \\ m_3 \end{pmatrix}$ von g und dem Vektor $\vec{k} = \begin{pmatrix} 0 \\ 0 \\ 1 \end{pmatrix}$.

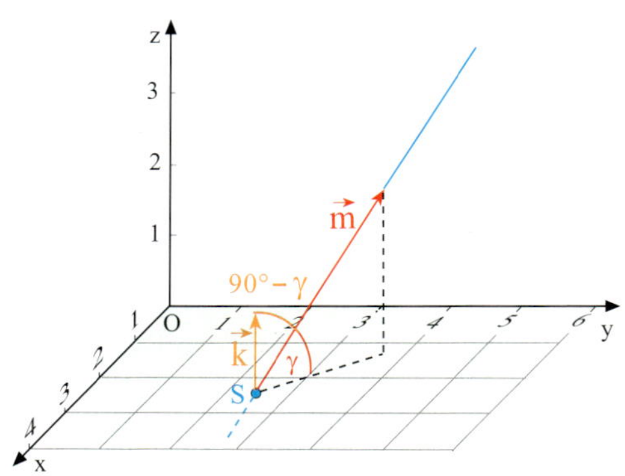

Da $\cos(90° - \gamma) = \sin\gamma$ gilt, erhalten wir:

$$\sin\gamma = \cos(90° - \gamma) = \frac{|\vec{m} \cdot \vec{k}|}{|\vec{m}| \cdot |\vec{k}|} = \frac{|0 \cdot m_1 + 0 \cdot m_2 + 1 \cdot m_3|}{\sqrt{m_1^2 + m_2^2 + m_3^2} \cdot 1} = \frac{|m_3|}{\sqrt{m_1^2 + m_2^2 + m_3^2}} \quad \text{also} \quad \boxed{\gamma = \sin^{-1}\frac{|m_3|}{|\vec{m}|}}$$

Für den Fall $m_3 = 0$ verläuft g parallel zur x-y-Ebene. Es gibt die zwei Fälle, dass g keinen Punkt mit der x-y-Ebene gemeinsam hat oder dass g in der x-y-Ebene liegt. Man beachte, dass die Formel in beiden Fällen $\gamma = \sin^{-1} 0 = 0°$ ergibt.

Analog erhält man die Formeln für die Schnittwinkel mit der x-z-Ebene und mit der y-z-Ebene, indem man die auf der entsprechenden Koordinatenebene senkrecht stehenden Einheitsvektoren $\vec{j} = \begin{pmatrix} 0 \\ 1 \\ 0 \end{pmatrix}$ bzw. $\vec{i} = \begin{pmatrix} 1 \\ 0 \\ 0 \end{pmatrix}$ verwendet. Wir fassen zusammen:

Schnittwinkel einer Geraden mit den Koordinatenebenen

Die Gerade g: $\vec{x} = \vec{a} + r \cdot \vec{m}$ $(r \in \mathbb{R})$ mit dem Richtungsvektor $\vec{m} = \begin{pmatrix} m_1 \\ m_2 \\ m_3 \end{pmatrix}$ besitze mit den Koordinatenebenen die Spurpunkte S_{xy}, S_{xz} und S_{yz}.
Für die Schnittwinkel γ_{xy}, γ_{xz} und γ_{yz} mit den Koordinatenebenen gilt dann:

Schnittwinkel der Geraden g mit der x-y-Ebene: $\gamma_{xy} = \sin^{-1}\frac{|m_3|}{|\vec{m}|} = \sin^{-1}\frac{|m_3|}{\sqrt{m_1^2 + m_2^2 + m_3^2}}$

Schnittwinkel der Geraden g mit der x-z-Ebene: $\gamma_{xz} = \sin^{-1}\frac{|m_2|}{|\vec{m}|} = \sin^{-1}\frac{|m_2|}{\sqrt{m_1^2 + m_2^2 + m_3^2}}$

Schnittwinkel der Geraden g mit der y-z-Ebene: $\gamma_{yz} = \sin^{-1}\frac{|m_1|}{|\vec{m}|} = \sin^{-1}\frac{|m_1|}{\sqrt{m_1^2 + m_2^2 + m_3^2}}$

Beispiel: Berechnung der Schnittwinkel einer Geraden mit den Koordinatenebenen

Berechnen Sie die Schnittwinkel der Geraden g: $\vec{x} = \begin{pmatrix} 1 \\ 3 \\ 1 \end{pmatrix} + r \cdot \begin{pmatrix} 0 \\ -2 \\ 1 \end{pmatrix}$ $(r \in \mathbb{R})$ mit den drei Koordinatenebenen.

Lösung:
Wir berechnen zunächst den Betrag von $\vec{m}$:
$|\vec{m}| = \sqrt{0^2 + (-2)^2 + 1^2} = \sqrt{5}$.
Die x-Koordinate des Richtungsvektors ist 0 und der Geradenpunkt A liegt offensichtlich nicht in der y-z-Ebene. Folglich ist g parallel zur y-z-Ebene. Es gibt also keinen Schnittpunkt mit dieser Koordinatenebene.

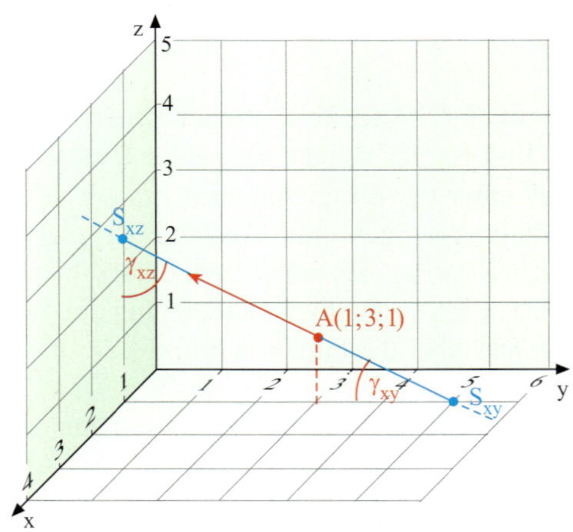

Für den Winkel mit der x-y-Ebene gilt:
$\gamma_{xy} = \sin^{-1}\frac{|m_3|}{|\vec{m}|} = \sin^{-1}\frac{|1|}{\sqrt{5}} \approx 26{,}6°$
Für den Winkel mit der x-z-Ebene gilt:
$\gamma_{xz} = \sin^{-1}\frac{|m_2|}{|\vec{m}|} = \sin^{-1}\frac{|-2|}{\sqrt{5}} \approx 63{,}4°$

Übung 7

Berechnen Sie den Winkel zwischen der Geraden g und den drei Koordinatenebenen.

a) g: $\vec{x} = \begin{pmatrix} 3 \\ -2 \\ 4 \end{pmatrix} + r \cdot \begin{pmatrix} 3 \\ 5 \\ -2 \end{pmatrix}$ b) g: $\vec{x} = \begin{pmatrix} 1 \\ 1 \\ 1 \end{pmatrix} + r \cdot \begin{pmatrix} -1 \\ 0 \\ -1 \end{pmatrix}$ c) g: $\vec{x} = \begin{pmatrix} 0 \\ 3 \\ 2 \end{pmatrix} + r \cdot \begin{pmatrix} 2 \\ 0 \\ 0 \end{pmatrix}$

Übung 8

Berechnen Sie die Winkel zwischen einer Geraden g und den drei Koordinatenebenen mithilfe eines CAS. Verwenden Sie dabei eine Notes-Seite, auf der Sie die Koordinaten des Richtungsvektors der Geraden g variieren können.

C. Der Abstand eines Punktes von einer Geraden

Ein wichtiges Anliegen der analytischen Geometrie des dreidimensionalen Raumes besteht in der Berechnung von Abständen geometrischer Objekte. Die Berechnungsformel für den Abstand zweier Punkte kennen wir bereits. Wir erinnern zunächst an das Verfahren.

Inzwischen können wir auch Geraden im Raum analytisch beschreiben. Im Folgenden wird eine Möglichkeit der Berechnung des Abstandes eines Punktes von einer Geraden mit Methoden der Analysis beschrieben, wobei die Berechnungen mithilfe eines CAS ausgeführt werden.

Der Abstand zweier Punkte

Der ***Abstand*** d(A; B) zweier Raumpunkte $A(a_1; a_2; a_3)$ und $B(b_1; b_2; b_3)$, deren Koordinaten bekannt sind, wird mithilfe der folgenden Formel bestimmt, die auf zweifacher Anwendung des Satzes von Pythagoras beruht:

$$d(A; B) = \sqrt{(b_1 - a_1)^2 + (b_2 - a_2)^2 + (b_3 - a_3)^2}$$

Ein CAS bietet die Möglichkeit, den Abstand zweier Punkte bequem zu berechnen.

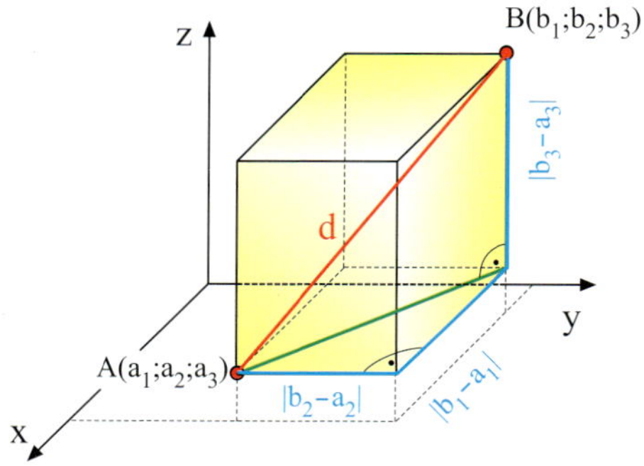

Auf einer Notes Seite werden zunächst die Ortsvektoren $\vec{a}$ und $\vec{b}$ der beiden Punkte A, B unter der Bezeichnung a bzw. b definiert. Der gesuchte Abstand ist gleich dem Betrag des Differenzvektors $\vec{b} - \vec{a}$. Das CAS verfügt zur Berechnung des Betrages über die Funktion *norm( )*.

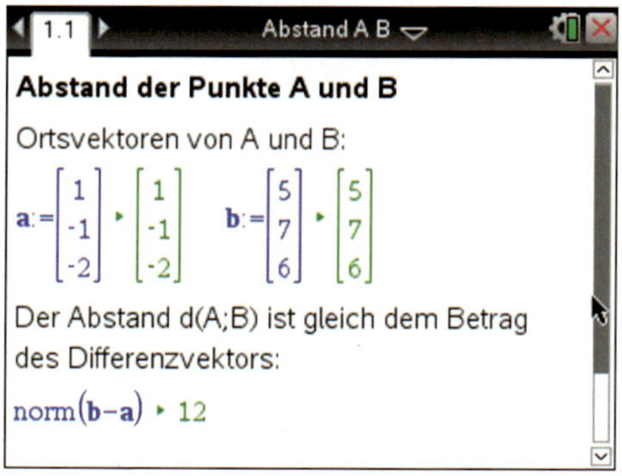

Speichert man die tns-Datei, so kann die Notes-Seite immer wieder für die Abstandsberechnung herangezogen werden.

Der Abstand eines Punktes von einer Geraden

Der Abstand eines Punktes P von einer Geraden g ist gleich der Länge des Lotes $\overline{PF}$ von P auf g. Im Folgenden werden Verfahren der Trigonometrie, der analytischen Geometrie sowie der Analysis vorgestellt, mit denen der Abstand eines Punkte von einer Geraden im dreidimensionalen Raum berechnet werden kann.

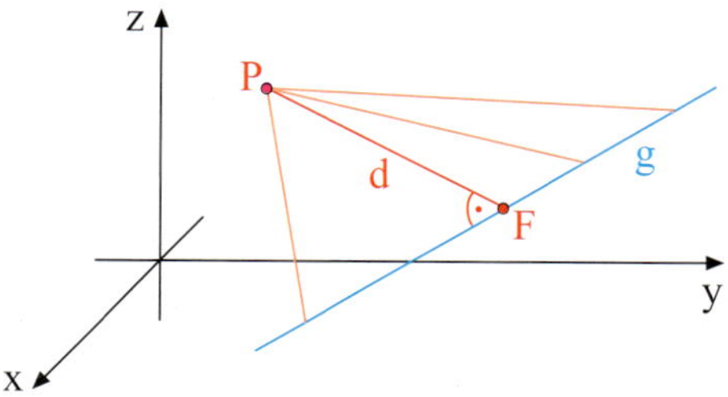

Lösung des Abstandsproblems mithilfe trigonometrischer Beziehungen

Beispiel: Abstand Punkt/Gerade – Lösung mit trigonometrischen Beziehungen

Berechnen Sie den Abstand des Punktes P(−1; 1; 4) von der Geraden g: $\vec{x} = \begin{pmatrix} 2 \\ 3 \\ 0 \end{pmatrix} + r \cdot \begin{pmatrix} -2 \\ 2 \\ 1 \end{pmatrix}$.

Lösung:
Die nebenstehende Skizze zeigt den Punkt P(−1; 1; 4) sowie die Gerade g mit dem (unbekannten) Lotfußpunkt F. Der gesuchte Abstand ist $d = |\overline{PF}|$.
Außerdem ist der Geradenpunkt A(2; 3; 0) markiert. Die Punkte PAF bilden ein rechtwinkliges Dreieck mit dem rechten Winkel bei F; die Hypotenuse ist $\overline{PA}$.

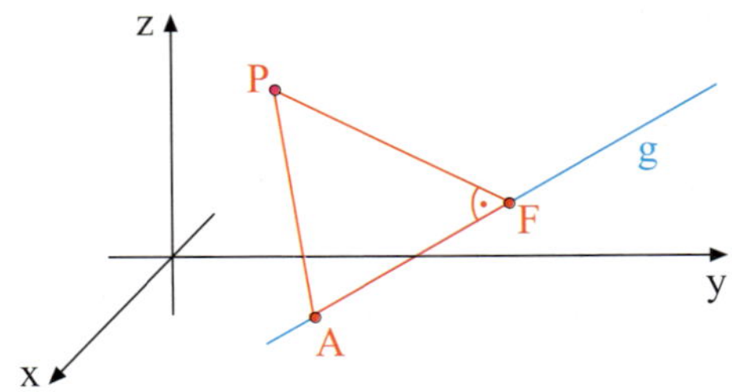

Der Winkels $\alpha = \sphericalangle PAF$ wird aufgespannt durch den gegebenen Richtungsvektor $\vec{m}$ der Geraden g und durch den Vektor $\overrightarrow{AP}$. Der Kosinus dieses Winkels ist durch die Kosinusformel gegeben.

$$\vec{m} = \begin{pmatrix} -2 \\ 2 \\ 1 \end{pmatrix}, \overrightarrow{AP} = \begin{pmatrix} -1 \\ 1 \\ 4 \end{pmatrix} - \begin{pmatrix} 2 \\ 3 \\ 0 \end{pmatrix} = \begin{pmatrix} -3 \\ -2 \\ 4 \end{pmatrix}$$

$$\cos\alpha = \frac{|\vec{m} \cdot \overrightarrow{AP}|}{|\vec{m}| \cdot |\overrightarrow{AP}|} = \frac{|6-4+4|}{\sqrt{4+4+1} \cdot \sqrt{9+4+16}} = \frac{2}{\sqrt{29}}$$

Wir wenden den trigonometrischen Pythagoras $\sin^2\alpha + \cos^2\alpha = 1$ an, um $\sin\alpha$ zu bestimmen.

$$\cos^2\alpha = \frac{4}{29}$$

$$\sin^2\alpha = 1 - \cos^2\alpha = 1 - \frac{4}{29} = \frac{25}{29}$$

$$\sin\alpha = \frac{5}{\sqrt{29}}$$

In dem rechtwinkligen Dreieck PAF gilt:
$\sin\alpha = \frac{|\overline{PF}|}{|\overline{PA}|}$;
damit kann der Abstand $d = |\overline{PF}|$ berechnet werden.

$$d = |\overline{PF}| = |\overline{PA}| \cdot \sin\alpha = \sqrt{29} \cdot \frac{5}{\sqrt{29}}$$

$$d = 5$$

Mit dem CAS kann das Verfahren auf einer Notes-Seite zusammengefasst werden.

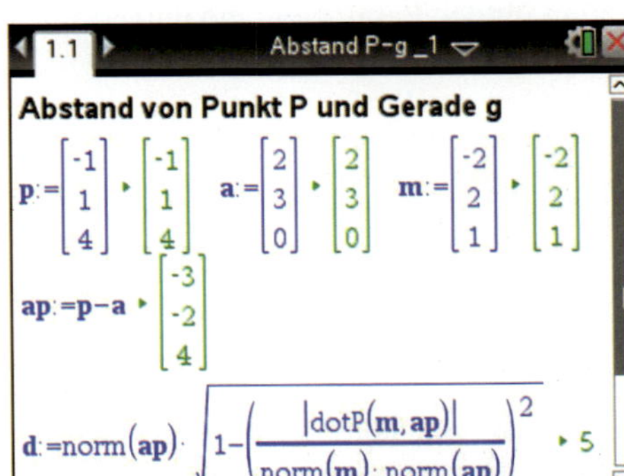

Übung 9
Berechnen Sie den Abstand des Punktes P(0; 2; 3) von der Geraden g: $\vec{x} = \begin{pmatrix} 2 \\ 3 \\ 1 \end{pmatrix} + r \cdot \begin{pmatrix} -1 \\ 2 \\ 1 \end{pmatrix}$.

Lösung des Abstandsproblems Punkt/Gerade mithilfe des Skalarpodukts

Beispiel: Abstand Punkt/Gerade – Lösung mit Skalarprodukt

Berechnen Sie den Abstand des Punktes P(−1; 1; 4) von der Geraden g: $\vec{x} = \begin{pmatrix} 2 \\ 3 \\ 0 \end{pmatrix} + r \cdot \begin{pmatrix} -2 \\ 2 \\ 1 \end{pmatrix}$.

Lösung:

Die nebenstehende Skizze zeigt den Punkt P mit seinem Ortsvektor $\vec{p}$ sowie die Gerade g mit ihrem Stützvektor $\vec{a}$ und einem Vielfachen ihres Richtungsvektors $\vec{m}$. Dieses Vielfache $r \cdot \vec{m}$ wird so gewählt, dass $\overrightarrow{AF} = r \cdot \vec{m}$ gilt, wobei F der gesuchte Fußpunkt des Lotes $\vec{d}$ des Punktes P auf die Gerade g ist. Der gesucht Abstand ist $|\vec{d}|$.

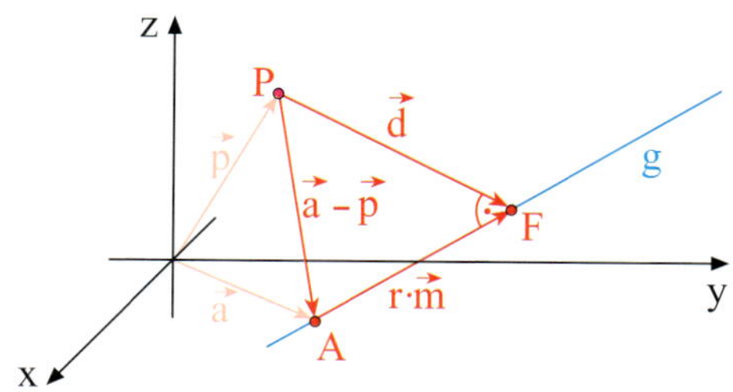

Der Vektor $\overrightarrow{PF} = \vec{d}$ ist gleich der Summe $\overrightarrow{PA} + \overrightarrow{AF} = \vec{a} - \vec{p} + r \cdot \vec{m}$.

Wir bilden auf beiden Seiten das Skalarprodukt mit dem Vektor $\vec{m}$. Da $\vec{d}$ und $\vec{m}$ orthogonal sind, ist ihr Skalarprodukt 0. Nun kann nach der einzig verbliebenen Unbekannten r aufgelöst werden.

$$\overrightarrow{PF} = \vec{d}, \quad \overrightarrow{PA} = \vec{a} - \vec{p}, \quad \overrightarrow{AF} = r \cdot \vec{m}$$

$$\vec{a} - \vec{p} + r \cdot \vec{m} = \vec{d} \quad | \cdot \vec{m}$$

$$(\vec{a} - \vec{p} + r \cdot \vec{m}) \cdot \vec{m} = \vec{d} \cdot \vec{m} = 0$$

$$(\vec{a} - \vec{p}) \cdot \vec{m} + r \cdot |\vec{m}|^2 = 0$$

$$r = \frac{(\vec{p} - \vec{a}) \cdot \vec{m}}{|\vec{m}|^2}$$

Wir wenden das Ergebnis auf das Beispiel an. Zunächst notieren wir die drei Vektoren und bestimmen die Differenz $\vec{p} - \vec{a}$.

$$\vec{p} = \begin{pmatrix} -1 \\ 1 \\ 4 \end{pmatrix}, \vec{a} = \begin{pmatrix} 2 \\ 3 \\ 0 \end{pmatrix}, \vec{m} = \begin{pmatrix} -2 \\ 2 \\ 1 \end{pmatrix},$$

$$\vec{p} - \vec{a} = \begin{pmatrix} -3 \\ -2 \\ 4 \end{pmatrix}$$

Nun setzen wir die Vektoren in die Gleichung für den Parameter r ein und erhalten $r = \frac{2}{3}$.

Damit hat der Lotfußpunkt die Koordinaten $F(\frac{2}{3}; \frac{13}{3}; \frac{2}{3})$.

Abschließend berechnen wir den Abstand der Punkte P und F und erhalten damit für den Abstand des Punktes P von der Geraden g den Wert 5.

$$r = \frac{\begin{pmatrix} -3 \\ -2 \\ 4 \end{pmatrix} \cdot \begin{pmatrix} -2 \\ 2 \\ 1 \end{pmatrix}}{(-2)^2 + 2^2 + 1^2} = \frac{6 - 4 + 4}{4 + 4 + 1} = \frac{2}{3}$$

$$F: \vec{x} = \begin{pmatrix} 2 \\ 3 \\ 0 \end{pmatrix} + \frac{2}{3} \cdot \begin{pmatrix} -2 \\ 2 \\ 1 \end{pmatrix} = \begin{pmatrix} 2/3 \\ 13/3 \\ 2/3 \end{pmatrix} = \begin{pmatrix} 0{,}\overline{6} \\ 4{,}\overline{3} \\ 0{,}\overline{6} \end{pmatrix}$$

$$d = \sqrt{(-1 - \tfrac{2}{3})^2 + (1 - \tfrac{13}{3})^2 + (4 - \tfrac{2}{3})^2} = 5$$

Die Rechnung kann natürlich auch mithilfe eines CAS erledigt werden. Das Bild zeigt die Vorgehensweise.

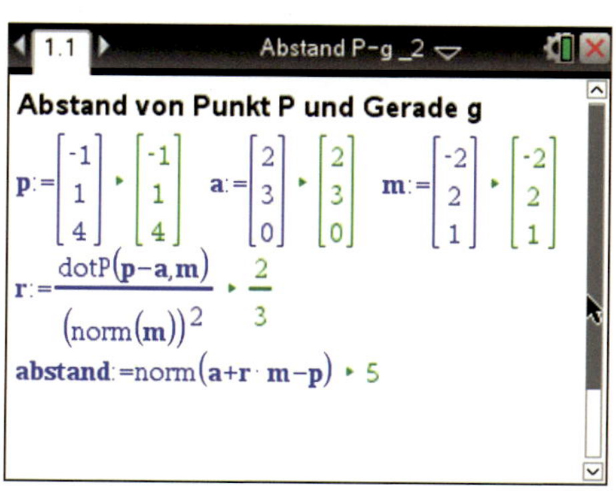

Übung 10

Berechnen Sie den Abstand der Geraden g aus dem obigen Beispiel zum Koordinatenursprung.

Lösung des Abstandsproblems Punkt/Gerade mithilfe des Vektorpodukts

Beispiel: Abstand Punkt/Gerade – Lösung mit Vektorprodukt

Berechnen Sie den Abstand des Punktes $P(-1;\,1;\,4)$ von der Geraden $g\colon \vec{x} = \begin{pmatrix} 2 \\ 3 \\ 0 \end{pmatrix} + r \cdot \begin{pmatrix} -2 \\ 2 \\ 1 \end{pmatrix}$.

Lösung:

Die Vektoren $\overrightarrow{AP} = \vec{p} - \vec{a}$ und $\overrightarrow{AB} = \vec{m}$ spannen ein Parallelogramm ABCP auf, dessen Flächeninhaltsmaßzahl als Betrag des Vektorprodukts $\overrightarrow{AP} \times \overrightarrow{AB}$ berechnet werden kann, denn die beiden Vektoren sind durch die Aufgabenstellung gegeben.

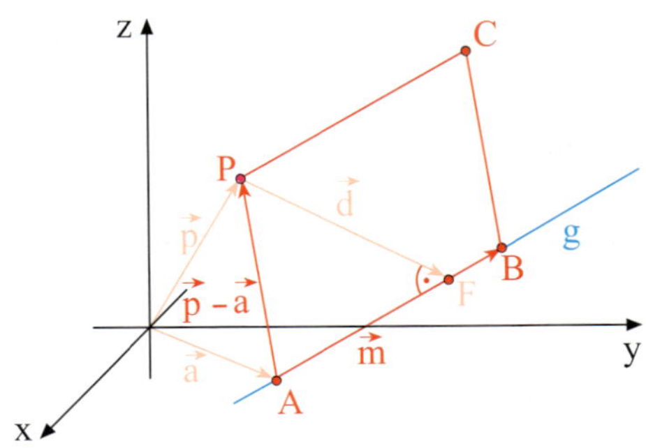

Der Flächeninhalt ist aber auch bestimmt durch das Produkt aus der Länge der Grundseite $|\overrightarrow{AB}| = |\vec{m}|$ und der unbekannten Höhe $|\vec{d}|$ des Parallelogramms ABCP.

Zunächst werden die Vektoren $\overrightarrow{AP} = \vec{p} - \vec{a}$ und $\overrightarrow{AB} = \vec{m}$ notiert und der Betrag des Vektors $\overrightarrow{AB}$ berechnet: $|\overrightarrow{AB}| = 3$.

$$\overrightarrow{AP} = \vec{p} - \vec{a} = \begin{pmatrix} -1 \\ 1 \\ 4 \end{pmatrix} - \begin{pmatrix} 2 \\ 3 \\ 0 \end{pmatrix} = \begin{pmatrix} -3 \\ -2 \\ 4 \end{pmatrix}$$

$$\overrightarrow{AB} = \vec{m} = \begin{pmatrix} -2 \\ 2 \\ 1 \end{pmatrix}, \quad |\overrightarrow{AB}| = |\vec{m}| = \sqrt{9} = 3$$

Anschließend wird das Vektorprodukt der beiden Vektoren berechnet und der Betrag des Ergebnisvektors notiert. Das Parallelogramm ABCP hat also den Inhalt 15.

$$\overrightarrow{AP} \times \overrightarrow{AB} = \begin{pmatrix} -3 \\ -2 \\ 4 \end{pmatrix} \times \begin{pmatrix} -2 \\ 2 \\ 1 \end{pmatrix} = \begin{pmatrix} -10 \\ 5 \\ -10 \end{pmatrix}$$

$$|\overrightarrow{AP} \times \overrightarrow{AB}| = \left| \begin{pmatrix} -10 \\ 5 \\ -10 \end{pmatrix} \right| = \sqrt{225} = 15$$

Schließlich ergibt sich der Abstand $d = 5$ des Punktes P von der Geraden g als Quotient aus dem Flächenmaßzahl des Parallelogramms ABCL und der Länge der Grundseite $\overline{AB}$.

$$d = \frac{|\overrightarrow{AP} \times \overrightarrow{AB}|}{|\overrightarrow{AB}|} = \frac{15}{3} = 5$$

Die Rechnung kann ebenfalls mithilfe eines CAS erledigt werden. Das nebenstehende Bild zeigt die Vorgehensweise.

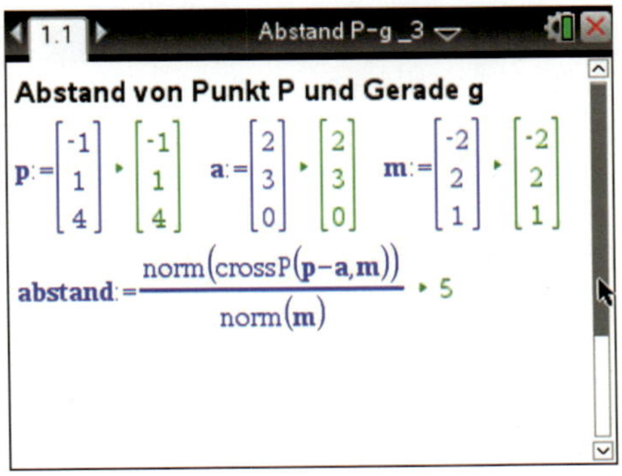

Übung 11

Berechnen Sie mit dem obigen Verfahren den Abstand der Geraden

$g\colon \vec{x} = \begin{pmatrix} 1 \\ 1 \\ 1 \end{pmatrix} + r \cdot \begin{pmatrix} 1 \\ 1 \\ 0 \end{pmatrix}$

zum Koordinatenursprung.

Analytische Methode mit CAS

Der Abstand des Punktes $P(-1; 1; 4)$ von $g\colon \vec{x} = \begin{pmatrix} 2 \\ 3 \\ 0 \end{pmatrix} + x \cdot \begin{pmatrix} -2 \\ 2 \\ 1 \end{pmatrix}$ soll berechnet werden. Wir verwenden für den Geradenparameter die Variable x. Der Grund wird im nächsten Schritt klar: Wir definieren die Abstandsfunktion d(x), die jedem Parameterwert x den Abstand des zugehörigen Geradenpunktes G_x zum Punkt P zuordnet.

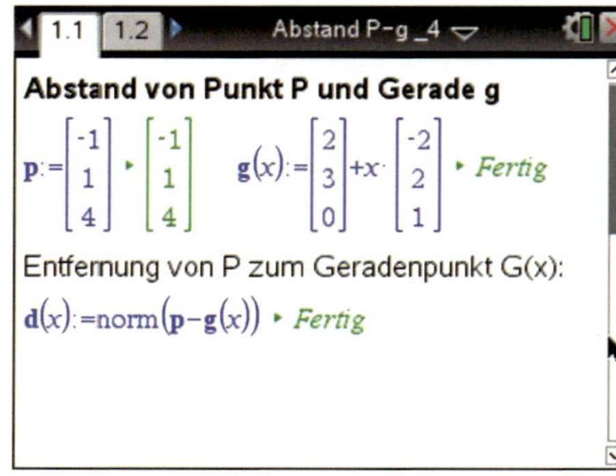

Nun rufen wir eine Graphs-Seite auf und ordnen der Funktion f1(x) die Funktion d(x) zu, worauf der Graph der Abstandsfunktion dargestellt wird. Ggf. muss das Fenster neu eingestellt werden. Mit [menu] *6: Graph analysieren* ▶ *2: Minimum* wird der Scheitelpunkt markiert; seine Koordinaten werden angezeigt. Die x-Koordinate 0,667 ist der Parameterwert für den Abstand 5 des Punktes P von der Geraden g, der y-Koordinate des Scheitelpunktes.

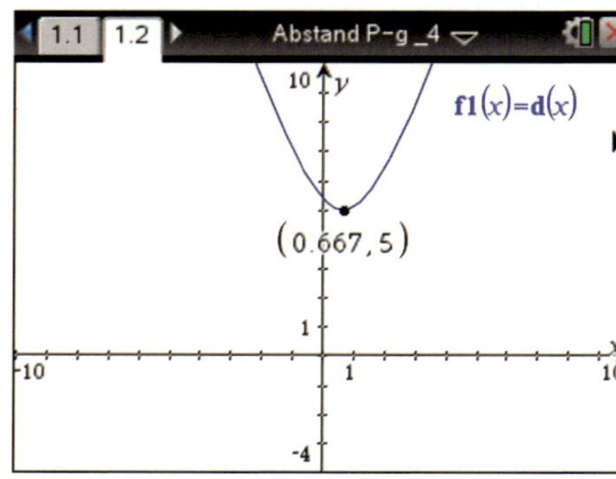

Beispiel: Berechnung des Abstandes Punkt/Gerade

Zur Einschätzung einer zu erwartenden Fluglärmbelästigung für eine Siedlung in der Nähe einer geplanten Landebahn soll der Abstand der Anflugroute zur Siedlung bestimmt werden. Die Anflugroute soll durch $A(2; 0; 2)$, $B(6; 10; 0)$ gehen, der Siedlungsmittelpunkt ist $P(0; 3{,}5; 0{,}5)$.

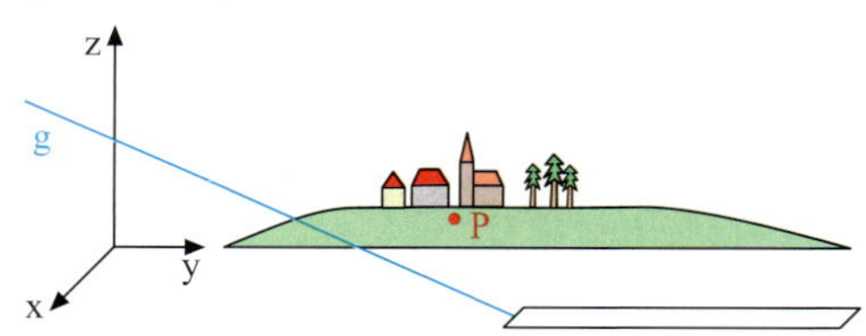

Bestimmen Sie den Abstand von P zur geplanten Anflugroute. (Angaben in km)

Lösung:
Die Lösung erfolgt mit der oben verwendeten tns-Datei. Der Abstand beträgt 3,32 km.

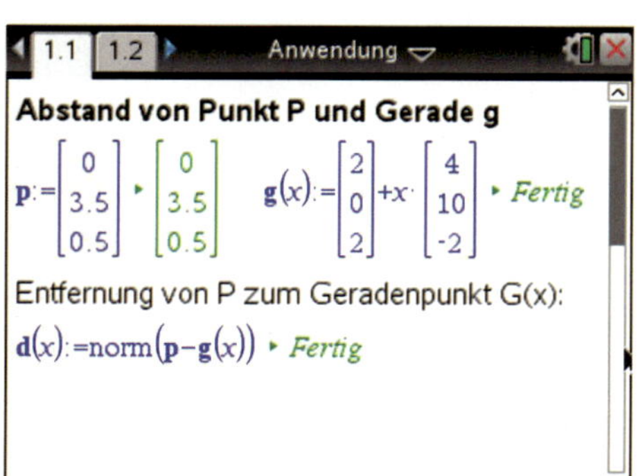

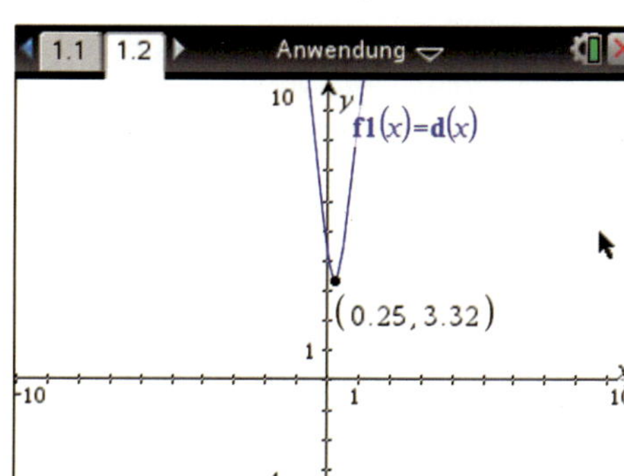

Lösung der Minimumaufgabe mit den Mitteln der Analysis

Die Funktion $d(x) = |p - g(x)|$ hat die Form $d(x) = \sqrt{ax^2 + bx + c}$, deren Graph – wie die Beispiele auf Seite 192 zeigen – einer nach oben geöffneten Parabel ähnelt. Die Funktion ist differenzierbar; es gibt genau ein Minimum, das mit den Mitteln der Differentialrechnung berechnet werden kann. Wir erweitern die Datei tns-Datei wie nebenstehend dargestellt, bilden also die erste Ableitung und bestimmen deren Nullstelle x sowie d(x).

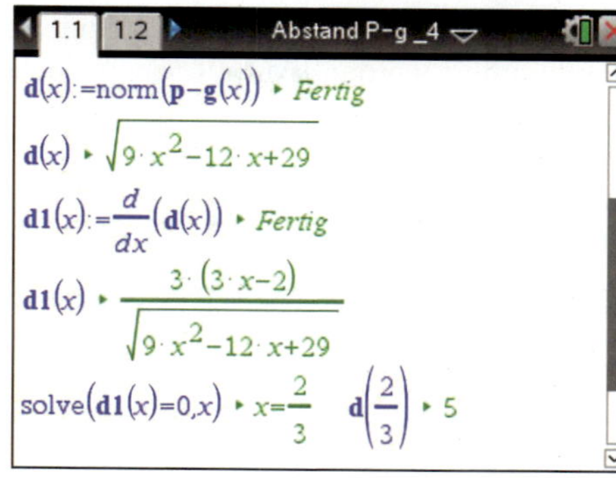

Entsprechend verfahren wir mit dem Anwendungsbeispiel von S. 192 unten. Bei beiden Abstandsberechnungen mithilfe der Differentialrechnung erhalten wir dieselben Resultate wie bei der graphischen Methode.

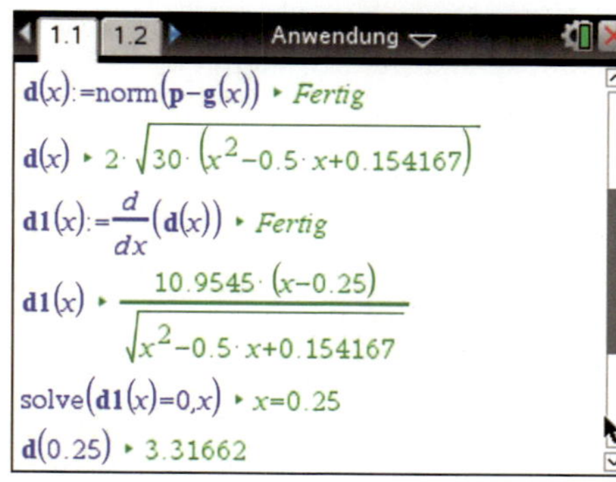

Das CAS gestattet auch eine Verallgemeinerung, indem anstelle der konkreten Zahlen die Koordinaten der Vektoren zu P und g als Variable eingegeben werden. Dabei erhält man zwar die allgemeine Lösung des Abstandsproblems, diese ist aber wenig praktikabel.

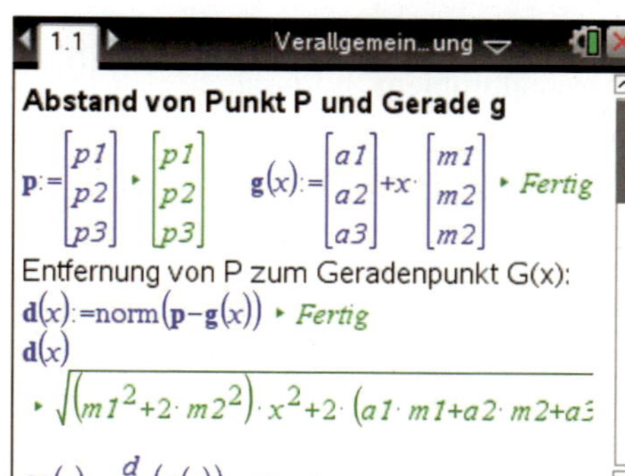

Übung 12

Ermitteln Sie den Abstand des Punktes P von der Geraden g (mit $x \in \mathbb{R}$).

a) P(4; 6; −2)
$g\colon \vec{x} = \begin{pmatrix} 4 \\ 0 \\ 1 \end{pmatrix} + x \cdot \begin{pmatrix} -1 \\ 1 \\ 1 \end{pmatrix}$

b) P(0; −3; 1)
$g\colon \vec{x} = \begin{pmatrix} 1 \\ 0 \\ -3 \end{pmatrix} + x \cdot \begin{pmatrix} 0 \\ 2 \\ -1 \end{pmatrix}$

c) P(0; −3; 2)
$g\colon \vec{x} = \begin{pmatrix} 3 \\ -2 \\ 4 \end{pmatrix} + x \cdot \begin{pmatrix} 3 \\ 5 \\ -2 \end{pmatrix}$

Übung 13

Ermitteln Sie den Abstand des Punktes P von der Geraden durch die Punkte A und B.

a) P(0; 0; 0)
A(4; 8; 7); B(9; 3; 7)

b) P(2; 1; 8)
A(4; 2; 1); B(0; 6; 3)

c) P(2; 3; −2)
A(1; −3; 3); B(2; −2; 5)

Analytische Methode ohne CAS

In folgendem Beispiel soll die Rechnung mit den Mitteln der Differentialrechnung ohne CAS durchgeführt werden. Anstelle der Variablen x verwenden wir dabei wieder den üblichen Geradenparameter $r \in \mathbb{R}$.

Beispiel: Abstand Punkt/Gerade ohne Verwendung eines CAS

Berechnen Sie ohne CAS den Abstand des Punktes $P(-1; 1; 4)$ von $g: \vec{x} = \begin{pmatrix} 2 \\ 3 \\ 0 \end{pmatrix} + r \cdot \begin{pmatrix} -2 \\ 2 \\ 1 \end{pmatrix}$.

Lösung:
Der Abstand d(r) des Punktes P von einem beliebigen Geradenpunkt X, der zum Parameter r gehört, ergibt sich als Betrag der Differenz der Ortsvektoren $\vec{p}$ und $\vec{x}$.
Nach einigen einfachen Umformungen erhält man $d(r) = \sqrt{9r^2 - 12r + 29}$

Anstelle von d(r) betrachten wir nun $q(r) = d^2(r)$. Wir vereinfachen also das Extremalproblem durch quadrieren der Zielfunktion und erhalten als Minimumstelle $r = \frac{2}{3}$.

Für diesen Parameterwert ergibt sich für den Abstand von P und g der Wert 5.

$$d(r) = \left| \begin{pmatrix} -1 \\ 1 \\ 4 \end{pmatrix} - \left(\begin{pmatrix} 2 \\ 3 \\ 0 \end{pmatrix} + r \cdot \begin{pmatrix} -2 \\ 2 \\ 1 \end{pmatrix} \right) \right|$$
$$= \sqrt{(-1-2+2r)^2 + (1-3-2r)^2 + (4-0-r)^2}$$
$$= \sqrt{(2r-3)^2 + (2r+2)^2 + (r-4)^2}$$
$$= \sqrt{4r^2 - 12r + 9 + 4r^2 + 8r + 4 + r^2 - 8r + 16}$$
$$= \sqrt{9r^2 - 12r + 29}$$
$$q(r) = d^2(r) = 9r^2 - 12r + 29$$
$$q'(r) = 18r - 12 := 0$$
$$r = \frac{12}{18} = \frac{2}{3}$$
$$d(r) = \sqrt{9 \cdot \left(\frac{2}{3}\right)^2 - 12 \cdot \frac{2}{3} + 29}$$
$$= \sqrt{4 - 8 + 29}$$
$$= 5$$

Übung 14

Berechnen Sie den Abstand des Punktes P von der Geraden g (mit $r \in \mathbb{R}$) ohne CAS.

a) $P(4; 6; -2)$

$g: \vec{x} = \begin{pmatrix} 4 \\ 0 \\ 1 \end{pmatrix} + r \cdot \begin{pmatrix} -1 \\ 1 \\ 1 \end{pmatrix}$

b) $P(0; -3; 1)$

$g: \vec{x} = \begin{pmatrix} 1 \\ 0 \\ -3 \end{pmatrix} + r \cdot \begin{pmatrix} 0 \\ 2 \\ -1 \end{pmatrix}$

c) $P(0; -3; 2)$

$g: \vec{x} = \begin{pmatrix} 3 \\ -2 \\ 4 \end{pmatrix} + r \cdot \begin{pmatrix} 3 \\ 5 \\ -2 \end{pmatrix}$

Übung 15

Berechnen Sie den Abstand des Punktes P von der Geraden durch die Punkte A und B ohne CAS.

a) $P(0; 0; 0)$
$A(4; 8; 7)$; $B(9; 3; 7)$

b) $P(2; 1; 8)$
$A(4; 2; 1)$; $B(0; 6; 3)$

c) $P(2; 3; -2)$
$A(1; -3; 3)$; $B(2; -2; 5)$

D. Der Abstand paralleler Geraden

Die Aufgabe, den Abstand paralleler Geraden zu bestimmen, kann auf die vorherige Problematik des Abstands von Punkt und Gerade zurückgeführt werden.

Alle Punkte der Geraden h haben von der parallelen Gerade g den gleichen Abstand. Dieser Abstand kann berechnet werden, indem man den Abstand eines beliebigen Punktes der Geraden h – beispielsweise den Abstand ihres Stützpunktes P – von der Geraden g berechnet.

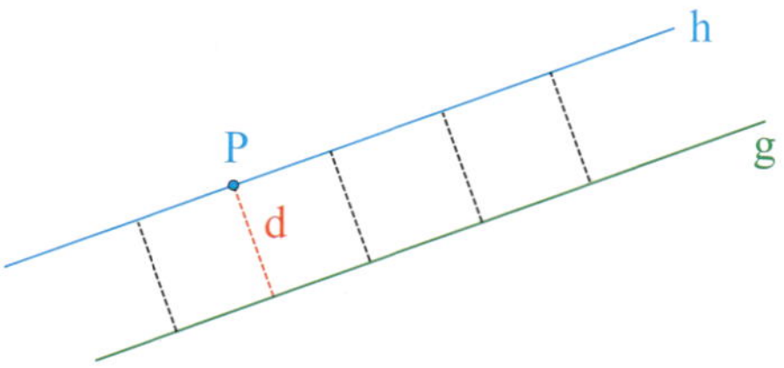

Beispiel: Abstand paralleler Geraden

Kurz nach dem Start befindet sich Flugzeug Alpha in einem geradlinigen Steigflug durch die Punkte $A(-8; 5; 1)$ und $B(2; -1; 2)$. Gleichzeitig befindet sich Flugzeug Beta im Landeanflug durch die Punkte $C(13; -5; 5)$ und $D(-7; 7; 3)$. (Angaben in km)
Weisen Sie nach, dass die Flugbahnen beider Flugzeuge parallel verlaufen, und berechnen Sie den Abstand der Flugbahnen.

Lösung:
Die nebenstehende Gerade g beschreibt die Flugbahn von Flugzeug A, die Gerade h beschreibt die Flugbahn von Flugzeug B. Die Geraden g und h sind parallel, da die Richtungsvektoren kollinear sind. Der Kollinearitätsfaktor lautet -2.

$$\text{Gerade g: } \vec{x} = \begin{pmatrix} -8 \\ 5 \\ 1 \end{pmatrix} + r \cdot \begin{pmatrix} 10 \\ -6 \\ 1 \end{pmatrix}$$

$$\text{Gerade h: } \vec{x} = \begin{pmatrix} 13 \\ -5 \\ 5 \end{pmatrix} + s \cdot \begin{pmatrix} -20 \\ 12 \\ -2 \end{pmatrix}$$

Zur Abstandsberechnung der beiden Geraden wird der Abstand des Punktes $C \in h$ von der Geraden g bestimmt.

Dazu können wir eines der Verfahren der Seiten 189–194 nutzen, beispielsweise das Verfahren unter Anwendung des Skalarprodukts von Seite 190

Das Verfahren liefert den Wert 3. Der Abstand der beiden parallelen Flugbahnen beträgt damit 3 km.

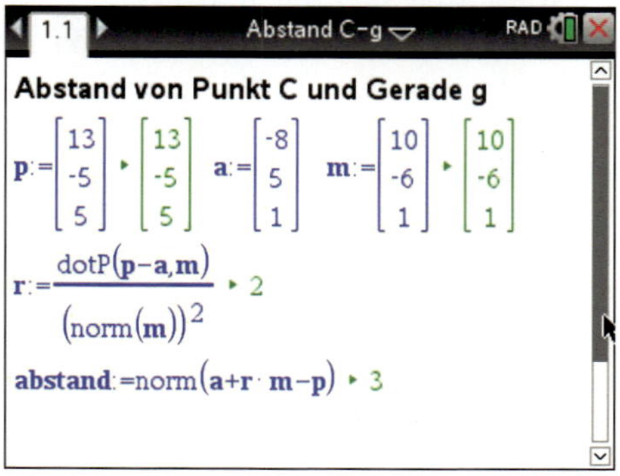

Übung 16

a) Zeigen Sie, dass die Gerade durch A und B parallel ist zur Geraden durch C und D.
I: $A(-1; 6; 4)$, $B(5; -2; 4)$, $C(3; 9; 4)$, $D(9; 1; 4)$
II: $A(0; 0; 6)$, $B(2; 4; 2)$, $C(3; -6; 6)$, $D(7; 2; -2)$

b) Zeigen Sie, dass das Viereck ABCD mit $A(5; 0; 0)$, $B(9; 6; 1)$, $C(7; 7; 3)$, $D(3; 1; 2)$ ein Parallelogramm ist, und berechnen Sie seinen Flächeninhalt.

Übungen

17. Würfel I

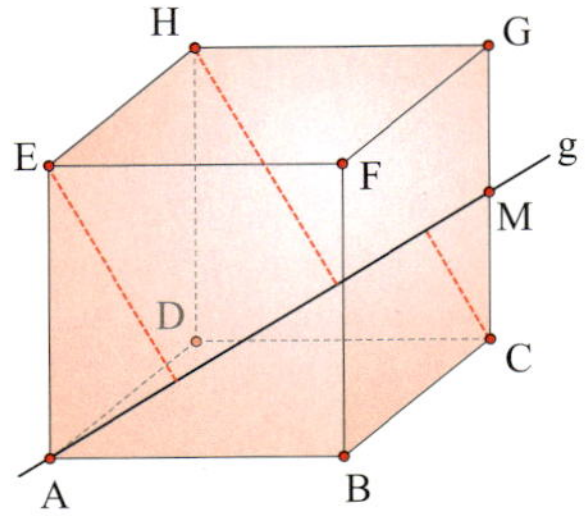

Gegeben ist der Würfel ABCDEFGH durch die vier Eckpunkte A(9; 0; 0), C(0; 9; 0), D(0; 0; 0) und H(0; 0; 9).

a) Bestimmen Sie die Koordinaten der restlichen Eckpunkte.

b) Die Gerade g verläuft durch den Punkt A und schneidet die Würfelkante $\overline{CG}$ in derem Mittelpunkt M. Ermitteln Sie eine Gleichung von g.

c) Berechnen Sie die Schnittwinkel der Geraden g mit der Würfelkante $\overline{CG}$.

d) Berechnen Sie die Schnittwinkel der Geraden g mit den Koordinatenebenen.

e) Bestimmen Sie den Abstand der Punkte E, H und C von der Geraden g.

18. Würfel II

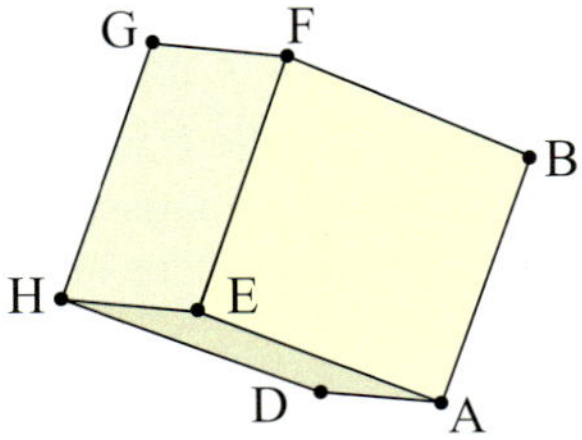

A(3; 4; 6), B(7; 8; 8), D(7; 2; 2) und E(5; 0; 10) sind Eckpunkte des Würfels ABCDEFGH.

a) Bestimmen Sie die fehlenden Eckpunkte.

b) Welchen Abstand hat der Punkt B zur Geraden durch die Punkte D und E?

c) Berechnen Sie das Volumen der Pyramide ABDE.

19. Drachenprisma

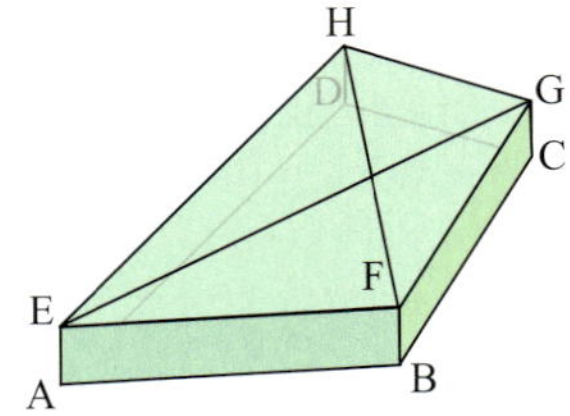

Die Punkte A(8; 1; 0), B(5; 5; 2), C(2; 4; 3) und D(3; 1; 2) sind die Eckpunkte der Grundfläche eines Prismas ABCDEFGH. Weiterhin sei der Punkt E(10; 2; 2) der Deckfläche bekannt.

a) Bestimmen Sie die Eckpunkte F, G und H.

b) Weisen Sie nach, dass ABCD ein Drachenviereck ist.

c) Berechnen Sie den Schnittpunkt der Geraden der Diagonalen $\overline{AC}$ und $\overline{BD}$, ihren Schnittwinkel sowie ihre Längen.

20. Fußball

Die Punkte A(0; 0; 0), B(0; 740; 0), C(0; 740; 250) und D(0; 0; 250) sind Eckpunkte eines Fußballtores. Einer Einheit im Koordinatensystem entspricht 1 cm. Der Fußball wird als punktförmig angenommen und alle Flugbahnen als geradlinig.

a) Spieler 1 köpft den Ball aus P(850; −110; 135) in Richtung des Vektors $\vec{v} = \begin{pmatrix} -10 \\ 10 \\ -1 \end{pmatrix}$. Zeigen Sie, dass er den Pfosten trifft.

b) Der Kopfball aus a) prallt am Pfosten ab, d. h., er wird sozusagen reflektiert. Unter welchem Winkel und in welchem Punkt berührt er den Boden?

c) Spieler 2 köpft einen Ball aus der Position R(475; 1070; 195) in Richtung der Position S(150; 420; 0). Gelangt der Ball ins Tor, falls der Torwart nicht eingreift?

21. Flugbahnen

Die Bahnen zweier Flugzeuge werden als geradlinig angenommen, die Flugzeuge werden als Punkte angesehen. Das erste Flugzeug bewegt sich von A(0; –50; 20) nach B(0; 50; 20). Das zweite Flugzeug nimmt den Kurs von Punkt C(–14; 46; 32) auf Punkt D(50; –18; 0). Eine Einheit entspricht 1 km.

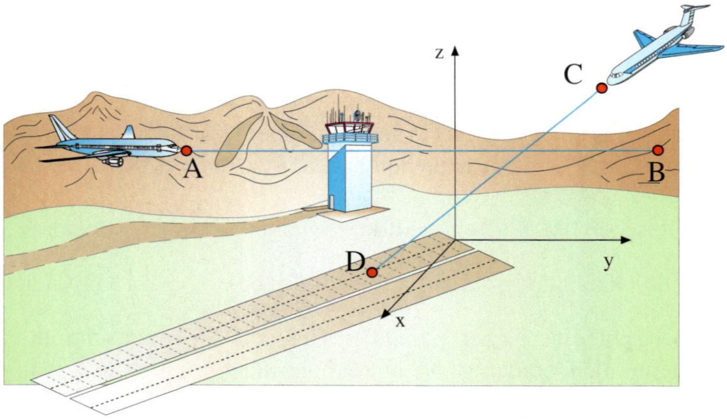

a) Untersuchen Sie, ob die beiden Flugzeuge bei gleichbleibenden Kursen zusammenstoßen könnten. (Die Geschwindigkeiten der Flugzeuge bleiben unberücksichtigt.)

b) Das 2. Flugzeug ändert nach der Hälfte der Strecke $\overline{CD}$, in dem Punkt M, seinen Kurs, da ein Nebel aufkommt. Das 2. Flugzeug fliegt nun von M aus über T(0; 25; 20) nach D. Berechnen Sie die Länge des durch den neuen Kurs entstandenen Umweges.

c) Untersuchen Sie, ob die beiden Flugzeuge auf dem neuen Kurs zusammenstoßen könnten (ohne Berücksichtigung der Geschwindigkeiten).

d) Untersuchen Sie, ob es dem 2. Flugzeug gelungen ist, rechtzeitig vor der schmalen Nebelfront, die sich durch die Ebene E: $2x - 2y - z = 20{,}8$ beschreiben lässt, seinen Kurs zu ändern.

22. Parallelflugbahnen

Kunstflugmanöver müssen genau geplant und exakt ausgeführt werden, da die Flieger bei hohen Geschwindigkeiten stets auf „Tuchfühlung" fliegen. Zwei Flieger befinden sich auf Parallelflug und durchfliegen die Strecken $\overline{AA'}$ und $\overline{BB'}$ mit (Angabe in m):

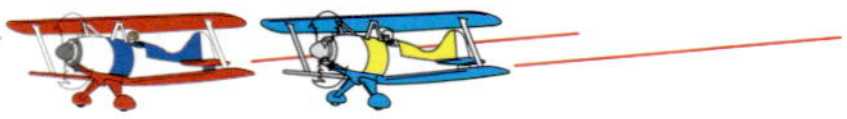

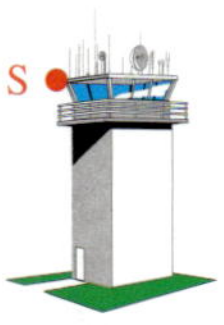

A(1220; 2450; 150), A′(1620; 3050; 100) bzw. B(1405; 2760; 125), B′(1605; 3060; 100).

a) Zeigen Sie, dass es sich tatsächlich um einen Parallelflug handelt.

b) Bestimmen Sie den Abstand der Flugbahnen.

c) Die Spannweite beträgt jeweils 14 m. Welchen Abstand haben die Flügelspitzen?

d) Die Spitze des Flugkontrollturms hat die Koordinaten S(3; 638; 20). Wie nah kommt das erste Flugzeug, welches die Punkte A und A′ passierte, dem Kontrollturm?

4. Geradenscharen

Enthält eine Geradengleichung innerhalb des Stützvektors oder innerhalb des Richtungsvektors eine Variable, so stellt sie nicht nur eine Gerade dar, sondern eine ganze Schar von Geraden, die allerdings Gemeinsamkeiten haben. Man spricht von einer ***Geradenschar***.

Beispiel: Parallele Geraden

Die Gleichung $g_a\colon \vec{x} = \begin{pmatrix} 2 \\ a \\ 0 \end{pmatrix} + r\begin{pmatrix} -1 \\ 0 \\ 2 \end{pmatrix}$ beschreibt eine Schar paralleler Geraden, denn alle Geraden g_a haben den gleichen Richtungsvektor. Sie unterscheiden sich nur in der y-Koordinate ihres Stützpunktes, der mit dem Parameter a variiert.

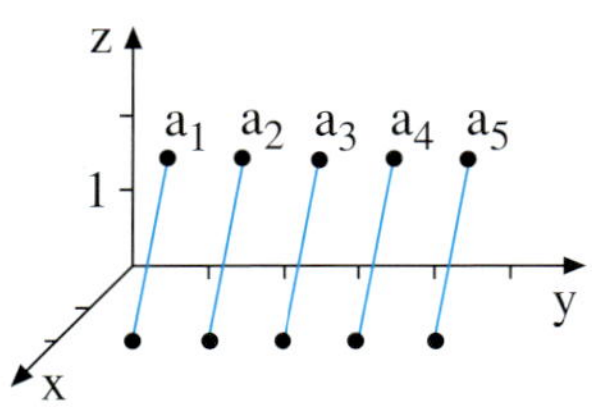

Beispiel: Gemeinsamer Stützpunkt

Die Gleichung $g_a\colon \vec{x} = \begin{pmatrix} 2 \\ 4 \\ 3 \end{pmatrix} + r\begin{pmatrix} -1 \\ 1 \\ 2+a \end{pmatrix}$ beschreibt eine Schar von Geraden, die alle den gleichen Stützpunkt P(2; 4; 3) haben. Sie unterscheiden sich nur in der z-Koordinate ihres Richtungsvektors und liegen in einer Ebene.

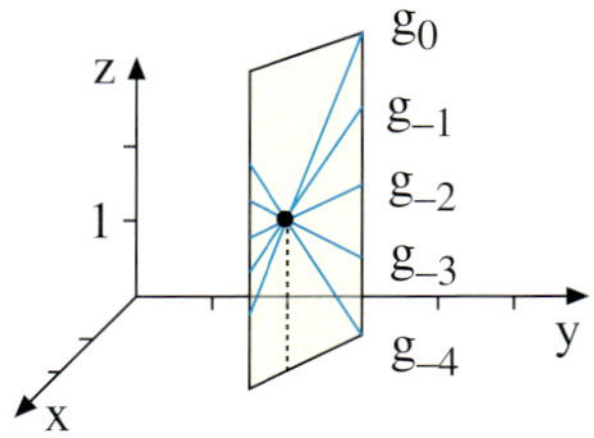

Häufig sind für eine Geradenschar Probleme der folgenden Art zu lösen:
Geht eine Gerade der Schar durch einen gegebenen Punkt?
Schneidet eine Gerade der Schar eine gegebene Gerade oder ist sie hierzu parallel?
Verläuft eine Gerade der Schar horizontal oder vertikal?

Beispiel: Kollisionskurs

Die Flugbahnen einer Formation von Sportflugzeugen können durch die Gerade $g_a\colon \vec{x} = \begin{pmatrix} 9 \\ 2+a \\ 6 \end{pmatrix} + r\begin{pmatrix} -1 \\ 1 \\ 1 \end{pmatrix}$ $(a = 1, 2, \ldots, 8)$ beschrieben werden. Ist eines der Flugzeuge auf direktem Kollisionskurs zum Segelflugzeug mit dem Kurs h: $\vec{x} = \begin{pmatrix} 1 \\ 3 \\ 11 \end{pmatrix} + s\begin{pmatrix} 2 \\ 1 \\ -1 \end{pmatrix}$?

Lösung:
Wir führen eine Schnittuntersuchung durch. Dazu setzen wir die Koordinaten von g_a und h gleich. Wir erhalten ein Gleichungssystem (drei Gleichungen, drei Variablen). Die Lösung lautet: $r = 2$, $s = 3$, $a = 2$. Das bedeutet: Der Flieger auf g_2 droht mit dem Flieger auf h im Punkt S(7; 6; 8) zu kollidieren.

Schnittuntersuchung:

I $\quad 9 - r = 1 + 2s$
II $\quad 2 + a + r = 3 + s$
III $\quad 6 + r = 11 - s$
aus I und III: $r = 2$, $s = 3$
aus II: $a = 2$
$\Rightarrow g_2$ schneidet h in S(7; 6; 8).

Häufig steht man vor der Aufgabe, aus einer Geradenschar diejenige Gerade auszusortieren, die eine bestimmte vorgegebene Eigenschaft hat.

Beispiel: Gegeben ist die Geradenschar g_a: $\vec{x} = \begin{pmatrix} 3-2a \\ 1 \\ 2-2a \end{pmatrix} + r\begin{pmatrix} -2 \\ 1 \\ 1 \end{pmatrix}$, $a, r \in \mathbb{R}$.

a) Beschreiben Sie die Lage der Geraden der Schar.
Zeichnen Sie die Geraden für $a = -1$, $a = 0$ und $a = 1$ als Schrägbild.

b) Welche Gerade der Schar schneidet die x-Achse?

Lösung zu a):
Da sich der Scharparameter nur im Stützvektor befindet, ändert sich bei den Geraden der Schar nur der Stützpunkt, nicht aber die Richtung, d. h., dass alle Geraden der Schar parallel zueinander verlaufen. Die Stützpunkte der Geraden der Schar liegen ebenfalls auf einer Geraden, da man sie als Geradenpunkte auffassen kann:

$$\overrightarrow{OA}_a = \begin{pmatrix} 3-2a \\ 1 \\ 2-2a \end{pmatrix} = \begin{pmatrix} 3 \\ 1 \\ 2 \end{pmatrix} + a\begin{pmatrix} -2 \\ 0 \\ -2 \end{pmatrix}.$$

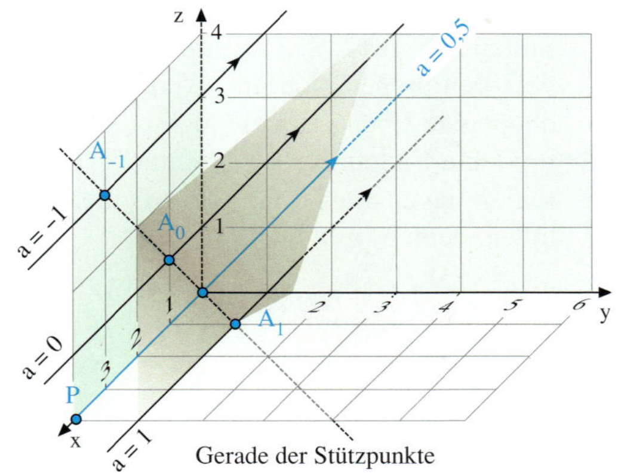

Lösung zu b):
Gesucht ist nun diejenige Gerade der Schar, die die x-Achse schneidet. Diese gesuchte Gerade muss also einen Punkt enthalten, dessen y- und z-Koordinaten null sind, also einen Punkt P(x; 0; 0). Da P gleichzeitig ein Punkt auf der Geraden ist, erfüllen dessen Koordinaten die Geradengleichung. Das entstehende Gleichungssystem hat die Lösungen $r = -1$, $a = 0{,}5$, $x = 4$.
Die Gerade $g_{0,5}$ der gegebenen Geradenschar schneidet als einzige die x-Achse, und zwar im Punkt P(4; 0; 0).

Ansatz:
P(x; 0; 0) ist ein Punkt auf der x-Achse.

$$\begin{pmatrix} x \\ 0 \\ 0 \end{pmatrix} = \begin{pmatrix} 3-2a \\ 1 \\ 2-2a \end{pmatrix} + r\begin{pmatrix} -2 \\ 1 \\ 1 \end{pmatrix}.$$

Gleichungssystem:

$$\begin{array}{ll} \text{I} & x = 3-2a-2r \quad \Rightarrow \quad x = 4 \\ \text{II} & 0 = 1 + r \\ \text{III} & 0 = 2-2a+r \end{array} \Big\} \Rightarrow r = -1, \quad a = 0{,}5$$

Übung 1

Gegeben ist die Geradenschar g_a: $\vec{x} = \begin{pmatrix} a \\ a+2 \\ a \end{pmatrix} + r\begin{pmatrix} 2 \\ -2 \\ 3 \end{pmatrix}$.

a) Beschreiben Sie die Lage der Geraden der Schar. Zeichnen Sie die Geraden für $a = -2$, $a = 0$ und $a = 2$ als Schrägbild.

b) Welche Gerade der Schar schneidet die x-Achse, welche die y-Achse, welche die z-Achse?

Beispiel: Gegeben sind die Geradenschar $g_a\colon \vec{x} = \begin{pmatrix} 2 \\ 2 \\ 3 \end{pmatrix} + r\begin{pmatrix} a \\ 1+a \\ -a \end{pmatrix}$ und $h\colon \vec{x} = \begin{pmatrix} 0 \\ -1 \\ 1 \end{pmatrix} + s\begin{pmatrix} 2 \\ 3 \\ -2 \end{pmatrix}$.

a) Beschreiben Sie die Lage der Geraden der Schar g_a.
Zeichnen Sie die Geraden für $a = -2$, $a = -1$, $a = 0$, $a = 1$ und $a = 2$ als Schrägbild.
b) Welche Gerade der Schar ist parallel zu h? Ist diese Gerade sogar identisch mit h?
c) Gibt es Geraden der Schar, die h schneiden?

Lösung zu a):
Alle Geraden der Schar haben denselben Stützpunkt A(2; 2; 3). Ihre Richtungsvektoren drehen sich um A und spannen dabei eine Ebene auf. Betrachtet man für $r = 1$ die Endpunkte der Richtungsvektoren, so liegen diese ebenfalls auf einer Geraden, denn es gilt:

$$\begin{pmatrix} 2 \\ 2 \\ 3 \end{pmatrix} + 1 \cdot \begin{pmatrix} a \\ 1+a \\ -a \end{pmatrix} = \begin{pmatrix} 2 \\ 3 \\ 3 \end{pmatrix} + a\begin{pmatrix} 1 \\ 1 \\ -1 \end{pmatrix}.$$

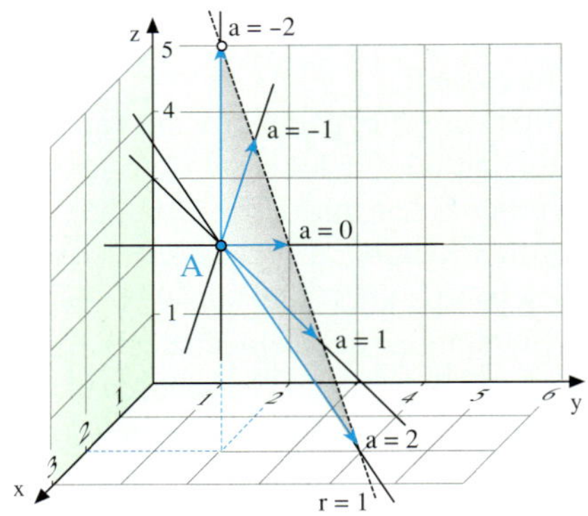

Lösung zu b):
Geraden sind parallel, wenn ihre Richtungsvektoren kollinear sind. Dies gilt offensichtlich für $a = 2$. Die Gerade g_2 ist parallel zu h. Da der Stützpunkt A nicht auf h liegt, sind g_2 und h aber nicht identisch.

$$\begin{pmatrix} a \\ 1+a \\ -a \end{pmatrix} = t\begin{pmatrix} 2 \\ 3 \\ -2 \end{pmatrix} \quad \Rightarrow \quad t = 1,\ a = 2 \Rightarrow g_2 \parallel h$$

$$\begin{pmatrix} 2 \\ 2 \\ 3 \end{pmatrix} = \begin{pmatrix} 0 \\ -1 \\ 1 \end{pmatrix} + s\begin{pmatrix} 2 \\ 3 \\ -2 \end{pmatrix} \quad \begin{matrix} \Leftrightarrow s = 1 \\ \Leftrightarrow s = 1 \\ \Leftrightarrow s = -1 \end{matrix} \quad \Rightarrow A \notin h$$

Lösung zu c):
Wir gehen von der Existenz eines Schnittpunktes aus und verwenden den nebenstehenden Ansatz. Dieser führt auf ein Gleichungssystem, das unlösbar ist. Somit sind alle Geraden der Schar g_a mit Ausnahme von $a = 2$ zu h windschief. Es gibt keine Gerade g_a, die h schneidet.

$$\begin{pmatrix} 2 \\ 2 \\ 3 \end{pmatrix} + r\begin{pmatrix} a \\ 1+a \\ -a \end{pmatrix} = \begin{pmatrix} 0 \\ -1 \\ 1 \end{pmatrix} + s\begin{pmatrix} 2 \\ 3 \\ -2 \end{pmatrix}$$

I	$2 + ra$	$=$	$2s$
II	$2 + r + ra$	$=$	$-1 + 3s$
III	$3 - ra$	$=$	$1 - 2s$
I + III:	5	$=$	1 *Widerspruch!*

Übung 2

Gegeben sind die Geradenschar $g_a\colon \vec{x} = \begin{pmatrix} 0 \\ 0 \\ 2 \end{pmatrix} + r\begin{pmatrix} a \\ 2 \\ 2a \end{pmatrix}$ und die Gerade $h\colon \vec{x} = \begin{pmatrix} -1 \\ 1 \\ -2 \end{pmatrix} + s\begin{pmatrix} 2 \\ 1 \\ 3 \end{pmatrix}$.

a) Beschreiben Sie die Lage der Geraden der Schar g_a.
Zeichnen Sie die Geraden für $a = -1$, $a = 0$, $a = 1$ und $a = 2$ als Schrägbild.
b) Welche Gerade der Schar enthält den Punkt P(3; 1; 8)?
c) Für welchen Wert von a sind die Geraden g_a und h parallel?
d) Für welchen Wert von a schneiden sich die Geraden g_a und h?
Berechnen Sie ggf. den Schnittpunkt.

Übungen

3. Durch A(a + 3; a; 1) und B(a + 1; a + 1; 3) wird eine Geradenschar festgelegt ($a \in \mathbb{R}$).
a) Geben Sie eine Parametergleichung der Geradenschar an.
b) Welche Gerade der Schar geht durch den Punkt P(−4; −1; 5)?
c) Welche Geraden der Schar schneiden jeweils die Koordinatenachsen? Geben Sie auch die Schnittpunkte an.

4. Gegeben ist die Geradenschar $g_a\colon \vec{x} = \begin{pmatrix} 2+a \\ 4-a \\ 5 \end{pmatrix} + r\begin{pmatrix} 0 \\ 1 \\ -1 \end{pmatrix}$, r, $a \in \mathbb{R}$.

a) Beschreiben Sie die Lage der Geraden der Schar und zeichnen Sie die Geraden für a = −1, a = 0 und a = 1 als Schrägbild.
b) Welche Gerade der Schar schneidet die z-Achse? Geben Sie auch den Schnittpunkt an.
c) Welche Gerade der Schar geht durch den Punkt P(8; 2; 1)?
d) Gibt es eine Gerade der Schar, die durch den Ursprung geht?
e) Zeigen Sie, dass die Gerade h: $\vec{x} = \begin{pmatrix} 5 \\ 5 \\ 1 \end{pmatrix} + s\begin{pmatrix} 0 \\ -2 \\ 2 \end{pmatrix}$ zur gegebenen Geradenschar gehört.

5. Gegeben ist die Geradenschar $g_a\colon \vec{x} = \begin{pmatrix} 5 \\ 1 \\ 4 \end{pmatrix} + r\begin{pmatrix} a \\ 2 \\ 4-2a \end{pmatrix}$, r, $a \in \mathbb{R}$.

a) Beschreiben Sie die Lage der Geraden der Schar und zeichnen Sie die Geraden für a = 0, a = 1 und a = 2 als Schrägbild.
b) Welche Gerade der Schar ist parallel zu $\vec{v} = \begin{pmatrix} 3 \\ 1 \\ -4 \end{pmatrix}$?
c) Welche Gerade der Schar geht durch den Punkt P(x; −3; 1)? Bestimmen Sie x.
d) Welche Gerade der Schar schneidet die z-Achse? Berechnen Sie auch den Schnittpunkt.
e) Welche Gerade der Schar schneidet die y-Achse? Berechnen Sie auch den Schnittpunkt.
f) Welche Gerade der Schar schneidet die x-Achse? Berechnen Sie auch den Schnittpunkt.

6. Gegeben sind die Geradenschar $g_a\colon \vec{x} = \begin{pmatrix} 1 \\ 1 \\ 1-2a \end{pmatrix} + r\begin{pmatrix} 1 \\ -1 \\ a \end{pmatrix}$ und die Gerade h: $\vec{x} = \begin{pmatrix} 1 \\ -2 \\ 3 \end{pmatrix} + s\begin{pmatrix} 2 \\ 1 \\ -2 \end{pmatrix}$.

a) Beschreiben Sie die Lage der Geraden der Schar g_a.
Zeichnen Sie die Gerade h sowie die Geraden g_0, g_1 und g_2 als Schrägbild.
b) Zeigen Sie, dass die Geraden g_a und h unabhängig von a einen gemeinsamen Schnittpunkt haben. Zeichnen Sie diesen in das Schrägbild aus a) ein.
c) Welche Gerade der Schar schneidet die x-Achse? Berechnen Sie auch den Schnittpunkt.
d) Welche Gerade der Schar schneidet die y-Achse? Berechnen Sie auch den Schnittpunkt.

7. Gegeben sind die Geradenscharen $g_a\colon \vec{x} = \begin{pmatrix} a^2 \\ -1 \\ 0 \end{pmatrix} + r\begin{pmatrix} 2 \\ 1 \\ -1 \end{pmatrix}$ und $h_a\colon \vec{x} = \begin{pmatrix} 2 \\ a \\ 1 \end{pmatrix} + s\begin{pmatrix} -2 \\ a+1 \\ 1 \end{pmatrix}$.

a) Beschreiben Sie die Lage der Geraden der Schar g_a.
Zeichnen Sie die Geraden g_0, g_1 und g_2 als Schrägbild.
b) Für welche Werte von a sind die Geraden g_a und h_a parallel?
Sind die Geraden dann auch identisch?
c) Für welche Werte von a schneiden sich die Geraden g_a und h_a?
Berechnen Sie ggf. den Schnittpunkt.
d) Für welche Werte von a sind die Geraden g_a und h_a windschief?

8. Dargestellt ist die Schar paralleler Geraden.
a) Wie lauten die Gleichungen von g_0 und g_1?
b) Wie lautet die allgemeine Gleichung von g_a?
c) Welche Gerade g_a schneidet $h\colon \vec{x} = \begin{pmatrix} 0 \\ 6 \\ 4 \end{pmatrix} + r\begin{pmatrix} 1 \\ 6 \\ -3 \end{pmatrix}$?

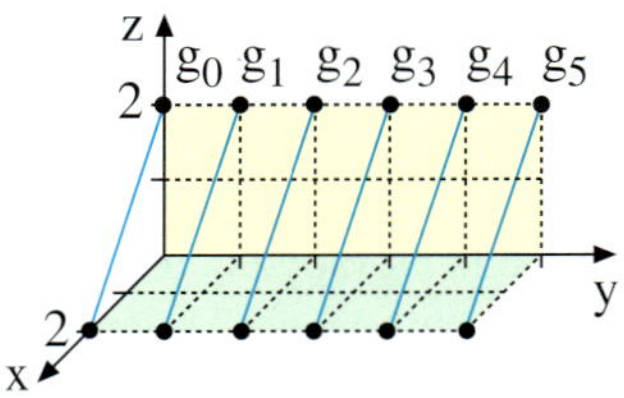

9. Bei einem Grubenunglück wird versucht, die im Schacht AB und den Hohlräumen H_1 und H_2 verschütteten Bergleute durch sechs vom Turm T(4; 6; 0) ausgehenden Rettungsbohrungen g_a zu erreichen.

Daten: A(8; 2; −2); B(15; 16; −9)
H_1(22; 6; −14); H_2(12; 16; −4)

$g_a\colon \vec{x} = \begin{pmatrix} 4 \\ 6 \\ 0 \end{pmatrix} + r\begin{pmatrix} 13-a \\ a-4 \\ a-11 \end{pmatrix}$

$a = 0, 2, 4, 6, 8, 10$

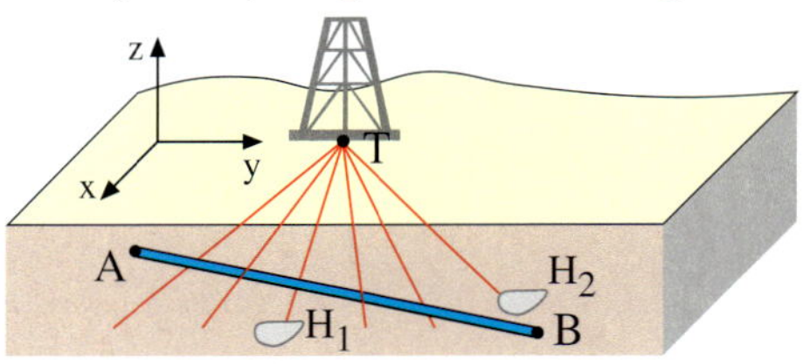

a) Wird der Schacht AB von einer der Bohrungen getroffen? Wenn ja, wo?
b) Werden die Hohlräume H_1 und H_2 gefunden?
c) Führt eine der Bohrungen senkrecht nach unten?

10. Die Pyramide ABCDS hat die Koordinaten A(20; 4; 0), B(20; 20; 0), C(4; 20; 0), D(4; 4; 0) und S(12; 12; 16). Ihr Eingang liegt bei E(11; 14; 12). Eine Treppe führt von P(13; 20; 0) nach Q(7; 17; 6). Von der Turmspitze T(20; 40; 2) werden fünf Scheinwerfer auf die Pyramide gerichtet. Die Lichtstrahlen werden durch $g_a\colon \vec{x} = \begin{pmatrix} 20 \\ 40 \\ 2 \end{pmatrix} + r\begin{pmatrix} a-12 \\ -2a-20 \\ 4a-2 \end{pmatrix}$ beschrieben, (a = 0, 1, 2, 3, 4).
a) Trifft einer der Lichtstrahlen den Eingang E?
b) Trifft einer der Lichtstrahlen die Treppe?
c) Ist einer der Strahlen parallel zur Seitenkante $\overline{BS}$ der Pyramide?

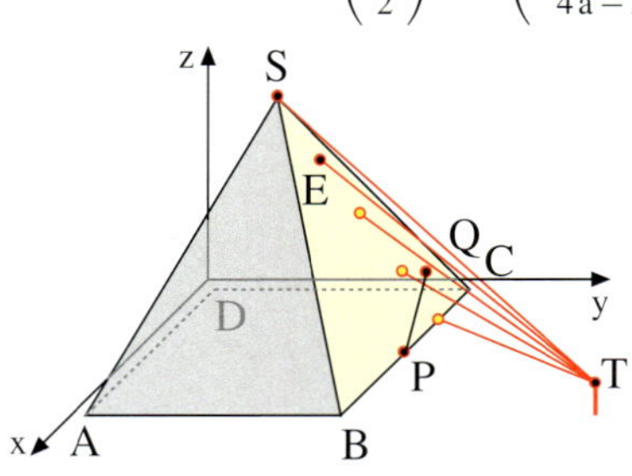

Überblick

Parametergleichung einer Geraden:

$g: \vec{x} = \vec{a} + r \cdot \vec{m} \quad (r \in \mathbb{R})$

↑ Stützvektor ↑ Richtungsvektor

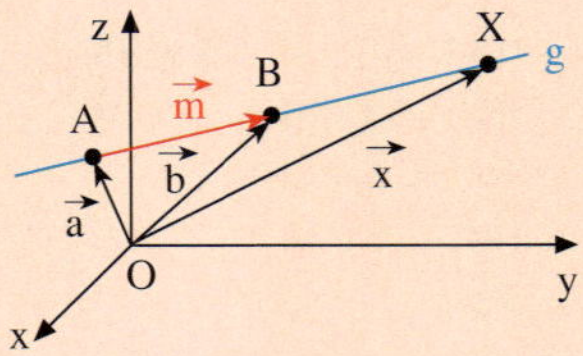

Zweipunktegleichung:

$g: \vec{x} = \vec{a} + r \cdot (\vec{b} - \vec{a}) \ (r \in \mathbb{R})$

$\vec{a}$ und $\vec{b}$ sind die Ortsvektoren zweier Geradenpunkte A und B.

Koordinatengleichung der Geraden in der Ebene:

$ax + by = c$ bzw. $y = mx + n \quad (a, b, c, m, n \in \mathbb{R}, b \neq 0)$

Lagebeziehung von zwei Geraden im Raum:

Die Geraden sind entweder parallel (oder sogar identisch) oder sie schneiden sich in genau einem Punkt oder sie sind windschief.

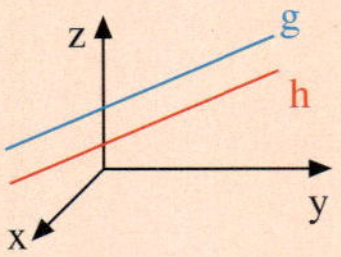

1. Fall: parallel (im Sonderfall: identisch)
Die Richtungsvektoren beider Geraden sind kollinear.
Liegt der Stützpunkt einer Geraden auch auf der anderen Geraden, sind die Geraden sogar identisch.

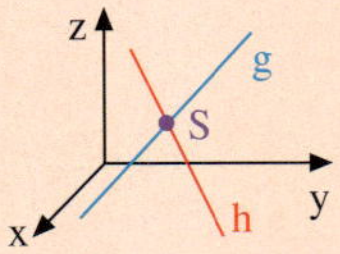

2. Fall: schneidend
Die Richtungsvektoren der Geraden sind nicht kollinear.
Man setzt die rechten Seiten der Parametergleichungen gleich und löst das entstehende eindeutig lösbare LGS.
Die Geraden schneiden sich in genau einem Punkt.

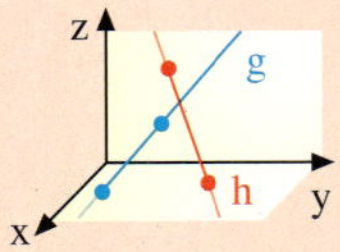

3. Fall: windschief
Die Richtungsvektoren der Geraden sind nicht kollinear.
Man setzt die rechten Seiten der Parametergleichungen gleich.
Das entstehende LGS ist unlösbar.

Schnittwinkel zweier Geraden:

Schneiden sich die beiden Geraden mit den Richtungsvektoren $\vec{m}_1$ und $\vec{m}_2$, so gilt für den Schnittwinkel γ der Geraden:

$$\cos\gamma = \frac{|\vec{m}_1 \cdot \vec{m}_2|}{|\vec{m}_1| \cdot |\vec{m}_2|}$$

Abstand Punkt-Gerade:

Es gibt verschiedene Verfahren zur Bestimmung des Abstandes zwischen einem Punkt und einer Geraden. Einige davon werden auf den Seiten 188–194 dargestellt.

CAS-Anwendung

Es werden folgende Grundaufgaben behandelt:
- Aufstellung einer Geradengleichung zu gegebenen Punkten A und B
- Punkt und Gerade
- Schnittpunkt von zwei Geraden
- Spurpunkte einer Geraden

Beispiel: Gerade durch zwei Punkte
Bestimmen Sie eine vektorielle Parametergleichung derjenigen Geraden g, die durch die Punkte A(3; 2; 3) und B(1; 6; 5) verläuft.

Lösung:
Zunächst werden die Ortsvektoren der Punkte A und B eingegeben: va := [3; 2; 3], vb := [1; 6; 5]. Anschließend wird die Gerade g definiert: g(r) := va + r · (vb − va).

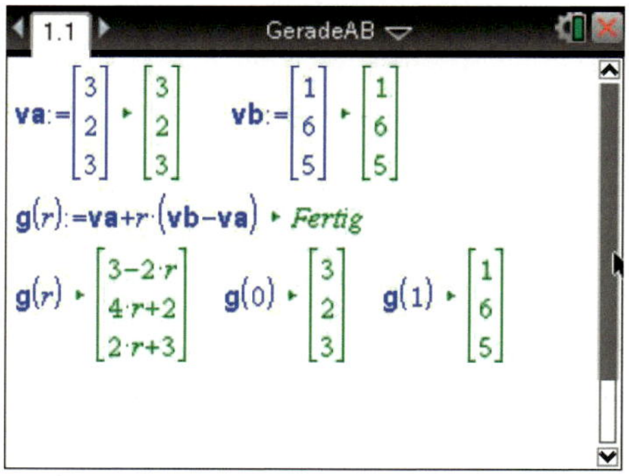

Der Aufruf g(r) ergibt den Vektor $\vec{x}$ zur Geraden g mit dem Parameter r:

$$g\colon \vec{x} = \begin{pmatrix} 3-2\cdot r \\ 2+4\cdot r \\ 3+2\cdot r \end{pmatrix}, \text{ also}$$

$$g\colon \vec{x} = \begin{pmatrix} 3 \\ 2 \\ 3 \end{pmatrix} + r\cdot \begin{pmatrix} -2 \\ 4 \\ 2 \end{pmatrix}.$$

Durch Einsetzen von r = 0 und r = 1 in g(r) wird bestätigt, dass A und B tatsächlich auf g liegen.

Beispiel: Punkt und Gerade
Gegeben ist die Gerade g durch die Parametergleichung $\vec{x} = \begin{pmatrix} 3 \\ 2 \\ 3 \end{pmatrix} + r\cdot \begin{pmatrix} -2 \\ 4 \\ 2 \end{pmatrix}$.

Weisen Sie nach, dass der Punkt P(2; 4; 4) auf der Geraden g liegt.

Lösung:
Wir definieren die Gerade g durch g(r) := [3; 2; 3] + r · [−2; 4; 2] und den Punkt P durch den Ortsvektor $\vec{p}$: vp := [2; 4; 4].
Die Punktprobe besteht in der Untersuchung, ob eine Lösung der Gleichung p = g(r) für den Parameter r existiert:

solve(vp=g(r), r) liefert $r = \frac{1}{2}$.

Folglich liegt der Punkt P auf der gegebenen Geraden g.

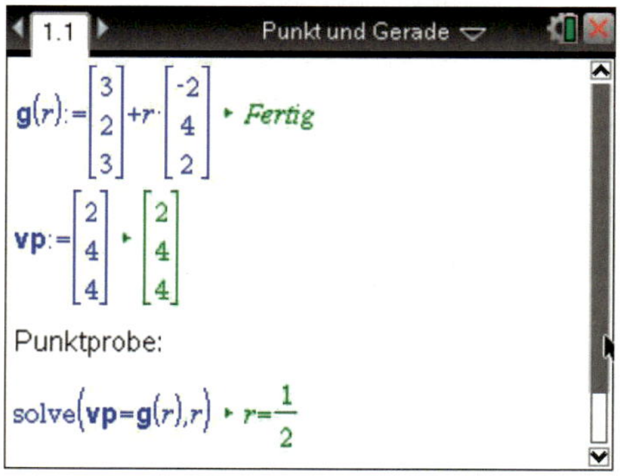

Beispiel: Schnittpunkt von zwei Geraden

Gegeben sind die Geraden g: $\vec{x} = \begin{pmatrix} 0 \\ 0 \\ 6 \end{pmatrix} + r \cdot \begin{pmatrix} 8 \\ 12 \\ -4 \end{pmatrix}$ und h: $\vec{x} = \begin{pmatrix} 4 \\ 0 \\ 2 \end{pmatrix} + s \cdot \begin{pmatrix} 0 \\ 12 \\ 4 \end{pmatrix}$.

Prüfen Sie, ob sich die Geraden schneiden und berechnen Sie ggf. den Schnittpunkt.

Lösung:
Zunächst werden die Geraden definiert:
$g(r) := [0; 0; 6] + r \cdot [8; 12; -4]$,
$h(s) := [4; 0; 2] + r \cdot [0; 12; 4]$.

Der Befehl solve(g(r) = h(s), r, s) liefert die Lösung $r = \frac{1}{2}$ **und** $s = \frac{1}{2}$; folglich schneiden sich die beiden Geraden.

Setzt man jeweils den in der Lösung ermittelten Parameter in g(r) bzw. h(s) ein, so erhält man den Schnittpunkt S der beiden Geraden: S(4; 6; 4).

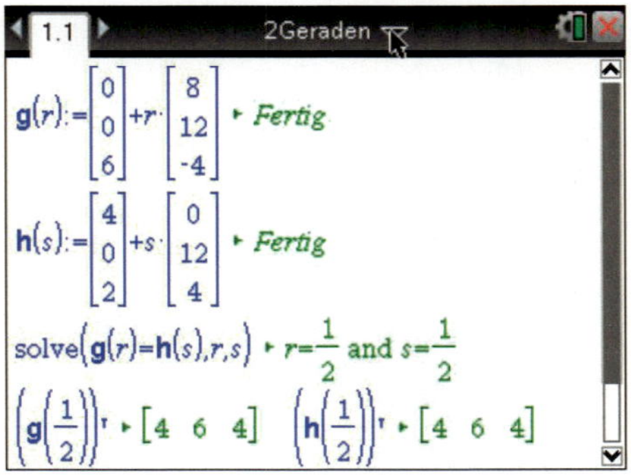

Hinweis: Die Darstellung als Zeilenvektor erhält man durch Transponieren.

Beispiel: Spurpunkte einer Geraden

Gegeben ist die Gerade g durch die Parametergleichung $\vec{x} = \begin{pmatrix} 2 \\ 4 \\ 2 \end{pmatrix} + r \cdot \begin{pmatrix} 1 \\ 1 \\ -1 \end{pmatrix}$.

Bestimmen Sie die Spurpunkte der Geraden, also die Schnittpunkte der Geraden g mit der x-y-Ebene, mit der y-z-Ebene und mit der x-z-Ebene.

Lösung:
Zunächst wird die Gerade g definiert: $g(r) := [2; 4; 2] + r \cdot [1; 1; -1]$. Für ihren Spurpunkt in der x-y-Ebene muss gelten: $z = 2 - 1 \cdot r = 0$. Die Berechnung erfolgt mit solve(g(r)=[x;y;0],r); es ergibt sich: $r = 2, x = 4, y = 6$. Einsetzen in g(r) liefert die Spurpunktkoordinaten $S_{xy}(4; 6; 0)$. Entsprechend erhält man mit der Eingabe solve(g(r)=[x;0;z],r) den Spurpunkt $S_{xz}(-2; 0; 6)$, mit solve(g(r)=[0;y;z],r) ergibt sich der Spurpunkt $S_{yz}(0; 2; 4)$.

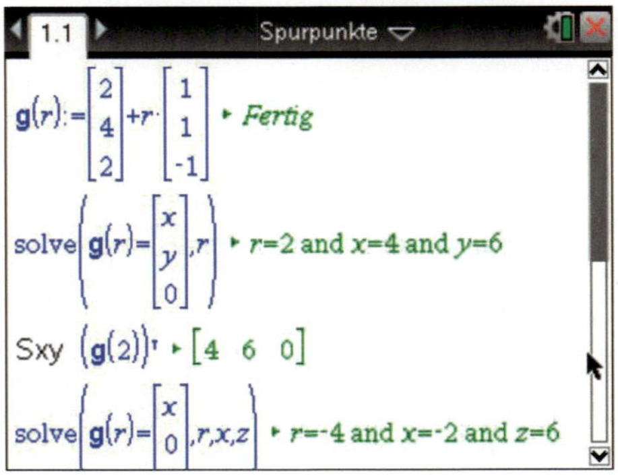

Übung 1

Liegt P(4; 4; 3) auf der Strecke $\overline{AB}$ mit A(3; 2; 4) und B(6; 8; 1)?

Übung 2

Sei A(3; 2; 4), B(6; 8; 1) und C(4; 6; 3). Bestimmen Sie D so, dass ABCD ein Parallelogramm ist.

Zahlreiche Probleme der analytischen Geometrie führen auf *lineare Gleichungssysteme (LGS).* Auf den folgenden zwei Seiten werden einige Beispiele mit dem CAS bearbeitet. Dabei wird zunächst wieder der solve-Befehl verwendet.

Beispiel: Lösung von Gleichungssystemen mit dem solve-Befehl

Lösen Sie die 3×3-Gleichungssysteme mit dem solve-Befehl des CAS.

a) $\begin{aligned} 3x+3y+2z &= 5 \\ 2x+4y+3z &= 4 \\ -5x+2y+4z &= -9 \end{aligned}$ b) $\begin{aligned} x+2y-z &= 3 \\ 2x-y+2z &= 8 \\ 3x+11y-7z &= 6 \end{aligned}$ c) $\begin{aligned} 2x+y-4z &= 1 \\ 3x+2y-7z &= 1 \\ 4x-3y+2z &= 7 \end{aligned}$

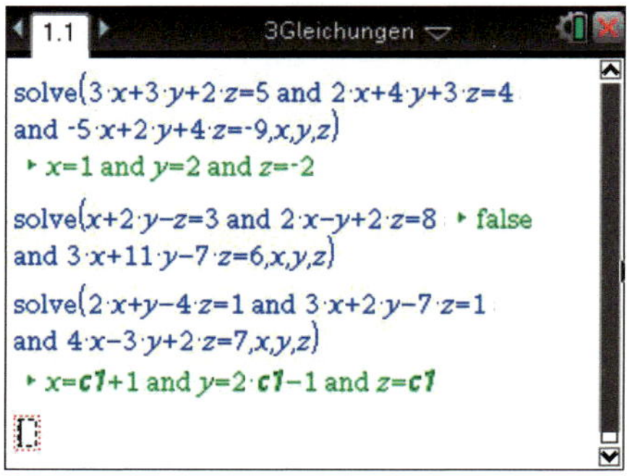

Lösung zu a):
Zu berechnen ist die Lösung (x; y; z) des LGS $3x+3y+2z=5$ **und** $2x+4y+3z=4$ **und** $-5x+2y+4z=-9$.
Der solve-Befehl liefert die einzige Lösung $x=1$ **und** $y=2$ **und** $z=-2$.

Lösung zu b):
Man erhält die Ausgabe „false“.
Das LGS hat keine Lösung.

Lösung zu c):
Das LGS hat eine einparametrige unendliche Lösungsmenge (Parameter *c1*).

Beispiel: Über- und unterbestimmte lineare Gleichungssysteme

Lösen Sie die Gleichungssysteme mit dem solve-Befehl des CAS.

a) $\begin{aligned} x+y &= 1 \\ 2x-y &= 8 \\ x-2y &= 5 \end{aligned}$ b) $\begin{aligned} x-2y+z &= 1 \\ -2x+5y-4z &= -2 \end{aligned}$ c) $\begin{aligned} x-2y+z+t &= 1 \\ -2x+5y-4z-4t &= -2 \end{aligned}$

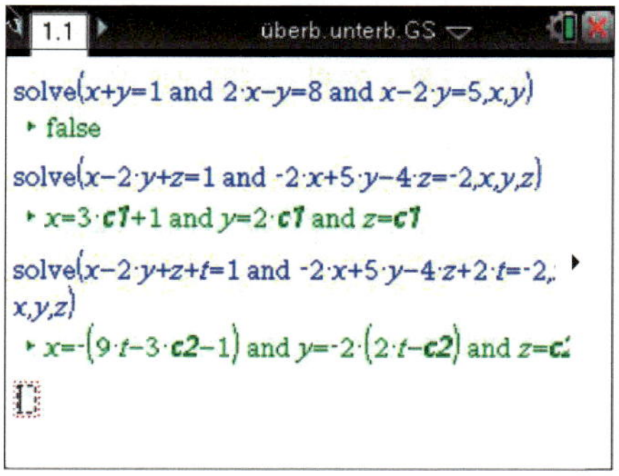

Lösung zu a):
Das überbestimmte System aus 3 Gleichungen mit 2 Variablen x und y hat keine Lösung.

Lösung zu b):
Das unterbestimmte System aus 2 Gleichungen mit 3 Unbekannten besitzt eine einparametrige unendliche Lösungsmenge.

Lösung zu c):
Das LGS enhält zusätzlich einen Parameter t; es ergibt sich eine zweiparametrige unendliche Lösungsmenge.

Abschließend wird der solve-Befehl bei einem Beispiel mit Parameter angewendet.

Beispiel: LGS mit Parameter

Für welche Werte des Parameters a besitzt das LGS eine Lösung, keine Lösung bzw. unendlich viele Lösungen?

$$\begin{aligned} -x - y + 2z &= 5 \\ x - 6y + -az &= a \\ 2x + 4y + -2z &= -5 \end{aligned}$$

Lösung:
Die Anwendung des solve-Befehls liefert:
$x = \frac{-21a}{2(a-9)}$
und $y = \frac{7a}{2(a-9)}$
und $z = \frac{-(2a+45)}{2(a-9)}$.
Dieses Tripel (x;y;z) ist offensichtlich Lösung des LGS für alle reellen Zahlen $a \neq 9$.

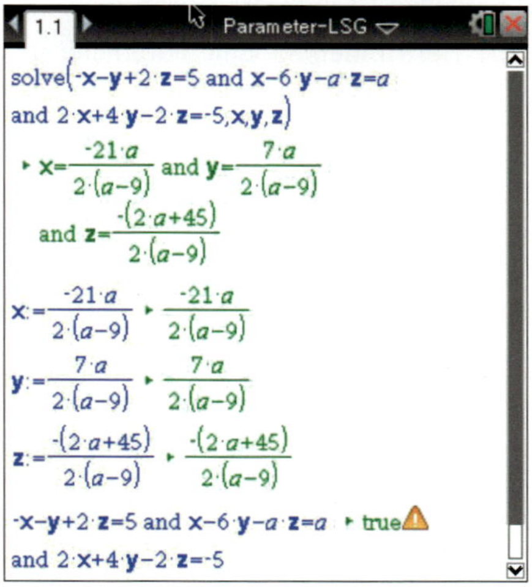

Man erkennt:
Für $a = 9$ hat das LGS keine Lösung.
Für $a \neq 9$ ist das LGS eindeutig lösbar.
Setzt man für x, y und z die ermittelten Lösungen in das LGS ein, so meldet das CAS, dass die Aussage wahr ist. Der Vorbehalt ⚠ betrifft die Einschränkung für a.

Das CAS bietet zwei weitere, sehr komfortable Befehle zur Lösung von LGS an. Dabei wird das rechteckige Koeffizientenschema, die sog. ***Koeffizientenmatrix***, in eckigen Klammern eingegeben, wobei die Zeilenelemente durch Komma, die Spalten durch Semikolon getrennt werden.

Beispiel: Lösung eines LGS mit dem simult- und dem rref-Befehl

Lösen Sie das nebenstehende lineare Gleichungssystem mit dem Befehl
a) simult, b) rref.

$$\begin{aligned} 3x + 3y + 2z &= 5 \\ 2x + 4y + 3z &= 4 \\ -5x + 2y + 4z &= -9 \end{aligned}$$

Lösung zu a):
Die Koeffizientenmatrix des LGS wird durch [3, 3, 2; 2, 4, 3; −5, 2, 4] wiedergegeben, die rechte Seite durch [5; 4; −9]. Mit simult ([3, 3, 2; 2, 4, 3; −5, 2, 4], [5; 4; −9]) wird die Lösung [1; 2; −2] geliefert.

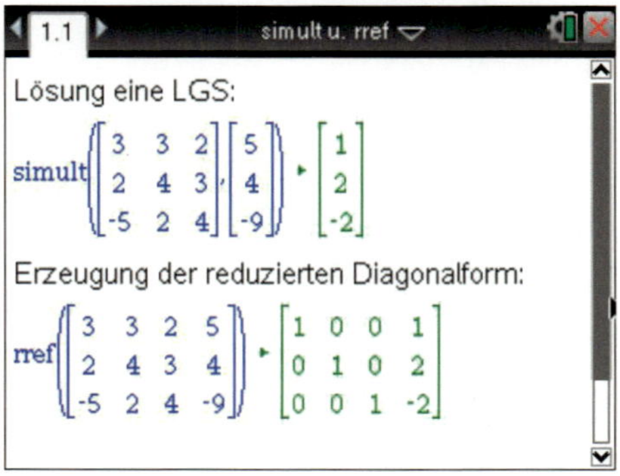

Lösung zu b):
Mit rref ([3, 3, 2, 5; 2, 4, 3, 4; −5, 2, 4, −9]), also der Eingabe der erweiterten Matrix, erhält man ein äquivalentes System mit der Lösung in der letzten Spalte.

Test

Geraden und Koordinatenebenen

CAS **1.** Gegeben sind die Punkte P(1; 4; 3), A(3; 0; 1) und B(0; 6; 4).
a) Stellen Sie eine Parametergleichung der Geraden g durch A und B auf.
b) Überprüfen Sie, ob der Punkt P auf der Strecke $\overline{AB}$ liegt.

CAS **2.** Gegeben ist die Gerade g: $y = \frac{2}{5}x + \frac{3}{5}$.
a) Bestimmen Sie eine Parametergleichung von g.
b) Prüfen Sie, ob die Punkte P(−4; −2) und Q(−1,5; 0) auf g liegen.
c) Untersuchen Sie, welche gegenseitige Lage g und h: $\vec{x} = \begin{pmatrix} 6 \\ 3 \end{pmatrix} + s\begin{pmatrix} -10 \\ -4 \end{pmatrix}$ einnehmen.
d) Geben Sie eine Gerade k an, die parallel zu g verläuft und durch A(1; 3) geht.

3. Gegeben sind die Geraden g: $\vec{x} = \begin{pmatrix} 2 \\ 2 \\ 3 \end{pmatrix} + r\begin{pmatrix} 3 \\ 6 \\ 3 \end{pmatrix}$ und h: $\vec{x} = \begin{pmatrix} 1 \\ 2 \\ 6 \end{pmatrix} + s\begin{pmatrix} -1 \\ -1 \\ 1 \end{pmatrix}$.
CAS a) Bestimmen Sie den Schnittpunkt der Geraden g und h.
CAS b) Bestimmen Sie die Spurpunkte der Geraden g.
CAS c) Bestimmen Sie den Schnittwinkel der Geraden g und h.

CAS **4.** Wie lauten die Gleichungen der fünf abgebildeten Geraden im Quader, bezogen auf das eingezeichnete Koordinatensystem?

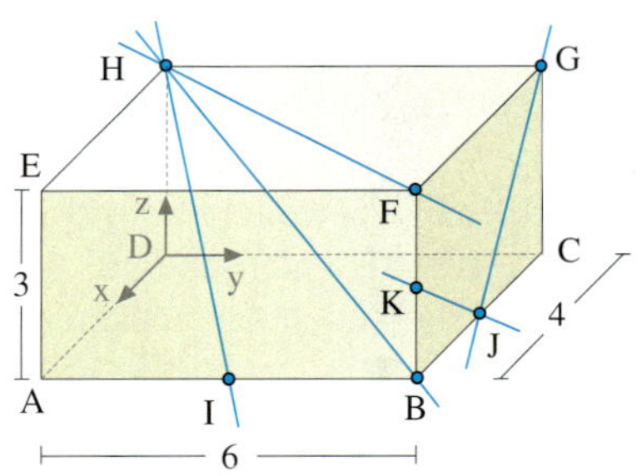

CAS **5.** Geben Sie Werte für die Variablen a, b, c und d an, sodass die Geraden

g: $\vec{x} = \begin{pmatrix} -5 \\ 7 \\ a \end{pmatrix} + r\begin{pmatrix} b \\ -6 \\ 2 \end{pmatrix}$ und h: $\vec{x} = \begin{pmatrix} 1 \\ c \\ 3 \end{pmatrix} + s\begin{pmatrix} -3 \\ 3 \\ d \end{pmatrix}$

a) identisch sind,
b) sich schneiden.

CAS **6.** a) Welchen Abstand hat der Punkt P(9 | 4 | 13) zur Geraden g: $\vec{x} = \begin{pmatrix} 1 \\ -3 \\ 4 \end{pmatrix} + r \cdot \begin{pmatrix} 2 \\ -1 \\ 2 \end{pmatrix}$?

b) Zeigen Sie, dass die Geraden g_1: $\vec{x} = \begin{pmatrix} 3 \\ 4 \\ 4 \end{pmatrix} + r \cdot \begin{pmatrix} 2 \\ 4 \\ -1 \end{pmatrix}$ und die Gerade g_2 durch die Punkte A(7; 7; 3) und B(3; −1; 5) parallel verlaufen. Berechnen Sie dann ihren Abstand.

Lösungen: S. 361

VI. Die Normalverteilung

Die wichtigste stetige Wahrscheinlichkeitsverteilung ist die Normalverteilung. Sie ist nicht – wie die Binomialverteilung – nur für diskrete, z. B. ganzzahlige Werte, sondern für alle reellen Zahlen definiert.
Typisch für den Verlauf des Graphen der Normalverteilung ist eine Glockenform.

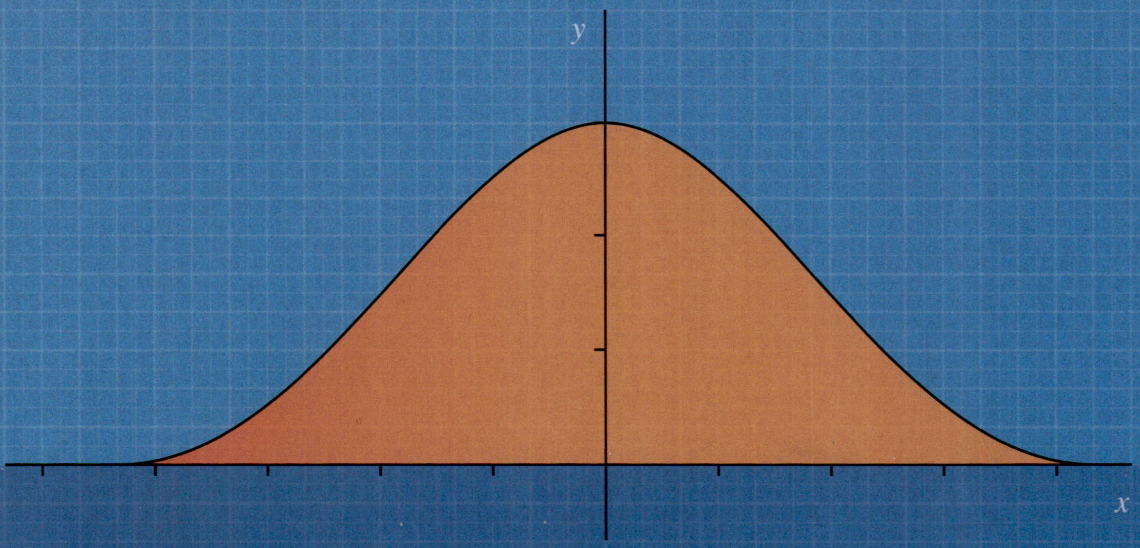

1. Stetige Zufallsgrößen

Als Zufallsgrößen werden allgemein Zuordnungen $X: \Omega \to \mathbb{R}$, die jedem Ergebnis eines Zufallsversuches eine reelle Zahl zuordnen, bezeichnet. Dabei wird zwischen diskreten und stetigen Zufallsgrößen unterschieden. Bei diskreten Zufallsgrößen enthält der Wertebereich nur endlich oder abzählbar unendlich viele Werte. Stetige Zufallsgrößen können dagegen jeden reellen Wert eines Intervalls annehmen. An den folgenden Beispielen werden typische Aufgabenstellungen zum Thema diskrete und stetige Zufallsgrößen bearbeitet.

Beispiel: Trefferanzahl beim Stehendschießen im Biathlon

Beim Stehendschießen gibt ein Biathlet fünf Schüsse auf fünf Scheiben ab. Angenommen seine Trefferwahrscheinlichkeit liegt bei konstant 80 %.

a) Geben Sie die Wahrscheinlichkeitsverteilung der Zufallsgröße X „Anzahl der Treffer“ an.
b) Ermitteln Sie den Erwartungswert und die Varianz von X.
c) Beschreiben Sie den Graphen der Wahrscheinlichkeitsverteilung von X.
d) Berechnen Sie die Wahrscheinlichkeit $P(X \geq 4)$.

Lösung zu a:
Die diskrete Zufallsgröße X ist binomialverteilt mit n = 5 und p = 0,8. Mithilfe der Formel für die Einzelwahrscheinlichkeiten ergibt sich die rechts dargestellte Wahrscheinlichkeitsverteilung zu X.

$$P(X = x_k) = \binom{n}{k} \cdot p^k \cdot (1 - p)^k$$

x_k	0	1	2
$P(X = x_k)$	0,00032	0,0064	0,0512
x_k	3	4	5
$P(X = x_k)$	0,2048	0,4096	0,32768

Lösung zu b:
Erwartungswert: $E(X) = 4$
Varianz: $V(X) = 0{,}8$

$$E(X) = n \cdot p = 5 \cdot 0{,}84$$
$$V(X) = n \cdot p \cdot (1 - p) = 5 \cdot 0{,}8 \cdot 0{,}2 = 0{,}8$$

Lösung zu c:
Der Graph der Wahrscheinlichkeitsverteilung wird als Säulendiagramm dargestellt. Die Länge jeder Säule entspricht einer Einzelwahrscheinlichkeit $P(X = x_k)$.

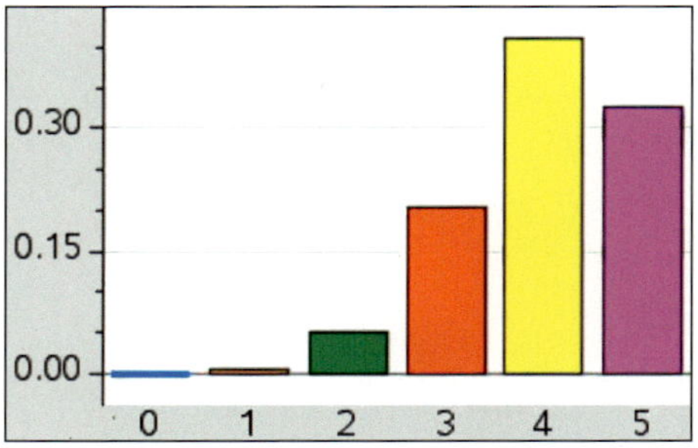

Lösung zu d:
Die gesuchte Wahrscheinlichkeit ergibt sich aus der Summe der Einzelwahrscheinlichkeiten zu den Werten 4 und 5:
$P(X \geq 4) = 0{,}73728$

$$P(X \geq 4) = P(X = 4) + P(X = 5)$$
$$= 0{,}4069 + 0{,}32768$$
$$= 0{,}73728$$

Übung 1

a) Begründen Sie, weshalb die Summe der Augenzahlen beim Werfen zweier Würfel eine diskrete Zufallsgröße X ist.

b) Stellen Sie die Wahrscheinlichkeitsverteilung tabellarisch und grafisch dar.

c) Ermitteln Sie Erwartungswert und Varianz von X.
Berechnen Sie $P(X \geq 7)$.

Zufallsgrößen, die zum Beispiel die Körpergröße eines Neugeborenen, die Dauer eines Telefonats oder die Verspätungszeiten der Bahn beschreiben, können im Prinzip jeden reellen Wert eines Intervalls annehmen. Man bezeichnet sie daher als ***stetige Zufallsgrößen***. Solche Zufallsgrößen können mithilfe stetiger Funktionen, sogenannten ***Wahrscheinlichkeitsdichten***, beschrieben werden.

Eine Funktion f über einem Intervall [a; b] oder (a; b) heißt Dichtefunktion oder Wahrscheinlichkeitsdichte, falls $\mathbf{f(x) \geq 0}$ **und** $\mathbf{\int_a^b f(x)\,dx = 1}$ gilt. Mithilfe dieser Funktionen können die Intervallwahrscheinlichkeiten stetiger Zufallsgrößen bestimmt werden.

Definition VI.1: Intervallwahrscheinlichkeiten stetiger Zufallsgrößen

Eine reellwertige Zufallsgröße X nennt man stetig verteilte Zufallsgröße mit der Wahrscheinlichkeitsdichte f über dem Intervall [a; b] oder (a; b), wenn

$\mathbf{P(c \leq X \leq d) = \int_c^d f(x)\,dx}$ für alle Werte $c \leq d$ aus dem Intervall gilt.

Die Intervallgrenze a kann dabei auch $-\infty$ und b auch $+\infty$ sein.

Die Berechnung von Wahrscheinlichkeiten stetiger Zufallsgrößen erfolgt also mithilfe bestimmter Integrale. Fallen dabei die Integrationsgrenzen zusammen, so hat das bestimmte Integral den Wert null. Daher hat jeder Wert einer stetigen Zufallsgröße – anders als bei diskreten Zufallsgrößen – die Punktwahrscheinlichkeit null, obwohl der Wert natürlich jederzeit auftreten kann. Charakteristische Größen, wie der Erwartungswert und die Varianz können analog zum diskreten Fall definiert und mithilfe der Dichtefunktionen bestimmt werden.

Erwartungswert stetiger Zufallsgrößen

$$E(X) = \int_a^b x \cdot f(x)\,dx$$

Varianz stetiger Zufallsgrößen

$$V(X) = \int_a^b (x - E(x))^2 \cdot f(x)\,dx$$

Stetige Zufallsgrößen werden – im Gegensatz zum diskreten Fall – nicht durch Säulendiagramme, sondern mithilfe des Graphen ihrer Wahrscheinlichkeitsdichte dargestellt. Die Fläche unterhalb des Graphen entlang eines Intervalls entspricht dabei der Intervallwahrscheinlichkeit.

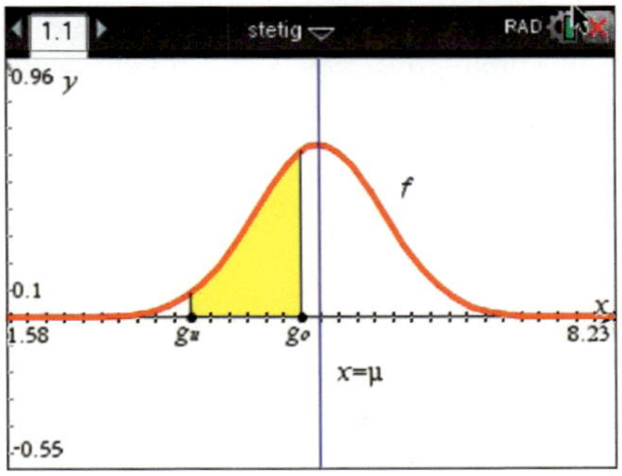

Beispiel: Körpergewicht Neugeborener

Auf dem Bild rechts ist die Verteilung der Körpergewichte von 353 Neugeborenen dargestellt. Mithilfe der roten Kurve kann diese gut approximiert werden. Die zugehörige Funktion ist gegeben durch $f(x) = \frac{1}{\sqrt{2\pi} \cdot 0{,}47} \cdot e^{-\frac{(x-3{,}39)^2}{2 \cdot 0{,}47^2}}$, mit $x \in \mathbb{R}$

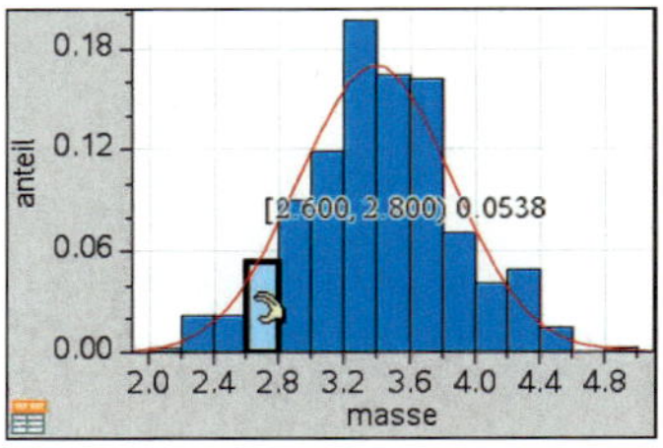

a) Zeigen Sie, dass die Funktion f die Kriterien einer Dichtefunktion erfüllt.

b) Berechnen Sie mithilfe von f die Wahrscheinlichkeit, dass ein Neugeborenes über 3,6 kg wiegt.

c) Stellen Sie f grafisch dar und überprüfen Sie den Wert aus b) durch Analyse des Graphen.

d) Vergleichen Sie den Wert mit den relativen Häufigkeiten, die Sie näherungsweise den zugehörigen Säulen in der Abbildung entnehmen können.

e) Ermitteln Sie mit CAS den Erwartungswert und die Varianz.

Lösung zu a:
Da die Funktion e^x nur Werten größer als null annimmt, gilt $f(x) \geq 0$ für alle $x \in \mathbb{R}$.

Die Eigenschaft $\int_a^b f(x)\,dx = 1$ wird mit dem CAS nachgewiesen.

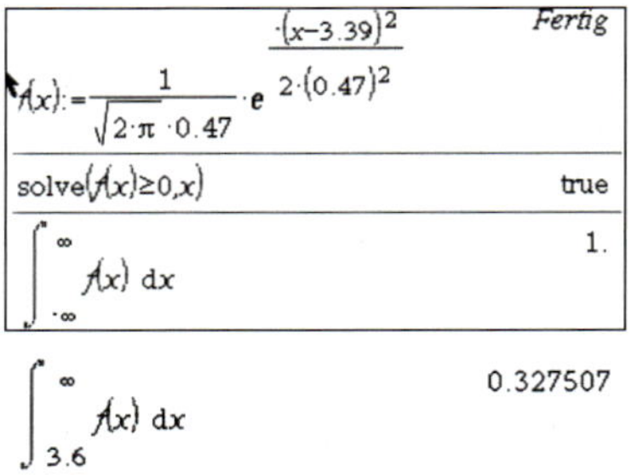

Lösung zu b:
Gemäß der Definition wird die Wahrscheinlichkeit berechnet durch

$$P(X \geq 3{,}6) = \int_{3{,}6}^{\infty} f(x)\,dx \approx 0{,}3275.$$

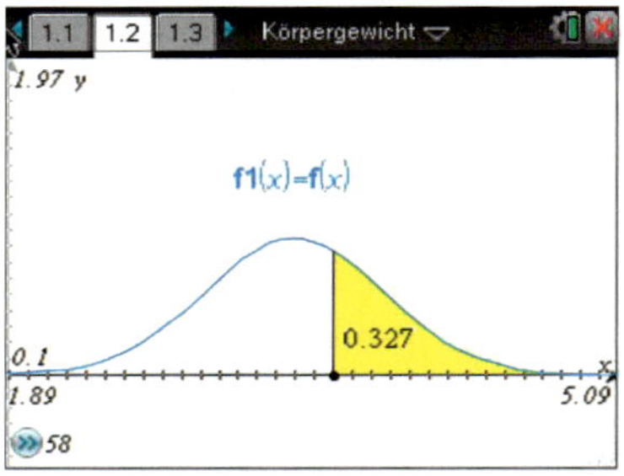

Lösung zu c:
Die grafische Darstellung von f und die näherungsweise Ermittlung mit *Graph analysieren – Integral* bestätigen das errechnete Ergebnis aus b).

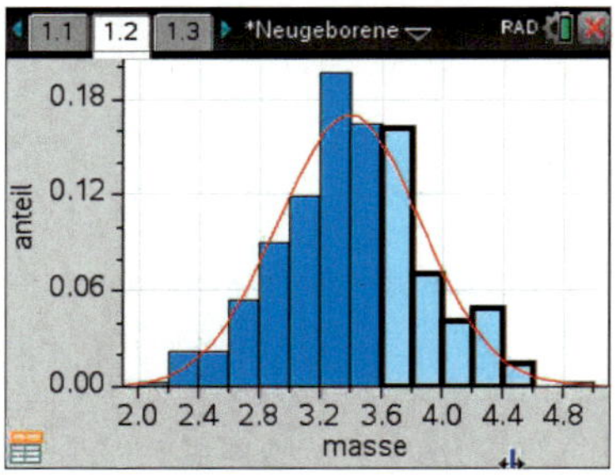

Lösung zu d:
Aus dem Diagramm lassen sich anhand der Säulenlängen die zu $X \geq 3{,}6$ gehörigen relativen Häufigkeiten schätzen. Ihre Summe
$16\,\% + 7\,\% + 4\,\% + 5\,\% + 1\,\% = 33\,\%$
ergibt eine gute Übereinstimmung.

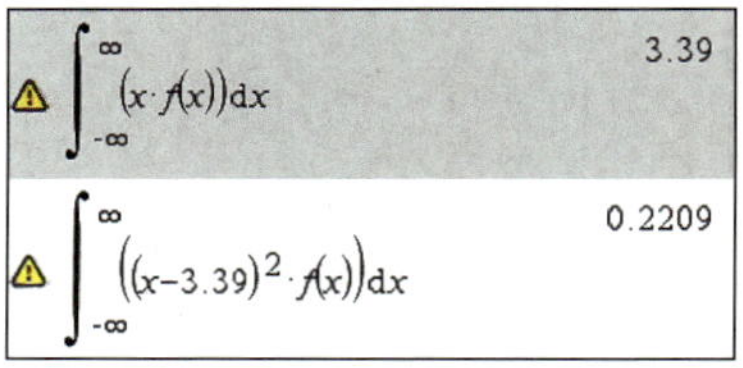

Lösung zu e:
Gemäß der Definition ergeben sich
$E(X) \approx 3{,}39$ und $V(X) \approx 0{,}2209$.

Übung 2

Gegeben ist die Funktion f mit $f(x) = -\frac{3}{4}x \cdot (x-2)$ für alle x im Intervall [0; 2].

a) Zeigen Sie, dass die Funktion f die Eigenschaften einer Dichtefunktion erfüllt.
Es sei X eine stetige Zufallsgröße, die von f beschrieben wird.

b) Berechnen Sie die Wahrscheinlichkeiten $P(X < 1)$; $P(X \geq 1)$ und $P(0{,}5 \leq X < 1{,}7)$.

c) Berechnen Sie den Erwartungswert und die Varianz von X.

Übungen

3. Beurteilen Sie, ob es sich um eine diskrete oder stetige Zufallsgröße handelt.
a) X: Anzahl der geworfenen Sechsen beim dreimaligen Werfen eines Spielwürfels.
b) X: Dauer der Reparatur eines Autos.

4. Übertragen Sie die grafischen Darstellungen in Ihr Heft und nehmen Sie eine Skalierung der Ordinatenachsen so vor, dass die Abbildungen als Wahrscheinlichkeitsverteilungen von Zufallsgrößen interpretierbar sind. Beurteilen Sie, ob es sich jeweils um diskrete oder stetige Zufallsgrößen handelt und markieren Sie die Wahrscheinlichkeit $P(X \leq 5)$.

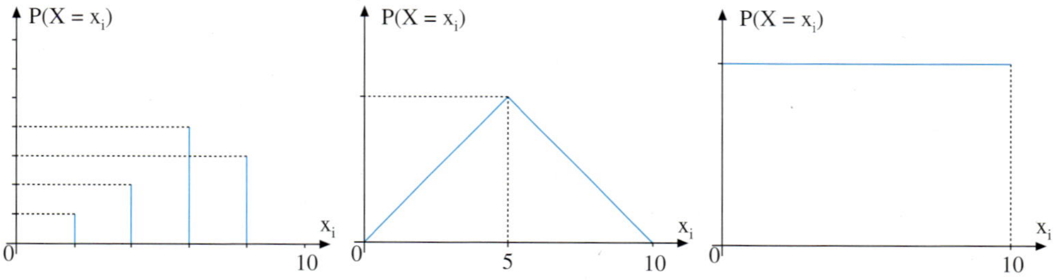

5. Gegeben sind die Funktionen f und g, mit

$$f(x) = \begin{cases} 0, & x \leq 2 \\ x-2, & 2 < x \leq 3 \\ -x+4, & 3 < x \leq 4 \\ 0, & x > 4 \end{cases} \quad \text{und} \quad g(x) = \frac{1}{\sqrt{2\pi}} e^{-\frac{x^2}{2}}.$$

a) Stellen Sie f und g grafisch dar und untersuchen Sie, ob f oder g als Dichtefunktion einer stetigen Zufallsgröße X aufgefasst werden können.

b) Berechnen Sie gegebenenfalls Erwartungswert und Varianz von X sowie die Wahrscheinlichkeit $P(1{,}5 \leq X \leq 2{,}5)$.

6. Es gibt stetige Zufallsgrößen mit einer Dichtefunktion der Form $f(x) = k \cdot e^{-k \cdot x}$, für $x \geq 0$ und $k > 0$ und sonst $f(x) = 0$.

a) Weisen Sie nach, dass für den Erwartungswert dieser Zufallsgröße gilt: $E(X) = \frac{1}{k}$.
Beim Check-in einer Fluggesellschaft wird die Wartezeit bis zur Abfertigung mit dieser Wahrscheinlichkeitsverteilung und einem Erwartungswert von 10 min modelliert.

b) Bestimmen Sie die Wahrscheinlichkeit, dass die Wartezeit höchstens 15 min ist.

c) Bestimmen Sie die Standardabweichung $\sigma = \sqrt{V(X)}$.

d) Zeigen Sie, dass für solche Zufallsgrößen X stets $E(X) = \sigma$ gilt.

2. Die Normalverteilung

Carl Friedrich Gauß (1777–1855) wird als einer der bedeutendsten Mathematiker bezeichnet. Er leitete unter anderem das Gauß'sche Fehlergesetz her. Dieses erlaubt eine Näherung für die Bestimmung der relativen Häufigkeiten des Auftretens eines Fehlers in Zufallsexperimenten. Diese Näherung wird realisiert mithilfe einer Dichtefunktion f, die gegeben ist durch

$$f(x) = \frac{1}{\sqrt{2\pi} \cdot \sigma} \cdot e^{-\frac{(x-\mu)^2}{2 \cdot \sigma^2}}, \; x \in \mathbb{R}$$

und als ***Gauß'sche Glockenfunktion*** bezeichnet wird. Dabei sind μ der Erwartungswert und σ die Standardabweichung der durch f charakterisierten stetigen Zufallsgröße X. Der Erwartungswert μ bestimmt die Stelle des Funktionsmaximums und die Zahlen $\mu \pm \sigma$ die x-Werte der Wendepunkte. Stetige Zufallsgrößen mit Dichtefunktionen dieser Art tauchen in der Natur im Zusammenhang mit Messwertreihen sehr häufig auf und werden daher als normalverteilt bezeichnet.

Definition VI.2: Normalverteilte Zufallsgrößen
Eine stetige Zufallsgröße heißt **normalverteilt** mit den Parametern μ und σ, wenn sie eine Gauß'sche Glockenkurve $\mathbf{f_{\mu;\sigma}(x) = \frac{1}{\sqrt{2\pi} \cdot \sigma} \cdot e^{-\frac{(x-\mu)^2}{2 \cdot \sigma^2}}}$, mit $x \in \mathbb{R}$ als Dichtefunktion besitzt.

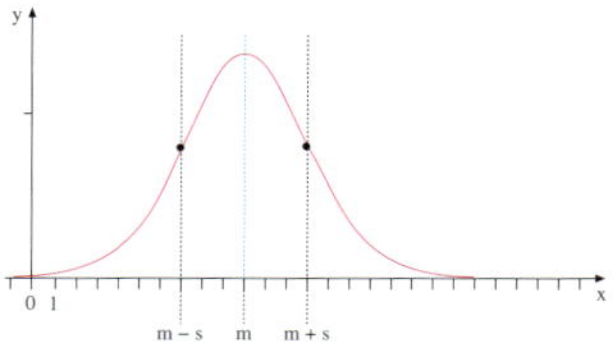

Normalverteilte Zufallsgrößen entstehen durch additive Überlagerung vieler kleiner verschiedener und unabhängiger Effekte zu einem Gesamteffekt. Erwartungswert und Standardabweichung werden mithilfe statistischer Verfahren aus den Messwerten bestimmt. Sie sind in Aufgabenstellungen häufig vorgegeben. Der folgende Satz stellt den Zusammenhang zwischen den Parametern einer normalverteilten Zufallsgröße und deren charakteristischen Kenngrößen dar.

Satz VI.1: Erwartungswert und Varianz normalverteilter Zufallsgrößen
Ist X eine normalverteilte Zufallsgröße mit den Parametern μ und σ, so gilt für den Erwartungswert $\mathbf{E(X) = \mu}$ und die Varianz $\mathbf{V(X) = \sigma^2}$.

Der Beweis für diesen Satz kann in der Schule nicht geführt werden. Man kann aber diese Sachverhalte an Beispielen mithilfe des CAS plausibel machen, wie nebenstehende Bildschirme für $\mu = 51$ und $\sigma = 3$ veranschaulichen.

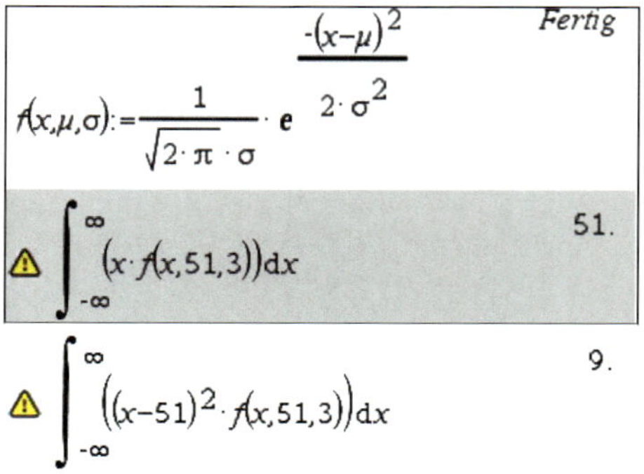

Beispiel: Körpergröße

Die Körpergröße der Oberstufenschüler eines Gymnasiums sei eine normalverteilte Zufallsgröße X mit $\mu = 1{,}70\,\text{m}$ und $\sigma = 0{,}1\,\text{m}$.

a) Bestimmen Sie rechnerisch und grafisch die Wahrscheinlichkeit, dass ein zufällig ausgewählter Schüler höchstens 1,65 m groß ist.

b) Ermitteln Sie, welche Körpergröße die 10 % größten Oberstufenschüler mindestens haben.

c) Wie groß ist die Wahrscheinlichkeit, dass ein Schüler 1,80 m groß ist.

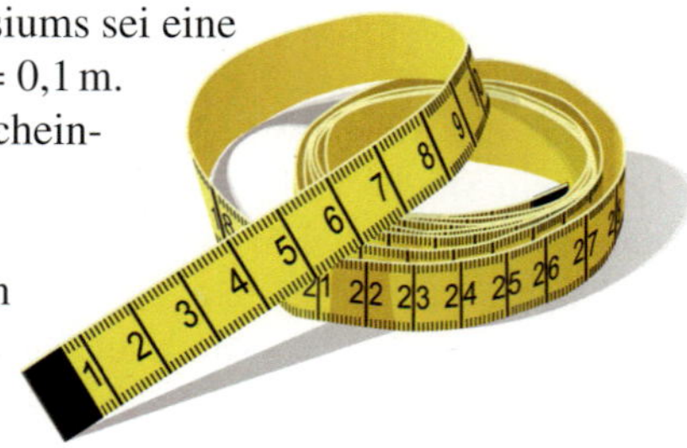

Lösung zu a:

Per Definition ergibt sich die gesuchte Wahrscheinlichkeit $P(X \leq 1{,}65)$ durch das bestimmte Integral

$$\int_{-\infty}^{1{,}65} \frac{1}{\sqrt{2\pi}\cdot 0{,}1} e^{-\frac{(x-1{,}7)^2}{2\cdot 0{,}1^2}}\,dx \approx 0{,}31.$$

$$f(x,m,s) := \frac{1}{\sqrt{2\cdot\pi}\cdot s}\cdot e^{\frac{-(x-m)^2}{2\cdot s^2}} \quad \textit{Fertig}$$

$$\int_{-\infty}^{1.65} f(x,1.7,0.1)\,dx \quad 0.308538$$

Mit *Graph analysieren – Integral* ergibt sich eine grafische Näherung von 0,309.

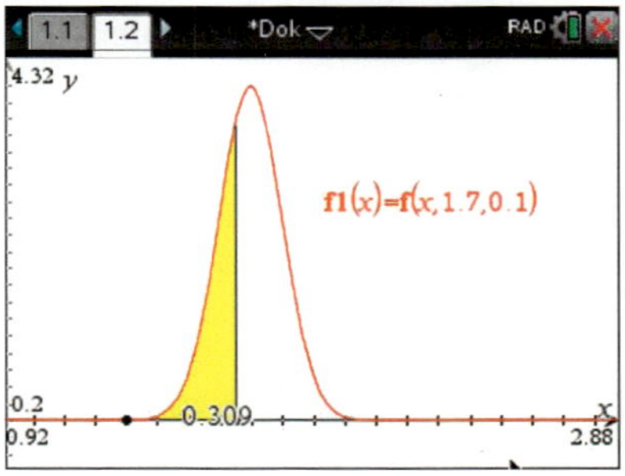

Lösung zu b:

Gesucht ist eine Grenze a, sodass $P(X \geq a) = 0{,}1$ gilt. Die Gleichung

$$\int_{a}^{\infty} \frac{1}{\sqrt{2\pi}\cdot 0{,}1} e^{-\frac{(x-1{,}7)^2}{2\cdot 0{,}1^2}}\,dx = 0{,}10$$

kann mit *nsolve* gelöst werden. Dabei ist zu beachten, dass der Befehl einen Startwert braucht. Bei der grafischen Lösung wird die untere Grenze so lange verändert, bis der Inhalt der gelben Fläche bei ca. 0,1 FE liegt. Ergebnis: Die 10 % größten Schüler sind mindestens 1,83 m groß.

$$\text{nSolve}\left(\int_{a}^{\infty} f(x,1.7,0.1)\,dx = 0.1, a, 1\right) \quad 1.82816$$

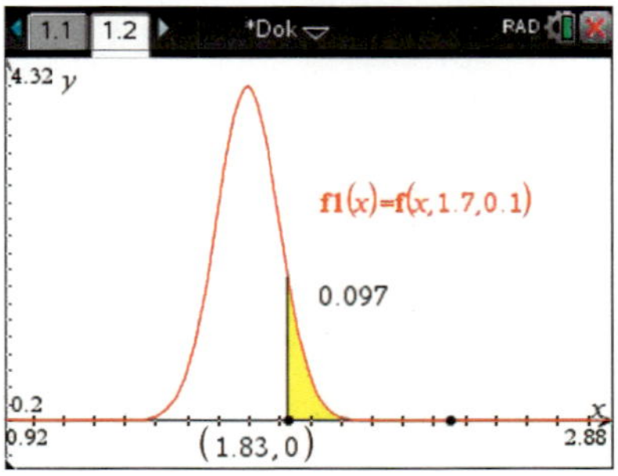

Lösung zu c:

Da einzelne Werte stets die Wahrscheinlichkeit null haben, kann zum Beispiel im Rahmen der Messungenauigkeit das Intervall [1,795; 1,805] gewählt werden. Damit ergibt sich

$$\int_{1{,}795}^{1{,}805} \frac{1}{\sqrt{2\pi}\cdot 0{,}1} e^{-\frac{(x-1{,}7)^2}{2\cdot 0{,}1^2}}\,dx \approx 0{,}024.$$

$$\int_{1.795}^{1.805} f(x,1.7,0.1)\,dx \quad 0.024197$$

Übung 1

Eine Hühnerfarm mit sehr vielen Hühnern ermittelt eine Woche lang die Masse von jedem gelegten Ei. Es zeigt sich, dass für die Zufallsgröße X „Masse eines Eies in Gramm" dieser Hühnerfarm das Modell der Normalverteilung mit $\mu = 54\,g$ und $\sigma = 2\,g$ geeignet ist.

a) Ermitteln Sie die Wahrscheinlichkeiten folgender Ereignisse für zufällig der Produktion entnommener Eier: A: Ein Ei wiegt mindestens 48 g.
B: Die Masse der Eier liegt zwischen 50 g und 58 g. C: Ein Ei wiegt 56 g.

b) Ermitteln Sie welches Mindestgewicht die 25 % schwersten Eier haben.

Übungen

2. Untersuchen Sie mithilfe der Analysis Eigenschaften der Gauß'schen Glockenkurve.
a) Ermitteln Sie die Koordinaten der Wendepunkte der Kurve.
b) Begründen Sie, dass die Kurve für $\mu = 0$ und $\sigma = 1$ achsensymmetrisch ist.
c) Untersuchen Sie das Verhalten im Unendlichen.
d) Begründen Sie, dass die Funktion $f_{\mu;\sigma}(x)$ nur positive Funktionswerte besitzt.

3. Rechnen Sie für verschiedene selbstgewählte Werte von μ und σ mithilfe des CAS nach, dass stets $\int_{-\infty}^{\infty} f_{\mu;\sigma}(x)\,dx = 1$ ist, wenn $f_{\mu;\sigma}(x) = \frac{1}{\sqrt{2\pi}\cdot\sigma} \cdot e^{-\frac{(x-\mu)^2}{2\cdot\sigma^2}}$ gilt.

4. Gegeben ist eine normalverteilte Zufallsgröße mit $\mu = 80$ und $\sigma = 5$.
a) Stellen Sie die dazugehörige Glockenkurve grafisch dar.
b) Ermitteln Sie mit dem CAS die Wahrscheinlichkeiten
$P(X < 80)$; $P(X \leq 80)$; $P(50 < X \leq 80)$ und $P(X \geq 60)$.
c) Ermitteln Sie jeweils den Parameter a, sodass $P(-\infty < X \leq a) = 0{,}7$;
$P(a \leq X < \infty) = 0{,}2$ bzw. $P(|X - \mu| \leq a) = 0{,}3$ gilt.

5. Wählen Sie einige Werte für μ und σ und berechnen Sie mithilfe des CAS die Wahrscheinlichkeiten $\int_{\mu - c\cdot\sigma}^{\mu + c\cdot\sigma} f_{\mu;\sigma}(x)\,dx$ mit $f_{\mu;\sigma}(x) = \frac{1}{\sqrt{2\pi}\cdot\sigma} \cdot e^{-\frac{(x-\mu)^2}{2\cdot\sigma^2}}$ für $c \in \{1, 2, 3\}$. Vergleichen Sie die Ergebnisse und informieren Sie sich, was man unter den σ-Regeln der Normalverteilung versteht.

6. Beim Abfüllen von Saft in 500-ml-Kartons kann die Abfüllmenge als normalverteilt aufgefasst werden. In 7 % dieser Kartons werden weniger als 490 ml und in 7 % mehr als 510 ml Saft abgefüllt. Ermitteln Sie die Standardabweichung der Füllmenge vom Sollwert 500 ml (= Erwartungswert).

7. Lesen Sie den Erwartungswert und die Standardabweichung für die rechts dargestellte Normalverteilung aus der Zeichnung ab. Kontrollieren Sie Ihr Ergebnis mit dem CAS.

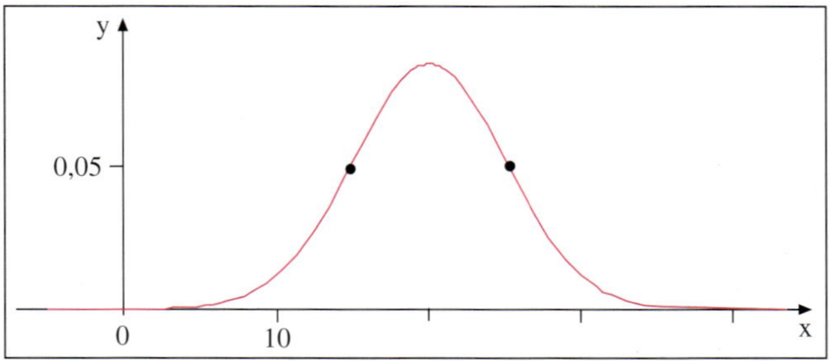

8. Zeichnen Sie die Graphen von normalverteilten Zufallsgrößen X für verschiedene Werte von μ und σ. Beschreiben Sie den Einfluss dieser Parameter auf die Gestalt der Glockenkurve.

9. Der Graph der Funktion $y = \cos(x) + 1$ hat im Intervall $[-\pi; \pi]$ eine glockenförmige Gestalt. Begründen Sie, weshalb diese Funktion in diesem Intervall nicht als Dichtefunktion einer stetigen Zufallsgröße in Betracht kommt.

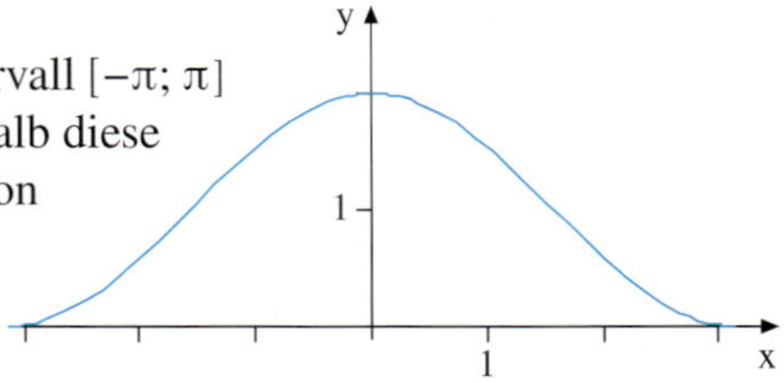

10. Intelligenztests werden so konstruiert, dass sie normalverteilt sind. Ein Intelligenztest liefert im Bevölkerungsdurchschnitt einen Erwartungswert von 100 Punkten mit einer Standardabweichung von 15 Punkten.

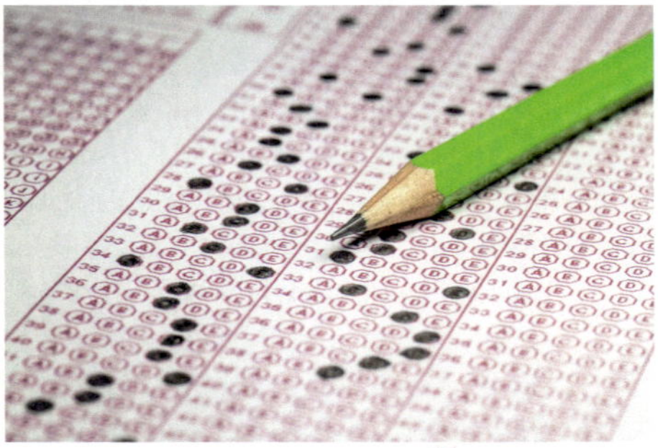

a) Eine zufällig ausgewählte Person wird mit diesem Verfahren getestet. Ermitteln Sie die Wahrscheinlichkeit, dass sie dabei einen Wert erzielt, der im Intervall von 85 bis 115 Punkten liegt.

b) Wie viele Personen mit einem Ergebnis von mindestens 160 Punkten sind unter 1 000 000 Personen zu erwarten?

c) Zehn Personen werden getestet. Bestimmen Sie die Wahrscheinlichkeit, dass von diesen Personen mehr als zwei mindestens 120 Punkte haben

11. Eine Maschine produziert Stahlplatten. Die Stärke dieser Platten ist normalverteilt mit $\mu = 10$ mm und $\sigma = 0{,}4$ mm. Die Platten können nicht verwendet werden, wenn sie unter 9 mm bzw. über 11 mm stark sind.

a) Berechnen Sie, mit welcher Wahrscheinlichkeit eine Platte Ausschuss ist.

b) Jemand kauft 5000 Platten. Ermitteln Sie, wie viele davon er nicht verwenden kann.

c) Die Maschine soll so eingestellt werden, dass von 5000 Platten höchstens 20 vom Sollwert 10 mm abweichen. Ermitteln Sie, wie groß die Standardabweichung in diesem Fall höchstens sein darf.

12. Die mittlere Windgeschwindigkeit an der westlichen Ostsee beträgt 18 km/h. Die Standardabweichung beträgt 6 km/h. Zur Vorbereitung von Segelregatten werden Messungen vorgenommen bzw. Wahrscheinlichkeiten berechnet.

a) Mit welcher Wahrscheinlichkeit wird bei einer Messung eine Windgeschwindigkeit über 25 km/h gemessen?

b) Wie wahrscheinlich ist es, dass beim Start der Regatta der Wind mit einer Geschwindigkeit von über 15 km/h bläst?

c) Es werden fünf zufällige Messungen vorgenommen. Mit welcher Wahrscheinlichkeit liegen alle Messwerte über 15 km/h?

d) Mit welcher Wahrscheinlichkeit wird die Windgeschwindigkeit bei mindestens drei der zehn geplanten Regatten über 15 km/h liegen?

Die Kieler Woche: Das größte Segelsport-Ereignis der Welt

13. Das Durchschnittsgewicht eines Erwachsenen beträgt 70 kg mit einer Standardabweichung von 10 kg.

a) Mit welcher Wahrscheinlichkeit wiegt eine zufällig ausgewählte Person mehr als 85 kg?

b) Acht Personen besteigen einen Aufzug, der eine Tragfähigkeit von 650 kg besitzt. Mit welcher Wahrscheinlichkeit wiegt keine der Personen mehr als 80 kg, so dass die Tragfähigkeit in jedem Fall gewährleistet ist?

c) Für einen Test werden zwanzig Personen mit einem Gewicht zwischen 65 kg und 75 kg benötigt. Wie viele Personen muss man überprüfen, um die zwanzig Testkandidaten zu finden?

14. Die Strandstraße ist eine 30-km-Zone. Die Fahrgeschwindigkeit wurde durch Radarmessungen statistisch in der Hauptverkehrszeit zwischen 15 und 17 Uhr erfasst. Es ergab sich eine angenäherte Normalverteilung mit $\mu = 32$ km/h und $\sigma = 7$ km/h.

a) Welcher Prozentsatz der Fahrzeuge überschreitet das Geschwindigkeitslimit?

b) Welcher Prozentsatz der Fahrer erhält ein Bußgeld, wenn dies ab 35 km/h verhängt wird?

c) Die Geschwindigkeitsbegrenzung wird versuchsweise auf 50 km/h angehoben. Danach ergibt eine Messung, dass nur noch 30 % der Fahrer das Limit überschreiten. Welche Durchschnittsgeschwindigkeit wird nun gefahren, wenn die Standardabweichung 10 km/h ist?

Überblick

Zufallsgröße

Eine Zuordnung X: $\Omega \rightarrow \mathbb{R}$, die jedem Ergebnis eines Zufallsversuchs eine reelle Zahl zuordnet.
Ω beschreibt die Menge aller Ergebnisse

Diskrete Zufallsgröße

Der Wertebereich enthält nur einzelne, diskrete Werte.

Dichtefunktion

Eine Funktion f über einem Intervall (a; b) (bzw. [a; b]), mit

$$\mathbf{f(x) \geq 0} \text{ und } \int_a^b \mathbf{f(x)\,dx = 1}.$$

Dabei kann a auch $-\infty$ und b kann ∞ sein.

Stetige Zufallsgröße

Eine reellwertige Zufallsgröße X mit der Wahrscheinlichkeitsdichte f über dem Intervall [a; b] oder (a; b), sodass

$$P(c \leq X \leq d) = \int_c^d f(x)\,dx$$

für alle Werte $c \leq d$ aus dem Intervall gilt.

Erwartungswert, Varianz und Standardabweichung einer stetigen Zufallsgröße

$$E(X) = \int_a^b x \cdot f(x)\,dx$$

$$V(X) = \int_a^b (x - E(x))^2 \cdot f(x)\,dx$$

$$\sigma = \sqrt{V(X)}.$$

Normalverteilung

Eine Zufallsgröße X mit der Gauß'schen Glockenkurve $f_{\mu;\sigma}(x) = \frac{1}{\sqrt{2\pi} \cdot \sigma} \cdot e^{-\frac{(x-\mu)^2}{2 \cdot \sigma^2}}$ als Dichtefunktion. Dann heißt X normalverteilt mit Parametern μ und σ.
Kurzschreibweise: $X \sim N(\mu; \sigma^2)$

Erwartungswert: $\mathbf{E(X) = \mu}$

Varianz: $\mathbf{V(X) = \sigma^2}$

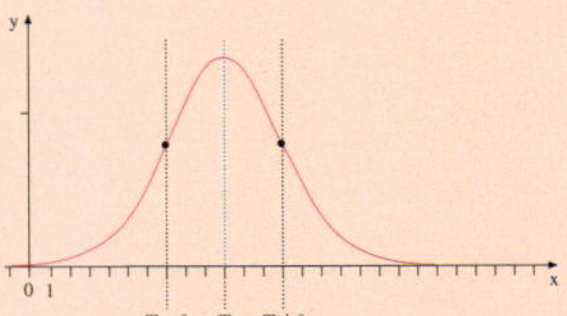

Berechnung von Intervallwahrscheinlichkeiten

$$P(a \leq X \leq b) = P(a < X < b) = \int_a^b f_{\mu;\sigma}(x)\,dx$$

CAS-Befehl: *normCdf* (a, b, μ, σ)

Berechnung der oberen Grenze gegebener Wahrscheinlichkeit

$$nsolve\left(\int_{-\infty}^{a} \frac{1}{\sqrt{2\pi} \cdot \sigma} \cdot e^{\frac{(x-\mu)^2}{2 \cdot \sigma^2}}\,dx = p,\ a,\ \text{Startwert}\right)$$

invnorm (p, μ, σ)

CAS-Anwendungen

Stetige Zufallsgrößen

Beispiel: Dichtefunktion nachweisen

Die Lebensdauer eines radioaktiven Atoms wird durch eine Zufallsgröße X beschrieben. Diese kann gut durch die Kurve zur Gleichung $f(t) = e^{-t}$ ($t \geq 0$ in Tagen) approximiert werden.

a) Weisen Sie nach, dass f alle Eigenschaften einer Dichtefunktion erfüllt.

b) Berechnen Sie mithilfe von f die Wahrscheinlichkeit, dass ein Atom am vierten Tag zerfällt.

c) Bestimmen Sie den Erwartungswert und die Varianz von X.

Lösung zu a:
Auf einer Calculator-Seite wird zunächst die Funktion f definiert.
Der Nachweis, dass $f(x) \geq 0$ gilt, wird mithilfe des *solve*-Befehls geführt.
Die zweite Eigenschaft wird durch Integration nachgewiesen.

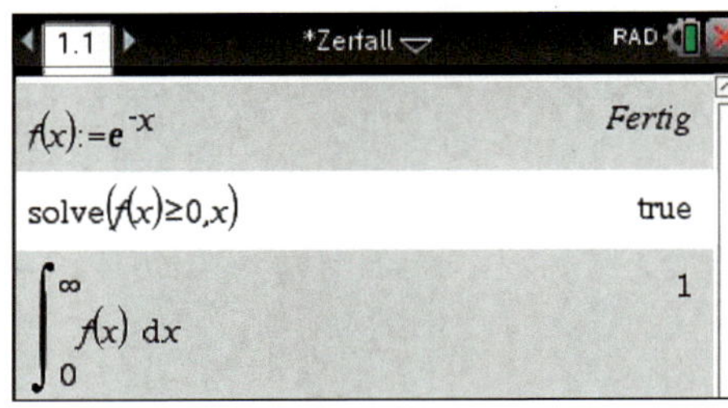

Lösung zu b:
Die gesuchte Wahrscheinlichkeit ist

$$P(3 \leq X \leq 4) = \int_3^4 e^{-t}\,dt \approx 0{,}31471.$$

Die Näherung ergibt sich dabei durch Anwendung des Befehls
ans › Decimal.

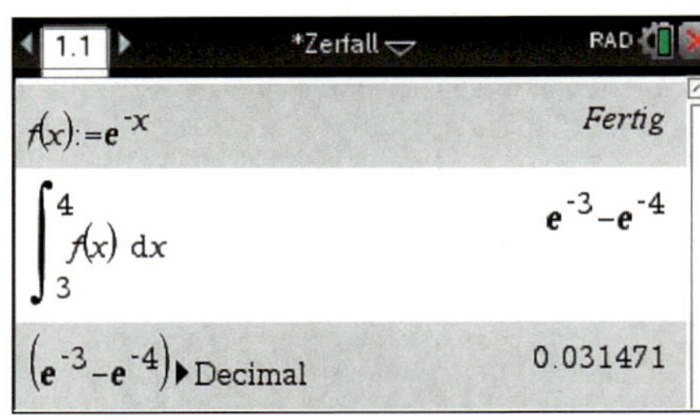

Lösung zu c:
Der Erwartungswert und die Varianz ergeben sich durch Anwendung der Formeln auf Seite 211. Die Integrationsgrenzen müssen in diesem Fall als 0 und n gewählt werden.
Ergebnis: $E(X) = V(X) = 1$

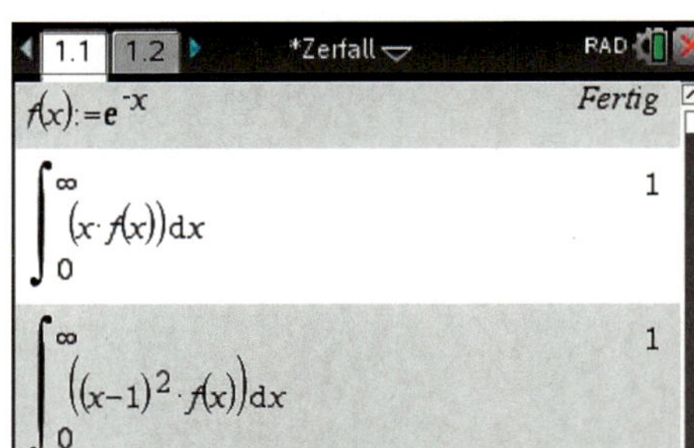

Übung 1

Gegeben ist die Funktion f mit $f(x) = \frac{3}{4}x \cdot (x-2)^2$ für alle reellen Zahlen x aus $[0; 2]$.

a) Zeigen Sie, dass die Funktion f die Eigenschaften einer Dichtefunktion erfüllt.
Es sei X eine stetige Zufallsgröße, die von f beschrieben wird.

b) Berechnen Sie die Wahrscheinlichkeiten $P(X < 1)$; $P(X \geq 1)$ und $P(0{,}5 \leq X < 1{,}7)$.

c) Berechnen Sie den Erwartungswert und die Varianz von X.

CAS-Anweisungen für die Normalverteilung

Beispiel: Intervallwahrscheinlichkeiten und Grenzen bestimmen

Gegeben ist eine normalverteilte Zufallsgröße X mit $\mu = 40$ und $\sigma = 4.9$.

a) Stellen Sie die zugehörige Gauß'sche Glockenkurve grafisch dar und ermitteln Sie grafisch und rechnerisch die Wahrscheinlichkeit $P(30 \leq X \leq 45)$.

b) Ermitteln Sie den gesuchten Parameter a, sodass $P(-\infty < X \leq a) = 0{,}8$ gilt.

Lösung zu a:
Die Intervallwahrscheinlichkeit $P(a < X < b)$ einer normalverteilten Zufallsgröße X kann mithilfe des Befehls ***normCdf(a,b,μ,σ)*** direkt berechnet werden:
$\mu = 40$; $\sigma = 4.9$; $a = 30$; $b = 45$
Ergebnis: $P(30 \leq X \leq 45) \approx 0{,}826$.
Durch ***normPdf(x,40,4.9)*** wird die zugehörige Glockenkurve erzeugt und mit ***Graph analysieren › Integral*** und Festlegung der Grenzen kann die gesuchte Intervallwahrscheinlichkeit grafisch bestimmt werden.

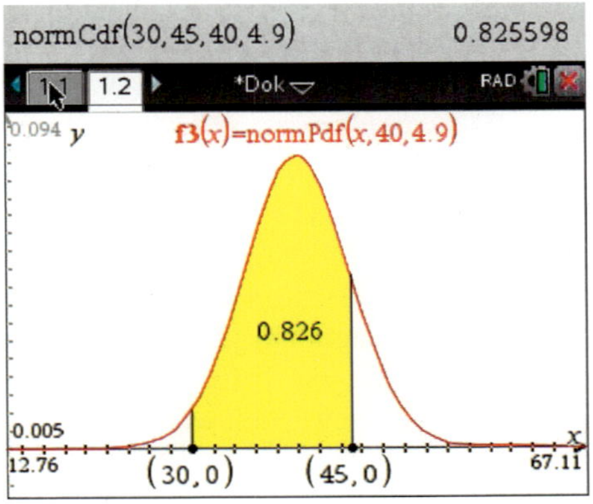

Lösung zu b:
Gesucht ist die Lösung der Gleichung

$$\int_{-\infty}^{a} \frac{1}{\sqrt{2\pi} \cdot \sigma} \cdot e^{-\frac{(x-\sigma)^2}{2 \cdot \sigma^2}} dx = p.$$

Diese kann mithilfe des *nsolve*-Befehls oder direkt mit ***invNorm(p,μ,σ)*** bestimmt werden: $\mu = 40$; $\sigma = 4.9$; $p = 0{,}8$
Ergebnis: $a \approx 44{,}1239$.
Die Lösung kann auch näherungsweise grafisch ermittelt werden. Dazu wird die untere Integrationsgrenze nach links außen versetzt und die obere Grenze so verschoben, dass die Fläche unter der Kurve einen Inhalt von annähernd 0,8 FE hat:
Ergebnis: $a \approx 44{,}1$.

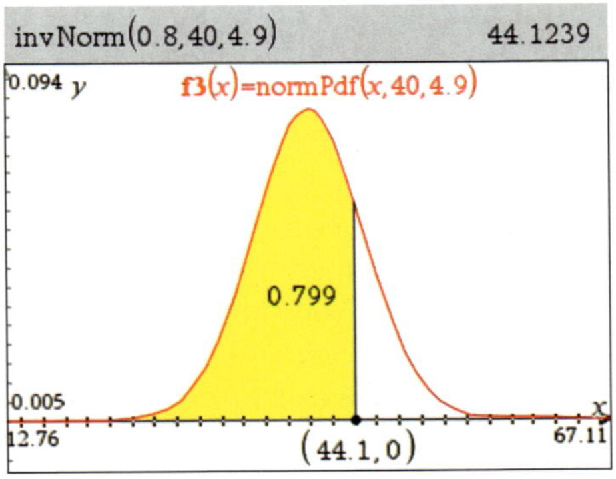

Übung 2

Gegeben ist eine normalverteilte Zufallsgröße X mit $\mu = 75$ und $\sigma = 8$.

a) Stellen Sie die zugehörige Gauß'sche Glockenkurve grafisch dar und ermitteln Sie grafisch und rechnerisch mithilfe des CAS die Wahrscheinlichkeiten
$P(30 \leq X < 55)$; $P(-\infty < X \leq 95)$; $P(75 \leq X < \infty)$.

b) Ermitteln Sie jeweils den gesuchten Parameter a:
$P(-\infty < X \leq a) = 0{,}7$ $P(a \leq X < \infty) = 0{,}2$ $P(|X - \mu| \leq a) = 0{,}4$.

Simulation normalverteilter Zufallsgrößen/Histogramme

Beispiel: Simulation von Körpergewichten

Das Körpergewicht von Neugeborenen wird als eine normalverteilte Zufallsgröße mit dem Erwartungswert 3,39 kg und einer Standardabweichung von 0,47 kg angenommen.

a) Erstellen Sie eine Simulation für 300 Neugeborene und veranschaulichen Sie diese in einem Histogramm.

b) Wählen Sie verschiedene Säulenbreiten und Maßstäbe und beschreiben Sie ihre Beobachtungen. Ermitteln Sie zusätzlich die zur Simulation gehörige Glockenkurve.

Lösung zu a:

Im Hauptmenü wird mit Lists&Spreadsheets eine Tabelle erzeugt. Die Simulationsdaten werden durch die Eingabe des Befehl *=randNorm(3.39,0.47,300)* erzeugt. Über *Menü – Daten – Schnellgraph* wird ein Punktdiagramm geplottet, welches unter *Menü – Plot-Typ – Histogramm* in ein Histogramm umgewandelt werden kann.

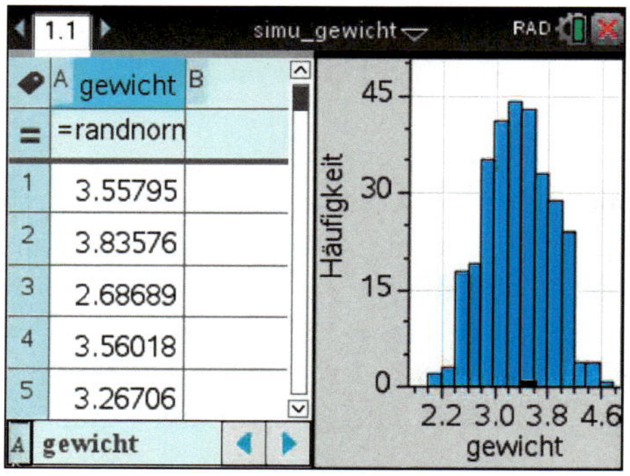

Lösung zu b:

Über *Menü – Plot – Eigenschaften* kann der Histogramm-Maßstab gewählt werden.

1. **Dichte als Maßstab**

Der Inhalt einer Säule entspricht der jeweiligen Intervallwahrscheinlichkeit und die Fläche aller Säulen genau einer FE.

2. **Häufigkeit als Maßstab**

Die Fläche einer Säule entspricht der absoluten Häufigkeit der Daten des entsprechenden Intervalls und die Gesamtfläche der Gesamtmasse. Über *Menü – Analysieren – Normal Pdf anzeigen* wird die zur Simulation gehörige Glockenkurve erzeugt. Aus der Bezeichnung *normPdf(x,3.37213,0.45462)* können die Parameter μ und σ abgelesen und damit die Gleichung der Kurve bestimmt werden.

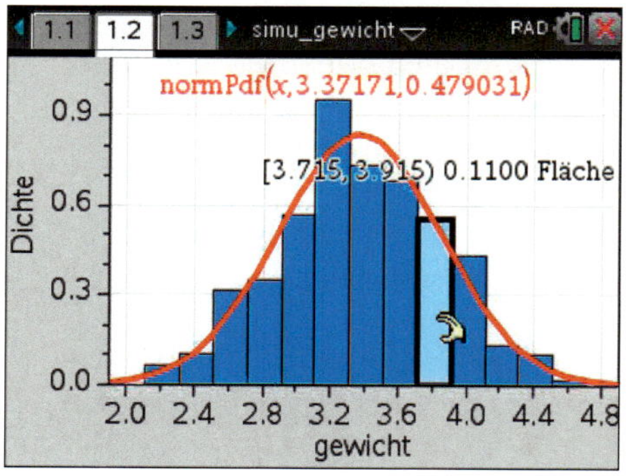

Übung 3

Es wird angenommen, dass die Punktzahl bei einer Prüfung normalverteilt ist mit einem Erwartungswert von 35 Punkten und einer Standardabweichung von 5 Punkten.

a) Erstellen Sie eine Simulation mit Histogramm für 120 Prüfungsteilnehmer.

b) Wählen Sie verschiedene Säulenbreiten bzw. Maßstäbe und beschreiben Sie Ihre Beobachtungen. Ermitteln Sie die Gleichung der zur Simulation gehörigen Glockenkurve.

Daten auf Normalverteilung prüfen

Beispiel: Augensumme beim Würfeln als Normalverteilung
Testen Sie, ob die Augensumme beim n-maligen Würfeln von vier Spielwürfeln durch eine Normalverteilung angenähert werden kann.

Über den Menüpunkt *Lists&Spreadsheets* wird eine Tabelle aufgerufen. In jeder der ersten vier Spalten *wü1,wü2,wü3,wü4* wird mit dem Befehl *=randInt(1,6,500)* das 500-malige Werfen eines Würfels simuliert. Es werden zufällige ganze Zahlen von 1 bis 6 ausgegeben. In der fünften Spalte wird mit *wü1+w2ü+wü3+wü4* die Augensumme *su* berechnet. Über *Menü – Daten – Schnellgraph* wird ein Punktdiagramm geplottet.

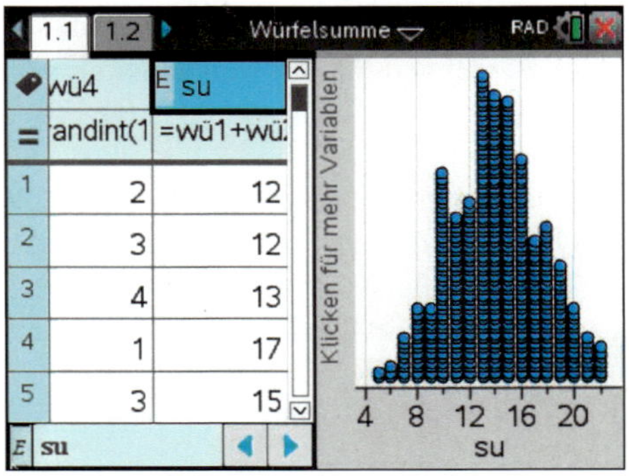

Um zu prüfen ob die Annäherung durch eine Normalverteilung möglich ist, wird *Menü – Plot-Typ – Wahrscheinlichkeitsdiagramm* aufgerufen.
Je dichter die Punkte an der Geraden liegen, desto besser lassen sich die Daten durch eine Normalverteilung modellieren.
Dies ist in diesem Fall gut möglich und aus der angezeichneten Geradengleichung $y = \frac{x - 14.026}{3.45561}$ lassen sich der Erwartungswert 14,026 und die Standardabweichung 3,45561 ablesen.

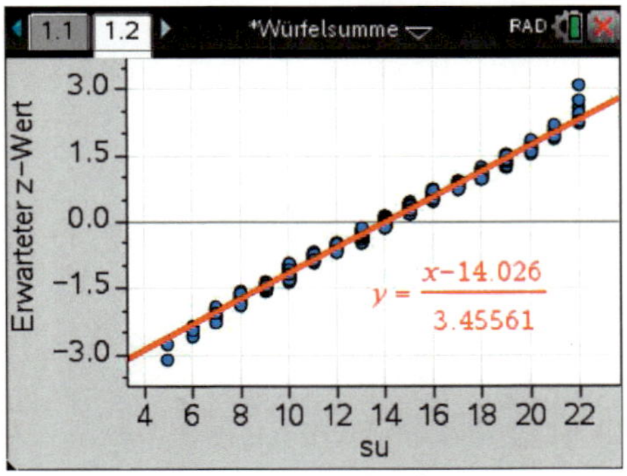

Zum Abschluss wird ein Histogramm erzeugt (*Menü – Plot-Typ – Histogramm*, dann *Menü – Ploteigenschaften – Histogrammeigenschaften – Histogrammmaßstab – Dichte*)
und mit *Menü – Analysieren – Normal Pdf anzeigen* die zur Simulation gehörige Glockenkurve eingezeichnet.

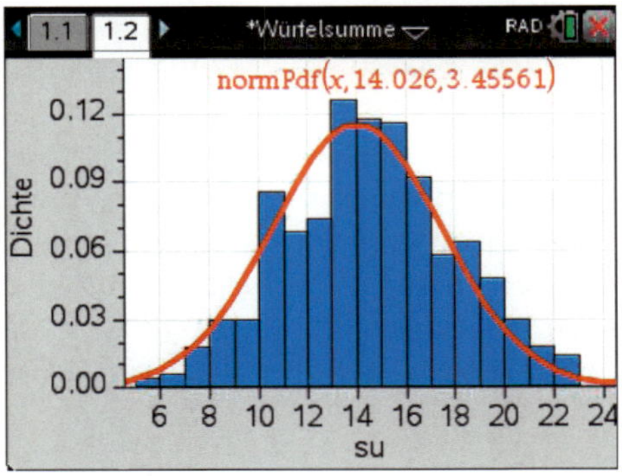

Übung 4
Zehn Münzen werden gleichzeitig 300-mal geworfen. Testen Sie durch Simulation, ob die Summe der Anzahlen für „Wappen" näherungsweise normalverteilt ist.

Test

Stetige Zufallsgrößen/Normalverteilung

CAS **1.** Gegeben ist die Funktionen f durch $f(x) = \begin{cases} 0{,}2; & 0 \leq x \leq 5 \\ 0; & \text{sonst} \end{cases}$ mit $x \in \mathbb{R}$.

a) Stellen Sie f grafisch dar.

b) Weisen sie nach, dass f eine Wahrscheinlichkeitsdichte zu einer Zufallsgröße X ist.

c) Berechnen Sie die Wahrscheinlichkeit $P(2 < X < 3)$.

d) Bestimmen Sie a, sodass $P(0 < X < a) = 0{,}6$ gilt.

CAS **2.** Übertragen Sie die grafischen Darstellungen in Ihr Heft und nehmen Sie eine Skalierung der Ordinatenachsen so vor, dass die Abbildungen als Wahrscheinlichkeitsverteilungen von Zufallsgrößen interpretierbar sind. Veranschaulichen Sie in jeder Darstellung die Wahrscheinlichkeit $P(X \geq 4)$ farbig und beurteilen Sie, ob es sich jeweils um diskrete oder stetige Zufallsgrößen handelt.

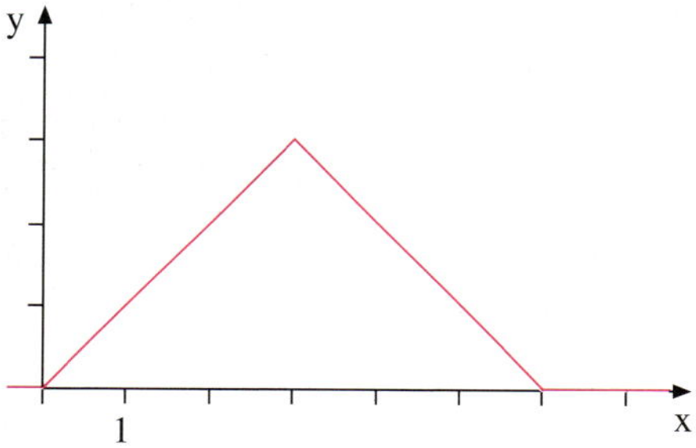

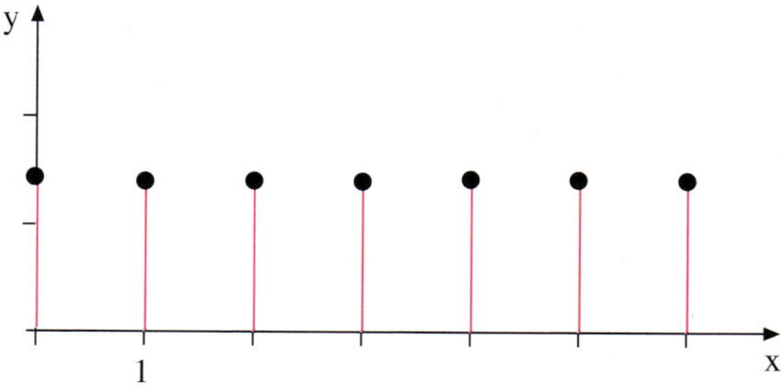

CAS **3.** Gegeben ist eine normalverteilte Zufallsgröße X mit $\mu = 175$ und $\sigma = 10$.

a) Stellen Sie die zugehörige Dichtefunktion grafisch dar.

b) Ermitteln Sie folgende Wahrscheinlichkeiten
$P(130 \leq X \leq 200)$; $P(X < 180)$; $P(X \geq 150)$.

c) Ermitteln Sie die Grenze a, sodass gilt:
$P(X < a) = 0{,}3$, $P(X \geq a) = 0{,}15$; $P(|X - \mu| \leq a) = 0{,}68$.

CAS **4.** Bei einer Lieferung von Schrauben sei deren Durchmesser normalverteilt mit einem Erwartungswert von 12,0 mm und einer Standardabweichung von 0,5 mm. Schraubenmuttern deren Durchmesser kleiner als 11,0 mm oder größer als 13,0 mm ist, gelten als Ausschuss.

a) Ermitteln Sie, mit welchem Ausschussanteil der Abnehmer rechnen muss.

b) Berechnen Sie, welche Toleranz der Hersteller dieser Schraubenmuttern gewährleisten müsste, damit seine Lieferungen nicht mehr als 3 % Ausschuss enthalten.

Lösungen: S. 362

VII. Vertiefungsthema 1: Ebenen

Ebenen im Raum können ähnlich wie Geraden mithilfe von Vektoren analytisch beschrieben werden, wobei sich neben der Parameterform die Normalenform und die Koordinatenform der Ebenengleichung als besonders effektiv erweisen. Damit ergibt sich die Möglichkeit, die Lagebeziehung zwischen zwei Ebenen, zwischen einer Geraden und einer Ebene und zwischen einem Punkt und einer Ebene rechnerisch zu untersuchen.

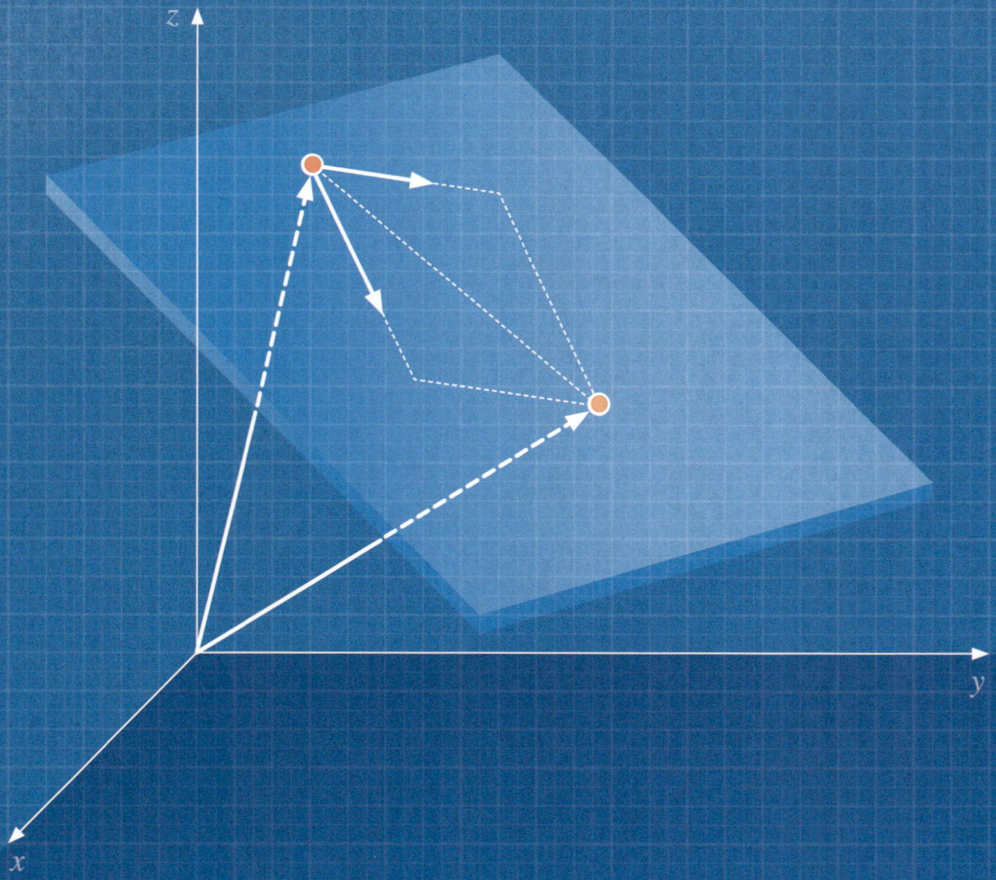

1. Ebenengleichungen

A. Die vektorielle Parametergleichung einer Ebene

Ähnlich wie Geraden lassen sich auch Ebenen im Raum durch Vektoren rechnerisch erfassen und bearbeiten. Eine Ebene wird durch einen Punkt und zwei nicht parallele Vektoren eindeutig festgelegt.

Ist A ein bekannter Punkt der Ebene, ein sogenannter ***Stützpunkt***, und sind $\vec{u}$ und $\vec{v}$ zwei nicht parallele, in der Ebene verlaufende Vektoren, sogenannte ***Richtungsvektoren***, so lässt sich der Ortsvektor $\vec{x} = \overrightarrow{OX}$ eines beliebigen Ebenenpunktes als Summe aus dem Stützvektor $\vec{a} = \overrightarrow{OA}$ und einer Linearkombination der beiden Richtungsvektoren darstellen:

$$\vec{x} = \vec{a} + r \cdot \vec{u} + s \cdot \vec{v}.$$

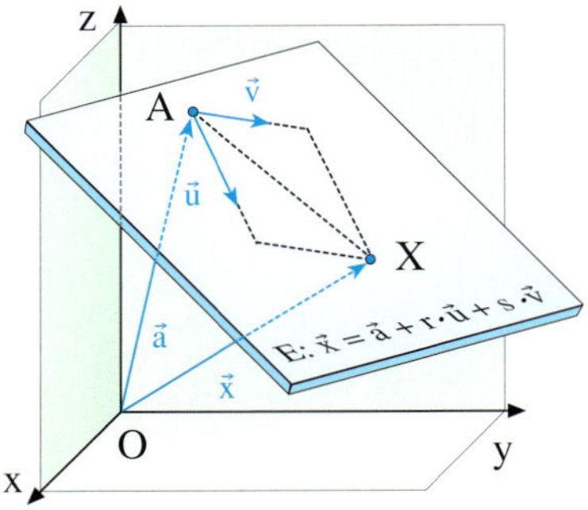

$$\overrightarrow{OX} = \overrightarrow{OA} + \overrightarrow{AX}$$
$$\vec{x} = \vec{a} + r \cdot \vec{u} + s \cdot \vec{v}$$

In der Abbildung wird dies für die durch den Rechteckausschnitt angedeutete Ebene veranschaulicht.

Man bezeichnet diese Gleichung als ***Punktrichtungsgleichung*** der Ebene (1 Punkt, 2 Richtungsvektoren) oder als ***vektorielle Parametergleichung*** der Ebene und verwendet eine zu vektoriellen Geradengleichungen analoge Schreibweise.

Vektorielle Parametergleichung einer Ebene

E: $\mathbf{\vec{x} = \vec{a} + r \cdot \vec{u} + s \cdot \vec{v} \quad (r, s \in \mathbb{R})}$

$\vec{x}$: allgemeiner Ebenenvektor

$\vec{a}$: Stützvektor

$\vec{u}, \vec{v}$: Richtungsvektoren

r, s: Ebenenparameter

Beispiel: Für die rechts ausschnittsweise dargestellte Ebene E können wir den Punkt A(3; 6; 1) als Stützpunkt und $\vec{u} = \begin{pmatrix} 0 \\ -4 \\ 0 \end{pmatrix}$ sowie $\vec{v} = \begin{pmatrix} -3 \\ 0 \\ 5 \end{pmatrix}$ als Richtungsvektoren wählen. Eine Parametergleichung der Ebene lautet dann:

$$E: \vec{x} = \begin{pmatrix} 3 \\ 6 \\ 1 \end{pmatrix} + r \cdot \begin{pmatrix} 0 \\ -4 \\ 0 \end{pmatrix} + s \cdot \begin{pmatrix} -3 \\ 0 \\ 5 \end{pmatrix}.$$

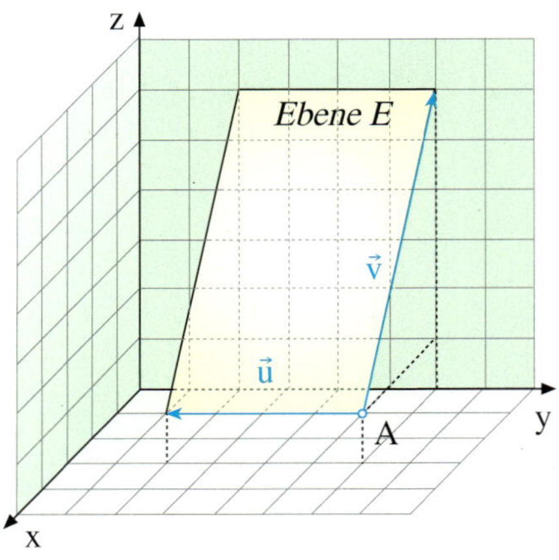

B. Die Dreipunktegleichung einer Ebene

Besonders einfach lässt sich eine Ebenengleichung aufstellen, wenn die Ebene durch drei Punkte gegeben ist, die natürlich nicht auf einer Geraden liegen dürfen.

Beispiel: Zeichnen Sie einen Ausschnitt derjenigen Ebene E, welche die drei Punkte A(2; 0; 3), B(3; 4; 0) und C(0; 3; 3) enthält. Stellen Sie außerdem eine vektorielle Parametergleichung dieser Ebene auf.

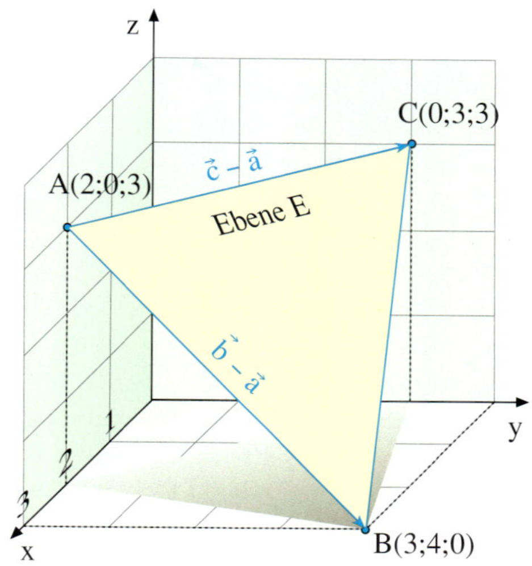

Lösung:
Der dreieckige Ebenenausschnitt ist rechts als Schrägbild dargestellt. Als Stützvektor verwenden wir den Ortsvektor $\vec{a}=\overrightarrow{OA}$ des Punktes A(2; 0; 3).
Als Richtungsvektoren verwenden wir die Differenzvektoren $\vec{b}-\vec{a}$ und $\vec{c}-\vec{a}$, mit $\vec{b}=\overrightarrow{OB}$ und $\vec{c}=\overrightarrow{OC}$. Damit ergibt sich die Gleichung

E: $\vec{x}=\vec{a}+r\cdot(\vec{b}-\vec{a})+s\cdot(\vec{c}-\vec{a})$,

die man als ***Dreipunktegleichung*** der Ebene bezeichnet.

In unserem Beispiel ergibt sich hiermit als zugehörige Parametergleichung:

E: $\vec{x}=\begin{pmatrix}2\\0\\3\end{pmatrix}+r\cdot\begin{pmatrix}3-2\\4-0\\0-3\end{pmatrix}+s\cdot\begin{pmatrix}0-2\\3-0\\3-3\end{pmatrix}$,

E: $\vec{x}=\begin{pmatrix}2\\0\\3\end{pmatrix}+r\cdot\begin{pmatrix}1\\4\\-3\end{pmatrix}+s\cdot\begin{pmatrix}-2\\3\\0\end{pmatrix}$

Dreipunktegleichung der Ebene

A, B, C seien drei nicht auf einer Geraden liegende Punkte mit den Ortsvektoren $\vec{a}$, $\vec{b}$ und $\vec{c}$.
Dann hat die A, B und C enthaltende Ebene die Gleichung:

E: $\vec{x}=\vec{a}+r\cdot(\vec{b}-\vec{a})+s\cdot(\vec{c}-\vec{a})$.

Übung 1

Wie lautet die Gleichung der Ebene E, welche die Punkte A, B und C enthält?
Fertigen Sie ein Schrägbild der Ebene an.

a) A(3; 0; 0)
B(0; 4; 0)
C(0; 0; 2)

b) A(2; 0; 1)
B(3; 2; 0)
C(0; 3; 2)

c) A(4; 2; 1)
B(3; 5; 1)
C(0; 0; 4)

Übung 2

Durch die Punkte A(1; 1; 0), B(6; 6; 1), C(3; 6; 1) und S(2; 4; 4) ist eine Pyramide ABCD gegeben.
Zeichnen Sie ein Schrägbild der Pyramide und stellen Sie die Gleichungen der Ebenen E_1, E_2, E_3, E_4 auf, welche jeweils eine der vier Seitenflächen der Pyramide enthalten.

Übungen

3. Gesucht ist eine vektorielle Parametergleichung der abgebildeten Ebene.

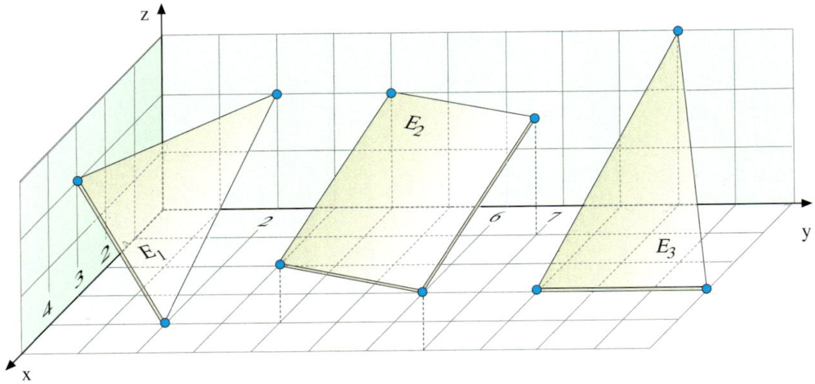

4. Geben Sie eine vektorielle Parametergleichung folgender Ebenen im Raum an.

a) E_1 ist die x-y-Ebene, E_2 die y-z-Ebene und E_3 die x-z-Ebene.

b) E_4 enthält den Punkt P(2; 3; 0) und verläuft parallel zur x-z-Ebene.

c) E_5 enthält den Punkt P(−1; 0; −1) und verläuft parallel zur x-y-Ebene.

d) E_6 enthält die Ursprungsgerade durch B(3; 1; 0) und steht senkrecht auf der x-y-Ebene.

e) E_7 enthält die Winkelhalbierende des 1. Quadranten der y-z-Ebene und steht senkrecht zur y-z-Ebene.

f) E_8 enthält die Gerade g: $\vec{x} = \begin{pmatrix} 1 \\ -1 \\ 1 \end{pmatrix} + r \cdot \begin{pmatrix} 3 \\ 2 \\ 1 \end{pmatrix}$ sowie die Gerade h durch die Punkte A(3; 2; 2) und B(4; 1; 2).

CAS

5. Wie lautet eine Parametergleichung einer Ebene E, die die Punkte A, B und C enthält?

a)	b)	c)	d)
A(1; 0; 1)	A(1; 0; 0)	A(0; 0; 0)	A(2; −1; 4)
B(2; −1; 2)	B(0; 1; 0)	B(3; 2; 1)	B(6; 5; 12)
C(1; 1; 1)	C(0; 0; 1)	C(1; 2; 1)	C(8; 8; 16)

6. Gegeben ist ein Würfel mit der Kantenlänge 5 in einem kartesischen Koordinatensystem.

a) Jede Seitenfläche des Würfels liegt in einer Ebene. Geben Sie für jede dieser Ebenen eine Parametergleichung an.

b) Die Ecken D, B, G, E bilden ein Tetraeder, dessen Seitendreiecke Ebenen aufspannen. Geben Sie für jede dieser Ebenen eine Parametergleichung an.

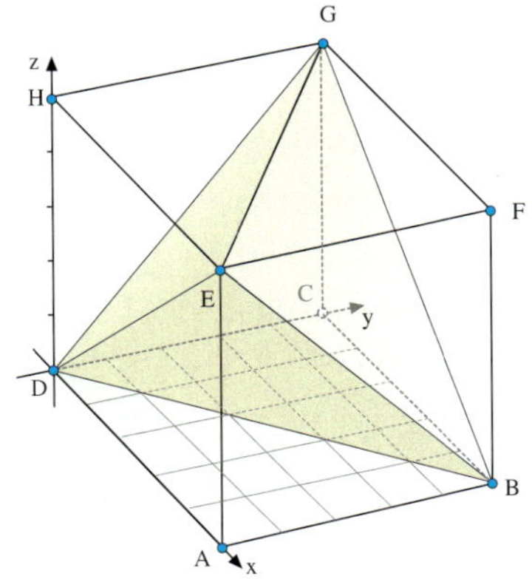

7. Durch die Punkte A, B und C sei eine Ebene mit E: $\vec{x} = \vec{a} + r(\vec{b} - \vec{a}) + s(\vec{c} - \vec{a})$ gegeben. Beschreiben Sie mithilfe einer Skizze die Lage der Punkte der Ebene E, für die

a) $0 \leq r \leq 1$ und $0 \leq s \leq 1$, b) $r + s = 1, r \geq 0, s \geq 0$ c) $r - s = 0$ gilt.

C. Die Normalengleichung einer Ebene

Eine besonders einfache und zugleich vorteilhafte Möglichkeit zur Darstellung von Ebenen im Anschauungsraum lässt sich unter Verwendung des Skalarproduktes gewinnen.

Die Lage einer Ebene E im Raum ist durch die Angabe eines Ebenenpunktes A und eines zur Ebene senkrechten Vektors $\vec{n} \neq \vec{0}$, den man als ***Normalenvektor der Ebene*** bezeichnet, eindeutig festgelegt.

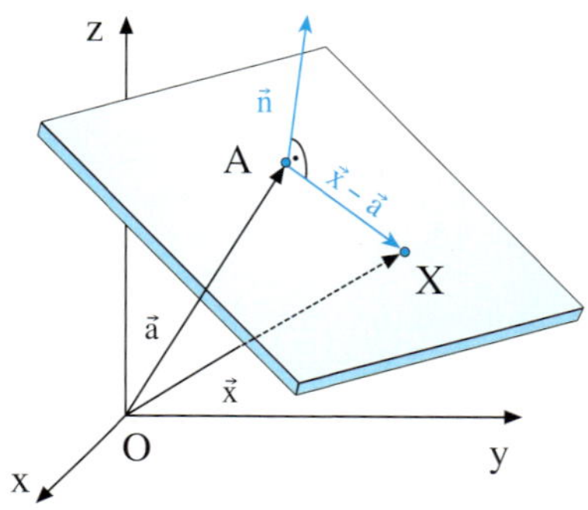

Unter diesen Voraussetzungen liegt ein Punkt X (Ortsvektor: $\vec{x}$) genau dann in der Ebene E, wenn der Vektor $\overrightarrow{AX}$ senkrecht auf dem Normalenvektor $\vec{n}$ steht, d.h., wenn die Gleichung $\overrightarrow{AX} \cdot \vec{n} = 0$ bzw. $(\vec{x} - \vec{a}) \cdot \vec{n} = 0$ gilt.

Man bezeichnet diese Art der parameterfreien Darstellung einer Ebene E unter Verwendung eines Stützvektors $\vec{a}$ und eines Normalenvektors $\vec{n}$ als ***Normalenform*** der Ebenengleichung oder kürzer als ***Normalengleichung*** der Ebene.*

Normalengleichung der Ebene E

$$\mathbf{E: (\vec{x} - \vec{a}) \cdot \vec{n} = 0}$$

↑ Stützvektor ↑ Normalenvektor

Jede Ebene E kann auf beliebig viele Arten in Normalenform dargestellt werden, da der Ortsvektor eines jeden Ebenenpunktes als Stützvektor dienen kann und da außerdem ein Normalenvektor nur bezüglich seiner Richtung, nicht jedoch bezüglich seines Betrages eindeutig festgelegt ist.

$$\text{E: } \left[\vec{x} - \begin{pmatrix} 1 \\ 3 \\ 2 \end{pmatrix}\right] \cdot \begin{pmatrix} 1 \\ 2 \\ 1 \end{pmatrix} = 0$$ *Normalenform*

Abschließend sei noch bemerkt, dass die Normalengleichung einer Ebene E durch Ausmultiplikation der Klammer in eine äquivalente Darstellung umgeformt werden kann, wie dies nebenstehend exemplarisch dargestellt ist. Man spricht dann von einer ***vereinfachten Normalengleichung***.

$$\text{E: } \vec{x} \cdot \begin{pmatrix} 1 \\ 2 \\ 1 \end{pmatrix} - \begin{pmatrix} 1 \\ 3 \\ 2 \end{pmatrix} \cdot \begin{pmatrix} 1 \\ 2 \\ 1 \end{pmatrix} = 0$$

$$\text{E: } \vec{x} \cdot \begin{pmatrix} 1 \\ 2 \\ 1 \end{pmatrix} = 9$$ *vereinfachte Normalenform*

* Beide Begriffe werden im Folgenden synonym verwendet.

Wir wenden uns nun der Frage zu, wie man die Normalengleichung einer Ebene bestimmt. Wir gehen davon aus, dass wir entweder drei Punkte der Ebene kennen oder – was nahezu gleichbedeutend ist – dass ihre Parametergleichung gegeben ist.

Beispiel: Parametergleichung (drei Punkte) → Normalengleichung

Gesucht ist eine Normalengleichung der Ebene E durch die Punkte A(3; 2; 4), B(5; 1; 6) und C(1; 4; 3).

Lösung:

Wir stellen zunächst die Parametergleichung der Ebene auf.

Den Stützvektor für die Normalengleichung können wir aus der Parametergleichung direkt übernehmen.

Parametergleichung von E:

$$E\colon \vec{x} = \underbrace{\begin{pmatrix} 3 \\ 2 \\ 4 \end{pmatrix}}_{\text{Stützvektor}} + r\underbrace{\begin{pmatrix} 2 \\ -1 \\ 2 \end{pmatrix}}_{\text{Richtungsvektor}} + s\underbrace{\begin{pmatrix} -2 \\ 2 \\ -1 \end{pmatrix}}_{\text{Richtungsvektor}}$$

Die beiden Richtungsvektoren ermöglichen uns die Bestimmung eines Normalenvektors $\vec{n}$. Dieser muss zu beiden Richtungsvektoren senkrecht stehen.

Bestimmung eines Normalenvektors $\vec{n}$:

$$\vec{n} = \begin{pmatrix} x \\ y \\ z \end{pmatrix}, \quad \vec{n} \perp \begin{pmatrix} 2 \\ -1 \\ 2 \end{pmatrix}, \quad \vec{n} \perp \begin{pmatrix} -2 \\ 2 \\ -1 \end{pmatrix},$$

$$\text{also} \begin{pmatrix} x \\ y \\ z \end{pmatrix} \cdot \begin{pmatrix} 2 \\ -1 \\ 2 \end{pmatrix} = 0, \begin{pmatrix} x \\ y \\ z \end{pmatrix} \cdot \begin{pmatrix} -2 \\ 2 \\ -1 \end{pmatrix} = 0.$$

Dies führt auf ein Gleichungssystem mit zwei Gleichungen für die drei Unbekannten x, y und z.

$$\begin{array}{ll} \text{I:} & 2x - y + 2z = 0 \\ \text{II:} & -2x + 2y - z = 0 \\ \hline \text{III} = \text{I} + \text{II:} & y + z = 0 \end{array}$$

Eine Variable kann frei gewählt werden, da das System unterbestimmt ist. Wir wählen $z = c$ $(c \neq 0)$. Die allgemeine Lösung des Systems lautet dann: $x = -1{,}5c$, $y = -c$ und $z = c$.

Da wir nur eine Lösung benötigen, können wir c frei festlegen.

Für $c = 2$ erhalten wir $\vec{n} = \begin{pmatrix} -3 \\ -2 \\ 2 \end{pmatrix}$.

z wird frei gewählt: $z = c$

Aus III folgt dann: $y = -c$

Aus I folgt dann: $x = -1{,}5c$

Setzen wir $c = 2$, so folgt $\vec{n} = \begin{pmatrix} -3 \\ -2 \\ 2 \end{pmatrix}$.

Nun können wir eine Normalengleichung der Ebene aufstellen.

Resultat: $E\colon \left[\vec{x} - \begin{pmatrix} 3 \\ 2 \\ 4 \end{pmatrix}\right] \cdot \begin{pmatrix} -3 \\ -2 \\ 2 \end{pmatrix} = 0$

Normalengleichung von E:

$$E\colon \left[\vec{x} - \underbrace{\begin{pmatrix} 3 \\ 2 \\ 4 \end{pmatrix}}_{\text{Stützvektor}}\right] \cdot \underbrace{\begin{pmatrix} -3 \\ -2 \\ 2 \end{pmatrix}}_{\text{Normalenvektor}} = 0$$

Übung 8

Stellen Sie eine Normalengleichung der Ebene E auf.

a) E geht durch die Punkte A(1; 1; −3), B(0; 2; 2) und C(2; 1; −5).

b) E hat die Parameterdarstellung $E\colon \vec{x} = \begin{pmatrix} 1 \\ 1 \\ 1 \end{pmatrix} + r\begin{pmatrix} -1 \\ 1 \\ 2 \end{pmatrix} + s\begin{pmatrix} 2 \\ 2 \\ 0 \end{pmatrix}$.

Wir behandeln nun die umgekehrte Fragestellung. Aus der Normalengleichung soll eine Parametergleichung gewonnen werden.

Beispiel: Normalengleichung → Parametergleichung

Gesucht ist eine Parametergleichung der Ebene E: $\left[\vec{x} - \begin{pmatrix} 1 \\ 2 \\ 5 \end{pmatrix}\right] \cdot \begin{pmatrix} 2 \\ 3 \\ 5 \end{pmatrix} = 0.$

Lösung:
Den Stützvektor für die Parametergleichung können wir auch hier direkt aus der Normalengleichung übernehmen.

Der Normalenvektor gestattet uns in einfacher Weise – wie rechts dargestellt – die Bestimmung von zwei nicht kollinearen Richtungsvektoren $\vec{u}$ und $\vec{v}$.

Wir setzen eine der drei gesuchten Richtungskoordinaten gleich 0 und bestimmen die beiden anderen – wie rechts farbig dargestellt – aus zwei Koordinaten des Normalenvektors.

Bestimmung der Richtungsvektoren:

$$\underset{\vec{n}}{\begin{pmatrix} 2 \\ 3 \\ 5 \end{pmatrix}} \cdot \underset{\vec{u}}{\begin{pmatrix} \; \\ \; \\ \; \end{pmatrix}} = 0, \quad \underset{\vec{n}}{\begin{pmatrix} 2 \\ 3 \\ 5 \end{pmatrix}} \cdot \underset{\vec{v}}{\begin{pmatrix} \; \\ \; \\ \; \end{pmatrix}} = 0$$

$$\begin{pmatrix} 2 \\ 3 \\ 5 \end{pmatrix} \cdot \begin{pmatrix} 3 \\ -2 \\ 0 \end{pmatrix} = 0, \quad \begin{pmatrix} 2 \\ 3 \\ 5 \end{pmatrix} \cdot \begin{pmatrix} 0 \\ 5 \\ -3 \end{pmatrix} = 0$$

Parametergleichung:

$$E: \vec{x} = \underset{\text{Stütz-vektor}}{\begin{pmatrix} 1 \\ 2 \\ 5 \end{pmatrix}} + r \underset{\text{Richtungs-vektor}}{\begin{pmatrix} 3 \\ -2 \\ 0 \end{pmatrix}} + s \underset{\text{Richtungs-vektor}}{\begin{pmatrix} 0 \\ 5 \\ -3 \end{pmatrix}}$$

Übung 9

Jeweils zwei der folgenden Gleichungen stellen die gleiche Ebene dar. Stellen Sie die zueinander gehörende Paare fest.

E_1: $\vec{x} = \begin{pmatrix} 0 \\ 0 \\ 3 \end{pmatrix} + r \begin{pmatrix} 1 \\ 0 \\ -2 \end{pmatrix} + s \begin{pmatrix} -1 \\ 2 \\ 6 \end{pmatrix}$

E_2: $\vec{x} = \begin{pmatrix} 1 \\ 1 \\ 3 \end{pmatrix} + r \begin{pmatrix} 1 \\ 1 \\ 5 \end{pmatrix} + s \begin{pmatrix} -2 \\ -1 \\ -6 \end{pmatrix}$

E_3: $\vec{x} = \begin{pmatrix} 4 \\ 1 \\ 1 \end{pmatrix} + r \begin{pmatrix} -1 \\ -1 \\ 1 \end{pmatrix} + s \begin{pmatrix} 7 \\ 7 \\ -1 \end{pmatrix}$

E_4: $\left[\vec{x} - \begin{pmatrix} 5 \\ 2 \\ 0 \end{pmatrix}\right] \cdot \begin{pmatrix} 1 \\ -1 \\ 0 \end{pmatrix} = 0$

E_5: $\left[\vec{x} - \begin{pmatrix} 1 \\ 1 \\ 3 \end{pmatrix}\right] \cdot \begin{pmatrix} 2 \\ -2 \\ 1 \end{pmatrix} = 0$

E_6: $\left[\vec{x} - \begin{pmatrix} 2 \\ 2 \\ 8 \end{pmatrix}\right] \cdot \begin{pmatrix} 1 \\ 4 \\ -1 \end{pmatrix} = 0$

Oft lassen sich ebene Seitenflächen von Körpern durch eine zugehörige Ebenengleichung beschreiben. Dann stellt sich das Problem, aus der Zeichnung eine Parametergleichung oder eine Normalengleichung zu gewinnen (Übung 10).

Übung 10

Geben Sie eine Gleichung der Ebene an, in der die dargestellte Fläche liegt.

a)

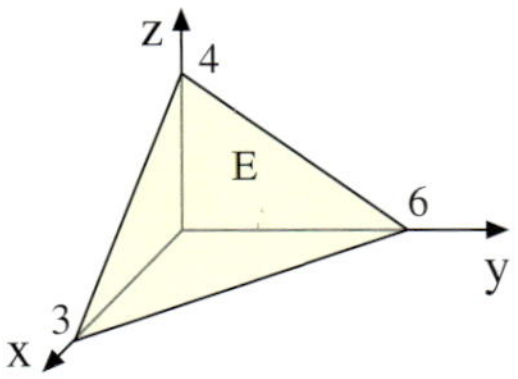

b)

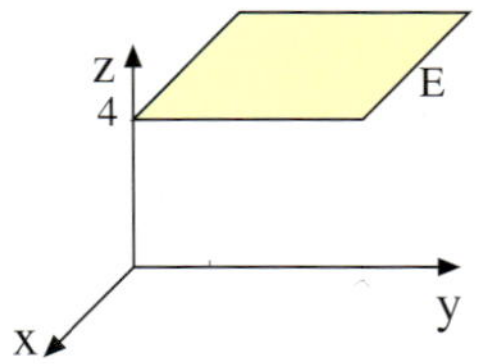

c)

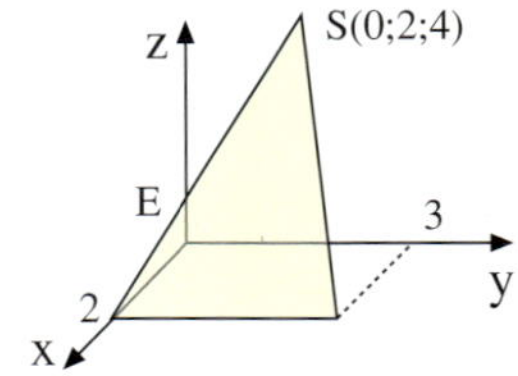

D. Die Koordinatengleichung einer Ebene

$ax + by + cz = d$

Eine Ebene im dreidimensionalen Anschauungsraum lässt sich stets durch eine lineare Gleichung der Form $\mathbf{a\,x + b\,y + c\,z = d}$ darstellen, die man als ***Koordinatengleichung*** bezeichnet. Diese Darstellung hat einige Vorteile, was wir im Verlauf des Kurses sehen werden.
Die Koordinatengleichung ist eng verwandt mit der Normalengleichung. Daher zeigen wir zunächst, wie man diese Gleichungen rechnerisch ineinander überführt.

Beispiel: Normalengleichung → Koordinatengleichung

Bestimmen Sie eine Koordinatengleichung der Ebene E: $\left[\vec{x} - \begin{pmatrix}1\\3\\2\end{pmatrix}\right] \cdot \begin{pmatrix}2\\3\\4\end{pmatrix} = 0.$

Lösung:
Wir überführen die Normalengleichung zunächst in ihre vereinfachte Form:

$$\left[\vec{x} - \begin{pmatrix}1\\3\\2\end{pmatrix}\right] \cdot \begin{pmatrix}2\\3\\4\end{pmatrix} = 0 \Rightarrow \vec{x} \cdot \begin{pmatrix}2\\3\\4\end{pmatrix} - \begin{pmatrix}1\\3\\2\end{pmatrix} \cdot \begin{pmatrix}2\\3\\4\end{pmatrix} = 0 \Rightarrow \vec{x} \cdot \begin{pmatrix}2\\3\\4\end{pmatrix} - 19 = 0 \Rightarrow \vec{x} \cdot \begin{pmatrix}2\\3\\4\end{pmatrix} = 19$$

Nun ersetzen wir den Vektor $\vec{x}$ durch seine Spaltenkoordinatenform und multiplizieren aus:

$$\vec{x} \cdot \begin{pmatrix}2\\3\\4\end{pmatrix} = 19 \Rightarrow \begin{pmatrix}x\\y\\z\end{pmatrix} \cdot \begin{pmatrix}2\\3\\4\end{pmatrix} = 19 \Rightarrow 2x + 3y + 4z = 19$$

Wir halten folgende wichtige Beobachtung fest:

Die Koeffizienten der linken Seite der Koordinatengleichung einer Ebene sind die Koordinaten eines Normalenvektors.	E: $ax + by + cz = d \Rightarrow \vec{n} = \begin{pmatrix}a\\b\\c\end{pmatrix}$ ist ein Normalenvektor von E.

Beispiel: Koordinatengleichung → Normalengleichung
Gesucht ist eine Normalengleichung der Ebene E: $2x + 3y - z = 6$.

Lösung:
Besonders leicht ist eine vereinfachte Normalengleichung zu bestimmen. Dazu stellen wir einfach die linke Seite der Koordinatengleichung als Skalarprodukt dar.

$$\text{E: } 2x + 3y - z = 6 \Rightarrow \text{E: } \begin{pmatrix}x\\y\\z\end{pmatrix} \cdot \begin{pmatrix}2\\3\\-1\end{pmatrix} = 6 \Rightarrow \text{E: } \vec{x} \cdot \begin{pmatrix}2\\3\\-1\end{pmatrix} = 6$$

Eine weitere Möglichkeit: Wir entnehmen der Koordinatengleichung durch Einsetzen geeigneter Koordinaten einen Stützpunkt, z. B. A(3; 0; 0), sowie durch Ablesen der Koeffizienten der linken Seite einen Normalenvektor.
Dann lautet eine Normalengleichung von E: $\left[\vec{x} - \begin{pmatrix}3\\0\\0\end{pmatrix}\right] \cdot \begin{pmatrix}2\\3\\-1\end{pmatrix} = 0.$

Ein erster Vorteil der Koordinatenform besteht darin, dass sich die ***Achsenabschnittspunkte*** der Ebene aus der Koordinatenform einfacher bestimmen lassen, was wiederum die zeichnerische Darstellung der Ebene erheblich erleichtert.

Beispiel: Achsenabschnitte und Schrägbild

Gegeben sei die Ebene E mit der Koordinatengleichung E: $3x + 6y + 4z = 12$.
Bestimmen Sie diejenigen Punkte, in welchen die Koordinatenachsen die Ebene durchstoßen, und veranschaulichen Sie mithilfe dieser Punkte die Ebene in einem Schrägbild.

Lösung:
Der Achsenabschnittspunkt auf der x-Achse hat die Gestalt A(x; 0; 0).
Setzen wir in der Koordinatengleichung $y = 0$ und $z = 0$, so erhalten wir $3x = 12$, d. h. $x = 4$. Also ist A(4; 0; 0) der gesuchte Achsenabschnittspunkt auf der x-Achse.

Analog erhalten wir die beiden weiteren Achsenabschnittspunkte B(0; 2; 0) und C(0; 0; 3).

Tragen wir diese drei Punkte in ein Koordinatensystem ein, so können wir einen dreieckigen Ebenenausschnitt darstellen.

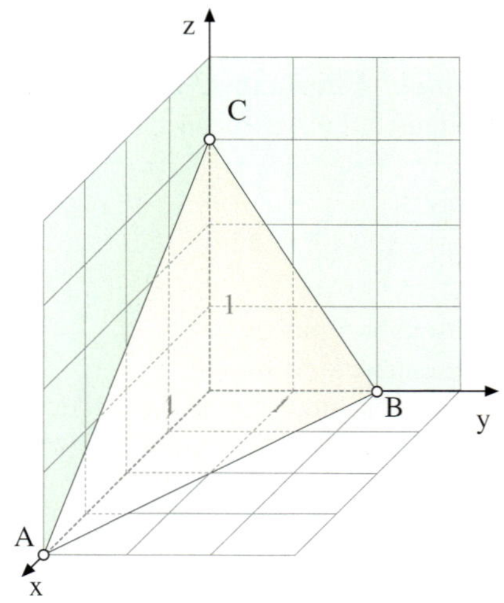

Übung 11

a) Bestimmen Sie die Achsenabschnitte der Ebene E: $4x + 6y + 6z = 24$ und zeichnen Sie mithilfe dieser Punkte einen Ebenenausschnitt der Ebene.
b) Zeichnen Sie einen Ausschnitt der Ebene E: $2x + 5y + 4z = 10$.
c) Welche Achsenabschnitte besitzt die Ebene E: $2x + 4z = 8$?
Beschreiben Sie die Lage dieser Ebene im Koordinatensystem.

Bemerkung: Fehlen in der Koordinatengleichung einer Ebene eine oder mehrere Variable, so nimmt die Ebene im Koordinatensystem eine besondere Lage ein.

Beispiel: Die Ebene E_1: $2x + 3y = 6$ hat die Achsenabschnitte $x = 3$ ($y = 0$, $z = 0$) und $y = 2$ ($x = 0$, $z = 0$).
Sie hat keinen z-Achsenabschnitt, denn sie ist parallel zur z-Achse.

Beispiel: Die Ebene E_2: $2y = 6$ hat den y-Achsenabschnitt $y = 3$.
Sie hat keinen x-Achsenabschnitt und keinen z-Achsenabschnitt; sie ist nämlich parallel zur x-Achse und zur z-Achse, also zur x-z-Ebene.

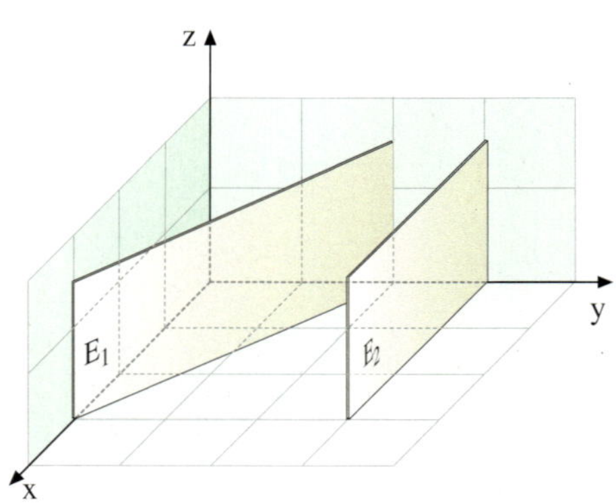

Man kann die Koordinatengleichung einer Ebene in der Regel so umformen, dass die Achsenabschnitte der Ebene direkt abgelesen werden können.

Die Achsenabschnittsgleichung

Die rechts dargestellte Koordinatengleichung wird als Achsenabschnittsgleichung bezeichnet.
A ist der x-Achsenabschnitt,
B der y-Achsenabschnitt und
C der z-Achsenabschnitt von E.

$$E\colon \frac{x}{A}+\frac{y}{B}+\frac{z}{C}=1$$

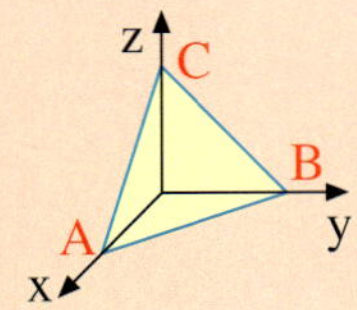

Beispiel: Achsenabschnitte

Wie lauten die Achsenabschnitte der Ebene E: $3x+2y=12$?

Lösung:
E: $3x+2y=12 \quad |:12$
E: $\frac{x}{4}+\frac{y}{6}=1$
x-Achsenabschnitt: $A=4$
y-Achsenabschnitt: $B=6$
z-Achsenabschnitt: Nicht vorhanden, da E parallel zur z-Achse

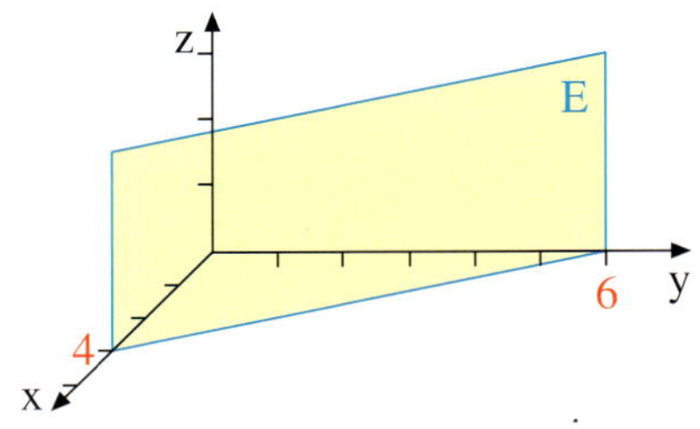

Übung 12

Bestimmen Sie eine Koordinatengleichung der im Schrägbild veranschaulichten Ebene E.

a)
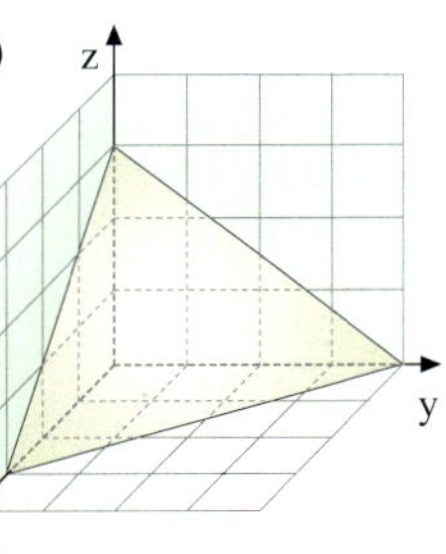

b)
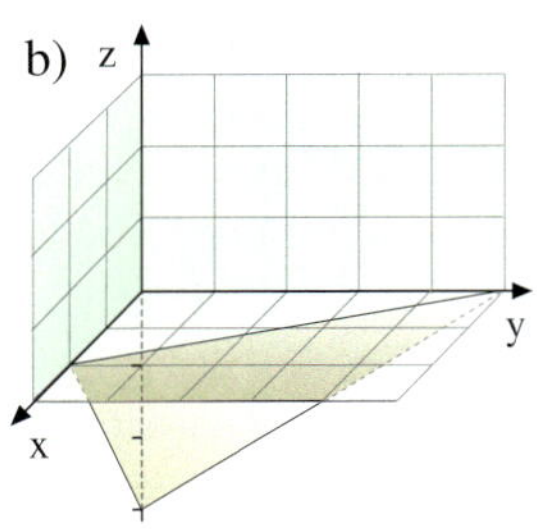

c)
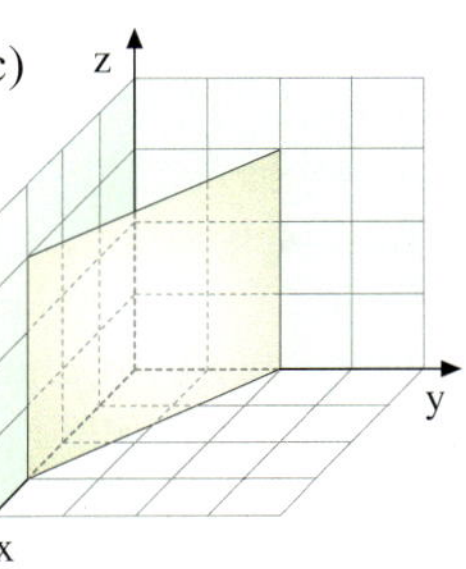

d)
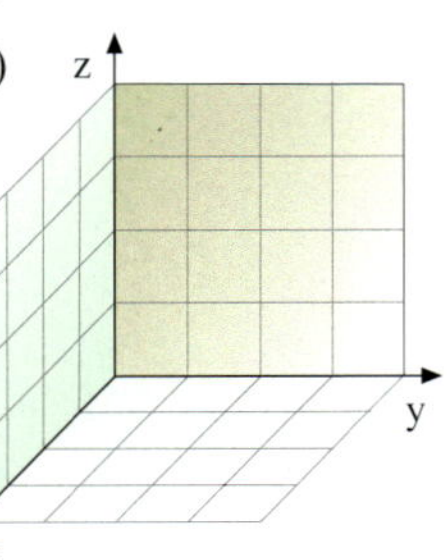

e)
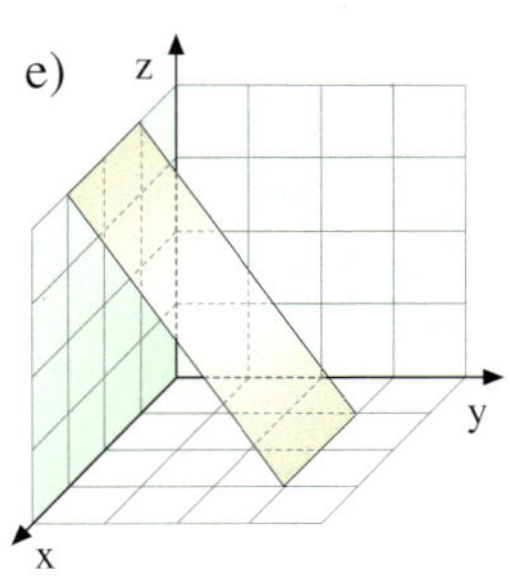

f)
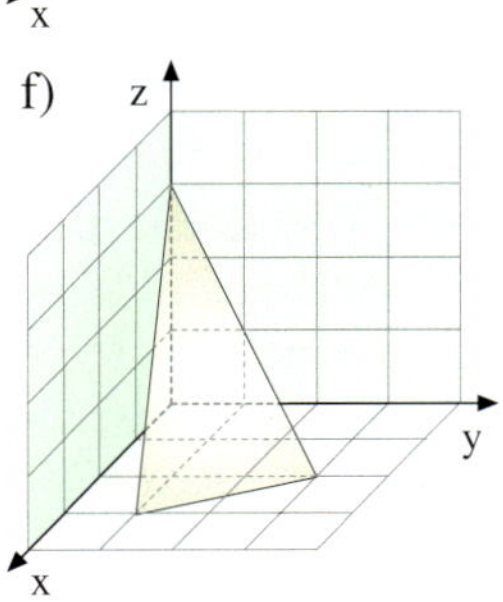

Übung 13

Bestimmen Sie die Achsenabschnitte der Ebene E und veranschaulichen Sie die Ebene in einem Schrägbild.

a) E: $2x+4y+z=4$
b) E: $-3x+4y+8z=12$
c) E: $-2x+y-2z=4$
d) E: $2y+3z=6$
e) E: $4x=8$
f) E: $z=2$

Übungen

14. Ebenengleichungen

Stellen Sie eine Gleichung der Ebene durch die Punkte A, B und C in Parameterform, in Normalenform und in Koordinatenform auf.

a) $A(1;\,2;\,-2),\ B(0;\,5;\,0),\ C(5;\,0;\,-2)$
b) $A(2;\,1;\,1),\ B(4;\,2;\,2),\ C(3;\,3;\,4)$

15. Aufstellen der Normalengleichung

Bestimmen Sie eine Normalengleichung der Ebene E.

a) E: $-4x+5y+3z=12$
b) E: $x+2z=4$
c) E: $\vec{x}=\begin{pmatrix}1\\0\\0\end{pmatrix}+r\begin{pmatrix}2\\2\\-2\end{pmatrix}+s\begin{pmatrix}4\\1\\-10\end{pmatrix}$
d) E: $\vec{x}=\begin{pmatrix}5\\2\\3\end{pmatrix}+r\begin{pmatrix}2\\3\\-2\end{pmatrix}+s\begin{pmatrix}1\\-1\\1\end{pmatrix}$

16. Aufstellen der Normalengleichung

Stellen Sie eine Normalengleichung der beschriebenen Ebene E auf.

a) E geht durch $A(0;\,2;\,0),\ B(2;\,1;\,2),\ C(1;\,0;\,2)$.
b) E hat die Koordinatengleichung E: $2x+y-3z=5$.
c) E ist die x-y-Ebene.
d) E ist die x-z-Ebene.
e) E enthält die z-Achse, den Punkt $P(1;\,1;\,0)$ und steht senkrecht auf der x-y-Ebene.

17. Achsenabschnitt einer Ebene

a) Bestimmen Sie die Achsenabschnittspunkte der Ebene E: $3x+6y-3z=12$ und skizzieren Sie einen Ebenenausschnitt im Koordinatensystem.
b) Welche Achsenabschnitte hat die Ebene E: $2x+5y=10$?
Beschreiben Sie die Lage der Ebene im Koordinatensystem verbal und fertigen Sie anschließend ein Schrägbild an.
c) Beschreiben Sie die Lage der Ebene E: $2z=8$ im Koordinatensystem (mit Schrägbild).

18. Aufstellen der Koordinatengleichung

Gesucht ist eine Koordinatengleichung der beschriebenen oder dargestellten Ebenen.

a) Es handelt sich um die x-y-Ebene. $z=0$
b) Die Ebene hat die Achsenabschnitte $x=4,\ y=2,\ z=6$.
c) Die Ebene enthält den Punkt $P(2;\,1;\,3)$ und ist zur y-z-Ebene parallel.
d) Die Ebene geht durch den Punkt $P(4;\,4;\,0)$ und ist parallel zur z-Achse. Ihr y-Achsenabschnitt beträgt $y=12$.
e) Die Ebene enthält die Punkte $A(2;\,-1;\,5)$, $B(-1;\,-3;\,9)$ und ist parallel zur z-Achse.

f)

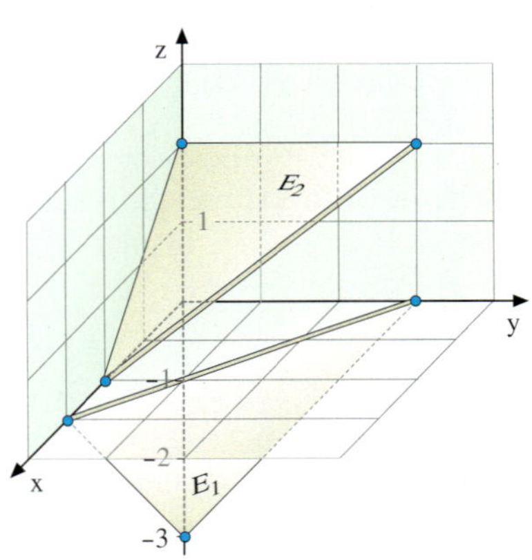

2. Lagebeziehungen

A. Die Lage von Punkt und Ebene

Die Lagebeziehung eines Punktes P zu einer Ebene E wird wie die Lagebeziehung von Punkt und Gerade durch Einsetzen des Ortsvektors $\vec{p}$ des Punktes in die Ebenengleichung geklärt.

Beispiel: Punktprobe mit der Parameterform

Liegen P(2; −2; −1) oder Q(2; 1; 1) in der Ebene E: $\vec{x} = \begin{pmatrix} 1 \\ 0 \\ -1 \end{pmatrix} + r \cdot \begin{pmatrix} 2 \\ -1 \\ 1 \end{pmatrix} + s \cdot \begin{pmatrix} 1 \\ 1 \\ 1 \end{pmatrix}$?

Lösung:
Der Ortsvektor des Punktes wird in die Ebenengleichung eingesetzt:

$$\begin{pmatrix} 2 \\ -2 \\ -1 \end{pmatrix} = \begin{pmatrix} 1 \\ 0 \\ -1 \end{pmatrix} + r \cdot \begin{pmatrix} 2 \\ -1 \\ 1 \end{pmatrix} + s \cdot \begin{pmatrix} 1 \\ 1 \\ 1 \end{pmatrix} \qquad \Bigg| \qquad \begin{pmatrix} 2 \\ 1 \\ 1 \end{pmatrix} = \begin{pmatrix} 1 \\ 0 \\ -1 \end{pmatrix} + r \cdot \begin{pmatrix} 2 \\ -1 \\ 1 \end{pmatrix} + s \cdot \begin{pmatrix} 1 \\ 1 \\ 1 \end{pmatrix}$$

Durch Aufspalten der Vektorgleichung in drei Koordinaten erhalten wir ein Gleichungssystem:

P	Q
I $\quad 2r + s = 1$	I $\quad 2r + s = 1$
II $\quad -r + s = -2$	II $\quad -r + s = 1$
III $\quad r + s = 0$	III $\quad r + s = 2$

Das Gleichungssystem mit 3 Gleichungen in 2 Variablen wird auf Lösbarkeit untersucht.

P	Q
I + 2 · II: $\quad 3s = -3 \Rightarrow s = -1$	I + 2 · II: $\quad 3s = 3 \Rightarrow s = 1$
in I: $\quad 2r - 1 = 1 \Rightarrow r = 1$	in I: $\quad 2r + 1 = 1 \Rightarrow r = 0$
Probe in III:	Probe in III:
$1 + (-1) = 0$ wahr $\Rightarrow$ lösbar	$0 + 1 = 2$ falsch $\Rightarrow$ unlösbar
Folgerung: P(2; −2; −1) liegt in E.	Folgerung: Q(2; 1; 1) liegt nicht in E.

Noch einfacher geht die Punktprobe mit der Koordinatenform oder mit der Normalenform.

Beispiel: Punktprobe mit der Koordinatenform

Liegen P(2; − 2; − 1) oder Q(2; 1; 1) in E: $2x + y - 3z = 5$?

Lösung:

Der Punkt P(2; −2; − 1) liegt in E, da Einsetzen von $x = 2$, $y = -2$ und $z = -1$ in die Koordinatengleichung auf eine wahre Aussage führt:
$2 \cdot 2 + (-2) - 3 \cdot (-1) = 5$, d.h. $5 = 5$.

Der Punkt Q(2; 1; 1) liegt nicht in E, da Einsetzen der Koordinaten $x = 2$, $y = 1$ und $z = 1$ auf eine falsche Aussage führt, nämlich auf:
$2 \cdot 2 + 1 - 3 \cdot 1 = 5$, d.h. $2 = 5$.

Beispiel: Punktprobe mit der Normalenform

Gegeben sei die Ebene E: $\left[\vec{x} - \begin{pmatrix}1\\3\\2\end{pmatrix}\right] \cdot \begin{pmatrix}1\\2\\1\end{pmatrix} = 0$.

a) Prüfen Sie, ob die Punkte A(1; 4; 0) und B(2; 2; 1) in der Ebene E liegen.
b) Für welchen Wert des Parameters t liegt der Punkt C(2; 1; t) in der Ebene E?

Lösung zu a:
Wir setzen den Ortsvektor des Punktes A anstelle von $\vec{x}$ auf der linken Seite der Normalengleichung ein. Die linke Seite nimmt den Wert 0 an, wie die nebenstehende Rechnung zeigt. A liegt also in E.

$$\left[\begin{pmatrix}1\\4\\0\end{pmatrix} - \begin{pmatrix}1\\3\\2\end{pmatrix}\right] \cdot \begin{pmatrix}1\\2\\1\end{pmatrix} = \begin{pmatrix}0\\1\\-2\end{pmatrix} \cdot \begin{pmatrix}1\\2\\1\end{pmatrix} = 0$$

$$\Rightarrow A \in E$$

Setzen wir dagegen den Ortsvektor von B ein, so nimmt die linke Seite den Wert $-2 \neq 0$ an. B liegt nicht in E.

$$\left[\begin{pmatrix}2\\2\\1\end{pmatrix} - \begin{pmatrix}1\\3\\2\end{pmatrix}\right] \cdot \begin{pmatrix}1\\2\\1\end{pmatrix} = \begin{pmatrix}1\\-1\\-1\end{pmatrix} \cdot \begin{pmatrix}1\\2\\1\end{pmatrix} = -2$$

$$\Rightarrow B \notin E$$

Lösung zu b:
Setzen wir den Ortsvektor von C in die linke Seite der Normalengleichung ein, so nimmt diese den Wert $t - 5$ an.
Für $t = 5$ wird dieser Term gleich 0, liegt also der Punkt C in dieser Ebene E.

$$\left[\begin{pmatrix}2\\1\\t\end{pmatrix} - \begin{pmatrix}1\\3\\2\end{pmatrix}\right] \cdot \begin{pmatrix}1\\2\\1\end{pmatrix} = \begin{pmatrix}1\\-2\\t-2\end{pmatrix} \cdot \begin{pmatrix}1\\2\\1\end{pmatrix} = t-5$$

$$C \in E \quad \Leftrightarrow \quad t-5=0 \quad \Leftrightarrow \quad t=5$$

Übung 1 Punktproben

Untersuchen Sie, ob die Punkte in der gegebenen Ebene liegen.

a) E_1: $\vec{x} = \begin{pmatrix}1\\3\\-2\end{pmatrix} + r \cdot \begin{pmatrix}-1\\2\\4\end{pmatrix} + s \cdot \begin{pmatrix}1\\-3\\-1\end{pmatrix}$; P(−2; 10; 7), Q(1; 1; 1)

b) E_2: $2x - y + z = 4$; P(2; 1; 1), Q(1; 0; 1)

Übung 2

Gegeben ist die Ebene E: $x - y + 2z = 5$.
a) Prüfen Sie, ob die Punkte A(4; 3; 2) und B(1; 0; 1) in E liegen.
b) Wie muss a gewählt werden, damit der Punkt P(3a; a + 1; 2) in E liegt?
c) Kann der Punkt P(a; 2a + 3; 3 − 2a) in der Ebene E liegen?

Übung 3

Gegeben ist die Ebene E: $\left[\vec{x} - \begin{pmatrix}2\\1\\1\end{pmatrix}\right] \cdot \begin{pmatrix}1\\-1\\2\end{pmatrix} = 0$.

a) Prüfen Sie, ob die Punkte A(3; 2; 1), B(1; 4; 2) und C(− 1; 2; 3) in E liegen.
b) Für welchen Wert des Parameters a liegen die Punkte D(a; a + 3; 3) bzw. F(a; 2a; 3) in E?
c) Geben Sie eine Koordinatengleichung von E an.
d) Geben Sie eine Parametergleichung von E an.

Man kann mit der Punktprobe auch anspruchsvollere Aufgabenstellungen lösen, z. B. die Frage, ob ein Punkt in einem Teilbereich einer Ebene liegt. Dies geht mit der Parametergleichung.

Beispiel: Lage von Punkt und Dreieck
Die Punkte A(4; 4; 1), B(1; 4; 1) und C(0; 0; 5) bilden ein Dreieck im Raum. Untersuchen Sie, ob der Punkt P(1; 2; 3) im Dreieck ABC liegt oder nicht.

Lösung:
Wir stellen zunächst eine Gleichung der Ebene E auf, in der das Dreieck ABC liegt. Nun prüfen wir mit der Punktprobe, ob der Punkt P in der Ebene E liegt, denn das ist notwendige Voraussetzung dafür, dass der Punkt im Dreieck ABC liegt.
Der Punkt liegt in der Ebene, da das Gleichungssystem lösbar ist mit den Parameterwerten $r = \frac{1}{3}$ und $s = \frac{1}{2}$.

Diese Zahlen zeigen auch, dass der Punkt P tatsächlich im Dreieck ABC liegt.

Gleichung der Trägerebene E:

$$E: \vec{x} = \overrightarrow{OA} + r \cdot \overrightarrow{AB} + s \cdot \overrightarrow{AC}$$

$$E: \vec{x} = \begin{pmatrix} 4 \\ 4 \\ 1 \end{pmatrix} + r \cdot \begin{pmatrix} -3 \\ 0 \\ 0 \end{pmatrix} + s \cdot \begin{pmatrix} -4 \\ -4 \\ 4 \end{pmatrix}$$

Punktprobe:

$$\begin{aligned} 1 &= 4 - 3r - 4s \\ 2 &= 4 \qquad\;\; - 4s \\ 3 &= 1 \qquad\;\; + 4s \end{aligned}$$

Lösung:

$$s = \tfrac{1}{2}, \quad r = \tfrac{1}{3}$$

Interpretation:

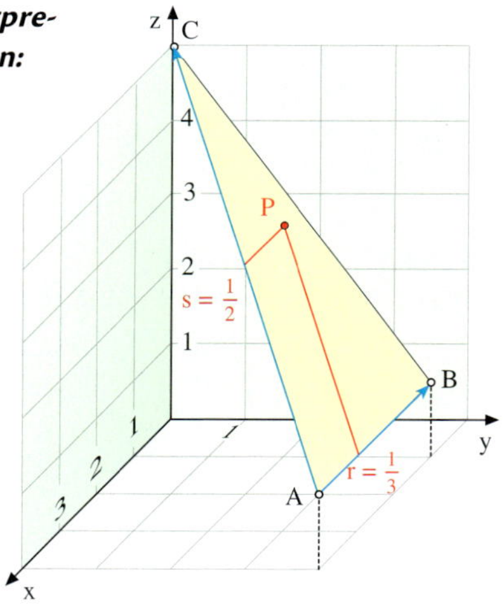

Lage Punkt / Dreieck
Ein Punkt P der Ebene
$E: \vec{x} = \overrightarrow{OA} + r \cdot \overrightarrow{AB} + s \cdot \overrightarrow{AC}$
liegt genau dann in dem durch die Vektoren $\overrightarrow{AB}$ und $\overrightarrow{AC}$ aufgespannten Dreieck, wenn die folgenden Bedingungen erfüllt sind:

(1) $0 \le r \le 1$,
(2) $0 \le s \le 1$,
(3) $0 \le r + s \le 1$.

Die Zeichnung verdeutlicht diese Interpretation der Parameterwerte.

Übung 4 Lage Punkt/Dreieck
Gegeben sind die Punkte A(6; 3; 1), B(6; 9; 1), C(0; 3; 3).
Prüfen Sie, ob die Punkte P(3; 5; 2), Q(3; 7; 2), R(4; 5; 1) im Dreieck ABC liegen.

Übung 5 Lage Punkt/Parallelogramm
Ein Punkt P der Ebene E: $\vec{x} = \overrightarrow{OA} + r \cdot \overrightarrow{AB} + s \cdot \overrightarrow{AC}$ liegt genau dann in dem durch die Vektoren $\overrightarrow{AB}$ und $\overrightarrow{AC}$ aufgespannten Parallelogramm, wenn für seine Parameterwerte gilt: $0 \le r \le 1$ und $0 \le s \le 1$.
Gegeben sind die Punkte A(4; 1; 0), B(2; 3; 2), C(−1; 3; 4), D(1; 1; 2).
a) Zeigen Sie, dass ABCD ein Parallelogramm ist.
b) Prüfen Sie, ob die Punkte P(2; 1,5; 1,5) und Q(−2; 4; 5) im Parallelogramm ABCD liegen.

B. Die Lage von Gerade und Ebene

Es gibt drei unterschiedliche gegenseitige Lagebeziehungen zwischen einer Geraden und einer Ebene:

(A) g und E schneiden sich im Punkt S,
(B) g verläuft echt parallel zu E,
(C) g liegt ganz in E.

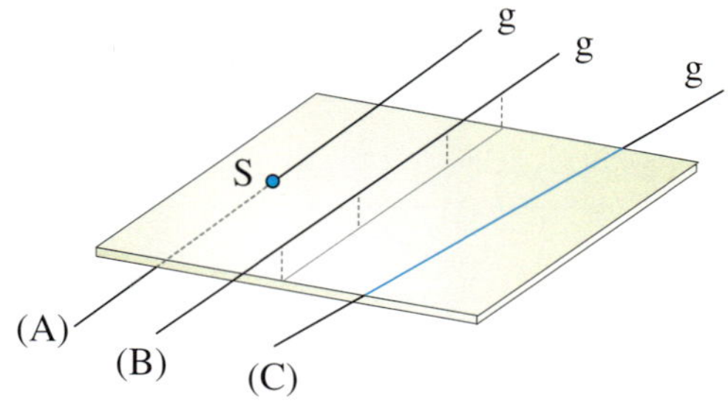

Die Überprüfung, welche Lagebeziehung im konkreten Fall vorliegt, gelingt am einfachsten, wenn man eine Parametergleichung der Geraden und eine Koordinatengleichung der Ebene verwendet.

Beispiel: Gerade und Ebene schneiden sich

Gegeben sind die Gerade g: $\vec{x} = \begin{pmatrix} 2 \\ 4 \\ 2 \end{pmatrix} + r \cdot \begin{pmatrix} 0 \\ 2 \\ 1 \end{pmatrix}$ und die Ebene E: $x + 2y + 3z = 9$.

Zeigen Sie, dass g und E sich schneiden. Bestimmen Sie den Schnittpunkt S. Stellen Sie anschließend Ihre Ergebnisse in einem Schrägbild dar.

Lösung:
Der allgemeine Geradenvektor hat die Koordinaten $x = 2$, $y = 4 + 2r$, $z = 2 + r$. Durch Einsetzen dieser Terme in die Koordinatengleichung der Ebene erhalten wir eine Bestimmungsgleichung für den Geradenparameter r, deren Auflösung den Wert $r = -1$ liefert.

1. Lageuntersuchung:

$$\begin{aligned} x + 2y + 3z &= 9 \\ 2 + 2(4+2r) + 3(2+r) &= 9 \\ 7r + 16 &= 9 \\ 7r &= -7 \\ r &= -1 \end{aligned}$$

$\Rightarrow$ g schneidet E für $r = -1$.

Durch Rückeinsetzung von $r = -1$ in die Parametergleichung der Geraden g erhalten wir den Ortsvektor des Schnittpunktes S(2; 2; 1).

2. Schnittpunktberechnung:

$$\vec{x} = \begin{pmatrix} 2 \\ 4 \\ 2 \end{pmatrix} + (-1) \cdot \begin{pmatrix} 0 \\ 2 \\ 1 \end{pmatrix} = \begin{pmatrix} 2 \\ 2 \\ 1 \end{pmatrix}$$

$\Rightarrow$ Schnittpunkt S(2; 2; 1)

Um die Ergebnisse graphisch darzustellen, errechnen wir zunächst die drei Achsenabschnitte der Ebene aus der Koordinatengleichung von E. Wir erhalten dann $x = 9$, $y = 4{,}5$ und $z = 3$.

Die Gerade g legen wir durch zwei ihrer Punkte fest. Hierfür bieten sich der Stützpunkt A(2; 4; 2) (Parameterwert $r = 0$) und der Schnittpunkt S(2; 2; 1) (Parameterwert $r = -1$) an.

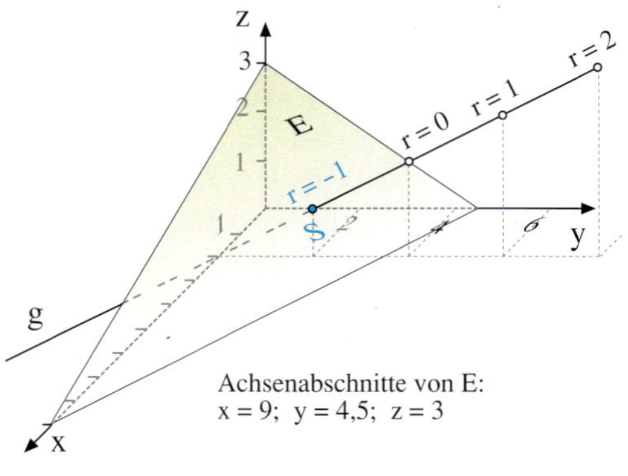

Achsenabschnitte von E:
$x = 9$; $y = 4{,}5$; $z = 3$

Beispiel: Gerade parallel zur Ebene/Gerade in der Ebene

Gegeben sind die Geraden g_1: $\vec{x} = \begin{pmatrix} 2 \\ 3 \\ 1 \end{pmatrix} + r \cdot \begin{pmatrix} 1 \\ 1 \\ -1 \end{pmatrix}$, g_2: $\vec{x} = \begin{pmatrix} 2 \\ 2 \\ 1 \end{pmatrix} + r \cdot \begin{pmatrix} 1 \\ 1 \\ -1 \end{pmatrix}$ sowie die Ebene E: $x + 2y + 3z = 9$. Untersuchen Sie die gegenseitige Lage von g_1 und g_2 zu E.

Lösung:

1. *Lage von g_1 zu E:*
   Koordinaten von g_1:
   $x = 2 + r$
   $y = 3 + r$
   $z = 1 - r$
   Einsetzen in die Gleichung von E:
   $$\begin{aligned} x + 2y + 3z &= 9 \\ (2+r) + 2(3+r) + 3(1-r) &= 9 \\ 11 &= 9 \end{aligned}$$
2. *Interpretation:*
   Es gibt keinen Geradenpunkt, der die Punktprobe mit der Ebenengleichung erfüllt. g und E sind ***echt parallel***.

1. ***Lage von g_2 zu E:***
   Koordinaten von g_2:
   $x = 2 + r$
   $y = 2 + r$
   $z = 1 - r$
   Einsetzen in die Gleichung von E:
   $$\begin{aligned} x + 2y + 3z &= 9 \\ (2+r) + 2(2+r) + 3(1-r) &= 9 \\ 9 &= 9 \end{aligned}$$
2. ***Interpretation:***
   Jeder Geradenpunkt erfüllt die Punktprobe mit der Ebenengleichung.
   g liegt ***ganz in E***.

Man kann zur Untersuchung der Lagebeziehung einer Geraden und einer Ebene auch eine Normalengleichung der Ebene statt der Koordinatengleichung verwenden. Wir zeigen dies exemplarisch.

Beispiel: Lagebeziehung Gerade/Ebene (Ebene in Normalenform)

Welche gegenseitige Lage besitzen g: $\vec{x} = \begin{pmatrix} 1 \\ 2 \\ 2 \end{pmatrix} + r \begin{pmatrix} 2 \\ -1 \\ 1 \end{pmatrix}$ und E: $\left[\vec{x} - \begin{pmatrix} 2 \\ 3 \\ -2 \end{pmatrix}\right] \cdot \begin{pmatrix} 1 \\ -2 \\ 1 \end{pmatrix} = 0$?

Lösung:

g ist nicht parallel zu E, da der Richtungsvektor von g und der Normalenvektor von E ein von null verschiedenes Skalarprodukt besitzen.

Den Schnittpunkt von g und E bestimmen wir durch Einsetzen des allgemeinen Ortsvektors der Geraden g (rot markiert) in die Normalengleichung von E. Durch Ausrechnen des Skalarproduktes erhalten wir eine Bestimmungsgleichung für den Geradenparameter r, welche die Lösung $r = -1$ hat.

Einsetzen dieses Parameterwertes in die Geradengleichung liefert den Schnittpunkt von g und E: $S(-1; 3; 1)$.

1. Untersuchung auf Parallelität:

$$\begin{pmatrix} 2 \\ -1 \\ 1 \end{pmatrix} \cdot \begin{pmatrix} 1 \\ -2 \\ 1 \end{pmatrix} = 5 \neq 0 \quad \Rightarrow \quad g \nparallel E$$

2. Berechnung des Schnittpunktes:

$$\left[\begin{pmatrix} 1 \\ 2 \\ 2 \end{pmatrix} + r \cdot \begin{pmatrix} 2 \\ -1 \\ 1 \end{pmatrix} - \begin{pmatrix} 2 \\ 3 \\ -2 \end{pmatrix}\right] \cdot \begin{pmatrix} 1 \\ -2 \\ 1 \end{pmatrix} = 0$$

$$\Rightarrow \begin{pmatrix} 2r-1 \\ -r-1 \\ r+4 \end{pmatrix} \cdot \begin{pmatrix} 1 \\ -2 \\ 1 \end{pmatrix} = 0 \Rightarrow 5r + 5 = 0, r = -1$$

$$\vec{x} = \begin{pmatrix} 1 \\ 2 \\ 2 \end{pmatrix} + (-1) \cdot \begin{pmatrix} 2 \\ -1 \\ 1 \end{pmatrix} = \begin{pmatrix} -1 \\ 3 \\ 1 \end{pmatrix}, S(-1; 3; 1)$$

Übung 6 Lagebeziehung Gerade/Ebene

Die Gerade g durch die Punkte A und B schneidet die Ebene E.
Bestimmen Sie den Schnittpunkt S. Zeichnen Sie ein Schrägbild.

a) A(5; 4; 3), B(7; 7; 5) E: $2x + 3y + 3z = 12$

b) A(0; 0; 0), B(4; 6; 4) E: $6x + 4y = 24$

c) A(2; 0; 2), B(6; 4; 0) E: $\vec{x} = \begin{pmatrix} 12 \\ 0 \\ 0 \end{pmatrix} + r \cdot \begin{pmatrix} -12 \\ 0 \\ 3 \end{pmatrix} + s \cdot \begin{pmatrix} -12 \\ 6 \\ 0 \end{pmatrix}$

Übung 7 Lagebeziehung Gerade/Ebene (Ebene in KF)

Untersuchen Sie die gegenseitige Lage der Geraden g und der Ebene E.

a) g: $\vec{x} = \begin{pmatrix} -1 \\ 0 \\ 0 \end{pmatrix} + r \cdot \begin{pmatrix} 2 \\ 6 \\ 2 \end{pmatrix}$ E: $2x + y + z = 4$

b) g: $\vec{x} = \begin{pmatrix} 0 \\ 3 \\ 2 \end{pmatrix} + r \cdot \begin{pmatrix} 1 \\ -2 \\ 2 \end{pmatrix}$ E: $4x + 4y + 2z = 8$

c) g: $\vec{x} = \begin{pmatrix} 1 \\ 2 \\ 0 \end{pmatrix} + r \cdot \begin{pmatrix} 2 \\ 1 \\ -2 \end{pmatrix}$ E: $2x + 2y + 3z = 6$

Übung 8 Lagebeziehung Gerade/Ebene (Ebene in NF)

Welche gegenseitige Lage besitzen g und E_1 bzw. g und E_2?

g: $\vec{x} = \begin{pmatrix} 1 \\ 2 \\ 2 \end{pmatrix} + r \begin{pmatrix} 2 \\ -1 \\ 1 \end{pmatrix}$, E_1: $\left[\vec{x} - \begin{pmatrix} 2 \\ 2 \\ 3 \end{pmatrix}\right] \cdot \begin{pmatrix} -1 \\ -1 \\ 1 \end{pmatrix} = 0$, E_2: $\left[\vec{x} - \begin{pmatrix} 2 \\ -3 \\ 2 \end{pmatrix}\right] \cdot \begin{pmatrix} 2 \\ 2 \\ -2 \end{pmatrix} = 0$

Übung 9 Lagebeziehungen im Würfel

Ein Würfel mit der Kantenlänge 6 liegt wie abgebildet im Koordinatensystem.

a) Wie lauten die Koordinaten der Punkte A bis H?

b) Bestimmen Sie eine Parametergleichung der Ebene E_1 durch die Punkte B, G und E.

c) Wo schneidet die Gerade g durch F und D das Dreieck EBG?

d) Schneidet die Gerade h durch C und H die Ebene E_1?

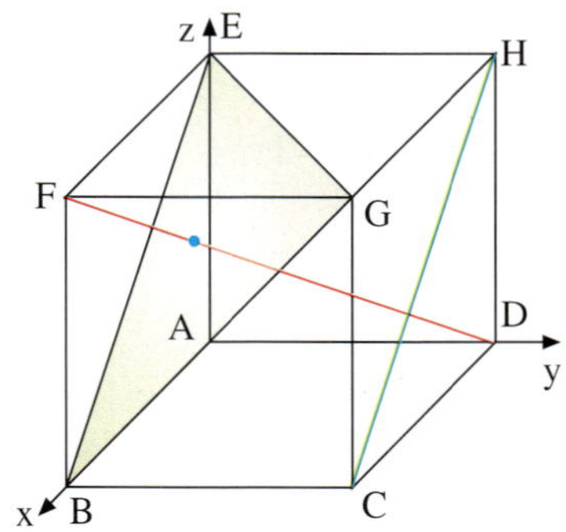

Übung 10 Laserbohrung

Ein Edelstahlblock hat die Form eines quadratischen Pyramidenstumpfes. Die Seitenlänge der Grundfläche beträgt 8 cm, diejenige der Deckfläche beträgt 4 cm, die Höhe beträgt 8 cm.

Mit einem Laserstrahl, der auf der Strecke $\overline{PQ}$ mit P(−3,5; 9,5; 6) und Q(−6; 16; 8) erzeugt wird, durchbohrt man das Werkstück. Der Koordinatenursprung liegt im Mittelpunkt der Grundfläche.

a) Wo liegen Ein- und Austrittspunkt?

b) Wie lang ist der Bohrkanal?

c) Wo wird der Block getroffen, wenn der Laser längs der Strecke $\overline{PQ}$ mit P(1; 9; 5) und Q(−1; 15; 6) erzeugt wird?

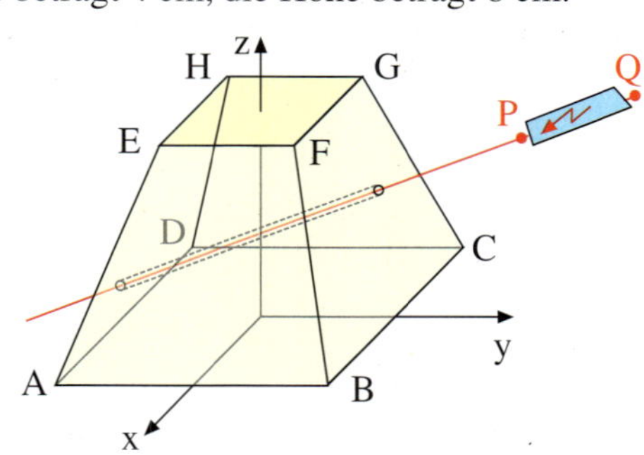

C. Exkurs: Parallelität, Orthogonalität und Spiegelung

Vorteile bringt die Verwendung einer Normalenform der Ebene, wenn man Parallelität und Orthogonalität untersucht.

Anhand von Richtungsvektoren und von Normalenvektoren lassen sich die besonderen Lagen der Parallelität und der Orthogonalität von Geraden und Ebenen leicht feststellen. Wir stellen zunächst in einer Übersicht die wichtigsten Kriterien zusammen.

Parallele Geraden:
Die Richtungsvektoren sind kollinear.
Die Überprüfung erfolgt durch *Hinsehen.*

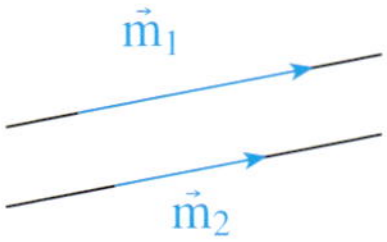

$\vec{m}_2 = r \cdot \vec{m}_1$

Orthogonale Geraden:
Die Richtungsvektoren sind orthogonal.
Die Überprüfung erfolgt mittels *Skalarprodukt.*

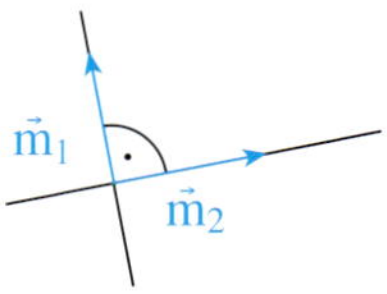

$\vec{m}_1 \cdot \vec{m}_2 = 0$

Parallelität Gerade/Ebene:
Der Richtungsvektor der Geraden und der Normalenvektor der Ebene sind orthogonal.

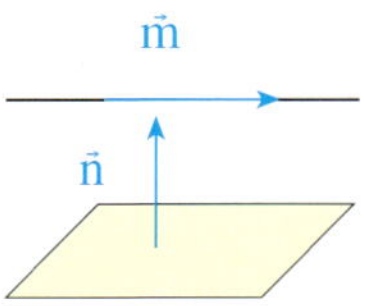

$\vec{n} \cdot \vec{m} = 0$

Orthogonalität Gerade/Ebene:
Der Richtungsvektor der Geraden und der Normalenvektor der Ebene sind kollinear.

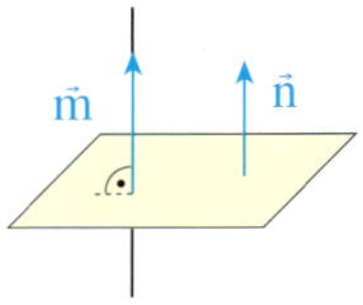

$\vec{m} = r \cdot \vec{n}$

Ähnlich zur Geradenspiegelung in der Ebene lässt sich im Raum eine ***Spiegelung an einer Ebene*** definieren. Spiegelt man einen Punkt A an einer Ebene E, so gilt für den Spiegelpunkt A′, dass die Gerade durch A und A′ orthogonal zur Ebene E ist und dass der Schnittpunkt F dieser Geraden mit der Ebene E die Verbindungsstrecke $\overline{AA'}$ halbiert.

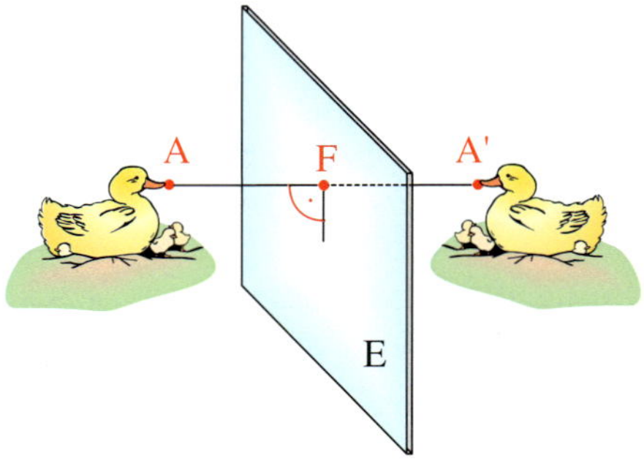

Beispiel: Gerade/Ebene (Lotgerade)

Gegeben sind die Ebene E: $\left[\vec{x} - \begin{pmatrix} 1 \\ 1 \\ 2 \end{pmatrix}\right] \cdot \begin{pmatrix} 1 \\ 2 \\ 3 \end{pmatrix} = 0$ sowie der Punkt A(5; 4; 8).

a) Bestimmen Sie eine zu E orthogonale Gerade g, die den Punkt A enthält.
b) In welchem Punkt F schneidet g die Ebene E?
c) Der Punkt A wird an der Ebene E gespiegelt. Wie lauten die Koordinaten des Spiegelpunktes A′?

Lösung zu a:
Als Stützpunkt der Geraden verwenden wir den Punkt A(5; 4; 8). Als Richtungsvektor $\vec{m}$ benötigen wir einen zum Normalenvektor $\vec{n}$ der Ebene kollinearen Vektor. Am einfachsten ist es, den Normalenvektor selbst als Richtungsvektor zu wählen, was auf die rechts dargestellte Geradengleichung führt. Die Gerade g wird als *Lotgerade* oder als *Lot* vom Punkt A auf die Ebene bezeichnet.

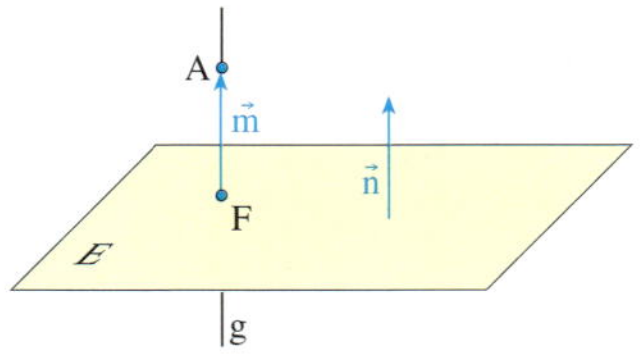

Geradengleichung der Lotgeraden:

$$g\colon \vec{x} = \begin{pmatrix}5\\4\\8\end{pmatrix} + r\begin{pmatrix}1\\2\\3\end{pmatrix}$$

Lösung zu b:
Zur Schnittpunktberechnung setzen wir die rechte Seite der Geradengleichung für $\vec{x}$ in die Ebenengleichung ein. Durch Zusammenfassung von Vektoren und Ausmultiplizieren des Skalarproduktes erhält man $r = -2$ als Parameterwert des Schnittpunktes F.
Der Punkt F(3; 0; 2) heißt *Lotfußpunkt* des Lotes von A auf die Ebene E.

Schnittpunkt von g und E (Lotfußpunkt):

$$\left[\begin{pmatrix}5\\4\\8\end{pmatrix} + r\begin{pmatrix}1\\2\\3\end{pmatrix} - \begin{pmatrix}1\\1\\2\end{pmatrix}\right] \cdot \begin{pmatrix}1\\2\\3\end{pmatrix} = 0$$

$$\begin{pmatrix}4+r\\3+2r\\6+3r\end{pmatrix} \cdot \begin{pmatrix}1\\2\\3\end{pmatrix} = 0$$

$$28 + 14r = 0$$

$$r = -2 \Rightarrow F(3;0;2)$$

Lösung zu c:
Da der Spiegelpunkt A′ auf der Lotgeraden g liegt und F die Strecke $\overline{AA'}$ halbiert, gilt für den Ortsvektor von A′ die rechts dargestellte Gleichung. Einsetzen der bereits errechneten Koordinaten liefert A′(1; −4; −4).

Koordinaten des Spiegelpunktes A′:

$$\overrightarrow{OA'} = \overrightarrow{OA} + 2\cdot\overrightarrow{AF}$$

$$= \begin{pmatrix}5\\4\\8\end{pmatrix} + 2\cdot\left[\begin{pmatrix}3\\0\\2\end{pmatrix} - \begin{pmatrix}5\\4\\8\end{pmatrix}\right] = \begin{pmatrix}1\\-4\\-4\end{pmatrix}$$

Übung 11 Orthogonale Geraden

Gegeben ist E: $\vec{x} = \begin{pmatrix}2\\2\\0\end{pmatrix} + r\begin{pmatrix}-1\\-1\\1\end{pmatrix} + s\begin{pmatrix}-2\\2\\1\end{pmatrix}$. Gesucht ist eine Gleichung der Geraden g, welche E im Stützpunkt der Ebene senkrecht schneidet.

Übung 12 Spiegelung eines Punktes

Gegeben sind die Ebene E: $\left[\vec{x} - \begin{pmatrix}2\\2\\1\end{pmatrix}\right] \cdot \begin{pmatrix}4\\-1\\-1\end{pmatrix} = 0$ sowie der Punkt A(5; −5; 1).

a) Bestimmen Sie eine zu E orthogonale Gerade g, die den Punkt A enthält.
b) Bestimmen Sie den Schnittpunkt F der Geraden g mit der Ebene E.
c) A wird an der Ebene E gespiegelt. Wie lauten die Koordinaten des Spiegelpunkes A′?

Übung 13 Bestimmung der Spiegelebene

Der Punkt A(1; 5; 4) wurde durch Spiegelung an einer Ebene E auf den Punkt A′(3; 2; 1) abgebildet. Bestimmen Sie eine Gleichung der Ebene E.

Übungen

CAS

14. Lage von Punkt und Ebene
Prüfen Sie, ob die Punkte P und Q auf der Ebene E liegen.

a) E: $\vec{x} = \begin{pmatrix} 1 \\ 1 \\ 2 \end{pmatrix} + r \begin{pmatrix} 1 \\ 1 \\ -1 \end{pmatrix} + s \begin{pmatrix} 2 \\ -1 \\ 1 \end{pmatrix}$; P(1; 4; −1), Q(8; −1; 4)

b) E: $-4x + 2y + 2z = 8$; P(2; 1; 5), Q(−1; 1; 1)

c) E: Ebene parallel zur z-Achse durch die Punkte A(3; 3; 0) und B(0; 6; 2); P(4; 2; 4), Q(0; 7; 3)

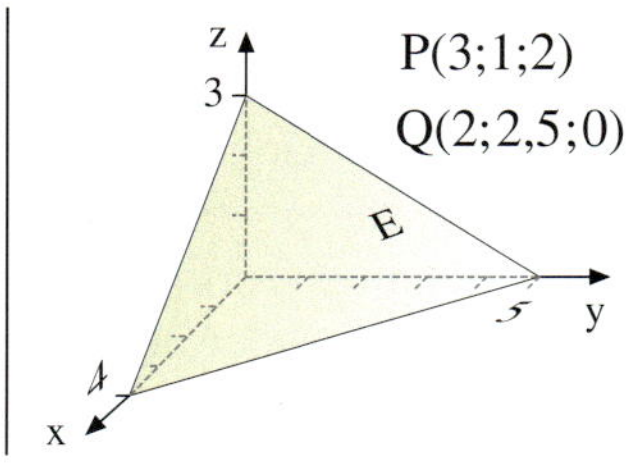

CAS

15. Lage von Punkt und Ebene, Dreieck
Gegeben sind die Punkte A(1; 1; −1), B(3; 5; 1), C(5; 5; 7) und D(−1; 0; −6).

a) Stellen Sie eine Gleichung der Ebene E durch die Punkte A, B und C auf.
b) Zeigen Sie, dass der Punkt D in der Ebene E liegt.
c) Untersuchen Sie, ob der Punkt F(5; 6; 6) im Dreieck ABC liegt.

16. Lage von Gerade und Ebene
Untersuchen Sie die gegenseitige Lage von g und E.

a) g: $\vec{x} = \begin{pmatrix} 10 \\ 4 \\ 8 \end{pmatrix} + r \begin{pmatrix} 3 \\ 2 \\ -1 \end{pmatrix}$
E: $5x - 2y + z = 10$

b) g: $\vec{x} = \begin{pmatrix} -1 \\ 2 \\ -6 \end{pmatrix} + r \begin{pmatrix} 2 \\ 2 \\ 3 \end{pmatrix}$
E: A(1; 0; 1), B(3; 1; 1), C(3; −1; 3)

c) g enthält P(1; 1; 1) und Q(5; 3; −1), E geht durch A(3; 3; 3), B(3; 0; −6), C(0; −3; −6).

d) g ist parallel zur z-Achse und enthält P(3; 4; 0), E hat die Achsenabschnitte $x = 3$, $y = 3$, $z = 9$.

e) g: $\vec{x} = \begin{pmatrix} 4 \\ 1 \\ 1 \end{pmatrix} + r \begin{pmatrix} 2 \\ 1 \\ -2 \end{pmatrix}$
E: $2x - 2y + z = 8$

f) g: $\vec{x} = \begin{pmatrix} 0 \\ -1 \\ 8 \end{pmatrix} + r \begin{pmatrix} 1 \\ 2 \\ -2 \end{pmatrix}$
E: $3x + 2z = 12$

g) g: $\vec{x} = \begin{pmatrix} -2 \\ 0 \\ 6 \end{pmatrix} + r \begin{pmatrix} -1 \\ 1 \\ 3 \end{pmatrix}$
E: $3x - 3y + 2z = 6$

h) g: $\vec{x} = \begin{pmatrix} 10 \\ 5 \\ 14 \end{pmatrix} + r \begin{pmatrix} 2 \\ 1 \\ 3 \end{pmatrix}$
E: $y = 2$

i) g: $\vec{x} = \begin{pmatrix} 1 \\ 3 \\ 1 \end{pmatrix} + r \begin{pmatrix} 2 \\ 2 \\ -1 \end{pmatrix}$
E: $x + 2z = -3$

j) g: $\vec{x} = r \begin{pmatrix} 1 \\ -1 \\ 0 \end{pmatrix}$
E: $5x - 3y - 4z = 4$

17. Projektion im Raum
Vier Sterne α, β, γ, δ begrenzen einen pyramidenförmigen Raumsektor. Sie haben die Koordinaten α(4; 4; 8), β(0; 20; 0), γ(−16; 16; 4) und δ(−8; 12; 12).

a) Liegen die Sterne P(−4; 16; 6), Q(−3; 12; 8), R(−8; 12; 6) im Dreieck αβγ?

b) Ein Komet fliegt nahezu geradlinig durch die Punkte A(10; 3; 1) und B(4; 7; 3). Wo dringt er in den Raumsektor ein? Wo verlässt er ihn?

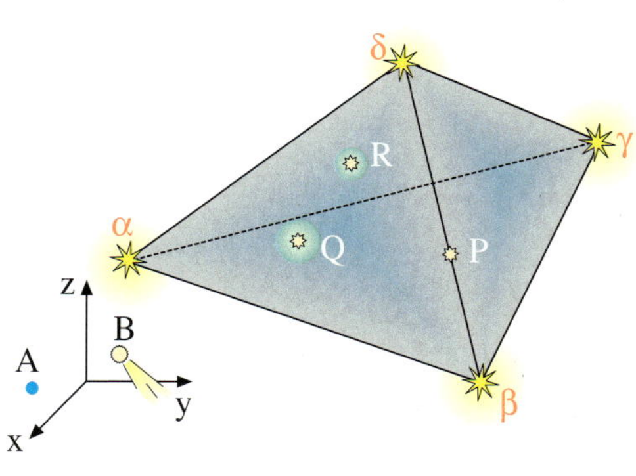

18. Gerade und Parallelogramm

Prüfen Sie, ob die Gerade g das Parallelogramm ABCD schneidet.

a) $g\colon \vec{x} = \begin{pmatrix} 2 \\ 0 \\ 5 \end{pmatrix} + r \begin{pmatrix} 1 \\ 8 \\ -1 \end{pmatrix}$
A(0; 0; 0), B(6; 0; 0), C(6; 4; 2), D(0; 4; 2)

b) $g\colon \vec{x} = \begin{pmatrix} 1 \\ 1 \\ -1 \end{pmatrix} + r \begin{pmatrix} 2 \\ 1 \\ 1 \end{pmatrix}$
A(3; 3; 3), B(8; 5; 2), C(6; 3; 0), D(1; 1; 1)

19. Lagebeziehungen im Würfel

Gegeben ist der Würfel ABCDEFGH mit der Seitenlänge 6. M sei der Mittelpunkt des Vierecks BCGF.

a) In welchem Punkt S schneidet die Gerade g durch A und M das Dreieck BCE?
b) In welchem Punkt T trifft die Parallele p zur Kante $\overline{AB}$ durch M das Dreieck BCE?
c) Schneidet die Gerade h durch M und D das Dreieck?
d) In welchem Verhältnis teilt S die Strecke $\overline{MA}$?

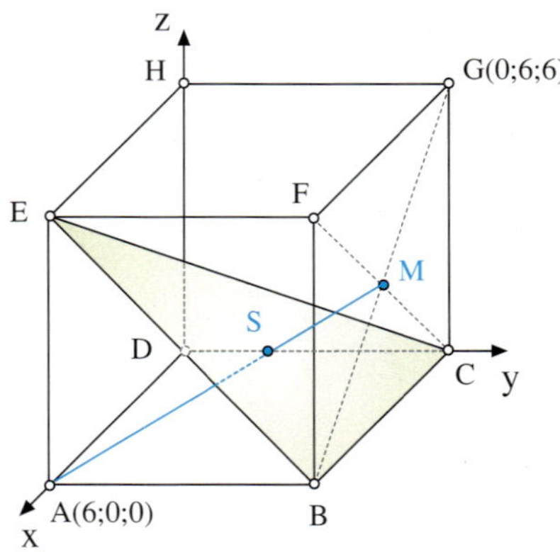

20. Lage von Pyramide und Gerade

Gegeben ist die Pyramide mit den Ecken A(12; −3; −3), B(9; 9; 0), C(9; 0; 9) und der Spitze S(15; 3; 3).

a) Bestimmen Sie die Kantenlängen.
b) Zeigen Sie, dass sich die Kanten in der Spitze senkrecht treffen.
c) Untersuchen Sie die Lage der Geraden g durch P(8; 7; 7) und Q(4; 14; 11) zur Pyramide. Welche Länge schneidet die Pyramide aus der Geraden g heraus?

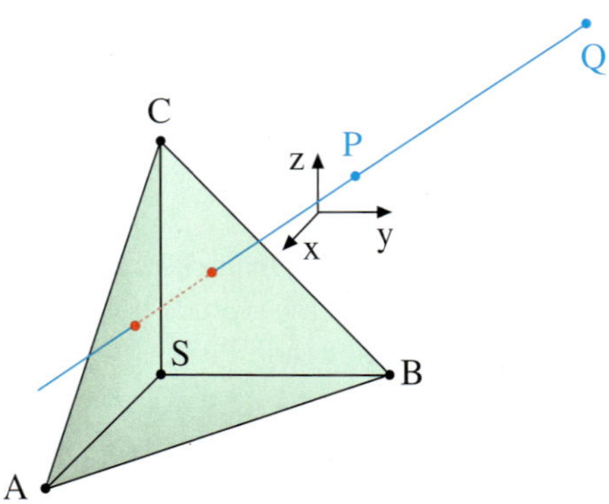

21. Punkte und Geraden im Spat

Gegeben ist das Polyeder ABCDEFGH mit den Ecken A(0; 0; 0), B(2; 4; 6), C(5; 7; 12), D(3; 3; 6), E(4; 4; 4), F(6; 8; 10), G(9; 11; 16), H(7; 7; 10).

a) Zeigen Sie, dass das Polyeder ABCDEFGH ein Spat[1] ist.
b) Liegen die Punkte P(6; 7; 10) und Q(4; 3; 6) im Spat?
c) Bestimmen Sie den Schnittpunkt der Geraden durch A und G mit der Ebene durch B, F und H.

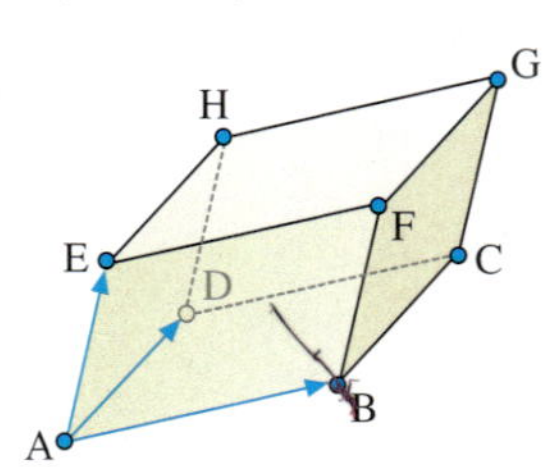

[1] Ein Spat ist ein von drei Vektoren aufgespanntes Polyeder. Alle Seiten sind zu den drei aufspannenden Vektoren parallel.

22. Orthogonalität/Parallelität von Gerade und Ebene

Untersuchen Sie die Gerade g und Ebene E auf Orthogonalität bzw. Parallelität.

a) g: $\vec{x} = \begin{pmatrix} 2 \\ 0 \\ 0 \end{pmatrix} + r \begin{pmatrix} 1 \\ -2 \\ 3 \end{pmatrix}$ E: $\left[\vec{x} - \begin{pmatrix} 0 \\ 4 \\ 0 \end{pmatrix}\right] \cdot \begin{pmatrix} -3 \\ 6 \\ 5 \end{pmatrix} = 0$

b) g: $\vec{x} = \begin{pmatrix} 5 \\ 1 \\ 6 \end{pmatrix} + r \begin{pmatrix} -2 \\ 1 \\ 3 \end{pmatrix}$ E: $4x - 2y - 6z = -18$

c) g: $\vec{x} = \begin{pmatrix} -4 \\ -5 \\ 3 \end{pmatrix} + r \begin{pmatrix} 5 \\ 6 \\ -2 \end{pmatrix}$ E: $4x - 3y + z = 5$

23. Orthogonale Gerade und Spiegelpunkt

Bestimmen Sie eine Gleichung einer Geraden g, die zur Ebene E orthogonal ist und den Punkt A enthält. Berechnen Sie sodann den Schnittpunkt F von g und E (Lotfußpunkt). A wird an der Ebene E gespiegelt. Bestimmen Sie die Koordinaten des Spiegelpunktes A′.

a) E: $\vec{x} \cdot \begin{pmatrix} 3 \\ 1 \\ 4 \end{pmatrix} = 0$ A(3; 2; −6)

b) E: $\left[\vec{x} - \begin{pmatrix} 1 \\ 1 \\ 3 \end{pmatrix}\right] \cdot \begin{pmatrix} 2 \\ -1 \\ 1 \end{pmatrix} = 0$ A(4; 0; 8)

c) E: $\vec{x} = \begin{pmatrix} 0 \\ 2 \\ 0 \end{pmatrix} + r \begin{pmatrix} 3 \\ -1 \\ 0 \end{pmatrix} + s \begin{pmatrix} 1 \\ 0 \\ 1 \end{pmatrix}$ A(3; 7; −4)

24. Bestimmung einer Spiegelebene

Der Punkt A wurde durch Spiegelung an einer Ebene auf den Punkt A′ abgebildet. Bestimmen Sie eine Gleichung der Ebene E.

a) A(1; 0; 3), A′(5; 8; 1) b) A(2; 1; −4), A′(3; 3; 0) c) A(2; 5; 6), A′(0; 3; 1)

25. Rechtwinkliges Dreieck und orthogonale Gerade

Gegeben sind eine Gerade g und zwei nicht auf g liegende Punkte A und B. Gesucht ist:

I. ein Geradenpunkt C derart, dass das Dreieck ABC bei C rechtwinklig ist,

II. eine Gerade h, welche auf dem Dreieck ABC senkrecht steht und C enthält.

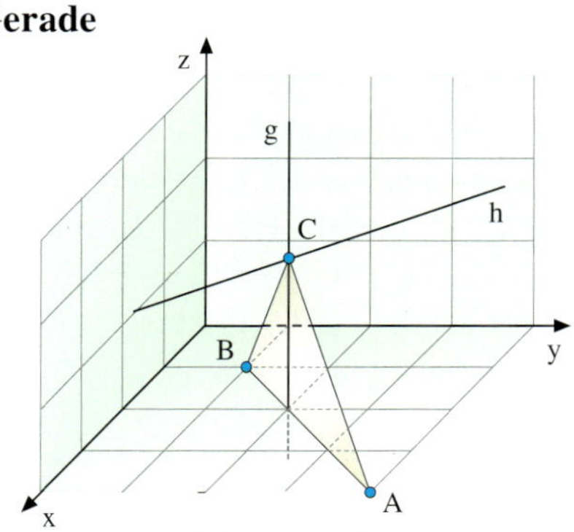

a) g: $\vec{x} = \begin{pmatrix} 2 \\ 2 \\ 0 \end{pmatrix} + r \begin{pmatrix} 0 \\ 0 \\ 2 \end{pmatrix}$; A(4; 4; 0), B(1; 1; 0)

b) g: $\vec{x} = \begin{pmatrix} 0 \\ 2 \\ 0 \end{pmatrix} + r \begin{pmatrix} 1 \\ 1 \\ 1 \end{pmatrix}$; A(1; 2; 1), B(−1; 3; 7)

26. Spiegelung einer Geraden

Gegeben sind die Gerade g: $\vec{x} = \begin{pmatrix} 2 \\ 0 \\ 1 \end{pmatrix} + r \begin{pmatrix} 1 \\ -2 \\ -1 \end{pmatrix}$ und die Ebene E: $\left[\vec{x} - \begin{pmatrix} 1 \\ -2 \\ 1 \end{pmatrix}\right] \cdot \begin{pmatrix} 3 \\ 2 \\ -1 \end{pmatrix} = 0$.

a) Zeigen Sie, dass g echt parallel zu E verläuft.

b) Die Gerade g wird an der Ebene E gespiegelt. Bestimmen Sie eine Gleichung der gespiegelten Geraden g′.

27. Flugbahn (Lage von Gerade und Pyramide)

Ein Flugzeug steuert auf die Cheops-Pyramide zu. Auf dem Radarschirm im Kontrollpunkt ist die Flugbahn durch die abgebildeten Punkte $F_1(56; -44; 15)$ und $F_2(48; -36; 14)$ erkennbar. Die Eckpunkte der Cheops-Pyramide sind ebenfalls auf dem Radarbild zu sehen. Kollidiert das Flugzeug bei gleichbleibendem Kurs mit der Cheops-Pyramide?
(Maßstab: 1 Einheit $\hat{=}$ 10 m)

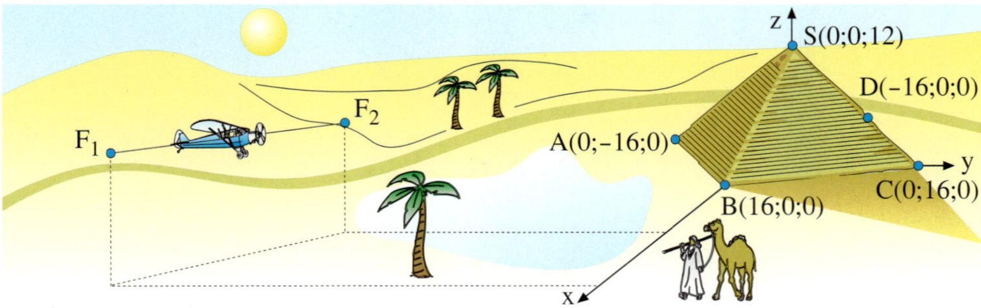

28. Sichtlinie (Lage von Gerade und Pyramide)

Ist die Bergspitze S von der Insel I bzw. vom Boot H aus zu sehen oder behindert die Pyramide die Sicht?

a) Fertigen Sie zunächst einen Grundriss an (Aufsicht auf die x-y-Ebene).
b) Entscheiden Sie anhand des Grundrisses, welche Pyramidenflächen die Sichtlinien unterbrechen könnten.
c) Berechnen Sie, ob die Sichtlinien durch diese Fläche tatsächlich unterbrochen werden.

$A(100; -100; 20)$, $B(20; 140; 20)$,
$C(-60; -20; -20)$, $D(0; 0; 80)$
$S(-70; -210; 100)$, $H(210; -10; 0)$, $I(130; 230; 0)$

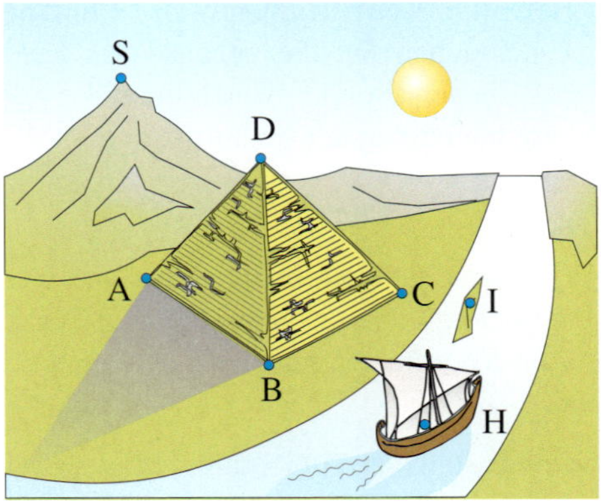

29. Schattenwurf

Gegeben ist das rechts abgebildete Haus (Maße in m).
Eine Antenne auf dem Haus hat die Eckpunkte $A(-2; 2; 5)$ und $B(-2; 2; 6)$. Fällt paralleles Licht in Richtung des Vektors $\vec{v} = \begin{pmatrix} 2 \\ 8 \\ -3 \end{pmatrix}$ auf die Antenne, so wirft diese einen Schatten auf die Dachfläche EFGH. Berechnen Sie den Schattenpunkt der Antennenspitze auf der Dachfläche EFGH sowie die Länge des Antennenschattens auf dem Dach.

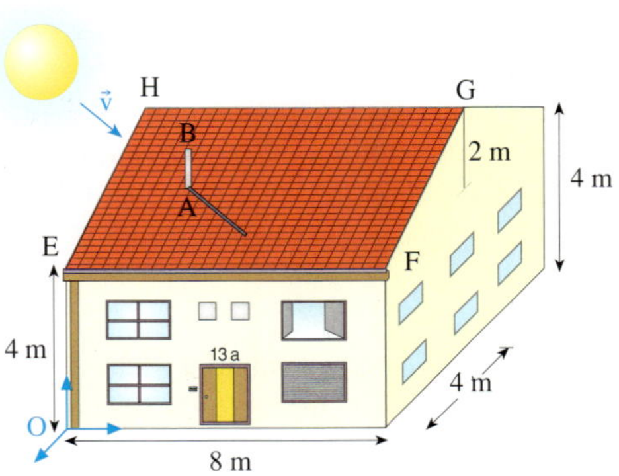

D. Die Lage von zwei Ebenen

Zwei Ebenen E und F können folgende Lagen zueinander einnehmen: Sie können sich in einer Geraden g schneiden, echt parallel zueinander verlaufen oder identisch sein.

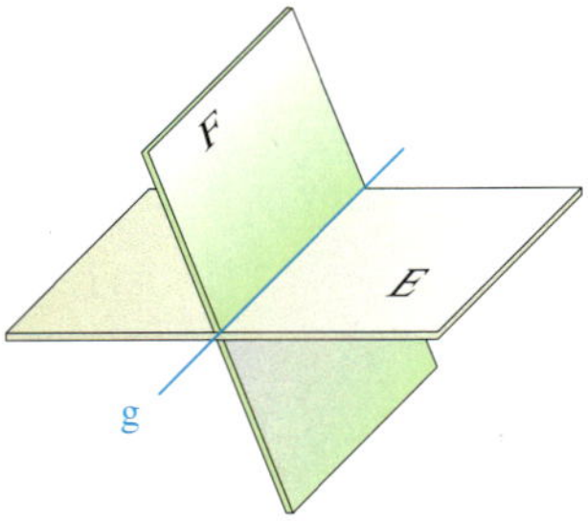

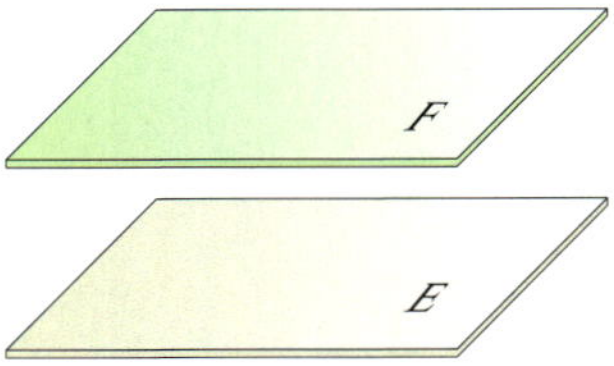

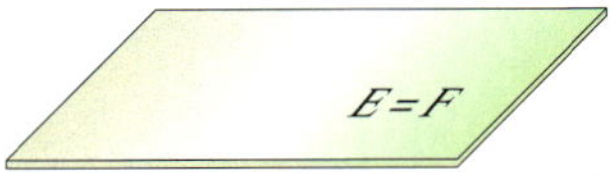

Besonders einfach lässt sich die gegenseitige Lage von Ebenen untersuchen, wenn eine der Ebenengleichungen in Koordinatenform und die andere in Parameterform vorliegt.

Beispiel: Koordinatenform / Parameterform

Untersuchen Sie die gegenseitige Lage der Ebenen E und F. Bestimmen Sie ggf. eine Gleichung der Schnittgeraden.

$$E\colon 4x + 3y + 6z = 36$$

$$F\colon \vec{x} = \begin{pmatrix} 0 \\ 0 \\ 3 \end{pmatrix} + r \begin{pmatrix} 3 \\ 2 \\ -1 \end{pmatrix} + s \begin{pmatrix} 3 \\ 0 \\ -1 \end{pmatrix}$$

Lösung:

Wir setzen die Koordinaten der durch ihre Parametergleichung gegebenen Ebene F in die Koordinatengleichung der Ebene E ein.

Koordinaten von F:

$$x = 3r + 3s$$
$$y = 2r$$
$$z = 3 - r - s$$

Wir erhalten eine Gleichung mit den Parametern r und s. Diese Gleichung lösen wir nach einem Parameter auf, z. B. nach s.

Einsetzen in die Koordinatengleichung:

$$4 \cdot (3r + 3s) + 3 \cdot 2r + 6 \cdot (3 - r - s) = 36$$
$$12r + 12s + 6r + 18 - 6r - 6s = 36$$
$$6s = 18 - 12r$$
$$s = 3 - 2r$$

Das Ergebnis $s = 3 - 2r$ setzen wir in die Parameterform von F ein, die dann nur noch den Parameter r enthält.

Durch Ausmultiplizieren und Zusammenfassen ergibt sich eine Geradengleichung. Es handelt sich um die Gleichung der Schnittgeraden g der Ebenen E und F.

Bestimmung der Schnittgeraden g:

$$g\colon \vec{x} = \begin{pmatrix} 0 \\ 0 \\ 3 \end{pmatrix} + r \begin{pmatrix} 3 \\ 2 \\ -1 \end{pmatrix} + (3 - 2r) \begin{pmatrix} 3 \\ 0 \\ -1 \end{pmatrix}$$

$$= \begin{pmatrix} 9 \\ 0 \\ 0 \end{pmatrix} + r \begin{pmatrix} -3 \\ 2 \\ 1 \end{pmatrix}$$

Übung 30

Die Ebenen E und F schneiden sich. Bestimmen Sie eine Gleichung der Schnittgeraden g. Stellen Sie eine der Ebenen erforderlichenfalls in Parameterform dar. Zeichnen Sie ein Schrägbild.

a) $E\colon \vec{x} = \begin{pmatrix} 2 \\ 0 \\ 0 \end{pmatrix} + r \begin{pmatrix} -1 \\ 0 \\ 3 \end{pmatrix} + s \cdot \begin{pmatrix} -1 \\ 4 \\ 0 \end{pmatrix}$

$F\colon 2x + y + 2z = 8$

b) E durch $A(0; 0; 0)$, $B(1; 2; 2)$, $C(-1; 0; 6)$

$F\colon x + y + z = 5$

c) $E\colon x + 2y + z = 4$

$F\colon x + y + z = 2$

Echt parallele oder identische Ebenen erkennt man mit dem Berechnungsverfahren aus dem vorhergehenden Beispiel ebenfalls leicht.

Beispiel: Parallele und identische Ebenen

Untersuchen Sie die gegenseitige Lage der Ebene E: $2x + 2y + z = 6$ mit den Ebenen

$$F\colon \vec{x} = \begin{pmatrix} 1 \\ 1 \\ 8 \end{pmatrix} + r\begin{pmatrix} -3 \\ 1 \\ 4 \end{pmatrix} + s \cdot \begin{pmatrix} 1 \\ 1 \\ -4 \end{pmatrix} \quad \text{bzw.} \quad G\colon \vec{x} = \begin{pmatrix} 2 \\ 4 \\ -6 \end{pmatrix} + r\begin{pmatrix} -3 \\ 2 \\ 2 \end{pmatrix} + s \cdot \begin{pmatrix} -1 \\ -2 \\ 6 \end{pmatrix}.$$

Lösung:

Wir nehmen zunächst an, dass sich die Ebenen schneiden, und versuchen, die Schnittgerade zu bestimmen.

Lage von E und F:

Wir setzen wieder die Koordinaten von F in die Gleichung von E ein:

$$2(1 - 3r + s) + 2(1 + r + s) + (8 + 4r - 4s) = 6$$
$$2 - 6r + 2s + 2 + 2r + 2s + 8 + 4r - 4s = 6$$
$$12 = 6 \quad \textit{Widerspruch}$$

Nach entsprechender Vereinfachung durch Klammerauflösung und Zusammenfassung ergibt sich ein Widerspruch. Kein Punkt von F erfüllt die Gleichung von E.

Die Ebenen E und F sind echt **parallel**.

Lage von E und G:

Wir setzen auch hier die Koordinaten von G in die Gleichung von E ein:

$$2(2 - 3r - s) + 2(4 + 2r - 2s) + (-6 + 2r + 6s) = 6$$
$$4 - 6r - 2s + 8 + 4r - 4s - 6 + 2r + 6s = 6$$
$$6 = 6 \quad \textit{wahre Aussage}$$

Auch hier fallen alle Parameter nach Vereinfachung heraus, und übrig bleibt eine wahre Aussage. Alle Punkte von G erfüllen die Gleichung von F.

Die Ebenen E und G sind daher **identisch**.

Übung 31

Untersuchen Sie die gegenseitige Lage der Ebenen E: $3x + 6y + 4z = 36$ und F.

a) F: $\vec{x} = \begin{pmatrix} 2 \\ 0 \\ 3 \end{pmatrix} + r\begin{pmatrix} 0 \\ 2 \\ -3 \end{pmatrix} + s \cdot \begin{pmatrix} -2 \\ 3 \\ -3 \end{pmatrix}$

b) F: $\vec{x} = \begin{pmatrix} 8 \\ 0 \\ 3 \end{pmatrix} + r\begin{pmatrix} -2 \\ 3 \\ -3 \end{pmatrix} + s \cdot \begin{pmatrix} 8 \\ -2 \\ -3 \end{pmatrix}$

c) F geht durch A(4; 4; 0), B(0; 4; 3) und C(0; 0; 0).

d) F: $6x + 12y + 8z = 36$

e) F hat die Achsenabschnitte $x = 6$, $y = 12$ und $z = 9$.

Übung 32

Welche der Ebenen F, G und H sind echt parallel bzw. identisch zur Ebene E?

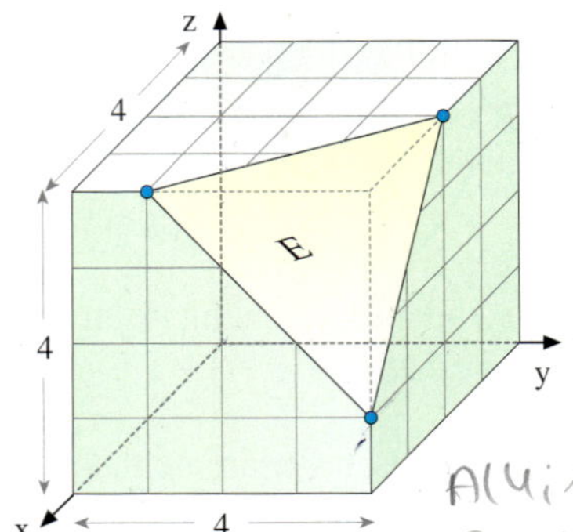

F: $\quad 2x - 6y + 5z = 0$

G: $-1{,}5x - y - z = -11$

H: $\quad 3x + 2y + 2z = 6$

Für eine Untersuchung zweier Ebenen auf Parallelität und Orthogonalität eignen sich besonders Koordinaten- bzw. Normalengleichungen.

Parallele Ebenen:

(1) Die Normalenvektoren sind kollinear.
(2) Der Normalenvektor einer Ebene ist orthogonal zu beiden Richtungsvektoren der anderen Ebene.

Orthogonale Ebenen:

Die Normalenvektoren sind orthogonal.

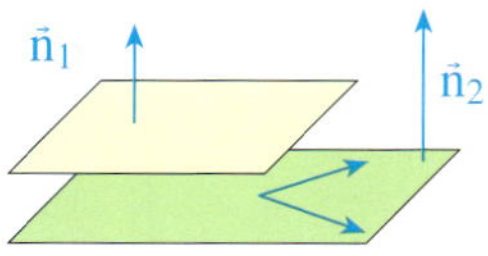

$\vec{n}_2 = r \cdot \vec{n}_1$

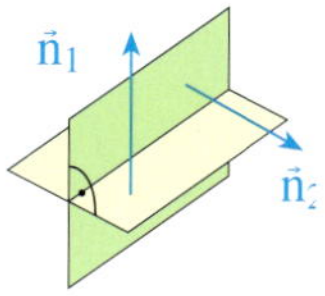

$\vec{n}_1 \cdot \vec{n}_2 = 0$

Die Untersuchung der gegenseitigen Lage von zwei Ebenen gestaltet sich relativ einfach, wenn eine Ebenengleichung in Koordinatenform und eine in Parameterform vorliegt.

Beispiel: Koordinatengleichung/Parametergleichung

Gegeben seien die Ebenen E_1: $2x + y + 3z = 6$ und E_2: $\vec{x} = \begin{pmatrix} 1 \\ 2 \\ 1 \end{pmatrix} + r\begin{pmatrix} 1 \\ -1 \\ 0 \end{pmatrix} + s\begin{pmatrix} 0 \\ -2 \\ 1 \end{pmatrix}$.

Untersuchen Sie, welche Lage E_1 und E_2 relativ zueinander einnehmen.

Lösung:

Zwei Ebenen sind offenbar genau dann parallel, wenn der Normalenvektor einer der Ebenen orthogonal ist zu beiden Richtungsvektoren der zweiten Ebene.

Da dies in unserem Beispiel, wie die Überprüfung mithilfe des Skalarproduktes ergibt, nicht der Fall ist, schneiden sich E_1 und E_2.

Zur Bestimmung der Gleichung der Schnittgeraden setzen wir die allgemeinen Koordinaten $x = 1 + r$, $y = 2 - r - 2s$ und $z = 1 + s$ von E_2 in die Ebenengleichung von E_1 ein.
Die entstandene Gleichung lösen wir nach s auf und erhalten $s = -1 - r$.

Setzen wir diesen Zusammenhang nun in die Gleichung von E_2 ein, so ergibt sich die Gleichung der Schnittgeraden g von E_1 und E_2.

1. Untersuchung auf Parallelität:

$$\begin{pmatrix} 2 \\ 1 \\ 3 \end{pmatrix} \cdot \begin{pmatrix} 1 \\ -1 \\ 0 \end{pmatrix} = 1 \neq 0 \quad \Rightarrow \quad E_1 \not\parallel E_2$$

2. Bestimmung der Schnittgeraden:

$$\begin{aligned} 2x \quad + \quad y \quad + \quad 3z &= 6 \\ 2(1+r) + (2 - r - 2s) + 3(1+s) &= 6 \\ 7 + r + s &= 6 \\ s &= -1 - r \end{aligned}$$

$$\begin{aligned} g\colon \vec{x} &= \begin{pmatrix} 1 \\ 2 \\ 1 \end{pmatrix} + r \cdot \begin{pmatrix} 1 \\ -1 \\ 0 \end{pmatrix} + (-1 - r) \cdot \begin{pmatrix} 0 \\ -2 \\ 1 \end{pmatrix} \\ &= \begin{pmatrix} 1 \\ 2 \\ 1 \end{pmatrix} + r \cdot \begin{pmatrix} 1 \\ -1 \\ 0 \end{pmatrix} + \begin{pmatrix} 0 \\ 2 \\ -1 \end{pmatrix} + r \cdot \begin{pmatrix} 0 \\ 2 \\ -1 \end{pmatrix} \end{aligned}$$

$$g\colon \vec{x} = \begin{pmatrix} 1 \\ 4 \\ 0 \end{pmatrix} + r \cdot \begin{pmatrix} 1 \\ 1 \\ -1 \end{pmatrix}$$

Übung 33

Untersuchen Sie die gegenseitige Lage von E und E_1 bzw. von E und E_2.

$$E\colon x+3y+2z=6,\quad E_1\colon \vec{x}=\begin{pmatrix}2\\2\\-2\end{pmatrix}+r\begin{pmatrix}4\\-2\\1\end{pmatrix}+s\begin{pmatrix}0\\2\\-3\end{pmatrix},\quad E_2\colon \vec{x}\cdot\begin{pmatrix}2\\6\\4\end{pmatrix}=12$$

Übung 34

Bestimmen Sie eine Gleichung der Schnittgeraden g von $E_1\colon \left[\vec{x}-\begin{pmatrix}2\\1\\1\end{pmatrix}\right]\cdot\begin{pmatrix}1\\-1\\-1\end{pmatrix}=0$ und $E_2\colon 2x-y-3z=-1$.

Beispiel: Orthogonale Ebenen

Gegeben ist die Ebene $E_1\colon 2x-y-z=-1$. Gesucht ist eine Ebene E_2, die den Punkt $A(3;1;2)$ enthält und orthogonal zur Ebene E_1 ist. Bestimmen Sie die Schnittgerade g der beiden Ebenen.

Lösung:
Als Stützpunkt der Ebene E_2 verwenden wir den gegebenen Ebenenpunkt $A(3;1;2)$.
Der Normalenvektor $\vec{n}_2$ von E_2 ist orthogonal zum Normalenvektor $\vec{n}_1$ von E_1.

Wegen $\vec{n}_1=\begin{pmatrix}2\\-1\\-1\end{pmatrix}$ können wir $\vec{n}_2=\begin{pmatrix}0\\1\\-1\end{pmatrix}$ wählen. Dann gilt $\vec{n}_1\cdot\vec{n}_2=0$.

Nun können wir die rechts dargestellte Koordinatengleichung von E_2 aufstellen.

Zur Schnittgeradenbestimmung wandeln wir die Koordinatengleichung von E_2 in eine äquivalente Parametergleichung um.

Die allgemeinen Koordinaten der Parametergleichung von E_2 setzen wir in die Koordinatengleichung von E_1 ein. Durch Auflösen der entstandenen Gleichung erhalten wir die Beziehung $s=r-2$. Setzen wir diese in die Parametergleichung von E_2 ein, so ergibt sich die Gleichung von g.

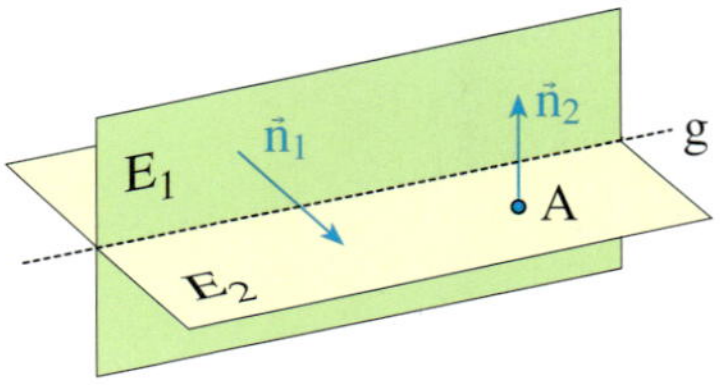

Koordinatengleichung von E_2:

$E_2\colon y-z=-1$

Parametergleichung von E_2:

$$E_2\colon \vec{x}=\begin{pmatrix}3\\1\\2\end{pmatrix}+r\begin{pmatrix}0\\1\\1\end{pmatrix}+s\begin{pmatrix}2\\1\\1\end{pmatrix}$$

Schnittgeradenbestimmung:

$$\begin{aligned}2x\quad-\quad y\quad-\quad z&=-1\\ 2(3+2s)-(1+r+s)-(2+r+s)&=-1\\ 3+2s-2r&=-1\\ s&=r-2\end{aligned}$$

$$g\colon\ \vec{x}=\begin{pmatrix}-1\\-1\\0\end{pmatrix}+r\begin{pmatrix}2\\2\\2\end{pmatrix}$$

Übung 35

Gegeben sind die Ebene $E_1\colon 2x+y-2z=-2$ sowie der Punkt $A(-2;1;2)$. Gesucht ist eine Ebene E_2, die A enthält und orthogonal zu E_1 ist. Bestimmen Sie die Gleichung der Schnittgeraden g von E_1 und E_2.

E. Spurgeraden von Ebenen

Schneidet eine Ebene E im dreidimensionalen Anschauungsraum eine der Koordinatenebenen, so bezeichnet man die Schnittgerade als ***Spurgerade*** von E.

Die in der Abbildung dargestellte Ebene hat drei Spurgeraden: g_{xy}, g_{xz}, g_{yz}.

Die Indizierung gibt jeweils an, in welcher Koordinatenebene die Spurgerade liegt.

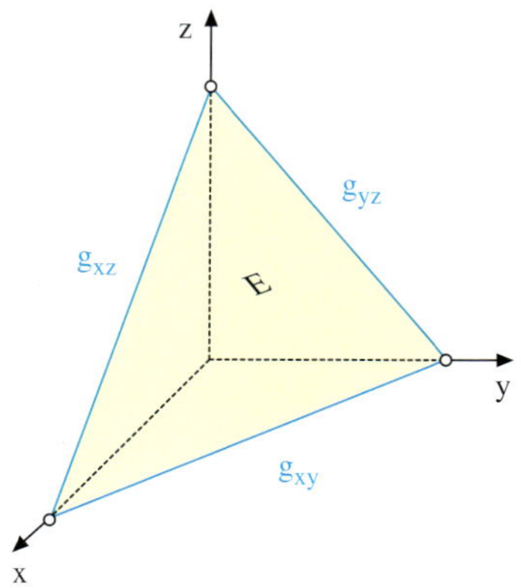

Beispiel: Gegeben ist die Ebene E durch A(5; − 4; 3), B(10; 8; − 9) und C(−5; 12; − 3).
Bestimmen Sie die Gleichung der Spurgeraden g_{xy}.

Lösung:
Wir bestimmen zunächst die Gleichung der Ebene E.

1. Gleichung der Ebene E:

$$E: \begin{pmatrix} x \\ y \\ z \end{pmatrix} = \begin{pmatrix} 5 \\ -4 \\ 3 \end{pmatrix} + r \cdot \begin{pmatrix} 5 \\ 12 \\ -12 \end{pmatrix} + s \cdot \begin{pmatrix} -10 \\ 16 \\ -6 \end{pmatrix}$$

Die Spurgerade g_{xy} besteht aus denjenigen Punkten von E, deren z-Komponente gleich Null ist. Daher setzen wir in der Ebenengleichung $z = 0$.
Dies führt auf die Bedingung $s = \frac{1}{2} - 2r$.

2. Ansatz für g_{xy}: $z = 0$

$$0 = 3 - 12r - 6s$$
$$s = \tfrac{1}{2} - 2r$$

Setzen wir diesen Zusammenhang in die Gleichung von E ein, so erhalten wir die einparametrige Geradengleichung der Spurgeraden g_{xy}.

3. Einsetzen in die Gleichung von E:

$$g_{xy}: \vec{x} = \begin{pmatrix} 5 \\ -4 \\ 3 \end{pmatrix} + r \begin{pmatrix} 5 \\ 12 \\ -12 \end{pmatrix} + \left(\tfrac{1}{2} - 2r\right) \begin{pmatrix} -10 \\ 16 \\ -6 \end{pmatrix}$$

$$g_{xy}: \vec{x} = \begin{pmatrix} 5 \\ -4 \\ 3 \end{pmatrix} + r \begin{pmatrix} 5 \\ 12 \\ -12 \end{pmatrix} + \begin{pmatrix} -5 \\ 8 \\ -3 \end{pmatrix} + r \begin{pmatrix} 20 \\ -32 \\ 12 \end{pmatrix}$$

$$g_{xy}: \vec{x} = \begin{pmatrix} 0 \\ 4 \\ 0 \end{pmatrix} + r \begin{pmatrix} 25 \\ -20 \\ 0 \end{pmatrix}$$

Übung 36

a) Bestimmen Sie die Spurgeraden g_{xz} und g_{yz} der Ebene E aus dem obigen Beispiel.

b) Bestimmen Sie alle Spurgeraden von E_1 und E_2.

$$E_1: \vec{x} = \begin{pmatrix} 1 \\ 2 \\ 1 \end{pmatrix} + r \cdot \begin{pmatrix} 2 \\ -1 \\ 1 \end{pmatrix} + s \cdot \begin{pmatrix} 1 \\ 1 \\ -2 \end{pmatrix}, \quad E_2: 2x - y + 3z = 0$$

c) Eine Ebene E besitze die Spurgeraden $g_{xy}: \vec{x} = \begin{pmatrix} 1 \\ 1 \\ 0 \end{pmatrix} + r \cdot \begin{pmatrix} 1 \\ 0 \\ 0 \end{pmatrix}$ und $g_{yz}: \vec{x} = \begin{pmatrix} 0 \\ 1 \\ -1 \end{pmatrix} + s \cdot \begin{pmatrix} 0 \\ 0 \\ 3 \end{pmatrix}$.

Wie lautet die Gleichung von E? Zeigen Sie, dass E keine Spurgerade g_{xz} besitzt.

Übungen

37. Bestimmen Sie die Schnittgerade g der Ebenen E_1 und E_2.

a) $E_1\colon \vec{x} = \begin{pmatrix}1\\2\\0\end{pmatrix} + r\begin{pmatrix}1\\2\\-3\end{pmatrix} + s\begin{pmatrix}0\\-4\\3\end{pmatrix}$

$E_2\colon\ -6x + 4y + 3z = -12$

b) $E_1\colon \vec{x} = \begin{pmatrix}0\\1\\2\end{pmatrix} + r\begin{pmatrix}-1\\1\\2\end{pmatrix} + s\begin{pmatrix}1\\2\\-2\end{pmatrix}$

$E_2\colon 3x + y + z = 3$

c) $E_1\colon \vec{x} = \begin{pmatrix}3\\3\\0\end{pmatrix} + r\begin{pmatrix}1\\-3\\1\end{pmatrix} + s\begin{pmatrix}-3\\-1\\3\end{pmatrix}$

$E_2\colon x + 2y = 4$

d) $E_1\colon \vec{x} = \begin{pmatrix}3\\0\\0\end{pmatrix} + r\begin{pmatrix}-3\\0\\3\end{pmatrix} + s\begin{pmatrix}-3\\6\\0\end{pmatrix}$

$E_2\colon 2y + z = 6$

38. Gesucht ist die Schnittgerade g von E_1 und E_2.

a) $E_1\colon 2x + 6y + 3z = 12$
$E_2\colon 2x + 2y + 2z = 8$

b) $E_1\colon x + 2y + 4z = 8$
$E_2\colon 3x - 2y = 0$

c) $E_1\colon \vec{x} = \begin{pmatrix}1\\2\\2\end{pmatrix} + r\begin{pmatrix}1\\-1\\0\end{pmatrix} + s\begin{pmatrix}1\\0\\-1\end{pmatrix}$

$E_2\colon \vec{x} = \begin{pmatrix}3\\4\\-3\end{pmatrix} + u\begin{pmatrix}0\\-1\\0\end{pmatrix} + v\begin{pmatrix}-2\\-3\\3\end{pmatrix}$

d) $E_1\colon \vec{x} = \begin{pmatrix}4\\0\\0\end{pmatrix} + r\begin{pmatrix}0\\4\\0\end{pmatrix} + s\begin{pmatrix}-4\\0\\3\end{pmatrix}$

$E_2\colon \vec{x} = \begin{pmatrix}0\\0\\0\end{pmatrix} + u\begin{pmatrix}4\\4\\0\end{pmatrix} + v\begin{pmatrix}0\\0\\3\end{pmatrix}$

39. Auf dem abgebildeten Würfel sind zwei Ebenenausschnitte dargestellt. Zeigen Sie, dass die zugehörigen Ebenen sich schneiden. Geben Sie eine Gleichung der Schnittgeraden g an.

a)

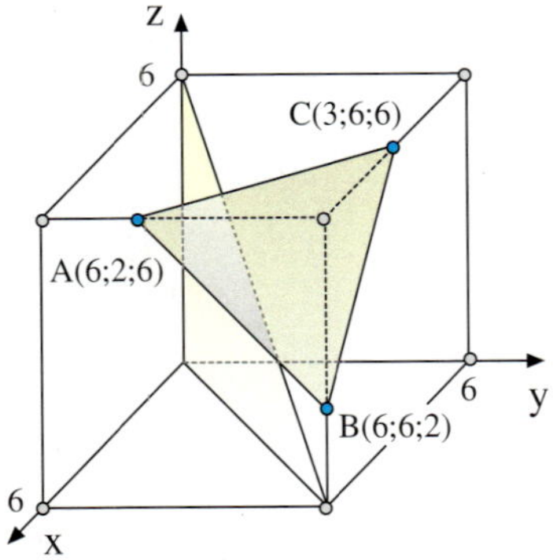

b)

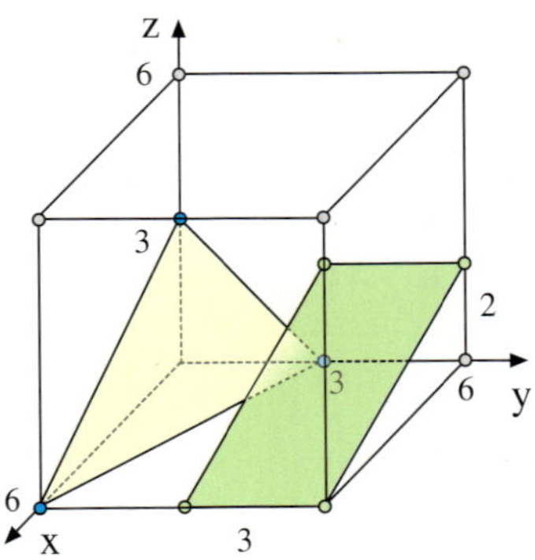

40. E_1 enthält die Geraden $g_1\colon \vec{x} = \begin{pmatrix}2\\0\\3\end{pmatrix} + r\begin{pmatrix}1\\-1\\3\end{pmatrix}$ und $g_2\colon \vec{x} = \begin{pmatrix}0\\2\\3\end{pmatrix} + s\begin{pmatrix}-1\\1\\3\end{pmatrix}$, die sich schneiden.

E_2 geht durch die Punkte A(2; 2; 0), B(0; 4; 6) und C(−3; 7; 0).

E_3 hat die Achsenabschnitte $x = 4$, $y = 4$ und $z = 6$.

a) Untersuchen Sie die gegenseitige Lage von E_1 und E_2 bzw. von E_1 und E_3.

b) Veranschaulichen Sie die drei Ebenen sowie die Schnittgeraden in einem Schrägbild.

41. Untersuchen Sie, welche gegenseitige Lage die Ebenen E_1 und E_2 einnehmen.

a) $E_1\colon 2x+y+z=6 \quad E_2\colon \vec{x}=\begin{pmatrix}-2\\-2\\3\end{pmatrix}+r\begin{pmatrix}1\\1\\0\end{pmatrix}+s\begin{pmatrix}2\\0\\-3\end{pmatrix}$

b) $E_1\colon x-y+z=2 \quad E_2\colon \vec{x}=\begin{pmatrix}7\\1\\-4\end{pmatrix}+r\begin{pmatrix}1\\1\\0\end{pmatrix}+s\begin{pmatrix}1\\0\\-1\end{pmatrix}$

c) $E_1\colon 2x-5y-5z=8 \quad E_2\colon \vec{x}=\begin{pmatrix}0\\-1\\-1\end{pmatrix}+r\begin{pmatrix}5\\1\\1\end{pmatrix}+s\begin{pmatrix}5\\2\\0\end{pmatrix}$

d) $E_1\colon 4y+z=4$
$E_2\colon 3y+2z=6$

e) $E_1\colon x+2y+3z=12$
$E_2\colon 2x+4y+6z=16$

f) $E_1\colon x-y-2z=-2$
$E_2\colon 2x-2y-4z=-4$

42. Bestimmen Sie die Gleichungen der Spurgeraden der Ebene E.

a) $E\colon \vec{x}=\begin{pmatrix}3\\0\\2\end{pmatrix}+r\cdot\begin{pmatrix}3\\4\\2\end{pmatrix}+s\cdot\begin{pmatrix}-3\\0\\1\end{pmatrix}$

b) $E\colon \vec{x}=\begin{pmatrix}4\\3\\2\end{pmatrix}+r\cdot\begin{pmatrix}2\\-1\\1\end{pmatrix}+s\cdot\begin{pmatrix}1\\2\\2\end{pmatrix}$

c) $E\colon -3x+5y-z=15$

d) $E\colon 3y-2z=12$

43. Eine Ebene E besitzt die Spurgeraden $g_1\colon \vec{x}=\begin{pmatrix}1\\1\\0\end{pmatrix}+r\cdot\begin{pmatrix}2\\1\\0\end{pmatrix}$ und $g_2\colon \vec{x}=\begin{pmatrix}2\\0\\1\end{pmatrix}+s\cdot\begin{pmatrix}3\\0\\1\end{pmatrix}$.

Bestimmen Sie eine Koordinatengleichung von E sowie die Gleichung der dritten Spurgeraden.

44. Die Abbildung zeigt Ausschnitte aus zwei Ebenen E_1 und E_2.
Bestimmen Sie die Gleichung der Schnittgeraden g.
Übertragen Sie die Abbildung in Ihr Heft und zeichnen Sie diejenige Teilstrecke der Schnittgeraden g in das Schrägbild ein, die auf dem abgebildeten Ausschnitt von E_1 liegt.

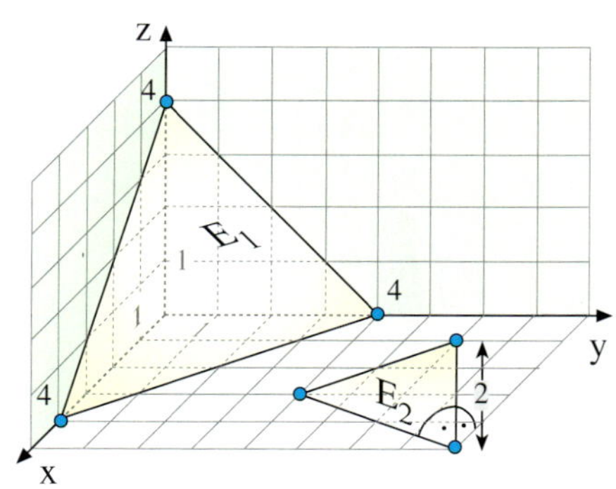

45. a) Welche gegenseitige Lagen können drei Ebenen zueinander einnehmen? Skizzieren Sie mindestens vier prinzipiell verschiedene Fälle.

b) Die drei Ebenen E_1, E_2, E_3 schneiden sich in einer Geraden g bzw. in einem Punkt S. Bestimmen Sie g bzw. S.

(1) $E_1\colon \vec{x}=\begin{pmatrix}3\\3\\1\end{pmatrix}+r\begin{pmatrix}-3\\-1\\1\end{pmatrix}+s\begin{pmatrix}3\\0\\-1\end{pmatrix},\quad E_2\colon \vec{x}=\begin{pmatrix}6\\0\\0\end{pmatrix}+u\begin{pmatrix}0\\6\\1\end{pmatrix}+v\begin{pmatrix}6\\0\\-1\end{pmatrix},\quad E_3\colon y-3z=0$

(2) $E_1\colon x+y+z=4,\quad E_2\colon 3x+y+3z=6,\quad E_3\colon \vec{x}=\begin{pmatrix}0\\0\\0\end{pmatrix}+r\begin{pmatrix}3\\1\\0\end{pmatrix}+s\begin{pmatrix}0\\1\\1\end{pmatrix}$

46. Ein keilförmiges Kohleflöz hat nach oben und unten ebene Begrenzungsflächen E und E′ zu den angrenzenden Gesteinsschichten. Bei drei Probebohrungen werden jeweils der Eintrittspunkt und der Austrittspunkt festgestellt: A(−20; 30; −200), A′(−20; 30; −236), B(120; 180; −80), B′(120; 180; −120), C(80; 120; −120), C′(80; 120; −160).

a) Wie lauten die Gleichungen der Begrenzungsebenen E und E′?

b) Wie lautet die Gleichung der Geraden g, in der das Kohleflöz endet?

c) Vom Punkt T(−200; 200; 0) wird ein Tunnel in Richtung des Vektors $\begin{pmatrix}2\\-2\\-1\end{pmatrix}$ vorangetrieben. Wo trifft er die Kohleschicht, wo verlässt er sie wieder, wie weit ist es vom Tunneleingang bis zur Kohleschicht?

d) Trifft eine senkrechte Bohrung, die im Punkt T(−100; 450; 0) beginnt, die Kohleschicht?

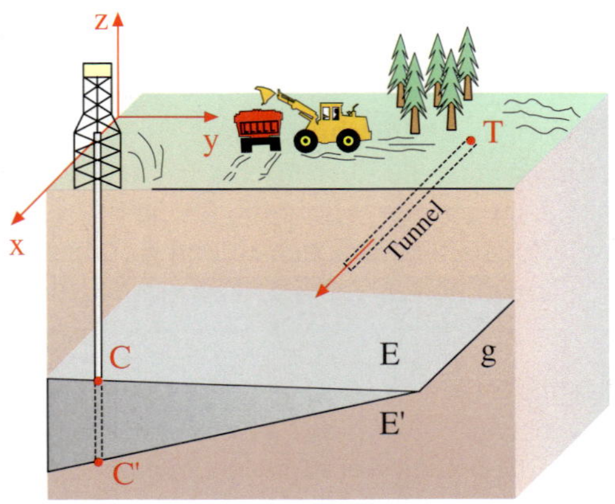

47. Finden Sie heraus, ob unter den Ebenen E_1, E_2 und E_3 Orthogonalitäten auftreten.

a) E_1: $\left[\vec{x}-\begin{pmatrix}1\\0\\0\end{pmatrix}\right]\cdot\begin{pmatrix}1\\4\\2\end{pmatrix}=0$ E_2: $\left[\vec{x}-\begin{pmatrix}0\\1\\0\end{pmatrix}\right]\cdot\begin{pmatrix}4\\-1\\0\end{pmatrix}=0$ E_3: $\left[\vec{x}-\begin{pmatrix}0\\0\\1\end{pmatrix}\right]\cdot\begin{pmatrix}8\\-3\\2\end{pmatrix}=0$

b) E_1: $\left[\vec{x}-\begin{pmatrix}0\\1\\2\end{pmatrix}\right]\cdot\begin{pmatrix}-1\\2\\-2\end{pmatrix}=0$ E_2: $\vec{x}=\begin{pmatrix}1\\1\\2\end{pmatrix}+r\begin{pmatrix}3\\1\\2\end{pmatrix}+s\begin{pmatrix}3\\3\\3\end{pmatrix}$ E_3: $2x+2y-4z=0$

48. Bestimmen Sie eine Normalengleichung der zu E parallelen Ebene F, die den Punkt A enthält.

a) E: $2x-3y+2z=12$, A(1; 2; 4) b) E: $\vec{x}=\begin{pmatrix}1\\2\\0\end{pmatrix}+r\begin{pmatrix}0\\2\\3\end{pmatrix}+s\begin{pmatrix}-3\\4\\6\end{pmatrix}$, A(−2; 6; −2)

49. Die Ebene E ist orthogonal zur x-y-Ebene und zur x-z-Ebene und enthält A(1; 2; 3). Stellen Sie eine Koordinatengleichung von E auf.

50. Eine Ebene E ist orthogonal zur Ebene F: $2x-4z=6$. Die Gleichung g: $\vec{x}=\begin{pmatrix}1\\2\\-1\end{pmatrix}+r\begin{pmatrix}-2\\-2\\1\end{pmatrix}$ stellt die Schnittgerade von E und F dar. Stellen Sie eine Normalengleichung von E auf.

51. Gesucht ist derjenige Parameterwert a, für den die Ebenen E_1 und E_a orthogonal sind.

a) E_1: $2x-y+z=6$
E_a: $ax+4y-2z=4$

b) E_1: $\vec{x}=\begin{pmatrix}1\\0\\2\end{pmatrix}+r\begin{pmatrix}1\\2\\3\end{pmatrix}+s\begin{pmatrix}3\\1\\-1\end{pmatrix}$
E_a: $x-ay+z=3$

c) E_1: $\left[\vec{x}-\begin{pmatrix}3\\1\\2\end{pmatrix}\right]\cdot\begin{pmatrix}1\\1\\-1\end{pmatrix}=0$
E_a: $ax+2ay-6z=0$

F. Ebenenscharen

Abschließend untersuchen wir ***Ebenenscharen***. Hierbei kommt in der Ebenengleichung außer den Ebenenparametern noch mindestens eine weitere Variable vor. Zu jedem Variablenwert gehört dann eine Ebene der Schar. Im Folgenden betrachten wir nur einfache Ebenenscharen mit linearen Variablen.

Beispiel: Ebenenbüschel

Gegeben ist die Ebenenschar E_a: $x + (1-a)y + (a-3)z = 3$, $a \in \mathbb{R}$.

a) Untersuchen Sie, ob die Ebene F: $2x - 6y + 2z = 6$ zur Ebenenschar E_a gehört.

b) Zeigen Sie, dass sich E_0 und E_1 schneiden. Bestimmen Sie die Gleichung der Schnittgeraden und zeigen Sie, dass diese Schnittgerade in allen Ebenen der Schar E_a liegt.

Lösung zu a:

Die Ebene F gehört zur Ebenenschar E_a, wenn die beiden Koordinatengleichungen für einen speziellen Wert von a äquivalent sind. Das ist der Fall, wenn die Gleichung von F ein Vielfaches der Gleichung von E_a ist oder umgekehrt. Dies führt auf den nebenstehenden Ansatz.

Durch Koeffizientenvergleich der beiden Darstellungen von F erhalten wir ein Gleichungssystem, das die Lösungen $a = 4$ und $b = 2$ besitzt. Folglich gehört F zur Ebenenschar E_a und ist mit der Ebene E_4 identisch.

Ansatz: $F = b \cdot E_a \qquad (a, b \in \mathbb{R})$

F: $bx + b(1-a)y + b(a-3)z = 3b$

F: $2x - 6y + 2z = 6$

Koeffizientenvergleich:

I	$b = 2$	$\Rightarrow b = 2$
II	$b(1-a) = -6$	$\Rightarrow a = 4$
III	$b(a-3) = 2$	$\Rightarrow a = 4$
IV	$3b = 6$	$\Rightarrow b = 2$

Lösung zu b:

Wir untersuchen die Lagebeziehung der Ebenen E_0 und E_1 wie im Abschnitt D und formen E_0 zunächst um. Durch Einsetzen erkennen wir, dass sich die Ebenen E_0 und E_1 in einer Geraden g schneiden, deren Gleichung rechts angegeben ist.

E_0: $x + y - 3z = 3 \quad (a = 0)$ bzw.

$$E_0: \vec{x} = \begin{pmatrix} 3 \\ 0 \\ 0 \end{pmatrix} + t \begin{pmatrix} -3 \\ 3 \\ 0 \end{pmatrix} + s \begin{pmatrix} -3 \\ 0 \\ 1 \end{pmatrix}$$

E_1: $x - 2z = 3 \quad (a = 1)$

I–II: $3 - 3t - 3s + 2s = 3$ bzw. $-3t = s$

Schnittgerade: $g: \vec{x} = \begin{pmatrix} 3 \\ 0 \\ 0 \end{pmatrix} + r \begin{pmatrix} 2 \\ 1 \\ 1 \end{pmatrix}$

Nun muss noch nachgewiesen werden, dass diese Schnittgerade g in allen Ebenen der Schar E_a (also unabhängig von a) enthalten ist. Hierzu setzen wir die Koordinaten von g in die Ebenengleichung von E_a ein. Nach nebenstehender Rechnung erhalten wir eine wahre Aussage, unabhängig von a. Also liegt die Gerade g für alle reellen Werte von a in E_a.

Nachweis, dass g in E_a liegt:

Koordinaten von g: $x = 3 + 2r$
$y = r$
$z = r$

Einsetzen in die Gleichung von E_a:

$3 + 2r + (1-a)r + (a-3)r = 3$

$3 + 2r + r - ar + ar - 3r = 3$

$3 = 3$

Da die Ebenen der Schar aus dem vorigen Beispiel eine gemeinsame Schnittgerade g haben, die man ihre ***Trägergerade*** nennt, handelt es sich um ein sog. ***Ebenenbüschel***.

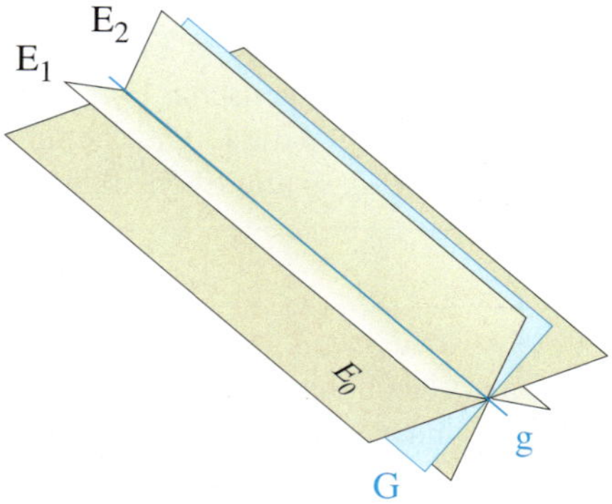

Alle g enthaltenden Ebenen gehören zum Büschel mit einer Ausnahme:
Lösen wir die Klammern in der gegebenen Ebenenschargleichung auf und klammern a aus, erhalten wir die äquivalente Gleichung E: $x + y - 3z - 3 + a(-y + z) = 0$.

Diese Gleichung enthält die linke Seite der Ebenengleichung E_0: $x + y - 3z - 3 = 0$. Der Term $-y + z$ kann ebenfalls als linker Teil einer Gleichung der Ebene G: $-y + z = 0$ gedeutet werden. Die Ebene G enthält ebenfalls die Trägergerade g, gehört aber nicht zur Ebenenschar E_a, wie sich leicht nachweisen lässt.

Beispiel: Gegeben ist das Ebenenbüschel E_a: $x + (1 - a)y + (a - 3)z = 3$, $a \in \mathbb{R}$.

a) Zeigen Sie, dass die Ebene G: $-y + z = 0$ nicht zur Ebenenschar E_a gehört.

b) Zeigen Sie, dass die Ebene G: $-y + z = 0$ die Trägergerade g: $\vec{x} = \begin{pmatrix} 3 \\ 0 \\ 0 \end{pmatrix} + r \begin{pmatrix} 2 \\ 1 \\ 1 \end{pmatrix}$ enthält.

Lösung zu a:
Wir verwenden wie im vorigen Beispiel den nebenstehenden Ansatz. Das zugehörige Gleichungssystem führt aber auf einen Widerspruch und ist daher unlösbar. Folglich gehört die Ebene G nicht zur Ebenenschar E_a.

Ansatz: $G = b \cdot E_a \quad (a, b \in \mathbb{R})$
G: $bx + b(1 - a)y + b(a - 3)z = 3b$
G: $-y + z = 0$

Koeffizientenvergleich:
I $b = 0 \Rightarrow b = 0$ in II und III
II $b(1 - a) = -1 \Rightarrow 0 = -1$ *Widerspr.*
III $b(a - 3) = 1 \Rightarrow 0 = 1$ *Widerspr.*
IV $3b = 0 \Rightarrow b = 0$

Lösung zu b:
Setzen wir die Koordinaten von g in die Ebenengleichung von G ein, erhalten wir eine wahre Aussage.

Koordinaten von g: $x = 3 + 2r$, $y = r$, $z = r$
Einsetzen in die Gleichung von G:
$-r + r = 0$ bzw. $0 = 0 \Rightarrow$ g liegt in G.

Übung 52

Zeigen Sie, dass die folgenden Ebenenscharen E_a ($a \in \mathbb{R}$) Ebenenbüschel bilden, d.h., dass alle Ebenen der Schar sich in einer Geraden schneiden. Bestimmen Sie auch eine Gleichung dieser gemeinsamen Trägergeraden. Geben Sie jeweils eine Ebene an, die ebenfalls die Trägergerade enthält, aber nicht zur Ebenenschar gehört.

a) E_a: $2ax + (4 - a)y - 2z = 6$
b) E_a: $x + ay + (5 - 2a)z = 0$
c) E_a: $2ax + 2y + (2 - a)z = 5a + 2$
d) E_a: $(3 - 2a)y + (a - 2)z = a - 1$

Beispiel: Schar paralleler Ebenen

Gegeben ist die Ebenenschar E_a: $(1-2a)x+(2a-1)y+(1-2a)z=1$, $a \in \mathbb{R}$.

a) Untersuchen Sie die Lagebeziehung der Ebenen E_0 und E_1 zueinander.

b) Zeigen Sie, dass alle Ebenen der Schar parallel zueinander verlaufen.

Lösung zu a:

Der nebenstehende Ansatz führt auf ein unlösbares Gleichungssystem. Die Ebenen E_0 und E_1 sind also parallel zueinander.

E_0: $x-y+z=1$

E_1: $-x+y-z=1$

$I+II$ $\quad 0=2$ Widerspr. $\Rightarrow E_0 \parallel E_1$

Lösung zu b:

Analog untersuchen wir jetzt die Lagebeziehung zweier beliebiger verschiedener Ebenen E_a und E_b der gegebenen Schar (mit $a \neq b$). Auch hier führt das zugehörige Gleichungssystem auf einen Widerspruch, da wir von verschiedenen Ebenen der Schar ausgegangen sind. Somit liegen alle Scharebenen parallel zueinander.

E_a: $(1-2a)x+(2a-1)y+(1-2a)z=1$

E_b: $(1-2b)x+(2b-1)y+(1-2b)z=1$

$(a \neq b)$

Lösen des Gleichungssystems:

$III = I\cdot(1-2b) - II\cdot(1-2a)$:

$0 = 1-2b-(1-2a)$

$0=-2b+2a \Rightarrow a=b$

Widerspruch zur Voraussetzung $a \neq b$

$\Rightarrow E_a \parallel E_b$

Alle zu E_0 parallelen Ebenen gehören zu dieser Schar (aus dem vorigen Beispiel) mit einer Ausnahme:

Lösen wir wie oben auch hier die Klammern in der gegebenen Ebenenschargleichung auf und klammern dann a aus, erhalten wir die Gleichung

E_a: $x-y+z-1+a(-2x+2y-2z)=0$.

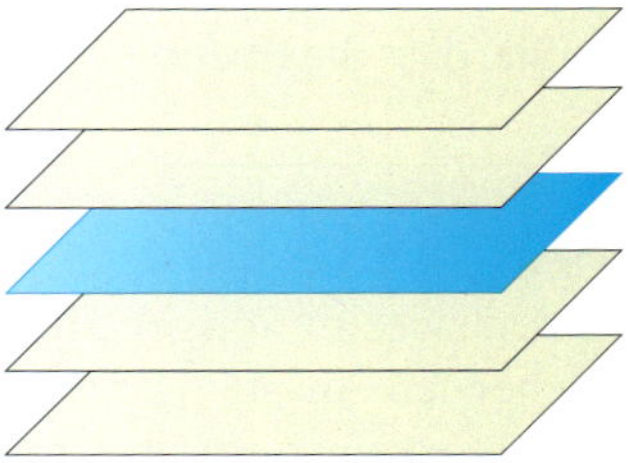

Die Ebenen E_0: $x-y+z=1$ und G: $-2x+2y-2z=0$ verlaufen offensichtlich ebenfalls echt parallel zueinander, da die linke Seite der Gleichung von G zwar das (-2)fache der linken Seite der Gleichung von E_0 ist, dies aber nicht für die rechten Gleichungsseiten gilt, sodass sich ein Widerspruch ergibt. Daher muss G auch zu allen anderen Ebenen der Schar E_a parallel sein. Auch in diesem Fall gehört G aber nicht zur Ebenenschar E_a, wie man leicht zeigen kann, weil sich ein Widerspruch ergibt, wenn man G als Vielfaches von E_a ansetzt. Diese Überlegungen gelten jedoch nur für Ebenenscharen, die lediglich eine lineare Variable a enthalten.

Übung 53

Zeigen Sie, dass alle Ebenen der Schar E_a: $(2-a)x+(a-2)y+(4-2a)z=1$ $(a \in \mathbb{R})$ parallel verlaufen. Geben Sie eine Gleichung einer Ebene an, die zu allen Ebenen der Schar parallel verläuft, aber nicht zur Ebenenschar E_a gehört.

Übung 54

Geben Sie eine Gleichung derjenigen Ebenenschar an, welche genau die Ebenen enthält, die echt parallel zur Ebene F: $2x-3y+4z=6$ verlaufen.

Übungen

55. Gegeben ist die Ebenenschar E_a: $x + ay - (2a - 1)z = 4$ $(a \in \mathbb{R})$.
a) Gehört die Ebene F: $-2x + 2y - 6z = -8$ zur Ebenenschar E_a?
b) Geben Sie eine Gleichung einer Ebene an, die nicht zur Schar E_a gehört.
c) Welche Ebene der Schar enthält den Punkt $P(-2; 1; 1)$?
d) Welche Ebene der Schar E_a ist parallel zur z-Achse?
e) Begründen Sie, dass die Ebenenschar E_a keine Ursprungsgerade enthält.
f) Zeigen Sie, dass alle Ebenen der Schar E_a eine gemeinsame Gerade besitzen, und geben Sie deren Gleichung an.
g) Zeigen Sie, dass die Ebene G: $y - 2z = 0$ die Trägergerade aus f) enthält, aber nicht zur Ebenenschar E_a gehört.

56. Gegeben ist die Ebenenschar E_a: $(a + 2)x + (2 - a)z = a + 1$ $(a \in \mathbb{R})$.
a) Welche Ursprungsebene ist in der Schar E_a enthalten?
b) Welche Ebene der Schar E_a schneidet die z-Achse bei $z = 5$?
c) Welche Ebene der Schar E_a enthält die Gerade g: $\vec{x} = \begin{pmatrix} -1 \\ 2 \\ 2 \end{pmatrix} + r\begin{pmatrix} 0 \\ 1 \\ 0 \end{pmatrix}$?
d) Untersuchen Sie die Lage der Ebenen der Schar E_a zueinander.
e) Gehört die Ebene F: $x - z - 1 = 0$ zur Ebenenschar E_a?

57. Geben Sie eine Gleichung einer Ebenenschar an, deren Ebenen sich alle in der Trägergeraden g: $\vec{x} = \begin{pmatrix} 1 \\ -1 \\ 4 \end{pmatrix} + r\begin{pmatrix} 2 \\ -2 \\ 1 \end{pmatrix}$ schneiden.

58. Geben Sie eine Gleichung derjenigen Ebenenschar an, die alle Ebenen enthält, die echt parallel zur x-Achse und zur Geraden g: $\vec{x} = \begin{pmatrix} 1 \\ -2 \\ 4 \end{pmatrix} + r\begin{pmatrix} 2 \\ -1 \\ 2 \end{pmatrix}$ verlaufen.

59. Gegeben ist die Ebenenschar $E_{a,b}$: $x + (1 - 2a)y + bz = 2$ $(a, b \in \mathbb{R})$.
a) Bestimmen Sie die Lagebeziehung von $E_{0,1}$ und $E_{1,0}$.
b) Zeigen Sie, dass alle Ebenen $E_{a,b}$ einen gemeinsamen Punkt besitzen, und geben Sie diesen an.
c) Gehört die Ebene F: $2x + 4y - 3z = 4$ zur Ebenenschar $E_{a,b}$?
d) Für welche Werte von a und b liegt die Ebene $E_{a,b}$ parallel zur z-Achse?
e) Für welche Werte von a und b liegt die Gerade g: $\vec{x} = \begin{pmatrix} 1 \\ 0 \\ 1 \end{pmatrix} + r\begin{pmatrix} 1 \\ 2 \\ -1 \end{pmatrix}$ in der Ebene $E_{a,b}$?

60. Gegeben sind die Ebenenschar $E_{a,b}$: $2x + ay + 6z = 8 + 2a + 6b$ $(a, b \in \mathbb{R})$ sowie die Ebene F: $x + 2y + 3z = 9$.
a) Gehört die Ebene F zur Ebenenschar $E_{a,b}$?
b) Für welche Werte von a und b schneiden sich die Ebenen $E_{a,b}$ und F?
c) Für welche Werte von a und b sind die Ebenen $E_{a,b}$ und F echt parallel?
d) Welche Bedingungen müssen für a und b gelten, damit g: $\vec{x} = \begin{pmatrix} 1 \\ 4 \\ 0 \end{pmatrix} + r\begin{pmatrix} 6 \\ 0 \\ -2 \end{pmatrix}$ die Schnittgerade von $E_{a,b}$ und F ist?

3. Schnittwinkel

Im Kapitel V. wurde mithilfe der Kosinusformel eine Formel zur Bestimmung des Winkels zwischen zwei Geraden hergeleitet (s. S. 184).
Hiervon ausgehend lassen sich vergleichbare Formeln für den Schnittwinkel zwischen einer Geraden und einer Ebene bzw. zwei Ebenen entwickeln.

A. Der Schnittwinkel von Gerade und Ebene

Unter dem Schnittwinkel γ einer Geraden g und einer Ebene E versteht man den Winkel zwischen der Geraden g und der Geraden s, welche durch senkrechte Projektion der Geraden g auf die Ebene E entsteht. Er liegt zwischen 0° und 90°.

Winkel zwischen g und E

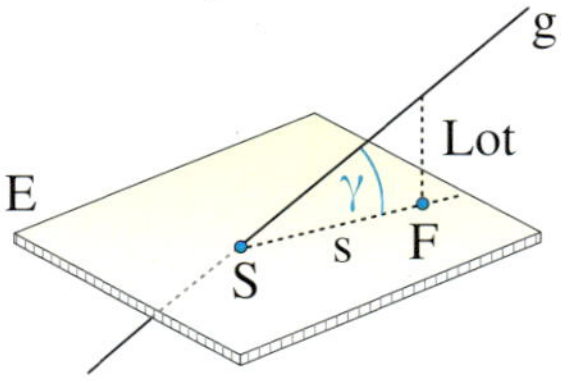

Man kann den Winkel γ bestimmen, indem man zunächst die Gleichung der Projektionsgeraden s ermittelt und anschließend den Winkel zwischen g und s errechnet. Es geht aber noch einfacher, wenn man einen Normalenvektor der Ebene verwendet, wie im Folgenden dargestellt.

Wir denken uns wie rechts abgebildet eine Hilfsebene H errichtet, die g enthält und senkrecht auf E steht. Sie schneidet E in der Geraden s.
Der Schnittwinkel γ von g und E ist der Winkel zwischen g und s.
Der Winkel $90° - \gamma$ lässt sich mit der Kosinusformel als Winkel zwischen dem Richtungsvektor $\vec{m}$ von g und dem Normalenvektor $\vec{n}$ von E errechnen, da beide Vektoren ebenfalls in der Hilfsebene liegen und $\vec{n}$ senkrecht auf s steht:

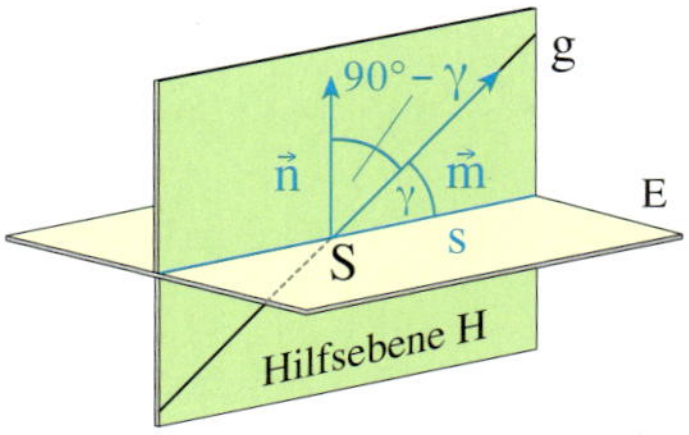

$$\cos(90° - \gamma) = \frac{|\vec{m} \cdot \vec{n}|}{|\vec{m}| \cdot |\vec{n}|}.$$

Da $\cos(90° - \gamma) = \sin\gamma$ gilt, erhalten wir die rechts dargestellte Formel für den Schnittwinkel von Gerade und Ebene.

Schnittwinkel Gerade/Ebene

Die Gerade $g: \vec{x} = \vec{a} + r \cdot \vec{m}$ schneidet die Ebene $E: (\vec{x} - \vec{a}) \cdot \vec{n} = 0$.
Dann gilt für den Schnittwinkel γ von g und E die Formel

$$\sin\gamma = \frac{|\vec{m} \cdot \vec{n}|}{|\vec{m}| \cdot |\vec{n}|}.$$

Beispiel: Schnittwinkel Gerade/Ebene

Die Gerade g durch A(2|1|3) und B(4|2|1) schneidet die Ebene E: $\left[\vec{x} - \begin{pmatrix} 3 \\ 5 \\ 1 \end{pmatrix}\right] \cdot \begin{pmatrix} 3 \\ 1 \\ 2 \end{pmatrix} = 0.$

Bestimmen Sie den Schnittpunkt S und den Schnittwinkel γ von g und E.

Lösung:
Wir bestimmen zunächst eine Parametergleichung von g und berechnen den Schnittpunkt S von g und E durch Einsetzung des allgemeinen Vektors von g in die Gleichung von E.
Resultat: S(4 | 2 | 1)

Anschließend setzen wir den Richtungsvektor $\vec{m}$ von g und den Normalenvektor $\vec{n}$ von E in die Sinusformel für den Winkel zwischen Gerade und Ebene ein.
Wir erhalten $\sin\gamma \approx 0{,}2673$, woraus wir mithilfe des Taschenrechners das Resultat $\gamma \approx 15{,}50°$ erhalten.

Parametergleichung von g:

$$g\colon \vec{x} = \begin{pmatrix} 2 \\ 1 \\ 3 \end{pmatrix} + r \cdot \begin{pmatrix} 2 \\ 1 \\ -2 \end{pmatrix}$$

Schnittpunkt von g und E: S(4 | 2 | 1)

Schnittwinkel von g und E:

$$\sin\gamma = \frac{|\vec{m} \cdot \vec{n}|}{|\vec{m}| \cdot |\vec{n}|} = \frac{\left|\begin{pmatrix} 2 \\ 1 \\ -2 \end{pmatrix} \cdot \begin{pmatrix} 3 \\ 1 \\ 2 \end{pmatrix}\right|}{\left|\begin{pmatrix} 2 \\ 1 \\ -2 \end{pmatrix}\right| \cdot \left|\begin{pmatrix} 3 \\ 1 \\ 2 \end{pmatrix}\right|} = \frac{3}{\sqrt{9} \cdot \sqrt{14}}$$

$$\sin\gamma \approx 0{,}2673 \Rightarrow \gamma \approx 15{,}50°$$

Übung 1

Bestimmen Sie den Schnittwinkel der Geraden g durch die Punkte A(1 | 0 | −2) und B(−2 | 3 | 1) mit der Ebene E.

a) E: $\left[\vec{x} - \begin{pmatrix} 1 \\ 0 \\ 1 \end{pmatrix}\right] \cdot \begin{pmatrix} 3 \\ -2 \\ 2 \end{pmatrix} = 0$ b) E: $\vec{x} = \begin{pmatrix} 1 \\ 2 \\ 1 \end{pmatrix} + r \cdot \begin{pmatrix} 1 \\ -1 \\ 2 \end{pmatrix} + s \cdot \begin{pmatrix} -7 \\ 5 \\ 1 \end{pmatrix}$ c) E: x-y-Ebene

AS

Übung 2

Die Gerade g schneidet die Ebene E. Berechnen Sie den Schnittpunkt S und den Schnittwinkel γ.

a) g: $\vec{x} = \begin{pmatrix} 0 \\ 0 \\ 2 \end{pmatrix} + r \cdot \begin{pmatrix} 1 \\ 1 \\ 1 \end{pmatrix}$, E: $\left[\vec{x} - \begin{pmatrix} 2 \\ 0 \\ 3 \end{pmatrix}\right] \cdot \begin{pmatrix} 3 \\ 3 \\ 2 \end{pmatrix} = 0$

b) g: $\vec{x} = \begin{pmatrix} 0 \\ 2 \\ 4 \end{pmatrix} + r \cdot \begin{pmatrix} 1 \\ 1 \\ 2 \end{pmatrix}$, E: $-x + y + 2z = 6$

c) g: $\vec{x} = \begin{pmatrix} 2 \\ 2 \\ 1 \end{pmatrix} + r \begin{pmatrix} 1 \\ 1 \\ 1 \end{pmatrix}$, E: $\vec{x} = \begin{pmatrix} 1 \\ 0 \\ 2 \end{pmatrix} + s \begin{pmatrix} 2 \\ 0 \\ -4 \end{pmatrix} + t \begin{pmatrix} 0 \\ -1 \\ 2 \end{pmatrix}$

B. Der Schnittwinkel von zwei Ebenen

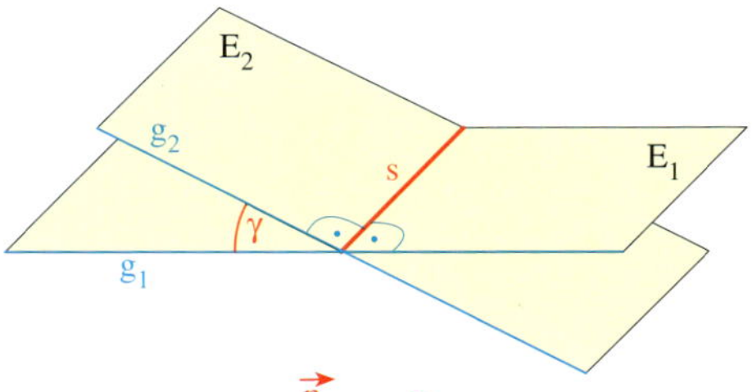

Wir untersuchen zwei Ebenen E_1 und E_2, die sich in einer Geraden s schneiden.

Dann bilden zwei Geraden g_1 und g_2, die senkrecht auf s stehen und sich wie abgebildet schneiden, den Winkel $\gamma \leq 90°$.

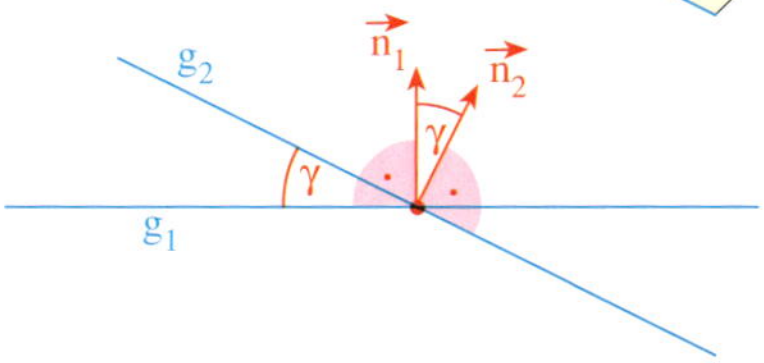

Man bezeichnet diesen Winkel als ***Schnittwinkel der Ebenen*** E_1 und E_2.

Die Normalenvektoren $\vec{n}_1$ und $\vec{n}_2$ der Ebenen E_1 und E_2 bilden miteinander exakt den gleichen Winkel, denn sie stehen jeweils senkrecht auf den Geraden g_1 und g_2, so dass sich der Winkel γ überträgt.

Daher lässt sich der Schnittwinkel γ zweier Ebenen nach der rechts aufgeführten Kosinusformel mithilfe der Normalenvektoren der beiden Ebenen berechnen.

Schnittwinkel Ebene/Ebene

Schneiden sich zwei Ebenen E_1 und E_2 mit den Normalenvektoren $\vec{n}_1$ und $\vec{n}_2$, so gilt für ihren Schnittwinkel γ:

$$\cos\gamma = \frac{|\vec{n}_1 \cdot \vec{n}_2|}{|\vec{n}_1| \cdot |\vec{n}_2|}.$$

Beispiel: Schnittwinkel Ebene/Ebene

Die Ebenen E_1: $4x + 3y + 2z = 12$ und E_2: $\left[\vec{x} - \begin{pmatrix} 0 \\ 0 \\ 6 \end{pmatrix}\right] \cdot \begin{pmatrix} 0 \\ 3 \\ 2 \end{pmatrix} = 0$ schneiden sich.
Berechnen Sie den Schnittwinkel γ.

Lösung:
Wir bestimmen zunächst Normalenvektoren von E_1 und E_2.
Die Koeffizienten in der Koordinatengleichung von E_1 (4, 3 und 2) sind die Koordinaten eines Normalenvektors von E_1. Ein Normalenvektor von E_2 kann aus der gegebenen Normalenform ebenfalls direkt entnommen werden.

Mithilfe der Schnittwinkelformel erhalten wir $\cos\gamma \approx 0{,}6695$ und daher $\gamma \approx 47{,}97°$.

Normalenvektoren:

$$\vec{n}_1 = \begin{pmatrix} 4 \\ 3 \\ 2 \end{pmatrix}, \vec{n}_2 = \begin{pmatrix} 0 \\ 3 \\ 2 \end{pmatrix}$$

Schnittwinkel:

$$\cos\gamma = \frac{|\vec{n}_1 \cdot \vec{n}_2|}{|\vec{n}_1| \cdot |\vec{n}_2|} = \frac{\left|\begin{pmatrix} 4 \\ 3 \\ 2 \end{pmatrix} \cdot \begin{pmatrix} 0 \\ 3 \\ 2 \end{pmatrix}\right|}{\left|\begin{pmatrix} 4 \\ 3 \\ 2 \end{pmatrix}\right| \cdot \left|\begin{pmatrix} 0 \\ 3 \\ 2 \end{pmatrix}\right|} = \frac{13}{\sqrt{29} \cdot \sqrt{13}}$$

$$\cos\gamma \approx 0{,}6695 \Rightarrow \gamma \approx 47{,}97°$$

Übung 3

Gesucht sind die Schnittgerade und der Schnittwinkel der Ebenen E_1: $x + 2y + 2z = 6$ und E_2: $x - y = 0$.

Übungen

4. Schnittwinkel Gerade/Ebene und Vektoren

Exakt in der Mitte der rechten Dachfläche der abgebildeten Halle tritt eine 12 m hohe Antenne aus, die durch einen Stahlstab fixiert wird, der 4 m unterhalb der Antennenspitze sowie in der Mitte am Dachfirst verschraubt ist.

a) Welchen Winkel bildet die Antenne mit der Dachfläche?

b) Welchen Winkel bildet der Stahlstab mit der Antenne bzw. mit der Dachfläche?

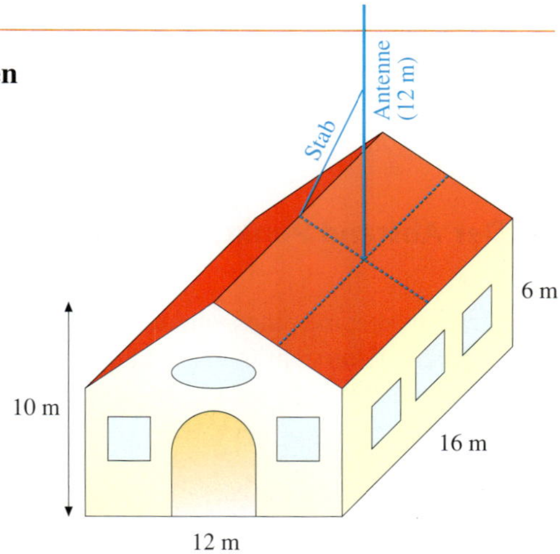

5. Schnittwinkel Ebene/Koordinatenachsen

Unter welchen Winkeln schneiden die Koordinatenachsen die Ebene E?

a) $E: \left[\vec{x} - \begin{pmatrix} 0 \\ 3 \\ 0 \end{pmatrix}\right] \cdot \begin{pmatrix} 3 \\ 2 \\ 2 \end{pmatrix} = 0$ b) $E: 2x + y + 2z = 4$ c) $E: \vec{x} = \begin{pmatrix} 2 \\ 3 \\ 0 \end{pmatrix} + r\begin{pmatrix} 1 \\ 3 \\ -4 \end{pmatrix} + s\begin{pmatrix} 2 \\ -6 \\ 8 \end{pmatrix}$

6. Schnittwinkel Ebene/Ebene

Die Ebenen E_1 und E_2 schneiden sich. Bestimmen Sie den Schnittwinkel γ.

a) $E_1: \left[\vec{x} - \begin{pmatrix} 1 \\ 0 \\ 2 \end{pmatrix}\right] \cdot \begin{pmatrix} 2 \\ -3 \\ 2 \end{pmatrix} = 0$
$E_2: \left[\vec{x} - \begin{pmatrix} 0 \\ -2 \\ 0 \end{pmatrix}\right] \cdot \begin{pmatrix} -2 \\ 1 \\ 0 \end{pmatrix} = 0$

b) $E_1: 5x + y + z = 5$
$E_2: -x + y + z = 5$

c) $E_1: 2x - y + 3z = 6$
$E_2: x - y - z = 3$

d) $E_1: 2x + z = 1$
$E_2: x - z = 0$

e) $E_1: x + y = 3$
$E_2: y = 1$

7. Schnittwinkel Ebene/Ebene

Berechnen Sie den Schnittwinkel γ der Ebenen E_1 und E_2. Bestimmen Sie zunächst Normalenvektoren beider Ebenen.

a) $E_1: \left[\vec{x} - \begin{pmatrix} 0 \\ 0 \\ 0 \end{pmatrix}\right] \cdot \begin{pmatrix} -2 \\ 3 \\ 6 \end{pmatrix} = 0$, $E_2: \vec{x} = \begin{pmatrix} 2 \\ 0 \\ 1 \end{pmatrix} + r\begin{pmatrix} 4 \\ 0 \\ -2 \end{pmatrix} + s\begin{pmatrix} 0 \\ -2 \\ 2 \end{pmatrix}$

b) $E_1: 2x - 3y + 6z = 12$, $E_2: \vec{x} = \begin{pmatrix} 0 \\ -1 \\ 7 \end{pmatrix} + r\begin{pmatrix} -2 \\ -1 \\ 4 \end{pmatrix} + s\begin{pmatrix} 0 \\ -1 \\ 3 \end{pmatrix}$

c) E_1: Ebene durch A(4; 2; 0), B(8; 0; 0), C(4; 0; 0,5), E_2: y-z-Koordinatenebene

8. Schnittwinkel Ebene/Ebene und Koordinatenachse/Ebenenschar

Gegeben ist die Ebenenschar $E_a: \left[\vec{x} - \begin{pmatrix} 2a-1 \\ 0 \\ 0 \end{pmatrix}\right] \cdot \begin{pmatrix} 1 \\ a-1 \\ a+1 \end{pmatrix} = 0$ mit $a \in \mathbb{R}$.

a) Zeigen Sie, dass sich die Ebenen E_0 und E_1 der gegebenen Schar schneiden. Bestimmen Sie die Schnittgerade g und den Schnittwinkel γ.

b) Welche Ebene der Schar E_a wird von der y-Achse unter einem Winkel von 45° geschnitten?

4. Abstandsberechnungen

Im Folgenden werden Verfahren zur Bestimmung von Abständen behandelt. Es geht dabei um den Abstand von Punkten, Ebenen und Geraden.

A. Der Abstand Punkt/Ebene (Lotfußpunktverfahren)

Unter dem Abstand eines Punktes P von einer Ebene E versteht man die Länge d der Lotstrecke $\overline{PF}$, die senkrecht auf der Ebene steht.
Der Punkt F heißt ***Lotfußpunkt***.

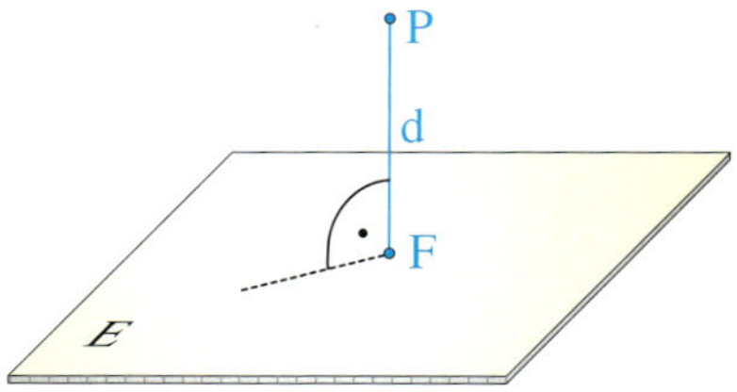

Zur Abstandsberechnung kann man das sogenannte ***Lotfußpunktverfahren*** verwenden. Dabei stellt man eine Lotgerade g auf, die senkrecht zur Ebene E steht und den Punkt P enthält. Man errechnet ihren Schnittpunkt F mit der Ebene E, den sogenannten Lotfußpunkt F. Der gesuchte Abstand d von Punkt und Ebene ergibt sich dann als Abstand der beiden Punkte P und F.

Beispiel: Lotfußpunktverfahren
Gesucht ist der Abstand d des Punktes P(4; 4; 5) von der Ebene E: $x + y + 2z = 6$.

Lösung:
Wir bestimmen zunächst die Gleichung der Lotgeraden g. Als Stützpunkt verwenden wir den Punkt P und als Richtungsvektor dient der Normalenvektor von E, denn die Gerade g soll senkrecht zu E verlaufen. Die Koordinaten $x = 1, y = 1, z = 2$ des Normalenvektors können hier direkt aus der Koordinatenform von E abgelesen werden.

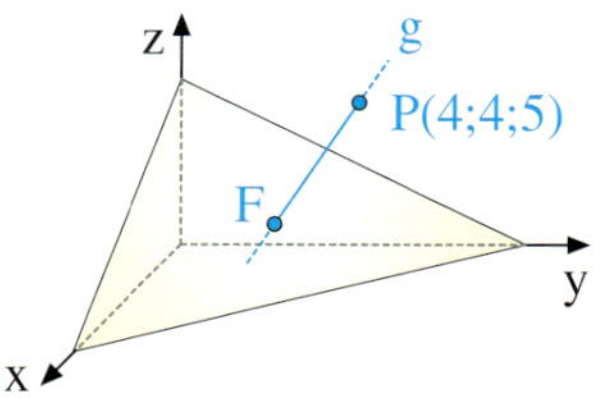

1. Lotgerade g: $g\colon \vec{x} = \begin{pmatrix}4\\4\\5\end{pmatrix} + r\begin{pmatrix}1\\1\\2\end{pmatrix}$

Nun wird durch Einsetzen der Koordinaten von g in die Gleichung von E der Schnittpunkt F berechnet.
Resultat: F(2; 2; 1)

2. Schnittpunkt von g und E:

$(4 + r) + (4 + r) + 2(5 + 2r) = 6$

$18 + 6r = 6$

$r = -2$, F(2; 2; 1)

Schließlich errechnen wir den Abstand der beiden Punkte P und F nach der wohlbekannten Abstandsformel.
Resultat: Der Punkt P und die Ebene E haben den Abstand $d = \sqrt{24} \approx 4{,}90$.

3. Abstand von P und F:

$d = |\overline{PF}| = \sqrt{(2-4)^2 + (2-4)^2 + (1-5)^2}$

$d = \sqrt{24} \approx 4{,}90$

Übung 1

Bestimmen Sie den Abstand des Punktes P von der Ebene E.

a) E: $4x - 4y + 2z = 16$, P(5; −5; 6)

b) E: $-4x + 5y + z = 10$, P(−3; 7; 5)

B. Der Abstand Punkt/Ebene (Hesse'sche Normalenform)

Neben dem Lotfußpunktverfahren gibt es ein weiteres Verfahren zur Berechnung des Abstandes Punkt/Ebene, welches letztendlich schneller geht.
Dabei wird eine besondere Form der Ebenengleichung verwendet, die man nach dem deutschen Mathematiker *Ludwig Otto Hesse* (1811–1874) als ***Hesse'sche Normalenform*** bezeichnet.

Es handelt sich hierbei um eine Normalengleichung der Ebene, in der ein Normalenvektor $\vec{n}_0$ verwendet wird, der normiert ist, d. h. die Länge $|\vec{n}_0| = 1$ besitzt.
Man spricht von einem ***Normaleneinheitsvektor***.

Die Hesse'sche Normalenform

$$E: (\vec{x} - \vec{a}) \cdot \vec{n}_0 = 0$$

$\vec{x}$: allg. Ortsvektor der Ebene
$\vec{a}$: Ortsvektor eines Ebenenpunktes
$\vec{n}_0$: Normalenvektor mit $|\vec{n}_0| = 1$

Beispiel: Hesse'sche Normalenform (HNF)
Bestimmen Sie eine Hesse'sche Normalenform der Ebene E: $\left[\vec{x} - \begin{pmatrix} 1 \\ 0 \\ 2 \end{pmatrix}\right] \cdot \begin{pmatrix} 1 \\ 2 \\ 3 \end{pmatrix} = 0$.

Lösung:
Die Ebene ist schon in Normalenform gegeben. Wir müssen also lediglich ihren Normalenvektor $\vec{n}$ normieren.
Hierzu dividieren wir den Vektor $\vec{n}$ durch seinen Betrag $|\vec{n}| = \sqrt{14}$.
Wir erhalten den rechts aufgeführten Normaleneinheitsvektor $\vec{n}_0$.

Ersetzen wir nun in der gewöhnlichen Normalenform der Ebenengleichung den Vektor $\vec{n}$ durch $\vec{n}_0$, so erhalten wir die Hesse'sche Normalenform.

Betrag des Normalenvektors:

$$\vec{n} = \begin{pmatrix} 1 \\ 2 \\ 3 \end{pmatrix} \Rightarrow |\vec{n}| = \sqrt{1^2 + 2^2 + 3^2} = \sqrt{14}$$

Normaleneinheitsvektor:

$$\vec{n}_0 = \frac{\vec{n}}{|\vec{n}|} = \begin{pmatrix} 1/\sqrt{14} \\ 2/\sqrt{14} \\ 3/\sqrt{14} \end{pmatrix}$$

Hesse'sche Normalenform von E:

$$E: \left[\vec{x} - \begin{pmatrix} 1 \\ 0 \\ 2 \end{pmatrix}\right] \cdot \begin{pmatrix} 1/\sqrt{14} \\ 2/\sqrt{14} \\ 3/\sqrt{14} \end{pmatrix} = 0$$

Übung 2

Bestimmen Sie eine Hesse'sche Normalenform der Ebene E.

a) E: $\left[\vec{x} - \begin{pmatrix} 1 \\ 0 \\ 3 \end{pmatrix}\right] \cdot \begin{pmatrix} 1 \\ 2 \\ 2 \end{pmatrix} = 0$ b) E: $2x + y - z = 6$ c) E: $\vec{x} = \begin{pmatrix} 1 \\ 4 \\ 3 \end{pmatrix} + r\begin{pmatrix} -3 \\ 3 \\ 4 \end{pmatrix} + s\begin{pmatrix} 12 \\ 5 \\ 1 \end{pmatrix}$

Die Bedeutung der Hesse'schen Normalengleichung für Abstandsberechnungen ergibt sich aus folgender Tatsache:

Ersetzt man den allgemeinen Ortsvektor $\vec{x}$ auf der linken Seite einer Hesse'schen Normalengleichung der Ebene E durch den Ortsvektor $\vec{p}$ eines Punktes P, so erhält man, abgesehen vom Vorzeichen, den Abstand des Punktes P von der Ebene E.

Abstandsformel (Punkt/Ebene)

E: $(\vec{x}-\vec{a})\cdot\vec{n}_0=0$ sei eine Hesse'sche Normalengleichung der Ebene E. Dann gilt für den Abstand d eines beliebigen Punktes P mit dem Ortsvektor $\vec{p}$ von der Ebene E:

$$d = d(P, E) = |(\vec{p}-\vec{a})\cdot\vec{n}_0|.$$

Beispiel: Abstand Punkt/Ebene

Gesucht ist der Abstand des Punktes P(4; 4; 5) von der Ebene E: $\left[\vec{x}-\begin{pmatrix}2\\2\\1\end{pmatrix}\right]\cdot\begin{pmatrix}1\\1\\2\end{pmatrix}=0.$

Lösung:
Wir stellen zunächst eine Hesse'sche Normalengleichung von E auf, indem wir einen Normaleneinheitsvektor errechnen.

Hesse'sche Normalenform von E:

$$E: \left[\vec{x}-\begin{pmatrix}2\\2\\1\end{pmatrix}\right]\cdot\begin{pmatrix}1/\sqrt{6}\\1/\sqrt{6}\\2/\sqrt{6}\end{pmatrix}=0$$

Anschließend ersetzen wir im linksseitigen Term der Gleichung $\vec{x}$ durch den Ortsvektor von P(4; 4; 5).
Wir errechnen das sich ergebende Skalarprodukt und bilden hiervon den Betrag.
Das Resultat 4,90 ist der gesuchte Abstand von P und E.

Abstand von P und E:

$$d = \left|\left[\begin{pmatrix}4\\4\\5\end{pmatrix}-\begin{pmatrix}2\\2\\1\end{pmatrix}\right]\cdot\begin{pmatrix}1/\sqrt{6}\\1/\sqrt{6}\\2/\sqrt{6}\end{pmatrix}\right|$$

$$= \left|\begin{pmatrix}2\\2\\4\end{pmatrix}\cdot\begin{pmatrix}1/\sqrt{6}\\1/\sqrt{6}\\2/\sqrt{6}\end{pmatrix}\right| = \frac{12}{\sqrt{6}} \approx 4{,}90$$

Begründung der Abstandsformel:
P sei ein Punkt, der auf derjenigen Seite der Ebene E liegt, nach der $\vec{n}_0$ zeigt.
Dann gilt folgende Rechnung:

$$(\vec{p}-\vec{a})\cdot\vec{n}_0 = \overrightarrow{AP}\cdot\vec{n}_0 = (\overrightarrow{AF}+\overrightarrow{FP})\cdot\vec{n}_0$$
$$= \overrightarrow{AF}\cdot\vec{n}_0 + \overrightarrow{FP}\cdot\vec{n}_0$$
$$= |\overrightarrow{AF}|\cdot|\vec{n}_0|\cdot\cos 90^\circ + |\overrightarrow{FP}|\cdot|\vec{n}_0|\cdot\cos 0^\circ$$
$$= |\overrightarrow{FP}| = d$$

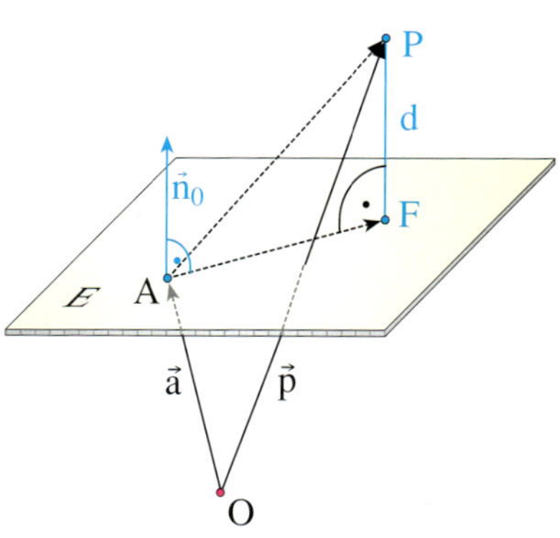

Liegt P auf der anderen Seite von E, so ergibt sich $(\vec{p}-\vec{a})\cdot\vec{n}_0 = -d$.
Insgesamt: $d = |(\vec{p}-\vec{a})\cdot\vec{n}_0|$.

C. Anwendungen der Abstandsformel Punkt/Ebene

Beispiel: Höhe einer Pyramide
Welche Höhe hat die abgebildete Pyramide mit der Grundfläche ABC und der Spitze S?
Welches Volumen hat die Pyramide?

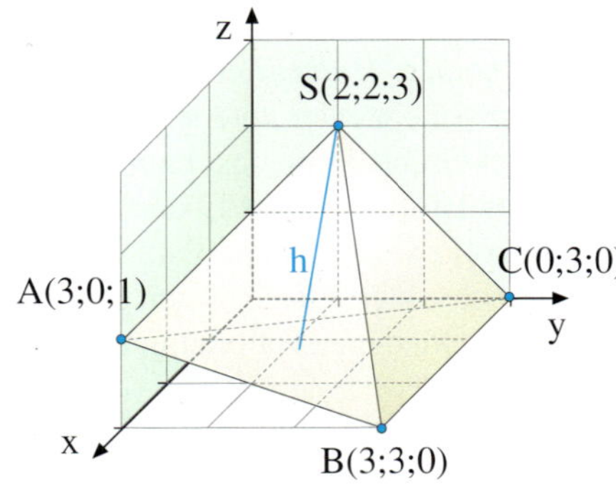

Lösung:
Die Höhe h ist der Abstand des Punktes S zu derjenigen Ebene E, welche A, B und C enthält.
Wir bestimmen zunächst eine Parametergleichung von E, wandeln diese in eine Normalengleichung um und stellen durch Normierung von $\vec{n}$ schließlich deren Hesse'sche Normalengleichung auf.

Durch Einsetzung des Ortsvektors der Pyramidenspitze S in die linke Seite der Hesse'schen Normalengleichung errechnen wir den Abstand h von S und E.
Resultat: $h \approx 2{,}53$ LE

Zur Berechnung des Pyramidenvolumens benötigen wir den Flächeninhalt A des Grundflächendreiecks ABC. Wir wenden die Formel für den Flächeninhalt des Dreiecks an (Mathematik 11, S. 302). Dabei können wir die Richtungsvektoren der Parametergleichung von E als aufspannende Vektoren des Dreiecks verwenden.
Der Flächeninhalt beträgt $A \approx 4{,}74$ FE.
Das Volumen der Pyramide ist $V = 4$ VE.

Parametergleichung von E:

$$E\colon \vec{x} = \begin{pmatrix} 3 \\ 0 \\ 1 \end{pmatrix} + r\begin{pmatrix} 0 \\ 3 \\ -1 \end{pmatrix} + s\begin{pmatrix} -3 \\ 3 \\ -1 \end{pmatrix}$$

Hesse'sche Normalengleichung:

$$E\colon \left[\vec{x} - \begin{pmatrix} 3 \\ 0 \\ 1 \end{pmatrix}\right] \cdot \begin{pmatrix} 0 \\ 1/\sqrt{10} \\ 3/\sqrt{10} \end{pmatrix} = 0$$

Abstand von S und E:

$$h = \left|\left[\begin{pmatrix} 2 \\ 2 \\ 3 \end{pmatrix} - \begin{pmatrix} 3 \\ 0 \\ 1 \end{pmatrix}\right] \cdot \begin{pmatrix} 0 \\ 1/\sqrt{10} \\ 3/\sqrt{10} \end{pmatrix}\right| = \frac{8}{\sqrt{10}} \approx 2{,}53$$

Flächeninhalt von ABC:

$$A = \frac{1}{2} \cdot \sqrt{\begin{pmatrix} 0 \\ 3 \\ -1 \end{pmatrix}^2 \cdot \begin{pmatrix} -3 \\ 3 \\ -1 \end{pmatrix}^2 - \left(\begin{pmatrix} 0 \\ 3 \\ -1 \end{pmatrix} \cdot \begin{pmatrix} -3 \\ 3 \\ -1 \end{pmatrix}\right)^2}$$

$$= \frac{1}{2} \cdot \sqrt{10 \cdot 19 - 10^2} = \frac{1}{2} \cdot \sqrt{90} \approx 4{,}74$$

Volumen der Pyramide:

$$V = \frac{1}{3} \cdot A \cdot h = \frac{1}{3} \cdot \frac{1}{2}\sqrt{90} \cdot \frac{8}{\sqrt{10}} = 4$$

Übung 3

Von einem Würfel mit der Seitenlänge von 4 m wurde eine Ecke wie dargestellt abgeschnitten.

a) Welche Höhe hat die Pyramide über der Schnittfläche?
b) Wie groß ist das Restvolumen des Würfels?
c) In welchem Punkt schneidet die Würfeldiagonale das blaue Dreieck?

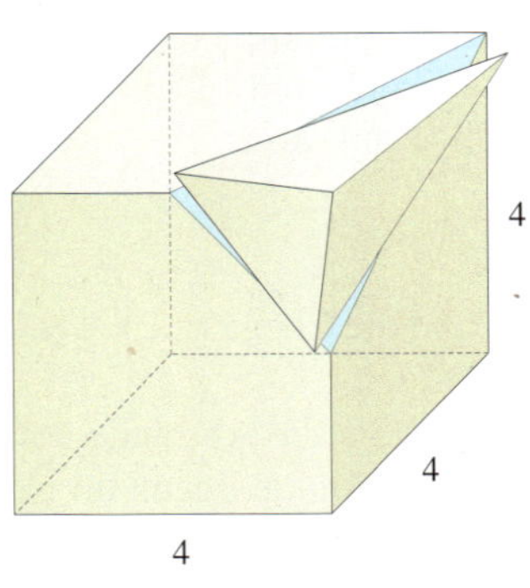

Eine Ebene teilt den dreidimensionalen Anschauungsraum in zwei Hälften. Da ein Normalenvektor der Ebene stets in einen der beiden ***Halbräume*** zeigt, kann man diese voneinander unterscheiden.
Dies ist der Grund dafür, dass man mithilfe der Abstandsformel Punkt/Ebene feststellen kann, ob zwei gegebene Punkte P und Q bezüglich einer Ebene E im gleichen oder in verschiedenen Halbräumen liegen.

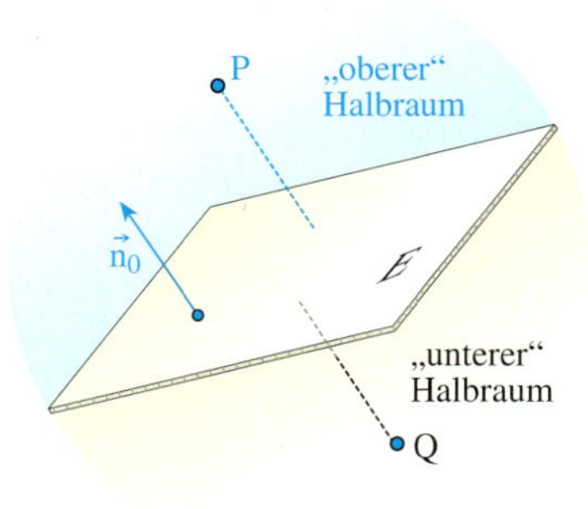

Beispiel: Halbräume
Gegeben sind die Ebene E: $3x - 4y + 4z = 12$ sowie die Punkte P(0; 0; 1) und Q(3; −1; 1). Bestimmen Sie die Abstände von P und Q zu E und stellen Sie fest, ob P und Q auf der „gleichen Seite" von E liegen. Welcher Punkt liegt näher an E?

Lösung:
Der Koordinatengleichung von E können wir durch Einsetzen ($x = 0, y = 0 \Rightarrow z = 3$) einen Punkt und anhand der Koeffizienten ($3x - 4y + 4z$) einen Normalenvektor entnehmen, woraus wir die Hesse'sche Normalengleichung erstellen.

Nun setzen wir die Ortsvektoren der Punkte P und Q in die linke Seite der HNF ein, ohne allerdings deren Betrag zu bilden. Wir erhalten für P den Wert −1,25 und für Q den Wert 0,78.

Das bedeutet:
Q liegt wegen des positiven Vorzeichens in demjenigen Halbraum bezüglich E, in den der Normalenvektor zeigt, wenn sein Fußpunkt auf E angenommen wird.
P liegt wegen des negativen Vorzeichens im anderen Halbraum.
Die Abstände zu E sind 1,25 bzw. 0,78.
Q liegt näher an E als P.

1. Hesse'sche Normalengleichung von E:

$$E: \left[\vec{x} - \begin{pmatrix} 0 \\ 0 \\ 3 \end{pmatrix}\right] \cdot \begin{pmatrix} 3/\sqrt{41} \\ -4/\sqrt{41} \\ 4/\sqrt{41} \end{pmatrix} = 0$$

2. Abstandsberechnung:

$$P: \left[\begin{pmatrix} 0 \\ 0 \\ 1 \end{pmatrix} - \begin{pmatrix} 0 \\ 0 \\ 3 \end{pmatrix}\right] \cdot \begin{pmatrix} 3/\sqrt{41} \\ -4/\sqrt{41} \\ 4/\sqrt{41} \end{pmatrix} = -\frac{8}{\sqrt{41}} \approx -1{,}25$$

$$Q: \left[\begin{pmatrix} 3 \\ -1 \\ 1 \end{pmatrix} - \begin{pmatrix} 0 \\ 0 \\ 3 \end{pmatrix}\right] \cdot \begin{pmatrix} 3/\sqrt{41} \\ -4/\sqrt{41} \\ 4/\sqrt{41} \end{pmatrix} = \frac{5}{\sqrt{41}} \approx +0{,}78$$

3. Interpretation:

P und Q liegen auf unterschiedlichen Seiten von E.
Abstand von P zu E: $d(P, E) = 1{,}25$
Abstand von Q zu E: $d(Q, E) = 0{,}78$
Q liegt näher an E als P.

Übung 4
Gegeben sind die Ebene E: $2x + y + z = 4$ sowie die Punkte P(0; 1; 2), Q(−1; 2; 5), R(1; 1; 1) und T(1; 3; 2).
a) Berechnen Sie die Abstände von P, Q, R und T zu E.
b) Welche der Punkte liegen im gleichen Halbraum bezüglich E?
c) Liegt der Ursprung auf der gleichen Seite der Ebene wie der Punkt P(0; 1; 2)?

Übungen

CAS

5. Lotfußpunktverfahren

Bestimmen Sie den Abstand des Punktes P zur Ebene E mithilfe des Lotfußpunktverfahrens.

a) E: $x + 2y + 2z = 10$, P(4; 6; 6)

b) E: $3x + 4y = 2$, P(9; 0; 2)

c) E: $2x - 3y - 6z = -4$, P(6; −1; −5)

d) E: $\vec{x} = \begin{pmatrix} 0 \\ 6 \\ 6 \end{pmatrix} + r\begin{pmatrix} 1 \\ 3 \\ 2 \end{pmatrix} + s\begin{pmatrix} 0 \\ 6 \\ 4 \end{pmatrix}$, P(2; 7; −2)

6. Hesse'sche Normalengleichung (HNF)

Bestimmen Sie eine Hesse'sche Normalengleichung der Ebene E durch die Punkte A, B, C.

a) A(1; 1; 3), B(2; −1; 5), C(0; 1; 5)

b) A(3; 4; −1), B(6; 2; 1), C(0; 5; −1)

c) A(7; 3; 2), B(11; 1; 2), C(9; 1; 3)

7. Abstandsformel (HNF)

Stellen Sie zunächst eine Hesse'sche Normalengleichung der Ebene E auf. Berechnen Sie anschließend den Abstand von P und Q von der Ebene E mithilfe der Abstandsformel.

a) E: $6x + 3y + 2z = 22$
P(7; 5; 7), Q(6; 1; 2)

b) E: $x - 2y + 2z = 8$
P(7; 1; 6), Q(2; −4; 8)

c) E: $2x + 3y + 6z = 12$
P(4; 3; 5), Q(−2; 1; −6)

d) E: $\left[\vec{x} - \begin{pmatrix} 6 \\ -2 \\ 2 \end{pmatrix}\right] \cdot \begin{pmatrix} 3 \\ 4 \\ 0 \end{pmatrix} = 0$ P(4; 4; 4), Q(4; −0,5; 1)

e) E: $\vec{x} = \begin{pmatrix} 2 \\ 2 \\ 0 \end{pmatrix} + r\begin{pmatrix} 3 \\ -2 \\ 0 \end{pmatrix} + s\begin{pmatrix} 2 \\ 2 \\ -15 \end{pmatrix}$ P(7; 11; 5), Q(−5; −7; 1)

f) E: $\vec{x} = \begin{pmatrix} 3 \\ 2 \\ -2 \end{pmatrix} + r\begin{pmatrix} 1 \\ 1 \\ 0 \end{pmatrix} + s\begin{pmatrix} 12 \\ -5 \\ -6 \end{pmatrix}$ P(17; 5; 12), Q(5; 5; −24)

8. Pyramidenhöhe

Gegeben ist die abgebildete Pyramide mit der Grundfläche ABCD und der Spitze S.

a) Welche Höhe hat die Pyramide?

b) Welches Volumen hat die Pyramide?

c) Bestimmen Sie den Fußpunkt F der Pyramidenhöhe.

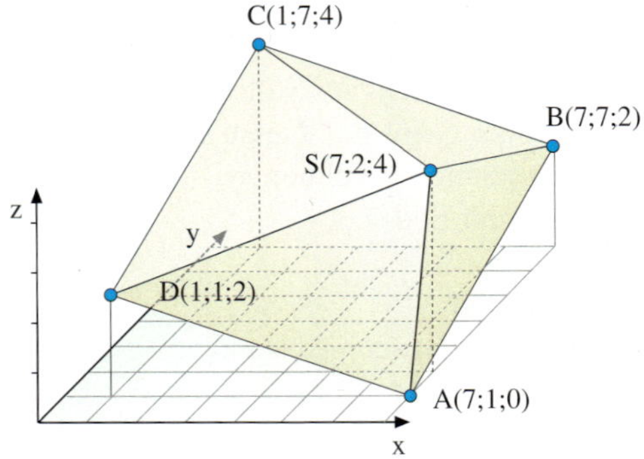

9. Relative Lage (Halbräume)

Gegeben sind die Ebene E sowie die Punkte P und Q.
Untersuchen Sie, ob P und Q im gleichen Halbraum bezüglich der Ebene E liegen.
Liegt einer der beiden Punkte P und Q im gleichen Halbraum wie der Ursprung?

a) E: $2x - 2y + z = -7$
P(2; 10; 1), Q(4; 4; 3)

b) E: $6x - 2y + 3z = 12$
P(−1; −2; 6), Q(2; 1; 2)

D. Abstand einer Geraden bzw. Ebene zu einer parallelen Ebene

Verläuft eine Ebene F parallel zur Ebene E, so kann man den Abstand d(F, E) errechnen, indem man den Abstand irgendeines Punktes der Ebene F zur Ebene E errechnet, z. B. mithilfe der Abstandsformel. Völlig analog kann der Abstand d(g, E) einer Geraden g von einer parallelen Ebene E als Abstand irgendeines Geradenpunktes zur Ebene E gedeutet werden.

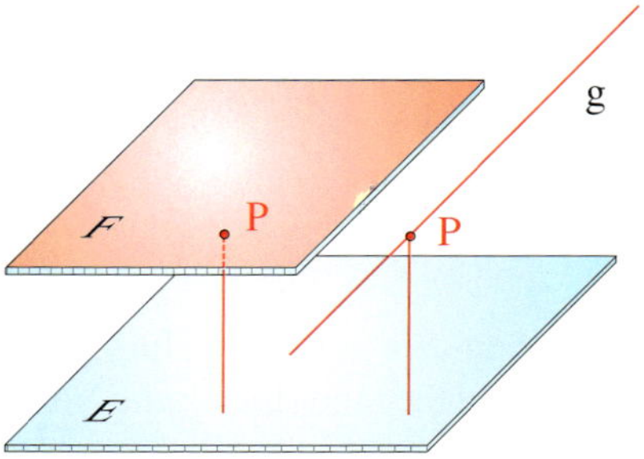

Beispiel: Abstand Gerade/Ebene

Bestimmen Sie den Abstand der Geraden g: $\vec{x} = \begin{pmatrix} 3 \\ 3 \\ 4 \end{pmatrix} + r \begin{pmatrix} -2 \\ -1 \\ 2 \end{pmatrix}$ von der Ebene E: $x + 2y + 2z = 8$.

Lösung:

Wir prüfen zunächst die Parallelität von der Geraden und der Ebene nach, indem wir das Skalarprodukt aus dem Richtungsvektor von g und dem Normalenvektor von E bilden. Es ist null.

Parallelitätsprüfung:

$$\begin{pmatrix} -2 \\ -1 \\ 2 \end{pmatrix} \cdot \begin{pmatrix} 1 \\ 2 \\ 2 \end{pmatrix} = -2 - 2 + 4 = 0$$

Anschließend stellen wir eine Hesse'sche Normalengleichung von E auf.

Hesse'sche Normalengleichung:

$$E: \left[\vec{x} - \begin{pmatrix} 0 \\ 0 \\ 4 \end{pmatrix}\right] \cdot \begin{pmatrix} 1/3 \\ 2/3 \\ 2/3 \end{pmatrix} = 0$$

Durch Einsetzen des Stützvektors von g in die linke Seite der Hesse'schen Normalengleichung errechnen wir den Abstand von g und E: $d = 3$.

Abstandsberechnung:

$$d = \left| \left[\begin{pmatrix} 3 \\ 3 \\ 4 \end{pmatrix} - \begin{pmatrix} 0 \\ 0 \\ 4 \end{pmatrix} \right] \cdot \begin{pmatrix} 1/3 \\ 2/3 \\ 2/3 \end{pmatrix} \right| = 3$$

Übung 10

Berechnen Sie den Abstand von g und E bzw. von E und F. Weisen Sie zunächst die Parallelität nach.

a) g: $\vec{x} = \begin{pmatrix} 7 \\ -1 \\ 4 \end{pmatrix} + r \begin{pmatrix} 1 \\ 6 \\ 2 \end{pmatrix}$

E: $6x - 2y + 3z = 7$

b) g: $\vec{x} = \begin{pmatrix} 5 \\ 2 \\ 0 \end{pmatrix} + r \begin{pmatrix} -4 \\ 3 \\ 2 \end{pmatrix}$ 3LE

E: $\vec{x} = \begin{pmatrix} 0 \\ 0 \\ 5 \end{pmatrix} + s \begin{pmatrix} 1 \\ 1 \\ -4 \end{pmatrix} + t \begin{pmatrix} -1 \\ 0 \\ 2 \end{pmatrix}$

c) E: $4x + 2y - 4z = 16$
F: $-2x - y + 2z = -26$

d) E: $12x - 5y + 13z = -204$
F: $6x - 2{,}5y + 6{,}5z = 67$

E: Der Abstand windschiefer Geraden

Der Abstand windschiefer Geraden g und h ist die kürzeste Entfernung, die zwischen einem Punkt von g und einem Punkt von h existiert.
Es ist leicht einzusehen, dass eine solche kürzeste Strecke zwischen g und h sowohl auf g als auch auf h senkrecht stehen muss. Es ist eine gemeinsame Lotstrecke von g und h.
Am einfachsten lässt sich die Länge dieser Strecke als Abstand zweier paralleler Ebenen G und H bestimmen, welche jeweils eine der Geraden g bzw. h enthalten.

Abstand windschiefer Geraden

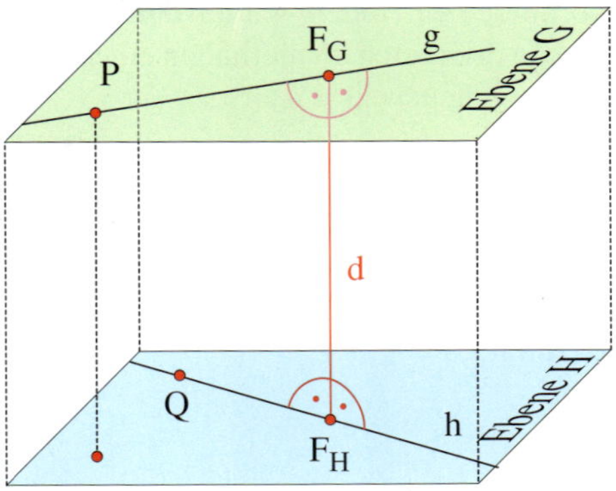

Folgende Überlegungen führen nun zu einer Abstandsformel für windschiefe Geraden.

Die Punkte P und Q seien Stützpunkte der Geraden g und h und $\vec{p}$ und $\vec{q}$ die Stützvektoren. $\vec{n}_0$ sei ein gemeinsamer Normaleneinheitsvektor von g und h, d. h., er ist orthogonal zu beiden Geraden und hat den Betrag 1.
Dann ist H: $(\vec{x}-\vec{q})\cdot\vec{n}_0 = 0$ eine Hesse'sche Normalengleichung der Ebene H.
Der Term $d = |(\vec{p}-\vec{q})\cdot\vec{n}_0|$ gibt folglich den Abstand des Punktes P von der Ebene H an und damit den Abstand von G zu H sowie den Abstand von g zu h.

Abstandsformel für windschiefe Geraden

g: $\vec{x} = \vec{p} + r\cdot\vec{m}_g$ und h: $\vec{x} = \vec{q} + s\cdot\vec{m}_h$ seien zwei windschiefe Geraden.
$\vec{n}_0$ sei ein zu beiden Richtungsvektoren $\vec{m}_g$ und $\vec{m}_h$ orthogonaler Einheitsvektor.
Dann besitzen g und h den Abstand

$$d = |(\vec{p}-\vec{q})\cdot\vec{n}_0|.$$

Beispiel: Abstand windschiefer Geraden

Gegeben sind die windschiefen Geraden g: $\vec{x} = \begin{pmatrix}2\\2\\3\end{pmatrix} + r\begin{pmatrix}1\\2\\-2\end{pmatrix}$ und h: $\vec{x} = \begin{pmatrix}4\\7\\3\end{pmatrix} + s\begin{pmatrix}-1\\2\\0\end{pmatrix}$.
Berechnen Sie den Abstand von g und h.

Lösung:
Man kann leicht erkennen sowie durch Rechnung nachweisen, dass die Geraden weder parallel sind noch sich schneiden. Also sind sie windschief.

Wir bestimmen zunächst einen „Normalenvektor" $\vec{n}$, der auf beiden Richtungsvektoren senkrecht steht. Sein Skalarprodukt mit den Richtungsvektoren ist also jeweils null. Dies führt auf zwei Gleichungen mit drei Variablen.

1. Bestimmung eines Normaleneinheitsvektors:

$\vec{n}\cdot\vec{m}_g = 0$, $\quad \vec{n}\cdot\vec{m}_h = 0$

$\begin{pmatrix}x\\y\\z\end{pmatrix}\cdot\begin{pmatrix}1\\2\\-2\end{pmatrix} = 0$, $\quad \begin{pmatrix}x\\y\\z\end{pmatrix}\cdot\begin{pmatrix}-1\\2\\0\end{pmatrix} = 0$

Wir wählen $x = 2$ frei und errechnen $y = 1$ und $z = 2$ durch Einsetzen.
Den sich ergebenden Normalenvektor $\vec{n}$ normieren wir, indem wir ihn durch seinen Betrag dividieren. Wir erhalten einen Normaleneinheitsvektor $\vec{n}_0$.

$$\begin{array}{ll} \text{I} & x + 2y - 2z = 0 \\ \text{II} & -x + 2y \qquad = 0 \end{array}$$

$$\text{z. B. } \vec{n} = \begin{pmatrix} 2 \\ 1 \\ 2 \end{pmatrix} \Rightarrow \qquad \vec{n}_0 = \frac{\vec{n}}{|\vec{n}|} = \begin{pmatrix} 2/3 \\ 1/3 \\ 2/3 \end{pmatrix}$$

Zur Abstandsberechnung setzen wir nun $\vec{n}_0$ sowie die Stützvektoren $\vec{p}$ und $\vec{q}$ der beiden Geraden in die Abstandsformel $d = |(\vec{p} - \vec{q}) \cdot \vec{n}_0|$ ein.

▶ Resultat: $d = 3$

2. Abstandsberechnung:

$$d = |(\vec{p} - \vec{q}) \cdot \vec{n}_0|$$

$$= \left| \left[\begin{pmatrix} 2 \\ 2 \\ 3 \end{pmatrix} - \begin{pmatrix} 4 \\ 7 \\ 3 \end{pmatrix} \right] \cdot \begin{pmatrix} 2/3 \\ 1/3 \\ 2/3 \end{pmatrix} \right| = 3$$

Übung 11

Bestimmen Sie den Abstand der Geraden g: $\vec{x} = \begin{pmatrix} 9 \\ 3 \\ 8 \end{pmatrix} + r \begin{pmatrix} -6 \\ 2 \\ 1 \end{pmatrix}$ und h: $\vec{x} = \begin{pmatrix} 4 \\ 2 \\ 1 \end{pmatrix} + s \begin{pmatrix} 4 \\ 1 \\ -3 \end{pmatrix}$.

Übung 12

Zeigen Sie, dass g und h windschief sind. Berechnen Sie sodann den Abstand von g und h.

a) g: $\vec{x} = \begin{pmatrix} 0 \\ 6 \\ 0 \end{pmatrix} + r \begin{pmatrix} -2 \\ 1 \\ 0 \end{pmatrix}$, h: $\vec{x} = \begin{pmatrix} 0 \\ 3 \\ 4 \end{pmatrix} + s \begin{pmatrix} 3 \\ 3 \\ -1 \end{pmatrix}$ b) g: $\vec{x} = \begin{pmatrix} 0 \\ 3 \\ 1 \end{pmatrix} + r \begin{pmatrix} -3 \\ -2 \\ 0 \end{pmatrix}$, h: $\vec{x} = \begin{pmatrix} 4 \\ 6 \\ 9 \end{pmatrix} + s \begin{pmatrix} -3 \\ 2 \\ -2 \end{pmatrix}$

Übung 13 **Rohrisolation**

Über zwei Kupferrohre AB und CD, die sich windschief passieren, sollen wie abgebildet isolierende Schaumstoffumhüllungen geschoben werden.
Ist zwischen den Kupferrohren genügend Platz vorhanden, wenn die Isolationsrohre einen Außendurchmesser von 8 cm besitzen?

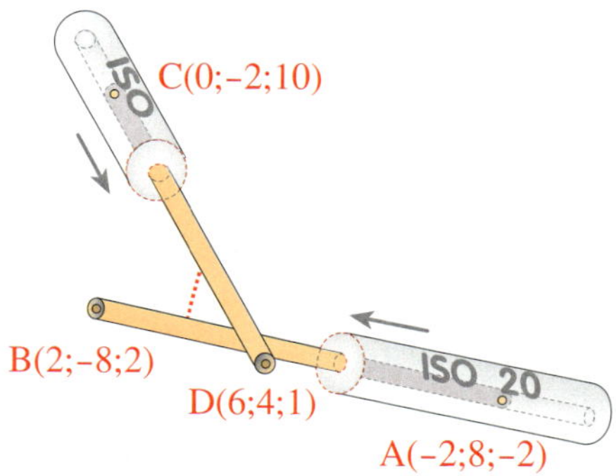

Übung 14 **Abstand Punkt/Gerade, Gerade/Gerade**

Berechnen Sie für die abgebildete Pyramide
a) die eingezeichnete Seitenhöhe h,
b) den Abstand der Kanten AC und BS.

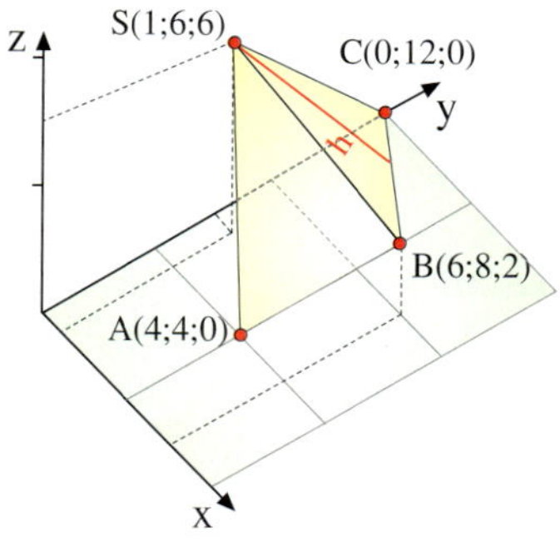

Überblick

Parametergleichung einer Ebene:

E: $\vec{x} = \vec{a} + r \cdot \vec{u} + s \cdot \vec{v}$

$\vec{a}$: Stützvektor der Ebene
$\vec{u}, \vec{v}$: Richtungsvektoren der Ebene
r, s: Ebenenparameter

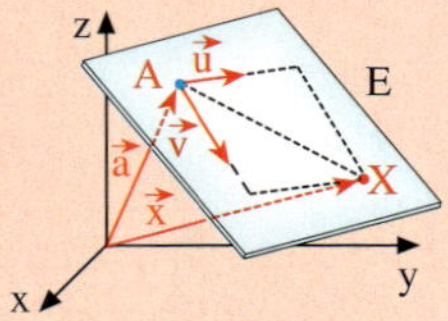

Dreipunktegleichung einer Ebene:

E: $\vec{x} = \vec{a} + r \cdot (\vec{b} - \vec{a}) + s \cdot (\vec{c} - \vec{a})$

$\vec{a}, \vec{b}, \vec{c}$: Ortsvektoren von drei Ebenenpunkten A, B und C

Normalengleichung einer Ebene:

E: $(\vec{x} - \vec{a}) \cdot \vec{n} = 0$

$\vec{a}$: Stützvektor der Ebene
$\vec{n}$: Normalenvektor der Ebene

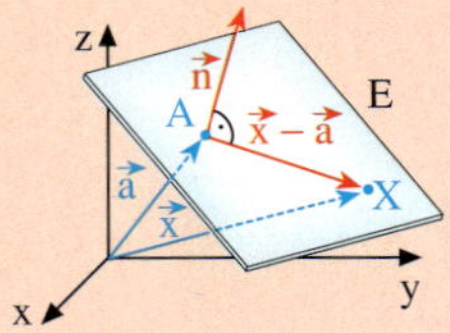

Koordinatengleichung einer Ebene:

E: $a x + b y + c z = d \quad (a, b, c, d \in \mathbb{R})$

$\begin{pmatrix} a \\ b \\ c \end{pmatrix}$ ist ein Normalenvektor von E.

Achsenabschnittsgleichung einer Ebene:

E: $\frac{x}{A} + \frac{y}{B} + \frac{z}{C} = 1$

A, B und C sind die Achsenabschnitte von E.

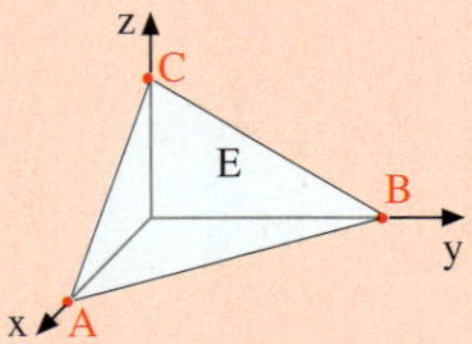

Relative Lage von Punkt und Ebene:

Ein Punkt P im Raum kann auf einer Ebene E liegen oder außerhalb der Ebene.
Zur Überprüfung verwendet man die **Punktprobe**, d. h., man setzt den Ortsvektor des Punktes oder seine Koordinaten in die Ebenengleichung ein.
Je nach verwendeter Ebenendarstellung ergibt sich eine Gleichung oder ein Gleichungssystem.
Lässt sich die Gleichung bzw. das Gleichungssystem lösen, so liegt der Punkt auf der Ebene, andernfalls nicht.

Relative Lage von Punkt und Dreieck:

Ein Punkt P liegt im Dreieck ABC, wenn er folgende Bedingungen erfüllt:

1. P liegt auf der Ebene E: $\vec{x} = \vec{a} + r \cdot (\vec{b} - \vec{a}) + s \cdot (\vec{c} - \vec{a})$.
2. Für seine Parameterwerte r und s gilt
   $0 \leq r \leq 1, \quad 0 \leq s \leq 1, \quad 0 \leq r + s \leq 1$.

Relative Lage von Punkt und Parallelogramm:

Ein Punkt P liegt im Parallelogramm ABCD, wenn er folgende Bedingungen erfüllt:

1. P liegt auf der Ebene E: $\vec{x} = \vec{a} + r \cdot (\vec{b} - \vec{a}) + s \cdot (\vec{c} - \vec{a})$.
2. Für seine Parameterwerte r und s gilt
   $0 \leq r \leq 1, \quad 0 \leq s \leq 1$.

Relative Lage von Gerade und Ebene:

Ein Gerade g im Raum kann parallel zu einer Ebene E verlaufen, in der Ebene liegen oder sie in genau einem Punkt schneiden.

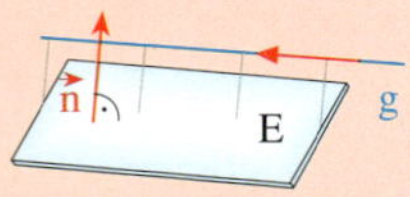

Parallelität erkennt man daran, dass der Richtungsvektor der Geraden und der Normalenvektor der Ebene orthogonal sind oder dass der Richtungsvektor der Geraden und die Richtungsvektoren der Ebene komplanar sind.

Die Gerade liegt in der Ebene, wenn sie parallel zur Ebene ist und zusätzlich ihr Stützpunkt in der Ebene liegt.

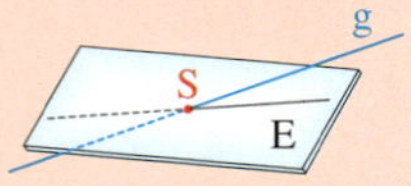

Den Schnittpunkt von g und E errechnet man am einfachsten, indem man die Ebene in Koordinatenform oder Normalenform darstellt und dann die allgemeinen Koordinaten der Geraden in die Gleichung der Ebene einsetzt (Punktprobe). (s. Seite 239 f.)

Relative Lage von zwei Ebenen:

Zwei Ebenen E_1 und E_2 können echt parallel oder sogar identisch sein oder sich in einer Schnittgeraden g schneiden.

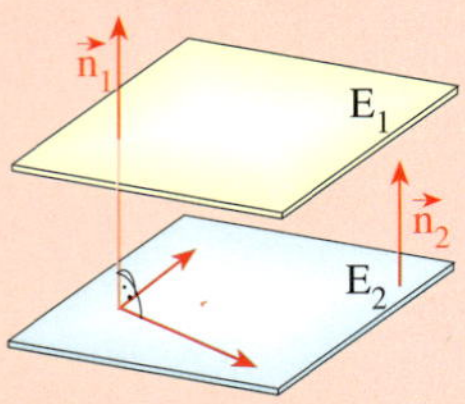

Parallelität erkennt man daran, dass die Normalenvektoren der beiden Ebenen kollinear sind oder dass der Normalenvektor der ersten Ebene orthogonal zu beiden Richtungsvektoren der zweiten Ebene ist.

Identische Ebenen sind daran zu erkennen, dass sie parallel sind und zusätzlich der Stützpunkt der ersten Ebene auch auf der zweiten Ebene liegt (Punktprobe).

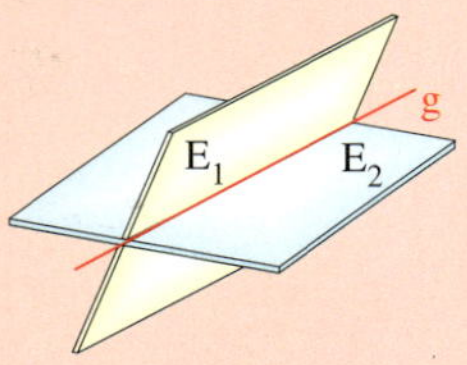

Die Schnittgerade zweier Ebenen errechnet man am einfachsten, indem man eine Ebene in Parameterform und die zweite Ebene in Koordinatenform oder Normalenform darstellt und dann die allgemeinen Koordinaten der ersten Ebene in die Gleichung der zweiten Ebene einsetzt. (s. Seite 248)

Schnittwinkel von Gerade und Ebene:

Schneidet die Gerade mit dem Richtungsvektor $\vec{m}$ die Ebene mit dem Normalenvektor $\vec{n}$, so gilt für den Schnittwinkel γ von Gerade und Ebene:

$$\sin\gamma = \frac{|\vec{m}\cdot\vec{n}|}{|\vec{m}|\cdot|\vec{n}|} \quad \text{bzw.} \quad \cos(90^\circ-\gamma) = \frac{|\vec{m}\cdot\vec{n}|}{|\vec{m}|\cdot|\vec{n}|}$$

Schnittwinkel zweier Ebenen:

Schneiden sich die beiden Ebenen mit den Normalenvektoren $\vec{n}_1$ und $\vec{n}_2$, so gilt für den Schnittwinkel γ der Ebenen:

$$\cos\gamma = \frac{|\vec{n}_1\cdot\vec{n}_2|}{|\vec{n}_1|\cdot|\vec{n}_2|}$$

Hesse'sche Normalengleichung einer Ebene:

$E\colon (\vec{x}-\vec{a})\cdot\vec{n}_0 = 0$

$\vec{x}$: allgemeiner Ortsvektor der Ebene E
$\vec{a}$: Stützvektor der Ebene E
$\vec{n}_0$: Normalenvektor der Ebene E mit $|\vec{n}_0| = 1$

Abstand Punkt-Ebene:

Der Punkt P mit dem Ortsvektor $\vec{p}$ hat von der Ebene E mit der Hesse'schen Normalenform $E\colon (\vec{x}-\vec{a})\cdot\vec{n}_0 = 0$ den Abstand $d = |(\vec{p}-\vec{a})\cdot\vec{n}_0|$.

Abstand Gerade-Ebene und Ebene-Ebene:

Der Abstand einer Geraden g zu einer parallelen Ebene E ist gleich dem Abstand eines Punktes P der Geraden g (z. B. des Stützpunktes) zu der Ebene E. Er kann daher mit der Abstandsformel Punkt-Ebene berechnet werden.

Der Abstand einer Ebene E_1 zu einer parallelen Ebene E_2 ist gleich dem Abstand eines Punktes P der Ebene E_1 (z. B. des Stützpunktes) zu der Ebene E_2. Er kann daher mit der Abstandsformel Punkt-Ebene berechnet werden.

Abstand windschiefer Geraden:

Sind $g: \vec{x} = \vec{p} + r\cdot\vec{m}_g$ und $h: \vec{x} = \vec{q} + s\cdot\vec{m}_h$ windschiefe Geraden und $\vec{n}_0$ ein zu beiden Richtungsvektoren $\vec{m}_g$ und $\vec{m}_h$ orthogonaler Einheitsvektor, dann besitzen g und h den Abstand $d = |(\vec{p}-\vec{q})\cdot\vec{n}_0|$.

3-D-Darstellung von Ebenen

Im Abschnitt 2 wurden unter anderem die Lagebeziehungen von Gerade und Ebene, sowie von zwei Ebenen untersucht. Aus den Lösungseigenschaften der dabei entstandenen Gleichungssysteme kann man die Lagebeziehung der betrachteten geometrischen Objekte beurteilen. Eine anschauliche Vorstellung gewinnt man mithilfe von 3-D-Darstellungen durch Computerprogramme.

Das folgende Bild zeigt die 3-D-Darstellung einer Ebene und einer Geraden mit einem Computerprogramm, das als Medienelement im Internet verwendet werden kann. Dazu öffnet man die Internetseite http://www.cornelsen.de/webcodes/ und gibt dort den Webcode MBK041914-394-1 ein.

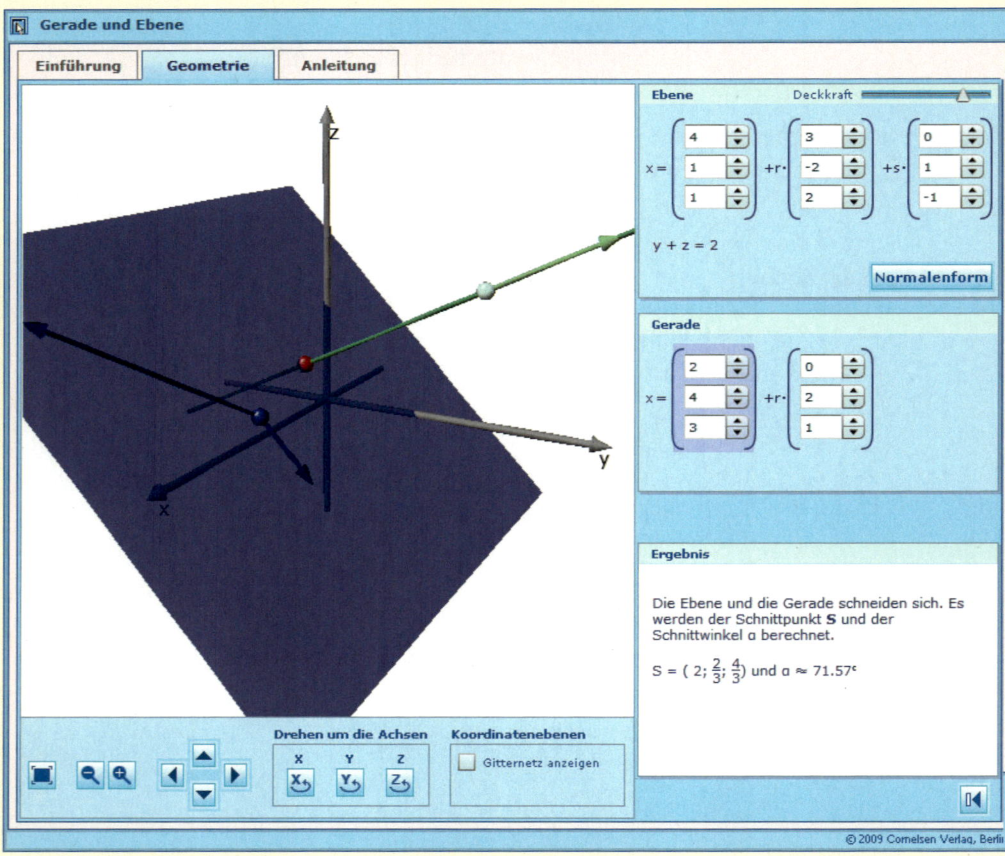

Das Programm gestattet die Eingabe der Geraden- und Ebenengleichung in Parameterform. Das Tool stellt die Objekte im räumlichen Koordinatensystem dar und gibt ihre Lagebeziehung aus. Schneiden sich Gerade und Ebene, so wird der Schnittpunkt S und der Schnittwinkel α ausgegeben. Verlaufen Ebene und Gerade parallel, wird der Abstand d berechnet und angezeigt. Die Darstellung kann verändert werden. Insbesondere lässt sich das Bild vergrößern und verkleinern, verschieben und drehen. Besonders die Drehung der z-Achse vermittelt einen anschaulichen Eindruck über die Lagebeziehung.

Es gibt auch Computerprogramme, mit denen man die Lagebeziehung zwischen Gerade und Ebene und zwischen zwei Ebenen untersuchen kann.

Das folgende Bild zeigt die 3-D-Darstellung zweier sich schneidender Ebenen mit einem Computerprogramm, das man als Medienelement auf www.cornelsen.de/webcodes mit dem Webcode MBK041914-394-2 erreicht. Zwei Ebenen können in Parameterform eingegeben werden. Das Tool zeigt beide Ebenen und gibt ihre Lagebeziehung aus. Gegebenenfalls werden Abstand, Schnittgerade und Schnittwinkel angegeben.

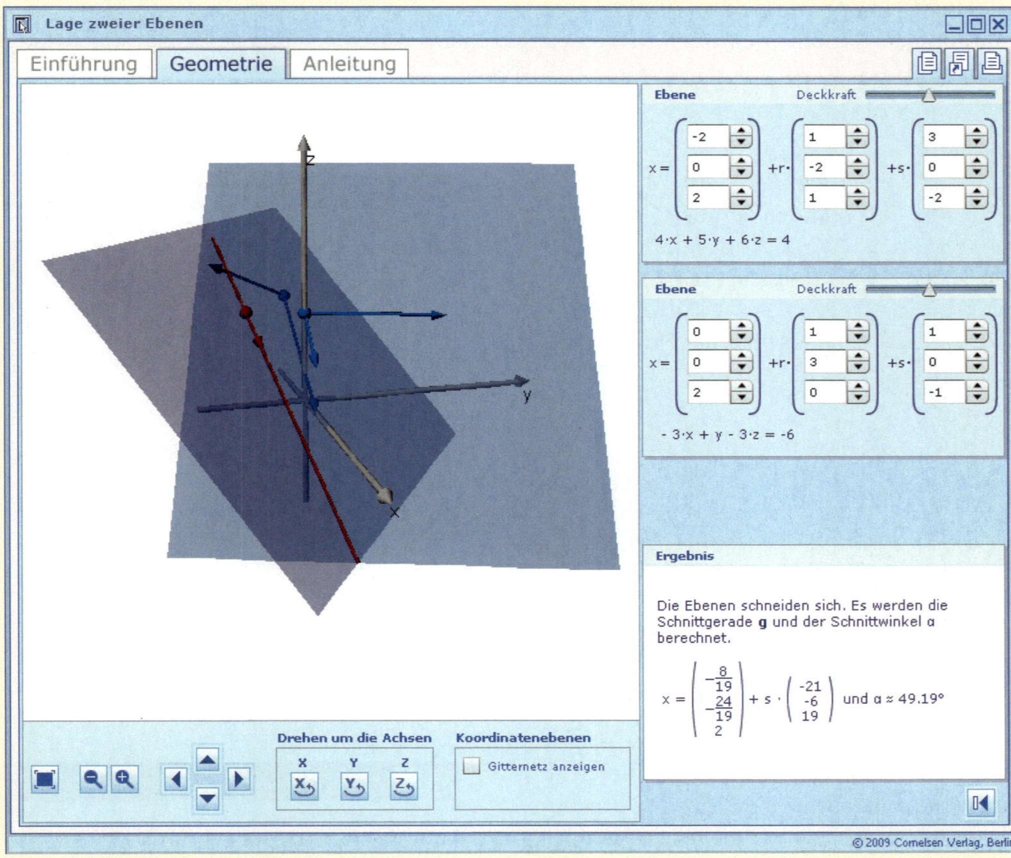

Übungen

a) Bearbeiten Sie ausgewählte Beispiele und die Übungen zur Lagebeziehung Gerade-Ebene (Seite 241 ff.) mit dem auf Seite 274 vorgestellten Medienelement. Formen Sie vorher alle Ebenengleichungen in Parameterform um.

b) Bearbeiten Sie ausgewählte Beispiele und Übungen zur Lagebeziehung von zwei Ebenen (Seite 248 ff.) mit dem oben erwähnten Medienelement. Formen Sie vorher alle Ebenengleichungen in Parameterform um.

CAS-Anwendung

Es werden zunächst folgende Grundaufgaben im $\mathbb{R}^3$ behandelt:
- Aufstellung einer Ebenengleichung zu gegebenen Punkten A, B und C
- Bestimmung eines Normalenvektors zu zwei gegebenen Vektoren
- Lagebeziehung Punkt und Ebene sowie Gerade und Ebene
- Schnittgerade zweier Ebenen

Beispiel: Ebene durch drei Punkte
Bestimmen Sie eine vektorielle Parametergleichung derjenigen Ebene E, die durch die Punkte A(3; 2; 4), B(5; 1; 6) und C(1; 4; 3) verläuft.

Lösung:
Zunächst werden die Punkte A, B und C durch ihre Ortsvektoren definiert:
va := [3; 2; 4], vb := [5; 1; 6], vc := [1; 4; 3].
Die Ebene E wird festgelegt durch
e(r, s) := va + r · (vb − va) + s · (vc − va).
e(r, s) enter liefert die Ebenengleichung:

$$\vec{x} = \begin{pmatrix} 2r-2s+3 \\ -r+2s+2 \\ 2r-s+4 \end{pmatrix} = \begin{pmatrix} 3 \\ 2 \\ 4 \end{pmatrix} + r \cdot \begin{pmatrix} 2 \\ -1 \\ 2 \end{pmatrix} + s \cdot \begin{pmatrix} -2 \\ 1 \\ -2 \end{pmatrix}.$$

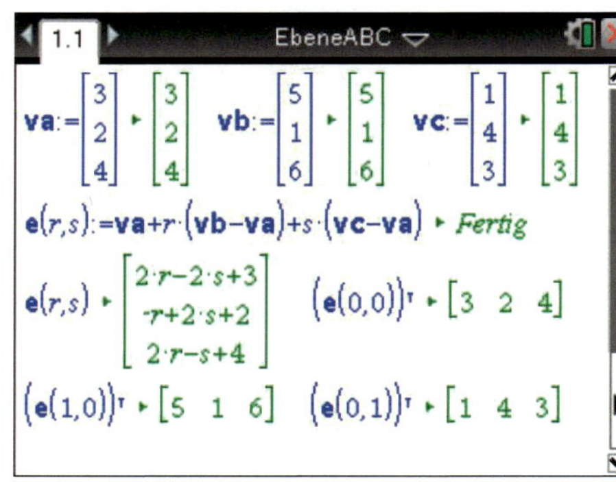

Beispiel: Normalenvektor
Bestimmen Sie einen Normalenvektor zu den Vektoren $\vec{a} = \begin{pmatrix} 2 \\ -1 \\ 2 \end{pmatrix}$ und $\vec{b} = \begin{pmatrix} -2 \\ 2 \\ -1 \end{pmatrix}$.

Lösung:
Die Vektoren $\vec{a}$ und $\vec{b}$ werden definiert durch die Eingaben va := [2; −1; 2] und vb := [−2; 2; −1]. Das Gleichungssystem

$$\begin{pmatrix} x \\ y \\ z \end{pmatrix} \cdot \vec{a} = 0 \quad \textbf{und} \quad \begin{pmatrix} x \\ y \\ z \end{pmatrix} \cdot \vec{b} = 0$$

ist unterbestimmt und besitzt eine einparametrige Lösung.
Wird für den Parameter der Wert 2 eingesetzt, so ergibt sich der Normalenvektor

$$\vec{n} = \begin{pmatrix} -3 \\ -2 \\ 2 \end{pmatrix}.$$

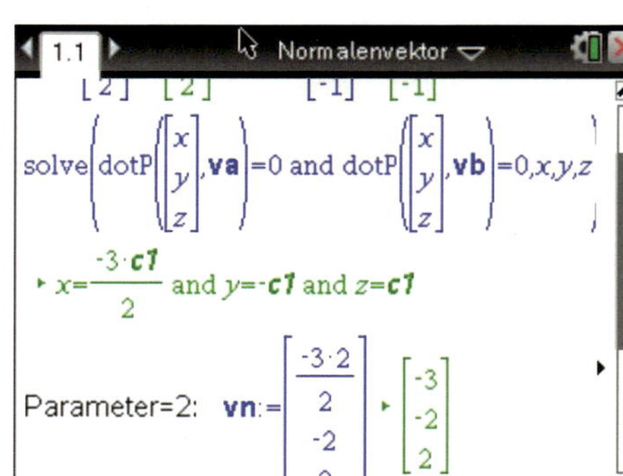

Übung 1

Ermitteln Sie eine Normalengleichung der Ebenen E durch A(1; 1; −3), B(0; 2; 2), C(2; 1; −5).

Beispiel: Punkt und Ebene, Gerade und Ebene

Gegeben ist die Ebene E: $\vec{x} = \begin{pmatrix} 1 \\ 0 \\ -1 \end{pmatrix} + r \cdot \begin{pmatrix} 2 \\ -1 \\ 1 \end{pmatrix} + s \cdot \begin{pmatrix} 1 \\ 1 \\ 1 \end{pmatrix}$, die Gerade g: $\vec{x} = \begin{pmatrix} 2 \\ 4 \\ 2 \end{pmatrix} + t \begin{pmatrix} 0 \\ 2 \\ 1 \end{pmatrix}$ und der Punkt P(2; 1; 1). Untersuchen Sie die Lagebeziehung von P und E sowie von g und E.

Lösung:
Nach Festlegung der Ebene E, des Punktes P und der Geraden g wird der solve-Befehl zur Lösung der entsprechenden Gleichung vp = e(r, s) bzw. g(t) = e(r, s) angewendet.

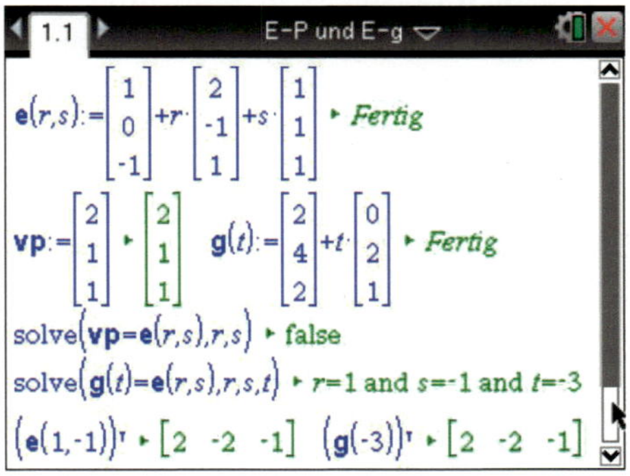

Man erhält folgende Ergebnisse:

Der Punkt P liegt nicht in der Ebene E.

Die Gerade g hat mit der Ebene E genau einen Punkt gemeinsam; g schneidet E im Punkt S(2; −2; −1).

Beispiel: Zwei Ebenen

Untersuchen Sie die Lagebeziehung der durch Parametergleichungen gegebenen Ebenen

$$E: \vec{x} = \begin{pmatrix} 9 \\ 0 \\ 0 \end{pmatrix} + p \cdot \begin{pmatrix} 3 \\ -4 \\ 0 \end{pmatrix} + q \cdot \begin{pmatrix} 0 \\ 6 \\ -3 \end{pmatrix}, \quad F: \vec{x} = \begin{pmatrix} 0 \\ 0 \\ 3 \end{pmatrix} + r \cdot \begin{pmatrix} 3 \\ 2 \\ -1 \end{pmatrix} + s \cdot \begin{pmatrix} 3 \\ 0 \\ -1 \end{pmatrix}.$$

Lösung:
Nach Festlegung der Ebenen E und F durch e(p, q) und f(r, s) wird mit dem solve-Befehl die Gleichung e(p, q) = f(r, s) gelöst.

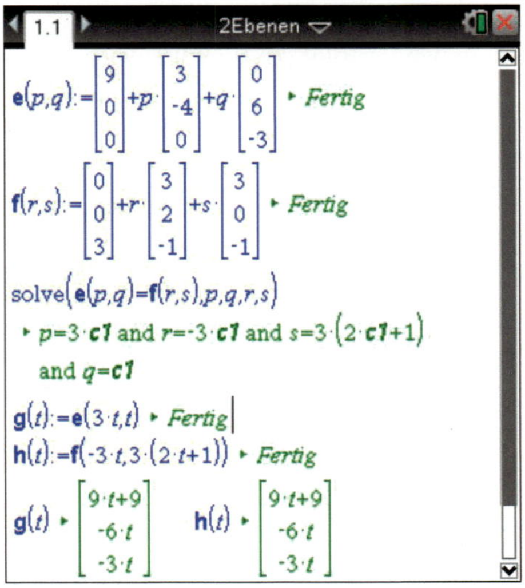

Es ergibt sich eine einparametrige Lösung, was auf die Existenz einer Schnittgeraden g hinweist; man erhält die Parametergleichung

$$g: \vec{x} = \begin{pmatrix} 9 \\ 0 \\ 0 \end{pmatrix} + t \cdot \begin{pmatrix} 9 \\ -6 \\ -3 \end{pmatrix} = \begin{pmatrix} 9 \\ 0 \\ 0 \end{pmatrix} + (-3t) \cdot \begin{pmatrix} -3 \\ 2 \\ 1 \end{pmatrix} = \begin{pmatrix} 9 \\ 0 \\ 0 \end{pmatrix} + u \cdot \begin{pmatrix} -3 \\ 2 \\ 1 \end{pmatrix}.$$

Übung 2

Ermitteln Sie die Spurgerade g_{xy} der Ebene E: $\vec{x} = \begin{pmatrix} 5 \\ -4 \\ 3 \end{pmatrix} + r \cdot \begin{pmatrix} 5 \\ 12 \\ -12 \end{pmatrix} + q \cdot \begin{pmatrix} -10 \\ 16 \\ -6 \end{pmatrix}$.

Umrechnung von Ebenengleichungen

Wir kennen drei Möglichkeiten zur Beschreibung einer Ebene E durch eine Gleichung:
- die vektorielle Parametergleichung $\vec{x} = \vec{p} + r\vec{a} + s\vec{b}$, Parameter $r, s \in \mathbb{R}$;
- die Normalengleichung $(\vec{x} - \vec{p}) \cdot \vec{n} = 0$, $\vec{n}$: Normalenvektor von E;
- die Koordinatengleichung $ax + by + cz = d$, Normalenvektor $\vec{n} = \begin{pmatrix} a \\ b \\ c \end{pmatrix}$.

Im zweiten Beispiel von Seite 240 wird zu zwei Vektoren $\vec{a}$ und $\vec{b}$, die als Richtungsvektoren einer Ebene E aufgefasst werden können, ein zu beiden Vektoren orthogonaler Vektor $\vec{n}$ bestimmt, der folglich Normalenvektor von E ist. Damit ist für die **Umrechnung von der vektoriellen Parametergleichung in eine Normalengleichung** der Weg gewiesen.
Die **Umrechnung von der Normalengleichung in eine Koordinatengleichung** erfolgt einfach durch Ausrechnen des Skalarprodukts der Normalengleichung. Dabei ergibt sich $d = \vec{p} \cdot \vec{n}$.
Im folgenden Beispiel erfolgt die **Umrechnung von der Koordinatengleichung in eine vektorielle Parametergleichung**.

Beispiel: Koordinatengleichung → Parametergleichung
Gegeben ist die Koordinatengleichung $x + 2y + 3z = 4$ einer Ebene E. Bestimmen Sie drei Punkte von E, mit denen eine vektorielle Parametergleichung von E aufgestellt werden kann.

Lösung:
Es wird eine Notes-Seite entwickelt, mit der zu einer beliebig vorgegebenen Koordinatengleichung die Umrechnung in eine vektorielle Parametergleichung „automatisiert" werden kann.
Wir notieren zunächst die Koordinatengleichung $ax + by + cz = d$, wobei die Eingabe von d in einer Math-Box erfolgt. Anschließend erfolgt die Eingabe des Normalenvektors ebenfalls in einer Math-Box.
Den nun folgenden solve-Befehl, mit dem ein Ebenenpunkt bestimmt wird, benötigt man eigentlich nur einmal, denn in der Math-Box kann man zwei Koordinaten des gesuchten Ebenenpunktes jeweils geeignet vorgeben und die dritte bestimmen. Wir erhalten:
$A(0; 0; \frac{4}{3})$, $B(1; 0; 1)$, $C(0; 1; \frac{2}{3}) \in E$.

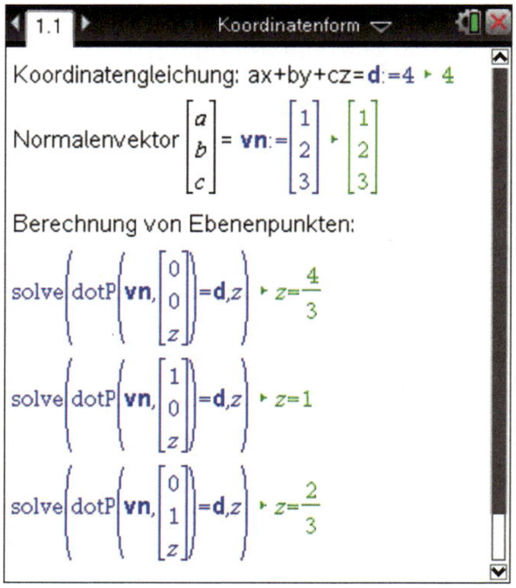

Übung 3

Bearbeiten Sie die Umkehrungen der oben genannten drei Umrechnungen.

a) Gegeben ist $\left(\vec{x} - \begin{pmatrix} 1 \\ 2 \\ 3 \end{pmatrix}\right) \cdot \begin{pmatrix} 2 \\ 3 \\ -3 \end{pmatrix} = 0$. Bestimmen Sie eine Parametergleichung.

b) Gegeben ist $2x - 3y + 2z = 1$. Bestimmen Sie eine Normalengleichung.

c) Gegeben ist $\vec{x} = \begin{pmatrix} 1 \\ 0 \\ 1 \end{pmatrix} + r\begin{pmatrix} 2 \\ 1 \\ 3 \end{pmatrix} + s\begin{pmatrix} 1 \\ 0 \\ 1 \end{pmatrix}$. Bestimmen Sie eine Koordinatengleichung.

Beispiel: Winkel zwischen einer Ebene und einer diese Ebene schneidenden Geraden

Gegeben sind die Ebene E: $\vec{x} = \begin{pmatrix}1\\0\\-1\end{pmatrix} + r\begin{pmatrix}2\\-1\\1\end{pmatrix} + s\begin{pmatrix}1\\1\\1\end{pmatrix}$ und die Gerade g: $\vec{x} = \begin{pmatrix}2\\4\\2\end{pmatrix} + t\begin{pmatrix}0\\2\\1\end{pmatrix}$.

Berechnen Sie die Größe des Winkels, unter dem sich E und g schneiden.

Lösung:
Auf Seite 279 wurde nachgewiesen, dass sich E und g im Punkt S $(2;-2;-1)$ schneiden. Es ist $\vec{m} = \begin{pmatrix}0\\2\\1\end{pmatrix}$. Der Normalenvektor $\vec{n} = \begin{pmatrix}a\\b\\c\end{pmatrix}$ der Ebene E steht senkrecht auf den beiden Richtungsvektoren von E. Das daraus resultierende unterbestimmte Gleichungssystem hat die Lösungen: $a = -\frac{2}{3}c_1$, $b = -\frac{1}{3}c_1$ und $c = c_1$ mit $c_1 \in \mathbb{R}$, $c_1 \neq 0$.
Für $c_1 = 3$ ergibt sich $\vec{n_1} = \begin{pmatrix}-2\\-1\\3\end{pmatrix}$.
Einsetzen der Vektoren $\vec{n_1}$ und $\vec{m}$ in die Formel $\sin(\gamma) = \frac{|\vec{m} \cdot \vec{n_1}|}{|\vec{m}| \cdot |\vec{n_1}|}$ und Division durch 1° ergibt als Größe des Schnittwinkels $\gamma \approx 6{,}9°$.

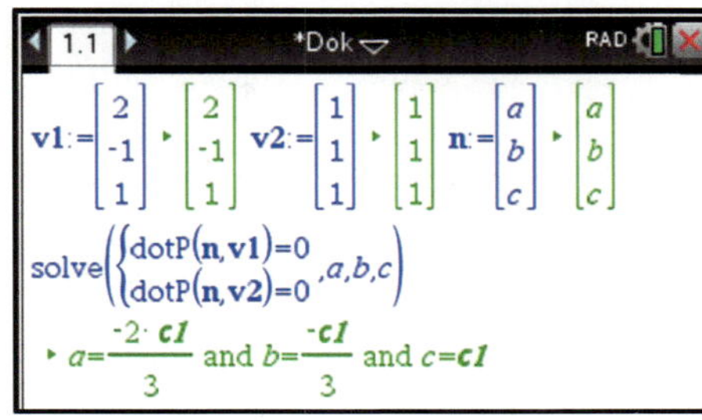

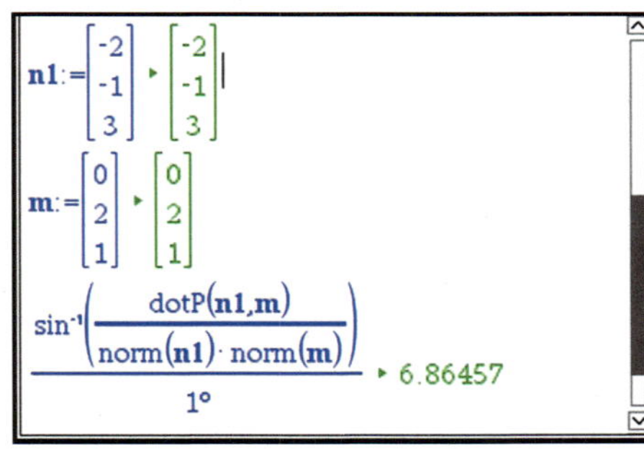

Beispiel: Abstand zweier windschiefer Geraden

Berechnen Sie den Abstand der Geraden g: $\vec{x} = \begin{pmatrix}2\\2\\3\end{pmatrix} + r\begin{pmatrix}1\\2\\-2\end{pmatrix}$ und h: $\vec{x} = \begin{pmatrix}4\\7\\3\end{pmatrix} + s\begin{pmatrix}-1\\2\\0\end{pmatrix}$.

Lösung:
Wir bestimmen mithilfe des Skalarproduktes einen Normalenvektor $\vec{n}$, der auf den beiden Richtungsvektoren der Geraden senkrecht steht. Aus den Lösungen des zugehörigen Gleichungssystems ergibt sich für $c1 = 2$ ein Normalenvektor $\vec{n_1} = \begin{pmatrix}2\\1\\2\end{pmatrix}$. Für die Anwendung der Formel $d = |(\vec{p} - \vec{q} \cdot \vec{n_0}|$ wird der Normalenvektor normiert (Befehl: unitv($\vec{n_1}$)) und die beiden Stützvektoren werden unter den Variablen p und q gespeichert.
Eingesetzt in die Abstandsformel erhalten wir als Abstand der windschiefen Geraden $d = 3$ LE.

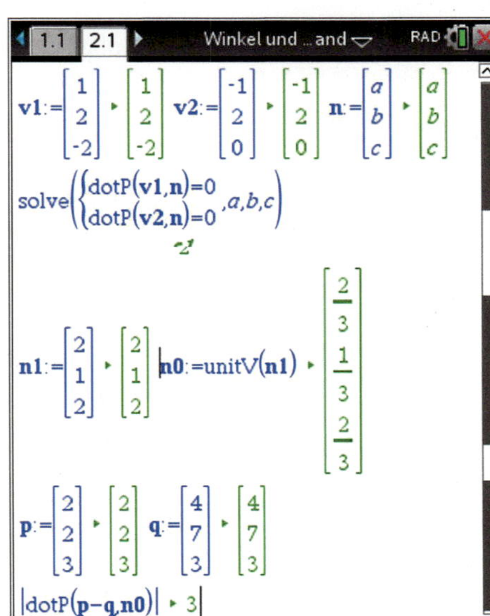

Test

Ebenen

CAS **1.** Gegeben sind die Punkte A(0; 2; 3), B(4; 2; 0) und C(2; 3; 0) der Ebene E.

a) Stellen Sie eine Parameter- und eine Koordinatengleichung der Ebene E auf.

b) Liegt der Punkt P(1; 2; 2,5) auf der Ebene E?

c) Bestimmen Sie die Achsenabschnittspunkte der Ebene E und fertigen Sie eine Skizze der Ebene im Koordinatensystem an.

CAS **2.** Gegeben ist der abgebildete Körper mit den Ecken A bis H.
P, Q und R sind jeweils Seitenmitten.

a) In welchem Punkt S schneidet die Gerade durch D und F das Dreieck PQR?

b) Wie lautet die Gleichung der Schnittgeraden der Ebene E_1 durch die Punkte P, Q, R und der Ebene E_2 durch die Punkte H, C und G?

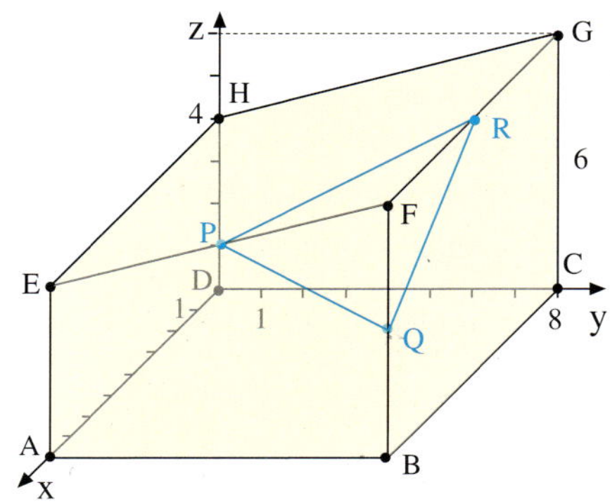

CAS **3.** Für welchen Wert des Parameters a sind die Ebenen

$E_1\colon x+2y+z=4$ und $E_2\colon \vec{x}=\begin{pmatrix}2\\0\\3\end{pmatrix}+r\begin{pmatrix}1\\0\\-1\end{pmatrix}+s\begin{pmatrix}a\\-2\\0\end{pmatrix}$ parallel?

CAS **4.** a) Zu welcher der Ebenen E_1, E_2 hat der Punkt P(5; 5; 7) den kleineren Abstand?

$E_1\colon 3x+2y-4z=12,\quad E_2\colon \vec{x}=\begin{pmatrix}1\\3\\-2\end{pmatrix}+r\cdot\begin{pmatrix}2\\1\\-2\end{pmatrix}+s\cdot\begin{pmatrix}3\\4\\1\end{pmatrix}$

b) Für welchen Wert von a hat der Punkt $P_a(a\,|\,3\,|\,1)$ den Abstand 6 von der Ebene

$E\colon \left[\vec{x}-\begin{pmatrix}2\\1\\0\end{pmatrix}\right]\cdot\begin{pmatrix}2\\-1\\2\end{pmatrix}=0$?

CAS **5.** a) Zeigen Sie, dass die Ebenen E_1 und E_2 parallel sind.

$E_1\colon 2x-3y+4z=24,\quad E_2\colon \vec{x}=\begin{pmatrix}3\\1\\-2\end{pmatrix}+r\cdot\begin{pmatrix}-1\\2\\2\end{pmatrix}+s\cdot\begin{pmatrix}2\\8\\5\end{pmatrix}$

Bestimmen Sie dann ihren Abstand.

b) Welche Ebene E_3 hat von E_2 den gleichen Abstand wie die Ebene E_1?

Lösungen: S. 363

VIII. Vertiefungsthema 2: Stochastik

Naturwissenschaftler und Wirtschaftswissenschaftler, aber auch Politiker müssen sich häufig zwischen konkurrierenden Hypothesen über eine unüberschaubar große Grundgesamtheit entscheiden. Die Entscheidung wird dabei auf der Grundlage einer Stichprobe gefällt. Als Entscheidungshilfen wurden statistische Tests entwickelt, die auf der Wahrscheinlichkeitsrechnung beruhen.

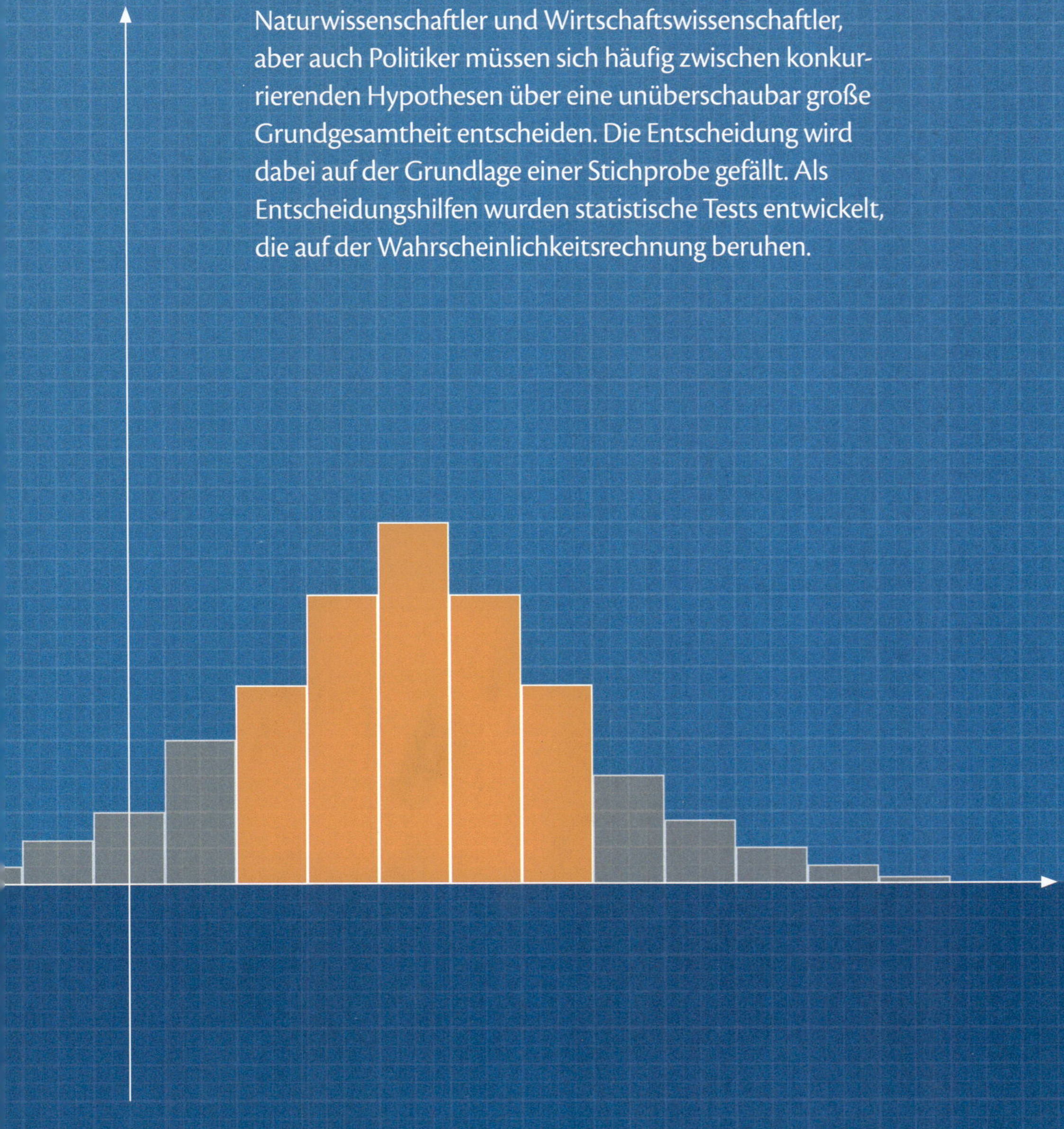

1. Approximation der Binomialverteilung

A. Die Standardisierung der Binomialverteilung

Um nicht wiederholt identische umfangreiche Rechnungen durchführen zu müssen, hat man im 19. Jahrhundert Tafelwerke zu Binomialverteilungen erstellt. Auch wenn diese Tafelwerke umfangreich waren, konnten in ihnen nur ausgewählte Werte der Stichprobenlänge n und der Trefferwahrscheinlichkeit p berücksichtigt werden.

k	B(10;0,25;k)
0	0, 0563135
1	0, 1877117
2	0, 2815676
3	0, 2502823
4	0, 1459980
5	0, 0583992
6	0, 0162220
7	0, 0030899
8	0, 0003862
9	0, 0000286
10	0, 0000010

Deshalb suchte man nach einer Möglichkeit, die Werte aller kumulierten Binomialverteilungen bei genügend großem Stichprobenumfang n näherungsweise durch Funktionswerte einer einzigen Funktion darzustellen.

Das Auffinden einer solchen Funktion erscheint auf den ersten Blick kaum möglich zu sein. Denn die Histogramme von binomialverteilten Zufallsgrößen hängen stark von den Parametern n und p ab.

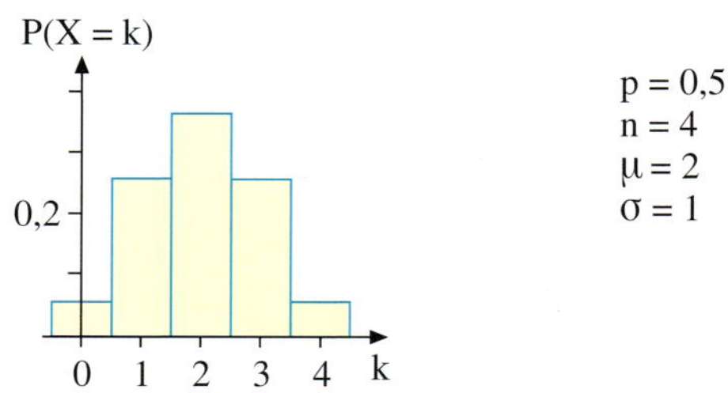

Diese beiden Parameter bestimmen die Anzahl und die Höhe der Säulen sowie die Position der höchsten Säule.

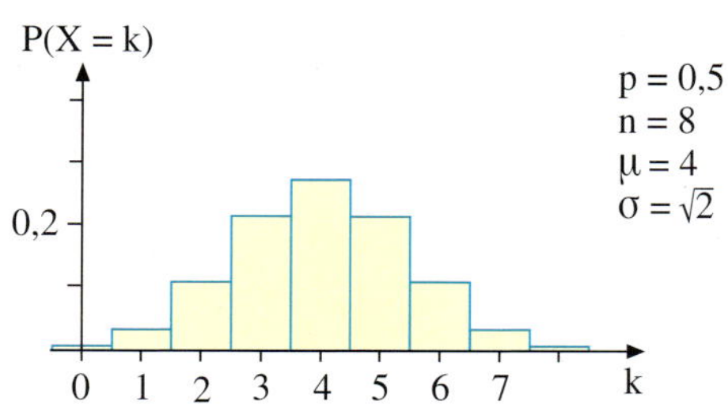

Beispielsweise rückt mit wachsendem n die höchste Säule des Histogramms immer weiter nach rechts.
Der Erwartungswert $\mu = E(X) = n \cdot p$ wird also mit wachsendem n ebenfalls größer.

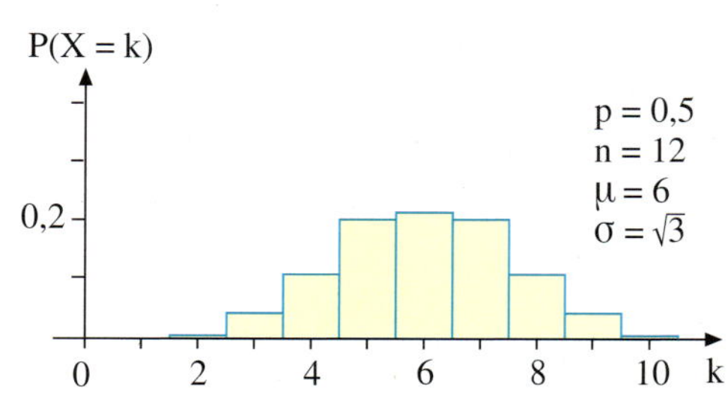

Weiter nimmt mit wachsendem n die Anzahl der Säulen zu und das Histogramm wird zunehmend breiter und flacher.

Die Streuung, d. h. die Standardabweichung $\sigma(X) = \sqrt{n \cdot p \cdot (1-p)}$ wird mit wachsendem n immer größer.

So unterschiedlich die Histogramme zu Binomialverteilungen auch aussehen, so kann man doch feststellen, dass sie alle bei genügend großem Stichprobenumfang angenähert die Form einer „Glockenkurve“ annehmen.

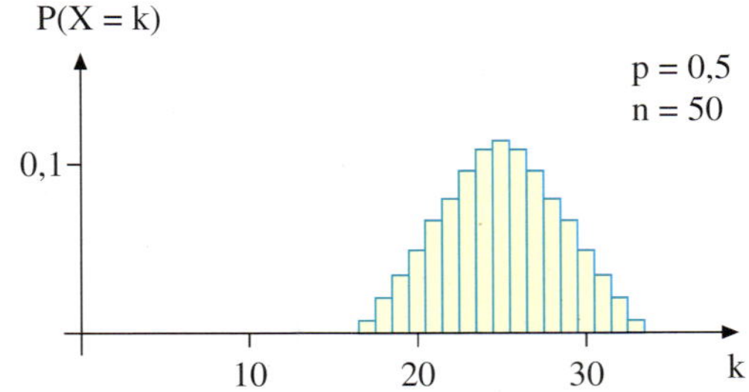

Daher kann man eine sogenannte Standardisierung durchführen. Dabei werden die Histogramme durch geeignete Transformationen in eine einheitliche Form und Lage überführt, wodurch sie sich bei genügend großem Stichprobenumfang n und unabhängig von der Trefferwahrscheinlichkeit p ein und derselben „Glockenkurve“ anpassen.

Im Folgenden erläutern wir diesen wichtigen Stadardisierungsprozess.

Der Standardisierungsprozess

Schritt 1: Durch einen ersten Übergang von der Zufallsgröße X zur Zufallsgröße $Y = X - \mu$ wird der Erwartungswert nach 0 verschoben. Das mit wachsendem n zu beobachtende Auswandern des Histogramms nach rechts wird vermieden.

Schritt 2: Anschließend sorgt ein weiterer Übergang zu $Z = \frac{X - \mu}{\sigma}$ dafür, dass die Standardabweichung auf 1 normiert wird. Der wesentliche Teil des Histogramms bleibt dann unabhängig von n stets etwa gleich breit.

Die Streifenbreiten verändern sich allerdings von 1 auf $\frac{1}{\sigma(X)}$.

Der Erwartungswert wird nicht weiter beeinflusst. Er bleibt bei 0.

Schritt 3: Zum Ausgleich der Streifenbreitenänderung werden die Streifenhöhen mit $\sigma(X)$ multipliziert.
Dadurch erreicht man, dass die Streifenflächeninhalte gleich bleiben, sodass Streifen Nr. k auch in der standardisierten Form den Flächeninhalt B(n; p; k) besitzt.

Die rechts dargestellte Bildfolge verdeutlicht das Verhalten einer standardisierten Zufallsvariablen für wachsendes n.

Die unten dargestellten Histogramme sind die standardisierten Formen der auf der vorherigen Seite abgebildeten Histogramme. Beachten Sie die mit wachsendem n eintretende Annäherung an die eingezeichnete Glockenkurve.

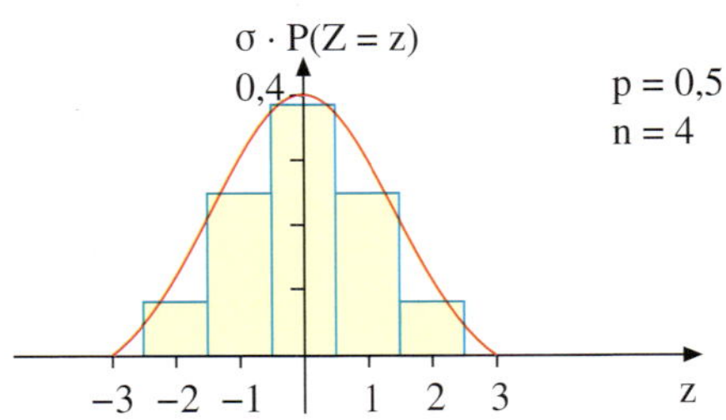

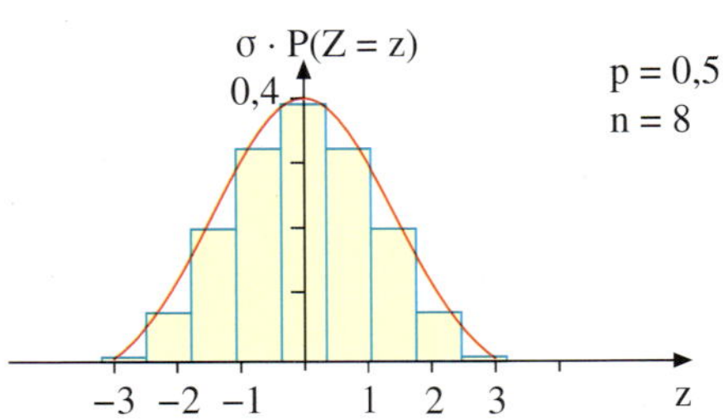

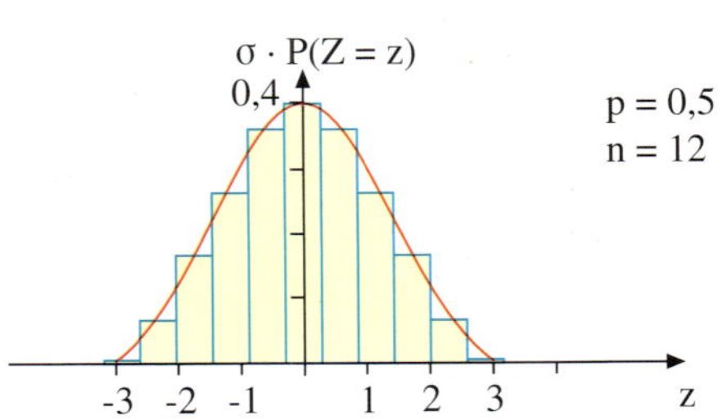

B. Die Näherungsformel von Laplace und de Moivre

Jede binomialverteilte Zufallsgröße X kann in der beschriebenen Weise standardisiert werden. Das Histogramm der zugehörigen standardisierten Zufallsgröße Z kann in jedem Fall durch ein und diesselbe Glockenkurve approximiert (angenähert) werden. Es handelt sich um die bereits in Kapitel VI vorgestellte ***Gauß'sche Glockenkurve***.

Sie ist nach dem Mathematiker und Astronomen *Carl Friedrich Gauß* (1777–1855) benannt, der sie im Zusammenhang mit der Fehlerrechnung entdeckte.

Ihr Graph ist rechts abgebildet. Ihre Funktionsgleichung bei gegebenem Erwartungswert $\mu = 0$ und Standardabweichung $\sigma = 1$ lautet:

Gauß'sche Glockenkurve

$$\varphi(t) = \frac{1}{\sqrt{2\pi}}\, e^{-\frac{1}{2}t^2}$$

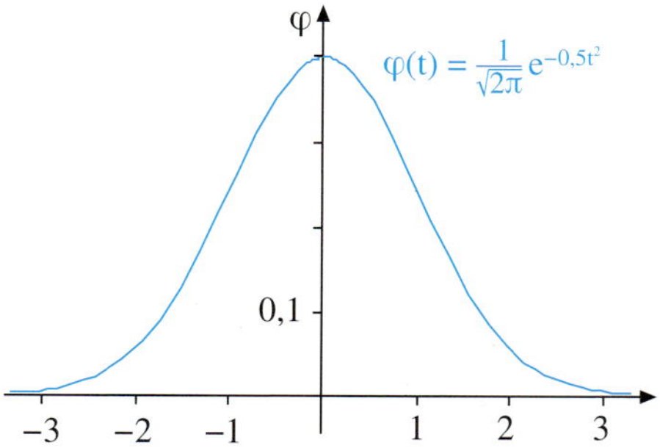

Mithilfe der Funktion φ kann das Histogramm einer binomialverteilten Zufallsvariablen mit hoher Genauigkeit angenähert werden, wenn die sogenannte ***Laplace-Bedingung*** erfüllt ist:

Laplace-Bedingung

$$\sigma = \sqrt{n \cdot p \cdot (1 - p)} > 3$$

Satz VIII.1: Die lokale Näherungsformel von Laplace und De Moivre

Die binomialverteilte Zufallsgröße X erfülle die Laplace-Bedingung $\sigma = \sqrt{n \cdot p \cdot (1 - p)} > 3$. Dann gilt die folgende Näherungsformel für $B(n; p; k)$, wobei $\mu = n \cdot p$ der Erwartungswert und $\sigma = \sqrt{n \cdot p \cdot (1 - p)}$ die Standardabweichung von X sind:

$$P(X = k) = B(n; p; k) \approx \frac{1}{\sigma \cdot \sqrt{2\pi}}\, e^{-\frac{1}{2}z^2} = \frac{1}{\sigma} \cdot \varphi(z) \text{ mit } z = \frac{k - \mu}{\sigma}$$

C. Die globale Näherungsformel von Laplace und de Moivre

Eine Zufallsgröße, deren Wahrscheinlichkeitsverteilung die Gauß'sche Glockenkurve ist, wird als ***normalverteilte Zufallsgröße*** bezeichnet. Binomialverteilte Zufallsgrößen sind für großes n annähernd normalverteilt.

Im Folgenden betrachten wir die kumulierte Binomialverteilung.
F(n; p; k) kann wegen
F(n; p; k) = B(n; p; 0) + … + B(n; p; k)
als Summe der Flächeninhalte der Säulen Nr. 0 bis Nr. k der Binomialverteilung gedeutet werden.

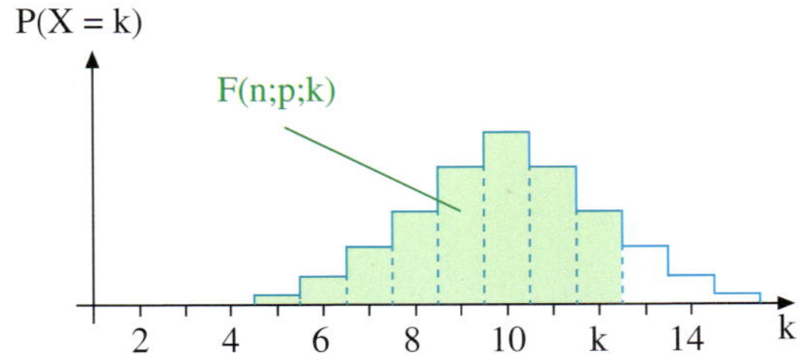

Man kann aber auch die entsprechenden Säulen der zugehörigen standardisierten Form verwenden, da diese inhaltsgleich sind (siehe auch Seite 285).

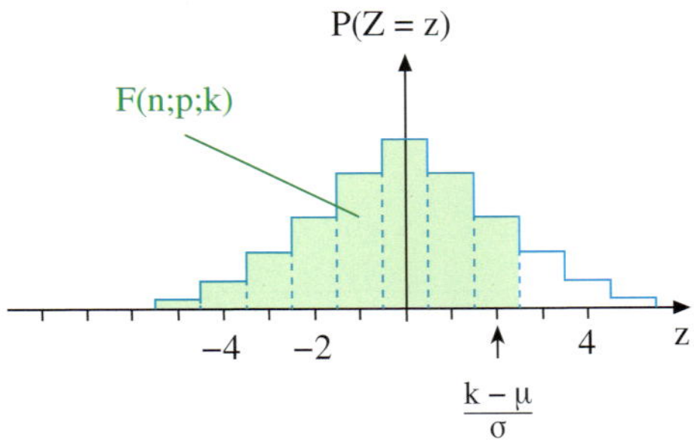

Diese Fläche wiederum kann durch diejenige Fläche unter der Gauß'schen Glockenkurve approximiert werden, die sich von $t = -\infty$ bis $t = z$ erstreckt, wobei $z = \frac{k - \mu + 0{,}5}{\sigma}$ der rechte Randwert der standardisierten Säule Nr. k ist.

Der angegebene Wert der Hilfsgröße z ergibt sich, wenn zur Mitte der k-ten Säule – also zu $\frac{k - \mu}{\sigma}$ – die halbe Säulenbreite $\frac{1}{2\sigma}$ addiert wird. Diese Stetigkeitskorrektur ist notwendig, um die Fläche der k-ten Säule vollständig zu berücksichtigen.

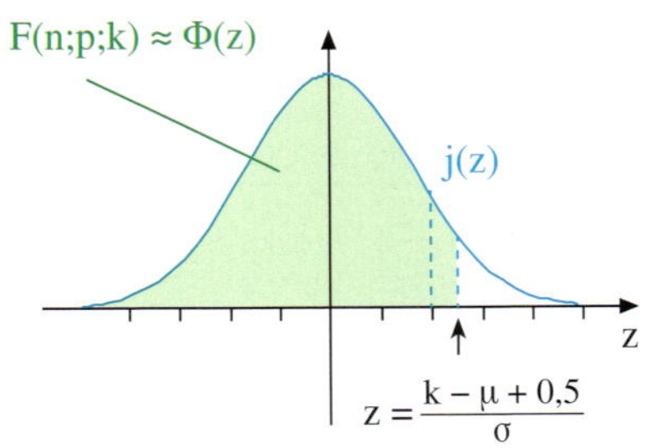

Den Flächeninhalt kann man als Integral von φ berechnen. Für das entsprechende Integral von −∞ bis z verwendet man abkürzend die Bezeichnung Φ(z).
Die Funktion Φ heißt ***Gauß'sche Integralfunktion***.

Gauß'sche Integralfunktion

$$\Phi(z) = \frac{1}{\sqrt{2\pi}} \int_{-\infty}^{z} e^{-\frac{1}{2}t^2}\,dt$$

Für die Funktion Φ gibt es keine integralfreie Darstellung, d. h. sie kann nicht durch eine elementare Funktion ausgedrückt werden. Daher sind die Werte dieser wichtigen Funktion auf der nächsten Seite als „Normalverteilung" tabelliert.
Die Tabelle erfasst nur Werte $z \geq 0$, denn wegen der Symmetrie der Funktion φ bezüglich der y-Achse gilt für $z < 0$: $\Phi(z) = 1 - \Phi(-z)$.
Man kann also Funktionswerte negativer Argumente auf die Funktionswerte positiver Argumente der Tabelle zurückführen.

Tabelle der Normalverteilung

$\Phi(z) = 0, \ldots$
$\Phi(-z) = 1 - \Phi(z)$

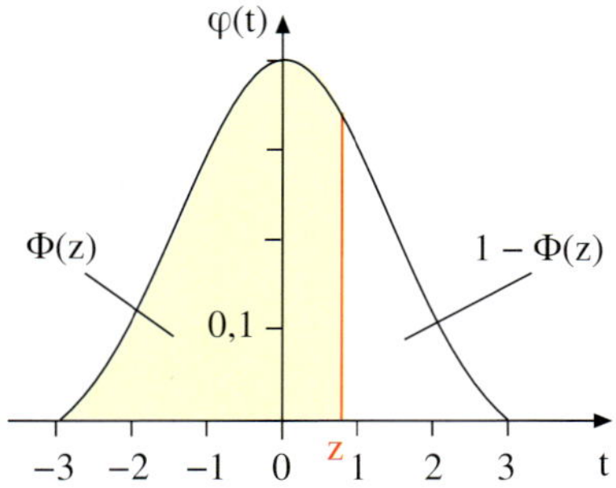

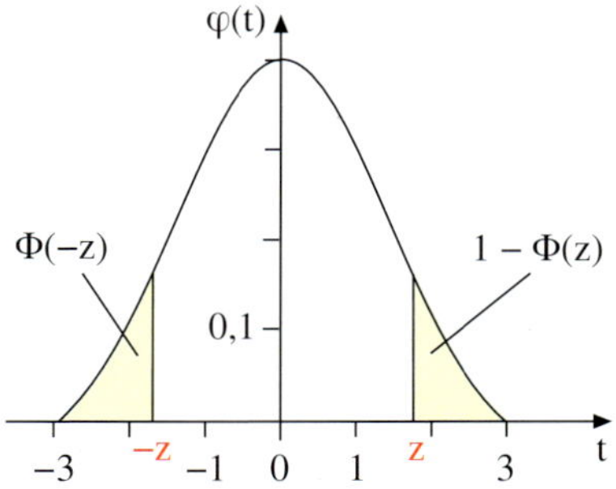

z	0	1	2	3	4	5	6	7	8	9
0,0	5000	5040	5080	5120	5160	5199	5239	5279	5319	5359
0,1	5398	5438	5478	5517	5557	5596	5636	5675	5714	5753
0,2	5793	5832	5871	5910	5948	5987	6026	6064	6103	6141
0,3	6179	6217	6255	6293	6331	6368	6406	6443	6480	6517
0,4	6554	6591	6628	6664	6700	6736	6772	6808	6844	6879
0,5	6915	6950	6985	7019	7054	7088	7123	7157	7190	7224
0,6	7257	7291	7324	7357	7389	7422	7454	7486	7517	7549
0,7	7580	7611	7642	7673	7703	7734	7764	7794	7823	7852
0,8	7881	7910	7939	7967	7995	8023	8051	8078	8106	8133
0,9	8159	8186	8212	8238	8264	8289	8315	8340	8365	8389
1,0	8413	8438	8461	8485	8508	8531	8554	8577	8599	8621
1,1	8643	8665	8686	8708	8729	8749	8770	8790	8810	8830
1,2	8849	8869	8888	8907	8925	8944	8962	8980	8997	9015
1,3	9032	9049	9066	9082	9099	9115	9131	9147	9162	9177
1,4	9192	9207	9222	9236	9251	9265	9279	9292	9306	9319
1,5	9332	9345	9357	9370	9382	9394	9406	9418	9429	9441
1,6	9452	9463	9474	9484	9495	9505	9515	9525	9535	9545
1,7	9554	9564	9573	9582	9591	9599	9608	9616	9625	9633
1,8	9641	9649	9656	9664	9671	9678	9686	9693	9699	9706
1,9	9713	9719	9726	9732	9738	9744	9750	9756	9761	9767
2,0	9772	9778	9783	9788	9793	9798	9803	9808	9812	9817
2,1	9821	9826	9830	9834	9838	9842	9846	9850	9854	9857
2,2	9861	9864	9868	9871	9875	9878	9881	9884	9887	9890
2,3	9893	9896	9898	9901	9904	9906	9909	9911	9913	9916
2,4	9918	9920	9922	9925	9927	9929	9931	9932	9934	9936
2,5	9938	9940	9941	9943	9945	9946	9948	9949	9951	9952
2,6	9953	9955	9956	9957	9959	9960	9961	9962	9963	9964
2,7	9965	9966	9967	9968	9969	9970	9971	9972	9973	9974
2,8	9974	9975	9976	9977	9977	9978	9979	9979	9980	9981
2,9	9981	9982	9982	9983	9984	9984	9985	9985	9986	9986
3,0	9987	9987	9987	9988	9988	9989	9989	9989	9990	9990
3,1	9990	9991	9991	9991	9992	9992	9992	9992	9993	9993
3,2	9993	9993	9994	9994	9994	9994	9994	9995	9995	9995
3,3	9995	9995	9996	9996	9996	9996	9996	9996	9996	9997
3,4	9997	9997	9997	9997	9997	9997	9997	9997	9997	9998

Beispiele für den Gebrauch der Tabelle:

$\Phi(2{,}37) = 0{,}9911$; $\Phi(-2{,}37) = 1 - \Phi(2{,}37) = 1 - 0{,}9911 = 0{,}0089$;

$\Phi(z) = 0{,}7910 \Rightarrow z = 0{,}81$; $\Phi(z) = 0{,}2090 = 1 - 0{,}7910 \Rightarrow z = -0{,}81$

Möchte man für eine binomialverteilte Zufallsgröße mithilfe der Tabelle der Normalverteilung näherungsweise berechnen, benutzt man die folgende Näherungsformel.

Satz VIII.2: Die globale Näherungsformel für Binomialverteilungen

1. Prüfe, ob die Laplace-Bedingung $\sigma = \sqrt{n \cdot p \cdot (1-p)} > 3$ erfüllt ist.
2. Bestimme die obere Integrationsgrenze $z = \frac{k - \mu + 0{,}5}{\sigma} = \frac{k - n \cdot p + 0{,}5}{\sqrt{n \cdot p \cdot (1-p)}}$.
3. Lies aus der Tabelle den Funktionswert $\Phi(z)$ ab oder berechne diesen mithilfe des CAS. Dann gilt die Näherung: $P(X \leq k) = F(n; p; k) \approx \Phi(z)$.

Anhand eines typischen Beispiels erläutern wir die Anwendung dieser Näherungsformel.

Beispiel: Die globale Näherungsformel für Binomialverteilungen

Berechnen Sie, mit welcher Wahrscheinlichkeit bei 100 Würfen mit einer fairen Münze höchstens 52-mal Kopf fällt. Benutzen Sie die Tabelle zur Normalverteilung.

Lösung:

X sei die Anzahl der Kopfwürfe beim 100-maligen Münzwurf. X ist binomialverteilt mit den Parametern $n = 100$ und $p = 0{,}5$.

Gesuchte Wahrscheinlichkeit:
X = Anzahl der Kopfwürfe bei 100 Würfen
$P(X \leq 52) = F(100; 0{,}5; 52)$

Gesucht ist $P(X \leq 52) = F(100; 0{,}5; 52)$. Die Näherungsformel ist anwendbar, da die Bedingung $\sigma > 3$ erfüllt ist.

Anwendbarkeit der Näherungsformel:
$\sigma = \sqrt{100 \cdot 0{,}5 \cdot 0{,}5} = \sqrt{25} = 5 > 3$

Also ist die gesuchte Wahrscheinlichkeit annähernd gleich $\Phi(z)$, wobei der Wert des Arguments z mithilfe der angegebenen Formel errechnet werden muss.
Wir erhalten $z = 0{,}50$.

Bestimmung der Hilfsgröße z:

$$z = \frac{k - \mu + 0{,}5}{\sqrt{n \cdot p \cdot (1-p)}} = \frac{52 - 50 + 0{,}5}{\sqrt{100 \cdot 0{,}5 \cdot 0{,}5}} = \frac{2{,}5}{5} = 0{,}50$$

Nun lesen wir aus der Tabelle den Funktionswert $\Phi(0{,}50)$ ab und erhalten folgendes Endresultat:
$P(X \leq 52) \approx \Phi(0{,}50) \approx 0{,}6915 = 69{,}15\,\%$

Bestimmung von $\Phi(Z)$ mittels Tabelle oder CAS:
$\Phi(0{,}50) \approx 0{,}6915$
normCdf(−∞,0.5,0,1) = 0,691462

Das Ergebnis stimmt fast mit dem per CAS gewonnenen Ergebnis überein:
$F(100; 0{,}5; 52) \approx 0{,}6914$

Vergleich mit dem CAS:
binomCdf(100,0.5,0,52) = 0,6914

Durch den Einsatz moderner Hilfsmittel – Computer oder CAS – ist es möglich, Werte der kumulierten Binomialverteilung ohne Beschränkungen für n und p zu berechnen.
Daher hat die beschriebene Standardisierung an praktischer Bedeutung verloren, wenn man diese Hilfsmittel zur Verfügung hat. Sie ist jedoch nicht nur historisch interessant, sondern für des Verständnis von Berechnungen an stetigen Zufallsgrößen, die jetzt folgen, sehr hilfreich.
Außerdem spielt sie im Bereich der theoretischen Mathematik eine sehr große Rolle.

Übungen

Hinweis: Prüfen Sie für jede Aufgabe, ob sie sich mit den CAS-Befehlen der Binomialverteilung lösen lässt. Beschreiben Sie jeweils auch, wie eine Lösung mithilfe der Näherungsformel von Moivre-Laplace ermittelt wird.

Approximation der Binomialverteilung durch die Normalverteilung

1. Eine Reißnagelsorte fällt mit Wahrscheinlichkeiten von $\frac{2}{3}$ in Kopflage und von $\frac{1}{3}$ in Seitenlage. Es werden 100 Reißnägel geworfen.
a) Mit welcher Wahrscheinlichkeit wird genau 66-mal die Kopflage erreicht?
b) Mit welcher Wahrscheinlichkeit wird die Kopflage genau 50-mal erreicht?

Approximation der kumulierten Binomialverteilung durch die Normalverteilung

2. Wie groß ist die Wahrscheinlichkeit dafür, dass bei 6000 Würfelwürfen höchstens 950-mal die Augenzahl Sechs fällt?

3. Eine Maschine produziert Schrauben. Die Ausschussquote beträgt 5 %.
a) Wie groß muss eine Stichprobe mindestens sein, damit die Normalverteilung anwendbar ist?
b) Mit welcher Wahrscheinlichkeit befinden sich in einer Stichprobe von 500 Schrauben mindestens 30 defekte Schrauben?
c) Mit welcher Wahrscheinlichkeit sind weniger als 20 defekte Schrauben in der Probe?

4. Die Wahrscheinlichkeit einer Knabengeburt beträgt ca. 51,4 %. Mit welcher Wahrscheinlichkeit befinden sich unter 500 Neugeborenen mehr Mädchen als Knaben?

5. Bei einem gefälschten Würfel ist die Wahrscheinlichkeit für eine Sechs auf 12 % reduziert. Wie groß ist die Wahrscheinlichkeit, dass dieser Würfel bis 150 Wurfversuchen dennoch mehr Sechsen zeigt als bei einem fairen Würfel zu erwarten wären?

6. Eine Münze wird 1000-mal geworfen.
a) Wie groß sind Erwartungswert und Standardabweichung der Anzahl X der Kopfwürfe?
b) Wie groß ist die Wahrscheinlichkeit dafür, dass die Abweichung der Kopfzahl X vom Erwartungswert nach oben/unten höchstens die einfache Standardabweichung beträgt?

7. Ein Multiple-Choice-Test enthält 100 Fragen mit jeweils drei Antwortmöglichkeiten, wovon stets genau eine richtig ist. Befriedigend wird bei mindestens 50 richtigen Antworten vergeben. Ausreichend wird bei mindestens 40 richtigen Antworten vergeben.
Ein Proband rät nur. Mit welcher Wahrscheinlichkeit besteht er den Test mit Befriedigend bzw. besteht er nicht bzw. erzielt er 28 bis 38 richtige Antworten?

8. Ein Reifenfabrikant garantiert, dass 95 % seiner Reifen keine Unwucht aufweisen. Ein Großhändler nimmt 500 Reifen ab.
a) Wie groß sind Erwartungswert und Standardabweichung für die Anzahl X der unwuchtigen Reifen?
b) Mit welcher Wahrscheinlichkeit weisen höchstens zehn der Reifen eine Unwucht auf? Mit welcher Wahrscheinlichkeit beträgt die Anzahl der unwuchtigen Reifen 20 – 30?

2. Die Sigmaregeln

A. Die Sigmaregeln für binomialverteilte Zufallsgrößen

Die Bedeutung des Erwartungswertes μ und der Standardabweichung σ liegt unter anderem in den folgenden Regeln, die man als ***Sigmaregeln*** bezeichnet.

Satz VIII.3: Sigmaregeln zu gegebenen Umgebungen des Erwartungswertes

X sei eine binomialverteilte Zufallsgröße mit den Parametern n und p. $\mu = n \cdot p$ sei der Erwartungswert und $\sigma = \sqrt{n \cdot p \cdot (1-p)}$ die Standardabweichung von X. Dann gilt:

1. $P(\mu - \sigma \le X \le \mu + \sigma) \approx 68{,}3\,\%$ (68,3 % der Werte von X liegen im Intervall $[\mu - \sigma;\ \mu + \sigma]$
2. $P(\mu - 2\sigma \le X \le \mu + 2\sigma) \approx 95{,}5\,\%$ (95,5 % der Werte von X liegen im Intervall $[\mu - 2\sigma;\ \mu + 2\sigma]$.
3. $P(\mu - 3\sigma \le X \le \mu + 3\sigma) \approx 99{,}7\,\%$ (99,7 % der Werte von X liegen im Intervall $[\mu - 3\sigma;\ \mu + 3\sigma]$.

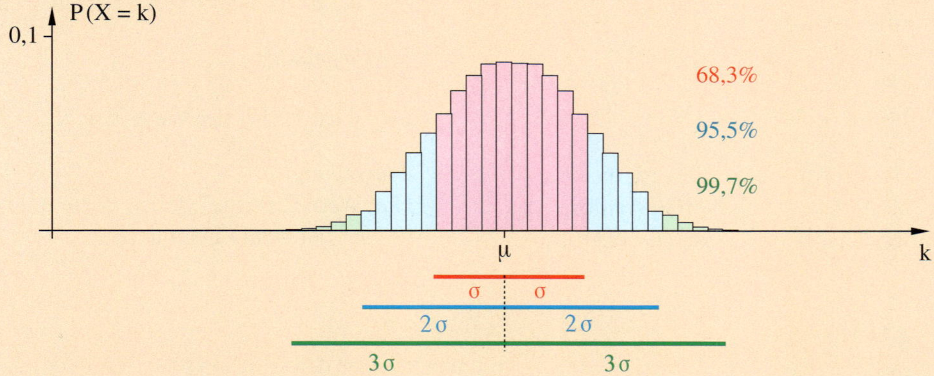

Wenn die sog. ***Laplace-Bedingung*** $\sigma > 3$ erfüllt ist, erhält man mit den Sigmaregeln zuverlässige Werte.

Laplacebedingung:
$\sigma > 3$

Beispiel: Prognose einer absoluten Häufigkeit

Mit einem Würfel wird 100-mal gewürfelt. X sei die Anzahl der geworfenen Sechsen. Berechnen Sie den Erwartungswert und die Standardabweichung von X. Geben Sie ein Intervall an, in dem ca. 95 % aller Werte von X liegen.

Lösung:
Der Erwartungswert ist $\mu = 16{,}67$ und die Standardabweichung lautet $\sigma = 3{,}73$. Die Laplacebedingung $\sigma > 3$ ist erfüllt, also ist die 2σ-Regel anwendbar. Daher kann man mit einer Wahrscheinlichkeit von 95,5 % prognostizieren, dass die Anzahl X der Sechsen zwischen $\mu - 2\sigma = 9{,}21$ und $\mu + 2\sigma = 24{,}13$ liegt, also zwischen 10 und 24.
Weniger als 10 und mehr als 24 Sechsen sind also unwahrscheinlich.

1. Erwartungswert:

$$\mu = n \cdot p = 100 \cdot \tfrac{1}{6} \approx 16{,}67$$

2. Standardabweichung:

$$\sigma = \sqrt{n \cdot p \cdot (1-p)} = \sqrt{100 \cdot \tfrac{1}{6} \cdot \tfrac{5}{6}}$$
$$= \sqrt{100 \cdot \tfrac{1}{6} \cdot \tfrac{5}{6}} \approx \sqrt{13{,}89} \approx 3{,}73$$

3. 2σ-Intervall:

$$16{,}67 - 2 \cdot 3{,}73 \le X \le 16{,}67 + 2 \cdot 3{,}73$$
$$9{,}21 \le X \le 24{,}13$$
$$10 \le X \le 24$$

Beispiel: Beurteilung einer Werbung
Auf der Kirmes wirbt eine Losbude mit dem Versprechen: Jedes dritte Los gewinnt! Johannes ist mißtrauisch und kauft 60 Lose, um die Aussage zu testen. Darunter sind nur 12 Gewinnlose. Beurteilen Sie die Werbung mit Hilfe der 2σ-Regel.

Lösung:
X sei die Anzahl der Gewinnlose in einer Stichprobe vom Umfang $n = 60$. Der Erwartungswert von X beträgt $\mu = 20$. Die Standardabweichung ist $\sigma = 3{,}65 > 3$.
Die 2σ-Umgebung lautet $12{,}7 \le X \le 27{,}3$. 95,5 % aller Ausgänge liegen in dieser Umgebung, nur 4,5 % liegen außerhalb.
Das beobachtete Testergebnis liegt linksseitig der 2σ-Umgebung. Die Wahrscheinlichkeit dafür beträgt nur ca. 2,25 %*.
Beurteilung: Wahrscheinlich ist die Werbung falsch. Der Anteil der Gewinnlose ist vermutlich deutlich geringer als ein Drittel.

Mittelwert und Standardabweichung:
X = Anzahl der Gewinnlose in der Stichprobe vom Umfang $n = 60$
$\mu = n \cdot p = 60 \cdot \frac{1}{3} = 20$
$\sigma = \sqrt{n \cdot p \cdot (1 - p)} = \sqrt{13{,}33} = 3{,}65 > 3$

2 σ-Umgebung:
In $[\mu - 2\sigma; \mu + 2\sigma] = [12{,}7; 27{,}3]$ liegen ca. 95,5 % der Werte von X.

Beurteilung:
Die Werbeaussage „Jedes dritte Los gewinnt!“ ist wenig glaubhaft.

Übung 1 Theorie
Berechnen Sie μ und σ für $n = 8$ und $p = 0{,}5$. Bestimmen Sie dann den Wert von $P(\mu - 2\sigma \le x \le \mu + 2\sigma)$ mit dem CAS und mit der 2σ-Regel. Beurteilen Sie Ihre Ergebnisse.

Übung 2 Geburtstag
a) Eine Schule hat 1000 Schüler. Mit welcher Wahrscheinlichkeit hat ein zufällig ausgewählter-Schüler am Sonntag Geburtstag? Stellen Sie auf dem 2σ-Niveau eine Prognose auf über die zu erwartende Zahl von am Sonntag geborenen Schülern.
b) Der Mathematik-Kurs hat 21 Schüler. Nikolaus erzählt: „In unserem Mathekurs sind 8 Sonntagskinder!“. Ist die Aussage glaubhaft?

Übung 3 Kreuzfahrt
Für eine Kreuzfahrt zum Nordkap stehen 180 Schiffskabinen zur Verfügung. Der Reiseveranstalter nimmt hierfür mehr als 180 Buchungen an, da in der Regel 10 % der Buchungen storniert werden.
a) Erstellen Sie auf dem 95,5 %-Niveau der 2σ-Regel eine Prognose über die Anzahl X der tatsächlich realisierten Buchungen, wenn der Veranstalter 200 Buchungen annimmt.
b) Wiederholen Sie die Rechnung aus a) für den Fall, dass der Veranstalter 190 Buchungen annimmt. Schätzen Sie das Risiko ein, dass die Reise überbucht wird.

* Grund: Für großes n ist das Histogramm einer Binomialverteilung nahezu symmmetrisch, so dass die 4,5 % außerhalb der 2σ-Umgebung je zur Hälfte oberhalb bzw. unterhalb derselben liegen.

B. Sigma-Umgebungen bei vorgegebener Sicherheitswahrscheinlichkeit

In der Praxis wendet man die „krummen" Sicherheitswahrscheinlichkeiten von 68,3 %, 95,5 % und 99,7 % selten an. Man bevorzugt vielmehr glatte ganzzahlige Sicherheitswahrscheinlichkeiten von 90 % (sicher), 95 % (sicher) und 99 % (sehr sicher). Der folgende Satz gibt genauere Auskunft.

Satz VIII.4: Ganzzahlige Sicherheitswahrscheinlichkeiten (90 %, 95 %, 99 %)

X sei eine binomialverteilte Zufallsgröße mit dem Erwartungswert $\mu = n \cdot p$ und der Standardabweichung $\sigma = \sqrt{n \cdot p \cdot (1-p)}$. Die Laplace-Bedingung $\sigma > 3$ sei erfüllt. Dann gilt:

Dann liegt die Trefferanzahl X mit einer Wahrscheinlichkeit

… von 90 % im Intervall
$\mu - 1{,}64\,\sigma \le X \le \mu + 1{,}64\,\sigma$

… von 95 % im Intervall
$\mu - 1{,}96\,\sigma \le X \le \mu + 1{,}96\,\sigma$

… von 99 % im Intervall
$\mu - 2{,}58\,\sigma \le X \le \mu + 2{,}58\,\sigma$

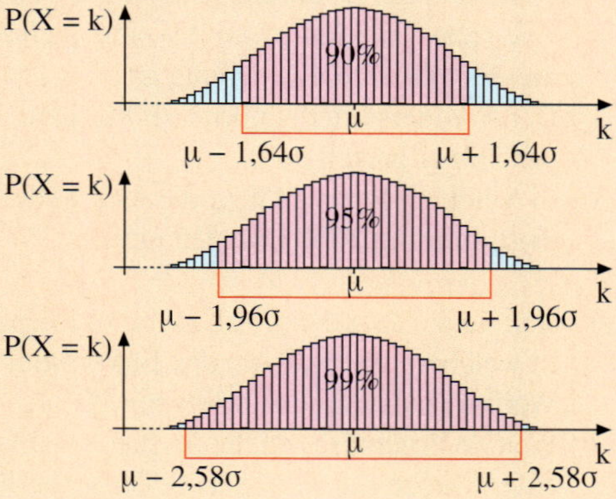

Je größer n ist und je näher p bei 0,5 liegt, umso genauer ist die Näherung.

Beispiel: 95 %- Sicherheitsintervall
Johann plant, 100-mal eine Münze zu werfen. Er möchte das Intervall, in das die Zahl X seiner Kopfwürfe fällt, mit 95 % Sicherheit voraussagen. Welches Intervall sollte er angeben?

Lösung:
Wir berechnen zunächst μ und σ.
Wir erhalten $\mu = 50$ und $\sigma = 5$.

1. Berechnung von μ und σ
$\mu = n \cdot p = 100 \cdot 0{,}5 = 50$
$\sigma = \sqrt{n \cdot p \cdot (1-p)} = \sqrt{25} = 5$

Die Grenzen für das 95 %-Sicherheitsintervall lauten dann

$$40{,}2 \le X \le 59{,}8$$

Es empfiehlt sich, dieses nichtganzzahlige Intervall nach *außen* zu runden. Dann ist man jedenfalls auf der sicheren Seite. Also:

$$40 \le X \le 60$$

2. Grenzen des Sicherheitsintervalls
$\mu - 1{,}96\,\sigma = 50 - 9{,}8 = 40{,}2$
$\mu + 1{,}96\,\sigma = 50 + 9{,}8 = 59{,}8$

3. Sicherheitsintervall
$40{,}2 \le X \le 59{,}8$
$40 \le X \le 60$ (nach *außen* gerundet)

Eine Kontrollrechnung mit dem CAS ergibt, dass tatsächlich 96,4 % aller Ergebnisse in dieses Intervall fallen, also über 95 %.
Resultat: $40 \le X \le 60$

4. Kontrollrechnung
$P(40 \le X \le 60) =$
= binomCdf (100,0.5,40,60) = 0,964
= BinomialCD(40,60,100,0.5) = 0,964

Übungen

4. Pollen können Heuschnupfen auslösen. Ein Nasenspray wirkt in 70 % aller Anwendungsfälle lindernd.

a) 20 Patienten nehmen das Mittel gegen ihre Beschwerden ein. Bei wie vielen Patienten ist eine Linderung zu erwarten?

b) Wie groß ist die Wahrscheinlichkeit, dass exakt bei dieser erwarteten Anzahl unter den 20 Patienten das Mittel hilft?

5. Ein Autohersteller bestellt Scheinwerferlampen für sein Standardmodell, das schon länger hergestellt wird. Erfahrungsgemäß sind 4 % der Lampen fehlerhaft.

a) Wie viele fehlerhafte Lampen sind in einer Lieferung von 5000 Lampen zu erwarten? Geben Sie die Standardabweichung an.

b) Der Autohersteller benötigt im Mittel mindestens 6000 fehlerfreie Lampen. Wie viele Lampen soll er bestellen?

c) In welchem Intervall liegt die Anzahl der fehlerhaften Lampen mit 99,7 % Sicherheit, wenn die Lieferung 3000 Lampen umfasst?

6. Lösen Sie die folgenden Aufgaben mit den Sigmaregeln.

a) In welchem Intervall um den Erwartungswert μ liegt die Zahl der Sechsen beim 60-maligen Werfen eines fairen Würfels mit 90 %iger Sicherheitswahrscheinlichkeit?

b) Welche Ergebnisbereiche für die Anzahl der Kopfwürfe kann man beim 100-fachen Werfen einer Münze mit 99 %iger (90 %) Sicherheit ausschließen?

c) Ein Fußballspieler hat im Training beim Elfmeterschießen eine Trefferquote von 80 %. In welchem Bereich wird die Anzahl der Erfolge bei seinen nächsten 100 Elfmetern liegen mit einer Voraussagewahrscheinlichkeit von 90 % (95 %, 99 %) liegen?

d) Bei der Produktion von Brillengläsern hat im Mittel jedes 40ste Glas einen optischen Fehler. Ein Hersteller produziert täglich 1500 Gläser. Welche Aussage dann macht die 2σ-Regel?

7. In einer Urne befinden sich 4 rote, 6 gelbe und 10 blaue Kugeln. Es werden n Kugeln mit Zurücklegen gezogen. Die Zufallsgröße X beschreibt die Anzahl der roten Kugeln und die Zufallsgröße Y die Anzahl der gelben Kugeln unter den gezogenen Kugeln.

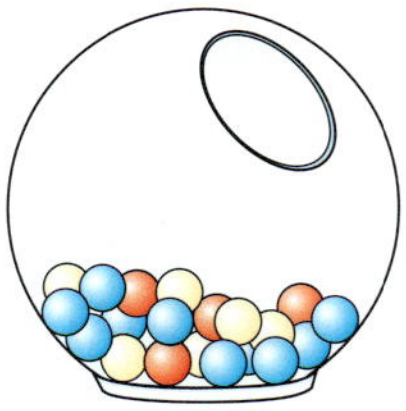

a) Sei $n = 8$.
Skizzieren Sie die zugehörige Binomialverteilung der Zufallsgröße X. Berechnen Sie den Erwartungswert und die Standardabweichung von X. Mit welcher Wahrscheinlichkeit überschreitet der tatsächliche Wert von X den Erwartungswert $E(X)$?

b) Wie viele Kugeln müssen mindestens gezogen werden, damit der Erwartungswert der Zufallsgröße Y größer als 5 ist? Wie groß ist dann die Standardabweichung von Y?

c) Wie viele Kugeln müssen mindestens gezogen werden, damit der Erwartungswert von X mindestens gleich 1 ist?

d) Wie viele Kugeln müssen mindestens gezogen werden, wenn mit mindestens 90 % Wahrscheinlichkeit mindestens eine rote Kugel unter den gezogenen Kugeln ist?

C. Die Sigma-Regeln für normalverteilte Zufallsgrößen

Die von der Binomialverteilung bekannten Sigmaregeln gelten bei der Normalverteilung weiter. Genauer betrachtet ist es sogar so, dass diese Regeln eigentlich mit Priorität für die Normalverteilung exakt gelten und für diese auch bewiesen werden können.
Für die Binomialverteilung gelten sie nur für genügend große Versuchszahlen, weil dann die Binomialverteilung durch die Normalverteilung approximiert werden kann, welche die Regeln sozusagen „gratis mitbringt".

Satz VIII.5: Die Sigma-Regeln für normalverteilte Zufallsvariable
X sei eine normalverteilte Zufallsgröße mit dem Erwartungswert μ und der Standardabweichung σ. Dann gelten die folgenden Sigma-Regeln:

1σ-, 2σ- und 3σ-Regel:

$P(\mu - \sigma \leq X \leq \mu + \sigma) = 68{,}3\%$
$P(\mu - 2\sigma \leq X \leq \mu + 2\sigma) = 95{,}5\%$
$P(\mu - 3\sigma \leq X \leq \mu + 3\sigma) = 99{,}7\%$

90 %-, 95 %- und 99 %-Regel:

$P(\mu - 1{,}64\sigma \leq X \leq \mu + 1{,}64\sigma) = 90\%$
$P(\mu - 1{,}96\sigma \leq X \leq \mu + 1{,}96\sigma) = 95\%$
$P(\mu - 2{,}58\sigma \leq X \leq \mu + 2{,}58\sigma) = 99\%$

Beispiel: Widerstand
Ein elektrischer Widerstand hat laut Hersteller eine Nenngröße von 470 Ω (Ohm). Angegeben wird ein Erwartungswert von $\mu = 470\,\Omega$ bei einer Standardabweichung von $\sigma = 10\,\Omega$.
a) Welche Genauigkeitsversprechen kann der Hersteller auf der Verpackung machen, wenn er die 3σ-Regel anwendet?
b) Der Kunde verlangt eine Genauigkeitsangabe, die mit 90% Sicherheit gilt. Wie muss diese lauten?

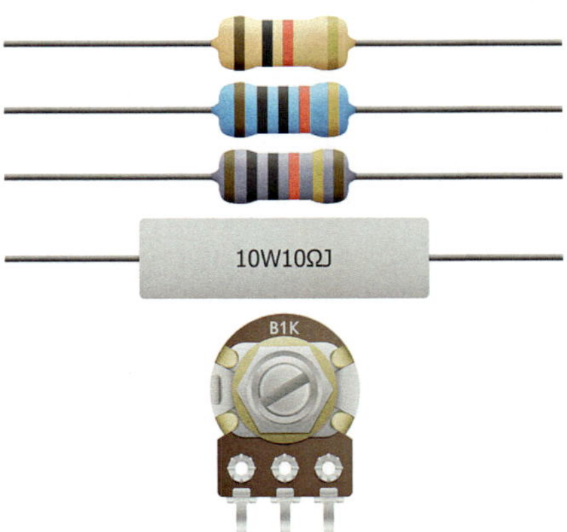

Lösung zu a:
Die 3σ-Regel besagt:
99,7% der Widerstände in einer Packung haben einen Wert von 470 Ω ± 30 Ω. Diese liegen also zwischen 440 Ω und 500 Ω.
Das sind ca. ±6% Toleranz.

Diese Aussage hat zwar eine ungeheure Sicherheitswahrscheinlichkeit, aber diese Schwankungsbreite ist für empfindliche Elektroniken nicht mehr geeignet.

Lösung zu b:
Die 90%-Regel besagt:
90% der Widerstände haben einen Wert von $470\,\Omega \pm 1{,}64 \cdot 10\,\Omega = 470\,\Omega \pm 16{,}4\,\Omega$.
Sie liegen zwischen 454,6,4 Ω und 486,4 Ω.
Das sind ca. ±3% Toleranz.

Diese Aussage erscheint eine ganz gute Sicherheit zu geben bei einer vermutlich noch akzeptablen Schwankungsbreite.

Übung 8 Hohlraumdübel

Eine Fabrik produziert Metallhohlraumdübel, die zur Befestigung von Lasten auf Rigipswänden eingesetzt werden. Für einen solchen Dübel wird eine Nennlast von 40 kg angegeben, wobei eine gewisse Sicherheitsreserve einkalkuliert ist. Nach internen Messungen beträgt die wirkliche Tragfähigkeit des Dübels bis zum Bruch im Mittel 60 kg mit einer Standardabweichung von $\sigma = 5$ kg.

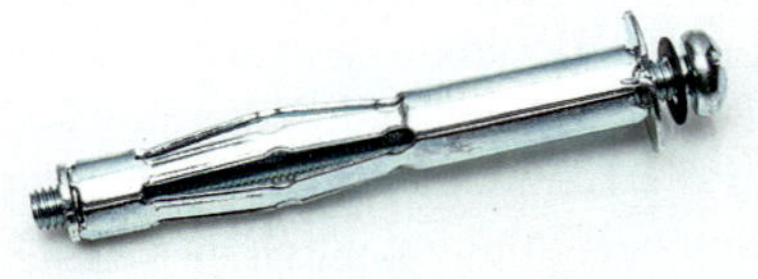

a) Ein Kunde wünscht eine 99 %ige Sicherheit vor Bruch. Welches ist die höchste Last, die er an den Dübel hängen sollte?

b) Ein Kunde belastet den Dübel mit 58 kg. Mit welcher Bruchwahrscheinlichkeit muss er rechnen?

D. Exkurs: Statistische Bestimmung der Normalverteilungsparameter μ und σ

In den vorhergehenden Abschnitten waren die bestimmenden Parameter μ und σ der jeweils vorliegenden Normalverteilung stets bekannt. Daher ergibt sich automatisch die Frage, wie man diese Parameter eigentlich in Erfahrung bringt. Die Anwort ist einfach: Wenn man die berechtigte Vemutung hat, das die beobachtete Zufallsgröße normalverteilt ist, nimmt man eine hinreichend große Stichprobe. Das kann eine die ganze Gesamtheit umfassende Stichprobe sein, wie bei einer Volkszählung, aber auch eine genaue Ausmessung der Länge von 1000 produzierten Schrauben.

Als Näherung für den Erwartungswert μ der Zufallsgröße X nimmt man ihren in der Stichprobe gefundenen ***Mittelwert*** $\overline{m}$.

Als Näherung für die Standardabweichung σ nimmt man die aus der Stichprobe berechnete ***empirische Standardabweichung*** $\overline{s}$.

Rechts sind die Formeln für diese beiden Größen noch einmal aufgeführt.

Stichprobe:

Wert von X:	x_1	x_2	…	x_n
Relative Häufigkeit:	h_1	h_2	…	h_n

Mittelwert:
$$\overline{m} = x_1 \cdot h_1 + x_2 \cdot h_2 + \ldots + x_n \cdot h_n$$

Empirische Standardabweichung:
$$\overline{s} = \sqrt{(x_1 - \overline{x})^2 \cdot h_1 + (x_2 - \overline{x})^2 \cdot h_2 + \ldots + (x_n - \overline{x})^2 \cdot h_n}$$

Beispiel: Herrenschuhe

Ein Schuhhersteller plant in einem kleinen Land eine passende Produktion von Herrenschuhen für die Altersgruppe von 20 bis 30. Eine Stichprobe von 1000 zufällig ausgewählten Männern dieser Altersgruppe ergab folgende Verteilung der Schuhgrößen (Fußgrößen).

Schuhgröße X:	36	37	38	39	40	41	42	43	44	45	46	47	48	49	50
Abs. Häufigkeit:	1	1	10	26	64	124	174	196	176	117	70	31	7	1	2

a) Zeichnen Sie ein Histogramm der Zufallsgröße X (Fußgröße bzw. Schuhgröße).

b) Berechnen Sie Mittelwert und empirische Standardabweichung von X.

c) Der Hersteller möchte 90 % der auftretenden Schuhgrößen in sein Programm aufnehmen. Welches symmetrisch um den Erwartungswert liegende Intervall muss er abdecken?

Lösung zu a:
Für die Erstellung des Histogramms legen wir eine Tabelle der relativen Häufigkeiten an, indem wir die absoluten Häufigkeiten jeweils durch den Gesamtumfang 1000 der Stichprobe teilen. Diese Tabelle sieht folgendermaßen aus, wobei aus Platzgründen die Einträge von 40 bis 42 und von 44 bis 46 ausgelassen wurden.

Schuhgröße X:	36	37	38	39	…	43	…	47	48	49	50
Rel. Häufigkeit:	0,001	0,001	0,010	0,026	…	0,196	…	0,031	0,007	0,001	0,002

Das rechts dargestellte Histogramm zeigt – wie für Fuß- bzw. Schuhgrößen nicht anders zu erwarten – die für eine Normalverteilung typische Anlehnung an eine Gaußsche Glockenkurve. Das Zentrum der Verteilung liegt im Koordinatensystem sehr weit nach rechts verschoben, ungefähr bei 43.

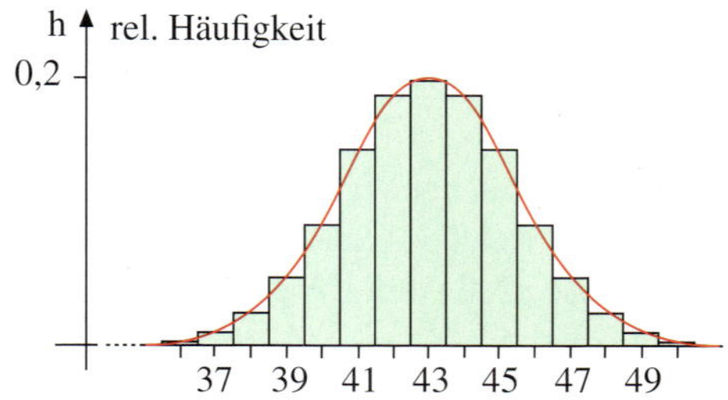

Lösung zu b:
Der Mittelwert $\overline{m}$ ergibt sich nach der Formel $\overline{m} = x_1 \cdot h_1 + x_2 \cdot h_2 + \ldots + x_n \cdot h_n$.
Er beträgt nach der rechts angedeuteten Rechnung 43,02.
Also können wir für den Erwartungswert der Normalverteilung $\mu = 43$ annehmen.

Berechnung des Mittelwertes:

$$\begin{aligned}\overline{m} &= x_1 \cdot h_1 + x_2 \cdot h_2 + \ldots + x_n \cdot h_n \\ &= 36 \cdot 0{,}001 + 37 \cdot 0{,}001 + \ldots + 50 \cdot 0{,}002 \\ &\approx 43{,}02 \\ &\Rightarrow \mu \approx 43\end{aligned}$$

Für die empirische Standardabweichung $\overline{s}$ verwenden wir die Formel
$\overline{s} = \sqrt{(x_1 - \overline{x})^2 \cdot h_1 + \ldots + (x_n - \overline{x})^2 \cdot h_n}$.
Wir erhalten das Resultat s = 2,02.
Also nehmen wir für die Standardabweichung der Normalverteilung $\sigma = 2$ an.

Berechnung der empirischen Standardabweichung:

$$\begin{aligned}\overline{s} &= \sqrt{(x_1 - \overline{x})^2 \cdot h_1 + \ldots + (x_n - \overline{x})^2 \cdot h_n} \\ &= \sqrt{(39 - 43)^2 \cdot 0{,}001 + \ldots + (50 - 43)^2 \cdot 0{,}001} \\ &\approx 2{,}02 \\ &\Rightarrow \sigma \approx 2\end{aligned}$$

Lösung zu c:
Nachdem wir nun die Fußgrößen/Schuhgrößen in eine Normalverteilung gepresst haben mit $\mu = 43$ und $\sigma = 2$, ist es leicht, beliebige Wahrscheinlichkeiten zu berechnen.
Wir bestimmen mit der inversen Normalverteilung des CAS das linksseitige Intervall $X \leq a$, in welchem 5 % der Schuhgrößen liegen und das linksseitige Intervall $X \leq b$, in welchem 95 % der Schuhgrößen liegen.
Resultat: Im Intervall [39,71; 46,29] liegen 90 % der Schuhgrößen.
Der Hersteller ist also auf der sicheren Seite, wenn er die Schuhgrößen 39 bis 47 anbietet.

Berechnung des 90 %-Intervalls um μ = 43

Ansatz: $P(X \leq a) = 0{,}05$
invNorm(0.05,2,43) = 39,71

Ansatz: $P(X \leq b) = 0{,}95$
invNorm(0.95,2,43) = 46,29

⇒ In [39,71;46,29] liegen 90 % der Schuhgrößen.

⇒ In [39;47] liegen mehr als 90 % der Schuhgrößen.

Übungen

9. Grizzlys

Die Körpergröße X von erwachsenen männlichen Grizzlys in aufgerichtetem Zustand ist eine normalverteilte Zufallsgröße mit dem Erwartungswert $\mu = 240\,\text{cm}$ und der Standardabweichung $\sigma = 10\,\text{cm}$. Ein von der Mutter verlassenes Jungtier wird eingefangen und in einen zoologischen Garten gebracht.

a) Mit welcher Wahrscheinlichkeit wird der Grizzly nicht größer als 230 cm werden?
b) Mit welcher Wahrscheinlichkeit könnte er furchterregende 250 cm groß werden?
c) Wie groß ist die Wahrscheinlichkeit, dass er exakt den Mittelwert von 240 cm erreicht

10. Intelligenztest

Die Intelligenz – das Erkenntnisvermögen des einzelnen Menschen – kann durch langerprobte IQ-Tests gemessen werden. Dabei wird angenommen, das die Meßgröße, der Intelligenzquotient (IQ), in der Bevölkerung normalverteilt ist. Der mittlere IQ in der deutschen Bevölkerung wird mit $\mu = 100$ angesetzt, die Standardabweichung beträgt $\sigma = 15$.

a) Welcher Prozentsatz der deutschen Bevölkerung hat einen IQ von über 100?
b) Mit welcher Wahrscheinlichkeit hat eine zufällig ausgewählte Person einen IQ zwischen 90 und 120?
c) Als hochintelligent werden Personen mit einem IQ über 130 bezeichnet. Wieviele hochintelligente Menschen gibt es in einer Kleinstand mit 30 000 Einwohnern?
d) Gesucht ist ein Intervall [130 -b; 130 +c], in welchem der Intelligenzquotientvon 4 % der deutschen Bevölkerung liegt. Dabei sollen 2% einen IQ zwischen 130 -b und 130 und 2 % eine IQ zwischen 130 und 130 +c haben.
e) Welchen Intelligenzquotienten muß man theoretisch besitzen, um zu den 10 000 intelligentesten* Deutschen zu zählen?

11. Kinderwunsch

Das durchschnittliche Alter, in welchem eine Frau in Deutschland ist, die ein Kind bekommt, steigt ständig an. Es beträgt ca. $\mu = 31$ Jahre mit einer Streuung von ca. $\sigma = 5{,}5$ Jahren.

a) Wie wahrscheinlich ist es, dass eine Frau, die ein Kind bekommt, zwischen 25 und 35 Jahren alt ist? Wie wahrscheinlich ist es, dass sie höchstens 22 alt ist? Wie wahrscheinlich ist es, dass sie 35 Jahre oder älter ist?
b) Gesucht ist ein symmetrisch zum Durchschnittsalter $\mu = 31$ Jahre liegendes Intervall, das 50 % der Frauen enthält, die ein Kind bekommen.
c) Mit welcher Wahrscheinlichkeit ist eine Frau, die ein Kind bekommt, genau 25 Jahre alt? Berücksichtigen Sie, daß mit dem Alter 25 Jahre nicht der Punkt 25,0 gemeint ist, sondern die Zeitspanne von einem Geburtstag bis zum nächsten.

---

* Der IQ ist eine umstrittene isolierte Meßgröße, die man nicht überbewerten darf.

12. Edelstahlschrauben

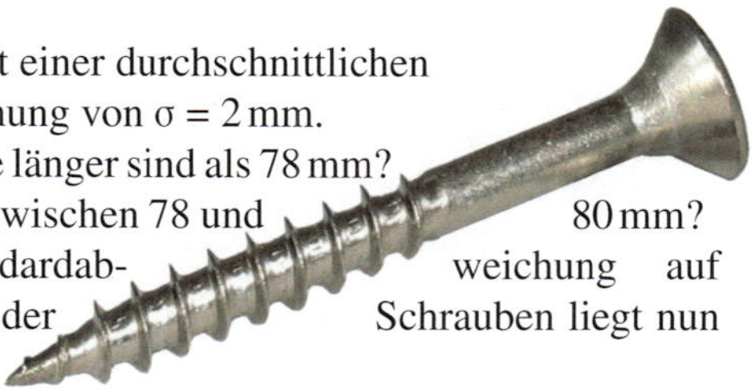

Eine Maschine produziert Edelstahlschrauben mit einer durchschnittlichen Länge von $\mu = 80\,\text{mm}$ und einer Standardabweichung von $\sigma = 2\,\text{mm}$.

a) Wie groß ist der Prozentsatz von Schrauben, die länger sind als 78 mm?
b) Welcher Prozentsatz der Stahlschrauben liegt zwischen 78 und 80 mm?
c) Nach einer langen Laufleistung steigt die Standardabweichung auf einen Wert von $s = 6\,\text{mm}$. Welcher Prozentsatz der Schrauben liegt nun noch im Toleranzbereich von 78 bis 82 mm?

13. EU-Richtlinie

Eine EU-Richtlinie für Abfüllmaschinen besagt: Die tatsächliche Abfüllmenge darf im Durchschnitt nicht niedriger sein als die Nennfüllmenge. Bei Literflaschen beträgt die Nennfüllmenge 1000 ml. Ein Abfüllbetrieb hat seine Maschinen auf einen Mittelwert von $\mu = 1005\,\text{ml}$ eingestellt. Die unvermeidliche Streuung beträgt $\sigma = 1\,\text{ml}$.

a) Berechnen Sie die Wahrscheinlichkeit, mit der ein Kunde eine unterfüllte Flasche erhält.
b) Eine neue Maschine hat eine Streuung von nur noch $\sigma = 3\,\text{ml}$. Wie muss der Mittelwert einjustiert werden, damit die Wahrscheinlichkeit für eine Unterfüllung genauso groß ist wie bei den alten Maschinen?

14. Anspruchsvoll

Ein Automobilhersteller verwendet Antriebswellen mit einem Durchmesser von 30 mm, die von Zulieferbetrieben hergestellt werden. Der Hersteller lässt alle Wellen zurückgehen, welche vom Sollmaß um mehr als $\pm 0{,}4\,\text{mm}$ abweichen.

a) Ein Zulieferer produziert die Antriebswellen mit einer Streuung von $s = 0{,}15\,\text{mm}$. Mit wie vielen vom Automobilhersteller nicht akzeptierten Wellen muss er bei einer Lieferung von 2000 Wellen rechnen?
b) Die 20 % der besten Wellen gehen innerhalb des Automobilkonzerns an eine Edelmarke. Wie groß ist bei diesen Wellen die maximale Abweichung vom Durchmessernormwert?
c) Ein neuer Zulieferer liefert 2000 Wellen. 365 Wellen werden zu seiner Überraschung vom Automobilhersteller zurückgewiesen. Mit welcher Standardabweichung σ produzierte dieser Zulieferbetrieb?

15. Tasmanischer Nussbaum

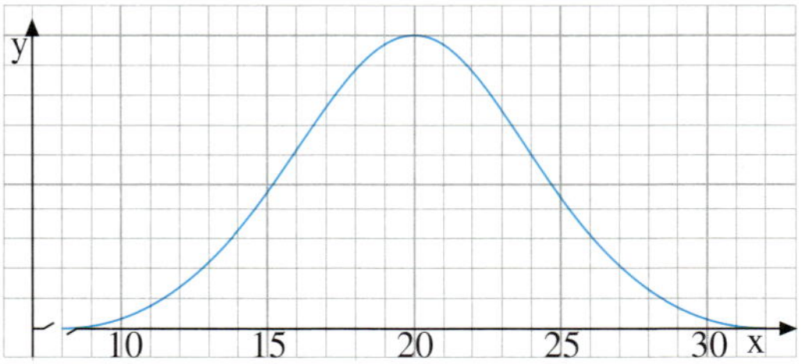

Die Graphik zeigt die Verteilung der Länge von Blättern an einem tasmanischen Nussbaum, gemessen in Millimetern. Die Kurve wurde im Rahmen einer Messreihe angefertigt.

a) Welche durchschnittliche Blattlänge μ würden Sie annehmen?
b) Bestimmen Sie die Standardabweichung σ. Verwenden Sie dazu die 1σ-Regel. Zählen Sie dazu die gesamte Fläche unter der Dichtefunktion aus und bestimmen Sie dann durch eine weitere Auszählung den Radius der 1σ-Umgebung.
c) Welche Prozentsatz der Blätter ist länger als 26 mm? Berechnen Sie dies mit der Normalverteilung mit den Parametern μ und σ und vergleichen Sie mit der Graphik.

3. Das Testen von Hypothesen

Eine ***statistische Gesamtheit*** – also z. B. die Bevölkerung eines Staates, der Produktionsausstoß einer Maschine, der Inhalt einer Schraubenschachtel – kann Merkmale besitzen, deren Häufigkeitsverteilung nicht genau bekannt ist, über die man aber Vermutungen besitzt.

Durch ***Erhebung einer Stichprobe*** aus der Gesamtheit kann man mit relativ geringem Aufwand die Frage entscheiden, welche der verschiedenen Vermutungen – die man auch als Hypothesen bezeichnet – wohl zutreffend ist.

Allerdings kann ein solches Verfahren zum ***Prüfen von Hypothesen*** zu Fehleinschätzungen führen, da eine Zufallsstichprobe durchaus ein falsches Bild der tatsächlichen Verhältnisse liefern kann. Im Folgenden wird das Risiko solcher Fehleinschätzungen für verschiedene Verfahren zum Testen von Hypothesen untersucht.

Wir behandeln zwei der wichtigsten Testverfahren, den Alternativtest und den Signifikanztest. Grundlegende Begriffe des Testens von Hypothesen wurden am Beispiel des zweiseitigen Signifikanztests bereits im Buch Mathematik 11 (S. 344 ff.) besprochen.

A. Der Alternativtest

In diesem Abschnitt werden die grundlegenden Begriffe der statistischen Entscheidungstheorie am Beispiel des Alternativtests wiederholt.
Der sogenannte ***statistische Alternativtest*** wird – wie der Name schon sagt – zur Entscheidung zwischen zwei zueinander alternativen Vermutungen, die man auch als alternative Hypothesen bezeichnet, verwendet.

Einführendes Beispiel zum Alternativtest

Beispiel: Ein Großhändler erhält eine Importlieferung von Kisten, die sehr viele Schrauben enthalten. Ein Teil der Kisten ist 1. Wahl, d. h. der Anteil der Schrauben, die die Maßtoleranzen überschreiten, beträgt 10%. Die restlichen Kisten sind 2. Wahl, der Ausschussanteil beträgt hier 30%. (***Alternativen***)

Da alle Kisten gleich aussehen und nicht beschriftet sind, soll durch Entnahme von Stichproben getestet werden, welche Qualität jeweils vorliegt.

Einer zu testenden Kiste werden zu diesem Zweck 20 Schrauben entnommen. (***Zufallsstichprobe***)
Sind höchstens 2 Schrauben Ausschuss, so wird die Kiste als 1. Wahl eingestuft, andernfalls als 2. Wahl. (***Entscheidungsregel***)

Dieses Verfahren kann natürlich zu Fehleinschätzungen führen.

Mit welcher Wahrscheinlichkeit wird eine Kiste, die tatsächlich 2. Wahl ist, aufgrund einer Stichprobe als 1. Wahl eingestuft? (***Irrtumswahrscheinlichkeit***)

Lösung:
p sei der Anteil der ausschüssigen Schrauben in der zu testenden Kiste.
X sei die Anzahl der ausschüssigen Schrauben in der Stichprobe (***Prüfgröße***).

Handelt es sich um eine Kiste 2. Wahl, so gilt $p = 0{,}3$.

Die Zufallsvariable X, die hier als Prüfgröße dient, ist dann näherungsweise binomialverteilt mit den Parametern $n = 20$ und $p = 0{,}3$.

In einer Stichprobe von $n = 20$ Schrauben sind im Mittel 6 ausschüssige Schrauben zu erwarten, aber es können zufallsbedingt auch weniger oder mehr als 6 sein.

Die Wahrscheinlichkeit $P(X \leq 2) = F(20;\, 0{,}3;\, 2)$ wird mit dem CAS berechnet:
binomCdf(20,0.3,0,2) = 0,03548 ≈ 3,55 %
Eine Kiste 2. Wahl wird also nur recht selten als 1. Wahl eingestuft.

X ist binomialverteilt mit $n = 20$, $p = 0{,}3$.

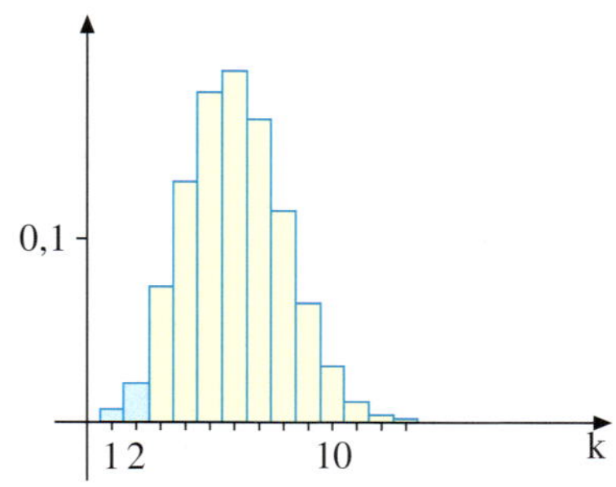

Entscheidung für 1. Wahl

P (Kiste 2. Wahl wird als 1. Wahl eingestuft)
$= P(X \leq 2)$
$= F(20;\, 0{,}3;\, 2)$
$\approx 0{,}0355 \quad = 3{,}55\,\%$

Außer dieser ersten Art von Fehlentscheidung, die sich für unseren Schraubengroßhändler geschäftsschädigend auswirken könnte, hat er noch eine zweite Fehlentscheidungsmöglichkeit, deren Inanspruchnahme seinen Kunden Freude bereiten dürfte:

Beispiel: Das Entscheidungsverfahren aus dem vorherigen Beispiel kann zu einer zweiten Art von Fehlentscheidung führen: Eine Kiste 1. Wahl könnte irrtümlich als 2. Wahl eingestuft werden. Wie wahrscheinlich ist dies?

Lösung:

Ist die zu testende Kiste tatsächlich 1. Wahl, so gilt $p = 0{,}1$.
Die Prüfgröße X ist binomialverteilt mit den Parametern $n = 20$ und $p = 0{,}1$.

Die Wahrscheinlichkeit für die Einstufung der Kiste als 2. Wahl ist gleich
$$P(X > 2) = 1 - P(X \leq 2) = 1 - F(20;\, 0{,}1;\, 2) \approx 1 - 0{,}6769 = 0{,}3231 = 32{,}31\,\%.$$

Diesen Fehler wird unser Entscheidungsverfahren also recht häufig produzieren.

X ist binomialverteilt mit $n = 20$, $p = 0{,}1$.

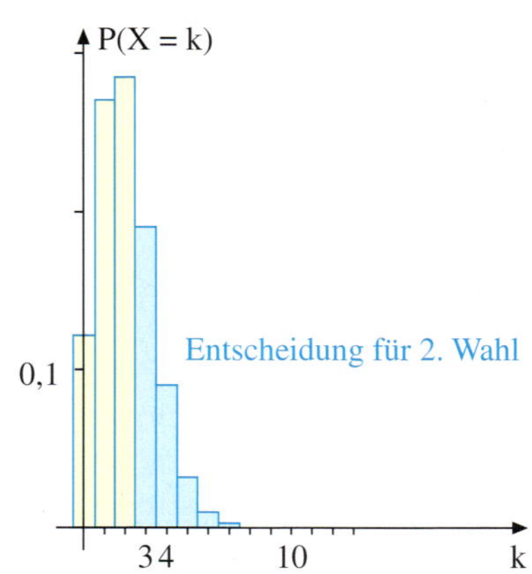

Fachsprachliche Grundbegriffe des Hypothesentestens

Wir wiederholen nun anhand des statistischen Alternativtests einige wichtige Fachbegriffe. Wir veranschaulichen diese Begriffe hier, indem wir sie durch eine Gegenüberstellung direkt auf unser Einführungsbeispiel beziehen.

Über eine ***statistische Gesamtheit*** gibt es zwei Vermutungen, die man Hypothesen nennt, die ***Nullhypothese*** H_0 sowie die ***Alternativhypothese*** H_1.

Statistische Gesamtheit:
Menge der Schrauben in der Kiste

Diese Hypothesen schließen einander aus, sie sind in diesem Sinne Alternativen.
Sie können verbal oder in einer formelhaften Kurzform dargestellt werden.

Hypothesen:
H_0: Die Kiste ist 2. Wahl.
H_1: Die Kiste ist 1. Wahl.

Kurzdarstellung der Hypothesen:
H_0: $p = 0{,}3$
H_1: $p = 0{,}1$

p = Anteil der ausschüssigen Schrauben in der Kiste

Durch einen Test soll entschieden werden, welche der beiden Hypothesen als zutreffend angenommen werden soll.
Dieser ***Hypothesentest*** besteht darin, dass der vorliegenden statistischen Gesamtheit eine ***Stichprobe*** vom Umfang n entnommen wird.

Stichprobe:
Der Kiste wird eine Zufallsstichprobe von $n = 20$ Schrauben entnommen.

Durch das Stichprobenergebnis wird der Wert einer Zufallsvariablen X, der sogenannten ***Prüfgröße*** festgelegt.

Prüfgröße:
X = Anzahl der ausschüssigen Schrauben in der Stichprobe

Mithilfe der Prüfgröße wird die ***Entscheidungsregel*** formuliert: Übersteigt der Wert der Prüfgröße in der Stichprobe die sogenannte kritische Zahl K nicht, so wird diejenige Hypothese angenommen, die niedrigeren Werten der Prüfgröße entspricht.

Entscheidungsregel:
kritische Zahl: $K = 2$

$X \leq 2$: Entscheidung für H_1 (1. Wahl)
$X > 2$: Entscheidung für H_0 (2. Wahl)

Die ***kritische Zahl K*** wird vor der Entnahme der Stichprobe unter mehr oder weniger subjektiven Gesichtspunkten festgelegt.
K gehört zum Verträglichkeitsbereich von H_1.

Wahl der kritischen Zahl:
K klein: geringes Risiko, dass 2. Wahl als 1. Wahl eingestuft wird
K groß: geringes Risiko, dass 1. Wahl als 2. Wahl eingestuft wird

Sie unterteilt die Wertemenge der Prüfgröße X in zwei Bereiche:
den ***Verwerfungsbereich*** von H_0, der zugleich Verträglichkeitsbereich von H_1 ist, und den ***Verträglichkeitsbereich*** von H_0, der zugleich Verwerfungsbereich von H_1 ist.

Verträglichkeitsbereich/Verwerfungsbereich:

$X \in \{0, 1, 2\}$: H_1 nicht verwerfen, H_0 verwerfen

$X \in \{3, \ldots, 20\}$: H_0 nicht verwerfen, H_1 verwerfen

Die Entscheidungsregel kann wegen der Zufälligkeit des Stichprobenergebnisses zu Fehlentscheidungen führen.
Man unterscheidet zwei Fehlerarten und die zugehörigen Wahrscheinlichkeiten:

Fehler 1. Art:
Die Nullhypothese wird verworfen (abgelehnt), obwohl sie tatsächlich wahr ist.

Fehler 2. Art:
Die Nullhypothese wird nicht verworfen, obwohl sie tatsächlich falsch ist.

Wahrscheinlichkeit eines Fehlers 1. Art:
Wahrscheinlichkeit, mit der die gewählte Entscheidungsregel zu einem Fehler 1. Art führt (wird auch *α-Fehler* oder ***Irrtumswahrscheinlichkeit*** genannt). Sie hängt von der Wahrscheinlichkeitsverteilung der Prüfgröße X und der Wahl der kritischen Zahl K ab.

Entsprechend ist die ***Wahrscheinlichkeit eines Fehlers 2. Art (β-Fehler)*** als Wahrscheinlichkeit eines Fehlers 2. Art definiert.

Diese Fehlerwahrscheinlichkeiten werden wie folgt gekennzeichet:

P (Fehler 1. Art) = P_{H_0} (Entscheidung für H_1)

P (Fehler 2. Art) = P_{H_1} (Entscheidung für H_0)

Im Allgemeinen geht man bei der Festlegung der Hypothesen H_0 und H_1 so vor, dass der Fehler 1. Art für den Anwender des Tests die dramatischeren Konsequenzen hat.
Der Test ist tauglich, wenn es gelingt, durch geeignete Wahl des Stichprobenumfanges n (Kostenfrage) und der kritischen Zahl K das Risiko des Fehlers 1. Art hinreichend klein zu halten, ohne dass die Wahrscheinlichkeit eines Fehlers 2. Art unvertretbar groß wird.

Fehlentscheidungen:

Fehlerarten	H_0 ist wahr	H_1 ist wahr
Entscheidung für H_0		Fehler 2. Art
Entscheidung für H_1	Fehler 1. Art	

Fehlerwahrscheinlichkeiten:
Die Zufallsgröße X (Anzahl der ausschüssigen Schrauben) ist annähernd binomialverteilt, da die Stichprobe klein ist im Verhältnis zur Gesamtheit, sodass sich der Ausschussanteil p durch die Entnahme der Stichprobe praktisch nicht ändert.

Im Falle des Fehlers 1. Art wird H_0 als wahr angenommen (p = 0,3). Die Prüfgröße ist dann binomialverteilt mit n = 20 und p = 0,3.

$$
\begin{aligned}
\alpha\text{-Fehler} &= P(\text{Fehler 1. Art}) \\
&= P_{H_0}(\text{Entscheidung für } H_1) \\
&= P(X \le 2),\ n = 20,\ p = 0{,}3 \\
&= F(20;\ 0{,}3;\ 2) \\
&\approx 0{,}0355 \\
&= 3{,}55\,\%
\end{aligned}
$$

Testtauglichkeit:
Unter dem subjektiven Gesichtspunkt, dass der Schraubengroßhändler wegen seines guten Rufs nach Möglichkeit vermeiden möchte, dass 2. Wahl als 1. Wahl eingestuft wird, ist das Testverfahren recht brauchbar, weil das Risiko hierfür nur 3,55 % beträgt.

Allerdings muss er in Kauf nehmen, dass recht häufig Kisten 1. Wahl unter Wert als 2. Wahl verkauft werden (32,31 %).

Weitere Beispiele zum Alternativtest

Der Testkonstrukteur wird bei statistischen Alternativtests mit unterschiedlichen Aufgabenstellungen konfrontiert: Bei gegebenem Entscheidungsverfahren sind Fehlerwahrscheinlichkeiten zu berechnen und bei gegebenen Fehlerwahrscheinlichkeiten sind passende Entscheidungsverfahren zu entwickeln. Im Folgenden demonstrieren wir die wesentlichen Variationen.

Beispiel: Berechnung der Fehlerwahrscheinlichkeiten bei gegebener kritischer Zahl
Ein Spieler besitzt gefälschte Münzen, bei welchen die Wahrscheinlichkeit p für Kopf auf 20 % erniedrigt ist. Dem Spieler ist entfallen, ob die Münze in seiner Hosentasche fair oder gefälscht ist, und er testet sie daher durch 12 Probewürfe. Fällt dabei mehr als viermal Kopf, so stuft er die Münze als fair ein, andernfalls als gefälscht.
Wie groß sind die Irrtumswahrscheinlichkeiten (α-Fehler bzw. β-Fehler)?

Lösung:
Als alternative Hypothesen legen wir fest:
H_0: Die Münze ist fair.
H_1: Die Münze ist gefälscht.

Die Kurzdarstellung der Hypothesen ist:
H_0: $p = 0{,}5$
H_1: $p = 0{,}2$
Dabei ist p die Wahrscheinlichkeit, mit der die Münze Kopf liefert.

Als Prüfgröße X wählen wir die Anzahl der Kopfwürfe bei 12 Probewürfen.
Die Entscheidungsregel lautet:
$X > 4 \Rightarrow$ Entscheidung für H_0
$X \leq 4 \Rightarrow$ Entscheidung für H_1

X ist exakt binomialverteilt. Die Parameter sind $n = 12$ und $p = 0{,}5$, falls H_0 gilt, bzw. $n = 12$ und $p = 0{,}2$, falls H_1 gilt.

Faire Münze wird als gefälscht eingestuft:

$$\begin{aligned} \alpha\text{-Fehler} &= P(\text{Fehler 1. Art}) \\ &= P_{H_0}(\text{Entscheidung für } H_1) \\ &= P(X \leq 4),\ n = 12,\ p = 0{,}5 \\ &= F(12;\ 0{,}5;\ 4) \\ &\approx 0{,}1938 \\ &= 19{,}38\,\% \end{aligned}$$

Gefälschte Münze wird als fair eingestuft:

$$\begin{aligned} \beta\text{-Fehler} &= P(\text{Fehler 2. Art}) \\ &= P_{H_1}(\text{Entscheidung für } H_0) \\ &= P(X > 4),\ n = 12,\ p = 0{,}2 \\ &= 1 - F(12;\ 0{,}2;\ 4) \\ &\approx 1 - 0{,}9274 \\ &= 0{,}0726 \\ &= 7{,}26\,\% \end{aligned}$$

Damit ergeben sich die in der rechten Spalte berechneten Fehlerwahrscheinlichkeiten, die nicht sehr groß sind, sodass das Testverfahren als bedingt geeignet erscheint.

Übung 1
Ein Gärtner übernimmt einen Posten von großen Behältern mit Blumensamen. Der Inhalt einiger Behälter ist zu 70 % keimfähig, der Inhalt der restlichen jedoch nur zu 40 %. Es ist aber nicht bekannt, um welche Behälter es sich jeweils handelt. Um dies festzustellen, wird jedem Behälter eine Stichprobe von 10 Samen entnommen und einem Keimversuch unterzogen. Geht mehr als die Hälfte der Samen an, wird dem Samen im entsprechenden Behälter eine Keimfähigkeit von 70 % zugeordnet, andernfalls nur eine von 40 %. Welche Irrtümer können auftreten, welche Konsequenzen haben diese Irrtümer und wie groß sind die Fehlerwahrscheinlichkeiten?

Nehmen wir an, dass der Spieler aus dem vorhergehenden Beispiel ein Falschspieler ist. Dann möchte er das Risiko, eine faire Münze als gefälscht einzustufen, möglichst gering halten. Das kann er bei sonst gleichen Bedingungen durch eine Abänderung der Entscheidungsregel erreichen.

Beispiel: Berechnung der kritischen Zahl bei gegebener Irrtumswahrscheinlichkeit
Wie muss im vorherigen Beispiel – bei sonst gleichen Voraussetzungen – das Entscheidungsverfahren abgeändert werden, damit eine faire Münze mit nicht mehr als 10 % Wahrscheinlichkeit irrtümlich als gefälscht eingestuft wird

Lösung:
Die Entscheidungsregel lautet nunmehr:

$X > K \Rightarrow$ Entscheidung für H_0
$X \leq K \Rightarrow$ Entscheidung für H_1

mit einer zunächst noch unbestimmten kritischen Zahl K.

Bestimmung der kritischen Zahl K:

$P(\text{Fehler 1. Art}) \leq 0{,}10$

$P_{H_0}(\text{Entscheidung für } H_1) \leq 0{,}10$

$F(12; 0{,}5; K) \leq 0{,}10$

Die Forderung, dass die Wahrscheinlichkeit eines Fehlers 1. Art höchstens 10 % betragen darf, führt auf die kritische Zahl K = 3.

Diesen Wert kann man, wie rechts dargestellt, durch Probieren mit dem CAS ermitteln.

Berechnung von F(12;0,5;k):
binomCdf(12,0.5,0,2) = 0.0193
binomCdf(12,0.5,0,3) = 0.0730
binomCdf(12,0.5,0,4) = 0.1938

Daraus folgt: K = 3 ist geeignet.

Nachteil: Der Fehler 2. Art steigt auf stolze 20,54 % an.
Verringert man die Irrtumswahrscheinlichkeit 1. Art, so erhöht sich bei gleichem Stichprobenumfang die Wahrscheinlichkeit für einen Fehler 2. Art.

Wahrscheinlichkeit für einen Fehler 2. Art:

$$\begin{aligned} P(\text{Fehler 2. Art}) &= 1 - F(12; 0{,}2; 3) \\ &\approx 1 - 0{,}7946 \\ &= 0{,}2054 \\ &= 20{,}54\,\% \end{aligned}$$

Übung 2

Die Münze aus dem letzten Beispiel soll durch 50 Probewürfe getestet werden.
Welche Entscheidungsregel ist zu wählen, damit in diesem Test eine faire Münze mit nicht mehr als 5 % Wahrscheinlichkeit irrtümlich als gefälscht eingestuft wird?

Übung 3

Der Gärtner aus Übung 1 strebt an, dass einem Behälter mit Samen niedriger Keimfähigkeit (40 %) mit nur geringer Wahrscheinlichkeit α irrtümlich eine hohe Keimfähigkeit (70 %) zugeordnet wird. Wie muss er seine Entscheidungsregel abändern, damit $\alpha \leq 5\,\%$ gilt?
Welche Wahrscheinlichkeit ergibt sich nun für die irrtümliche Zuordnung einer niedrigen Keimfähigkeit zu einem Behälter mit tatsächlich hoher Keimfähigkeit? Ist das Testverfahren brauchbar?

Übungen

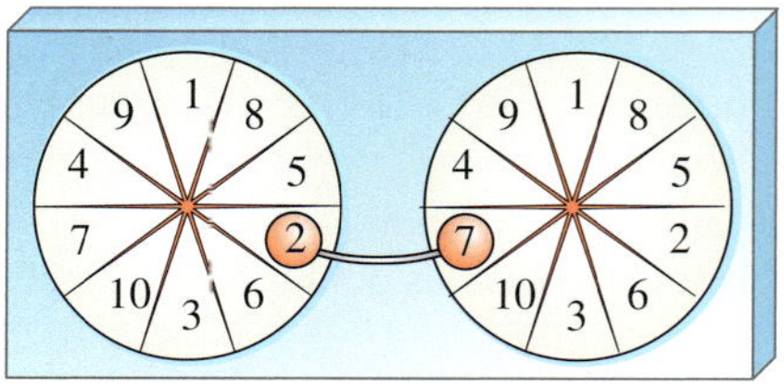

4. Ein Spieler behauptet, seine Geschicklichkeit sei so groß, dass seine Chancen, einen Pasch zu erzielen und damit zu gewinnen, bei 30% liegen (H_1). Seine Freunde beschließen: Gewinnt er von 50 Testspielen mindestens 10, so wollen sie ihm glauben.

a) Welche Fehler können durch die Anwendung der Regel auftreten und wie groß sind die Fehlerwahrscheinlichkeiten?

b) Die Entscheidungsregel wird geändert: Dem Spieler wird seine angebliche Geschicklichkeit nur geglaubt, wenn er in 100 Spielen mindestens 20 Erfolge verbuchen kann. Welche Auswirkung hat diese Regeländerung auf die Fehlerwahrscheinlichkeiten? Ist der Gesamtfehler, d. h. die Summe von α-Fehler und β-Fehler, gegenüber Aufgabenteil a kleiner geworden?

5. Das Spielkasino bekommt aus Insiderkreisen einen „heißen Tipp“: Es wurden gefälschte Würfel eingeschmuggelt, die die Sechs mit einer Wahrscheinlichkeit von 25% produzieren (H_0). Das Kasino beschließt, alle Würfel durch 100 Testwürfel zu prüfen.

a) Die Entscheidungsregel lautet: Bei mehr als 20 Sechsen wird der Würfel als gefälscht eingestuft. Wie groß sind α- und β-Fehler?

b) Wie muss die Entscheidungsregel lauten, wenn die Wahrscheinlichkeit, dass ein gefälschter Würfel nicht erkannt wird, unter 3% liegen soll?

6. Für eine Lotterie werden Losmischungen vorbereitet:

Mischung 1: Lose für 1,00 €/Stück;	Anteil an Gewinnlosen: 20%,
Mischung 2: Lose für 0,50 €/Stück;	Anteil an Gewinnlosen: 5%.

Leider wurde es versäumt, die Mischungen zu kennzeichnen. Zur Einstufung wird ein Alternativtest angewandt. Dabei sollen aus einer Mischung 20 Lose gezogen werden. Wie muss die Entscheidungsregel lauten, damit die Summe von α-Fehler und β-Fehler minimal ist?

7. Der Fliesenleger vermutet, dass ihm vom Hersteller irrtümlich statt Kacheln 1. Wahl (10% Ausschuss) Kacheln 3. Wahl (30% Ausschuss) geliefert wurden. Er testet eine Packung mit 50 Kacheln. Wie muss die Entscheidungsregel lauten, wenn der Fehler, dass eine Packung 3. Wahl als 1. Wahl eingestuft wird, unter 10% liegen soll?

B. Der einseitige Signifikanztest

Mithilfe von statistischen Testverfahren wird aus Beobachtungen auf eine unbekannte Wahrscheinlichkeit p geschlossen.

Im vorigen Abschnitt ging es um den Fall, dass für p nur zwei ganz bestimmte, bekannte Werte p_1 und p_2 in Frage kamen, zwischen denen mithilfe des statistischen Alternativtests entschieden wurde.

In den meisten Fällen liegen die Dinge insofern etwas komplizierter, als dass man über den Wert von p nur eine Vermutung hat, die durch einen statistischen Test entweder verworfen oder nicht verworfen werden. Einen solchen Test nennt man einen ***Signifikanztest***.

Einführendes Beispiel zum rechtsseitigen Signifikanztest

Beispiel: Bestimmung der Fehlerwahrscheinlichkeiten

Ein Pharma-Hersteller hat ein neues Medikament gegen Schlaflosigkeit entwickelt.
Das beste bereits auf dem Markt eingeführte Medikament mit vergleichbar geringen Nebenwirkungen zeigt in 50% der Anwendungsfälle eine ausreichende Wirkung.
Erste Anwendungen lassen die Forscher die Hypothese aufstellen, dass das neue Medikament in einem noch größeren Anteil der Anwendungsfälle ausreichend wirkt.
Dies soll in einer Studie an 50 Patienten überprüft werden. Die Forscher sind vorsichtig und legen fest, dass die Hypothese nur dann angenommen werden soll, wenn das Medikament bei mindestens K = 31 Patienten ausreichend wirkt.
Mit welcher Wahrscheinlichkeit wird dem Medikament eine bessere Wirkung als dem alten Medikament zugesprochen, wenn dieser Sachverhalt in Wirklichkeit gar nicht zutrifft?

Lösung:
Wir verwenden die nebenstehend aufgeführten Festlegungen.

p: Erfolgswahrscheinlichkeit des neuen Medikaments

X: Anzahl der Patienten, bei welchen das Medikament ausreichend wirkt

Es ist üblich, die Forschungshypothese nicht als Nullhypothese H_0, sondern als Gegenhypothese H_1 zur Nullhypothese zu formulieren.
Die Nullhypothese ist eine ***einfache***, nur aus dem Wahrscheinlichkeitswert $p = 0{,}5$ bestehende Hypothese, während die Gegenhypothese ***zusammengesetzt*** ist aus unendlich vielen Werten p, nämlich $0{,}5 < p \le 1$.

H_0: Das neue Medikament ist nur genauso gut wie das alte Medikament: $H_0\colon p = 0{,}5$

H_1: Das neue Medikament ist besser als das alte Medikament: $H_1\colon p > 0{,}5$

Die Entscheidungsregel wird mithilfe der Prüfgröße X formuliert. Ist $X \ge 31$, so wird das neue Medikament als das wirksamere Medikament eingestuft.

Entscheidungsregel:

$X < 31 \Rightarrow H_0$ wird nicht verworfen
$X \ge 31 \Rightarrow H_0$ wird verworfen

Die Prüfgröße ist annähernd binomialverteilt, da der Stichprobenumfang $n = 50$ klein ist im Vergleich zur gesamten Bevölkerung.

Die Wahrscheinlichkeit für den Fehler 1. Art, d. h. den α-Fehler bestimmt man mit dem CAS. Sie beträgt ca. 5,95 %. Das Risiko, dass die Forschungshypothese angenommen wird, obwohl sie falsch ist, ist daher gering.

Der Test ist also in diesem Sinne recht gut. Man sagt auch, dass seine Irrtumswahrscheinlichkeit 5,95 % betrage.

Die Wahrscheinlichkeit für einen Fehler 2. Art, d. h. der β-Fehler lässt sich beim Signifikanztest im Gegensatz zum Alternativtest nicht eindeutig bestimmen, da die Hypothese H_1 zusammengesetzt ist. Selbst wenn wir annehmen, dass H_1 zutrifft, kennen wir den tatsächlichen Wert von p nicht, sondern können nur $p > 0{,}5$ annehmen.
Je größer p ist, desto geringer ist die Wahrscheinlichkeit für einen Fehler 2. Art.
Das heißt, je wirksamer das Medikament ist, umso geringer ist das Risiko, dass es zu Unrecht als unwirksam eingestuft wird.

Wahrscheinlichkeit für einen Fehler 1. Art:

$$
\begin{aligned}
\alpha\text{-Fehler} &= P(\text{Fehler 1. Art})\\
&= P_{H_0}(\text{Entscheidung für } H_1)\\
&= P(X \geq 31),\ n = 50,\ p = 0{,}5\\
&= 1 - P(X \leq 30)\\
&= 1 - F(50;\ 0{,}5;\ 30)\\
&\approx 1 - 0{,}9405\\
&= 0{,}0595\\
&= 5{,}95\,\%
\end{aligned}
$$

Irrtumswahrscheinlichkeit des Tests:

$$\alpha = 5{,}95\,\%$$

Wahrscheinlichkeit für einen Fehler 2. Art:

$$
\begin{aligned}
\beta\text{-Fehler} &= P(\text{Fehler 2. Art})\\
&= P_{H_1}(\text{Entscheidung für } H_0)\\
&= P(X < 31)\\
&= P(X \leq 30);\ n = 50,\ p > 0{,}5\\
&= F(50;\ p;\ 30)
\end{aligned}
$$

$$
\approx \begin{cases} 0{,}5535 = 55{,}35\,\%, & \text{falls } p = 0{,}6\\ 0{,}0848 = 8{,}48\,\%, & \text{falls } p = 0{,}7\\ 0{,}0009 = 0{,}09\,\%, & \text{falls } p = 0{,}8 \end{cases}
$$

Da neue Medikamente oft nur noch geringe Fortschritte bringen, ist die Wahrscheinlichkeit, dass sie im Signifikanztest durchfallen, in der Regel relativ groß.

Übung 1

Die Behauptung H_1, dass mehr als 20 % aller ABC-Schützen Linkshänder sind, soll anhand einer Stichprobe von 80 Kindern getestet werden. Findet man mehr als 20 Linkshänder, so wird H_1 als zutreffend eingestuft.

a) Wie groß ist die Irrtumswahrscheinlichkeit des Tests?

b) Mit welcher Wahrscheinlichkeit wird die Behauptung verworfen, wenn der wahre Anteil von Linkshändern unter allen ABC-Schützen 30 % beträgt?

Weitere Beispiele zum Signifikanztest

In unserem einführenden Beispiel war die Entscheidungsregel gegeben und die Irrtumswahrscheinlichkeit in Gestalt des α-Fehlers gesucht.

In der Praxis ist es meistens genau umgekehrt: Man gibt ein Signifikanzniveau α vor und konstruiert die zugehörige Entscheidungsregel, indem man Verträglichkeits- und Verwerfungsbereich für die Nullhypothese geeignet festlegt.

Signifikanzniveau α eines Tests:

vorgegebene obere Schranke für die Irrtumswahrscheinlichkeit bei einem Signifikanztest

häufig verwendete Signifikanzniveaus:
$\alpha = 5\,\%$, $\alpha = 1\,\%$

Beispiel: Vorgabe des Signifikanzniveaus, einseitiger Test

Der Pharma-Hersteller aus dem vorherigen Beispiel möchte in einer 50 Patienten umfassenden Studie testen, ob sein neues Schlafmittel wirklich – wie seine Forscher vermuten – besser ist als die besten marktgängigen Produkte, die in 50% aller Fälle helfen.
Er möchte dieser Vermutung Glauben schenken, wenn das Medikament bei mindestens K der 50 Patienten wirkt.
Er ist recht vorsichtig und verlangt daher, dass die kritische Zahl K so bestimmt werden soll, dass der Test ein 1%-Signifikanzniveau besitzt, d. h., die Wahrscheinlichkeit dafür, dass das neue Medikament zu Unrecht als den alten Medikamenten überlegen eingestuft wird, darf maximal 1% betragen.

Lösung:
Wir verwenden die in der Lösung zum vorhergehenden Beispiel verwendeten Bezeichnungen. In diesem Fall handelt es sich um einen ***einseitigen Test***, weil der Verwerfungsbereich für H_0, der so genannte kritische Bereich, aus einem einzigen Intervall besteht.

Der Ansatz P(Fehler 1. Art) $\leq 0{,}01$ führt nach nebenstehend aufgeführter Rechnung auf K = 34.

Die Entscheidungsregel lautet daher:
Dem neuen Medikament wird eine bessere Wirksamkeit als den alten Medikamenten zugesprochen, wenn es bei mindestens 34 der 50 Patienten wirkt.

Einseitiger Signifikanztest:

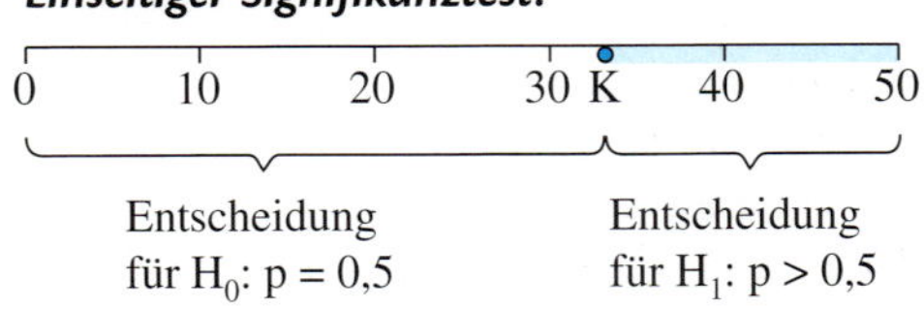

Bestimmung von K:

$$P(\text{Fehler 1. Art}) \leq 0{,}01$$
$$\Leftrightarrow P_{H_0}(\text{Entscheidung für } H_1) \leq 0{,}01$$
$$\Leftrightarrow \quad P(X \geq K) \leq 0{,}01$$
$$\Leftrightarrow \quad P(X < K) \geq 0{,}99$$
$$\Leftrightarrow \quad F(50;\, 0{,}5;\, K-1) \geq 0{,}99$$

Durch Probieren mit dem CAS ergibt sich $K - 1 \geq 33$, also K = 34.

Beispiel: Linksseitiger Signifikanztest

In einer Studie werden die nächsten 50 Elfmeter von linksfüßig schießenden Bundesligaspielern registriert.
Wenn dabei höchstens 30 Treffer erzielt werden, soll das Gerücht, dass „Linksfüßer" die schlechteren Elfmeterschützen sind, als bestätigt gelten.

a) Wie groß ist der α-Fehler des Tests?
b) Wie groß ist der β-Fehler für $p = 0{,}6$ bzw. $p = 0{,}5$, wobei p die Trefferwahrscheinlichkeit eines Linksfüßers ist.

Sportteil
Elfmeterschützen haben in der Bundesliga eine Trefferquote von 70 %. Es wird oft behauptet, dass linksfüßig schießende Schützen eine schlechtere Trefferquote aufweisen.
In einer Studie mit 50 Schützen soll dieses Gerücht nun untersucht werden.

Lösung zu a:
Wir stellen zunächst alle bekannten Daten und Bezeichnungen zusammen.

Der α-Fehler tritt ein, wenn für H_1 entschieden wird, obwohl H_0 vorliegt.
Das ist der Fall, wenn die Linksfüßer genauso begabt sind wie alle Elfmeterschützen ($p = 0{,}7$), aber in der 50er Serie zufällig zu selten treffen, also höchstens 30-mal statt zu der zu erwartenden Zahl von 35 Treffern.
Die Wahrscheinlichkeit für diesen Fall beträgt ca. 8,48 %.
Das ist ein akzeptabler Wert. Für ein Fußballproblem reicht es allemal.
Der Test ist allerdings nicht signifikant auf dem 5 %-Niveau. Um dieses Niveau zu erreichen, müßte man die kritische Zahl $K = 30$ auf $K = 29$ erniedrigen.

Bezeichnungen:

$n = 50$: Umfang der Stichprobe
$p_0 = 0{,}7$: Trefferwahrscheinlichkeit aller Elfmeterschützen
p: Trefferwahrscheinlichkeit eines Linksfüßers
X: Anzahl der Treffer in der Stichprobe
Hypothesen: H_0: $p = 0{,}7$
H_1: $p < 0{,}7$

Entscheidungsregel:

$X > 30$: Entscheidung für H_0
$X \leq 30$: Entscheidung für H_1

α-Fehler:

$$
\begin{aligned}
\alpha\text{-Fehler} &= P(\text{Fehler 1. Art})\\
&= P_{H_0}(\text{Entscheidung für } H_1)\\
&= P(X \leq 30) \text{ für } n = 50,\ p = 0{,}7\\
&= F(50;\ 0{,}7;\ 30)\\
&\approx 0{,}0848 = 8{,}48\,\%
\end{aligned}
$$

Lösung zu b:
Der β-Fehler hängt ganz von der tatsächlichen Trefferwahrscheinlichkeit der Linksfüßer ab. Ist diese nur wenig kleiner als der Durchschnitt $p_0 = 0{,}7$, so wird er hoch sein.
Ist sie erheblich kleiner als $p_0 = 0{,}7$, so wird er niedrig sein.
Für $p = 0{,}6$ erhalten wir einen β-Fehler von $b = 44{,}65\,\%$.
Analog erhalten wir für $p = 0{,}5$ einen β-Fehler von $b = 1 - F(50, 0{,}5, 30) = 5{,}95\,\%$.
Beim linksseitigen Test gilt: Je kleiner p, umso kleiner ist der β-Fehler.

β-Fehler für p = 0,6:

$$
\begin{aligned}
\beta\text{-Fehler} &= P(\text{Fehler 2. Art})\\
&= P_{H_1}(\text{Entscheidung für } H_0)\\
&= P(X > 30) \text{ für } n = 50,\ p = 0{,}6\\
&= 1 - P(X \leq 30)\\
&= 1 - F(50;\ 0{,}6;\ 30)\\
&\approx 1 - 0{,}5535 = 0{,}4465 = 44{,}65\,\%
\end{aligned}
$$

Übungen

2. Der Marktanteil der Kaugummimarke Airwaves lag im vergangenen Quartal bei $p = 25\%$.
Durch eine Umfrage soll festgestellt werden, ob der Marktanteil im neuen Quartal konstant geblieben ist (H_0: $p = 0{,}25$) oder ob er nun über 25 % liegt (H_1: $p > 0{,}25$).

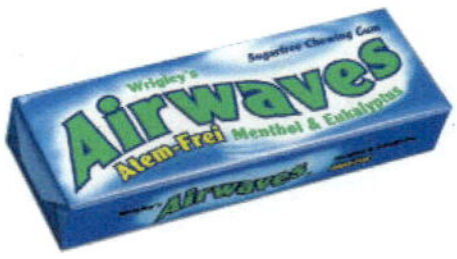

Es wird festgelegt: Wenn von 100 befragten Personen 30 oder mehr der Marke Airwaves den Vorzug geben gegenüber anderen Marken, soll H_0 abgelehnt werden.
Mit welcher Irrtumswahrscheinlichkeit (α-Fehler) arbeitet der Test?

3. Eine Elektronikfirma produziert Platinen mit Speicherbausteinen. Der normale Ausschussanteil beträgt 10 % (H_0: $p = 0{,}1$). Aufgrund von Kundenbeschwerden wird vermutet, dass die Ausschussquote unbemerkt gestiegen ist (H_1: $p > 0{,}1$).
Der Anteil der defekten Platinen soll durch eine Stichprobe vom Umfang $n = 100$ getestet werden. Wenn weniger als 15 Platinen der Stichprobe defekt sind, wird H_0 noch als zutreffend eingestuft.

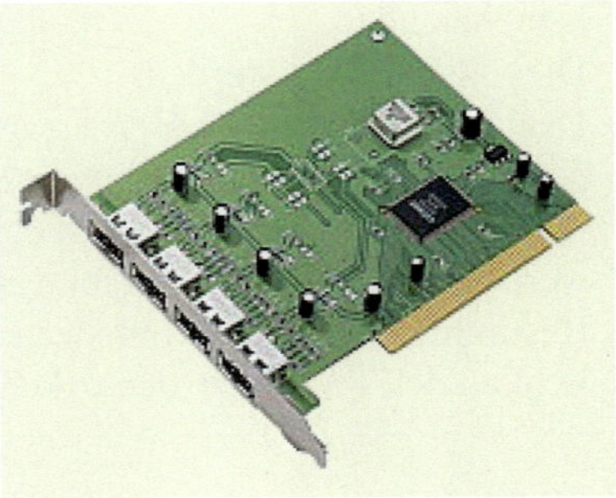

a) Bestimmen Sie die Irrtumswahrscheinlichkeit, d. h. den α-Fehler des Tests.
b) Mit welcher Wahrscheinlichkeit wird H_1 verworfen, obwohl der Ausschussanteil auf exakt 20 % gestiegen ist?

4. Die Fernsehserie „Chicago Connection" hatte im Vorjahr eine Einschaltquote von $p = 40\%$. Es soll geprüft werden, ob sich die Einschaltquote im neuen Jahr verändert hat, d. h. ob nun $p \neq 40\%$ gilt.
a) Es werden 50 Personen befragt. Das Risiko, aus der Befragung irrtümlich auf eine veränderte Einschaltquote zu schließen, soll auf 10 % begrenzt werden. Formulieren Sie die Entscheidungsregel eines zweiseitigen Tests, der H_0: $p = 0{,}4$ gegen H_1: $p \neq 0{,}4$ testet.
b) Die erste Untersuchung hat ergeben, dass die Einschaltquote sich vermutlich erhöht hat. Daher wird erwogen, weitere neue Folgen der Serie einzukaufen. Sicherheitshalber werden nun 100 Personen befragt, um die Hypothesen H_0: $p = 0{,}4$ und H_1: $p > 0{,}4$ gegeneinander zu testen.
Der zuständige Redakteur legt fest: Es werden neue Folgen gekauft, wenn mehr als 48 von 100 befragten Personen regelmäßige Zuschauer der Serie sind. Wie groß ist die Irrtumswahrscheinlichkeit 1. Art (α-Fehler). Welche Auswirkungen hätte ein solcher Irrtum?
Mit welcher Wahrscheinlichkeit werden keine neuen Folgen gekauft, obwohl die Einschaltquote auf mindestens 60 % gestiegen ist?

C. Exkurs: Die Operationscharakteristik eines Hypothesentests

Die Güte eines Tests hängt von der Größe der beiden Fehlerarten ab. Während der α-Fehler exakt berechnet werden kann, hängt der β-Fehler von der tatsächlichen, unbekannten Trefferwahrscheinlichkeit p ab. Je mehr p von der Nullhypothese p_0 abweicht, umso kleiner ist der β-Fehler. Um diesen Zusammenhang geht es im Folgenden.

Beispiel: Hellseher oder nicht?

Ein Meteorologe behauptet, dass er das Wetter mit seiner hellseherischen Begabung für eine Woche in die Zukunft vorhersehen kann.
Dies soll getestet werden.
Dazu muss er $n = 20$ Vorhersagen machen. Wenn er mindestens $K = 14$ Treffer erzielt, soll er als Hellseher eingestuft werden, ansonsten als Begabungsloser.
Bestimmen Sie die Irrtumswahrscheinlichkeit des Tests, d. h. den α-Fehler.

H_0: Begabungslos ($p = 0{,}5$)
H_1: Hellseher ($p > 0{,}5$)

Lösung:
Die Berechnung des ***α-Fehlers***, d. h. des Fehlers 1. Art, wird mithilfe des CAS durchgeführt.
Er beträgt akzeptable 5,77 %.

Interpretation: In 6 % aller Fälle wird ein begabungsloser Meteorologe ($p = 0{,}5$) fälschlicherweise als wettertechnischer Hellseher ($p > 0{,}5$) eingestuft, weil er beim Test zufällig mindestens 14 Treffer erzielte.

Berechnung des α-Fehlers:
X: Trefferzahl bei $n = 20$ Versuchen

$$\begin{aligned}\alpha\text{-Fehler} &= P_{H_0}(\text{Entscheidung für } H_1)\\ &= P(X \geq 14) \text{ bei } n = 20,\ p = 0{,}5\\ &= 1 - P(X \leq 13)\\ &= 1 - \text{binomCdf}(20{,}0.5{,}0{,}13)\\ &\approx 1 - 0{,}9423\\ &= 0{,}0577 = 5{,}77\,\%\end{aligned}$$

Beispiel: β-Fehler

Der Meteorologe aus dem obigen Beispiel habe tatsächlich hellseherische Fähigkeiten, die so ausgeprägt sind, dass seine Trefferquote bei $p = 0{,}7$ liegt. Mit welcher Wahrscheinlichkeit wird er bei dem beschriebenen Test falsch eingestuft?

Lösung:
Der β-Fehler erweist sich als recht hoch. Er liegt bei ca. 39 %.
Interpretation: Der wirklich hellseherische Meteorologe ($p = 0{,}7$) wird in 39 % der Fälle verkannt und als begabungslos eingestuft, weil er beim Test rein zufällig 13 oder weniger Treffer erzielte.

Berechnung des β-Fehlers:

$$\begin{aligned}\beta\text{-Fehler} &= P_{H_1}(\text{Entscheidung für } H_0)\\ &= P(X \leq 13) \text{ bei } n = 20,\ p = 0{,}7\\ &= \text{binomCdf}(20{,}0.7{,}0{,}13)\\ &\approx 0{,}3920 = 39{,}2\,\%\end{aligned}$$

Beispiel: Die OC-Funktion eines rechtsseitigen Tests

Bestimmen Sie für die Meteorologenaufgabe aus dem vorigen Beispiel den β-Fehler für die Trefferwahrscheinlichkeiten $p = 0{,}6$; $p = 0{,}7$; …; $p = 1$ mithilfe der Tabelle der kumulierten Binomialverteilung.

Lösung:

Der β-Fehler für $n = 20$, $K = 14$ und die Trefferwahrscheinlichkeit $p > 0{,}5$ lautet $F(20; p; 13)$. Wir können ihn mithilfe des CAS, durch Eingabe des Befehls binomCdf(), direkt berechnen. Wir erhalten folgende Liste und den ihr zugeordneten Graphen.

Treffersicherheit p	β-Fehler F(20;p;13)
0,60	$1 - 0{,}2500 = 0{,}7500$
0,70	$1 - 0{,}6080 = 0{,}3920$
0,80	$1 - 0{,}9133 = 0{,}0867$
0,90	$1 - 0{,}9976 = 0{,}0024$
1,00	0

Der Graph der Funktion $f(p) = F(20,p,13)$ ist im nebenstehenden Bild nicht nur für $p > 0{,}5$ dargestellt, wo er den β-Fehler wiedergibt, sondern für alle Trefferwahrscheinlichkeiten p aus dem Intervall $[0;1]$.

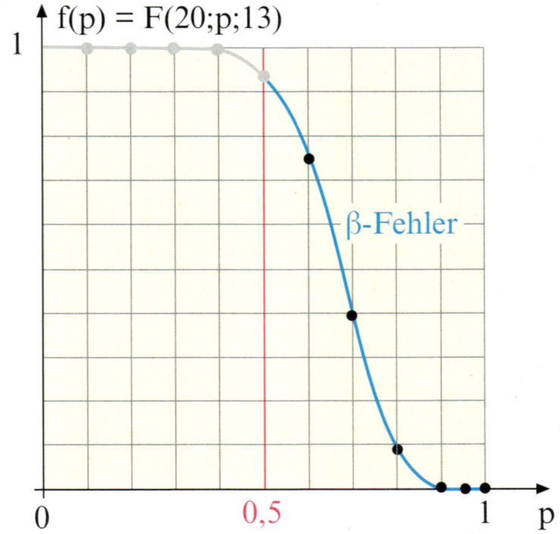

Die so entstandene Funktion bezeichnet man als ***Operationscharakteristik*** OC(p) des Tests. Im Fall dieses rechtsseitigen Tests gilt also $OC(p) = F(20;p;13)$. Mit ihr lässt sich die Güte des Tests beurteilen. Man erkennt z. B., dass schwach begabte Hellseher mit Trefferwahrscheinlichkeiten $p > 0{,}5$ bis $p = 0{,}7$ ein sehr hohes Risiko haben, als begabungslos eingestuft zu werden. Erst ab $p = 0{,}8$ ist dieses Risiko akzeptabel gering.

Man kann den Test verbessern, indem man die Versuchszahl z. B. auf $n = 80$ erhöht. Dann müsste man die kritische Zahl auf $K = 48$ festlegen, um das Irrtumswahrscheinlichkeit auf ca. 5 % zu halten:

$$\begin{aligned}\alpha &= P(X \geq 48) = 1 - P(X \leq 47)\\ &= 1 - F(80;0{,}5;47)\\ &\approx 1 - 0{,}9535 = 0{,}0465\end{aligned}$$

In diesem Fall erhalten wir die Operationscharakteristik $OC(p) = F(80;p;47)$. Sie hat eine steilere Flanke und der β-Fehler ist schon ab $p = 0{,}7$ recht klein.

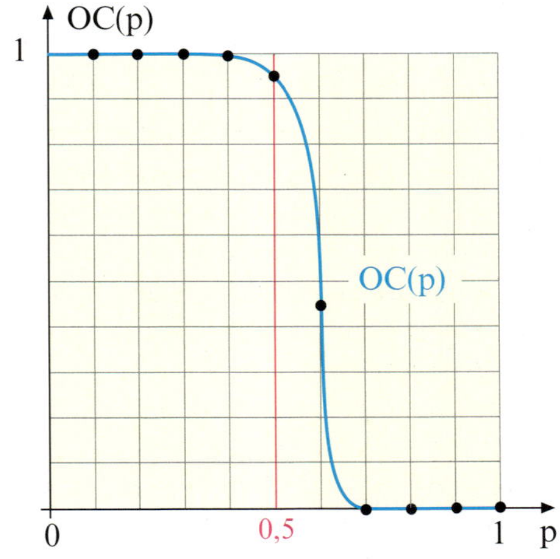

Beispiel: Die OC-Funktion beim linksseitigen Signifikanztest

Bei einer Lotterie wird versprochen, dass jedes dritte Los gewinnt. Ein Besucher vermutet, dass diese Angabe des Veranstalters nicht stimmt, sondern dass die Gewinnquote darunter liegt. Er kauft testweise 20 Lose und legt für sich fest: Sind mindestens 4 der gezogenen Lose Gewinne, will er dem Veranstalter glauben.

a) Bestimmen Sie die Irrtumswahrscheinlichkeit des Tests.

b) Ermitteln Sie die Operationscharakteristik des Tests.

Lösung zu a:
Der α-Fehler wird mithilfe des CAS berechnet. Er beträgt ca. 6 %.

In 6 % aller Fälle wird also unser Loskäufer der zutreffenden Angabe des Veranstalters nicht glauben, weil er unter 20 Losen zufällig zu wenig Gewinne gezogen hat.

X: Gewinnlose unter den n = 20 Losen

Entscheidungsregel:
$X > 3$: Entscheidung für H_0
$X \leq 3$: Entscheidung für H_1 (also $K = 3$)

Berechnung des α-Fehlers:

$$\begin{aligned}\alpha\text{-Fehler} &= P_{H_0}(\text{Entscheidung für } H_1) \\ &= P(X \leq 3) \quad \text{für } n = 20,\ p = \tfrac{1}{3} \\ &= F(20; \tfrac{1}{3}; 3) \\ &\approx 0{,}0604 = 6{,}04\,\%\end{aligned}$$

Lösung zu b:
Den β-Fehler für einen unbekannten Anteil p an Gewinnlosen erfasst die Operationscharakteristik = OC(p) = 1 – F(20;p;3).

Anteil der Gewinne p	OC(p) = 1– F(20;p;3)
0,0	0 (β-Fehler)
0,1	0,1330 (β-Fehler)
0,2	0,5886 (β-Fehler)
0,3	0,8929 (β-Fehler)
0,4	0,9840
0,5	0,9987
0,6, 0,7, …, 1,0	ca. 1

Die Gefahr, dass man der Versprechung des Losverkäufers glaubt, obwohl sie falsch ist, ist groß, wenn dieser nicht zu stark lügt. Erst wenn der tatsächliche Anteil p unter 10 % liegt, entlarvt man ihn mit hoher Wahrscheinlichkeit.

Operationscharakteristik:

$$\begin{aligned}OC(p) &= P_{H_1}(\text{Entscheidung für } H_0) \\ &= P(X > 3) \quad \text{für } n = 20, \\ &= 1 - P(X \leq 3) \quad p \text{ unbekannt} \\ &= 1 - F(20;p;3)\end{aligned}$$

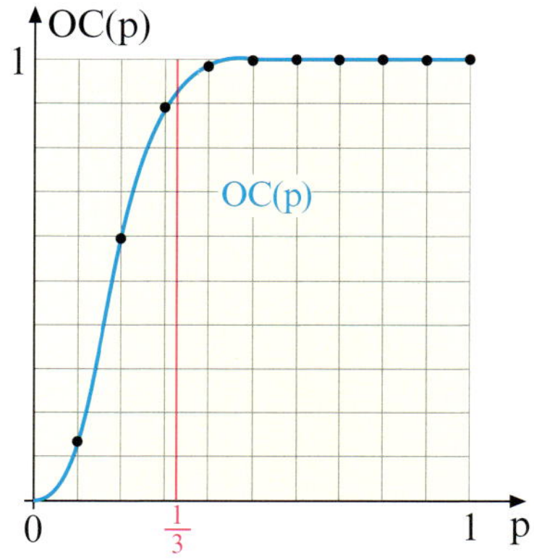

Übung 5

Wie muß die Entscheidungsregel im obigen Beispiel abgeändert werden, wenn der α-Fehler unter 1 % liegen soll? Bestimmen und interpretieren Sie die Operationscharakteristik. Vergleichen Sie diese mit der Charakteristik aus dem obigen Beispiel

Beispiel: Die OC-Funktion eines zweiseitigen Tests

Die Partei „Grünes Dorf“ hat bei den letzten Kommunalwahlen einen Stimmanteil von 30 % erreicht. Vor den anstehenden Neuwahlen soll getestet werden, ob der Stimmanteil sich verändert hat. Dazu werden 100 Personen befragt. Das Präsidium beschließt: Wenn mehr als 23 und weniger als 37 der Befragten für die Partei votieren, wird von einem unveränderten Stimmanteil ausgegangen.

a) Wie groß ist der α-Fehler dieses Tests?
b) Bestimmen Sie die Operationscharakteristik des Tests.

H_0: $p = 0{,}3$
H_1: $p \neq 0{,}3$

Lösung zu a:
X sei die Anzahl der Personen unter den 100 Befragten, welche der Partei ihre Stimme geben wollen.
Der α-Fehler ist $P(X \leq 23) + P(X \geq 37)$
$= F(100;0{,}3;23) + 1 - F(100;0{,}3;36)$.

Mit den Tabellenwerten von Seite 288 wird ein α-Fehler von 15,54 % festgestellt.

X: Anzahl der Stimmen für die Partei in der Stichprobe

Entscheidungsregel:

$23 < X < 37 \Rightarrow$ Entscheidung für H_0
$X \leq 23$ od. $X \geq 37 \Rightarrow$ Entscheidung für H_1
(also $K_1 = 23$, $K_2 = 37$)

Berechnung des α-Fehlers:

α-Fehler $= P_{H_0}(\text{Entscheidung für } H_1)$
$= P(X \leq 23) + P(X \geq 37)$
$= P(X \leq 23) + 1 - P(X \leq 36)$
$= 0{,}1554$

Lösung zu b:
Der β-Fehler, dass man sich für die Hypothese H_0 entscheidet, obwohl der Stimmanteil p nicht mehr bei 30 % liegt, wird klein sein, wenn der Stimmanteil sich stark nach unten oder nach oben verändert hat. Er wird groß sein, wenn der Stimmanteil noch in der Nähe von 30 % liegt.
Die Tabelle der Operationscharakteristik $OC(p) = F(100;p;36) - F(100;p;23)$ und der zugehörige Graph bestätigen dies.

Operationscharakteristik:

$OC(p) = P_{H_1}(\text{Entscheidung für } H_0)$
$= P(X \leq 36) - P(X \leq 23)$
$= F(100;p;36) - F(100;p;23)$

Stimmanteil p	OC(p)
0,0	0
0,1	0
0,2	0,1890
0,3	0,8446
0,4	0,2383
0,5	0,0033
0,6, 0,7, …,1,0	ca. 0

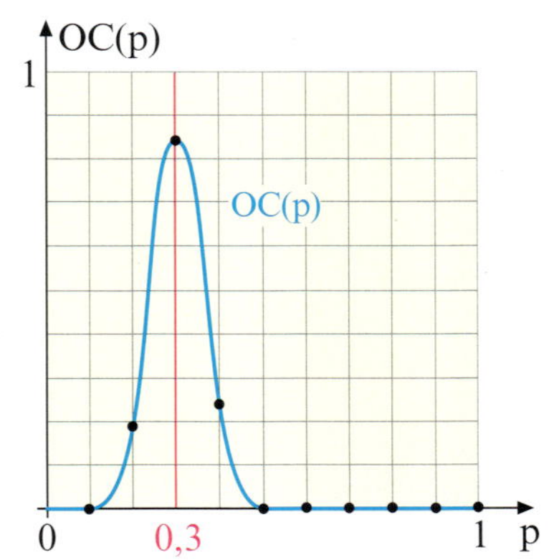

Übung 6

Der α-Fehler im obigen Beispiel soll bei ca. 10 % liegen. Ermitteln Sie die Entscheidungsregel für $n = 100$ und tabellieren Sie die zugehörige OC-Funktion. Stellen Sie einen Vergleich mit der OC-Funktion aus dem Beispiel an.

Der Einfluss der Parameter n und α auf die OC-Funktion

Stichprobenlänge n und Signifikanzniveaus α beeinflussen die OC-Funktion eines Tests. Die beiden folgenden Beispiele klären dies genauer.

Beispiel: Einfluss der Stichprobenlänge n auf die OC-Funktion
Für die Hypothesen H_0: $p = 0{,}5$ und H_1: $p > 0{,}5$ soll mit einem Signifikanzniveau von 10 % die OC-Funktion für die Stichprobenlängen n = 20, 50 und 100 erstellt werden.
a) Ermitteln Sie für alle drei Fälle die Entscheidungsregel.
b) Stellen Sie die OC-Funktionen graphisch dar und interpretieren Sie das Ergebnis.

Lösung zu a:
Sei zunächst n = 20. Gesucht ist die kritische Zahl K, für welche die rechts stehende Entscheidungsregel einen α-Fehler von höchstens 10 % ergibt.

X: Trefferzahl bei n = 20 Versuchen

Entscheidungsregel:
$X < K \Rightarrow H_0$ wird angenommen
$X \geq K \Rightarrow H_1$ wird angenommen

Durch Probieren mit dem CAS ergibt sich, dass K = 14 sein muss. Daher wird K = 14 als kleinste Zahl des Verträglichkeitsbereichs von H_1 gewählt.

Berechnung von K für n = 20:

$$\begin{aligned} \alpha\text{-Fehler} &\leq 0{,}10 \\ P_{H_0}(\text{Entscheidung für } H_1) &\leq 0{,}10 \\ P(X \geq K) &\leq 0{,}10 \\ 1 - P(X \leq K-1) &\leq 0{,}10 \\ 1 - F(20;0{,}5;K-1) &\leq 0{,}10 \\ F(20;0{,}5;K-1) &\geq 0{,}90 \\ K-1 &\geq 13 \\ K &\geq 14 \end{aligned}$$

Analog erhält man für n = 50 die kritische Zahl K = 31. Für n = 100 ist K = 57.

Ergebnisse:

Stichprobenlänge	n = 20	n = 50	n = 100
Entscheidung für H_0, wenn	$X < 14$	$X < 31$	$X < 57$
Entscheidung für H_1, wenn	$X \geq 14$	$X \geq 31$	$X \geq 57$

Lösung zu b:
Aus diesen Entscheidungsregeln ergeben sich die rechts stehenden OC-Funktionen. Mithilfe des CAS können ihre Graphen erstellt werden.

$$\beta\text{-Fehler} = P_{H_1}(\text{Entscheidung für } H_0)$$

$$= \begin{cases} F(20;p;13) & \text{für } n = 20 \\ F(50;p;30) & \text{für } n = 50 \\ F(100;p;56) & \text{für } n = 100 \end{cases}$$

Interpretation:
Je größer die Stichprobenlänge n gewählt wird, desto steiler verläuft die Flanke der OC-Funktion im interessanten Bereich ab dem Wert 0,5.
Der steilere Abfall besagt, das der β-Fehler schneller absinkt.
Daher nimmt die Güte des Tests mit wachsender Stichprobenlänge n zu.

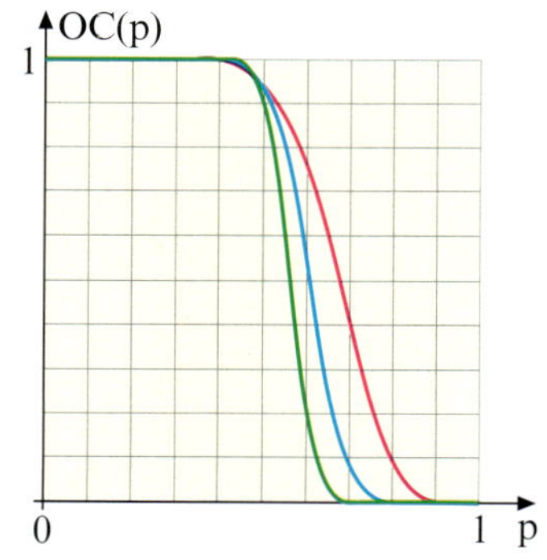

Beispiel: Einfluss des Signifikanzniveaus auf die OC-Funktion

Für die Hypothesen H_0: $p = 0{,}5$ und H_1: $p > 0{,}5$ soll bei einem Stichprobenumfang von $n = 20$ die OC-Funktion für das Signifikanzniveau von 10 %, 5 % und 1 % erstellt werden.

a) Geben Sie für jedes Signifikanzniveau die Entscheidungsregel an.

b) Stellen Sie die zugehörigen OC-Funktionen graphisch dar.

Lösung zu a:

X sei die Trefferzahl bei $n = 20$ Versuchen. Damit der Fehler 1. Art unterhalb des vorgegebenen Signifikanzniveaus α liegt, muss die gesuchte Zahl K nach nebenstehender Rechnung die Bedingung $F(20;0{,}5;K-1) \geq 1-\alpha$ erfüllen.

Entscheidungsregel:

$X < K \Rightarrow H_0$ wird angenommen

$X \geq K \Rightarrow H_1$ wird angenommen

Berechnung von K für n = 20:

Fehler 1. Art $\leq \alpha$

$\Rightarrow P_{H_0}(\text{Entscheidung für } H_1) \leq \alpha$

$\Rightarrow P(X \geq K) \leq \alpha$

$\Rightarrow 1 - P(X < K) \leq \alpha$

$\Rightarrow P(X \leq K-1) \geq 1-\alpha$

$\Rightarrow F(20;0{,}5;K-1) \geq 1-\alpha$

Setzen wir nun der Reihe nach zunächst $\alpha = 0{,}10$, dann $\alpha = 0{,}05$ und schließlich auch noch $\alpha = 0{,}01$, so erhalten wir durch Berechnungen mit dem CAS die kritischen Zahlen $K = 14$, $K = 15$, $K = 16$.

Ergebnisse laut Tabelle:

$\alpha = 0{,}10 \Rightarrow F(20;0{,}5;K-1) \geq 0{,}90 \Rightarrow K = 14$

$\alpha = 0{,}05 \Rightarrow F(20;0{,}5;K-1) \geq 0{,}95 \Rightarrow K = 15$

$\alpha = 0{,}01 \Rightarrow F(20;0{,}5;K-1) \geq 0{,}99 \Rightarrow K = 16$

Lösung zu b:

Die zugehörigen OC-Funktionen lauten $OC(p) = P(X \geq K) = 1 - P(X \leq K-1)$.

Für $K = 14$, 15 und 16 erhalten wir folgende OC-Funktionen, deren Graphen rechts unten zu sehen sind.

OC-Funktionen:

$\alpha = 0{,}10$: $OC(p) = F(20;p;13)$

$\alpha = 0{,}05$: $OC(p) = F(20;p;14)$

$\alpha = 0{,}01$: $OC(p) = F(20;p;15)$

Graphen der OC-Funktionen:

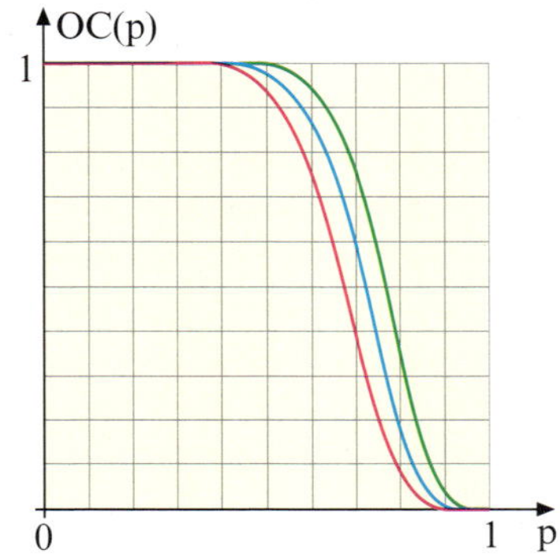

Interpretation:

Je kleiner jedoch der zugelassene α-Fehler ist, desto später beginnt der Abfall der OC-Funktion.

Das bedeutet bei kleinem α-Fehler, dass der β-Fehler groß sein wird, wenn die Trefferwahrscheinlichkeit nicht deutlich über 50 % liegt.

Übung 7

Getestet werden soll die Hypothese H_0: $p = 0{,}4$ gegen die Hypothese H_1: $p < 0{,}4$.

a) Das Signifikanzniveau betrage $\alpha \approx 10\,\%$. Ermitteln Sie für den Stichprobenumfang $n = 20$ die Entscheidungsregel. Zeichnen Sie die OC-Funktion. Wiederholen Sie dies für $n = 50$.

b) Der Stichprobenumfang betrage $n = 80$. Ermitteln Sie für das Signifikanzniveau $\alpha = 10\,\%$ die Entscheidungsregel. Zeichnen Sie die OC-Funktion. Wiederholen Sie dies für $\alpha = 5\,\%$.

Übungen

8. Spendierfreudigkeit

Nur 20 % der Einwohner einer Stadt spenden gelegentlich für einen guten Zweck. Die Lokalzeitung startet daraufhin eine Werbungskampagne, die den Anteil der Spendenfreudigen erhöhen soll. Um den Erfolg der Kampagne zu kontrollieren, werden 100 zufällig ausgewählte Personen befragt. Getestet werden sollen die folgenden Hypothesen:
H_0: Die Spendenfreudigkeit ist gleich geblieben.
H_1: Die Spendenfreudigkeit hat sich verbessert.

a) Wie wahrscheinlich ist es, dass mindestens 22 Personen aus der Stichprobe spendenfreudig sind, wenn das Verhalten der Menschen sich nicht verändert hat ?
b) Es wird vermutet, dass die Kampagne erfolgreich war. Diese Hypothese soll auf einem Signifikanzniveau von $\alpha = 10\,\%$ getestet werden. Entwickeln Sie die Entscheidungsregel.
c) Die Entscheidungsregel soll folgendermaßen lauten: Geben weniger als 27 der 100 Befragten an, dass sie spenden wollen, so wird für H_0 entschieden. andernfalls für H_1.
Wie groß ist der α-Fehler? Wie groß ist der β-Fehler, wenn die Spendenfreudigkeit durch die Kampagne auf 30 % gesteigert werden konnte?
d) Zeichnen Sie die Operationscharakteristik des Tests aus Teilaufgabe b). Interpretieren Sie die Operationscharakteristik.

9. Münztest

Ein Zauberer verwendet für einen Trick eine Münze. Um dem Verdacht nachzugehen, dass sie nicht wie vom Zauberer behauptet fair ist und zu oft Kopf liefert, wird folgender Test durchgeführt: Die Münze wird 20-mal geworfen. Kommt mindestens 13-mal Kopf, so wird sie als gefälscht eingestuft (Hypothese H_1), andernfalls als gefälscht (H_0).

a) Wie groß ist die Irrtumswahrscheinlichkeit 1. Art, d. h. der α-Fehler des Tests?
b) Wie groß ist die Wahrscheinlichkeit für einen Fehler 2. Art, wenn die Münze so gefälscht ist, dass die Wahrscheinlichkeit für Kopf bei $p = 0{,}60$ liegt?
c) Tabellieren Sie die OC-Funktion des Tests.
d) Zeichnen und interpretieren Sie die Operationscharakteristik des Tests.
e) Verbessern Sie den Test nun so, dass der α-Fehler nur noch maximal 5 % beträgt, ohne den Stichprobenumfang zu erhöhen. Wie lautet die neue Entscheidungsregel? Wie verändert sich die Operationscharakteristik? Welche Bedeutung hat die Veränderung?

Jeff Sheridan
Genialer
Zauberkünstler

3. Testen mit Normalverteilung

A. Die Zufallsvariable $a \cdot X + b$

Mit den reellen Zahlen a und b sowie der Zufallsgröße X wird eine neue Zufallsvariable $Z = aX + b$ gebildet. Anhand des folgenden Beispiels wird exemplarisch untersucht, welchen Einfluss a und b auf den Erwartungswert und die Varianz von Z haben.

Beispiel: Erwartungswert und Varianz

X sei eine Zufallsvariable, deren Wahrscheinlichkeitsverteilung durch die Tabelle rechts bestimmt ist. Berechnen Sie für beliebige $a, b \in \mathbb{R}$ den Erwartungswert und die Varianz der Zufallsvariable $Z = a \cdot X + b$.

$X = x_k$	x_1	x_2	x_3	x_4
$P(X = x_k)$	p_1	p_2	p_3	p_4

Lösung:

Sind $\mu = E(X)$ und $\sigma^2 = V(X)$ bekannt, so ergibt sich mithilfe der bekannten Formeln für den Erwartungswert und die Varianz:
$E(Z) = a \cdot \mu + b$ und
$V(Z) = a^2 \cdot \sigma^2$.

$$\begin{aligned} E(Z) &= (ax_1 + b)p_1 + (ax_2 + b)p_2 + (ax_3 + b)p_3 + (ax_4 + b)p_4 \\ &= a(x_1 p_1 + x_2 p_2 + x_3 p_3 + x_4 p_4) + b(p_1 + p_2 + p_3 + p_4) \\ &= aE(X) + b \end{aligned}$$

$$\begin{aligned} V(Z) &= (a\mu + b - (ax_1 + b))^2 p_1 + (a\mu + b - (ax_2 + b))^2 p_2 \\ &\quad + (a\mu + b - (ax_3 + b))^2 p_3 + (a\mu + b - (ax_4 + b))^2 p_4 \\ &= a^2 [(\mu - x_1)^2 p_1 + (\mu - x_2)^2 p_2 + (\mu - x_3)^2 p_3 \\ &\quad + (\mu - x_4)^2 p_4] = a^2 \cdot V(X) \end{aligned}$$

Diese Eigenschaften, die hier am Beispiel erläutert wurden, gelten allgemein. Das bedeutet: Eine Verschiebung der x_k-Werte einer Zufallsgröße um den Summanden b wirkt sich auch auf den Erwartungswert aus, nicht jedoch auf die Varianz.
Bei einer Streckung der x_k-Werte einer Zufallsgröße mit dem Faktor a wird auch der Erwartungswert mit a gestreckt, die Varianz hingegen wird mit dem Faktor a^2 gestreckt.

Erwartungswert und Varianz von $Z = aX + b$

Ist X eine Zufallsvariable mit $\mu = E(X)$ und $\sigma^2 = V(X)$ sowie $a, b \in \mathbb{R}$, so gilt für die Zufallsvariable $Z = aX + b$: $E(Z) = a \cdot \mu + b$ und $V(Z) = a^2 \cdot \sigma^2$.

Mithilfe dieser Eigenschaften lassen sich Zufallsvariablen standardisieren.

Hat die Zufallsgröße X den Erwartungswert μ und die Standardabweichung $\sigma \neq 0$, so gilt für die Zufallsgröße $Y = \frac{X - \mu}{\sigma}$: $E(Y) = 0$ und $V(Y) = 1$. Y heißt **standardisierte Zufallsgröße**.

Übung 1

Gegeben ist die Wahrscheinlichkeitsverteilung einer Zufallsgröße X.

$X = x_k$	-2	0	1	5
$P(X = x_k)$	0,1	0,3	0,3	p

a) Bestimmen Sie p.
b) Ermitteln Sie die Wahrscheinlichkeitsverteilung der standardisierten Zufallsgröße

B. Test des Erwartungswertes bei normalverteilten Zufallsgrößen

In der Praxis können stetige Zufallsgrößen, wie z. B. die Abfüllmenge einer Verpackungsmaschine, durch normalverteilte Zufallsvariablen beschrieben werden. Durch technische Umgestaltungen der Maschine kann sich der Erwartungswert verändern, während man oft davon ausgeht, dass die Standardabweichung gleich geblieben ist. Um solche Vermutungen zu testen, werden n Stichproben untersucht. Es ist naheliegend, den Mittelwert der einzelnen Messwerte zu bilden und ihn mit dem Erwartungswert zu vergleichen.

Das Stichprobenmittel $\bar{X}$ ist eine Zufallsgröße, die aus den Einzelwerten von n Stichproben wie folgt ermittelt wird: $\bar{X} = \frac{1}{n} \cdot (X_1 + X_2 + \ldots + X_n)$.

Dabei haben die Zufallsgrößen $X_1, X_2, \ldots, X_n$ die gleiche Wahrscheinlichkeitsverteilung.

Daher lassen sich die Erkenntnisse der vorangegangenen Seite anwenden und es gilt:

$$E(\bar{X}) = E\left(\frac{1}{n} \cdot (X_1 + X_2 + \ldots + X_n)\right) = \frac{1}{n} n \cdot E(X) = E(X) \quad \text{und}$$

$$V(\bar{X}) = V\left(\frac{1}{n} \cdot (X_1 + X_2 + \ldots + X_n)\right) = \frac{1}{n^2} \cdot V(X_1 + X_2 + \ldots + X_n) = \frac{n}{n^2} \cdot V(X) = \frac{V(X)}{n}$$

Der Mittelwert $\bar{X}$ aus n Stichproben einer normalverteilten Zufallsgröße X mit $E(X) = \mu$ und $V(X) = \sigma^2$ ist ebenfalls normalverteilt mit: $E(\bar{X}) = \mu$ und $\sigma_{\bar{X}} = \frac{\sigma}{\sqrt{n}}$.

Daher gelten für den Mittelwert $\bar{X}$ aus n Stichproben einer normalverteilten Zufallsgröße analog zur Seite 295 die folgenden ganzzahligen Sicherheitswahrscheinlichkeiten.

$$P\left(\mu - 1{,}64 \cdot \frac{\sigma}{\sqrt{n}} \le \bar{X} \le \mu + 1{,}64 \cdot \frac{\sigma}{\sqrt{n}}\right) = 90\,\%$$

$$P\left(\mu - 1{,}96 \cdot \frac{\sigma}{\sqrt{n}} \le \bar{X} \le \mu + 1{,}96 \cdot \frac{\sigma}{\sqrt{n}}\right) = 95\,\%$$

$$P\left(\mu - 2{,}58 \cdot \frac{\sigma}{\sqrt{n}} \le \bar{X} \le \mu + 2{,}58 \cdot \frac{\sigma}{\sqrt{n}}\right) = 99\,\%$$

Beispiel: Abfüllmenge

Die Füllmenge einer Abfüllmaschine hat sich bisher als normalverteilt erwiesen mit einem Erwartungswert von 500 ml und einer Standardabweichung von 20 ml. Durch eine technische Umgestaltung der Abfüllmaschine könnte sich der Erwartungswert verändert haben, während man davon ausgeht, dass die Standardabweichung gleich geblieben ist. Um diese Vermutung zu testen, wird eine Stichprobe von n = 100 Milchpacks auf ihre Füllmenge untersucht. Entwickeln Sie eine Methode zum Testen der Vermutung.

Es werden bei 100 zufällig und unabhängig ausgewählten Milchpackungen die Füllmengen ermittelt und deren Mittelwert $\bar{X}$ berechnet.

Für die vorgegebene Sicherheitswahrscheinlichkeit c werden die linke und rechte Intervallgrenze bestimmt:

Liegt der Mittelwert $\bar{X}$ in diesem Intervall, so geht man davon aus, dass sich der Erwartungswert nicht verändert hat.

Liegt $\bar{X}$ außerhalb des Intervalls, geht man von einer Änderung des Mittelwertes aus.

Sicherheitsintervall allgemein

$$\left[\mu - c \cdot \frac{\sigma}{\sqrt{n}};\ \mu + c \cdot \frac{\sigma}{\sqrt{n}}\right]$$

Sicherheitsintervall für c = 1,64 %

$$\left[500 - 1{,}64 \cdot \frac{20}{\sqrt{100}};\ 500 + 1{,}64 \cdot \frac{20}{\sqrt{100}}\right]$$

$$= [496{,}72;\ 503{,}28]$$

Übung 1

a) Berechnen Sie die Verträglichkeitsbereiche für die Hypothese „Der Erwartungswert $\mu = 500$ ml hat sich nicht verändert" für die Sicherheitswahrscheinlichkeiten von 95 % bzw. 99 %. Begründen Sie inhaltlich, weshalb die Intervalle mit wachsender Sicherheitswahrscheinlichkeit größer werden.

b) Berechnen Sie für die Sicherheitswahrscheinlichkeit von 90 % die Verträglichkeitsbereiche für $n = 400$ und $n = 1600$. Vergleichen Sie die Intervalllängen dieser Bereiche für die verschiedenen Werte von n.

Beispiel: Bolzendurchmesser

Von einer Maschine werden Bolzen hergestellt, deren Durchmesser als normalverteilt mit dem Erwartungswert 10 mm und der Standardabweichung 0,1 mm angenommen werden.

a) Ermitteln Sie das Intervall, in welchem die Bolzendurchmesser mit einer Wahrscheinlichkeit von 95 % liegen.

b) Aus der Tagesproduktion werden zufällig 16 Bolzen entnommen und der Mittelwert der Durchmesser ermittelt. Ermitteln Sie das Intervall, in dem dieser Mittelwert mit einer Wahrscheinlichkeit von 95% liegt.

Lösung zu a:

$\mu_X - 1{,}96\sigma_X = 10\text{ mm} - 1{,}96 \cdot 0{,}1 = 9{,}804\text{ mm}$

$\mu_X + 1{,}96\sigma_X = 10\text{ mm} + 1{,}96 \cdot 0{,}1 = 10{,}196\text{ mm}$

In 95 % der Fälle liegt der Bolzendurchmesser im Intervall [9,804 mm; 10,196 mm].

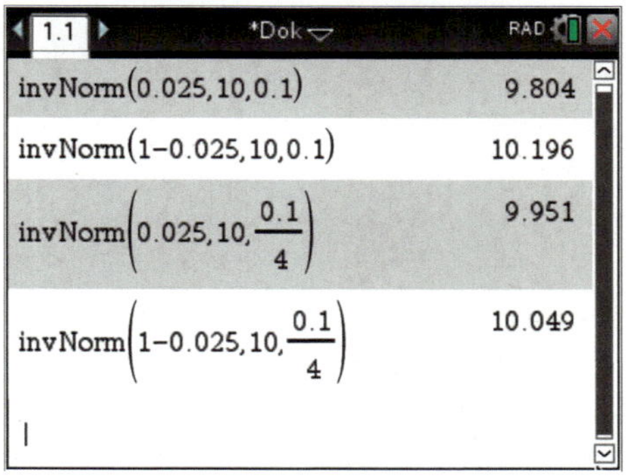

Lösung zu b:

$\mu_{\bar{X}} - 1{,}96\sigma_{\bar{X}} = 10\text{ mm} - 1{,}96 \cdot \frac{0{,}1\text{ mm}}{4} = 9{,}951\text{ mm}$

$\mu_{\bar{X}} + 1{,}96\sigma_{\bar{X}} = 10\text{ mm} + 1{,}96 \cdot \frac{0{,}1\text{ mm}}{4} = 10{,}049\text{ mm}$

Der Mittelwert der Bolzendurchmesser liegt mit 95 %-iger Wahrscheinlichkeit im Intervall [9,951 mm; 10,049 mm].

Hinweis: Bei der Verwendung des Befehls invnorm(p,μ,σ) des TI-Nspire können die Grenzen bestimmt werden mit $P(\bar{X} \leq g_u) \leq \frac{\alpha}{2}$ bzw. mit $P(\bar{X} \geq g_o) \leq 1 - \frac{\alpha}{2}$.

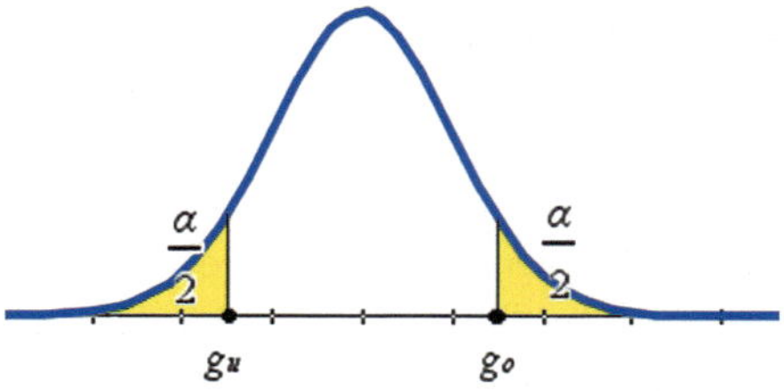

Übung 2

Für die Schulen eines Landkreises werden für Experimente technische Widerstände mit einem Widerstand von jeweils 100 Ω und einer konstanten Standardabweichung von 5 Ω bestellt. Einer Lieferung werden 10 Bauteile entnommen und der mittlere Widerstand bestimmt. Die gesamte Lieferung kann zurückgewiesen werden, wenn dieser Mittelwert signifikant abweicht. Ermitteln Sie die Entscheidungsregel bei einer Irrtumswahrscheinlichkeit von 5 %. Wir gehen davon aus, dass die Standardabweichung gleich geblieben ist.

Übungen

3. Rohre

Eine Maschine soll Rohre mit einem Innendurchmesser von 200 mm bei einer gleich bleibenden Standardabweichung von 2 mm produzieren. Inzwischen wird bezweifelt, ob die Maschine noch den Erwartungswert einhält. Deshalb wird eine zufällige Stichprobe von 10 Rohren untersucht und dabei der mittlere Innendurchmesser von 198 mm bestimmt. Untersuchen Sie unter der Voraussetzung, dass die Standardabweichung gleich geblieben ist und bei einer Irrtumswahrscheinlichkeit von 5 %, ob man die Maschine besser austauschen sollte.

4. Würfelzucker

Auf einer Packung Würfelzucker steht „130 Stück". Dies wird bezweifelt und getestet. Dazu wird der Inhalt der Packung gewogen. Die Packung wiegt 500,0 g. Laut Herstellerangaben soll jedes Stück Würfelzucker 4,0 g wiegen (bei einer beständigen Standardabweichung von 0,5 g). Beurteilen Sie, ob man die Angabe auf der Verpackung bei einer Irrtumswahrscheinlichkeit von 5 % verwerfen sollte.

5. Cola-Büchsen

Max ist der Meinung, dass in Cola-Büchsen mit 355 ml Inhalt zu wenig Cola abgefüllt wird. Laut Angaben des Produzenten beträgt die Standardabweichung 12 ml. Max testet 20 Büchsen und erhält als Mittelwert 348 ml. Beurteilen Sie, ob man die Angabe auf der Verpackung bei einer Irrtumswahrscheinlichkeit von 1 % verwerfen kann, falls man die Standardabweichung als konstant ansieht.

Überblick

Näherung der Biniomialverteilung durch die Standardnormalverteilung

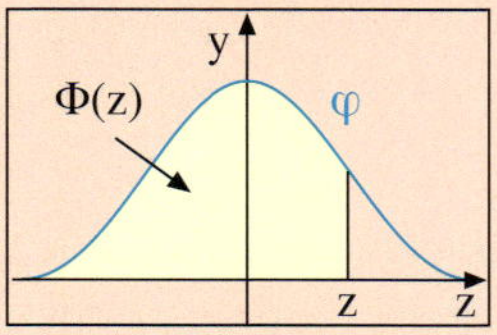

$$\Phi(z) = \frac{1}{\sqrt{2\pi}} \cdot \int_{-\infty}^{z} e^{-\frac{1}{2}t^2}\,dt$$

X sei eine binomialverteilte Zufallsgröße.
Falls die Laplace-Bedingung $\sigma = \sqrt{n \cdot p \cdot (1-p)} > 3$ gilt, so gilt die globale Näherungsformel $P(X \leq k) = F(n,p,k) \approx \Phi(z)$.
Dabei wird die Hilfsgröße z berechnet als $z = \frac{k - \mu + 0{,}5}{\sigma}$.

Verwendung der Φ-Tabelle zur Standardnormalverteilung:
Berechnung von z, Ablesen von Φ(z) aus der Tabelle.

Berechnung von Φ(z) mit dem CAS:
$P(X \leq k) = \text{normCdf}(0,k,\mu,\sigma)$

Alternativtest

Es wird eine Entscheidung getroffen zwischen den beiden alternativen Hypothesen H_0: $p = p_0$ und H_1: $p = p_1$.

Entscheidungsregel

Ist $p_0 < p_1$ und gibt die Prüfgröße X die Anzahl an, mit der das zu untersuchende Merkmal in der Stichprobe vom Umfang n auftritt, so wird die Entscheidungsregel wie folgt aufgestellt:
$X < K \Rightarrow$ H_0 wird angenommen
$X \geq K \Rightarrow$ H_1 wird angenommen

Annahmebereich von H_0

Nimmt die Prüfgröße X einen Wert aus dem Verträglichkeitsbereich von H_0 an, so wird die Hypothese H_0 angenommen. Mit der oben aufgestellten Entscheidungsregel ist der Verträglichkeitsbereich von H_0 die Menge $\{0, 1, \ldots, K-1\}$. Der Verwerfungsbereich ist die Menge $\{K, K+1, \ldots, n\}$.

Kritische Zahl K

Die kritische Zahl K trennt den Verträglichkeitsbereich der Hypothese H_0 von ihrem Verwerfungsbereich, der zugleich Verträglichkeitsbereich von H_1 ist; sie gehört zum Verträglichkeitsbereich von H_1.

Fehler 1. Art (α-Fehler)

Die Hypothese H_0 ist richtig, die Entscheidung fällt aufgrund des Stichprobenergebnisses für die falsche Hypothese H_1.

Fehler 2. Art (β-Fehler)

Die Hypothese H_1 ist richtig, die Entscheidung fällt aufgrund des Stichprobenergebnisses für die falsche Hypothese H_0.

Rechtsseitiger Signifikanztest

Die Nullhypothese H_0: $p = p_0$ wird gegen die Hypothese H_1: $p > p_0$ getestet. Der Verträglichkeitsbereich von H_0 ist eine Menge $\{0, 1, \ldots, K-1\}$.

Linksseitiger Signifikanztest

Die Nullhypothese H_0: $p = p_0$ wird gegen die Hypothese H_1: $p < p_0$ getestet. Der Verträglichkeitsbereich von H_0 ist eine Menge $\{K+1, K+2, \ldots, n\}$.

Der Sequentialtest

Statistische Hypothesentests können recht kostspielig sein. In der industriellen Qualitätskontrolle ist das dann der Fall, wenn die bei der Stichprobe gezogenen Objekte aufwändigen Prüfungen unterzogen werden müssen oder wenn sie bei der Prüfung zerstört werden.

Im Zweiten Weltkrieg entwickelte der Statistiker Abraham Wald ein raffiniertes Testverfahren, das mit einer erheblich erniedrigten Zahl von Prüfvorgängen auskommt, weil es den Trend berücksichtigt.

Dies wird dadurch erreicht, dass beim **Wald'schen Quotiententest** die Objekte einzeln gezogen werden und nach jeder Ziehung geprüft wird, ob die Ergebnisse bereits ausreichen, um zwischen den Hypothesen entscheiden zu können, oder ob das Verfahren fortgesetzt werden soll.

Das Grundprinzip des sequentiellen Quotiententests

Auf einem Jahrmarkt werden Lose angeboten. In der Lostrommel befindet sich eine große Zahl von Losen, Gewinnlose (1) und Nieten (0). Der Schausteller wirbt damit, dass der Anteil p der Gewinnlose 60 % betrage, während ein Konkurrent behauptet, dass es nur 30 % seien.
Ein Jahrmarktbesucher zieht der Reihe nach einzelne Lose. Er möchte anhand des Trends entscheiden, ob die Hypothese des Schaustellers (H_1: p = 0,6) oder die Hypothese des Konkurrenten (H_0: p = 0,3) zutrifft.
Er erhält eine Folge von Zwischenergebnissen S_1 bis S_{10}.

Berechnen Sie für jede Teilsequenz S_n die Wahrscheinlichkeit $W_1 = P_{H_1}(S_n)$ des Auftretens dieser Sequenz unter der Annahme, dass H_1 gilt.
Berechnen Sie jeweils auch die Wahrscheinlichkeiten $W_0 = P_{H_0}(S_n)$. Berechnen Sie anschließend für jede Teilsequenz die sogenannten Wald'schen Quotienten W_1/W_0 und interpretieren Sie diese.

Eine Sequenz der Länge 10 und ihre Teilsequenzen:

S_1 = 1
S_2 = 10
S_3 = 100
S_4 = 1001
S_5 = 10011
S_6 = 100110
S_7 = 1001101
S_8 = 10011011
S_9 = 100110111
S_{10} = 1001101111

1. Berechnung der Quotienten W_1/W_0

Jede *Teilsequenz* S_n $(1 \le n \le 10)$ stellt im Prinzip eine *Bernoulli-Kette* der Länge n dar.

Enthält eine solche Teilsequenz m Einsen und folglich n – m Nullen, so tritt sie mit der Wahrscheinlichkeit $p^m \cdot (1-p)^{n-m}$ ein, wobei p die Trefferwahrscheinlichkeit für eine Eins ist.

Beispielsweise ergeben sich damit für die Teilsequenz S_5 folgende Wahrscheinlichkeiten:

falls die Hypothese H_1 gilt,

$W_1 = P_{H_1}(S_5) = 0{,}6^3 \cdot 0{,}4^2 = 0{,}03456$,

falls die Hypothese H_0 gilt,

$W_0 = P_{H_0}(S_5) = 0{,}3^3 \cdot 0{,}7^2 = 0{,}01323$.

Der Quotient dieser Wahrscheinlichkeiten beträgt $W_1/W_0 \approx 2{,}6$.

Der *Wald'sche Quotient* W_1/W_0 wird nach jeder Ziehung berechnet. Die Tabelle enthält die Ergebnisse für die Teilsequenzen S_1 bis S_{10}.

Der Quotiententest:

n	$W_1 = P_{H_1}(S_n)$	$W_0 = P_{H_0}(S_n)$	$\frac{W_1}{W_0}$
1	0,6	0,3	2,00
2	0,24	0,21	1,14
3	0,096	0,147	0,65
4	0,0576	0,0441	1,31
5	0,03456	0,01323	2,61
6	0,013824	0,009261	1,49
7	0,0082944	0,0027783	2,99
8	0,00497664	0,00083349	5,97
9	0,002985984	0,000250047	11,94
10	0,001791590	0,000075014	23,88

2. Interpretation der Tabelle:
Der Waldsche Quotient W_1/W_0 steigt in unserem Beispiel mit zunehmender Zahl von Ziehungen an.
Nach der neunten Ziehung beträgt er schon mehr als 11. Das Auftreten der beobachteten Sequenz S_9 ist also unter der Hypothese H_1 mehr als 11-mal so wahrscheinlich wie unter H_0.
Dieser *Trend* spricht für die Gültigkeit der Hypothese H_1.

Entscheidungsregel und Fehlerschranken

Für den Quotiententest verwendet man die nebenstehende Entscheidungsregel.

Wählt man in unserem Beispiel für die beiden kritischen Zahlen $K_\alpha = 10$ und $K_\beta = 10$, so würde die Entscheidung nach der neunten Ziehung für die Hypothese H_1: p = 0,6 fallen, deren Gültigkeit nach dieser Ziehung mehr als 10-mal so wahrscheinlich ist wie die Hypothese H_0, da der Wald'sche Quotient W_1/W_0 erstmals die kritische Zahl $K_\alpha = 10$ überschreitet.

Die Wahrscheinlichkeit einer Fehlentscheidung würde dann maximal 10 % betragen.

Entscheidungsregel des Wald'schen Quotiententests:
Vorgegeben seien zwei sogenannte kritische Zahlen K_α und K_β.

- Erreicht oder übersteigt bei einer Ziehung der Quotient W_1/W_0 die kritische Zahl K_α erstmals, so entscheide für H_1.
- Erreicht oder übersteigt dagegen der Quotient W_1/W_0 die kritische Zahl K_β erstmals, so entscheide für H_0.

Fehlerschranken:
Die Kehrwerte der kritischen Zahlen stellen Fehlerschranken dar:
α-Fehler $\le 1/K_\alpha$ β-Fehler $\le 1/K_\beta$

CAS-Anwendung

Anwendung der Näherungsformeln für die Binomialverteilung

In den folgenden beiden Beispielen werden die lokale und die globale Näherungsformel von Laplace und de Moivre für Binomialverteilungen (vgl. S. 334 bzw. 337) auf dem CAS definiert. Da die CAS-Funktionen binomPdf $(p, n, k) = B(n, p, k)$ und binomCdf $(p, n, k) = F(p, n, k)$ auch für große n Ergebnisse liefern, kann die Güte der Näherung direkt getestet werden.

Beispiel: Lokale Näherung (Punktwahrscheinlichkeiten)
Die Zufallsgröße X sei binomialverteilt mit den Parametern $n = 1000$ und $p = 0{,}75$. Erstellen Sie eine Notes-Seite zur Näherungsberechnung von Punktwahrscheinlichkeiten $P(X = k)$.

Lösung:
Die Parameter n und p werden in Math-Boxen bereitgestellt. Dann erfolgt die Berechnung des Erwartungswertes (m) und der Standardabweichung (s). Die Näherung für $P(X = k) = B(n, p, k)$ bezeichnen wir mit $b(n, p, k)$ und definieren Sie wie auf Seite 286 angegeben. Der Näherungswert $b(n, p, 750)$ stimmt sehr gut mit dem exakten Wert $B(n, p, 750) =$ binomPdf$(n, p, 750)$ überein. Denselben Näherungswert erhält man mit der CAS-Funktion normPdf.

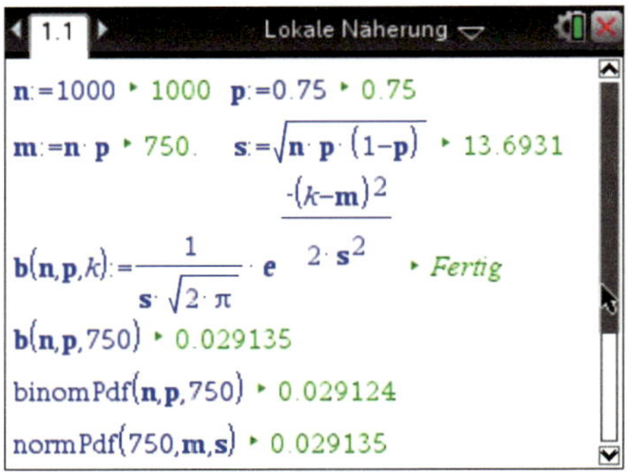

Beispiel: Globale Näherung (Intervallwahrscheinlichkeiten)
Die Zufallsgröße X sei binomialverteilt mit den Parametern $n = 1000$ und $p = 0{,}75$. Erstellen Sie eine Notes-Seite zur Näherungsberechnung von Intervallwahrscheinlichkeiten $P(X \leq k)$.

Lösung:
Wir verfahren wie im obigen Beispiel, verwenden aber zur Berechnung von Werten $\Phi(z)$ der Gauß'schen Integralfunktion die CAS-Funktion normCdf.
Wir definieren also (vgl. S. 337):
$f(n, p, k) :=$ normCdf $\left(-\infty, \frac{k - m + 0.5}{s}, 0,1\right)$
als Näherung für $P(X \leq k) = F(n, p, k)$.
Berechnet wird wieder der Näherungswert für $k = 750$. Ein Vergleich mit dem exakten Werte $F(n, p, 750) =$ binomCdf$(n, p, 750)$ zeigt die Güte der Näherung.

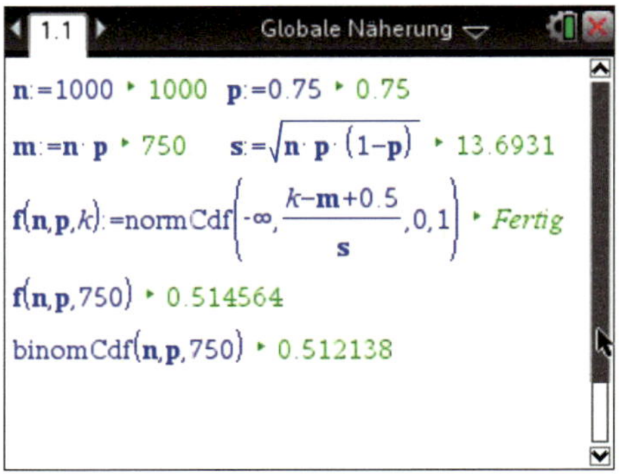

Übung 1
Verwenden Sie die tns-Datei der obigen Beispiele für weitere Berechnungen von Punkt- und Intervallwahrscheinlichkeiten. Experimentieren Sie auch mit dem „Korrektursummanden $+0{,}5$“.

Konfidenzintervall

Im folgenden Beispiel wird anhand einer Stichprobe ein Schätzintervall für einen unbekannten Anteil berechnet. Solche Schätzintervalle werden auch als **Konfidenzintervalle** bezeichnet.

Beispiel: Konfidenzintervall (mit graphischer Veranschaulichung)
Der Anteil p aller Schüler in der gymnasialen Oberstufe besucht regelmäßig ein bestimmtes Internetportal. Eine Stichprobe soll nähere Auskunft über den Wert von p geben.
Dazu wird eine Umfrage unter 50 Schülern durchgeführt, wobei 40 Schüler angeben, dass sie des Öfteren diese Internetseiten aufrufen. Ermitteln Sie ein Konfidenzintervall für p zur Sicherheitswahrscheinlichkeit 95,5 %.

Lösung:
Als Schätzwert für p liefert die Umfrage die relative Häufigkeit 0,8, also 80 %.
Zur Bestimmung des Konfidenzintervalls für p ist folgende Ungleichung zu lösen:
$|h - p| \leq c \cdot \frac{\sqrt{n \cdot p \cdot (1-p)}}{n}$ bzw.
$(h - p)^2 \leq \frac{c^2 \cdot p \cdot (1-p)}{n}$.
Dabei ist $n = 50$ und $h = 0,8$ einzusetzen sowie $c = 2$ aufgrund der Sicherheitswahrscheinlichkeit von 95,5 %. Der solve-Befehl liefert das Konfidenzintervall.

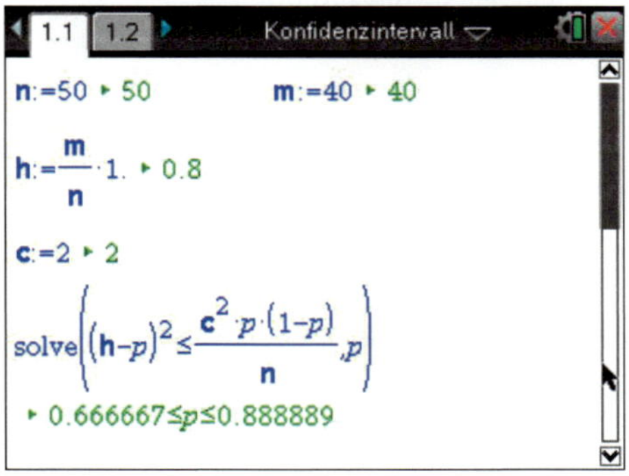

Wir haben damit das folgende Ergebnis: Mit einer Sicherheitswahrscheinlichkeit von 95,5 % liegt der wahre Anteil der Schüler, die regelmäßig das gewisse Internetportal besuchen, zwischen ca. 66 % und ca. 89 %.
Nun soll das Konfidenzintervall graphisch veranschaulicht werden. Dazu wird die Notes-Seite fortgesetzt mit den Definitionen o(p) und u(p) für die obere und die untere Schranke von h.

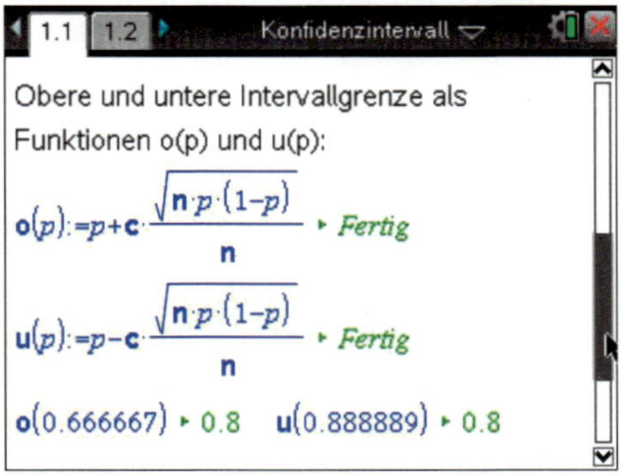

Stellt man die Graphen der Funktionen $f1(x) = o(x)$ und $f2(x) = u(x)$ auf einer Graphs-Seite dar, so ergibt sich das nebenstehende Bild. Trägt man zusätzlich die Gerade zu $f3(x) = h$ ein, so wird aus dieser Geraden zu $h = 0,8$ durch die Graphen von f1 und f2 genau die Strecke des oben berechneten Konfidenzintervalls herausgeschnitten.

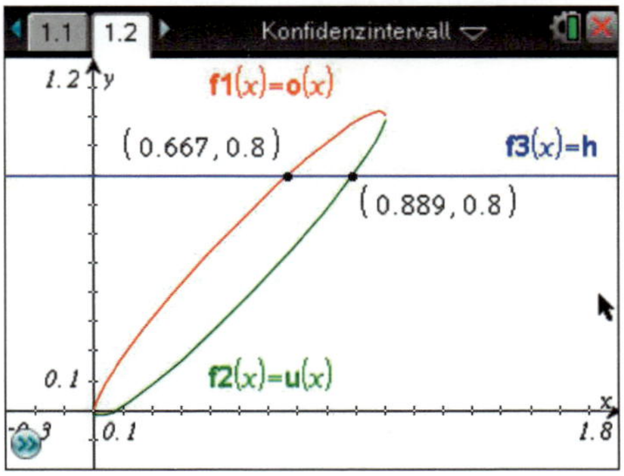

Alternativtest

Es wird das Einführungsbeispiel von Seite 300 aufgegriffen.

Beispiel: Alternativtest

Eine Kiste gilt als 1. Wahl, wenn der Anteil der nicht normgerechten Schrauben nur 10 % ist, und als 2. Wahl, wenn dieser Anteil 30 % der Schrauben in der Kiste beträgt. Einer Kiste, deren Qualitätseinstufung unbekannt ist, werden 20 Schrauben entnommen. Entsprechen höchstens 2 Schrauben nicht der Norm, so wird die Kiste als 1. Wahl eingestuft, andernfalls als 2. Wahl.

Mit welcher Wahrscheinlichkeit wird eine Kiste 2. Wahl als 1. Wahl eingestuft (Fehler 1. Art)?

Mit welcher Wahrscheinlichkeit wird eine Kiste 1. Wahl als 2. Wahl eingestuft (Fehler 2. Art)?

Wie muss die Entscheidungsregel abgeändert werden, damit die Wahrscheinlichkeit für einen Fehler 2. Art nur ungefähr 10 % beträgt?

Lösung:
Wie auf den Seiten 300 ff. müssen zunächst die Zufallsgröße X charakterisiert und die Nullhypothese sowie die Alternativhypothese aufgestellt werden.

n: Stichprobenumfang; $n = 20$.
X: Anzahl der nicht normgerechten Schrauben in der Stichprobe. Die Zufallsgröße X ist binomialverteilt mit $n = 20$ und $p = 0{,}1$ bzw. $p = 0{,}3$ je nachdem, ob 1. oder 2. Wahl vorliegt.

Nullhypothese H_0: Die Kiste ist 2. Wahl
Alternativhypothese H_1: Die Kiste ist 1. Wahl

Die Berechnungen der Wahrscheinlichkeiten der Fehler 1. bzw. 2. Art können mithilfe der Funktion binomCdf(n,p,a,b)=B(n;p;a) +...+ B(n;p;b) besonders einfach durchgeführt werden:

P(Fehler 1. Art) $= P(X \leq 2)$, $n = 20$, $p = 0{,}3$
=binomCdf(20,0.3,0,2)}
$\approx 0,035483 \approx 3{,}55\,\%$
P(Fehler 2. Art) $= P(X > 2)$, $n = 20$, $p = 0,1$
= binomCdf(20,0.1,3,20)
$\approx 0,323073 \approx 32,31\,\%$

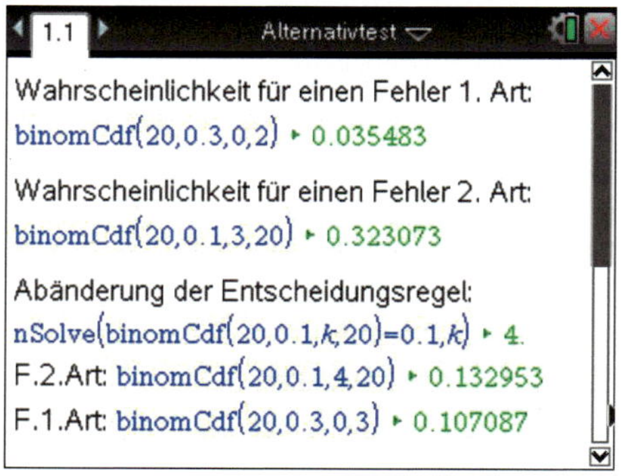

Wir bestimmen ein k, das die Gleichung binomCdf$(20, 0.25, k, 20) = 0{,}1$ erfüllt.
Das CAS bietet dazu den nsolve-Befehl:
nsolve(binomCdf(20,0.25,k,20)=0.1,k).

Man erhält den Näherungswert $k = 4$. Der Fehler 2. Art hat damit allerdings noch eine Wahrscheinlichkeit von etwa 13,3 %. Die Entscheidungsregel lautet nunmehr: Die Einstufung für 2. Wahl erfolgt erst ab 4 nicht normgerechten Schrauben; für 0, 1, 2 und 3 nicht normgerechte Schrauben unter der Stichprobe vom Umfang 20 soll es sich bei der Kiste noch um 1. Wahl handeln. Das Risiko für einen Fehler 1. Art ist dabei mit rund 10,7 % zu hoch.

Übung 2

Bearbeiten Sie Übungen von der Seite 306 mit dem CAS.

Signifikanztest

Als weiterer Test wird abschließend der sog. *Signifikanztest* exemplarisch in dem folgenden Beispiel behandelt.

Beispiel: Einseitiger Signifikanztest

Der Anteil der Allergiker in einer Industriestadt lag nach früheren Erhebungen bei etwa 25 %. Im Zeitungsartikel wird behauptet, dass dieser Anteil „deutlich" angewachsen ist. Eine aktuelle Umfrage unter 80 Personen ergibt, dass darunter 22 Allergiker sind. Wofür spricht dies?

Allergien im Vormarsch
Immer mehr Menschen leiden unter Heuschnupfen, juckenden Hautausschlägen und trockenen Flechten. Inzwischen benötigen deutlich mehr als 25 % der Erwachsenen ärztlichen Rat oder …

Lösung:
Die Anzahl X der Allergiker unter allen Personen der Stichprobe vom Umfang 80 ist binomialverteilt mit dem bekannten Parameter $n = 80$ und dem unbekannten Parameter p.

Bisher wurde angenommen, dass der Anteil der Allergiker 25 % beträgt. Die Nullhypothese lautet also: $H_0:\ p = 0,25$.
Im Zeitungsartikel wird behauptet, dass der Anteil größer als 25 % ist. Die Alternativhypothese lautet also: $H_1:\ p > 0,25$.

Die Entscheidung zwischen H_0 und H_1 aufgrund des Stichprobenergebnisses X fällt durch Vergleich mit einer gewissen Zahl K: Ist $X < K$, so bleibt man bei H_0; ist $X \geq K$, entscheidet man sich für H_1. Beim Signifikanztest ermittelt man K aus der Bedingung, dass die Wahrscheinlichkeit, sich für H_1 zu entscheiden, obwohl eigentlich doch H_0 gilt, kleiner als eine vorgegebene kleine Zahl α (z. B. 0,05) ist. Diese Wahrscheinlichkeit kann man berechnen, denn gilt in Wahrheit H_0, so ist X binomialverteilt mit den Parametern $n = 80$ und $p = 0,25$. Die besagte Wahrscheinlichkeit ist also $P(X \geq K) = b(80; 0,25; K) + \cdots + b(80; 0,25; 80) =$ binomCdf(80,0.25,K,80).

Wir bestimmen deshalb die kleinste natürliche Zahl K, die die Ungleichung binomCdf(80,0.25,K,80)< 0 05 erfüllt. Das CAS ist in der Lage, die entsprechende Gleichung numerisch zu lösen:
nsolve(binomCdf(80,0.25,K,80)=0.05,K).
Man erhält für K den Wert 26. Für $K = 26$ ist die Ungleichung allerdings noch nicht erfüllt, sondern erst für $K = 27$. Wären also 27 oder mehr Allergiker unter den 80 Probanden, dann spräche dies für H_1.

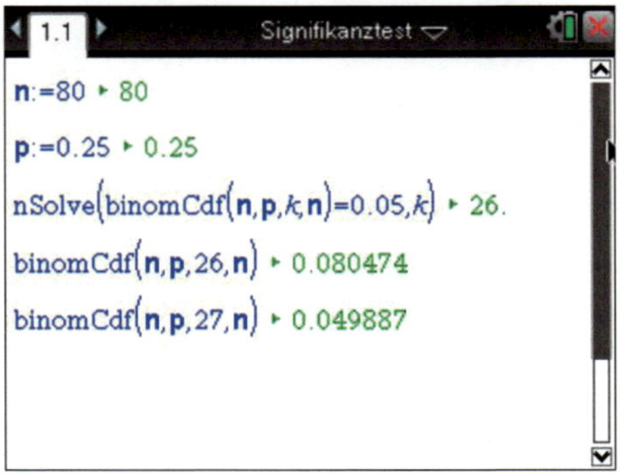

Nun befanden sich in der Stichprobe nur 22 Allergiker, was für die Beibehaltung der Nullhypothese und gegen die Stichhaltigkeit der Zeitungsmeldung spricht.

Übung 3

Ermitteln Sie zum obigen Beispiel mit dem CAS die Wahrscheinlichkeit für den Fehler 2. Art, sich für H_0 zu entscheiden, obwohl H_1 gilt, für verschiedene Parameterwerte p.

Test

Stochastik

CAS **1.** a) Welche Bedingung muss erfüllt sein, damit die Binomialverteilung mit den Parametern n und p durch die Normalverteilung approximiert werden darf?

CAS b) Eine Maschine produziert mit einem Ausschussanteil von 5 %. Die Zufallsgröße X beschreibt die Anzahl der fehlerhaften Teile in einer Stichprobe. Welchen Umfang muss die Stichprobe mindestens haben, damit die Binomialverteilung von X durch die Normalverteilung approximert werden darf?

CAS **2.** Eine Urne enthält schwarze und weiße Kugeln. Es ist bekannt, dass der Anteil der weißen Kugeln entweder 40 % oder 50 % beträgt, d. h.: H_0: $p = 0{,}40$ und H_1: $p = 0{,}50$. Die Hypothese H_0 soll durch eine Stichprobe vom Umfang $n = 100$ getestet werden, d. h. $n = 100$ Kugeln werden mit Zurücklegen gezogen.

a) Die folgende Entscheidungsregel wird benutzt: Sind von den 100 gezogenen Kugeln höchstens 45 weiß, so fällt die Entscheidung für H_0.
Beschreiben Sie die bei der Anwendung der Regel möglichen Fehler und berechnen Sie deren Wahrscheinlichkeiten.

b) Der α-Fehler soll höchstens 5 % betragen. Wie muss die Entscheidungsregel nun lauten?

3. Der Stimmenanteil einer Partei A lag bisher bei 30 %. Nun soll getestet werden, ob sich der Anteil der Partei verändert hat. Dazu wird die Hypothese H_0: $p = 0{,}3$ gegen eine Hypothese H_1 getestet, was im Rahmen einer Stichprobenbefragung von $n = 100$ Personen geschieht.

CAS a) Wie lautet bei dieser Ausgangslage die Gegenhypothese H_1?

CAS b) Wenn von den 100 Personen mindestens 25 und höchstens 36 für Partei A votieren, wird von einem unveränderten Stimmanteil ausgegangen. Mit welchem α-Fehler arbeitet der Test?

CAS c) Der Vorstand der Partei A geht davon aus, dass der Stimmenanteil der Partei keinesfalls gestiegen ist. Wie lautet jetzt die Gegenhypothese H_1? Bestimmen Sie zu einem vorgegebenen Signifikanzniveau von $\alpha = 2\,\%$ den Ablehnungsbereich von H_0.

CAS **4.** In einer Schatztruhe eines Königs befinden sich viele Golddukaten und viele Silberlinge. Der Anteil der Golddukaten liegt bei 60 % $(H_0\colon p = 0{,}6)$.

a) Für ein Festbankett werden der Schatztruhe willkürlich 400 Geldstücke entnommen. Mit welcher Wahrscheinlichkeit sind darunter mindestens 230 und höchstens 245 Golddukaten?

b) Der König hat den Verdacht, dass sein Hofmarschall heimlich einen Teil der Golddukaten durch Silberlinge ersetzt hat. Der König entschließt sich zu folgendem Testverfahren:
Der Schatzkiste werden willkürlich 200 Geldstücke entnommen. Wenn unter diesen mindestens 110 Golddukaten sind, will er dem Hofmarschall weiter sein Vertrauen schenken.

b_1) Wie groß ist die Gefahr, dass der König nach dem Ergebnis der Stichprobe seinen Hofmarschall fälschlicherweise des Betrugs bezichtigt?

b_2) Wie muss die Entscheidungsregel lauten, wenn der König die Gefahr der falschen Anschuldigung auf höchstens 1 % begrenzen will?

Lösungen: S. 364

IX. Aufgaben zur Abiturvorbereitung

Im Folgenden sind Aufgaben zur Analysis, zur analytischen Geometrie und zur Stochastik, die zur Vorbereitung auf die schriftlichen Abiturprüfungen hilfreich sind, zusammengestellt.

Aufgaben zur Vorbereitung auf das schriftliche Abitur

In diesem Kapitel werden zu jedem der drei Gebiete Analysis, Geometrie und Stochastik zwei Arten von Aufgaben angeboten:

A. Ein Satz von elementaren Aufgaben. Diese behandeln grundlegende Techniken, sind relativ kurz und eng gefasst und sollen in der Regel ohne die Verwendung von Hilfsmittel wie z. B. das CAS gelöst werden.

B. Ein Satz von komplexen Aufgaben. Diese sind breiter strukturiert und auch von erheblichem Umfang. Hier können verstärkt Hilfsmttel wie dem CAS erforderlich sein. Diese Aufgaben ähneln den klassischen Abituraufgaben.

In den Gebieten Geometrie und Stochastik sind Aufgaben enthalten, die nur bearbeitet werden können, wenn das entsprechende Vertiefungsthema gewählt und behandelt wurde. So sind Aufgaben zur Geometrie mit der Kennzeichnung VT 1 nur zu bearbeiten, wenn das Vertiefungsthema 1: Ebenen behandelt wurde.
Aufgaben, die Kenntnisse aus dem Vertiefungsthema II: Stochastik voraussetzen, werden entsprechend durch das Symbol VT 2 gekennzeichnet.

Die Aufgaben können nur exemplarisch im Rahmen des Unterrichts behandelt werden. Sie eignen sich aber gut zur gezielten häuslichen Vorbereitung in der Vorphase zum schriftlichen Abitur. Bei der Auswahl der zu übenden Aufgaben ist es sinnvoll, sich an den Abituraufgaben der letzten Jahre zu orientieren. Zeitlich ist zu beachten, dass die Analysis im Abitur einen höheren Anteil besitzt als die beiden weiteren Gebiete.

Es ist sinnvoll, auch schon während der Behandlung der Gebiete im Unterricht einzelne Aufgaben anzusprechen, damit die Schüler frühzeitig eine Vorstellung vom Abitur erhalten, aber auch ein Einsatz bei der Vorbereitung auf Semesterklausuren ist denkbar.

A. Analysis: Elementare Aufgaben

1. Graphen skizzieren
Skizzieren Sie den Graphen der Funktion f.

a) $f(x) = x^3 - x$
b) $f(x) = 4 - x^2$
c) $f(x) = e^{-x}$
d) $f(x) = e^{x-2} + 1$
e) $f(x) = \left(\frac{1}{4}\right)^x$
f) $f(x) = -1{,}5^x$

2. Nullstellen bestimmen
Bestimmen Sie die Nullstellen der Funktion f.
Hinweise:
p-q-Formel
Faktorisieren
Logarithmieren

a) $f(x) = 2x^2 - 2x - 12$
b) $f(x) = (2x - 1) \cdot (x^2 - 4x + 3)$
c) $f(x) = x^3 - 4x^2$
d) $f(x) = e^{-x} + 2$
e) $f(x) = (x^2 - 3x) \cdot e^{-x}$

3. Standardsymmetrien
Geben Sie an, ob der Graph der Funktion f achsensymmetrisch zur y-Achse ist, punktsymmetrisch zum Ursprung ist oder keine dieser Symmetrien aufweist. Begründen Sie Ihre Aussage.

a) $f(x) = x^2 + 2$
b) $f(x) = x^3 - 2x$
c) $f(x) = \frac{1}{2}x^2 + x$
d) $f(x) = 2e^{-x}$
e) $f(x) = e^x + e^{-x}$

4. Ableitungen bestimmen
Bestimmen Sie die Ableitungsfunktion f′ der angegebenen Funktion f. Nennen Sie die verwendeten Ableitungsregeln.

a) $f(x) = e^{-x}$
b) $f(x) = 2e^x$
c) $f(x) = e^{2x} + x$
d) $f(x) = e^{-\frac{1}{2}x}$
e) $f(x) = e^{kx}$
f) $f(x) = e^{2-3x}$
g) $f(x) = 0{,}5^x$
h) $f(x) = 0{,}5^{2x}$

5. Ableitung skizzieren
Die Abbildung zeigt den Graphen einer Funktion f.
Skizzieren Sie den Graphen der Ableitungsfunktion f′.

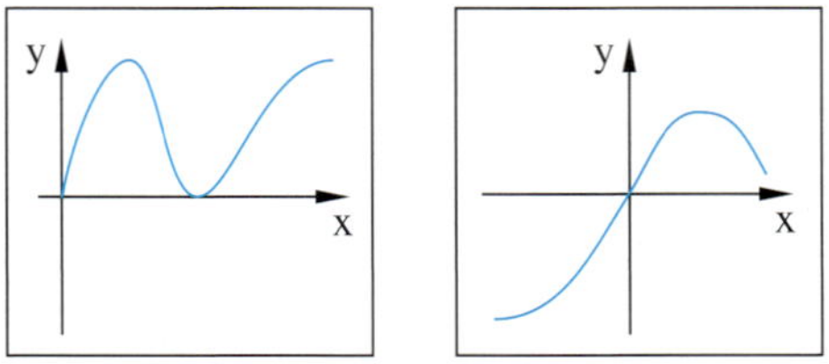

6. Zuordnung von Funktion und Graph
Abgebildet sind die Graphen von
A: $f(x) = e^{-x}$, B: $f(x) = 2^{-x}$
C: $f(x) = e^x + 2$, D: $f(x) = 3 \cdot 1{,}2^x$.
Ordnen Sie jeder Funktion (A, B, C, D) den zugehörigen Graphen (I, II, III, IV) zu.

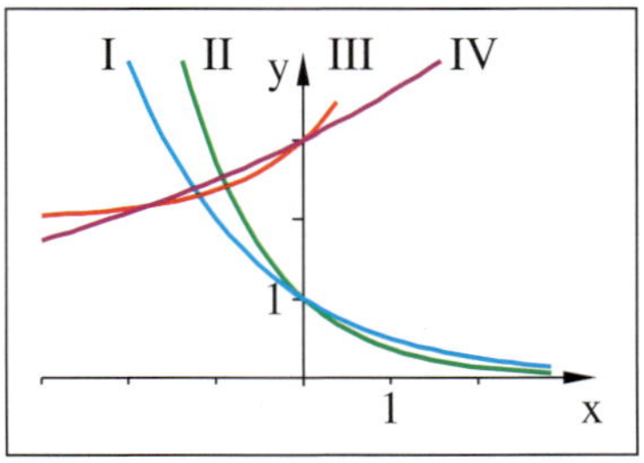

7. Kriterien für Extrema
Untersuchen Sie $f(x) = 3x^4 + x^3$ mithilfe von notwendigen und hinreichenden Kriterien auf Extrema und Wendepunkte.

8. a^x und e^x

a) Stellen Sie $0{,}7^x$ in der Form $a \cdot e^{bx}$ dar.

b) Berechnen Sie die Ableitung von $f(x) = 0{,}8^x$. Stellen Sie dazu f in der Form $f(x) = e^{kx}$ dar.

9. Extremalprobleme

a) Mit einem 60 m langen Seil soll ein Rechteck mit maximalem Inhalt so abgesteckt werden, dass eine Seite zur Hälfte offen bleibt. Bestimmen Sie Länge und Breite des Rechtecks.

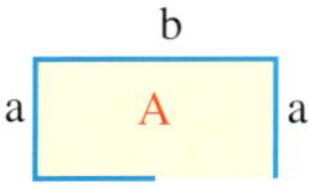

b) Die Zahl 10 soll so in zwei Summanden a und b zerlegt werden, dass deren Produkt maximal wird. Bestimmen Sie a und b.

c) Ein achsenparalleles Rechteck, mit einer Ecke im Ursprung und der gegenüberliegenden Ecke $P(x|y)$ auf dem Graphen von $f(x) = 4 - \frac{1}{4}x$ soll maximalen Inhalt haben.

d) Die Zahl 25 soll so in zwei Faktoren a und b zerlegt werden, dass ihre Summe minimal wird. Bestimmen Sie a und b.

10. Stammfunktion zeichnen

Die Skizze zeigt eine Ableitungsfunktion $f'(x)$.
Skizzieren Sie den Graphen der Funktion $f(x)$. f soll durch den Ursprung gehen.

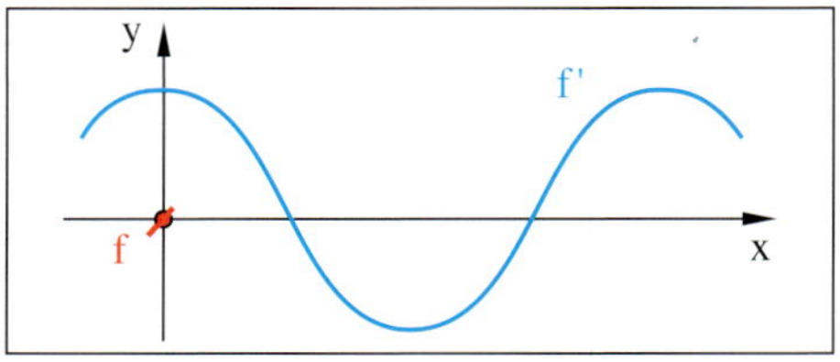

11. Stammfunktion bestimmen

Bestimmen Sie jeweils eine Stammfunktion von f.

a) $f(x) = x^2 + 2x + 5$ b) $f(x) = -\frac{1}{4}x^3 + 0{,}2x^2$ c) $f(x) = ax^3 + cx$

d) $f(x) = 2e^{-x}$ e) $f(x) = e^{\frac{1}{2}x + 1} + x$ f) $f(x) = 0{,}6x$

12. Stammfunktionsnachweis

Zeigen Sie, dass die Funktion F eine Stammfunktion von f ist.

a) $f(x) = 3x^2 + 0{,}5x + 1$, $F(x) = x^3 + 0{,}25x^2 + x$

b) $f(x) = 2e^x + e^{-x}$, $F(x) = 2e^x - e^{-x} + 1$

c) $f(x) = (2x - 4) \cdot e^x$, $F(x) = (2x - 6) \cdot e^x + C$

d) $f(x) = (-x^2 + 2x - 4) \cdot e^{-x}$, $F(x) = (x^2 + 4) \cdot e^{-x}$

13. Bedeutung von f′ im Sachzusammenhang

Erklären Sie, welche Bedeutung die Ableitungsfunktion f′ der beschriebenen Funktion f im Sachzusammenhang besitzt.

a) $s(t)$ ist die Strecke, die ein Auto in der Zeitspanne t zurückgelegt hat.
Welche Bedeutung hat $s'(t)$?

b) $h(x)$ ist die Höhe auf einem Hangprofil an der Stelle x.
Welche Bedeutung hat $h'(x)$?

14. Bestimmte Integrale

Berechnen Sie die folgenden bestimmten Integrale.

a) $\int_0^2 (x^2 - 4x)\,dx$ b) $\int_0^4 (e^{-x} + x)\,dx$ c) $\int_b^a e^{2-x}\,dx$

15. Flächeninhalte

Berechnen Sie den Inhalt des abgebildeten Flächenstückes A.

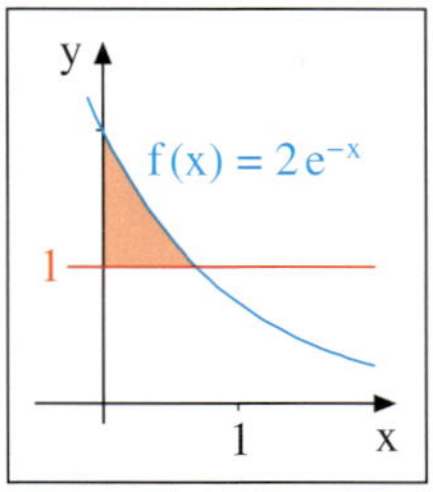

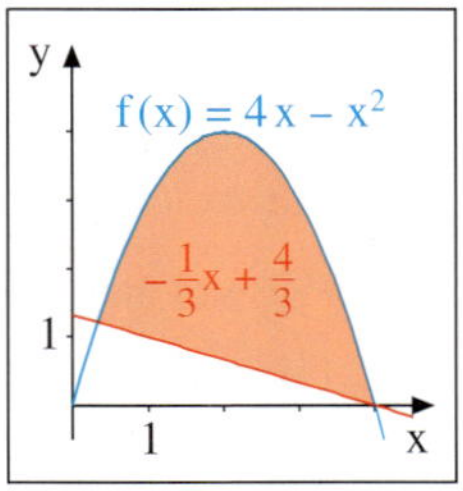

16. Fahrstrecke

Die Funktion v stellt die Geschwindigkeit eines Modellautos bei einer Testfahrt in der Einheit m/s dar.
Wie weit ist die gesamte Fahrstrecke?

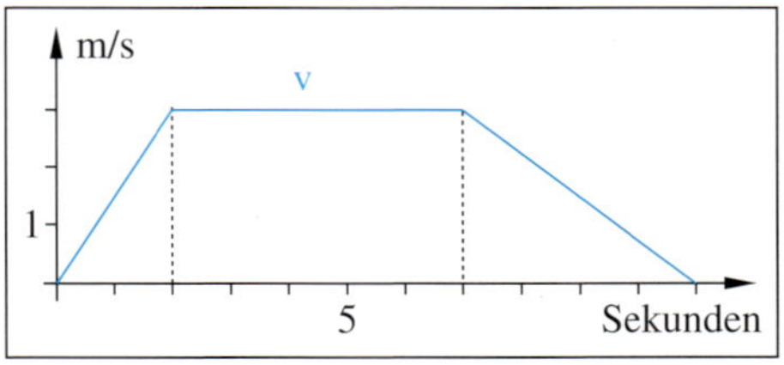

17. Pflanzenwachstum

Eine Pflanze wächst mit der Geschwindigkeit $f(t) = -0{,}1\,t^2 + 0{,}8\,t + 2$ (t in Tage, f in cm/Tag). Zur Zeit $t = 0$ ist die Pflanze 2 cm hoch. Welche maximale Größe erreicht die Pflanze?

18. Gegeben ist die Funktion $f(x) = e^{0{,}4x} - 2x$.

a) Bestimmen Sie die ersten beiden Ableitungen von f und ermitteln Sie die Koordinaten des Tiefpunktes angenähert.
b) Begründen Sie, dass f keine Wendepunkte hat.
c) Weisen Sie nach, dass f im Intervall $I = [6; 7]$ eine Nullstelle hat.
d) Wie lautet die Gleichung der Tangente an f in $x_0 = 0$?
e) Ermitteln Sie eine Stammfunktion F von f.

19. Gegeben ist die Funktion $f(x) = 2x \cdot e^{-0{,}5x}$.

a) Ermitteln Sie den Hochpunkt von f.
b) Wie lautet die Gleichung der Tangente an den Graphen von f an der Stelle $x_0 = 1$?
c) Weisen Sie nach, dass $F(x) = -4(x+2) \cdot e^{-0{,}5x}$ eine Stammfunktion von f ist.

20. Gegeben ist die Funktion $f_a(x) = a - 15 \cdot e^{-0{,}1x}$.

a) Bestimmen Sie den Wert von a so, dass $f_a(0) = 5$ ist.
b) An welcher Stelle gilt $f_{20}(x) = 10$?
c) An welcher Stelle ist $f'_{20}(x) = 1$?
d) Die Funktionswerte von f_{20} sind nach oben begrenzt. Geben Sie diese obere Grenze G an. Wo erreichen die Funktionswerte von f_{20} 90 % des Wertes G?
e) Geben Sie eine Stammfunktion F_a von f_a an.

B. Analysis: Komplexe Aufgaben

1. Kurvenschar

Gegeben ist die Funktionenschar $f_a(x) = x^3 - ax^2$, $a > 0$.

a) Zeichnen Sie mit dem CAS die Graphen f_1, f_2 und $f_{2,5}$.

b) Beschreiben Sie, welchen Einfluss der Parameter a auf die Graphen von f_a hat.

c) Bestimmen Sie die Ableitungen f_a', f_a'' und f_a'''.

d) Untersuchen Sie f_a in Abhängigkeit von a auf Extrema und Wendepunkte.

e) Für welches a liegt ein Extrempunkt von f_a an der Stelle $x = \frac{4}{3}$?

Für welches a hat der Wendepunkt von f_a die Ordinate $y = -\frac{1}{4}$?

Für welches a beträgt die Steigung von f_a im Wendepunkt -1?

f) Bestimmen Sie die Gleichung der Wendetangente von f_a.

g) Zeigen Sie, dass alle Wendepunkte der Schar auf der Kurve $y = -2x^3$ liegen.

h) Welchen Wert hat das bestimmte Integral $\int_0^a f_a(x)\,dx$

i) Für welches a hat die vom Graphen von f_a und der x-Achse im 4. Quadranten umschlossene Fläche den Inhalt $\frac{4}{3}$?

2. Polynomschar

Die Umrandung eines Werkstücks kann durch die Funktionen

$f(x) = x^4 - x^2$,

$g(x) = x^4 - 3x^2 + 2$, $x \in \mathbb{R}$

beschrieben werden (1 LE = 1 cm).

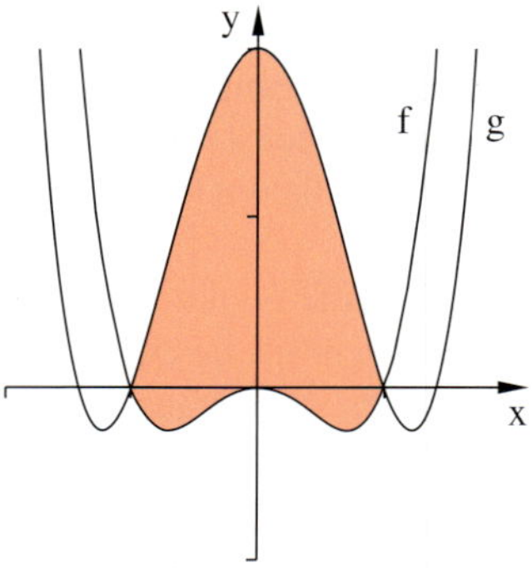

a) Zeigen Sie, dass das Werkstück symmetrisch ist zur y-Achse.

b) Untersuchen Sie f auf Tiefpunkte.

b) Vergleichen Sie den Abstand der Tiefpunkte von f mit dem Abstand der Wendepunkte von g.

c) h(x) entsteht Verschiebung des Graphen von f in y-Richtung, bis dieser durch die beiden äußeren Nullstellen von g verläuft: $h(x) = x^4 - x^2 + C$. Bestimmen Sie C.

d) Auch durch eine Streckung von f in x-Richtung kann erreicht werden, dass der gestreckte Graph durch die äußeren Nullstellen von g geht: $f_a(x) = (ax)^4 - (ax)^2$. Bestimmen Sie a.

e) Die Werkstücke sollen beidseitig eine 0,1 mm starke Beschichtung erhalten. Welche Menge an Beschichtungsmaterial muss bereitgestellt werden?

f) Betrachtet wird nun die Kurvenschar $g_a(x) = x^4 - (a^2 - 1)x^2 + a$, $a > 0$. Es gilt $g_2(x) = g(x)$. Untersuchen Sie g_a auf Wendestellen. Erläutern Sie, für welche Werte von $a > 0$ die typische W-Form des Graphen von g auch bei g_a erhalten bleibt bzw. für welche Werte von a der Graph von g_a eine wendepunktfreie Parabelform annimmt.

g) Zeigen Sie, dass für die Extremalstellen und Wendestellen x_E und x_W von f_a unabhängig von $a > 0$ stets gilt: $x_E = k \cdot x_W$. Bestimmen Sie k.

3. Kurvenuntersuchungen

Gegeben ist die Funktion $f(x) = \frac{1}{4}(4 - x) \cdot e^x$. Die Graphen von f und f′ sind rechts dargestellt.

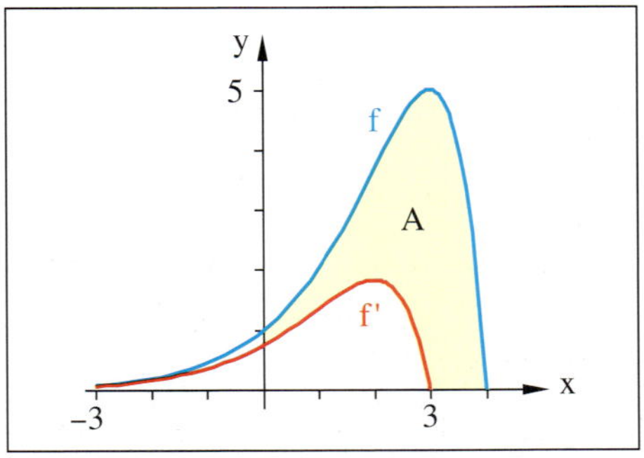

a) Bestimmen Sie die Achsenschnittpunkte von f und f′.

b) Bestimmen Sie rechnerisch die Extrema und Wendepunkte von f.

c) Wie lautet die Gleichung der Tangente von f im Punkt $P(2|f(2))$?

d) Zeigen Sie: $F(x) = \frac{1}{4}(5 - x) \cdot e^x$ ist eine Stammfunktion von f.

e) Bestimmen Sie den Inhalt des Flächenstücks A, welches im 1. Quadranten von den Graphen von f und f′ und den beiden Koordinatenachsen umschlossen wird.

f) Durch welche Operationen geht der Graph von $g(x) = f(-x) + 1$ aus dem Graphen von f hervor? Wie lautet die Gleichung von g? Zeichnen Sie den Graphen von g für $-3 \le x \le 3$.

4. Epidemie

Der abgebildete Graph der Funktion $f(t) = \frac{1}{4}(4 - t) \cdot e^t$ stellt für $0 \le t \le 4$ die momentane Änderungsrate der Zahl der Erkrankten bei einer Grippeepidemie dar. t ist die Zeit in Wochen und f(t) die Anzahl der Neuerkrankungen in Tausend pro Woche zur Zeit t.

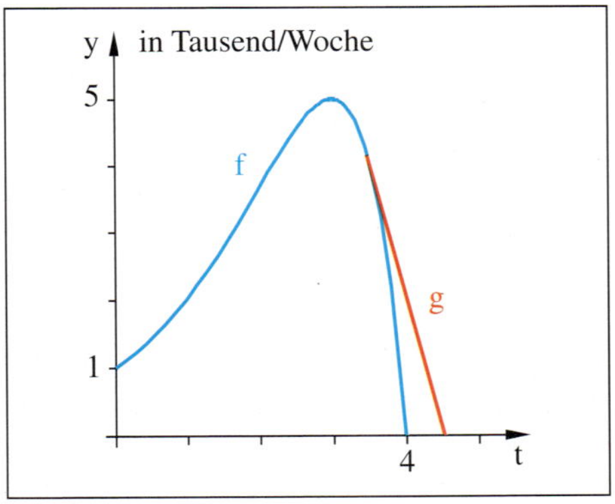

a) Beschreiben Sie, wie sich die Erkrankungsrate im Zeitraum $0 \le t \le 4$ entwickelt. Wie verändert sich infolgedessen die Anzahl der insgesamt erkrankten Personen?

b) Wie viele Neuerkrankungen sind im Verlauf der vier Wochen zu erwarten?

c) Nach exakt dreieinhalb Wochen beginnen die Vorsichtsmaßnahmen der Bevölkerung zu erlahmen. Nun sinkt die Änderungsrate f nur noch linear, wie aus der Abbildung ersichtlich. Die beschreibende lineare Funktion $g(t) = a\,t + b$ schließt bei $t = 3{,}5$ tangential an f an. Bestimmen Sie a und b und berechnen Sie, um welchen Zeitraum die Epidemie sich nun verlängert.

d) $F(x) = \frac{1}{4}(5 - t) \cdot e^t + C$ ist eine Stammfunktion von f. Weisen Sie dies mithilfe der Produktregel nach. Wie muss C gewählt werden, damit $F(0) = 0$ gilt?

e) Wie groß ist die Anzahl der zusätzlichen Neuerkrankungen, welche sich aus dem veränderten linearen Abklingverhalten ergeben?

5. Fracking

Beim hydraulischen Fracking werden in tiefen Schiefergesteinsschichten durch Hochdruckbohrungen Risse erzeugt, durch die das im Gestein enthaltene Gas gewonnen werden kann. Die momentane Förderrate einer solchen Lagerstätte wird durch die Funktion $f(t) = (200 - 5t) \cdot e^{0,2t}$, $0 \le t \le 40$, erfasst. Dabei ist t die Zeit seit Förderbeginn in Monaten und f(t) die Förderrate zur Zeit t in in der Einheit $1000\,m^3$/Monat.

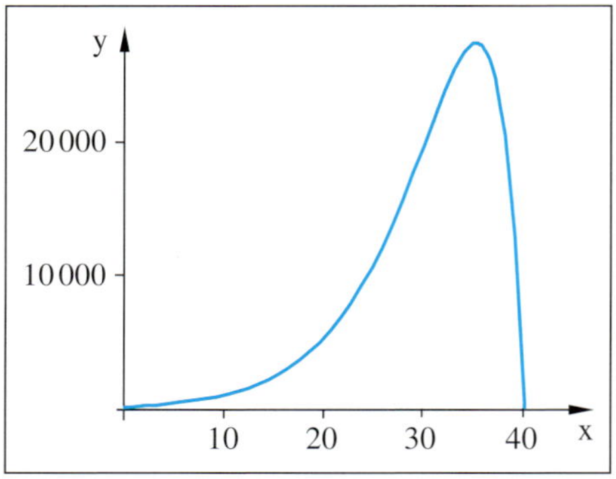

a) Wie groß ist die momentane Förderrate f zu Beginn der Förderung, nach 12 Monaten bzw. nach 24 Monaten? Wann ist die momentane Förderrate f auf null gesunken?

b) Bestimmen Sie die Ableitungsfunktion f′ der momentanen Förderrate f.

c) Wann erreicht die Förderrate f ein Maximum? Wie hoch ist die Förderrate zu diesem Zeitpunkt?

d) In welchem Zeitraum liegt die Förderrate bei mindestens 20 Mio. m^3/Monat?

e) Gesucht ist eine Stammfunktion F(t) von f(t), welche die Gasmenge angibt, die seit Beginn der Förderung bis zum Zeitpunkt gefördert wird. Weisen Sie nach, dass die Funktion $F(t) = 25 \cdot (45 - t) \cdot e^{0,2t} - 1125$ die gesuchten Eigenschaften hat.

f) Wie viel Gas wird während der gesamten Förderdauer gewonnen?

g) Die Fördergesellschaft beschließt, ab dem 35. Monat die Förderung so zu steuern, dass das weitere Absinken der Förderrate nun linear erfolgt und durch eine Funktion der Gestalt $g(x) = ax + b$ erfasst werden kann. Die Förderung soll auf diese Weise erst nach 50 Monaten zum Erliegen kommen. Bestimmen Sie a und b.

Kontrollergebnis: $g(t) = -\frac{5}{3}e^7 \cdot (t - 50) \approx -1827{,}7\,t + 91\,385$

h) Durch die lineare Streckung der Förderrate ab dem 35. Monat erhöht sich die insgesamt geförderte Gasmenge deutlich.
Wie groß ist die zusätzlich gewonnene Gasmenge?

6. Logarithmusfunktion

Gegeben ist die Funktion $f(x) = (x - 1) \cdot \ln x$.

a) Geben Sie die Definitionsmenge von f an und untersuchen Sie f auf Nullstellen.

b) Zeigen Sie, dass bei $x = 1$ ein Extremum von f liegt. Ist es Maximum oder Minimum?

c) Zeigen Sie, dass f keine Wendestelle hat. Skizzieren Sie den Graph von f $(0 < x \le 4)$.

d) Wie verhält sich der Graph von f für $x \to \infty$ bzw. für $x \to 0$.

e) Zeigen Sie durch handschriftliche Rechnung, dass $F(x) = \left(\frac{1}{2}x^2 - x\right) \cdot \ln x - \frac{1}{4}x^2 + x$ eine Stammfunktion von f ist.

f) Wie lautet die Gleichung der Tangente an den Graphen von f an der Stelle $x = e$?

g) Wie groß ist der Inhalt der Fläche A, welche von der Tangente t, dem Graphen von f und der x-Achse im 1. Quadranten umschlossen wird?

7. Funktionenschar

Gegeben ist die Funktionenschar $f_a(x) = (ax + 1) \cdot e^{-ax}$, $a > 0$.

a) Bestimmen Sie die Schnittpunkte von f_a mit den Koordinatenachsen.

b) Bestimmen Sie die Extrem- und Wendepunkte von f_a.

c) Zeigen Sie, dass der Schnittpunkt der Wendetangente von f_a mit der y-Achse unabhängig von a ist. Kontrolle: $t_a(x) = -\frac{a}{e}x + \frac{3}{e}$

d) Zeigen Sie, dass $F_a(x) = \left(-x - \frac{2}{a}\right) \cdot e^{-ax}$ eine Stammfunktion von f_a ist.

e) Die beiden Ursprungsgeraden durch Hochpunkt und Wendepunkt von f_a schließen mit dem Graphen von f_a ein Flächenstück A ein. Bestimmen Sie den Inhalt von A.

f) Wir betrachten nun die Scharfunktion $f_1(x) = (x + 1) \cdot e^{-x}$.
Zeigen Sie: Für einen Punkt $P(z|f_1(z))$ mit $z > 0$ ist die Ursprungsgerade durch P zugleich Kurvennormale von f_1, wenn die Bedingung $e^{2z} = z + 1$ gilt.

8. Medikament

Ein Unfallopfer erhält zur Beruhigung per intravenöser Injektion ein Medikament. Dessen Konzentration f im Blut beträgt direkt nach der Injektion f(0) = 1 mg/ml.

Die Änderungsrate f′ der Konzentration des Medikamentes im Blut werde modellhaft erfasst durch die rechts dargestellte Funktion $f'(t) = 0{,}025 \cdot e^{-0{,}05t} - 0{,}01$.

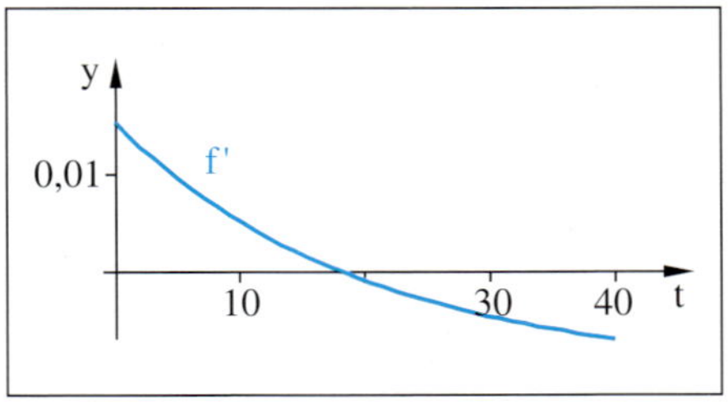

t: Zeit in min, f′(t): Änderungsrate der Konzentration in mg/ml pro Minute.

a) Interpretieren Sie anhand des Verlaufs des Graphen von f′, wie sich die Medikamentenkonzentration f im Blut des Patienten im Zeitverlauf qualitativ ändern wird (Wann steigt die Konzentration f an, wann fällt sie, etc.).

b) Ermitteln Sie durch Integration die Gleichung der Funktion f, die die Konzentration des Medikamentes im Blut beschreibt: Kontrollergebnis: $f(t) = -0{,}5 \cdot e^{-0{,}05t} - 0{,}01t + 1{,}5$

c) Wie hoch ist die Konzentration des Medikamentes im Blut des Patienten 30 Minuten nach der Injektion. Fällt oder steigt sie zu diesem Zeitpunkt?

d) Ermitteln Sie Zeitpunkt und Höhe der maximalen Medikamentenkonzentration im Blut des Patienten in der Zeit nach der Injektion.

e) Wie groß ist der Zeitraum, in der die Konzentration des Medikamentes über dem Schwellenwert von 0,03 mg/ml liegt, ab dem das Medikament überhaupt erst wirkt?

f) Wann fällt die Konzentration unter die Grenze von 0,001 mg/ml? Wann ist sie auf null gesunken? Was bedeutet das Ergebnis für die Geltungsgrenzen des Modells?

g) Berechnen Sie das rechts aufgeführte Mittelwertintegral.
Interpretieren Sie das Ergebnis im Sachzusammenhang. $\frac{1}{40}\int_0^{40} f(t)\,dt$

h) Es kann zu Nebenwirkungen wie Schwindel kommen, wenn die Konzentration mit einer Änderungsrate von mindestens 0,010 mg/ml pro Minute steigt. Wann ist dies der Fall?

9. Exponentielle Anreicherung

Ein Patient bekommt über einen Tropf ein gleichmäßig einfließendes Medikament zugeführt. Zu Infusionsbeginn ist in seinem Blut noch kein Wirkstoffgehalt nachweisbar. Während der Infusion erhöht sich die Wirkstoffmenge im Blut kontinuierlich, aber zunehmend langsamer, da der Stoffwechsel den Wirkstoff auch wieder abbaut. Die Tabelle zeigt, wie sich der Tropfinhalt und die Wirkstoffmenge im Blut während der ersten Stunde ändern.

Zeit in Minuten	0	20	40	60
Flascheninhalt in ml	200	181,5	163	144,5
Wirkstoffmenge im Blut in ME	0	5,44	9,89	13,54

a) Beschreiben Sie den Inhalt $v(t)$ der Infusionsflasche zur Zeit t durch eine geeignete Funktion $g(t)$. Begründen Sie Ihren Ansatz.

b) Die Wirkstoffmenge im Blut soll durch eine Funktion der Form $f(t) = a \cdot (1 - e^{bt})$, $a, b \in R$ in Abhängigkeit von der Zeit t beschrieben werden.
Bestimmen Sie die Koeffizienten a und b aus den Werten $f(20)$ und $f(40)$.
Kontrolle: $f(t) = 30 \cdot (1 - e^{-0{,}01\,t})$, $t \in \mathbb{R}_0^+$

c) Bestimmen Sie $g'(t)$ sowie $f'(t)$. Erläutern Sie die Bedeutung dieser Funktionen für den jeweiligen Veränderungsprozess auch an einem Zahlenbeispiel.

d) Auf welche Obergrenze wird sich die Wirkstoffmenge im Blut einstellen?
Wann werden 90% dieser Obergrenze erreicht?
Wann beträgt die momentane Zunahmerate genau 0,2 ME/min?

e) Skizzieren Sie die Graphen von f und f′ für $0 \le t \le 240$ in getrennten Koordinatensystemen (Achten Sie dabei auf die Wahl eines geeigneten Maßstabs).

f) Bestimmen Sie $\int_0^{60} f'(t)\,dt$ und interpretieren Sie die Bedeutung dieses Wertes. Verdeutlichen Sie dies anhand der beiden Skizzen.

10. Exponentielle Funktionenschar

Gegeben ist die Funktionenschar $f_a(x) = \frac{1}{a-1}(1 - x) \cdot e^{a-x}$, $a \in \mathbb{R}$, $a > 1$.

a) Bestimmen Sie die Achsenschnittpunkte von f_2.
Zeigen Sie, dass $f_2(x) \to 0$ für $x \to \infty$ gilt.
Untersuchen Sie das Verhalten von f_2 für $x \to -\infty$.

b) Untersuchen Sie f_2 auf Extrema.

c) Begründen Sie anhand Ihrer bisherigen Ergebnisse, dass f_2 einen Wendepunkt haben muss.
Zeichnen Sie den Graphen von f_2 in ein geeignetes Koordinatensystem.

d) Bestimmen Sie den Inhalt der Fläche A, den der Graph von f_2 mit den Koordinatenachsen im 1. Quadranten einschließt.

e) Weisen Sie nach, dass sowohl die x-Koordinate des Extremums als auch die Art des Extremums unabhängig von der Wahl des Parameters a sind. Bestimmen Sie die Extremalkoordinaten für allgemeines a.

f) Bestimmen Sie den Wert des Parameters a so, dass der Betrag der y-Koordinate des Extremums minimal wird.

A. Geometrie: Elementare Aufgaben

1. Parallele Vektoren

Suchen Sie Paare paralleler Vektoren.

$\begin{pmatrix}2\\3\\-2\end{pmatrix}$, $\begin{pmatrix}4\\6\\4\end{pmatrix}$, $\begin{pmatrix}3\\3\\-2\end{pmatrix}$, $\begin{pmatrix}-6\\-2\\8\end{pmatrix}$, $\begin{pmatrix}-3\\-2\\4\end{pmatrix}$, $\begin{pmatrix}-1\\-1{,}5\\1\end{pmatrix}$, $\begin{pmatrix}-1{,}5\\-1{,}5\\1\end{pmatrix}$, $\begin{pmatrix}4\\4/3\\-16/3\end{pmatrix}$, $\begin{pmatrix}1\\1{,}5\\1\end{pmatrix}$, $\begin{pmatrix}12\\8\\-16\end{pmatrix}$

2. Orthogonale Vektoren

Zwei der drei Vektoren $\vec{a}$, $\vec{b}$ und $\vec{c}$ sind orthogonal zueinander.
Um welche Vektoren handelt es sich?

a) $\vec{a} = \begin{pmatrix}2\\3\end{pmatrix}$, $\vec{b} = \begin{pmatrix}3\\2\end{pmatrix}$, $\vec{c} = \begin{pmatrix}6\\-4\end{pmatrix}$

b) $\vec{a} = \begin{pmatrix}1\\3\\-2\end{pmatrix}$, $\vec{b} = \begin{pmatrix}2\\1\\3\end{pmatrix}$, $\vec{c} = \begin{pmatrix}2\\2\\4\end{pmatrix}$

3. Parallele und schneidende Geraden

Sind die Geraden g und h windschief? Sind sie parallel oder sogar identisch? Schneiden sie sich? Fertigen Sie ein Schrägbild an.

a) g: $\vec{x} = \begin{pmatrix}2\\0\\5\end{pmatrix} + r\begin{pmatrix}0\\2\\-1\end{pmatrix}$, h: $\vec{x} = \begin{pmatrix}8\\1\\0\end{pmatrix} + r\begin{pmatrix}-2\\1\\1\end{pmatrix}$

b) g geht durch A (0; 0; 0) und B (0; 2; 6), h geht durch C (2; 2; 0) und D (2; 3; 3).

4. Rechtwinklige Dreiecke

Prüfen Sie, ob das Dreieck ABC rechtwinklig ist. Ist es gleichschenklig?

a) A (2; 2; 2), B (4; 3; 4), C (3; 4; 4)

b) A (2; 2; 2), B (4; 5; 0), C (3; 4; 6)

5. Punkt und Gerade

Prüfen Sie, ob der Punkt P auf der Geraden g: $\vec{x} = \begin{pmatrix}2\\0\\3\end{pmatrix} + r\begin{pmatrix}-1\\2\\3\end{pmatrix}$ liegt.

a) P (−1; 4; 9)

b) P (0,5; 5; 2)

c) P (−1; 10 + 2 a; 12)

6. Gerade im Koordinatensystem

Wo schneidet die Gerade g: $\vec{x} = \begin{pmatrix}2\\1\\5\end{pmatrix} + r\begin{pmatrix}2\\-1\\-1\end{pmatrix}$ die Koordinatenebenen?

Berechnen Sie die Spurpunkte und zeichnen Sie ein Schrägbild.

7. Dreieck, Innenwinkel und Flächeninhalt

Für diese Aufgabe ist die Verwendung eines CAS-Rechners zugelassen.

a) Wie groß sind die Innenwinkel des abgebildeten Dreiecks ABC?

b) Berechnen Sie den Flächeninhalt des Dreiecks ABC.

c) Gesucht ist ein Punkt D, so dass das Viereck ABCD ein Parallelogramm ist.

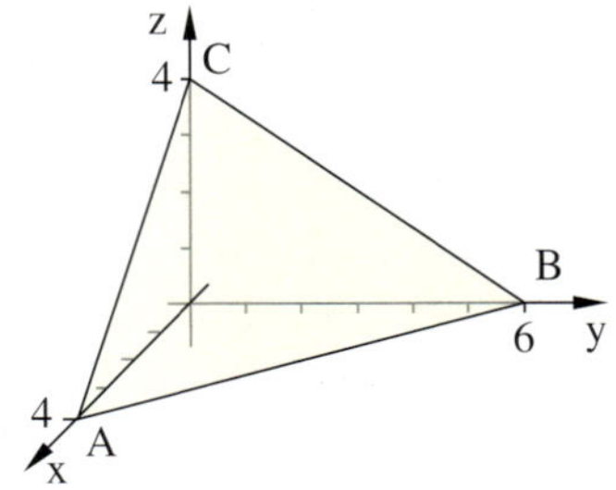

8. Ebene und Punkte

Gegeben sind die Punkte A(3; 2; 0), B(0; 2; 4) und C(3; 0; 4).

a) Stellen Sie eine Gleichung der Ebene E auf, welche die Punkte A, B und C enthält.
b) Wie lauten die Achsenabschnitte von E?
c) Wie lauten die Spurgeraden von E?
d) Veranschaulichen Sie die Ebene E in einem Schrägbild.
e) Überprüfen Sie, ob P(3; 1; 2) bzw. Q(0; −2; 16) auf E liegen.

9. Ebene und Gerade, Spiegelung eines Punktes

Gegeben sind die Ebene E: $\vec{x} = \begin{pmatrix}3\\1\\3\end{pmatrix} + r\begin{pmatrix}1\\-1\\0\end{pmatrix} + s\begin{pmatrix}4\\0\\-3\end{pmatrix}$ und die Gerade g: $\vec{x} = \begin{pmatrix}5\\5\\7\end{pmatrix} + t\begin{pmatrix}3\\3\\4\end{pmatrix}$.

a) Wo schneiden sich E und g?
b) Zeigen Sie, dass der Vektor $\vec{v} = \begin{pmatrix}3\\3\\4\end{pmatrix}$ senkrecht auf E steht.
c) Der Punkt H(8; 8; 11) wird an der Ebene E gespiegelt. Wie lautet der Spiegelpunkt?

10. Lage: Punkt/Strecke

Gegeben ist die Strecke $\overline{AB}$ mit den Endpunkten A(3; 0; 1) und B(7; 8; 5).
Liegen die Punkte P(4; 2; 2), Q(8; 10; 6) und R(5; 4; 4) auf der Strecke $\overline{AB}$?

11. Lineares Gleichungssystem

a) Berechnen Sie die eindeutige Lösung des linearen Gleichungssystems.

$$\begin{aligned} \text{I: } & 2x - y + 3z = 4 \\ \text{II: } & 4x + 2y - 6z = 0 \\ \text{III: } & 6x - y - 3z = -1 \end{aligned}$$

b) Wie lautet die Lösungsmenge des LGS, das aus den Gleichungen I und II besteht? Gibt es eine Lösung (x; y; z) mit x > 0, y > 0 und z > 0?

12. Schattenwurf

Der abgebildete Würfel hat die Seitenlänge a = 6 m. Der senkrechte Stab hat den Fußpunkt Q(8; 14; 0) und ist 10 m hoch.
Licht aus Richtung des Vektors $\vec{v}$ wirft einen Schatten des Stabes auf den Würfel und den Boden. Bestimmen Sie die Punkte P′ und P″ und berechnen Sie die Gesamtlänge des Schattens.

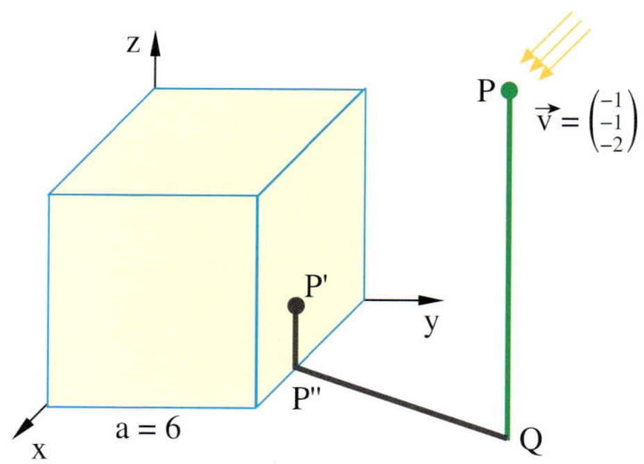

13. Gerade und Spiegelgerade

Die Gerade g: $\vec{x} = \begin{pmatrix}5\\5\\5\end{pmatrix} + t\begin{pmatrix}-3\\-1\\-2\end{pmatrix}$ wird an der Ebene E durch die Punkte A(4;2;0), B(4;8;0), C(0;8;6) und D(0;2;6) gespiegelt. So entsteht die Spiegelgerade g′.

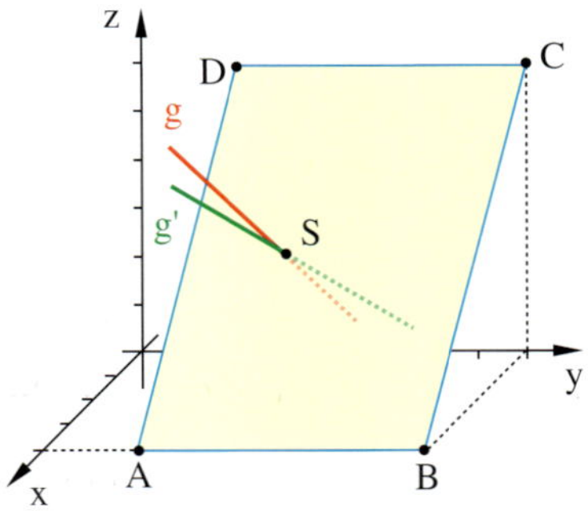

a) Zeigen Sie, dass der Vektor $\vec{v} = \begin{pmatrix}3\\0\\2\end{pmatrix}$ senkrecht auf E steht.

b) Bestimmen Sie den Schnittpunkt S von E und g (CAS kann verwendet werden).

c) Wie lautet der Spiegelpunkt T′ des Stützpunktes T(5;5;5) von g? Wie lautet die Gleichung von g′?

14. Trapeznachweis

Prüfen Sie, ob das Viereck ABCD ein Trapez ist.

a) A(2;4;0), B(4;8;0), C(2;8;3), D(1;6;3) b) A(1;2;2), B(3;8;1), C(0;4;4), D(1;7;2)

15. Lage einer Ebene im Koordinatensystem

VT 1

Stellen Sie eine Gleichung der beschriebenen Ebene E auf und zeichnen Sie ein Schrägbild von E.

a) E hat drei Spurpunkte X(6;0;0), Y(0;8;0) und Z(0;0;4).

b) E hat nur zwei Spurpunkte Y(0;4;0) und Z(0;0;4).

c) E hat nur einen Spurpunkt Y(0;4;0).

16. Quadrat

Gegeben ist das Dreieck ABC mit den Eckpunkten A(6;3;1), B(9;9;7) und C(3;6;13).

a) Ergänzen Sie einen Punkt D so, dass das Viereck ABCD ein Quadrat ist.

b) Zeigen Sie: Der Vektor $\begin{pmatrix}2\\-2\\1\end{pmatrix}$ steht senkrecht auf dem Quadrat.

c) Gesucht ist die Gleichung einer Geraden g, die durch den Mittelpunkt M des Quadrates geht und senkrecht auf dem Quadrat steht.

d) Welche beiden Punkte von g haben den Abstand 36 vom Mittelpunkt M des Quadrates?

17. Gerade mit Parametern

Gegeben sind die Geraden g: $\vec{x} = \begin{pmatrix}1\\2\\2\end{pmatrix} + r\begin{pmatrix}1\\2\\3\end{pmatrix}$ und h: $x = \begin{pmatrix}4\\4\\1\end{pmatrix} + s\begin{pmatrix}2\\a\\b\end{pmatrix}$.

a) Für welche Werte für a und b sind die Geraden g und h parallel?

b) Welche Beziehung muss zwischen a und b gelten, wenn g und h senkrecht aufeinander stehen sollen?

18. Punkt und Ebene

VT 1

Zeigen Sie, dass die Punkte P(3;4;3) und Q(1;2;−1) auf verschiedenen Seiten der Ebene E: $x = \begin{pmatrix}8\\0\\0\end{pmatrix} + r\begin{pmatrix}-4\\3\\0\end{pmatrix} + s\begin{pmatrix}-2\\0\\1\end{pmatrix}$ liegen.

19. Orthogonale Vektoren

a) Ergänzen Sie das Dreieck ABC mit A (0; 0; 8), B (0; 0; 0) und C (6; 6; 0) durch Hinzunahme eines Punktes D zu einem Rechteck ABCD.

b) Zeigen Sie, dass der Vektor $\vec{v} = \begin{pmatrix} 1 \\ -1 \\ 0 \end{pmatrix}$ senkrecht auf dem Rechteck ABCD steht.

c) Zeigen Sie, dass der Punkt S (9; −3; 4) auf der Geraden g liegt, die durch den Mittelpunkt M des Rechtecks geht und senkrecht zum Rechteck verläuft.

20. Bewegung und Geschwindigkeit

Ein Hase bewegt sich mit einer Geschwindigkeit von 5 m/s auf der Strecke $\overline{AB}$ von A (10; 40; 50) nach B (30; 70; 110) (1 LE = 1 m).

a) Wann hat der Hase die Streckenmitte erreicht?

b) Der Hase bewegt sich nach der Ankunft in B mit der verdoppelten Geschwindigkeit nach A zurück. Welche Durchschnittsgeschwindigkeit erzielt er auf seinem Ausflug insgesamt?

c) Mit welcher Geschwindigkeit muss der Hase den Rückweg bewältigen, wenn er seine Durchschnittsgeschwindigkeit auf 8 m/s steigern will?

21. Ballkriminalistik

Lieber Herbert!
Rainer hat mir das Foto gegeben. Er sagte, dass der Stürmer aus 4 m Höhe geworfen hat. Es ist übrigens Wulf Tilkowski. Ich kann das gar nicht glauben. Kannst Du es überprüfen? Die beiden Scheinwerfer habe ich schon mal vermessen. Sie sind bei $L_1(4; 1; 6)$ und $L_2(2; 6; 8)$ aufgehängt.
Erwarte Deine Nachricht.
Gruß Friedhelm

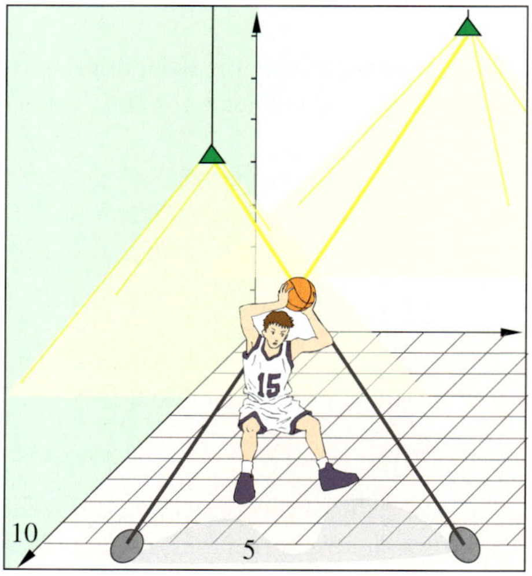

22. Reflexion

Die Billardkugel wird im Punkt K (4; 6) aufgelegt und in Richtung des eingezeichneten Vektors $\vec{v}$ gestoßen.

a) Wie lautet der Vektor $\vec{v}_A$, der die Richtung angibt, in welche die Kugel an Bande A reflektiert wird?

b) Verfolgen Sie den Weg der Kugel und ermitteln Sie die Aufprallpunkte an den Banden B und C.

c) Erreicht die Kugel das Loch L (0; 1)? Wenn nicht: Wie weit wird das Loch verfehlt?

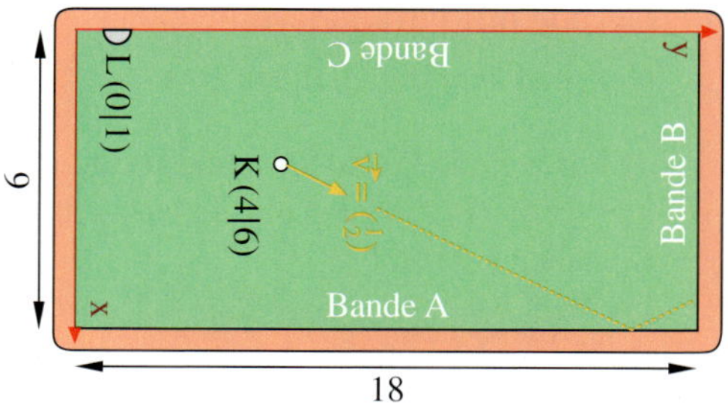

B. Geometrie: Komplexe Aufgaben

1. Kirchturm am Hang

VT 1

Eine Bergwiese bildet einen ebenen, leicht geneigten Hang. Auf dem Hang steht ein alter Kirchturm. das Dach des Turms hat die Form einer quadratischen Pyramide mit der Höhe 10. Für die Punktkoordinaten in der Abbildung gilt: A (10; 0; 0), B (10; 10; 0), C (0; 10; 2), E (10; 0; 20).

a) Bestimmen Sie eine Parametergleichung der Hangebene ε.

b) Zeigen Sie, dass der Vektor $\vec{v}$ senkrecht zur Hangebene ε steht.

$$\vec{v} = \begin{pmatrix} 1 \\ 0 \\ 5 \end{pmatrix}, \quad \vec{u} = \begin{pmatrix} 0 \\ -2 \\ -1 \end{pmatrix}$$

c) Wie groß ist der Abstand der Pyramidenspitze S zur Hangebene ε?

d) Zu einer bestimmten Tageszeit fällt das Sonnenlicht in Richtung des Vektors $\vec{u}$ ein. Die Dachfläche mit den Solarzellen wird nun exakt senkrecht getroffen. Um welche der vier Dachflächen handelt es sich? An welcher Stelle S″ des Hangs liegt nun der Schattenpunkt der Turmspitze S?

e) Ein Punkt P(5; 5; p) im Innern des Dachraums ist von allen fünf Ecken der Dachpyramide exakt gleich weit entfernt. Bestimmen Sie die Höhenkoordinate p des Punktes.

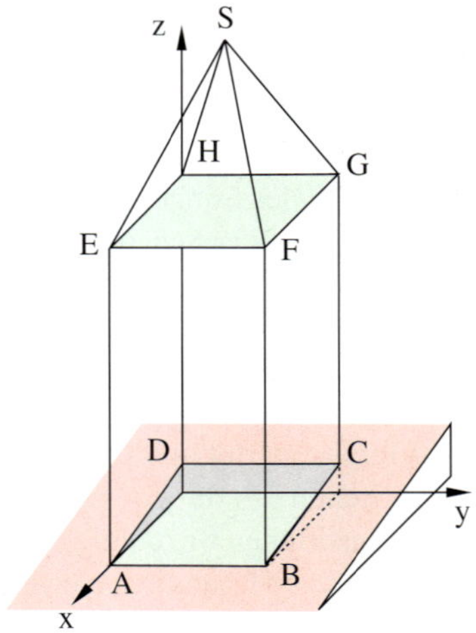

2. Geradenschar

VT 1

In einem kartesischen Koordinatensystem sind die Punkte A (4; –2; 5) und B (7; –6; 6) gegeben.

Weiter sind die Geradenschar g_a: $\vec{x} = \begin{pmatrix} 4 \\ -2 \\ 5 \end{pmatrix} + r \begin{pmatrix} 2+a \\ -1-2a \\ 2-2a \end{pmatrix}$, r, a ∈ ℝ sowie die Ebene E: $2x + 2y - z = -1$ gegeben.

a) Wo schneidet die Gerade g_{AB} durch die Punkte A und B die x-y-Ebene?

b) Bestimmen Sie den Schnittwinkel der beiden Geraden g_{AB} und g_0.

c) Die Gerade h enthält den Punkt B und ist parallel zu g_0.
Bestimmen Sie eine Koordinatenform der Ebene F, die die Geraden h und g_0 enthält.

d) Zeigen Sie, dass alle Geraden der Schar g_a in der Ebene E liegen.

e) Bestimmen Sie eine Ebenenschar H_a, deren Ebenen jeweils eine Gerade der Schar g_a enthalten und senkrecht auf E stehen.

f) Bestimmen Sie die Koordinaten derjenigen Punkte der Geraden g_1, deren Abstand von der x-y-Ebene und der x-z-Ebene gleich groß ist.

g) Gehört die Gerade g_{AB} zur Geradenschar g_a?

h) g_u und g_v sind zwei Geraden der Schar g_a. Welche Beziehung muss zwischen u und v gelten, damit g_u und g_v orthogonal zueinander verlaufen?

VT 1

3. Pyramide

Eine Pyramide hat die quadratische Grundfläche ABCD mit A(7; 5; 0), B(4; 9; 0), C(0; 6; 0) und die Spitze S(3,5; 5,5; 12).

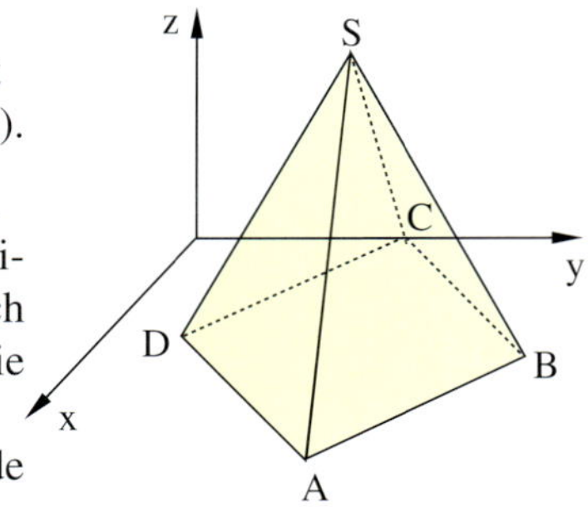

a) Bestimmen Sie die Koordinaten des fehlenden Punktes D. D(3; 2; 0)

b) Stellen Sie eine Parametergleichung, eine Normalengleichung und eine Koordinatengleichung der Ebene E durch die Punkte A, B und S auf. Wo schneidet diese Ebene die x-Achse? P(10,75; 0; 0)

48x + 36y + 12,5z = 516

c) Zeigen Sie, dass das Seitendreieck ABS der Pyramide gleichschenklig ist. |AS| = 12,51 LE = |BS|

d) Bestimmen Sie den Mittelpunkt M der Grundfläche A, B, C, D. M(3,5; 5,5; 0)

e) Bestimmen Sie den Abstand des Punktes S von der Strecke $\overline{AB}$.

f) Unter welchem Winkel schneidet die Seitenkante CS die y-Achse? $\alpha = 87{,}7°$

g) Fertigen Sie ein Schrägbild der Pyramide an.

h) Paralleles Sonnenlicht in Richtung des Vektors $\vec{v}$ trifft auf die Pyramide. $\vec{v} = \begin{pmatrix} -3 \\ -11 \\ -4 \end{pmatrix}$ Wo liegt der Schatten der Pyramidenspitze S in der x-z-Ebene? h) S'(2; 0; 10)

VT 1

4. Tunnel

In einem Berggelände soll ein Tunnel von beiden Enden gleichzeitig errichtet werden. Die eine Bohrung beginnt im Punkt A(0; 5; −1) in Richtung des Punktes B(8; 1; 7), die zweite Bohrung startet im Punkt C(−2; 2; 5) in Richtung des Punktes D(10; 8; −7) (1 LE = 1 km).

a) Stellen Sie für jede der zwei Bohrungen eine Geradengleichung auf. Bestimmen Sie dann den Schnittpunkt S der Bohrungen.

b) Welche Gesamtlänge erreicht der fertige Tunnel (die Teilstücke $\overline{AS}$ und $\overline{SC}$ in km).

c) Von einem Punkt F der Bohrung $\overline{CS}$ soll ein geradliniger Entlüftungsschacht angelegt werden, der im Punkt L(1; 5; 5) ins Freie münden soll. Bestimmen Sie die Koordinaten des Punktes F so, dass der Entlüftungsschacht kürzestmöglich wird. Zeigen Sie, dass F tatsächlich auf der Strecke $\overline{CS}$ liegt. Wie lang wird der Schacht sein?

d) In der Umgebung des Entlüftungspunktes L kann der Berghang angenähert durch

$E: \vec{x} = \begin{pmatrix} 1 \\ 5 \\ 5 \end{pmatrix} + r\begin{pmatrix} -4 \\ 1 \\ 1 \end{pmatrix} + s\begin{pmatrix} 1 \\ 1 \\ -2 \end{pmatrix}$, r, s ∈ ℝ beschrieben werden.

Stellen Sie die Ebene E durch eine Normalenform dar und bestimmen Sie den Schnittwinkel von Entlüftungsschacht FL und Ebene E.

e) Zu Beginn der Bohrung wird erkannt, dass die Bohrrichtung im Startpunkt C fälschlicherweise mit $\vec{v} = \begin{pmatrix} 10 \\ 5 \\ -12 \end{pmatrix}$ eingemessen wurde. Zeigen Sie, dass sich die Bohrungen so nicht getroffen hätten. In welchem Abstand wären sie aneinander vorbeigelaufen?

f) Die Einfahrt zum Tunnel im Punkt C soll eine Steigung von 6° erhalten (damit kein Wasser einläuft). Der Richtungsvektor für diese Einfahrt soll aus der Luft gesehen in Tunnelrichtung verlaufen. Bestimmen Sie einen geeigneten Richtungsvektor für die Einfahrt.

5. Ägypten VT 1

Eine antike Pyramide hat die Ecken A (100; 0; 0), B (100; 100; 0), C (0; 100; 0), D (0; 0; 0) und die Spitze S (50; 50; 100). Aus der Seitenfläche BCS ragt als Teil einer Hebevorrichtung senkrecht ein Balken PQ heraus, dessen Mitte T auf einer vertikalen Stütze RT steht. Es gilt P (50; 60; 80) und Q (50; 100; 100).

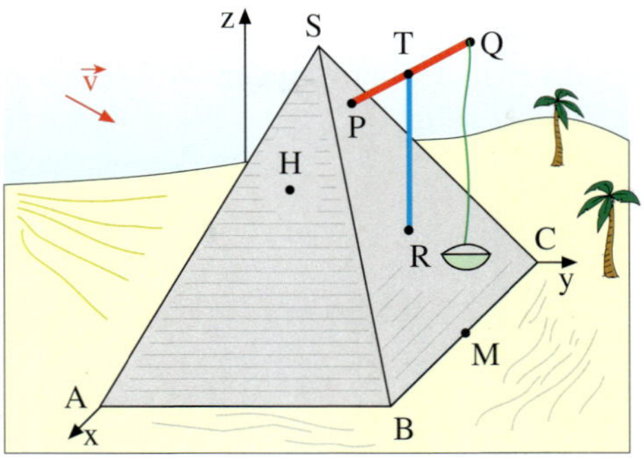

a) Stellen Sie eine Parametergleichung der Ebene E auf, welche B, C und S enthält.
b) ÜberprüfenSie, ob der Punkt P tatsächlich auf der Seitenfläche BCS liegt.
c) Weisen Sie nach, dass der Balken PQ senkrecht auf BCS steht. Wie lang ist PQ?
d) Berechnen Sie die Länge der Stütze TR. Stellen Sie dazu die Gleichung der vertikalen Geraden g auf, die den Punkt T enthält. Berechnen Sie dann den Punkt R als Schnittpunkt der Geraden g mit der Fläche BCS.
e) Bestimmen Sie den Mittelpunkt M der Strecke BC. Bestimmen Sie dann den Winkel $\alpha = \sphericalangle PQM$ zwischen den Strecken QP und QM.
f) Zeigen Sie, dass die Punkte U (40; 40; 80) und V (60; 40; 80) auf zwei Kanten der Pyramide liegen. Begründen Sie, dass das Viereck ADUV ein Trapez ist.
g) An der Position H (70; 50; a) liegt ein Schachteingang. Der Schacht führt zur Schatzkammer in der Pyramidenmitte G (50; 50; 50). Das Sonnenlicht fällt bis in die Schatzkammer G, wenn es in Richtung des Vektors $\vec{v}$ einfällt. Bestimmen Sie a. $\vec{v} = \begin{pmatrix} -4 \\ 0 \\ -2 \end{pmatrix}$

6. Tennis VT 1

Der Tennisplatz ist idealisiert dargestellt mit 24 m Länge und 10 m Breite. Die Aufschlagfelder sind jeweils 6 m lang und 5 m breit. Das Netz ist durchgehend 1 m hoch. Alle Schläge verlaufen geradlinig.

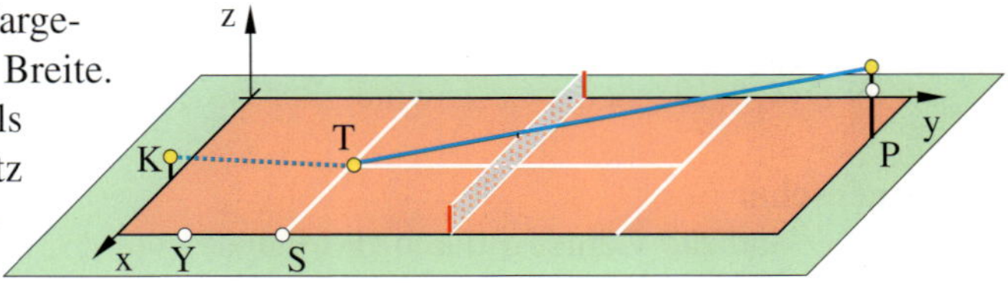

Ein Spieler steht an der Grundlinie bei P (3; 24; 0) und versucht, den Ball mit einer Geschwindigkeit von 144 km/h in der Höhe 3,10 m abzuschlagen, um exakt den Punkt T (5; 6; 0) des Aufschlagfeldes zu treffen.

a) Wie hoch geht der Ball über das Netz?
b) In welchem Winkel α zum Boden trifft der Ball in T auf?
c) Nach dem Auftreffen wird der Ball unter Beibehaltung seiner Geschwindigkeit exakt unter dem gleichen Winkel α reflektiert ohne weitere Richtungsänderungen. An welcher Position K muss der auf seiner Grundlinie stehende Gegner den Ball zurückschlagen? Wieviel Zeit hat er für seine gesamte Reaktion?
d) In einer weiterer Spielsituation hat der Gegner einen Ball geschlagen. Nach dem Zwischenaufprall am Boden kommt er genau am alten Standort P des Spielers an, allerdings in einer Höhe von nur 2 m. Der Spieler versucht, diesen Ball an die äußerste Position S seines linken Aufschlagfeldes zu schlagen. Kann dies gelingen?
Was geschieht, wenn er den Ball nicht richtig trifft und dieser das Netz exakt in in Netzmitte 0,10 m über der oberen Seilkante passiert?

VT 1

7. Steigflug

Das Flugzeug F berfindet sich im Steigflug, als es vom Kontrollturm T(−10; 10; 0) um 14.00 Uhr in A (8; 8; 4) und noch einmal um 14.02 Uhr in B (4; 12; 6) gesichtet wird. Später verschwindet es in der horizontalen Wolkenschicht, die in 9 km Höhe beginnt und in 10 km Höhe endet. Direkt beim Austritt aus der Wolkenschicht geht das Flugzeug vom Steigflug in den Horizontalflug über, ohne weitere Richtungsänderungen vorzunehmen (Angaben in km).

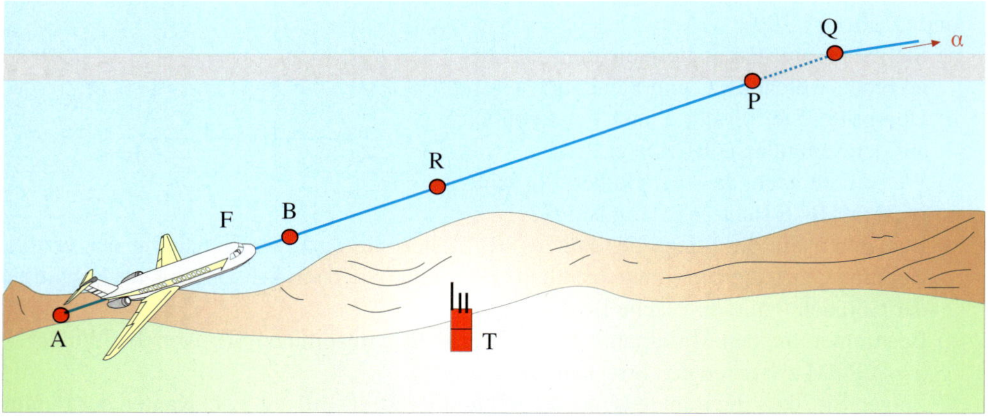

a) Bestimmen Sie eine Parametergleichung der Flugbahn f des Flugzeuges.
b) In welchem Punkt L ist das Flugzeug gestartet (Starthöhe h = 0).
c) Berechnen Sie die Fluggeschwindigkeit in km/min und in km/h.
d) In welcher Positionen P und Q wird die Wolkendecke erreicht und wieder verlassen?
e) Wie groß ist der Korrekturwinkel α beim Einschwenken in den Horizontalflug?
f) Zeigen Sie, dass das Flugzeug im Punkt R(0; 16; 8) dem Überwachungsturm T am nächsten kommt. Betrachten Sie dazu den Vektor $\overrightarrow{TR}$ und den Richtungsvektor $\vec{m}$ der Flugbahn f.
g) Ein Hubschrauber H startet zeitgleich mit F um 14.00 Uhr in C (8; 11; 0) mit Kurs auf das Ziel D (4; 9; 10). Seine Geschwindigkeit beträgt 5 km/min. Besteht Kollisionsgefahr?

VT 1

8. Ebenenschar

Gegeben sind die Gerade g durch die Punkte A (4; 1; 2) und B (6; 2; 1) sowie die Ebene F durch die Punkte P(0; −1; 4), Q (7; 4; 2) und R (2; 0; 3). Die Ebene E_2: $3x - 5y + z = 15$ ist eine Ebene der Schar E_a: $\left(\vec{x} - \begin{pmatrix} 3 \\ -1 \\ 1 \end{pmatrix}\right) \cdot \begin{pmatrix} a+1 \\ -2a-1 \\ 1 \end{pmatrix} = 0$, $a \in \mathbb{R}$.

a) Untersuchen Sie die relative Lage von Gerade g und Ebene F.
b) Zeigen Sie: Die Schnittpunkte der Koordinatenachsen mit der Ebene F bilden ein gleichseitiges Dreieck.
c) Bestimmen Sie eine Gleichung der Schnittgeraden s der Ebenen E_2 und F.
Zeigen Sie, dass die Gerade s in jeder Ebene der Schar E_a liegt.
Zeigen Sie weiter, dass die Geraden g und s echt parallel verlaufen.
Bestimmen Sie den Abstand der Geraden g und s.
d) Untersuchen Sie die relative Lage der Geraden g zur Ebenenschar E_a.
Prüfen Sie, ob die Ebene F zur Schar E_a gehört.
e) Zeigen Sie, dass keine Ebene der Schar E_a orthogonal zur x-y-Ebene verläuft.
Bestimmen Sie eine Gleichung der Ebene H, welche die Gerade s aus Teil c) enthält und nicht zur Ebenenschar E_a gehört.

A. Stochastik: Elementare Aufgaben

1. Eine fünfköpfige Familie stellt sich zu einem Gruppenphoto auf. Wie viele Möglichkeiten der Anordnung gibt es, wenn
   a) alle sich in einer Reihe aufstellen,
   b) die beiden Eltern hinter den drei Kindern stehen?

2. Ein wichtiges Gremium in Karnevalvereinen ist der sogenannte Elferrat, der – wie der Name schon sagt – aus elf Personen besteht.
   a) Aus dem Elferrat werden als Vorstand nacheinander der 1. Vorsitzende, der 2. Vorsitzende und der Schriftführer duch die Vereinsmitglieder gewählt. Wie viele Möglichkeiten für die Wahl des Vereinsvorstands gibt es?
   b) Ein vierköpfiges Gremium des Elferrates soll die Prunksitzung des Verein vorbereiten. Berechnen Sie, wie viele Möglichkeiten es gibt, das Gremium zusammenzustellen.
   c) Drei enge Freunde gehören zum Elferrat. Wie wahrscheinlich ist es, dass mindestens einer von ihnen dem vierköpfigen Gremium angehört?

3. Zwölf Jungen verabreden sich zu einem Fußballspiel. Dazu müssen sie zwei Mannschaften aus jeweils sechs Spielern bilden. Wie viele Möglichkeiten für die Zusammensetzung der beiden Teams gibt es?

4. In einer Galerie gibt es 10 Leuchten, die einzeln ein- und ausgeschaltet werden können. Wie viele unterschiedliche Möglichkeiten der Beleuchtung gibt es?

5. 10 % der Bevölkerung sind zuckerkrank. Ein Test zeigt bei 95 % der Kranken ein positives Testergebis an. Bei den Gesunden ergibt der Test bei 4 % irrtümlich ein positives Ergebnis.
   a) Es wird ein Massenscreening durchgeführt. Welcher Prozentsatz der untersuchten Personen wird dabei ein positives Testergebnis erhalten?
   b) Eine Person wurde positiv getestet. Mit welcher Wahrscheinlichkeit ist sie tatsächlich zuckerkrank?
   (Hinweis: Verwenden Sie Vierfeldertafeln)

6. Eine Münze wird viermal geworfen. Die Größe X beschreibt die Anzahl der Kopfwürfe.
   a) Geben Sie die Wahrscheinlichkeitsverteilung von X an.
   b) Berechnen Sie den Erwartungswert von X.

7. Ein Biathlet trifft beim Stehend-Schießen mit einer Wahrscheinlichkeit von 80 %. Eine Serie besteht aus fünf Schüssen. Wie wahrscheinlich sind die folgenden Ereignisse?
   A: Alle Schüsse der Serie sind Treffer.
   B: Nur der letzte Schuss ist kein Treffer.
   C: Die Serie wird mit vier Treffern beendet.
   D: Es werden mindestens vier Treffer erreicht.

8. Die Gewinnwahrscheinlichkeit bei einem Glücksspiel liegt bei 25 %.
   a) Mit welcher Wahrscheinlichkeit gewinnt man bei acht Spielen genau einmal?
   b) Mit welcher Wahrscheinlichkeit gewinnt man bei sechs Spielen mindestens einmal?
   c) Wie viele Gewinnspiele kann man bei 60 Spielen erwarten?

9. Bei dem Spiel „Mensch ärgere dich nicht" benötigt der Spieler eine Sechs des Spielwürfels zur Eröffnung des Spiels. Dazu hat er drei Versuche. Wie wahrscheinlich ist es, dass ein Spieler das Spiel schon in der ersten Runde eröffnen kann?

10. Bei einem Würfelspiel werden 2 Würfel geworfen. Zeigen beide Würfel eine der Zahlen von 1 bis 5, erhält der Spieler 5 Euro ausgezahlt. Zeigen beide Würfel die Sechs, werden sogar 10 Euro an den Spieler ausgezahlt. Der Einsatz beträgt 1 Euro. Die Zufallsgröße X beschreibt den Gewinn/Verlust des Spielers.

a) Geben Sie die Wahrscheinlichkeitsverteilung von X an.

b) Welchen Erwartungswert hat die Zufallsgröße X?

11. Bei einer Online-Umfrage unter 800 Schülern wird gefragt, ob sie einen Account bei Facebook bzw. bei Twitter haben. Das Ergebnis der Umfrage ist in der unvollständigen Vierfeldertafel erfasst.

F/T: Account bei Facebook/Twitter

	F	$\overline{F}$	
T	600		660
$\overline{T}$		40	
			800

a) Vervollständigen Sie die Vierfeldertafel.

b) Ein befragter Schüler hat einen Facebook-Account. Mit welcher Wahrscheinlichkeit hat er ebenfalls einen Twitter-Account?

12. Eine Urne enthält 7 schwarze und 3 weiße Kugeln. Es werden 3 Kugeln mit Zurücklegen gezogen. Mit welcher Wahrscheinlichkeit

a) ist nur die 2. Kugel schwarz,

b) sind alle Kugeln weiß,

c) ist mindestens eine Kugel schwarz?

d) Beantworten Sie a) bis c), wenn die 3 Kugeln ohne Zurücklegen gezogen werden.

13. Eine Firma produziert LED-Leuchten in zwei Werken A und B. Das ältere Werk A produziert mit 5% Ausschuss. Das modernere Werk B, aus dem 70% der Gesamtproduktion stammen, produziert mit 2% Ausschuss.

a) Wie groß ist der Ausschussanteil an der Gesamtproduktion?

b) Eine LED-Leuchte ist fehlerhaft. Mit welcher Wahrscheinlichkeit wurde sie in Werk B produziert?

c) Jeweils 200 LED-Leuchten werden in einen Karton zum Verkauf verpackt. Wie groß ist die Wahrscheinlichkeit, dass in einem Karton aus Werk B weniger als 3 LED-Leuchten defekt sind?

d) Ein Käufer bezieht einen Karton aus Werk A. Ein genaue Prüfung ergibt, dass er 18 fehlerhafte Leuchten enthält. Kann er der Produzentenangabe von 5% Ausschuss noch glauben?

14. Sven trifft als guter Basketballspieler bei 80% seiner Freiwürfe.

a) Wie wahrscheinlich sind genau 8 Treffer bei 10 Würfen? Ist die Wahrscheinlichkeit für 40 Treffer bei 50 Würfen geringer oder höher?

b) Wie wahrscheinlich ist es, dass Sven weniger als 3 Fehlwürfe bei 20 Freiwürfen hat?

c) Wie viele Treffer kann sein Trainer bei 60 Freiwürfen erwarten?

d) Welche Trefferanzahl kann Sven bei 50 Freiwürfen mit mindestens 95% Sicherheit garantieren?

B. Stochastik: Komplexe Aufgaben

1. Geschwindigkeitskontrollen

An einem Unfallschwerpunkt werden Geschwindigkeitskontrollen durchgeführt. Es wurde festgestellt, dass 6 % der PKW-Fahrer und 3 % der LKW-Fahrer als sogenannte Raser eingestuft werden. Die Kontrollwahrscheinlichkeit beträgt unabhängig von der Fahrzeugart 5 %.

a) Bestimmen Sie die Wahrscheinlichkeit folgender Ereignisse:
   A: „Unter 55 kontrollierten PKW-Fahrern befindet sich kein Raser."
   B: „Unter 60 kontrollierten PKW-Fahrern befindet sich mindestens ein Raser."

b) Bestimmen Sie die Wahrscheinlichkeit folgender Ereignisse. Fertigen Sie eventuell auch ein Baumdiagramm an.
   C: „Von vier aufeinander folgenden Fahrzeugen wird nur das erste kontrolliert."
   D: „Von fünf aufeinander folgenden Fahrzeugen werden genau drei Fahrzeuge kontrolliert, die direkt hintereinander fahren."

c) Berechnen Sie, wie viele PKW mindestens kontrolliert werden müssen, um mit einer Wahrscheinlichkeit von mindestens 50 % mindestens einen Raser zu erwischen.

d) Der Anteil der Motorradfahrer, die mit korrekter Geschwindigkeit fahren, sei p mit $0 < p < 1$. Berechnen Sie p so, dass die Wahrscheinlichkeit dafür, unter 10 zufällig ausgewählten Motorradfahrern genau 2 mit nichtkorrekter Geschwindigkeit zu finden, maximal ist. Auf den Nachweis des Maximums wird verzichtet.

2. Glücksspiel

Der einarmige Bandit kann in jedem der vier Fenster eine der Ziffern 1, 2 und 3 ausgeben.

a) Wie viele verschiedene Ergebnisse gibt es insgesamt?

b) Bestimmen Sie die Wahrscheinlichkeit des Ereignisses:
   A: Es erscheint die Ziffernfolge 1 2 3 3.
   B: Es erscheint genau zweimal die Ziffer 1.
   C: Es erscheinen nur Einsen.
   D: Es erscheinen nur gleiche Ziffern.

c) Das Gerät wird 10-mal bedient. Mit welcher Wahrscheinlichkeit tritt das Ereignis B nicht ein einziges Mal ein? Mit welcher Wahrscheinlichkeit tritt es genau 2-mal ein?

d) Wie oft muss man das Gerät mindestens in Gang setzen, damit mit einer Wahrscheinlichkeit von wenigstens 95 % mindestens einmal das Ereignis B eintritt?

e) Bei einem Einsatz von 1 € pro Spiel gewinnt man 30 €, wenn die Ziffernfolge 3333 kommt und 5 €, wenn die Ziffernfolge 2xx2 kommt, wobei x eine beliebige aber feste Ziffer ist. Lohnt sich das Spiel für den Spieler? Wie viel Gewinn/Verlust ist für den Betreiber an einem Tag mit 8 Stunden zu erwarten, wenn pro Stunde ca. 20 Spiele stattfinden?

f) Johannes berichtet, dass er gerade fünfmal hintereinander gewonnen hat (Ziffernfolge 3333 oder 2xx2). Beurteilen Sie diese Aussage bezüglich ihrer Glaubwürdigkeit.
   Jana sagt, dass sie bei 100 Spielen ca. 20 bis 30-mal das Ereignis B beobachtet hat. Ist das glaubhaft? (Verwenden Sie bei der Lösung dieser Aufgabe für die Wahrscheinlichkeit des Ereignisses B den Näherungswert $P(B) = \binom{4}{2}\frac{1}{3}^2 \cdot \left(\frac{2}{3}\right)^2 = \frac{24}{81} = 0{,}296 \approx 0{,}3$).

3. Glaukom

Die Augenkrankheit Glaukom (grüner Star) tritt überwiegend ab einem Alter von 40 Jahren auf. Viele der Erkrankten leiden dabei an erhöhtem Augeninnendruck, der jedoch auch bei einem nicht an einem Glaukom Erkrankten auftreten kann.

In NRW leben 10 Mio. Personen über 40 Jahre, von denen 0,8 Mio. an erhöhtem Augeninnendruck leiden.

Im Folgenden werden nur Personen betrachtet, die älter als 40 Jahre sind.

a) Für eine Studie werden 20 Personen ausgewählt. Mit welcher Wahrscheinlichkeit
  – hat niemand aus der Gruppe einen erhöhten Augeninnendruck
  – haben mindestens 3 Personen der Gruppe einen erhöhten Augeninnendruck?

b) 2,5 % der über 40 Jahre alten Personen leiden an einem Glaukom. Davon haben 75 % einen erhöhten Augeninnendruck. Unter den nicht an einem Glaukom erkrankten Personen leiden 8 % unter erhöhtem Augeninnendruck. Wie groß ist die Wahrscheinlichkeit, dass eine zufällig ausgewählte Person unter erhöhtem Augeninnendruck leidet?

c) Eine Person aus der Gruppe der über 40-Jährigen leidet unter erhöhtem Augeninnendruck. Wie groß ist die Wahrscheinlichkeit, dass sie an einem Glaukom erkrankt ist?

d) Wie groß ist die Wahrscheinlichkeit, dass unter 200 zufällig ausgewählten Personen aus der Gruppe der über 40-Järigen mehr als 25 unter erhöhtem Augeninnendruck leiden?

e) Wie viele Personen müssen mindestens untersucht werden, um mit mindestens 90 % Sicherheit mindestens eine Person zu finden, die an einem Glaukom erkrankt ist.

4. Der Spezialwürfel

Beim Spezialwürfel treten die Augenzahlen 2 und 3 mit der doppelten Wahrscheinlichkeit, die Augenzahlen 4 und 5 mit der dreifachen Wahrscheinlichkeit und die Augenzahl 6 mit der vierfachen Wahrscheinlichkeit der Augenzahl 1 auf. Man kann dazu einen 20-flächigen Würfel verwenden, der fünf ungültige Flächen hat.

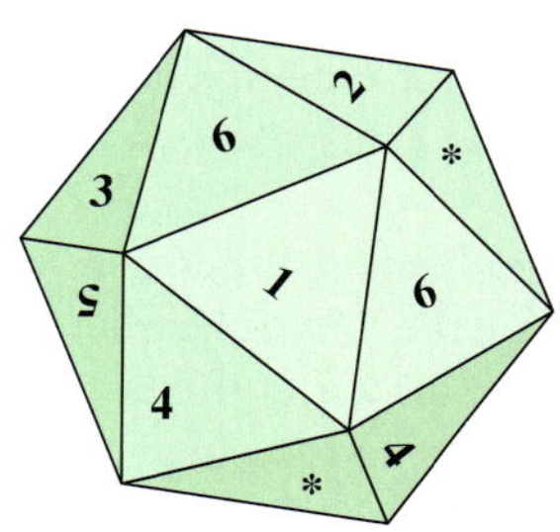

Eins	1
Zwei	2
Drei	2
Vier	3
Fünf	3
Sechs	4
*	5

a) Die Zufallsgröße X gibt die Augenzahl beim Werfen des Würfels an. Bestimmen Sie die Wahrscheinlichkeitsverteilung und den Erwartungswert von X.

b) Ein Spiel kann man nur durch Würfeln einer Sechs beginnen. Dazu hat ein Spieler bis zu drei Versuche pro Spielrunde.
Wie groß ist die Wahrscheinlichkeit, dass ein Spieler es schafft, schon in der ersten Runde ins Spiel zu kommen?
Wie groß ist die Wahrscheinlichkeit, dass ein Spieler nach drei Runden immer noch nicht im Spiel ist?

c) Wie oft muss man mindestens würfeln, um mit mindestens 99 % Wahrscheinlichkeit mindestens eine Sechs zu würfeln?

d) Wie groß ist die Wahrscheinlichkeit, bei 100 Würfen mehr als 25 Sechsen zu würfeln?

e) Der Würfel wird für ein Glücksspiel benutzt. Bei 2 Euro Einsatz wird der Würfel zweimal geworfen. Ist die Augensumme größer als 10, wird die Augensumme in Euro ausgezahlt. Mit welchem Gewinn pro Spiel kann der Anbieter rechnen?

f) Jemand behauptet, bei 100 Spielen 25-mal gewonnen zu haben. Wie glaubwürdig ist diese Aussage?

5. Blue Jeans

Bei der Herstellung von Jeans werden 3 % der Hosen mit Mängeln (M) produziert.

a) Wie groß ist die Wahrscheinlichkeit, dass ein Kunde beim Kauf von 100 Jeans mehr als 5 Hosen mit Mängeln erhält?

b) Ab welchem Kaufumfang sinkt die Wahrscheinlichkeit, dass alle gelieferten Jeans mängelfrei sind, unter 20 %?

c) 80 % der Jeans werden als Standardmodell produziert, der Rest als Luxusausführung. Beim Standardmodell sind 3,5 % der Produktion mit Mängeln behaftet.
Wie groß ist der Anteil der Jeans mit Mängeln bei der Luxusausführung?
Eine Jeans wird zufällig der Produktion entnommen. Die Kontrolle ergibt einen Mangel. Mit welcher Wahrscheinlichkeit wurde eine Jeans in Luxusausführung ausgewählt?

d) Ein Großkunde bestellt 500 Jeans. Wie groß ist die Wahrscheinlichkeit, dass höchstens 22 Hosen mit Mängeln darunter sind?
Ab welcher Anzahl K liegt die Wahrscheinlichkeit, dass höchstens K Jeans mangelhaft sind, über 99 %?

e) Der Großkunde verkauft die Jeans für 79,90 €. Kurz vor der Umstellung auf die neue Kollektion hat er 380 der 500 Jeans verkauft. Er weiß aus Erfahrung, dass er noch 50 % der restlichen Ware zum regulären Preis verkaufen kann.
Der Großkunde entscheidet nun, die restlichen 120 Jeans mit reduziertem Preis von 49,90 € anzubieten. Er verkauft daraufhin 105 der restlichen 120 Jeans. Mit welcher Wahrscheinlichkeit hätte er einen höheren Erlös erzielt, wenn er die restliche Ware zum regulären Preis angeboten hätte?

6. Epidemie

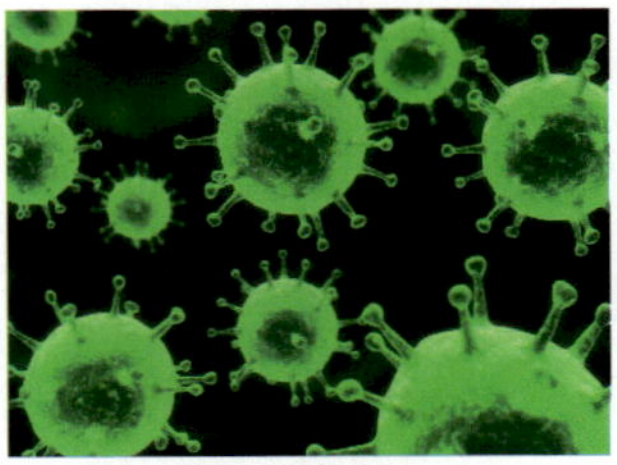

Eine Epidemie E ist ausgebrochen, die von zwei nicht gleichzeitig auftretenden Erregern A_1 und A_2 verursacht wird und 8 % der Bevölkerung eines Landes getroffen hat.

a) Wie groß ist die Wahrscheinlichkeit, dass
A: von 20 Personen höchstens eine erkrankt ist,
B: unter 1200 Personen sich mehr als 90 Erkrankte befinden?

b) Ein Test erkennt 98 % der Erkrankten, stuft jedoch 4 % der Gesunden als krank ein. Wie groß ist die Wahrscheinlichkeit, dass der Test eine Person als gesund ausweist?
Der Test weist eine Person als gesund aus. Mit welcher Wahrscheinlichkeit ist diese Person trotzdem krank?

c) Ein Medikament M wirkt bei 60 % der mit dem Erreger A_1 Infizierten und bei 80 % der durch den Erreger A_2 Erkrankten. Insgesamt hilft das Medikament bei 71 % aller Erkrankten. Wie groß ist der Anteil der durch den Erreger A_1 Erkrankten?

d) Der Besitzer einer Apotheke erwartet pro Woche 1200 Kunden. Die Wahrscheinlichkeit, dass einer der Kunden eine Verschreibung des Medikaments M vorlegt, beträgt 6 %. Wie viele Packungen des Medikaments M muss der Apotheker sich pro Woche auf Lager legen, damit der Vorrat mit 99 % Wahrscheinlichkeit reicht?

e) Ein Arzt behandelt an einem bestimmten Tag 40 Patienten. Davon leiden 6 an Grippe, x sind durch E infiziert, der Rest leidet an anderen Krankheiten. Von 3 zufällig ausgewählten Patienten leidet einer an Grippe, einer an E und einer an einer anderen Krankheit. Für welchen Wert von x ist dieses Ereignis am wahrscheinlichsten?

VT 2

7. Anglerlatein

Ein Angler fängt bevorzugt Zander. Nur 25 % der von ihm gefangenen Zander sind *groß*, d. h., ihre Länge beträgt mindestens 50 cm. Insgesamt sind nur 30 % der von ihm gefangenen Fische *groß*. Auch sind nur 10 % seiner gefangenen Fische *Zander* **und** sind zugleich *groß*.

a) Bestimmen Sie die Wahrscheinlichkeiten der folgenden Ereignisse:
A: von 9 gefangenen Zander sind mindestens 2 groß,
B: von 500 gefangenen Fischen sind mindestens 140 und höchstens 170 Fische groß.

b) Wie viele Zander muss der Angler mindestens fangen, um mit mindestens 98 % Wahrscheinlichkeit mindestens einen großen Zander zu erhalten?

c) Erstellen Sie eine Vierfeldertafel mit den beiden Merkmalen Fischart (Zander/kein Zander) und Fanggröße (groß/klein) auf der Basis von 1000 gefangenen Fischen.

d) Ermitteln Sie die Wahrscheinlichkeiten der folgenden Ereignisse.
C: Der nächste gefangene Fisch ist kein Zander und ist groß,
D: Der letzte gefangene Fisch war kein Zander,
E: Der letzte gefangene Fisch ist ein Zander, unter der Bedingung, dass es sich um einen großen Fisch handelt.

e) 10 % der bis zu einem festen Zeitpunkt vom Angler gefangenen Fische waren groß.
Danach fängt der Angler vermehrt große Zander und behauptet deshalb, dass seine Erfolgsquote (große Zander) auf nunmehr 15 % gestiegen ist.
e_1) Wie groß ist die Wahrscheinlichkeit, dass unter 150 gefangenen Fischen mehr als 20 große Zander sind, obwohl die Erfolgsquote unseres Anglers weiter bei 10 % liegt?
e_2) Die Erfolgsquote des Anglers liege nun tatsächlich bei 15 %.
Betrachtet wird die Hypothese H_0: „Die Erfolgsquote des Anglers liegt bei 10 %."
Untersucht wird eine Stichprobe von 150 gefangenen Fischen. Wie muss die Entscheidungsregel lauten, damit die Wahrscheinlichkeit für die Annahme der falschen Hypothese H_0 maximal 20 % beträgt?

VT 2

8. Bücherwürmer

18 % der Deutschen lesen im Jahr mehr als 15 Bücher, sie sind „Bücherwürmer".

a) Bestimmen Sie die Wahrscheinlichkeiten der folgenden Ereignisse.
A: Unter 10 zufällig ausgewählten Personen befinden sich genau 2 Bücherwürmer,
B: Unter 7 zufällig ausgewählten Personen sind mindestens 6 keine Bücherwürmer,
C: Unter 1000 zufällig ausgewählten Personen sind mindestens 165 und höchstens 210 Bücherwürmer.

b) Wie viele Personen muss man mindestens befragen, um mit mindestens 99,5 % Wahrscheinlichkeit mindestens einen Bücherwurm zu finden?

c) Ein Verleger lässt seine Bücher in einer Druckerei herstellen, von der bekannt ist, dass 3 % der Produktion Fehldrucke sind. In einem Prüfverfahren werden 97 % der Fehldrucke und 99 % der korrekten Bücher richtig eingestuft.
Berechnen Sie die Wahrscheinlichkeiten der folgenden Ereignisse.
D: Ein Buch wird als Fehldruck eingestuft,
E: Ein als Fehldruck eingestuftes Buch ist tatsächlich ein Fehldruck,
F: Ein nicht als Fehldruck eingestuftes Buch ist tatsächlich ein Fehldruck.

d) Zur Veröffentlichung eines neuen Romans bietet ein Verlag eine Lesung an. Da erfahrungsgemäß 4 % aller angemeldeten Personen nicht kommen, werden vom Verlag mehr als 150 Reservierungen für die 150 vorhandenen Plätze angenommen. Wie viele Reservierungen dürfen angenommen werden, damit trotz Überbuchung das Platzangebot mit mindestens 96 % Wahrscheinlichkeit ausreicht?

9. Einwegfeuerzeuge VT 2

Ein Betrieb stellt Einwegfeuerzeuge mit einem Ausschussanteil von 2% her.

a) Peter kauft 4 Feuerzeuge. Wie groß ist die Wahrscheinlichkeit, dass davon genau 2 Ausschuss sind?
Peter vermutet, dass diese Wahrscheinlichkeit kleiner ist als beim Lotto „6 aus 49“ vier Richtige zu erzielen. Hat Peter Recht?

b) Die Feuerzeuge werden vom Hersteller in Packungen zu 100 Stück abgegeben. Wie groß ist die durchschnittliche Anzahl von Ausschussteilen pro Karton und wie groß ist die Wahrscheinlichkeit, dass diese Durchschnittszahl im Einzelfall überschritten wird?

c) Die durchschnittliche Lebensdauer eines fehlerfrei hergestellten Feuerzeugs beträgt 300 Zündungen mit einer Standardabweichung von 15 Zündungen. Wie groß ist die Wahrscheinlichkeit, dass ein zufällig ausgewähltes Feuerzeug höchstens 280 Zündungen erlaubt?

d) Die Herstellung eines Feuerzeugs kostet 0,50 €. Die Vertriebskosten betragen mindestens 0,10 € pro Feuerzeug. Der Abgabepreis soll wegen der Konkurrenz 0,70 € nicht übersteigen.
Der Betrieb hat sich verpflichtet, Ausschussstücke zu ersetzen, was Zusatzkosten von 2,50 € pro umgetauschtem Feuerzeug verursacht. Ist unter diesen Bedingungen eine wirtschaftliche, gewinnabwerfende Produktion möglich?

10. Urlaub am Nordkap oder auf Hawai? VT 2

Johannes erfüllt sich einen Traum. Er macht Urlaub am Nordkap. Die Tageshöchsttemperatur in Hammerfest beträgt im August $\mu = 14°$ C mit einer Standardabweichung von $\sigma = 1{,}5°$.

a) Wie wahrscheinlich ist ein richtig heißer Tag in Hammerfest mit einer Höchsttemperatur von mindestens 17° C ? Wie wahrscheinlich sind Temperaturen von unter 12° C?

b) Gesucht ist ein zum Erwartungswert m = 14 symmetrisches Intervall, in dem langjährig 50% aller Tageshöchsttemperaturen im August liegen.

d) Gesucht ist eine Temperatur T, so dass 60% aller Tageshöchsttemperaturen zwischen 12° C und T° liegen.

e) Johannes Freund Fred schickt eine Postkarte aus Hawai. Er hat in der Lokalzeitung folgende Statistik über die Augusttemperaturen der beiden vergangenen Jahre gefunden.

Temperatur in °C	24	25	26	27	28	29	30	31	32	33	34	35	36	37
Abs. Häufigkeit:	1	1	4	4	5	9	14	8	5	3	2	2	1	1

Berechnen Sie den empirischen Mittelwert $\overline{m}$ und die empirische Standardabweichung $\overline{s}$, Berechnen Sie dann unter der Annahme, dass die Temperatur normalverteilt ist, mit welcher Wahrscheinlichkeit die Temperatur am nächsten Urlaubstag zwischen 27,5° C und 29,5° C liegt, der Lieblingstemperatur von Fred.

VT 2

11. Spiel mit 4 Würfeln

Vier Laplace-Würfel mit den Augenzahlen 1 bis 6 werden gleichzeitig geworfen.

a) Bestimmen Sie die Wahrscheinlichkeiten von:
A: Die Würfel zeigen 4 verschiedene Zahlen,
B: Die Würfel zeigen 4 gleiche Zahlen,
C: Die Würfel zeigen genau 3 gleiche Zahlen,
D: Die Würfel zeigen genau 2 gleiche Zahlen, die beiden anderen sind nicht gleich.

b) Die Summe der Wahrscheinlichkeiten der Ereignisse A bis D ergibt nicht 1, da nicht alle möglichen Ergebnisse des Würfelwurfes erfasst sind. Beschreiben Sie die fehlenden Ergebnisse durch ein Ereignis E und begründen Sie, warum genau 90 der 1296 möglichen Ergebnisse zum Ereignis E gehören.

c) Die Würfel werden zehnmal geworfen. Wie groß ist die Wahrscheinlichkeit, dass dabei höchstens einmal genau 3 gleiche Zahlen geworfen werden?

d) Wie oft muss man die Würfel mindestens werfen, um mit mindestens 98 % Wahrscheinlichkeit mindestens einmal 4 gleiche Zahlen zu erhalten?

e) Die Würfel werden 900-mal geworfen. Wie groß ist die Wahrscheinlichkeit, dass öfter als 235-mal und höchstens 260-mal vier verschiedene Zahlen kommen?

f) Bei einem Einsatz von 1 € erhält man bei drei gleichen Zahlen 5 € ausgezahlt, bei vier gleichen Zahlen erhält man sogar 50 € Auszahlung. Wie groß ist der durchschnittliche Gewinn/Verlust des Spielers pro Spiel?

g) Verallgemeinerung: n Würfel $(n > 4)$ werden geworfen. Leiten Sie eine Formel her für die Wahrscheinlichkeit, dass genau k Würfel die Sechs und genau ein Würfel die Eins zeigt.

12. Allergien

In einer Region sind 10 % der Menschen allergisch gegen Birkenpollen, 5 % gegen Gräserpollen und 2 % gegen Hausstaub.

a) Wie wahrscheinlich sind folgende Ereignisse?
A: Unter 15 Personen ist höchstens einer allergisch gegen Gräserpollen,
B: Unter 100 Personen sind mehr als 8 allergisch gegen Birkenpollen,
C: Unter 500 Personen haben mindestens 5 und höchstens 15 eine Hausstauballergie.

b) Wie viele Personen müssen mindestens befragt werden, um mit mindestens 98 % Wahrscheinlichkeit wenigstens eine Person zu finden, die eine Hausstauballergie hat?

c) In einer Arztpraxis warten n Personen, von denen genau 5 an einer Birkenpollenallergie leiden. Zwei Personen werden zufällig ausgewählt. Die Wahrscheinlichkeit, dass darunter genau eine Person mit Birkenpollenallergie ist, beträgt $\frac{1}{3}$. Wie viele Personen warten in der Arztpraxis?

d) Bei der Herstellung eines antiallergischen Nasensprays tritt bei 5 % der Sprühflaschen ein Fehler (F) auf. In der Qualitätskontrolle werden 97 % der Flaschen mit dem Fehler F aussortiert. Leider werden 1 % der Flaschen, die nicht fehlerhaft sind, ebenfalls aussortiert. Ermitteln Sie die Wahrscheinlichkeiten folgender Ereignisse:
D: Eine Flasche wird aussortiert,
E: Eine nicht aussortierte Flasche ist trotzdem fehlerhaft.

e) Neben dem Fehler F tritt bei der Herstellung der Spraydosen noch ein Materialfehler M auf. Die Fehler F und M sind stochastisch unabhängig. Die Wahrscheinlichkeit, dass mindestens einer der Fehler auftritt, beträgt 8,8 %. Mit welcher Wahrscheinlichkeit tritt der Fehler M auf?

Testlösungen

Testlösungen zum Kapitel I (Seite 40)

1. a) x-Verschiebung: 0,5, y-Verschiebung: 1, Streckfaktor: 1, Periode: 4

b) $(1{,}5|1)$, $t(x) = mx + n$, $m = f'(1{,}5) = -\frac{\pi}{2}$, $1 = -\frac{\pi}{2} \cdot 1{,}5 + n$, $n = \frac{4+3\pi}{4}$

$t(x) = -\frac{\pi}{2}x + \frac{4+3\pi}{4}$

c) $A = \int\limits_0^{2,5} f(x)\,dx = \left[\frac{2}{\pi}\sin\left(\frac{\pi}{2}\left(x - \frac{1}{2}\right)\right) + x\right]_0^{2,5} = 2{,}95$

2. b) $x = \frac{3}{4}\pi$, $x = \frac{7}{4}\pi$

a) 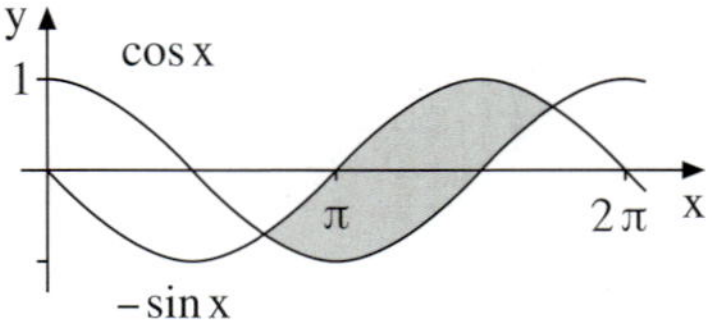

c) $m_f = f'\left(\frac{3}{4}\pi\right) = -\sin\left(\frac{3}{4}\pi\right) = -0{,}707$

$m_g = g'\left(\frac{3}{4}\pi\right) = -\cos\left(\frac{3}{4}\pi\right) = 0{,}707$

$\alpha \approx -35{,}3°$, $\beta \approx 35{,}3°$

$\gamma = |\alpha| + \beta = 70{,}6°$

d) $A = \int\limits_{3\pi/4}^{7\pi/4} (-\sin x - \cos x)\,dx$

$= [\cos x - \sin x]_{3\pi/4}^{7\pi/4}$

$= 2\sqrt{2} = 2{,}828$

3. $f(x) = -2\sin\frac{x}{2}$, $\quad g(x) = 3\cos(2x)$

4. a) $x = \frac{\pi}{4}$

b) $A = \int\limits_0^{\pi/4} 2\sin x\,dx + \int\limits_{\pi/4}^{\pi/2} 2\cos x\,dx = [-2\cos x]_0^{\pi/4} + [2\sin x]_{\pi/4}^{\pi/2}$

$= (2 - \sqrt{2}) + (2 - \sqrt{2}) = 1{,}17$

c) $m_f = f'\left(\frac{\pi}{4}\right) = \frac{1}{\sqrt{2}}t$

$m_g = g'\left(\frac{\pi}{4}\right) = -\frac{1}{\sqrt{2}}t$

$m_f \cdot m_g = -1 \Rightarrow \frac{1}{\sqrt{2}}t \cdot \left(-\frac{1}{\sqrt{2}}t\right) = -1 \Rightarrow t^2 = 2 \Rightarrow t = \sqrt{2}\,(t > 0)$

Testlösungen zum Kapitel II (Seite 74)

1. a) $\int\limits_0^{\sqrt{3}} \frac{x}{\sqrt{7-x^2}}\,dx = \left[-\sqrt{7-x^2}\right]_0^{\sqrt{3}} = -2+\sqrt{7} \approx 0{,}65$

b) $\int\limits_0^{\pi} \underbrace{x}_{u} \cdot \underbrace{\sin x}_{v'}\,dx = [-x\cdot\cos x]_0^{\pi} + \int\limits_0^{\pi} \cos x\,dx = [-x\cdot\cos x]_0^{\pi} + [\sin x]_0^{\pi} = \pi$

c) $\int 4\cos(2x+\pi)\,dx = \frac{1}{2}\int 4\cos z\,dz = 2\sin z + C = 2\sin(2x+\pi) + C$

$\int\limits_0^{\pi/4} 4\cos(2x+\pi)\,dx = [2\sin(2x+\pi)]_0^{\pi/4} = -2$

d) $\int \underbrace{3x^2}_{u} \cdot \underbrace{\cos\left(x+\frac{\pi}{4}\right)}_{v'}dx = 3x^2\cdot\sin\left(x+\frac{\pi}{4}\right) - \int 6x\cdot\sin\left(x+\frac{\pi}{4}\right)dx$

$= 3x^2\cdot\sin\left(x+\frac{\pi}{4}\right) + 6x\cdot\cos\left(x+\frac{\pi}{4}\right) - \int 6\cdot\cos\left(x+\frac{\pi}{4}\right)dx$

$= 3x^2\cdot\sin\left(x+\frac{\pi}{4}\right) + 6x\cdot\cos\left(x+\frac{\pi}{4}\right) - 6\cdot\sin\left(x+\frac{\pi}{4}\right) + C$

e) $\int \sqrt{a-bx}\,dx = -\frac{1}{b}\int\sqrt{z}\,dz = -\frac{1}{b}\cdot\frac{2}{3}z^{\frac{3}{2}} + C = -\frac{2}{3b}(a-bx)^{\frac{3}{2}} + C$

f) $\int \sin x\cdot\cos x\,dx = \int u\,du = \frac{1}{2}u^2 + C = \frac{1}{2}\sin^2 x + C$

oder: $\int \underbrace{\sin x}_{u}\cdot\underbrace{\cos x}_{v'}\,dx = \sin^2 x - \int \cos x\cdot\sin x\,dx,\ 2\int \sin x\cdot\cos x\,dx = \sin^2 x + C$

g) $\int \sqrt{\sqrt{x}+1}\,dx = \int\sqrt{u+1}\cdot 2u\,du = 2\int(v^2-1)\cdot 2v\cdot v\,dv = 4\int(v^4-v^2)\,dv$

$= 4\left(\frac{1}{5}v^5 - \frac{1}{3}v^3\right) + C = 4\left(\frac{1}{5}(\sqrt{u+1})^5 - \frac{1}{3}(\sqrt{u+1})^3\right) + C$

$= 4\sqrt{u+1}\left(\frac{1}{5}(u+1)^2 - \frac{1}{3}(u+1)\right) + C$

$= 4\sqrt{\sqrt{x}+1}\left(\frac{1}{5}(\sqrt{x}+1)^2 - \frac{1}{3}(\sqrt{x}+1)\right) + C$

$= 4\sqrt{\sqrt{x}+1}\left(\frac{1}{5}x + \frac{1}{15}\sqrt{x} - \frac{2}{15}\right) + C$

mit $\sqrt{x} = u$ und $u+1 = v^2$

h) $\int\sqrt{1-x^2}\,dx = \int\sqrt{1-\sin^2 z}\cdot\cos z\,dz = \int\cos z\cdot\cos z\,dz = \frac{1}{2}(z+\sin z\cdot\cos z) + C$

$= \frac{1}{2}(\arcsin x + x\cdot\sqrt{1-x^2}) + C$

$\int\limits_0^{0,5}\sqrt{1-x^2}\,dx = \left[\frac{1}{2}(\arcsin x + x\cdot\sqrt{1-x^2})\right]_0^{0,5} = \frac{\pi}{12} + \frac{\sqrt{3}}{8} \approx 0{,}4783$

2. Schnittpunkt: $x = 1$

$V = 2\pi\int\limits_0^1 (g^2(x) - f^2(x))\,dx = 2\pi\int\limits_0^1 (x - x^4)\,dx = 2\pi\left[\frac{1}{2}x^2 - \frac{1}{5}x^5\right]_0^1 = \frac{3}{5}\pi \approx 1{,}88$

3. a) $\int_1^\infty \frac{1}{(x+1)^3}\,dx = \lim\limits_{k\to\infty}\int_1^k \frac{1}{(x+1)^3}\,dx = \lim\limits_{k\to\infty}\left[-\frac{1}{(x+1)^2}\right]_1^k = \frac{1}{8}$

b) $\int_0^1 \left(\sqrt{x}+\frac{1}{\sqrt{x}}\right)dx = \lim\limits_{k\to 0}\int_k^1 \left(\sqrt{x}+\frac{1}{\sqrt{x}}\right)dx = \lim\limits_{k\to 0}\left[\frac{2}{3}x^{\frac{3}{2}} + 2x^{\frac{1}{2}}\right]_k^1 = \frac{8}{3}$

4. $V = \lim\limits_{k\to\infty}\left(\pi\int_1^k \frac{1}{x^2}\,dx\right) = \lim\limits_{k\to\infty}\left(\pi\left[-\frac{1}{x}\right]_1^k\right) = \lim\limits_{k\to\infty}\left(\pi\left(1-\frac{1}{k}\right)\right) = \pi \approx 3{,}14$

Testlösungen zum Kapitel III (Seite 130)

1. a) $f'(x) = 2e^{2x}$ b) $f'(x) = -3e^{-x+5}$ c) $f'(x) = (1-2x)e^{-2x}$

2. a) $\int -e^{-x}\,dx = e^{-x} + C$ b) $\int (x + e^{2+0{,}5x})\,dx = \frac{1}{2}x^2 + 2e^{2+0{,}5x} + C$

c) $\int 6e^{-\frac{1}{3}x}\,dx = -18e^{-\frac{1}{3}x} + C$

3. a) $F'(x) = (-2x+5)e^{-2x}$ b) $F'(x) = (-2ax - 8 + a)e^{-2x} = (6x-11)e^{-2x}$, $a = -3$

4. a) $A = \int_1^3 f(x)\,dx = [-2e^{-x}]_1^3 \approx 0{,}64$

b) $A = \int_0^2 (f(x)-g(x))\,dx = \left[4e^{\frac{1}{4}x+\frac{1}{2}} - 2e^{\frac{1}{2}x}\right]_0^2 \approx 0{,}84$

5. a) $f'(x) = (4-x)e^{1-0{,}5x}$, $f''(x) = (0{,}5x-3)e^{1-0{,}5x}$
$f'''(x) = (2-0{,}25x)e^{1-0{,}5x}$
Nullstellen: $x = 2$
Extrema: $f'(x) = 0$: $x = 4$, $f''(4) = -e^{-1} < 0$
$H(4;\, 4e^{-1}) = H(4;\, 1{,}47)$
Wendepunkte: $f''(x) = 0$: $x = 6$, $f'''(6) = 0{,}5e^{-2} \neq 0$
$W(6;\, 8e^{-2}) = W(6;\, 1{,}08)$

b) $x \to -\infty$: $f(x) \to -\infty$, $x \to \infty$: $f(x) \to 0$

c)
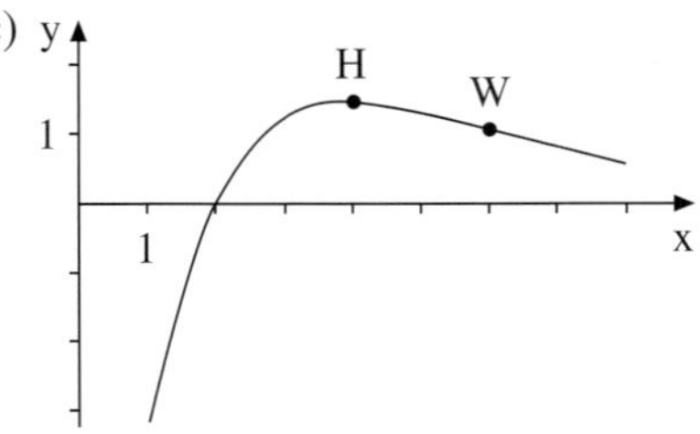

6. a) $f'(x) = (4-2x)e^{-0{,}5x}$, $f''(x) = 0$: $x = 2$, $f(2) = \frac{8}{e} \approx 2{,}94$
P(2; 2,94) ist der nördlichste Punkt.

b) $F'(x) = (-8 + 4x + 8)e^{-0{,}5x} = f(x)$

c) Fußweg: $g(x) = \frac{1}{3}x - 2$
$A = \int_0^6 (f(x)-g(x))\,dx = \left[(-8x-16)e^{-0{,}5x} - \frac{1}{6}x^2 + 2x\right]_0^6 \approx 2{,}81 - (-16) = 18{,}81$

d) $f'(0) = 4 \Rightarrow \alpha \approx 76°$
Der Winkel beträgt ca. 76°.

e) $f''(x) = (x-4)e^{1-0{,}5x}$, $f''(x) = 0$: $x = 4$, $W(4;\, 2{,}17)$
$n(x) = -\frac{1}{f'(4)}(x-4) + 2{,}17 \approx 1{,}85x - 5{,}22$
$n(x) = g(x)$: $x \approx 2{,}12$, $P(2{,}12;\, -1{,}29)$

Testlösungen zum Kapitel IV (Seite 162)

1. a) $D = \{x \in \mathbb{R}: x > 5\}$ b) $D = \mathbb{R}\setminus[-2; 2]$ c) $D =]-2; 4[$

2. a) $f'(x) = \frac{x}{x^2+1}$ b) $f'(x) = x(2\ln(2x)+1)$ c) $f'(x) = \frac{1-2\ln x}{x^3}$

3. a) $F(x) = \int \ln(4x+1)\,dx = \frac{1}{4}(4x+1)\cdot\ln(4x+1) - \frac{1}{4}(4x+1)$ (lin. Substitution)

b) $F(x) = \int \frac{\cos x}{1+\sin x}\,dx = \ln(1+\sin x)$ (log. Integration)

c) $F(x) = \int \frac{4e^{2x}+2}{e^{2x}+x}\,dx = 2\int \frac{2e^{2x}+1}{u}\cdot\frac{1}{2e^{2x}+1}\,du = 2\ln u = 2\ln(e^{2x}+x)$ (Sub. $u = e^{2x}+x$)

4. $\ln\frac{ex+2e}{x^2} = -1$, $x^2 = e(ex+2e)$, $x_{1/2} = \frac{e^2}{2} \pm \sqrt{\frac{e^4}{4}+2e^2}$, $x_1 \approx -1{,}64$, $x_2 \approx 9{,}03$

5. Schnittstellen von f und g: $x = 1$

$$A = \int_0^1 f(x)\,dx + \int_1^e g(x)\,dx = \left[\frac{1}{3}x^3 + x\right]_0^1 + [2\ln|x|]_1^e = \frac{10}{3} \approx 3{,}33$$

6. a) $f'(x) = 1 - \ln x$, $f''(x) = -\frac{1}{x}$

b) Nullstelle: $x = e^2$
Extrema: $H(e; e)$, Wendepunkte: keine

c) 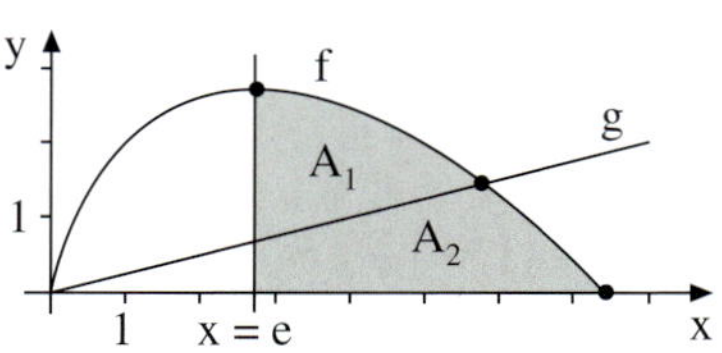

d)

x	0,1	0,01	0,001	→ 0
f(x)	0,4	0,07	0,009	→ 0
f′(x)	3,3	5,6	7,9	→ ∞

e) $t(x) = -x + e^2$

f) $F'(x) = \frac{5}{2}x - x\ln x - \frac{x}{2} = f(x)$

g) $A = \int_e^{e^2} f(x)\,dx = \left[\frac{5}{4}x^2 - \frac{1}{2}x^2\ln x\right]_e^{e^2} \approx 8{,}11$

h) Schnittstelle: $x = e^{1{,}75} = e^{\frac{7}{4}}$

$$A_1 = \int_e^{e^{7/4}} (f(x) - g(x))\,dx = \left[\frac{10}{8}x^2 - \frac{1}{2}x^2\ln x - \frac{1}{8}x^2\right]_e^{e^{7/4}} = 3{,}66$$

$A_2 = A - A_1 \approx 4{,}45 > A_1$
Die Fläche A_2 ist größer als A_1.

Testlösungen zum Kapitel V (Seite 208)

1. a) g: $\vec{x} = \begin{pmatrix}3\\0\\1\end{pmatrix} + r\begin{pmatrix}-3\\6\\3\end{pmatrix}$

b) $\begin{pmatrix}1\\4\\3\end{pmatrix} = \begin{pmatrix}3\\0\\1\end{pmatrix} + r\begin{pmatrix}-3\\6\\3\end{pmatrix}$ gilt für $r = \frac{2}{3}$. Wegen $0 < r < 1$ liegt P auf der Strecke AB.

2. a) g: $\vec{x} = \binom{1}{1} + r\binom{5}{2}$ b) $\binom{-4}{-2} = \binom{1}{1} + r\binom{5}{2}\begin{matrix}\Rightarrow r = -1\\ \Rightarrow r = -\frac{2}{3}\end{matrix} \Rightarrow P \notin g$. $\binom{-1{,}5}{0} = \binom{1}{1} + r\binom{5}{2}\begin{matrix}\Rightarrow r = -0{,}5\\ \Rightarrow r = -0{,}5\end{matrix} \Rightarrow Q \in g$.

c) g: $\vec{x} = \binom{1}{1} + r\binom{5}{2}$ und h: $\vec{x} = \binom{6}{3} + s\binom{-10}{-4}$ sind parallel, da die Richtungsvektoren kollinear sind: $\binom{-10}{-4} = -2\binom{5}{2}$. g und h sind sogar identisch, da der Stützpunkt A(6; 3) von h auch auf g liegt ($r = 1$).

d) k: $\vec{x} = \binom{1}{3} + s\binom{5}{2}$

3. a) Schnittpunkt von g und h: $r = \frac{1}{3}$, $s = -2$, S(3; 4; 4)

b) S_{xy}, d. h. $z = 0$: $S_{xy}(-1; -4; 0)$, S_{yz}, d. h. $x = 0$: $S_{yz}(0; -2; 1)$, S_{xz}, d. h. $y = 0$: $S_{xz}(1; 0; 2)$

4. A(4; 0; 0), B(4; 6; 0), C(0; 6; 0), D(0; 0; 0), E(4; 0; 3), F(4; 6; 3), G(0; 6; 3), H(0; 0; 3), I(4; 3; 0), J(2; 6; 0), K(4; 6; 1,5)

a) g_{HB}: $\vec{x} = \begin{pmatrix}0\\0\\3\end{pmatrix} + r\begin{pmatrix}4\\6\\-3\end{pmatrix}$, g_{HF}: $\vec{x} = \begin{pmatrix}0\\0\\3\end{pmatrix} + r\begin{pmatrix}4\\6\\0\end{pmatrix}$, g_{HI}: $\vec{x} = \begin{pmatrix}0\\0\\3\end{pmatrix} + r\begin{pmatrix}4\\3\\-3\end{pmatrix}$

g_{GJ}: $\vec{x} = \begin{pmatrix}0\\6\\3\end{pmatrix} + r\begin{pmatrix}2\\0\\-3\end{pmatrix}$, g_{JK}: $\vec{x} = \begin{pmatrix}2\\6\\0\end{pmatrix} + r\begin{pmatrix}2\\0\\1{,}5\end{pmatrix}$

5. a) 1. Als erstes müssen die Geraden parallel sein, d. h. ihre Richtungsvektoren müssen kollinear sein, d. h.: $\begin{pmatrix}b\\-6\\2\end{pmatrix} = k \cdot \begin{pmatrix}-3\\3\\d\end{pmatrix}$. Es folgt also $k = -2$. Dann folgt $b = 6$ und $d = -1$.

2. Weiter muss der Stützpunkt von h auch auf g liegen. Daher folgt $\begin{pmatrix}1\\c\\3\end{pmatrix} = \begin{pmatrix}-5\\7\\a\end{pmatrix} + r\begin{pmatrix}6\\-6\\2\end{pmatrix}$. Daraus folgt $r = 1$ und weiter $c = 1$ sowie $a = 1$.

b) Sie schneiden sich auch, wenn sie identisch sind, d. h. für $a = 1$, $b = 6$, $c = 1$, $d = -1$. Darüber hinaus gibt es weitere Möglichkeiten, z. B. $a = 3$, $b = 0$, $c = 1$, $d = 0$ ($r = 0$, $s = 2$).

6.

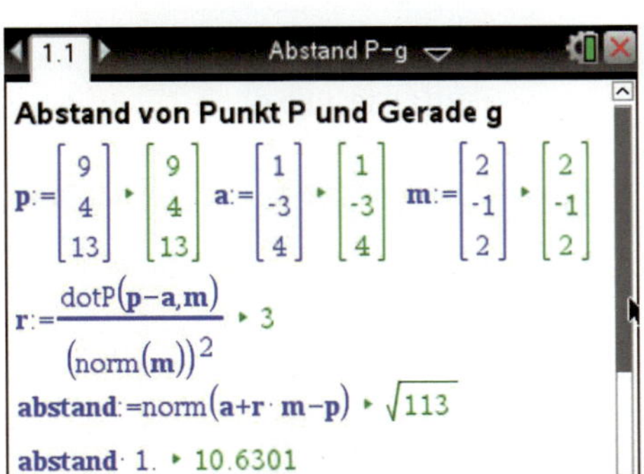

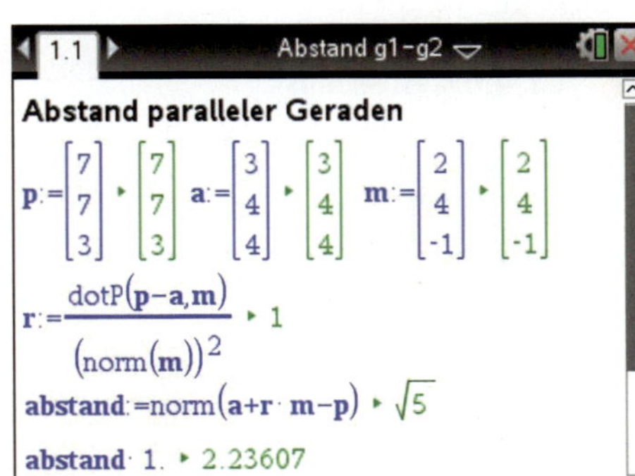

zu b) Die Richtungsvektoren der beiden Geraden unterscheiden sich nur um den Faktor −2.

Testlösungen zum Kapitel VI (Seite 224)

1. a) grafische Darstellung:

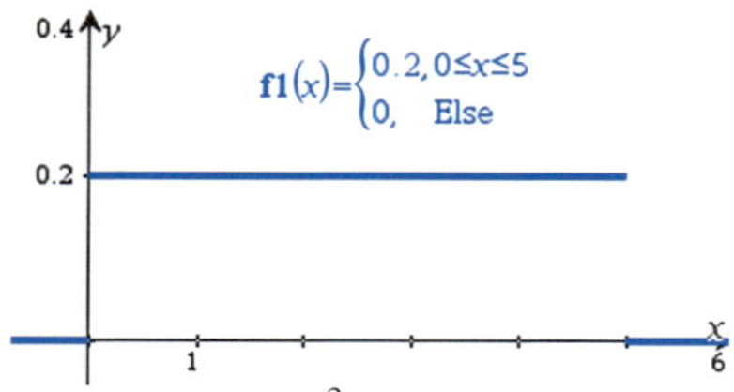

b) Nachweis Dichtefunktion:
Die Funktion f ist für alle reellen Zahlen definiert.
$f(x) \geq 0$ ist gegeben, denn $0 = 0$ und $2 > 0$.

$$\int_0^5 0{,}2\,dx = [0{,}2\,x]_0^5 = 0{,}2 \cdot 5 = 1$$

c) $P(2 < X < 3) = \int_2^3 0{,}2\,dx = [0{,}2\,x]_2^3 = 0{,}2$

d) $P(0 < X < a) = 0{,}6$ für $a = 3$

2.

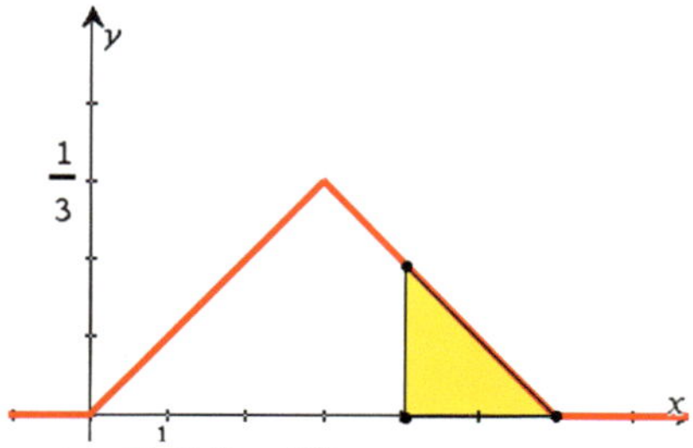

stetige Zufallsgröße

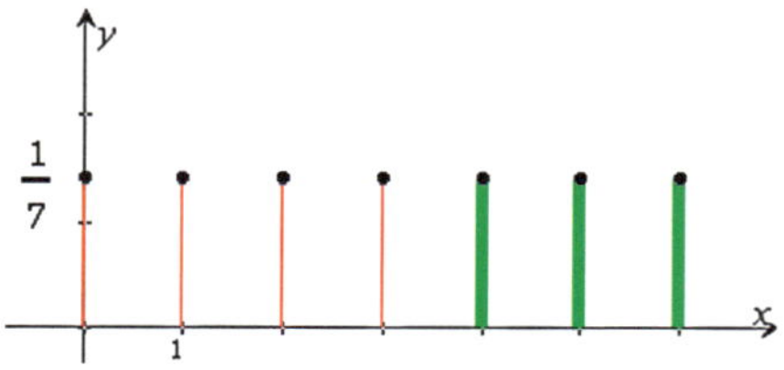

diskrete Zufallsgröße

3. a)

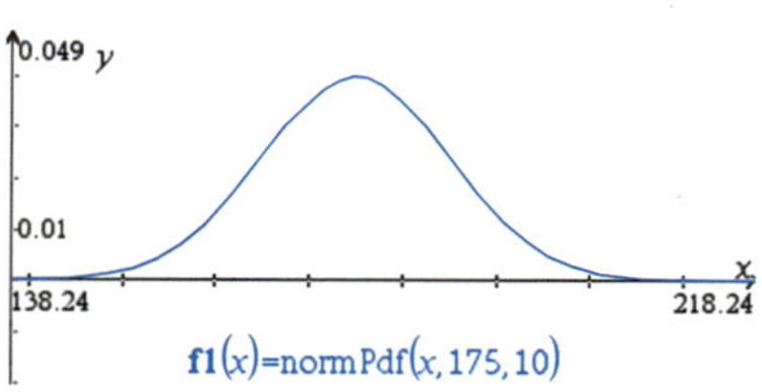

b) Mit dem Befehl normCdf() ergibt sich:
$P(130 \leq X \leq 200) \approx 0{,}994$
$P(X < 180) \approx 0{,}691$
$P(X \geq 150) \approx 0{,}994$

c) $P(X < a) = 0{,}3$: $a \approx 169{,}756$
$P(X \geq a) = 0{,}15$: $a \approx 185{,}364$
$P(|X - \mu| \leq a) = 0{,}68$: $a \approx 165{,}055$

invNorm(0.3,175,10)	169.756
invNorm(1−0.15,175,10)	185.364
invNorm$\left(\frac{1-0.68}{2},175,10\right)$	165.055

4. a) $1 - P(11{,}0 \leq X \leq 13{,}0) \approx 0{,}045$;
ca. 4,6 % Ausschuss

b) die Toleranzgrenzen verschieben:
$1 - P(12 - c \leq X \leq 12 + c) < 0{,}03$
$\Rightarrow c = 1{,}1$ mm Toleranzgrenzen
10,9 bzw. 13,1 mm.

1−normCdf(11,13,12,0.5)	0.0455

◂ve(1−normCdf(12−c,12+c,12,0.5)=0.03,c,1)	1.08504

Testlösungen zum Kapitel VII (Seite 282)

1. a) E: $\vec{x} = \begin{pmatrix}0\\2\\3\end{pmatrix} + r\begin{pmatrix}4\\0\\-3\end{pmatrix} + s\begin{pmatrix}2\\1\\-3\end{pmatrix}$, $\left(\vec{x} - \begin{pmatrix}0\\2\\3\end{pmatrix}\right) \cdot \begin{pmatrix}3\\6\\4\end{pmatrix} = 0$, $3x + 6y + 4z = 24$

b) $P \notin E$

c) $X(8; 0; 0)$, $Y(0; 4; 0)$, $Z(0; 0; 6)$

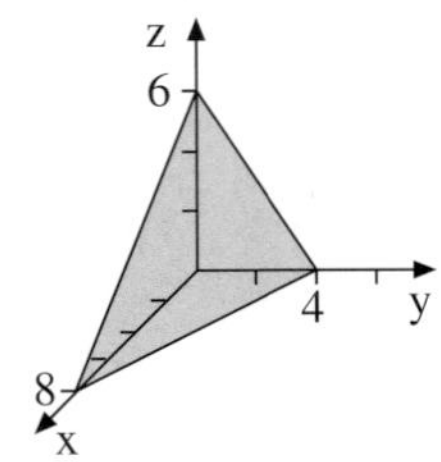

2. a) DF: $\vec{x} = t\begin{pmatrix}8\\8\\6\end{pmatrix}$, E_{PQR}: $\vec{x} = \begin{pmatrix}8\\4\\5\end{pmatrix} + r\begin{pmatrix}-4\\4\\1\end{pmatrix} + s\begin{pmatrix}0\\4\\-2\end{pmatrix}$,

$\left(\vec{x} - \begin{pmatrix}8\\4\\5\end{pmatrix}\right) \cdot \begin{pmatrix}3\\2\\4\end{pmatrix} = 0$, $\begin{pmatrix}8t-8\\8t-4\\6t-5\end{pmatrix} \cdot \begin{pmatrix}3\\2\\4\end{pmatrix} = 64t - 52 = 0 \Rightarrow t = \frac{13}{16}$, $S\left(\frac{13}{2}; \frac{13}{2}; \frac{39}{8}\right)$

b) E_{HCG}: $\vec{x} = \begin{pmatrix}0\\0\\4\end{pmatrix} + r\begin{pmatrix}0\\8\\-4\end{pmatrix} + s\begin{pmatrix}0\\8\\2\end{pmatrix}$, E_{PQR}: $3x + 2y + 4z = 52$

E_{HCG} in E_{PQR}: $16r + 16s + 16 - 16r + 8s = 52$, $s = 1{,}5$, g: $\vec{x} = \begin{pmatrix}0\\12\\7\end{pmatrix} + r\begin{pmatrix}0\\8\\-4\end{pmatrix}$

3. $E_1 \| E_2$, wenn $\vec{n_1} = \begin{pmatrix}1\\2\\1\end{pmatrix} \perp E_2$: $\begin{pmatrix}1\\2\\1\end{pmatrix} \cdot \begin{pmatrix}1\\0\\-1\end{pmatrix} = 0$, $\begin{pmatrix}1\\2\\1\end{pmatrix} \cdot \begin{pmatrix}a\\-2\\0\end{pmatrix} = a - 4 = 0$ für $a = 4$

$E_1 \| E_2$ für $a = 4$.

4. a) E_1: $\left|\left(\begin{pmatrix}5\\5\\7\end{pmatrix} - \begin{pmatrix}4\\0\\0\end{pmatrix}\right) \cdot \begin{pmatrix}3\\2\\-4\end{pmatrix} \cdot \frac{1}{\sqrt{29}}\right| = \frac{15}{\sqrt{29}} \approx 2{,}79$

E_2: $\vec{n} = \begin{pmatrix}9\\-8\\5\end{pmatrix}$, $\left|\left(\begin{pmatrix}5\\5\\7\end{pmatrix} - \begin{pmatrix}1\\3\\-2\end{pmatrix}\right) \cdot \begin{pmatrix}9\\-8\\5\end{pmatrix} \cdot \frac{1}{\sqrt{170}}\right| = \frac{65}{\sqrt{170}} \approx 4{,}99$

Punkt P hat zu E_1 den kürzeren Abstand.

b) $\left|\left(\begin{pmatrix}a\\3\\1\end{pmatrix} - \begin{pmatrix}2\\1\\0\end{pmatrix}\right) \cdot \begin{pmatrix}2\\-1\\2\end{pmatrix} \cdot \frac{1}{3}\right| = \left|\frac{2a-4}{3}\right| = 6$ gilt für $a = 11$ und $a = -7$.

5. a) E_1: $\vec{n_1} = \begin{pmatrix}2\\-3\\4\end{pmatrix}$, E_2: $\begin{matrix}-u_1 + 2u_2 + 2u_3 = 0\\ 2u_1 + 8u_2 + 5u_3 = 0\end{matrix}$, $12u_2 + 9u_3 = 0$, $\vec{n_2} = \begin{pmatrix}2\\-3\\4\end{pmatrix}$

$d(E_1; E_2) = \left|\left(\begin{pmatrix}0\\0\\6\end{pmatrix} - \begin{pmatrix}3\\1\\-2\end{pmatrix}\right) \cdot \begin{pmatrix}2\\-3\\4\end{pmatrix}\right| \cdot \frac{1}{\sqrt{29}} = \frac{29}{\sqrt{29}} = \sqrt{29} \approx 5{,}39$

b) $d = \sqrt{29}$, Ansatz: E_3: $\left(\vec{x} - \begin{pmatrix}a\\b\\c\end{pmatrix}\right) \cdot \begin{pmatrix}2\\-3\\4\end{pmatrix} = 0$, $\left|\left(\begin{pmatrix}3\\1\\-2\end{pmatrix} - \begin{pmatrix}a\\b\\c\end{pmatrix}\right) \cdot \begin{pmatrix}2\\-3\\4\end{pmatrix}\right| \cdot \frac{1}{\sqrt{29}} = \sqrt{29}$

gilt z. B. für $a = 1$, $b = 4$, $c = -6$, E_3: $\left(\vec{x} - \begin{pmatrix}1\\4\\-6\end{pmatrix}\right) \cdot \begin{pmatrix}2\\-3\\4\end{pmatrix} = 0$

Testlösungen zum Kapitel VIII (Seite 322)

1. a) Die Laplace-Bedingung $n \cdot p \cdot (1 - p) > 9$ muss erfüllt sein.

   b) Es müssen mindestens 190 Teile geprüft werden.

2. a) α-Fehler: Anteil weißer Kugeln liegt bei 40%, dieser wird aber bei 50% vermutet.
   β-Fehler: Anteil weißer Kugeln liegt bei 50%, dieser wird aber bei 40% vermutet.
   $\alpha = P_{H0}$ (Entscheidung für H_1) $= P(X > 45) = 1 - P(X \leq 45) \approx 0{,}1311$, $n = 100$, $p = 0{,}4$
   $\beta = P_{H1}$ (Entscheidung für H_0) $= P(X \leq 45) \approx 0{,}1841$, $n = 100$, $p = 0{,}5$

   b) $X \leq K \Rightarrow$ Entscheidung für H_0 und $X > K \Rightarrow$ Entscheidung für H_1
   $\alpha = 1 - P(X \leq K) \leq 0{,}05 \Leftrightarrow P(X \leq K) \geq 0{,}95$, $n = 100$, $p = 0{,}4$ erfüllt für $K \geq 48$

3. a) p = aktueller Stimmenanteil der Partei; Hypothese: H_0: $p = 0{,}3$
   Gegenhypothese: H_1: $p \neq 0{,}3$

   b) X = Anzahl der Personen unter 100 Befragten, die für A votieren
   $25 \leq X \leq 36 \Rightarrow$ Entscheidung für H_0; $X < 25$ oder $X > 36 \Rightarrow$ Entscheidung für H_1
   P(Fehler 1. Art) $= P_{H0}$ (Entsch. für H_1) $= P(X < 25$ oder $X > 36)$, $n = 100$, $p = 0{,}3$
   $= P(X < 25) + P(X > 36) = P(X \leq 24) + 1 - P(X \leq 36)$
   $= F(100; 0{,}3; 24) + 1 - F(100; 0{,}3; 26) = 0{,}1136 + 1 - 0{,}9201 = 19{,}35\,\%$

   c) H_0: $p = 0{,}3$, $\quad H_1$: $p < 0{,}3$
   $X > K \Rightarrow$ Entscheidung für H_0 und $X \leq K \Rightarrow$ Entscheidung für H_1
   $\alpha = P_{H0}$ (Entsch. für H_1) $= P(X \leq K) \leq 0{,}02$, $n = 100$, $p = 0{,}3$ erfüllt für $K \leq 20$

4. a) $P(B) = P(230 \leq X \leq 245) = F(400; 0{,}6; 245) - F(400; 0{,}6; 229)$
   Hilfsgrößen: $z_1 = \frac{245 - 400 \cdot 0{,}6 + 0{,}5}{\sqrt{96}} \approx 0{,}56, \quad z_1 = \frac{229 - 400 \cdot 0{,}6 + 0{,}5}{\sqrt{96}} \approx -1{,}07$
   $P(B) = \Phi(0{,}56) - \Phi(-1{,}07) = \Phi(0{,}56) - (1 - \Phi(-1{,}07)) = 0{,}57 = 57\,\%$

   b₁) H_0: $p = 0{,}6$, $\quad H_1$: $p < 0{,}6$, $\quad$ X: Anzahl Goldstücke
   $X \geq 110 \Rightarrow$ Entscheidung für H_0 und $X < 100 \Rightarrow$ Entscheidung für H_1
   $\alpha = P_{H0}$ (Entsch. für H_1) $= P(X < 110) = P(X \leq 109) \approx \Phi(z)$, $n = 200$, $p = 0{,}6$
   $z = \frac{109 - 200 \cdot 0{,}6 + 0{,}5}{\sqrt{200 \cdot 0{,}6 \cdot 0{,}4}} \approx -1{,}52 \Rightarrow \alpha \approx \Phi(-1{,}52) = 1 - \Phi(1{,}52) = 0{,}0643 = 6{,}43\,\%$

   b₂) P_{H0} (Entsch. für H_1) $= P(X \leq K - 1) \approx \Phi(z) \leq 0{,}01$
   bzw. $\Phi(z) \geq 0{,}99; \quad -z \geq 2{,}33; \quad z \leq -2{,}33$
   $z = \frac{K - 1 - 200 \cdot 0{,}6 + 0{,}5}{\sqrt{200 \cdot 0{,}6 \cdot 0{,}4}} \approx -2{,}33; \quad K \leq 1 - 16{,}14 + 200 \cdot 0{,}6 - 0{,}5 \approx 104{,}36 \Rightarrow K = 104$

Stichwortverzeichnis

Bildnachweis

Titelfoto Fotolia / twoandonebuilding; **10, 11** Cornelsen Verlagsarchiv; **42** akg images; **43** Cornelsen Verlagsarchiv; **83** Staatsbibliothek zu Berlin – Stiftung Preußischer Kulturbesitz, Abt. Historische Drucke; **107** Cornelsen Verlagsarchiv; **109** Avenue Images / Nielsen / Index Stock; **113** Archäologie Land Sachsen / Weida; **119** Wikipedia / CC / Dave Pape; **120** Wikipedia / GNU/ Jörgt Hempel; **121** © BAYER AG / Pressebild; **124-1** Wikipedia / GNU / Dirk Ingo Franke; **124-2** ©Walt Disney Deutschland; **124-3** Wikipedia / GNU / Dirk Beyer; **124-4** Pressefoto Paul Glaser, Berlin; **136-1, 136-2, 137** Cornelsen Verlagsarchiv; **192** picture-alliance / dpa / W. Thieme; **196** picture-alliance / dpa / Report / Hanschke; **210** Fotolia / Igor Chaikovskiy; **211** Shutterstock / Marynchenko Oleksandr; **214** ©Bibliographisches Institut GmbH, Mannheim; **215** Shutterstock / Bill Fehr; **217** Shutterstock / Esin Deniz; **218-1** Karl-Heinz Oster; **218-2** GREUNE, JAN/LOOK GmbH; **218-3** f1online / Bahnmueller; **265** Deutsches Museum, München; **290** f1online / Dietrich; **292** Fotolia / VRD; **295** Fotolia / Hardheadmonster; **296** Fotolia / StudioLaMagica; **298-1** Fotolia / seread; **298-2** picture alliance / dpa; **299** Norbert Köhler, Stahnsdorf; **306** Picture Press / Klaus Westermann; **310** Cornelsen Verlagsarchiv; **311** Cornelsen Verlagsarchiv; **318** Cornelsen Verlagsarchiv; **322-1** Shutterstock / Christian Delbert; **322-2** Shutterstock / Seregam; **322-3** (C) 1987-1996 Adobe Systems Incorporated All Rights Reserved **324** CARO / Krass; **338** Shutterstock / Christopher Halloran; **351** Radica Games Ltd; **353** www.healthindex.de (Tim Kröner, Köln); **355-1** Fotolia / MyWorld; **355-2** Fotolia / Konstiantyn